高等学校“十三五”规划教材

中级有机化学

Secondary Organic Chemistry

第二版

何树华　张淑琼　何德勇　主编

化学工业出版社

·北京·

《中级有机化学》（第二版）共十一章，包括各类有机化合物的命名、立体化学、取代基效应、有机反应活性中间体、取代反应、加成反应、消去反应、氧化还原反应、分子重排反应、周环反应和有机合成设计简介等内容。每章在详细介绍有关基本知识和内容的同时，精选了大量例题和习题，并附有习题答案，使读者能够更系统、深刻地理解和掌握有机化学原理。

《中级有机化学》（第二版）可作为高等院校化学、应用化学、药学、环境、化工、生物、材料等专业高年级本科生的教材，也可作为化学类专业学生系统复习有机化学、备考硕士研究生的参考书。

图书在版编目（CIP）数据

中级有机化学/何树华，张淑琼，何德勇主编．—2版．北京：化学工业出版社，2018.6（2024.1重印）
高等学校“十三五”规划教材
ISBN 978-7-122-32009-4

Ⅰ.①中…　Ⅱ.①何…②张…③何…　Ⅲ.①有机化学-高等学校-教材　Ⅳ.①O62

中国版本图书馆CIP数据核字（2018）第079934号

责任编辑：宋林青　　文字编辑：刘志茹
责任校对：宋　玮　　装帧设计：关　飞

出版发行：化学工业出版社（北京市东城区青年湖南街13号　邮政编码100011）
印　　装：北京科印技术咨询服务有限公司数码印刷分部
787mm×1092mm　1/16　印张 18¾　字数501千字　2024年1月北京第2版第3次印刷

购书咨询：010-64518888　　售后服务：010-64518899
网　　址：http://www.cip.com.cn
凡购买本书，如有缺损质量问题，本社销售中心负责调换。

定　　价：40.00元

《中级有机化学》（第二版）编写人员名单

主　编　何树华　张淑琼　何德勇

参　编　谭晓平　张明忠　曹团武　蒋　勇

李娅琼　袁斌芳　贾乾发　陈凤贵

万邦江　郭　静　朱乾华　陈锦杨

前　言

本教材自2010年第一版面世已过了近8年，参与修订本教材的老师于2017年10月召开了研讨会，大家一致认为此次修订的目标是进一步提高教材质量，使内容更系统、丰富，更适合教学需要，为此，在以下几方面进行了修订。

1. 保留了原教材的总体框架，增加了周环反应一章。

2. 精选、丰富了习题，增加了习题答案，便于学生自学。

3. 对第一版的部分文字表述进行了精练，对第一版中的疏漏进行了修正。

本书的修订得到了“长江师范学院化学化工学院专业教材建设专项”和“重庆市环境化学特色专业建设项目”的资助，同时也得到了长江师范学院领导及相关职能部门、化学化工学院领导及有机化学教研室同事们的支持与鼓励，在此一并表示衷心的感谢。

参加本教材修订工作的均是长江师范学院和井冈山学院多年从事有机化学教学的教师。何树华、张淑琼和何德勇（井冈山学院）为主编，全书由何树华组织、统稿和定稿。其他参与修订的人员有：谭晓平、张明忠、曹团武、蒋勇、李娅琼、袁斌芳、贾乾发、陈凤贵、万邦江、郭静、朱乾华、陈锦杨。

限于水平和时间，书中的不足之处在所难免，恳请读者批评指正，以便于再版时进行补充完善。

何树华

2018年3月

第一版前言

《有机化学》是高等学校化学、应用化学、化工、药学和材料化学等专业开设的一门专业主干课。但由于教学学时、开课年级等的限制，很难在知识的系统性、覆盖面和深度上达到平衡，使学生对许多有机化学基本原理不能深刻地理解、掌握与运用。为解决这一难题，我们组织编写了《中级有机化学》，期望通过本教材的使用，使学生对基础有机化学中比较薄弱的部分能得到提高，能更系统更深刻地理解、掌握和运用有机化学知识。

《中级有机化学》是建立在基础课《有机化学》之上的课程，是对基础有机化学的深化和提高，它着重论述有机化合物的命名、结构、典型反应及结构与理化性质之间的内在联系和变化规律。全书共分十章：第一章各类有机化合物的命名；第二章立体化学；第三章取代基效应；第四章有机反应活性中间体；第五章取代反应；第六章加成反应；第七章消除反应；第八章氧化还原反应；第九章分子重排反应；第十章有机合成设计简介。

本教材在编写时参考了国内外许多文献和专著，在此向有关作者表示诚挚的谢意，并将重要的参考文献及专著列于书后。

本书的编写和出版得到了“长江师范学院化学化工学院专业教材建设专项”和“涪陵师范学院中青年学术骨干学术著作出版专项”的资助，同时也得到了长江师范学院领导及相关职能部门、化学化工学院领导及有机化学教研室同事们的支持与鼓励，在此一并表示衷心的感谢。

参加《中级有机化学》编写工作的均是长江师范学院和井冈山学院多年从事有机化学教学的教师。何树华、张淑琼（长江师范学院）和何德勇（井冈山学院）为主编，其他参编人员有：长江师范学院化学化工学院的谢兵、贺薇、蒋勇、徐建华、胡武洪、杨季冬、吴兴发、万邦江、江虹、石文兵，全书由何树华组织、统稿和定稿。

限于编者的水平和时间，书中的不足之处在所难免，恳请读者批评指正，以利于再版时进行补充完善。

何树华

2010 年 3 月

目　录

第一章　有机化合物的命名 …… 1
第一节　有机化合物命名方法概述 …… 1
一、化学介词 …… 1
二、命名方法分类 …… 1
三、常见有机化合物的缩写 …… 3
第二节　系统命名法 …… 3
一、系统命名法的基本原则 …… 3
二、次序规则 …… 5
三、系统命名法的基本步骤 …… 5
第三节　几类重要有机化合物的系统命名 …… 6
一、烯炔 …… 6
二、芳香族化合物 …… 6
三、桥环化合物 …… 6
四、螺环化合物 …… 6
五、杂环化合物 …… 7
第四节　立体异构体的命名 …… 7
一、顺反异构体的命名 …… 7
二、旋光异构体的命名和构型的 R/S 标记 …… 8
三、桥环化合物内/外型的标记 …… 9
习题 …… 9
第二章　立体化学 …… 12
第一节　顺反异构 …… 12
一、顺反异构产生的条件 …… 12
二、顺反异构的标记方法（详见第一章） …… 12
三、含有 C═N 和 N═N 的化合物 …… 12
第二节　对映异构 …… 12
一、手性与对称因素 …… 12
二、构型表示方法——费歇尔（Fischer）投影式 …… 13
三、对映异构体的构型标记 …… 14
四、含有手性原子化合物的对映异构 …… 14
五、环状化合物的顺反异构与对映异构 …… 16
六、不含手性原子的手性分子 …… 16
七、外消旋体的拆分 …… 18
第三节　构象与构象分析 …… 19
一、空间张力（steric strain） …… 19
二、链状化合物的构象 …… 19
三、环己烷衍生物的构象 …… 22
四、构象效应 …… 24
第四节　动态立体化学 …… 26
一、立体选择性反应 …… 26
二、立体专一性反应 …… 27
第五节　不对称合成 …… 27
一、以手性分子为原料的不对称合成 …… 27
二、在非手性分子中引入手性中心的不对称合成 …… 28
三、以手性分子为试剂的不对称合成 …… 28
四、手性催化剂参与的不对称合成 …… 29
习题 …… 29
第三章　取代基效应 …… 32
第一节　诱导效应 …… 32
一、共价键的极性与静态诱导效应 …… 32
二、静态诱导效应的特点 …… 32
三、静态诱导效应的相对强度及影响因素 …… 33
四、动态诱导效应 …… 35
五、诱导效应对化合物性质及化学反应的影响 …… 36
第二节　共轭效应 …… 37
一、电子离域与共轭效应 …… 37
二、静态共轭效应 …… 38
三、动态共轭效应 …… 40
四、共轭体系 …… 40
五、超共轭效应 …… 41
六、共轭效应对化合物性质及化学反应的影响 …… 42
第三节　场效应 …… 44
第四节　空间效应 …… 45
一、空间效应 …… 45
二、空间效应对化合物性质的影响 …… 47
习题 …… 48
第四章　有机反应活性中间体 …… 51
第一节　碳正离子 …… 51
一、碳正离子的结构 …… 51
二、碳正离子的生成 …… 52
三、碳正离子的稳定性及其影响因素 …… 52

四、碳正离子的反应 …… 54
五、非经典的碳正离子 …… 55
第二节 碳负离子 …… 58
一、碳负离子的生成 …… 58
二、碳负离子的结构 …… 58
三、影响碳负离子稳定性的因素 …… 58
四、碳负离子的反应 …… 60
第三节 自由基 …… 61
一、自由基的结构 …… 61
二、自由基的稳定性及其影响因素 …… 62
三、自由基的生成 …… 63
四、自由基的反应 …… 64
五、离子自由基 …… 65
第四节 碳烯 …… 67
一、碳烯的结构 …… 67
二、碳烯的形成 …… 68
三、碳烯的反应 …… 69
第五节 氮烯 …… 71
一、氮烯的结构 …… 71
二、氮烯的形成 …… 71
三、氮烯的反应 …… 72
第六节 苯炔 …… 73
一、苯炔的结构 …… 74
二、苯炔的形成 …… 74
三、苯炔的反应 …… 75
习题 …… 76
第五章 取代反应 …… 78
第一节 自由基取代反应 …… 78
一、卤代反应 …… 78
二、氧化反应 …… 79
三、芳香自由基取代反应 …… 80
第二节 亲电取代反应 …… 81
一、芳环上的亲电取代反应 …… 81
二、饱和碳上的亲电取代反应 …… 86
第三节 亲核取代反应 …… 87
一、饱和碳上的亲核取代反应 …… 87
二、芳环上的亲核取代反应 …… 100
习题 …… 104
第六章 加成反应 …… 111
第一节 自由基加成反应 …… 111
一、烯烃与溴化氢的加成 …… 111
二、多卤代甲烷与烯的加成 …… 112
三、醛、硫醇对烯烃的加成 …… 112
四、羧酸及其衍生物对烯烃的加成 …… 112
第二节 亲电加成反应 …… 113
一、亲电加成反应历程 …… 113
二、亲电加成反应的立体化学 …… 115
三、取代基的性质对烯烃加成反应的影响 …… 117
四、亲电加成反应的实例 …… 118
第三节 亲核加成反应 …… 119
一、烯烃的亲核加成 …… 119
二、炔烃的亲核加成 …… 120
三、醛酮的亲核加成反应 …… 120
四、羧酸及其衍生物的亲核加成反应 …… 132
第四节 共轭加成 …… 137
一、共轭烯烃的加成反应 …… 137
二、α,β-不饱和醛酮的加成 …… 139
习题 …… 142
第七章 消除反应 …… 147
第一节 消除反应的历程及影响因素 …… 147
一、消除反应的历程 …… 147
二、影响消除反应历程的因素 …… 148
第二节 消除反应的取向 …… 149
一、消除反应的一般规则 …… 149
二、反应历程与消除反应的取向 …… 149
第三节 消除反应与取代反应的竞争 …… 151
一、反应物的结构 …… 151
二、碱的影响 …… 152
三、离去基团的影响 …… 152
四、溶剂的影响 …… 152
五、温度的影响 …… 153
第四节 消除反应的立体化学 …… 153
一、E2 反应的立体化学 …… 153
二、E1 反应的立体化学 …… 154
三、E1cb 历程中的立体化学 …… 154
第五节 热消除反应 …… 155
一、热消除反应的历程 …… 155
二、热消除反应的取向 …… 155
三、热消除反应实例 …… 156
习题 …… 157
第八章 氧化还原反应 …… 160
第一节 氧化反应和氧化剂 …… 160
一、常见氧化剂的特征及应用范围 …… 160
二、脱氢反应 …… 169
第二节 还原反应和还原剂 …… 170
一、金属还原剂 …… 170
二、金属氢化物还原剂 …… 176
三、醇铝还原剂 …… 179
四、含硫化合物还原剂 …… 179
五、其他还原剂 …… 180
六、催化氢化 …… 182

习题 ………………………………………………… 183
第九章 分子重排反应 ………………………………… 186
第一节 分子重排反应的分类 ………………………… 186
一、分子间重排和分子内重排 ……………………… 186
二、按反应历程分类 ………………………………… 187
三、按不同元素之间的迁移分类 …………………… 187
四、按迁移基团迁移的位置分类 …………………… 187
五、按有机物的三大类型分类 ……………………… 187
第二节 亲核重排 ……………………………………… 187
一、缺电子碳的重排 ………………………………… 187
二、缺电子氮的重排 ………………………………… 192
三、缺电子氧的重排 ………………………………… 196
第三节 亲电重排 ……………………………………… 198
一、法沃尔斯基（Favorskii）重排 ………………… 198
二、史蒂文斯（Stevens）重排 ……………………… 199
三、沙密尔脱（Sommelet）重排 …………………… 200
四、魏狄希（Wittig）重排 ………………………… 201
第四节 芳环上的重排反应 …………………………… 202
一、联苯胺重排 ……………………………………… 202
二、弗瑞斯（Fries）重排 ………………………… 203
第五节 自由基重排 …………………………………… 205
第六节 σ键迁移重排 ………………………………… 206
一、克莱森（Claisen）重排 ……………………… 207
二、科普（Cope）重排 …………………………… 209
习题 ………………………………………………… 210
第十章 周环反应 …………………………………… 213
第一节 周环反应理论 ………………………………… 213
一、轨道的对称性 …………………………………… 213
二、分子轨道对称守恒原理 ………………………… 214
三、前线轨道理论 …………………………………… 215
四、同面与异面途径 ………………………………… 216
第二节 电环化反应 …………………………………… 217
一、含 $4n$ 个 π 电子体系的电环化 ………………… 217
二、$4n+2$ 个 π 电子体系的电环化 ………………… 218
第三节 环加成反应 …………………………………… 219
一、[2+2] 环加成 …………………………………… 219
二、[4+2] 环加成 …………………………………… 220
第四节 σ键迁移反应 ………………………………… 222
一、[1,j] σ键迁移 …………………………………… 223
二、[3,3]σ键迁移 …………………………………… 225
习题 ………………………………………………… 225
第十一章 有机合成设计简介 ……………………… 228
第一节 有机合成反应 ………………………………… 228
一、形成有机分子骨架的反应 ……………………… 228
二、有机分子中官能团的反应 ……………………… 230
第二节 反合成分析 …………………………………… 231
一、反合成法 ………………………………………… 231
二、逆向切断 ………………………………………… 232
第三节 选择性控制 …………………………………… 239
一、化学选择性 ……………………………………… 239
二、方位选择性 ……………………………………… 241
三、立体选择性 ……………………………………… 241
第四节 保护基的应用 ………………………………… 242
一、胺类化合物的保护 ……………………………… 243
二、醇和酚类化合物的保护 ………………………… 244
三、醛和酮类化合物的保护 ………………………… 244
四、羧酸类化合物的保护 …………………………… 245
五、活泼 C—H 与 C═C 的保护 ……………………… 245
第五节 极性反转的利用 ……………………………… 245
第六节 导向基的应用 ………………………………… 246
一、活化基的应用 …………………………………… 246
二、钝化基的应用 …………………………………… 248
三、阻塞基的应用 …………………………………… 248
第七节 各类有机化合物的合成设计 ………………… 249
一、无官能团化合物的合成设计 …………………… 249
二、单官能团化合物的合成设计 …………………… 250
三、双官能团化合物的合成设计 …………………… 253
习题 ………………………………………………… 255
习题参考答案 ………………………………………… 257
参考文献 ……………………………………………… 291

第一章　有机化合物的命名

第一节　有机化合物命名方法概述

一、化学介词

化学介词是化合物命名时表示化合物中结构组合关系的连缀词，普遍用于各种命名方法中。常用的介词共八个，命名时，各有其特指的对象或场合，现分别介绍如下。

化　有机化合物被视为两个基之间的化合，命名时所用的介词。如：$(C_2H_5)_4N^+Br^-$读作溴化四乙基铵。

代　有机化合物的氢、其他原子或基团被置换，命名时所用的介词。如：$CHCl_3$，读作三氯（代）甲烷；PhBr读作溴（代）苯。

合　有机化合物被视为加成产物，命名时所用的介词。加成双方可以是分子或其中一方是基。如：$Br_3CCH(OH)_2$读作水合三溴乙醛；$(CH_3)_2C(OH)SO_3Na$读作丙酮合亚硫酸氢钠。

聚　相同或不同分子形成的聚合物，命名时在单体或链节名称前冠以“聚”字。如：

$+\!\!\!\!\!-CH_2-CH(CH_3)-\!\!\!\!\!+_n$ 聚丙烯　　$+\!\!\!\!\!-CH_2-CH(Cl)-\!\!\!\!\!+_n$ 聚氯乙烯

缩　相同或不同分子间失水、醇、氨等小分子形成的化合物，命名时所用的介词。如：

$CH_3CH=NNHCONH_2$ 乙醛缩氨基脲　　$HOCH_2CH_2OCH_2CH_2OH$ 一缩二乙二醇

并　由两个或多个环系通过两位或多位相互结合形成稠环化合物，命名时所用的介词。如：

并四苖　　苯并呋喃

杂　主要用于杂环化合物。如：

1,4-二氧杂环己烷　　氧(杂)茂

联　相同的环烃或杂环彼此以单键或双键直接相连形成集合环，命名时所用的介词。如：

联(二)苯　　1,1′-联亚环丙烷　　2,3′-联(二)呋喃

二、命名方法分类

1. *俗名*

俗名大多是有机化学发展初期，根据有机化合物的来源、存在或性质（如物态、味道等）来命名的。如甲烷的俗名叫“沼气”或“坑气”。又如：

$\underset{\text{OH}}{CH_2}-\underset{\text{OH}}{CH}-\underset{\text{OH}}{CH_2}$ 甘油（味甘甜）

CH_3CH_2OH 酒精（来自于酒）

HCOOH 蚁酸（来自蚂蚁体内）

CH_3COOH 冰醋酸（在16℃结晶像冰）

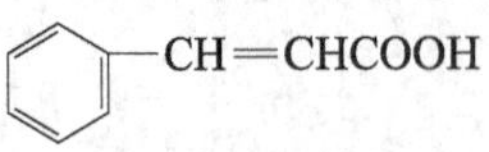

$C_6H_5-CH=CHCOOH$ 肉桂酸

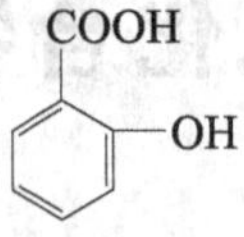

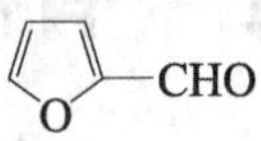

水杨酸（邻羟基苯甲酸，COOH、OH）

糠醛（呋喃-2-CHO）

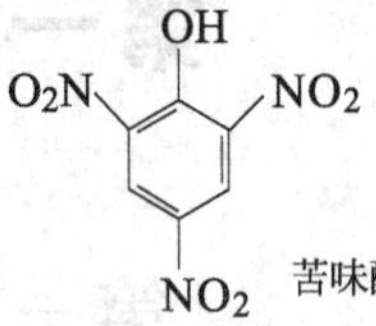

苦味酸（OH，O_2N，NO_2，NO_2）

2. 普通命名法

（1）化合物的命名

对于那些结构比较简单的化合物，常用普通命名法。即用“甲、乙、丙、丁、戊、己、庚、辛、壬、癸、十一、十二……”表示化合物总碳数；用词头“正”、“异”和“新”来区分碳架异构体。正（*normal*，可简写为 *n*-）表示直链，异（*iso*，可简写为 *i*-）表示第二个碳原子上有一个甲基而无其他支链的特定结构，新（*neo*）表示在5个或6个碳原子的异构体中第二个碳原子上有两个甲基而无其他支链的特定结构。如：

$CH_3CH_2CH_2CH_2CH_2CH_3$ 正己烷(*n*-hexane)

$CH_3\overset{CH_3}{C}HCH_2CH_2CH_3$ 异己烷(*i*-hexane)

$CH_3\underset{CH_3}{\overset{CH_3}{C}}CH_2CH_3$ 新己烷(*neo*hexane)

（2）基的命名

① 一价基的命名　一个化合物从形式上消除一个单价的原子或基团，剩余的部分称为一价基，简称基。把烷烃名称中的“烷”字换为“基”字就是烷基的命名。如：

$CH_3\underset{CH_3}{CH}-$ 异丙基(*i*-Pr)　$CH_3CH_2\underset{CH_3}{CH}-$ 仲丁基(*s*-Bu)　$CH_3-\underset{CH_3}{\overset{CH_3}{C}}-$ 叔丁基(*t*-Bu)　$C_6H_5-CH_2-$ 苯甲基(苄基)　$-CH_2CH=CH_2$ 烯丙基　$CH_3CH=CH-$ 丙烯基

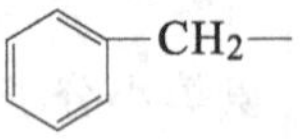

② 亚基的命名　一个化合物从形式上消除两个单价或一个双键的原子或基团，剩余部分称为亚基。命名时在基的相应名称前加一个“亚”字。如：

$H_2C<$ 亚甲基　$CH_3CH<$ 亚乙基　$(CH_3)_2C<$ 亚异丙基　$C_6H_5-CH<$ 亚苄基　$HN<$ 亚氨基

③ 次基的命名　一个化合物在形式上消除三个单价的原子或基团，剩余部分称为次基。命名时在基的相应名称前加一个“次”字。次基限于三个价集中在一个原子上的结构。如：

$HC\equiv$ 次甲基　$CH_3C\equiv$ 次乙基　$N\equiv$ 次氨基　$PhC\equiv$ 次苯甲基

3. 衍生物命名法

除普通命名法外，结构比较简单的化合物还可使用衍生物命名法。即以每一类化合物中最简单的一个作母体，其他化合物看作是取代基取代了母体化合物中的氢而得到的衍生物。如：

$(CH_3)(CH_3CH_2)C=CH_2$ 不对称甲基乙基乙烯

$CH_3-\underset{CH_3}{\overset{CH_3}{C}}-CH_2-\underset{CH_3}{\overset{CH_3}{C}}-CH_3$ 二叔丁基甲烷

$C_6H_5-\underset{C_6H_5}{\overset{C_6H_5}{C}}-OH$ 三苯甲醇

$CH_3CH_2CH=CHCH(CH_3)_2$ 对称乙基异丙基乙烯

4. IUPAC 命名法

为了找出一个较普遍适用的命名法，1892 年在日内瓦开了国际化学会议，制定了系统的有机化合物命名法，后来由国际纯粹与应用化学联合会（International Union of Pure and Applied Chemistry）作了几次修订，简称 IUPAC 命名法。IUPAC 命名法是把取代基按照英文名称的第一个字母的顺序列出。英文名称中的一、二、三、四等数字用相应的词头“mono”“di”“tri”“tetra”等表示，简单的取代基英文数字词头不参加字母顺序排列。如：

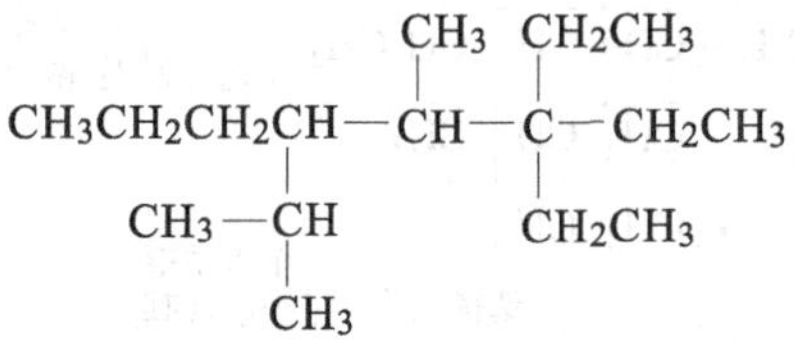

$$\begin{array}{c} \qquad\qquad\qquad\qquad CH_3 \quad CH_2CH_3 \\ CH_3CH_2CH_2CH-CH-C-CH_2CH_3 \\ CH_3-CH \qquad\qquad CH_2CH_3 \\ CH_3 \end{array}$$

IUPAC: 3,3-Diethyl-5-isopropyl-4-methyloctane
(系统命名法：4-甲基-3,3-二乙基-5-异丙基辛烷)

5. 系统命名法

中国化学会参考 IUPAC 命名法的原则，结合汉字的特点，制定了我国的系统命名法（CCS 命名法）。本章第二节主要介绍系统命名法的原则和方法。

三、常见有机化合物的缩写

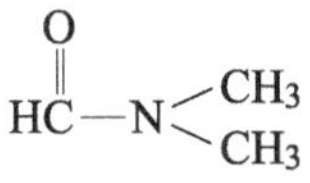

$HC(=O)-N(CH_3)_2$ DMF

$CH_3-S(=O)-CH_3$ DMSO

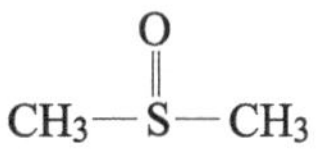

THF

$H_3C-C_6H_4-SO_3H$ TsOH

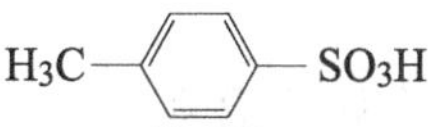

$H_3C-C_6H_4-SO_2Cl$ TsCl

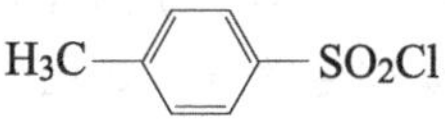

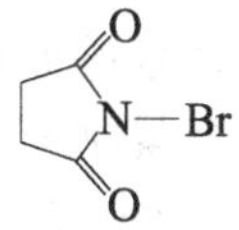

NBS

多聚磷酸 PPA

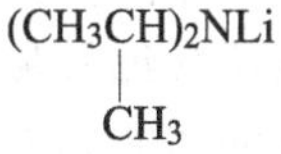

$[(CH_3)_2CH]_2NLi$ LDA

第二节　系统命名法

一、系统命名法的基本原则

1. 母体碳原子数目的表示及烃基的名称

直链化合物的系统命名与普通命名法相同，只是去掉“正”字。有支链的化合物当作直链化合物（母体）的取代物来命名，即用“甲、乙、丙、丁、戊、己、庚、辛、壬、癸、十一、十二……”等表示主链碳原子个数（不是总碳数）。

常见的烃基沿用普通命名法的相应名称。如果基有支链，又不能用异、仲、叔等来命名时，须用编号来表示支链的位置，编号是从消除单价原子或基团的那个原子开始，定为 1。如：

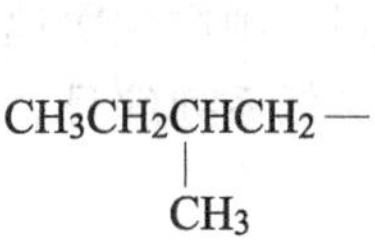

$CH_3CH_2CH(CH_3)CH_2-$ 2-甲基丁基

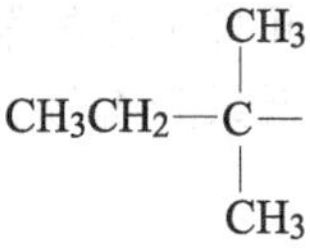

$CH_3CH_2-C(CH_3)_2-$ 1,1-二甲基丙基

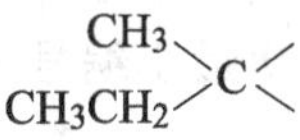

$(CH_3)(CH_3CH_2)C<$ 1-甲基亚丙基

$-CH_2CH_2-$ 1,2-亚乙基

2. 选择主官能团的原则

命名含有两个及两个以上多官能团化合物时，首先要确定主官能团。将主官能团作为母体，其他官能团作为取代基。选择主官能团的优先次序为：$—NR_3^+$（铵）、—COOH（羧酸）、$—SO_3H$（磺酸）、—COOR（酯）、—COX（酰卤）、$—CONH_2$（酰胺）、—CN（腈）、

—CHO(醛)、—COR(酮)、—OH(醇或酚)、—NH_2(胺)、—C≡C—(炔)、—C═C—(烯)、—R(烃基)、—OR(醚)、—X(卤素)、—NO_2(硝基)、—NO(亚硝基)。其中—OR、—X、—NO_2和—NO只能作取代基而不构成母体。

3. 选择主链的原则

对于脂链化合物，首先选择含主官能团和其他官能团的最长碳链为主链；若有等长的两条碳链，则应选择取代基较多的碳链作主链。如：

```
CH3CH2—CH—CH—CH2CH3     选择错误  六个碳主链
        |   |                     两个取代基
       CH2 CH—CH3
        |   |
       CH3 CH3
                  选择正确  六个碳主链
                            三个取代基
```

若长度相同，取代基个数也相同，则选取“支链具有最低位次的链”。如：

```
                                          CH3
                                          |
CH3—CH2—CH—CH2—CH—CH2—CH—CH3    正确选择 2,6-二甲基
           |        |
          CH3      CH—CH3
                    |
                   CH2
                    |
                   CH3
              错误选择 3,6-二甲基
```

4. 位次编号原则

(1) 主官能团的位次编号

主链碳原子用阿拉伯数字或希腊字母编号。编号的原则是从距主官能团最近的一端开始，使主官能团的位次编号最小。若主官能团含有一个碳原子，则该碳编号为 1。如用希腊字母编号，则从主官能团的相邻碳原子起，分别用 α、β、γ…表示。如：

```
δ     γ     β     α                     δ     γ    β     α
CH3—CH2—CH—CH2—CHO                      CH3—C—CH2—CH2—COOH
5     4    3|OH  2    1                 5   4‖   3     2     1
                                            O
3-羟基戊醛(或β-羟基戊醛)                 4-戊酮酸(或4-氧代戊酸或γ-戊酮酸或γ-氧代戊酸)
```

(2) 取代基的位次编号

给含有官能团和取代基的主链编号时，首先要让主官能团的位次最小，然后再让取代基位次最小。如：

```
5     4     3   2    1              4     3     2   1
CH3—CH2—C—CH—CH3                    CH2—CH2—C—CH3
        ‖   |                       |       ‖
        O   Br                      OH      O
2-溴-3-戊酮(不是4-溴-3-戊酮)          4-羟基-2-丁酮(不是1-羟基-3-丁酮)
```

(3) 最低系列原则

给多个官能团及多取代的碳链编号时，如有几种可能的编号系列，则应顺次逐项比较各系列的不同位次，最先遇到的位次最小编号者为最低系列编号。具有最低系列编号者为正确的编号。如：

```
          CH3  CH3                    CH3
           |    |                      |
CH3—CH2—CH—CH—CH2—CH2—CH2—CH—CH3
9    8    7   6   5    4    3    2   1
      2,6,7-三甲基壬烷(不是3,4,8-三甲基壬烷)
```

(4) 碳环编号原则

命名单碳环化合物时，碳环碳原子的编号原则与脂链化合物类似。如有官能团，官能团

（或主官能团）所连的碳始终编1号，然后让其他官能团或取代基位次尽可能小。如：

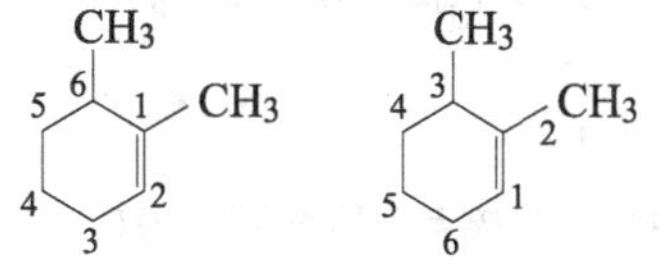

正确编号　　错误编号

（5）书写名称的原则

① 把取代基的位次和名称写在主官能团的位次和名称前，阿拉伯数字或希腊字母与汉字之间需用半字线“-”相隔，如3-氯-1-丙醇。含碳原子的母体官能团（如—CHO、—CN、—COOR、—COOH等）的位次编号总是1，书写系统名称时可以省略。

② 相同取代基可以合并，但应在基团名称之前写明位次和数目，数目用二、三、四……表示。位次数字之间须用逗号“,”隔开，但位次编号不能省略。如：2,3-二甲基-2-己烯。

③ 如果母体碳架上有几个取代基，则应按下列次序规则列出，顺序较大的基团排后。

二、次序规则

① 单原子取代基，按原子序数大小排列。

原子序数大，顺序大；原子序数小，顺序小；同位素中质量高的，顺序大。顺序大的基团为较优基团，在命名时较优基团排后。如：

$$I > Br > Cl > F > O > N > C > D > H$$

② 多原子基团第一个原子相同，则依次比较与其相连的其他原子。如：

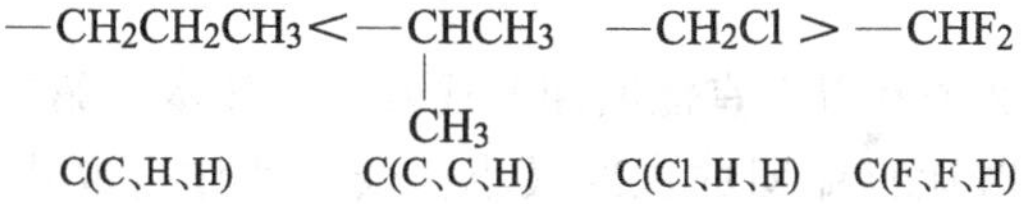

$$—CH_2CH_2CH_3 < —CH(CH_3)CH_3 \qquad —CH_2Cl > —CHF_2$$

C(C、H、H)　C(C、C、H)　C(Cl、H、H)　C(F、F、H)

③ 含双键或叁键的基团，则作为连有两个或三个相同的原子。如：

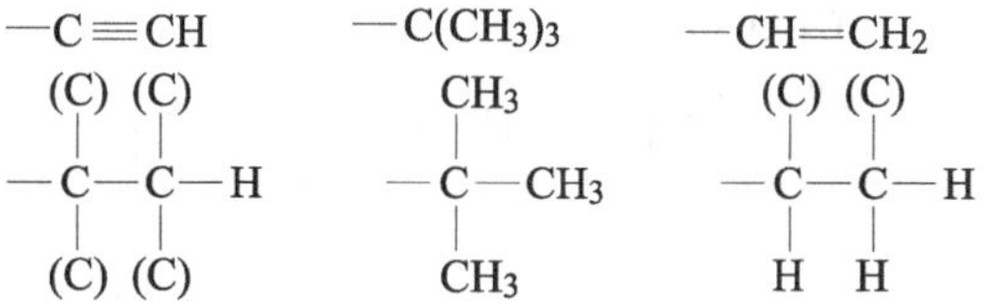

$—C\equiv CH$　　$—C(CH_3)_3$　　$—CH=CH_2$

三、系统命名法的基本步骤

系统命名法分五步：选主官能团，选主链，编号码，确定取代基列出顺序，写出全称。

【例1】 $C_{10}H_7—CO—CH(CH_3)CH_2COOH$　3-甲基-4-(2-萘基)-4-丁酮酸

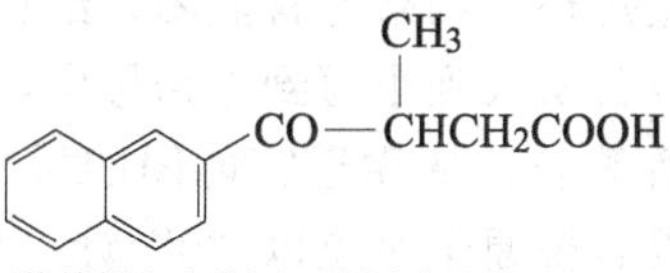

(羧基是主官能团，所以它应编1号)

【例2】 　6-(2-羟乙基)-1-萘磺酸

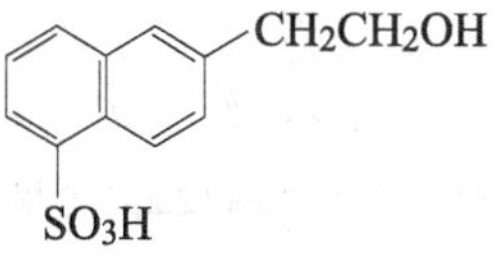

(—SO_3H是主官能团)

【例3】 $(CH_3CH_2)_2N—C(=O)—OCH(CH_3)_2$　二乙氨基甲酸异丙酯

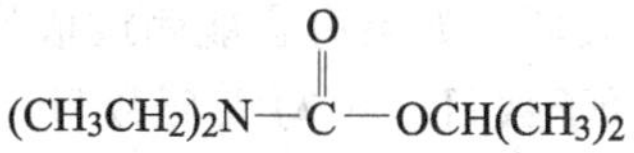

(—COOR优先于—$CONH_2$，酯是母体)

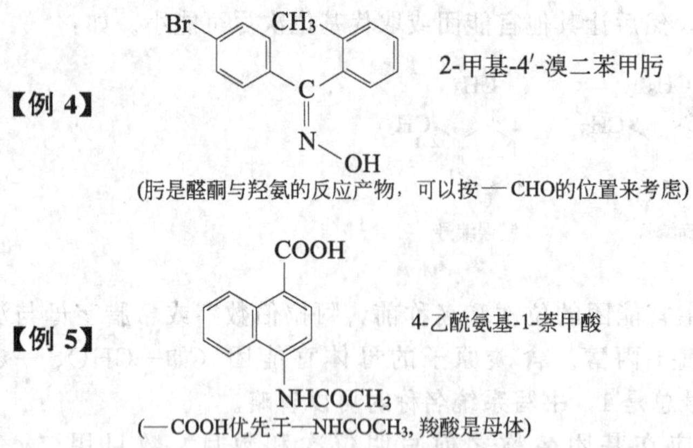

【例 4】 2-甲基-4′-溴二苯甲肟

(肟是醛酮与羟氨的反应产物，可以按—CHO的位置来考虑)

【例 5】 4-乙酰氨基-1-萘甲酸

(—COOH优先于—NHCOCH$_3$, 羧酸是母体)

第三节　几类重要有机化合物的系统命名

一、烯炔

首先要让不饱和键位次之和最小，如和相等，应让双键位次尽可能小。如：

$(CH_3)_2CHCH_2CHC{\equiv}CH$（3位连 $CH{=}CHCH_3$）

3-异丁基-4-己烯-1-炔

$CH{\equiv}C-CH(CH_3)-CH{=}CH_2$

3-甲基-1-戊烯-4-炔

二、芳香族化合物

当化合物分子中含有 2 个及以上官能团和取代基时，按本章第二节所述“选择主官能团的原则”确定官能团，编号时让官能团的位次最小。余下的作为取代基，取代基按次序规则列出。如：

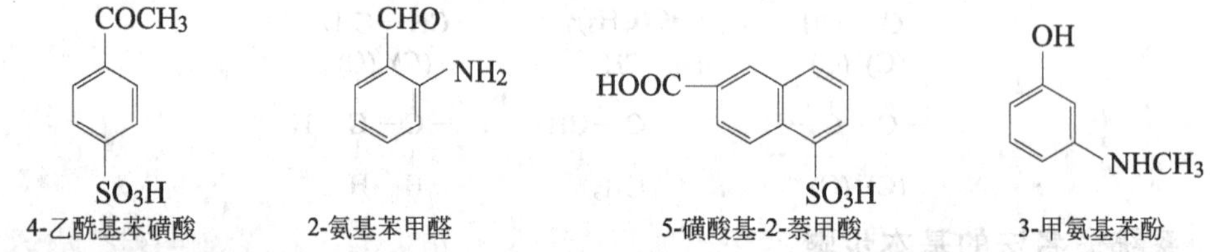

4-乙酰基苯磺酸　　2-氨基苯甲醛　　5-磺酸基-2-萘甲酸　　3-甲氨基苯酚

三、桥环化合物

编号总是从桥头碳开始，经最长桥→次长桥→最短桥。如果有官能团，给官能团较小的位号。命名时将取代基连位号写在前面，桥上碳原子数目从大到小写到方括号中，中间用下圆点隔开，写出官能团的位次号及名称。最长桥与次长桥等长，从靠近官能团的桥头碳开始编号。最短桥编号时从靠近起始桥头一端开始。最短桥上没有桥原子时应以“0”计。如：

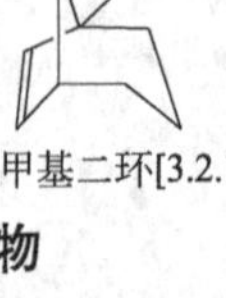

1,8,8-三甲基二环[3.2.1]-6-辛烯 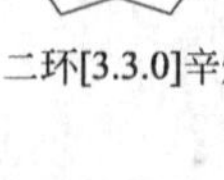　　二环[3.3.0]辛烷 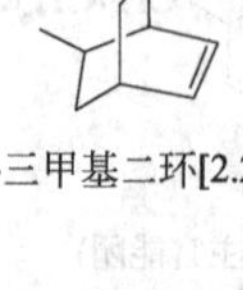　　5,5,8-三甲基二环[2.2.2]-2-辛烯

四、螺环化合物

环的编号从与螺原子相邻的碳开始，沿小环编到大环，如果有官能团或取代基给予尽可能小的位号。标明螺环上碳原子数目时，先写小环碳原子数目，再写大环数目，中间用圆点隔开，放在方括号中。如：

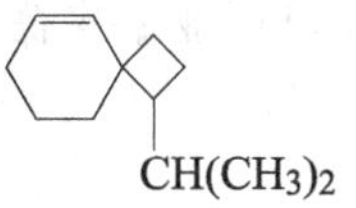

1-异丙基螺[3.5]-5-壬烯 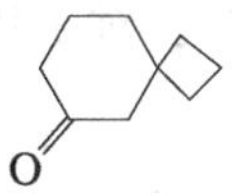　　螺[3.5]-6-壬酮 　　螺[4.5]-6-癸烯-2-酮

五、杂环化合物

编号从杂原子开始。遇两个相同杂原子时，则由带取代基（或 H）的杂原子开始。含多个不同杂原子时，则按 O→S→N 的顺序编号。编号时杂原子的位次应遵循最低系列原则。如：

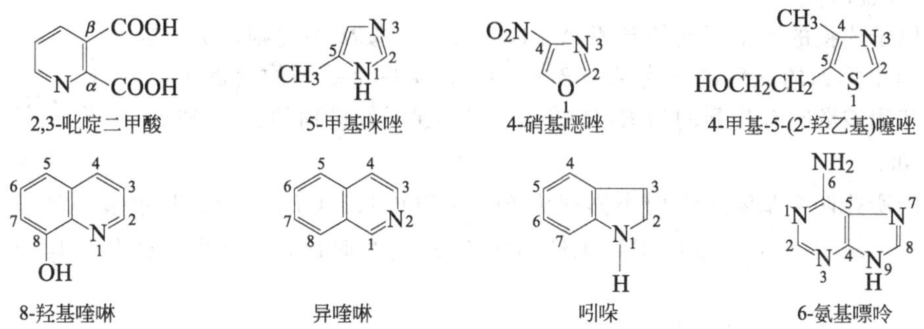

2,3-吡啶二甲酸　　5-甲基咪唑　　4-硝基噁唑　　4-甲基-5-(2-羟乙基)噻唑

8-羟基喹啉　　异喹啉　　吲哚　　6-氨基嘌呤

第四节　立体异构体的命名

一、顺反异构体的命名

1. 顺/反命名法

两个双键（或环）碳原子上所连的相同原子或基团在双键（或环）同侧的为顺式，异侧的为反式。如：

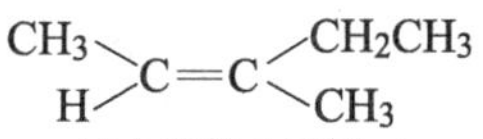

反-3-甲基-2-戊烯 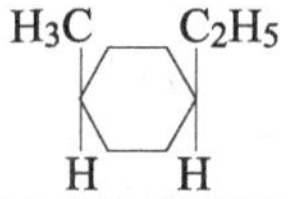　　顺-1-甲基-4-乙基环己烷

2. *Z*/*E* 命名法

若双键碳上没有相同基团，则采用 *Z*/*E* 命名法。按次序规则，双键碳原子上两个较优基团或原子处于双键同侧的为 *Z* 式，处于双键异侧的为 *E* 式。如：

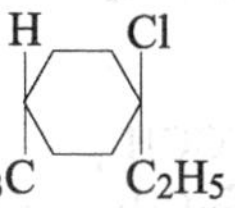

(*E*)-4-甲基-1-乙基-1-氯环己烷 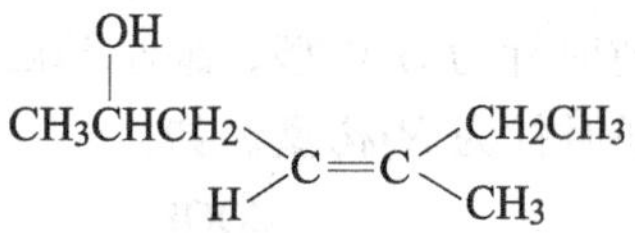　　(*Z*)-5-甲基-4-庚烯-2-醇

顺/反和 *Z*/*E* 这两种命名方法无一一对应关系。如：

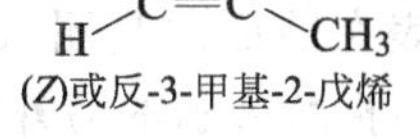

(*Z*)或反-3-甲基-2-戊烯 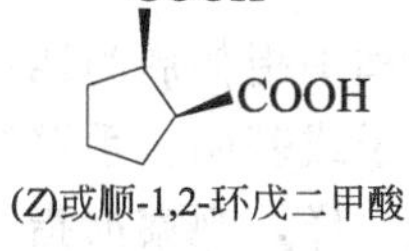　　(*Z*)或顺-1,2-环戊二甲酸

对于多烯烃的标记要注意，在遵守“双键的位次尽可能小”的原则下，若还有选择的话，

编号由 Z 型双键一端开始（即 Z 优先于 E）。对于环外双键，可用亚基来命名，但要注意环外双键的构型。如：

3-(E-2-氯乙烯基)-(1Z,3Z)-1-氯-1,3-己二烯　　(E)-3-亚乙基环己烯

二、旋光异构体的命名和构型的 R/S 标记

1. 方向盘法

手性原子连接的四个不同的基团 A、B、C、D，按次序规则由大（较优基团）到小排列的先后次序为 A→B→C→D，从最小基团的对面观察，其他三个基团按顺时针排列的为 R(Rectus) 型，逆时针排列的为 S(Sinister) 型。如：

(R)-2-羟基丙酸

手性碳所连四个基团从大到小排列为 OH＞COOH＞CH_3＞H，其中最小的是 H，让 H 远离观察者，站到 H 的对面，OH→COOH→CH_3 为顺时针，故该化合物为 R 构型。又如：

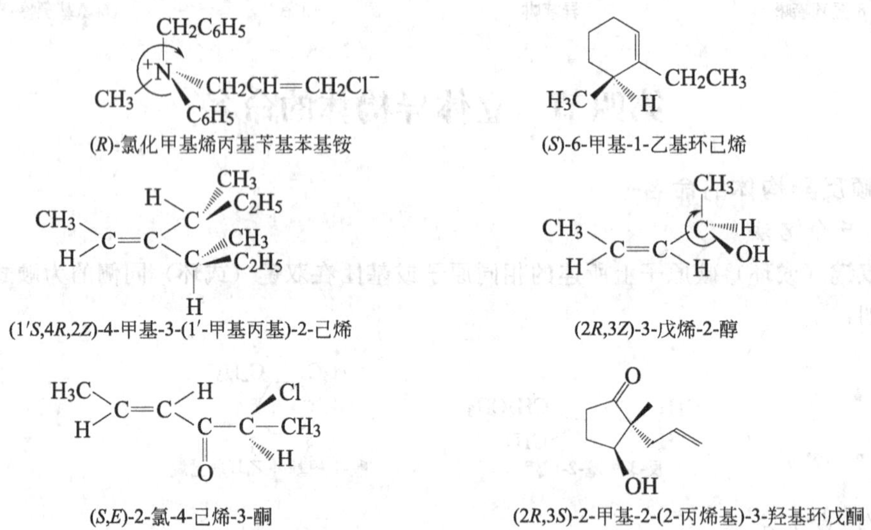

(R)-氯化甲基烯丙基苄基苯基铵　　(S)-6-甲基-1-乙基环己烯

(1'S,4R,2Z)-4-甲基-3-(1'-甲基丙基)-2-己烯　　(2R,3Z)-3-戊烯-2-醇

(S,E)-2-氯-4-己烯-3-酮　　(2R,3S)-2-甲基-2-(2-丙烯基)-3-羟基环戊酮

2. 直接从 Fischer 投影式判断

在 Fischer 投影式中，最小基团在竖位，余下三个基团在纸面上从大（较优）到小排列，顺时针为 R 构型，逆时针为 S 构型；最小基团在横位，余下三个基团在纸面上从大到小排列，顺时针为 S 构型，逆时针为 R 构型。如：

S-型　　R-型

3. 手比法

将手臂、拇指、食指和中指伸展为四面体结构的样子，用手臂代表最小的基团，拇指、食指和中指代表另外三个原子或基团，手臂和拇指代表在前面的基团（横前竖后）；将手臂远离观察者，仍然像看方向盘一样，观察拇指、食指和中指所表示的另外三个原子或基团从大到小的方向，如果是顺时针则为 R-构型，逆时针则为 S-构型。如：

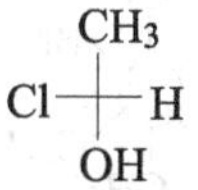

CH_3 Cl—┼—H OH	CH_3 H—C····Cl OH
右手臂—H；拇指—Cl； 食指—CH_3；中指—OH 大小：Cl＞OH＞CH_3 拇指＞中指＞食指（*R*-）	左手臂—H；拇指—OH； 食指—CH_3；中指—Cl 大小：Cl＞OH＞CH_3 中指＞拇指＞食指（*R*-）

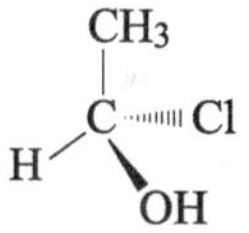

三、桥环化合物内/外型的标记

桥上的原子或基团与主桥在同侧为外型（exo-）；在异侧为内型（endo-）。

主桥的确定：

桥含杂原子

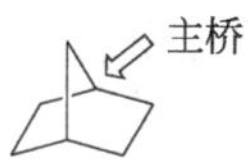

主桥
桥含较少原子

主桥
饱和的桥

此外，桥所带的取代基数目少；桥所带的取代基按"次序规则"排序较小。如：

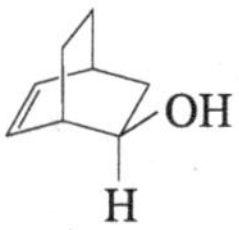

OH, H
外-二环[2.2.2]-5-辛烯-2-醇

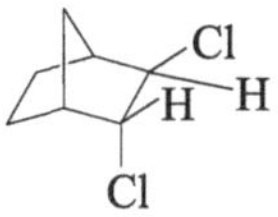

Cl, H, H, Cl
外-2,内-3-二氯二环[2.2.1]庚烷

习　　题

1. 命名下列化合物。

(1) 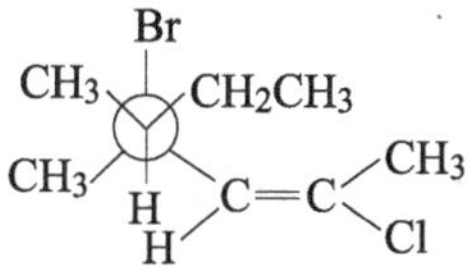 Br; CH_3; CH_2CH_3; CH_3; H; H; C=C; CH_3; Cl

(2) 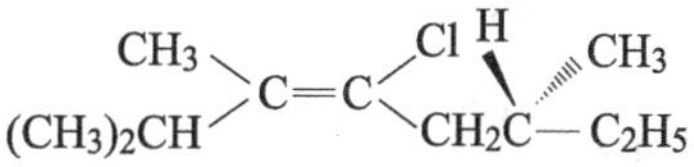 CH_3, $(CH_3)_2CH$ C=C Cl, CH_2C(H)(CH_3)—C_2H_5

(3) H—C(=C(H)—CH_3); H—┼—CH_3; CH_2CH_3

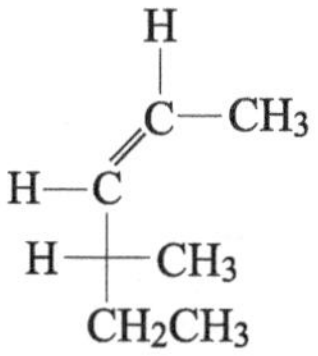

(4) 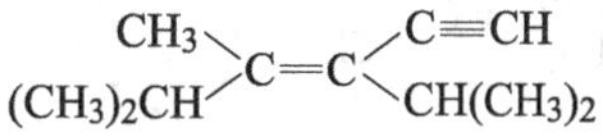 CH_3, $(CH_3)_2CH$ C=C C≡CH, $CH(CH_3)_2$

(5) 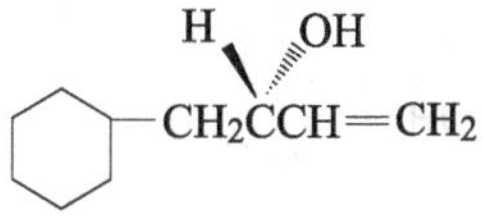 H, OH; (环己基)—CH_2CCH=CH_2

(6)

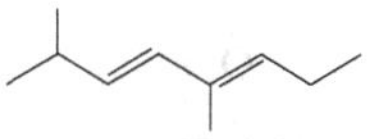

(7) 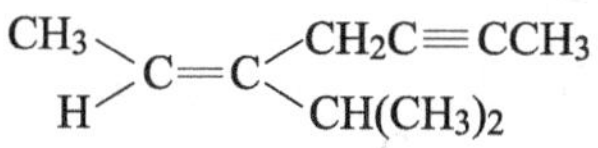 CH_3, H C=C CH_2C≡CCH_3, $CH(CH_3)_2$

(8) 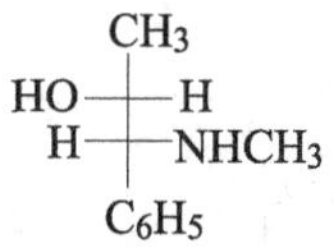 CH_3; HO—┼—H; H—┼—$NHCH_3$; C_6H_5

(9) 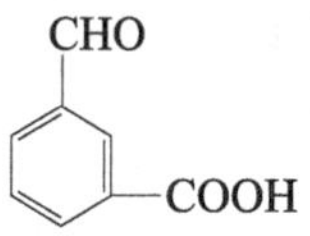 CHO; COOH

(10) 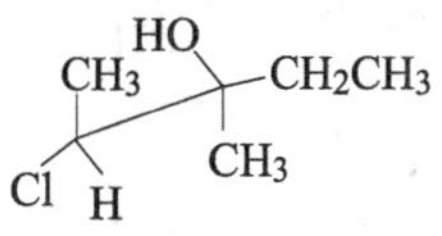 HO; CH_3; CH_2CH_3; CH_3; Cl; H

(11) 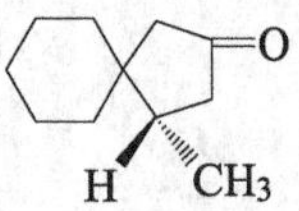 O, H, CH_3

(12) 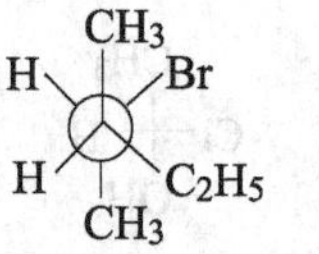 CH_3, H, Br, H, C_2H_5, CH_3

(13) 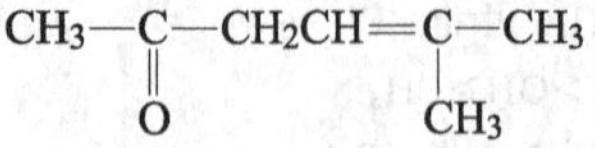 $CH_3-\overset{\displaystyle O}{\underset{}{C}}-CH_2CH=\underset{CH_3}{C}-CH_3$

(14) 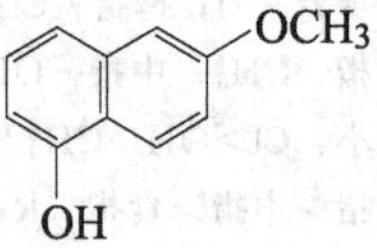 OCH_3, OH

(15) 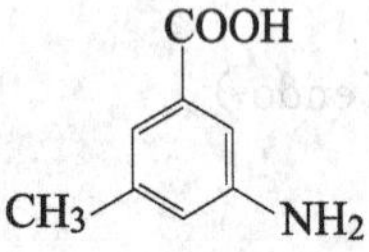 COOH, CH_3, NH_2

(16) 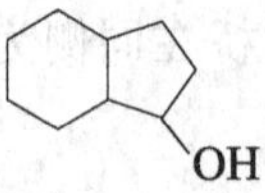 OH

(17) 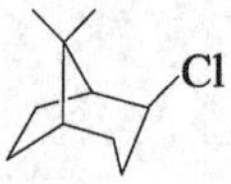 Cl

(18) 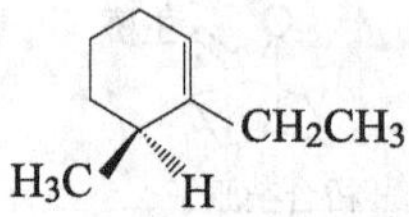 CH_2CH_3, H_3C, H

(19) 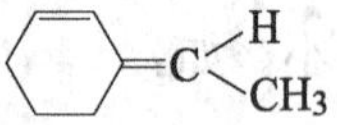 H, C, CH_3

(20)  HO—C₆H₄—CN

(21) 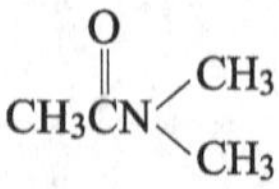 $CH_3\overset{O}{C}N(CH_3)_2$

(22) 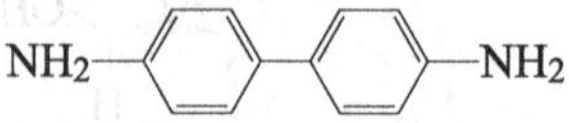 NH_2—C₆H₄—C₆H₄—NH_2

(23) 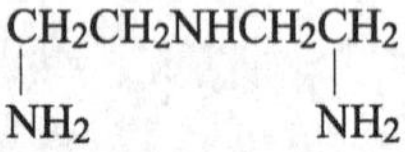 $\underset{NH_2}{CH_2}CH_2NHCH_2\underset{NH_2}{CH_2}$

(24) 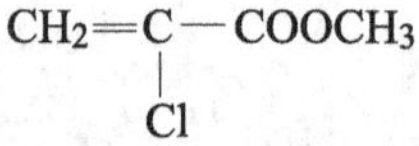 $CH_2=\underset{Cl}{C}-COOCH_3$

(25) $C(CH_2OH)_4$

(26) $(CH_3OCH_2CH_2)_2O$

(27) 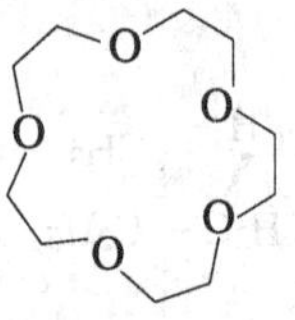 O, O, O, O, O

(28) 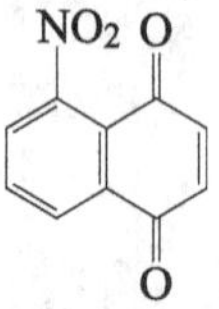 NO_2, O, O

(29) 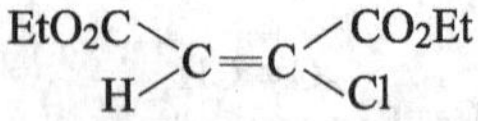 EtO_2C, H, C=C, CO_2Et, Cl

(30) 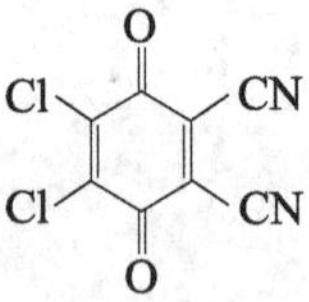 O, Cl, CN, Cl, CN, O

(31) 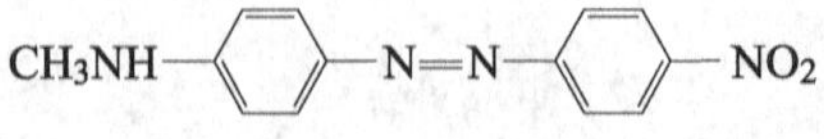 CH_3NH—C₆H₄—N=N—C₆H₄—NO_2

(32) 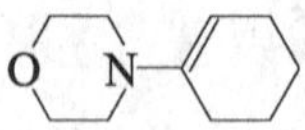 O, N

(33) 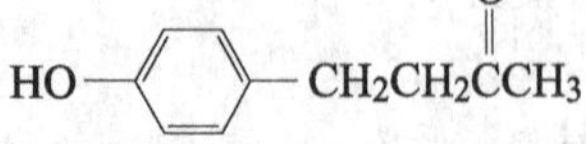 HO—C₆H₄—$CH_2CH_2\overset{O}{C}CH_3$

(34) 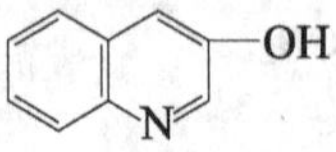 OH, N

(35)

(36)

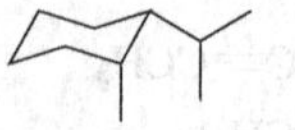

(37) 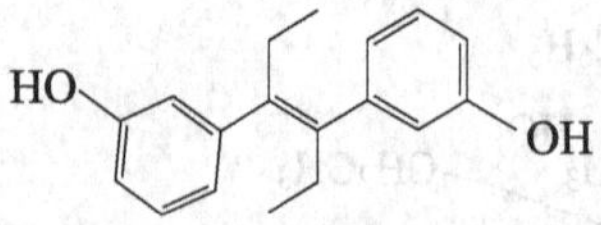 HO, OH

(38) 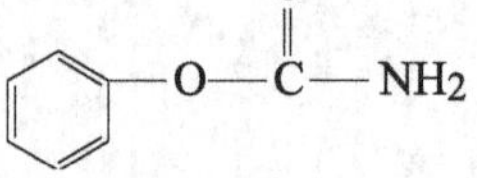 C₆H₅—O—$\overset{O}{C}$—NH_2

(39) 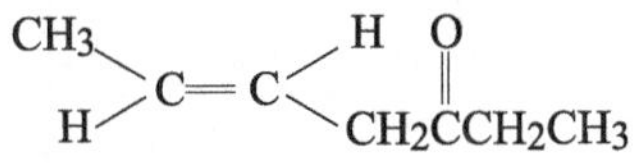 $CH_3(H)C{=}C(H)CH_2C(=O)CH_2CH_3$

(40) 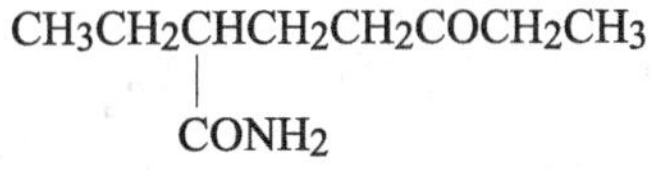 $CH_3CH_2CH(CONH_2)CH_2CH_2COCH_2CH_3$

(41) 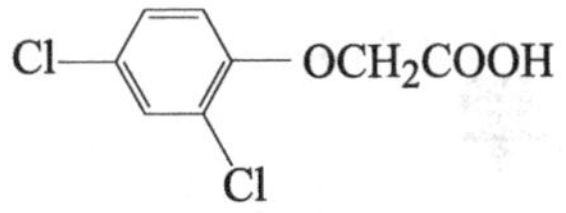 2,4-二氯苯基-OCH_2COOH（Cl—苯环—OCH_2COOH，邻位 Cl）

(42) 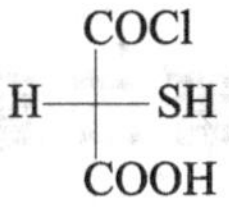 Fischer 投影式：上 COCl，左 H，右 SH，下 COOH

2. 写出下列化合物结构式。

(1) 偶氮二异丁腈　　(2) 3-吲哚乙酸

(3) *N*-溴代邻苯二甲酰亚胺　　(4) 甲基-α-D-吡喃葡萄糖苷

(5) 2-(2,4-二硝基苯基) 环己醇　　(6) α-甲基丙烯酸甲酯

(7) 5-异喹啉磺酸　　(8) 丙烯基仲丁基醚

(9) 马来酸　　(10) 苯并-18-冠-6

(11) 1,7,7-三甲基二环 [2.2.1] 庚烷　　(12) (2*R*,3*S*)-3-溴-2-丁醇

(13) 四氯呋喃　　(14) 苯重氮磺酸钠

(15) 水杨醛　　(16) 甘氨酸

(17) 水合茚三酮　　(18) 糠醛

(19) (*R*)-2-甲基-4-丁内酯　　(20) (*Z*)-6-甲氧基-5-氯-4-己烯-2-炔酸叔丁酯

(21) 氰化重氮苯　　(22) β-二甲氨基乙醇

3. 写出下列常见试剂的结构式。

(1) DMSO　　(2) THF　　(3) NBS

(4) DMF　　(5) TsCl　　(6) BsOH

第二章　立体化学

研究分子中原子或基团在三维空间内因排列不同而产生的立体异构（如顺反异构、对映异构和分子的构象等）以及这些立体异构体的有关性质等内容，称为静态立体化学。而研究分子的空间结构对其化学性质、反应速率、反应方向和反应机理等产生的影响，称为动态立体化学。

第一节　顺反异构

有机化合物普遍存在同分异构现象，具有相同分子式、但具有不同结构的化合物称为异构体。异构体主要分为两大类：构造异构和立体异构。具有相同的分子式，而分子中原子结合的顺序及方式不同而产生的异构称为构造异构；具有相同的分子式，相同的原子连接顺序，不同的空间排列方式引起的异构称为立体异构。立体异构主要包括顺反异构、对映异构和构象异构。顺反异构一般是由于分子中具有双键或环状结构，使分子内原子间的旋转受到阻碍，分子中的原子或基团在空间排列关系不同所引起的异构现象。

一、顺反异构产生的条件

① 有限制旋转的因素：如环或双键。

② 每个双键（或环）碳上所连的原子和基团不相同。

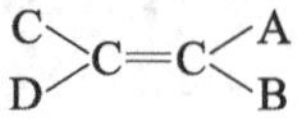

A C / B D（环）　　$\mathrm{(C)(D)C{=}C(A)(B)}$　　A≠B,且C≠D

二、顺反异构的标记方法（详见第一章）

1. 顺/反标记法

两个双键（或环）碳原子上所连的相同原子或基团在双键同侧为顺式，异侧为反式。

2. Z/E 标记法

按次序规则，双键（或环）碳原子上两个较优基团或原子处于双键同侧的为 Z 式，处于双键异侧的为 E 式。

三、含有 C═N 和 N═N 的化合物

在这些化合物分子中，同样由于π键阻碍了双键上两个原子的自由旋转，而产生了顺反异构现象。氮原子的三个价键有两个用于形成双键，另外一个价键所连接的基团与碳氮双键或氮氮双键不在一条直线上，如下面一些式子所示：

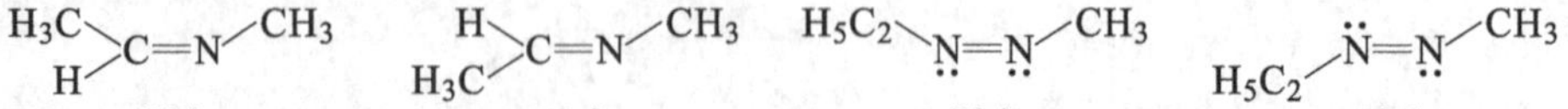

$\mathrm{(H_3C)(H)C{=}N{-}CH_3}$ 顺式　　$\mathrm{(H)(H_3C)C{=}N{-}CH_3}$ 反式　　$\mathrm{H_5C_2{-}N{=}N{-}CH_3}$ 顺式　　$\mathrm{H_5C_2{-}N{=}N{-}CH_3}$ 反式

第二节　对映异构

一、手性与对称因素

手性是指一种物体和它的镜像不能重合的性质。旋光性被认为是手性分子的一种性质，即

旋转偏振光的能力。研究证明，一个分子是否具有手性，决定于它本身是否存在某些对称因素。下面介绍几种与分子手性有关的对称因素。

① 对称面（σ）　如果组成分子的所有原子在同一平面上，或有一个通过分子的平面能把该分子分成互为实物与镜像的两部分，这个平面就是分子的对称面。

② 对称中心（i）　通过分子的中心与分子中的任何一个原子能连一直线，然后将直线向相反方向延长，在离中心等距离处都遇到完全相同的原子，则此中心是该分子的对称中心。

③ 对称轴（C_n）　通过分子作一条直线，使分子绕此直线旋转一定角度而能同原来的分子重合，则该直线是此分子的对称轴。如果绕此对称轴转动 $360°/n$ 后能同原来分子重合，则此直线是该分子的 n 重对称轴，用 C_n 表示。

④ 交替对称轴（S_n）　如果一个分子绕一个轴转动一定角度（用 α 代表转动的度数）后，再用垂直于该轴的镜面将旋转后的分子反映得到其镜像，通过转动和反映得到的分子恰好能与原分子重合，则这个轴是该分子的 n 重交替对称轴，用 S_n 表示。如：

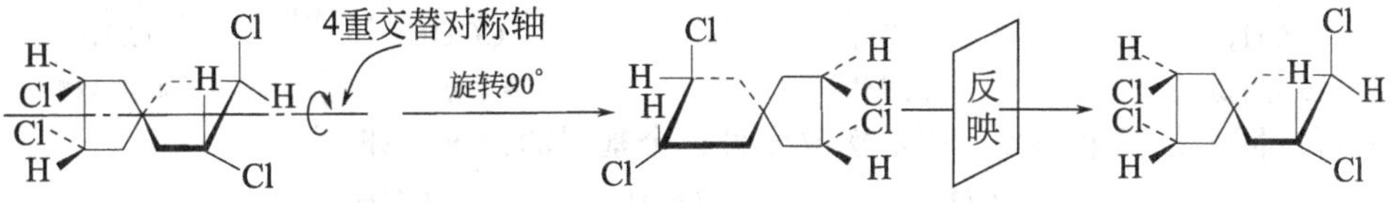

(Ⅰ)　　(Ⅱ)　　(Ⅲ)

该分子具有四重交替对称轴，即 S_4 对称轴。

凡含有对称面、对称中心、四重更替对称轴三因素之一的分子，称为对称分子，无手性。如苯、反-1,2-二氯乙烯。不含对称面、对称中心、四重更替轴中任何一个对称性因素，只含有简单对称轴的分子，称为非对称分子，这类分子有手性。如反-1,2-二氯环丙烷，仅有 C_2。又如：

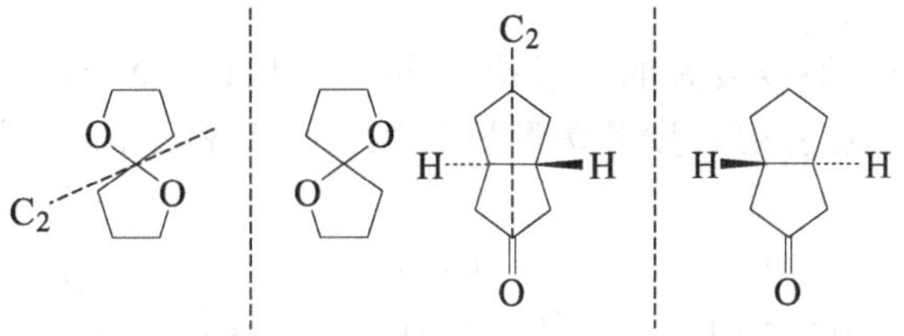

不含对称面、对称中心、对称轴和四重更替轴中任何一种对称性因素的分子，称为不对称分子，有手性。如含有一个手性碳的乳酸。

二、构型表示方法——费歇尔（Fischer）投影式

对映异构体的构型可用棍球的立体形式、纽曼式、楔形式及透视式等方式表示。虽然这类形式可清楚地表示出分子中原子的立体关系，但不便于书写，为了方便，一般采用费歇尔（Fischer）投影式来表示分子的立体构型。

1. 费歇尔投影式的投影原则

（1）用“+”字交叉点代表手性碳原子；

（2）将与手性碳原子相连的横着的两个键朝前，竖着的两个键向后（“横前竖后”）；

（3）一般将主链碳原子纵向排列，把命名时编号最小的基团或氧化态高的碳原子放在碳链顶端。

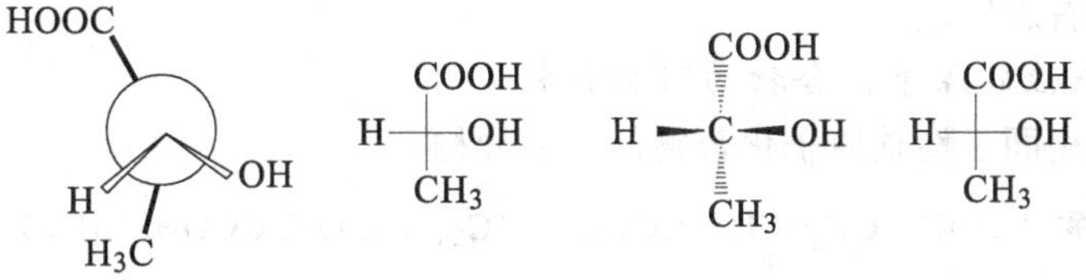

立体结构　　投影式　　楔形式　　投影式

2. 费歇尔投影式的使用规则

(1) 不能在纸面上旋转 90°、270°等 90°的奇数倍。但在纸面上旋转 90°的偶数倍投影式保持不变。如：

$$\begin{array}{c}COOH\\ H-\!\!\!+\!\!\!-OH\\ CH_3\end{array} \neq \begin{array}{c}H\\ H_3C-\!\!\!+\!\!\!-COOH\\ OH\end{array} \qquad \begin{array}{c}COOH\\ H-\!\!\!+\!\!\!-OH\\ CH_3\end{array} \equiv \begin{array}{c}CH_3\\ HO-\!\!\!+\!\!\!-H\\ COOH\end{array}$$

(2) 不能离开纸面翻转 180°。如：

$$\begin{array}{c}COOH\\ H-\!\!\!+\!\!\!-OH\\ CH_3\end{array} \neq \begin{array}{c}COOH\\ HO-\!\!\!+\!\!\!-H\\ CH_3\end{array}$$

(3) 基团可两两交换偶数次，但不能交换奇数次。如：

$$\underset{\text{原化合物}}{\begin{array}{c}COOH\\ H-\!\!\!+\!\!\!-OH\\ CH_3\end{array}} \xrightarrow{\text{对调一次}} \underset{\text{对映体}}{\begin{array}{c}COOH\\ HO-\!\!\!+\!\!\!-H\\ CH_3\end{array}} \xrightarrow{\text{再对调一次}} \underset{\text{原化合物}}{\begin{array}{c}CH_3\\ HO-\!\!\!+\!\!\!-H\\ COOH\end{array}} \xrightarrow[180^\circ]{\text{纸面上旋转}} \underset{\text{原化合物}}{\begin{array}{c}COOH\\ H-\!\!\!+\!\!\!-OH\\ CH_3\end{array}}$$

(4) 可以固定某一个基团，而依次改变另三个基团的位置。如：

$$\begin{array}{c}COOH\\ H-\!\!\!+\!\!\!-OH\\ CH_3\end{array} \equiv \begin{array}{c}COOH\\ H_3C-\!\!\!+\!\!\!-H\\ OH\end{array} \equiv \begin{array}{c}COOH\\ HO-\!\!\!+\!\!\!-CH_3\\ H\end{array}$$

三、对映异构体的构型标记

1. *R*/*S* 标记法（详见本教材第一章）

2. D/L 标记法

在 Fischer 投影式中，编号最大的手性碳上的—OH（或—NH_2）在右侧，则其构型为D-型；若—OH（或—NH_2）在左侧，则其构型为 L-型。D/L 标记法主要用于糖类、氨基酸等化合物的命名。

$$\underset{\text{D-赤藓糖}}{\begin{array}{c}CHO\\ H-\!\!\!+\!\!\!-OH\\ H-\!\!\!+\!\!\!-OH\\ CH_3\end{array}} \qquad \underset{\text{D-苏阿糖}}{\begin{array}{c}CHO\\ HO-\!\!\!+\!\!\!-H\\ H-\!\!\!+\!\!\!-OH\\ CH_3\end{array}} \qquad \underset{\text{L-乳酸}}{\begin{array}{c}COOH\\ HO-\!\!\!+\!\!\!-H\\ CH_3\end{array}}$$

四、含有手性原子化合物的对映异构

1. 含有一个手性碳原子化合物的对映异构

含有一个手性碳原子的化合物一定是手性的，具有旋光性和对映异构现象。乳酸、2-丁醇等是常见的含有一个手性碳原子的例子。

含有一个手性碳原子的化合物具有两个（2^n）立体异构体：一对对映异构体，其中一个是左旋体（−），一个是右旋体（+）。

将对映体等量混合，由于旋光度大小相等，旋光方向相反，相互抵消，旋光性消失，这种等量对映体的混合物称为外消旋体。外消旋体用±、*RS*、*dl* 或 DL 表示。外消旋体无旋光性，可分离成左旋体与右旋体。

2. 含有两个手性碳原子化合物的对映异构

(1) 含有两个相同手性碳原子化合物的对映异构

$$\text{酒石酸}\ HOOC-\underset{OH}{\overset{*}{C}H}-\underset{OH}{\overset{*}{C}H}-COOH \qquad {}^*C_2、{}^*C_3\text{: OH, COOH, }\underset{OH}{C}HCOOH\text{, H}$$

I	II	III	IV
COOH	COOH	COOH	COOH
H—OH	HO—H	H—OH	HO—H
HO—H	H—OH	H—OH	HO—H
COOH	COOH	COOH	COOH

在酒石酸的立体异构体中，Ⅰ与Ⅱ为对映体，Ⅲ与Ⅳ为同一化合物，因为这种分子有一个对称面，称为内消旋体（meso）。Ⅰ与Ⅲ、Ⅱ与Ⅲ为非对映体。

含两个相同手性碳原子的化合物存在着三个（2^n-1）立体异构体：一对对映体，一个内消旋体，两对非对映体，可组成一个（±）。

（2）含有两个不相同手性碳化合物的对映异构

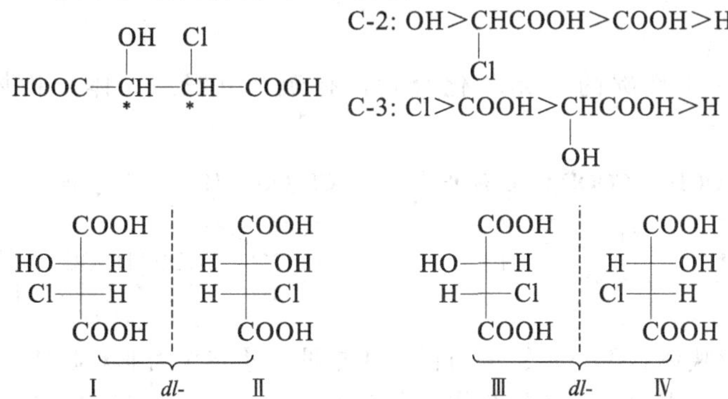

Ⅰ与Ⅱ、Ⅲ与Ⅳ为对映体。Ⅰ与Ⅲ、Ⅰ与Ⅳ、Ⅱ与Ⅲ、Ⅱ与Ⅳ为非对映体。含两个不同手性碳原子的化合物，存在着四个（2^n）立体异构体：两对对映体，四对非对映体，可组成两个（±）。

含两个不相同手性碳原子的化合物，通常可以用赤型和苏型来表示其构型。在使用Fischer投影式时，凡两个相同的原子或基团连在碳链同侧的为赤型，在碳链异侧的为苏型。如：

L-(+)-赤藓糖	D-(−)-苏阿糖
CHO	CHO
HO—H	HO—H
HO—H	H—OH
CH_2OH	CH_2OH

3. 含其他手性原子化合物的对映异构

除碳原子外，其他如Si、N、S、Se、Te、Sn、Ge、P、As、B、Be、Cu、Zn、Pt、Pd等原子形成的某些化合物，也具有旋光性。例如与四个不相同的基团相连的氮、磷原子就是手性原子：

$$CH_3CH_2-\overset{CH_3}{\underset{CH_2C_6H_5}{N^+}}-C_6H_5\ OH^- \qquad C_6H_5-\overset{CH_2C_6H_5}{\underset{CH_2CH_2CH_3}{P^+}}-CH_3\ Br^-$$

不同取代开链叔胺分子不具有旋光活性，因为角锥体翻转所需要的活化能太小，两种对映体因快速翻转相互转化，导致消旋。

$$RR'R''N: \rightleftharpoons :NRR'R''$$

膦的角锥体翻转所需活化能较大，曾得到过许多旋光性的膦。同样硫原子上连有不同取代基的亚砜，也是角锥结构，其翻转的能障很大，所以这样的亚砜分子也是手性分子。

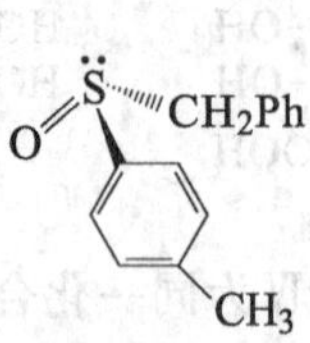

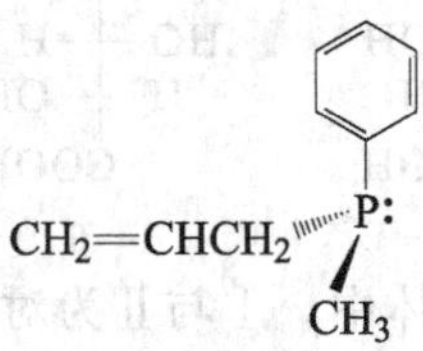

五、环状化合物的顺反异构与对映异构

实验证明，单环化合物有否旋光性可以通过其平面式的对称性来判别，凡是有对称中心或对称平面的单环化合物无旋光性，反之则有旋光性。下面以环丙烷和环己烷衍生物为例来加以说明。

1. 环丙烷衍生物

含有两个不相同手性碳的三元环化合物，有四个（2^2）立体异构体：两对对映异构体。如：

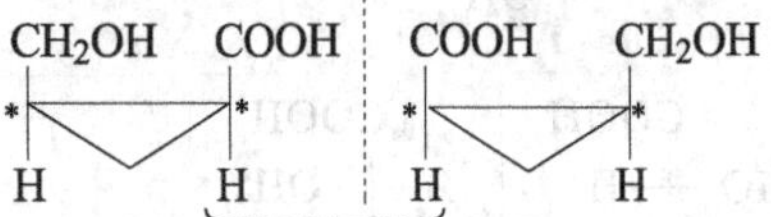

Ⅰ　Ⅱ

顺式，对映异构

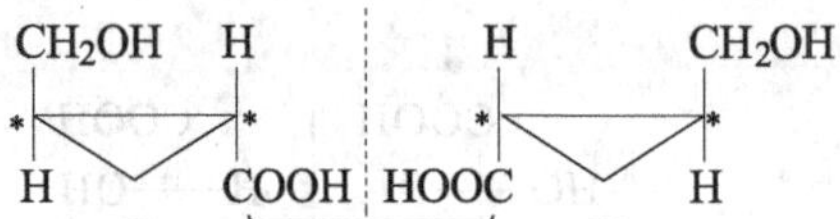

Ⅲ　Ⅳ

反式，对映异构

Ⅰ与Ⅱ、Ⅲ与Ⅳ为对映体。Ⅰ与Ⅲ、Ⅰ与Ⅳ、Ⅱ与Ⅲ、Ⅱ与Ⅳ为非对映体。

含有两个相同手性碳的三元环化合物，有三个（2^2-1）立体异构体：一个内消旋体，一对对映异构体。如：

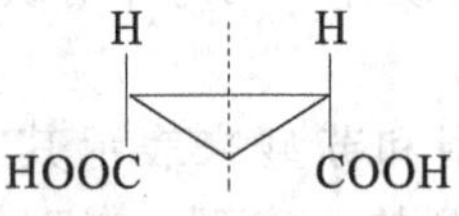

顺式，内消旋体

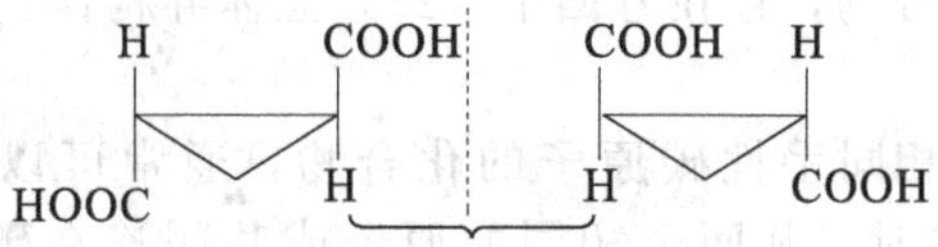

反式，对映异构

2. 环己烷衍生物

含有两个相同取代基的顺式 1,2-和 1,3-环己烷，是内消旋体。反式 1,2-和 1,3-环己烷，是手性分子，各有一对对映异构体。顺式-1,4-和反式-1,4-环己烷无手性碳，无旋光性。

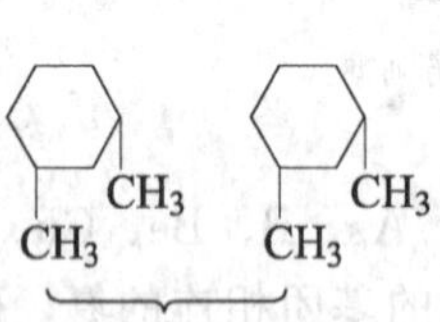

有手性C，但有对称面

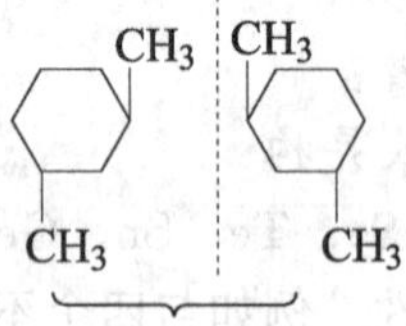

反式，对映异构

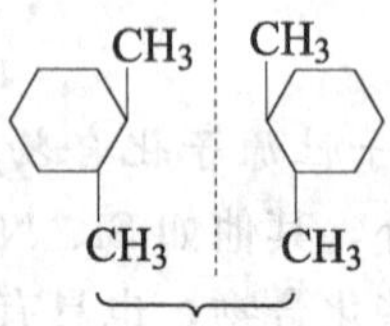

反式，对映异构

六、不含手性原子的手性分子

1. 丙二烯型化合物（具手性轴）

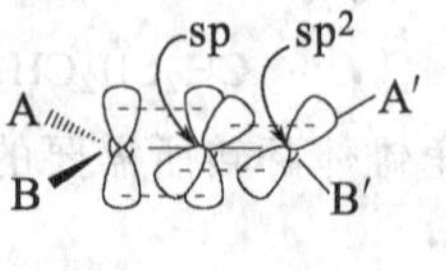

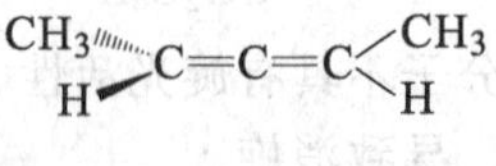

类似物还有：

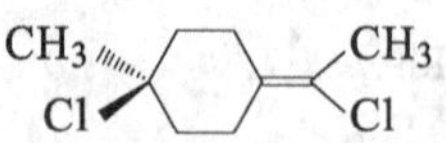

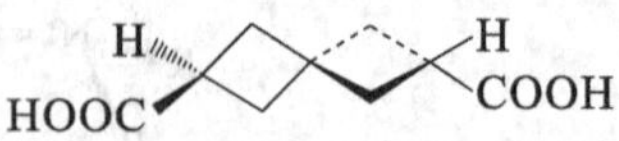

这类分子产生手性必须同时具备下列三个条件：①含有偶数个双键或螺环（限制旋转的因

素）；②两端同一个双键（或环）碳上所连的两个基团不相同；③两端四个基团处于相互垂直的两个平面。

2. 单键旋转受阻的联芳基型化合物（具手性轴）

2,2′,6,6′-位上有体积较大且不对称的基团时，联苯两苯环间的单键不能自由旋转，两个苯环不能处于同一平面。整个分子无对称面、无对称中心，分子有手性。

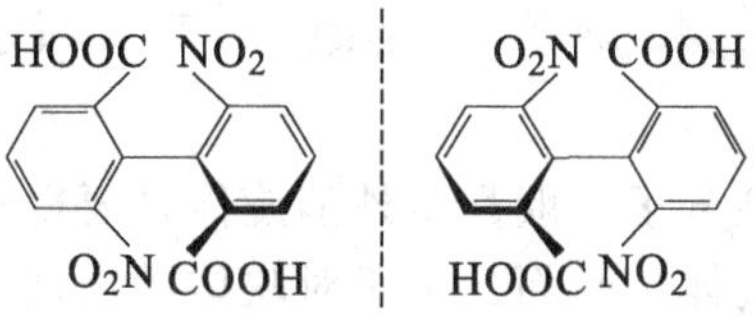

原子团的阻碍次序是：I＞Br＞CH_3＞Cl＞NO_2＞COOH＞NH_2＞OCH_3＞OH＞F＞H。

联苯衍生物破坏连续平面对称性的作用也可以由其他位置的取代基来实现。如：

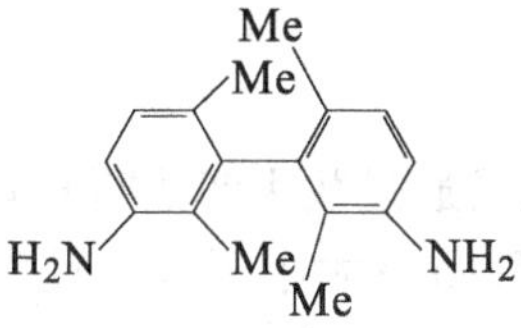

Ⅰ 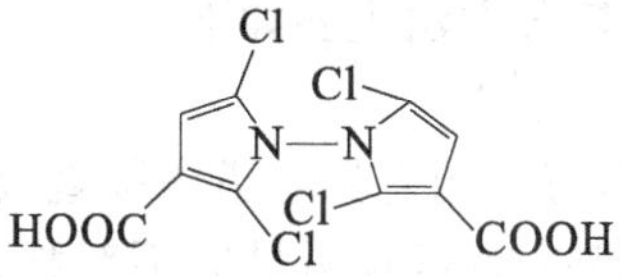　　Ⅱ 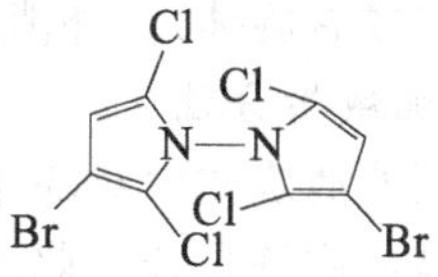　　Ⅲ

在Ⅰ、Ⅱ、Ⅲ中，—NH_2、—Br 和—COOH 都各自起到了破坏除苯平面外的对称因素的作用，而邻位的—CH_3、—Cl 起到了阻碍旋转的作用，这一作用是无法由其他位置的基团取代产生的。如下列Ⅳ、Ⅴ、Ⅵ这三个化合物均无光学异构体。

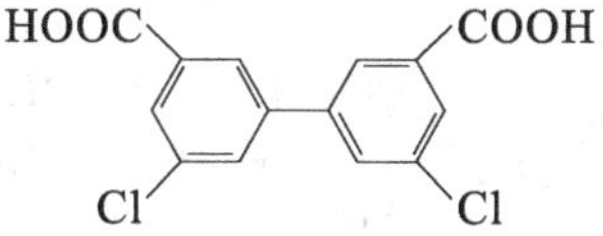

Ⅳ 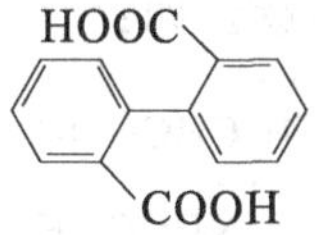　　Ⅴ 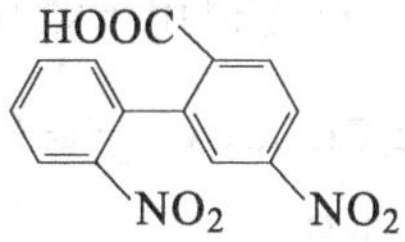　　Ⅵ

3. 手性面分子（分子中无手性中心，无手性轴）

除手性轴外，分子中的基团还可以沿某面产生手性排列，形成对映体，这叫含手性面化合物。如Ⅶ($n\leqslant 9$)，其形状犹如提篮，苯环为底，有一个手性面。在Ⅷ中，当醚环较小时（$n\leqslant 8$），苯环绕单键旋转受阻，被较小的醚环所挡转不过去，此时分子就没有对称面和对称中心，也产生手性；当 $n=9$ 时，能够拆分出光学异构体但仍较快发生消旋化；$n=10$ 时，可自由旋转不再出现手性。

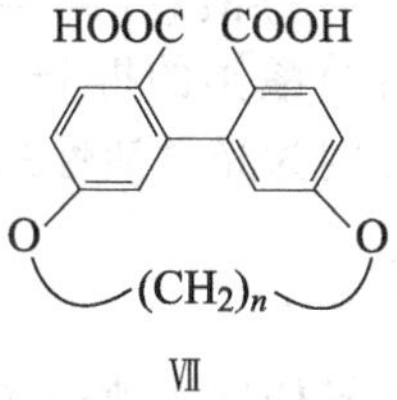

Ⅶ 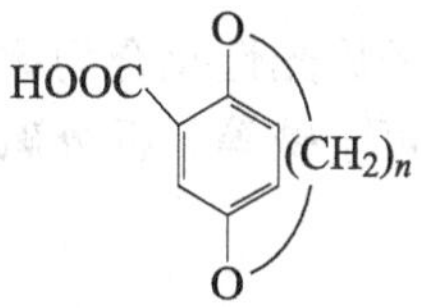　　Ⅷ

如下所示的环体系，任何一个苯环都不能通过大环翻转，苯环上有适当取代以后也形成手性分子。

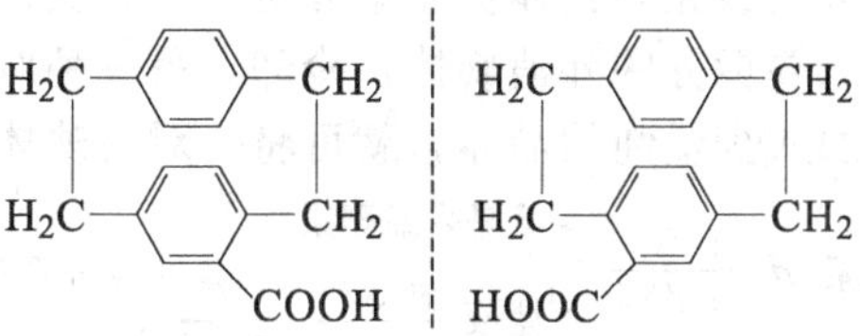

无对称因素

又如下列的六螺并苯和菲衍生物，分子内存在一个扭曲的面，使之不具有对称面和对称中心，因而产生手性。

H_3C CH_3　H_3C　COOH

七、外消旋体的拆分

用普通合成方法得到的手性分子一般都是外消旋体，要得到单一的某异构体则需要把外消旋体拆分成相应的左旋体和右旋体。然而，由于对映体的物理、化学性质相似，不能用一般的分馏、重结晶等方法将它们分离。目前已研究出不少的分离方法，其中把它们转变成非对映体的拆分法应用较广。利用非对映体具有不同的物理和化学性质将其进行分离，经处理重新生成左旋体（或右旋体）。外消旋体的拆分方法主要如下。

1. 机械拆分法

利用外消旋体中对映体结晶形态上的差异，借肉眼直接辨认或通过放大镜进行辨认，而把两种结晶体挑拣分开。此法要求结晶形态有明显的不对称性，且结晶大小适宜。此法比较原始，目前极少应用，只在实验室中少量制备时偶然采用。

2. 生化法

巴士德发现外消旋体酒石酸铵盐通过酵母菌或蓝色霉菌发酵时，有选择地消耗右旋酒石酸，这样，经发酵一定时间后，可从发酵液中分出纯左旋酒石酸盐。这种不对称破坏，即生物动力学拆分，已普遍用于氨基酸的制造。如：

$$(\pm)\text{-}CH_3\underset{NH_2}{CH}COOH \xrightarrow{\text{乙酰化}} (\pm)\text{-}CH_3\underset{NHCOCH_3}{CH}COOH \xrightarrow{\text{乙酰水解酶}} H_2N\text{—}\overset{COOH}{\underset{CH_3}{C}}\text{—}H + H\text{—}\overset{COOH}{\underset{CH_3}{C}}\text{—}NHCOCH_3$$

3. 化学法

用一旋光性试剂与外消旋体反应后，生成两个非对映体，再根据非对映体不同的物理性质（如溶解度、蒸气压等），用物理方法将它们分开，最后再把分开的非对映体分别还原为原来的两个对映体。如：

$$(\pm)\text{-酸}+(-)\text{-碱} \longrightarrow \begin{cases} (+)\text{-酸-}(-)\text{-碱} \\ (-)\text{-酸-}(-)\text{-碱} \end{cases} \xrightarrow{\text{结晶分离}} \begin{cases} (+)\text{-酸-}(-)\text{-碱} \xrightarrow{HCl} (+)\text{-酸} \\ (-)\text{-酸-}(-)\text{-碱} \xrightarrow{HCl} (-)\text{-酸} \end{cases}$$

用于拆分外消旋体的旋光性化合物称为拆分剂。拆分酸类的拆分剂一般为光学活性的碱，如喹啉、马钱子碱、辛可宁碱等。拆分碱类的常用拆分剂为光学活性的酸，如酒石酸、樟脑磺酸、谷氨酸等。

4. 诱导结晶法

在外消旋的过饱和溶液中，加入一定量的某种旋光异构体的纯晶体作为晶种。利用溶液中含有稍微过量的一对对映体之一，稍过量的对映体就先沉淀出来，而且沉淀出来的量要多于过量的量。于是溶液中含量较多的旋光异构体优先结晶析出，将其过滤后，滤液中就含有过量的另一种对映体。升温，再加入要拆分的外消旋体，冷却，另一种对映体又会结晶析出。如此反复进行结晶，只需要开始时加入少量纯的晶体，就可将一对对映体完全分开。如：

$$dl\text{-氯霉素}+d\text{-} \xrightarrow[\text{2. 冷却}]{\text{1. }\triangle} \begin{cases} \text{结晶}d\text{-氯霉素} \\ \text{滤液} \xrightarrow{\text{加入}dl\text{-}} \xrightarrow[\text{2. 冷却}]{\text{1. }\triangle} \begin{cases} \text{结晶}l\text{-氯霉素} \\ \text{滤液} \end{cases} \end{cases}$$

5. 色谱分离法

利用光学活性吸附剂对光学活性物质具有选择性吸附作用，可用来拆分外消旋体。因为光学活性吸附剂与外消旋体的D-型和L-型分别形成的吸附物是非对映体，其稳定性有差别，其中一种比另一种吸附更牢固，吸附比较松弛的在洗提过程中较容易通过柱色谱并优先被洗脱，从而达到拆分外消旋体的目的。淀粉、蔗糖粉、乳糖粉、羊毛及酪蛋白等都可以作为柱色谱的吸附剂。如DL-苦杏仁酸用异粉状羊毛或酪蛋白作吸附剂，水作洗提剂，D-(－)-苦杏仁酸先被洗脱。在DL-丙氨酸的拆分中，用淀粉作吸附剂，水作洗提剂，D-(－)-丙氨酸先被洗脱。用旋光性化合物处理非光学活性的吸附剂，如使（＋)-酒石酸吸附在多孔的氧化铝上，也可用来拆分外消旋体。

第三节 构象与构象分析

为了说明一个有机分子的结构，除了准确地知道它的构造和构型外，还要更深入一步了解它的构象。所谓构象是指围绕单键旋转所产生的分子中原子或基团在空间不同排列的各种立体形象。根据化合物分子的构象来分析化合物的理化性质，称为构象分析。

一、空间张力 (steric strain)

一个分子的总能量直接与它的几何形状有关。许多分子之所以呈现张力，是由于非理想几何形状造成的。分子将尽可能地利用键角或键长的改变来使能量达到最低值。但最低能量几何形状仍有一定程度的张力，其大小决定于它的结构参数偏离它们的理想值的程度。空间张力越大，空间能越高，分子越不稳定。总的空间能（E_s）可以用公式表示为：

$$E_s = E(\eta) + E(\bar{\omega}) + E(r) + E(d)$$

$E(\eta)$：键角张力，表示键角偏离正常键角（109.5°）所产生的能量变化，其大小与键角偏离值 $\Delta\eta$ 的平方成正比。

$E(\bar{\omega})$：扭转张力，连接于相邻原子上的非键基团所处的空间向位，相对于对位交叉构象的空间向位所产生的能量变化。重叠式构象时，扭转张力最大，它是由空间电子效应所引起的。

$E(r)$：拉伸张力，表示键长偏离正常键长时的能量变化，其大小与键长偏离值 Δr 的平方成正比。

$E(d)$：非键张力，表示不成键的基团之间的吸引力和排斥力，它包括范德华力、氢键作用力等。在多数情况下，非键张力常常是范德华力作用的结果。

二、链状化合物的构象

1. 饱和烃及有关衍生物的构象

在正丁烷分子中具有四种特殊的构象异构体，观察各构象异构体总的空间能可知，从全重叠式→部分重叠式→邻位交叉式→对位交叉式，总的空间能从25kJ/mol逐渐降到0，故这些构象异构体的稳定性顺序为：全重叠式＜部分重叠式＜邻位交叉式＜对位交叉式。

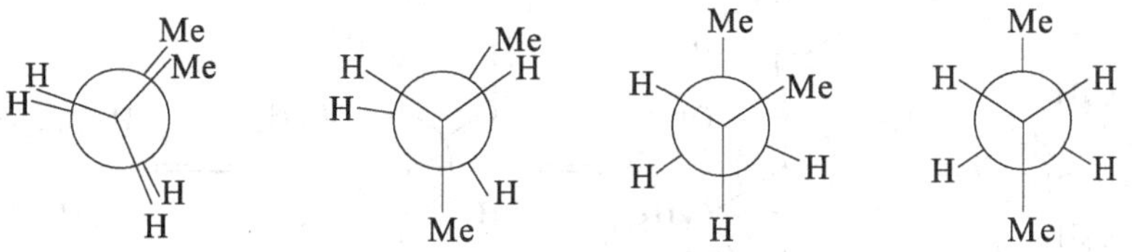

	全重叠	部分重叠	邻位交叉	对位交叉
E_s/(kJ/mol)	约25	约14	约3	0

并不是任何化合物都是对位交叉式构象所占比例大于邻位交叉式构象。如1-氯丙烷，稳定性邻位交叉式大于对位交叉式，这是因为甲基和氯原子间距相当于它们的范德华半径之和，二者产生吸引。

稳定性： Me, H, Cl, H, H, H > Me, H, H, H, H, Cl

又如2-氯乙醇，若只从范德华排斥作用考虑，对位交叉式构象a应占优势，但事实上却是邻位交叉式构象b占优势。

a: OH, H, H, H, H, Cl　b: OH, H, Cl, H, H, H

有人认为b中有氢键生成产生的稳定作用，但这种解释尚难以被普遍接受。2-氟乙醇和1,2-二氟乙烷等几乎全以邻位交叉式构象存在，后者并不能形成分子内氢键。将这种有利于形成邻位交叉式构象为优势构象的效应称为邻位交叉效应。

能使邻位交叉式相对于对位交叉式明显稳定的另一类非键相互作用是分子内氢键。如邻二醇的邻位交叉式中就有这种氢键。

稳定性： H, O, OH, H, H, H, H > OH, H, H, H, H, OH

又如下面化合物各构象的稳定性顺序为Ⅰ＞Ⅱ＞Ⅲ。这是因为在Ⅰ、Ⅱ中，—NH_2与—OH之间存在着氢键，它大大地降低了构象的能量；Ⅱ中—CH_3和—C_2H_5分布在—C_2H_5的两边，而Ⅰ中—CH_3和—C_2H_5分布在—H的两边，所以Ⅱ的范德华斥力比Ⅰ大。

C_2H_5, H_3C—OH, H—NH_2, C_2H_5 ≡ Ⅰ ⇌ Ⅱ ⇌ Ⅲ

Ⅰ: H, H, N, H, O, H_3C, H, C_2H_5, C_2H_5　Ⅱ: H, H, H, N, O, C_2H_5, H, C_2H_5, CH_3　Ⅲ: NH_2, H_5C_2, CH_3, H, C_2H_5, OH

如果把以上化合物中的两个乙基换成体积大的苯基或叔丁基，其稳定的构象则是对位交叉式（稳定性：Ⅵ＞Ⅳ＞Ⅴ）。由此可见，若含有可能形成分子内氢键的基团，固然形成氢键的倾向很大，但还要得考虑其他取代基在整个分子中的空间因素。

C_6H_5, H_3C—OH, H—NH_2, C_6H_5 ≡ Ⅳ ⇌ Ⅴ ⇌ Ⅵ

Ⅳ: H, H, N, H, O, H_3C, H, C_6H_5, C_6H_5　Ⅴ: H, H, H, N, O, C_6H_5, H, C_6H_5, CH_3　Ⅵ: NH_2, H_5C_6, CH_3, H, C_6H_5, OH

2. 不饱和化合物的构象

(1) 1-丁烯分子的极限构象

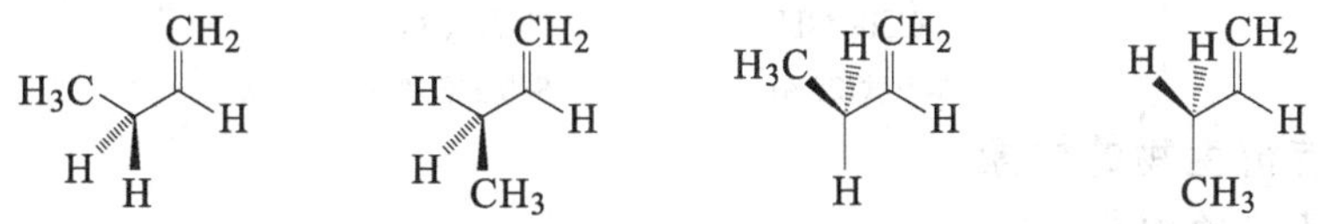

A　　B　　C　　D

A、B 中是双键与单键重叠，可称为重叠式构象；而 C、D 中是双键与单键处于交叉位置，可称为交叉式构象。微波波谱法测定表明，稳定性 A 和 B 大于 C 和 D，氢原子与双键重叠的构象 B 又比甲基与双键重叠的构象 A 稳定。

(2) 羰基化合物的构象

羰基化合物的优势构象也是重叠式而不是交叉式，对醛、酮来说与羰基重叠的是烷基而不是氢，这种情况在酮中比在醛中更明显。如下列化合物 E 比 F 内能低 3.8kJ/mol。

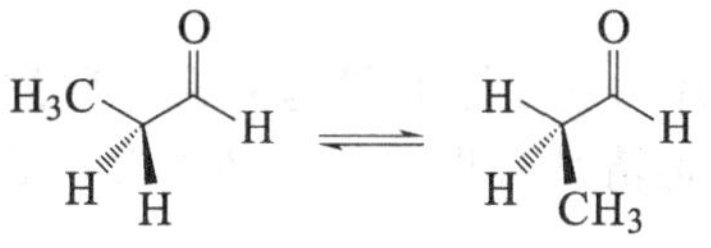

E　　F

当 α 碳原子上连的是大体积的取代基时，氢重叠式构象更稳定，如下式 H 比 G 稳定。

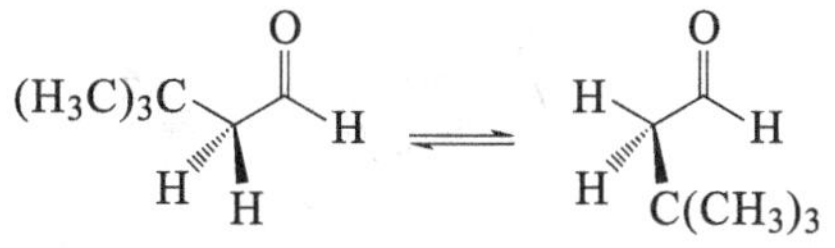

G　　H

在不饱和化合物中，围绕 sp^2—sp^2 键旋转所形成的重叠构象占优势是一个普遍现象，其旋转能垒比烷烃的低。

(3) 1,3-丁二烯的构象

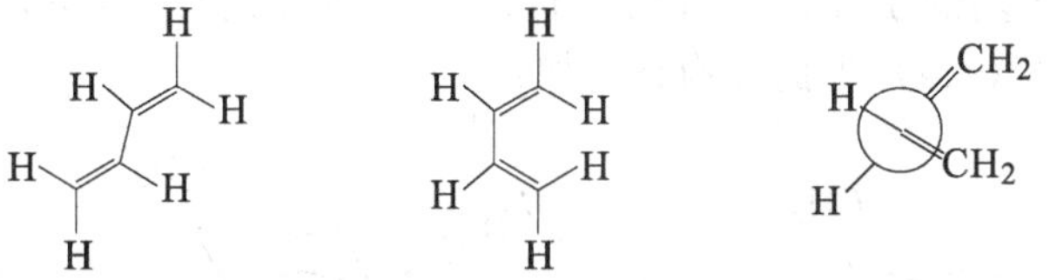

S-反式　　*S*-顺式　　歪斜式

实验研究表明，*S*-反式构象是 1,3-丁二烯最稳定的构象，在 *S*-顺式构象中，由于 C_2 和 C_3 上的 C—H 键处于重叠式而存在扭转张力；而且 C_1 和 C_4 的两个氢原子之间也还有范德华排斥作用力。

(4) α,β-不饱和羰基化合物的构象

α,β-不饱和羰基化合物与 1,3-二烯类似，要有利于体系 C═C—C═O 中各原子的共平面性。重要的旋转异构体是 *S*-反式和 *S*-顺式构象。如：

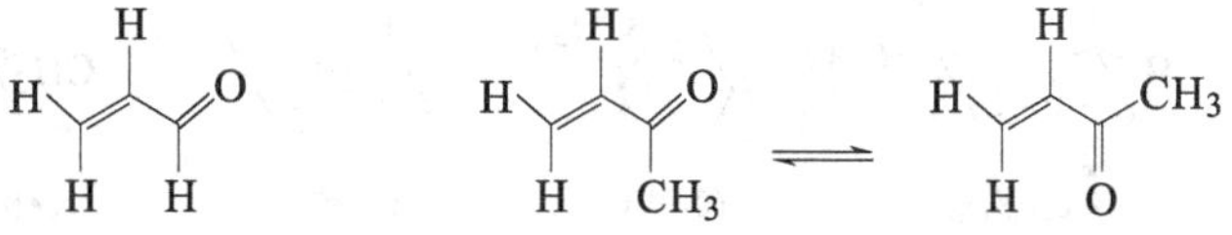

丙烯醛唯一存在的构象
S-反式　　*S*-反式(73%)　　*S*-顺式(27%)

当存在不利的范德华相互作用时，以 *S*-顺式构象为主。如：

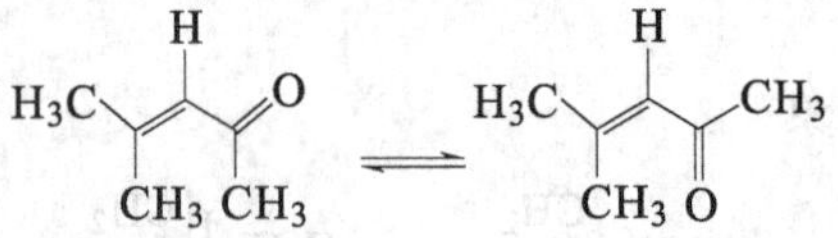

S-反式(28%) ⇌ S-顺式(72%)

三、环己烷衍生物的构象

1. 取代环己烷的构象

(1) 一元取代环己烷的构象

一元取代环己烷中，取代基可占据 a 键，也可占据 e 键，但占据 e 键的构象更稳定。如：

5% —室温⇌ 95%

a 键取代基结构中的非键原子间斥力比 e 键取代基的大，导致 a 型内能比 e 型高 75.3kJ/mol。从下图中原子在空间的距离数据可清楚看出，取代基越大 e 键型构象为主的趋势越明显。

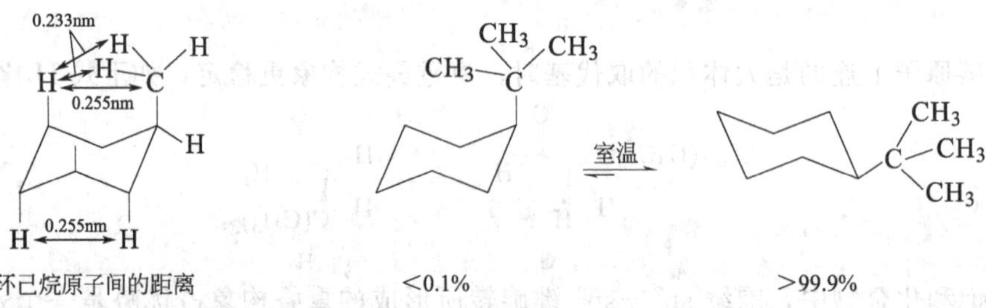

甲基环己烷原子间的距离　　<0.1%　　>99.9%

(2) 二元取代环己烷的构象

① 1,2-相同二取代环己烷的构象

含有两个相同取代基的 1,2-环己烷椅式构象中，顺式只有（e,a）构象，反式有（e,e）和（a,a）两种，其中（e,e）为优势构象。如：

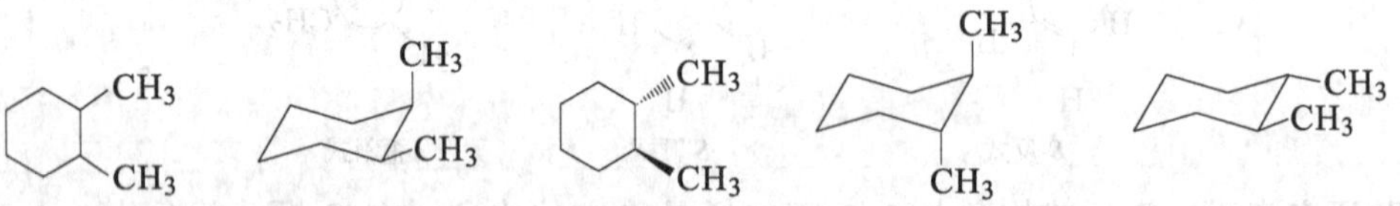

(顺式)　只能是 e, a 构象　(反式)　a, a 构象　e, e 构象(优势构象)

② 1,3-相同二取代环己烷的构象

含有两个相同取代基的 1,3-环己烷椅式构象中，反式只有（e,a）构象，顺式有（e,e）和（a,a）两种，其中（e,e）为优势构象。如：

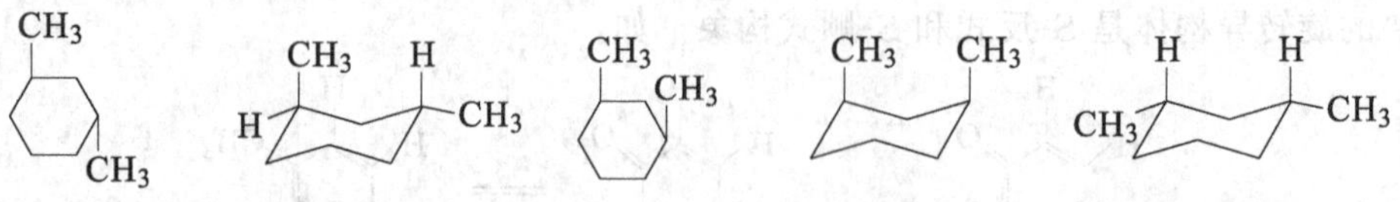

(反式)　只有 e, a 构象　(顺式)　a, a 构象　e, e 构象(优势构象)

③ 不同二取代环己烷的构象

含有两个不相同取代基时，大基团在 e 键的较稳定，为优势构象（Barton 规则）。如：

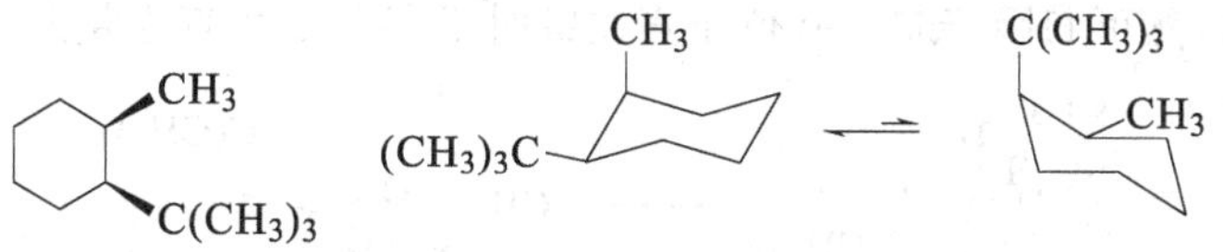

顺式　　(e, a)优势构象　　(e, a)

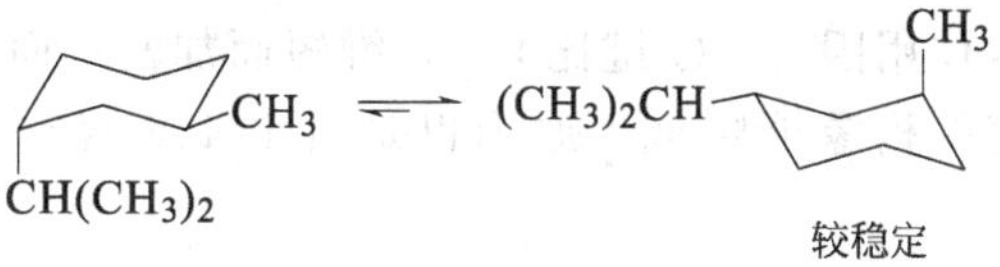

较稳定

和开链化合物一样，氢键的形成也能大大降低构象的能量。如：

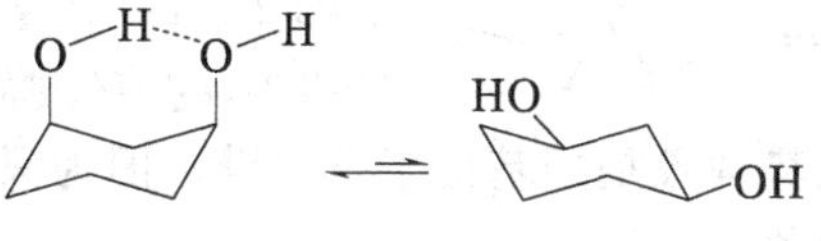

较稳定　　较不稳定

(3) 多元取代环己烷的构象

含相同取代基的多元取代环己烷最稳定的构象是 e-取代基最多的构象（Hassel 规则）。如：

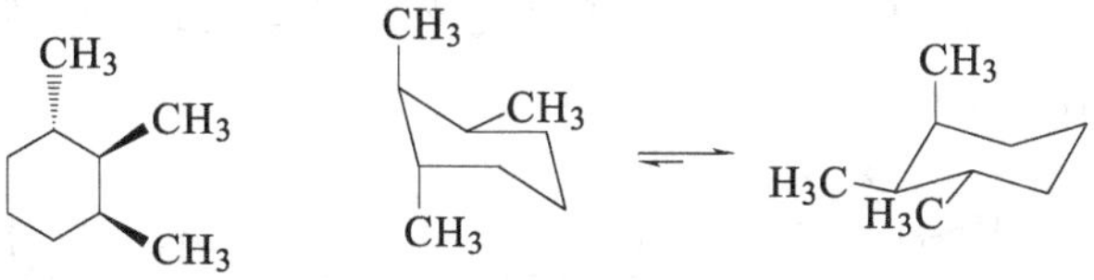

(e, a, a)　　(e, e, a)优势构象

2. 其他环己烷衍生物的构象

顺式和反式十氢化萘的平衡可由在邻近碳上的氢的相对位置来分析，顺式十氢化萘两个氢的相对位置较近，反式十氢化萘两个氢的相对位置较远，顺式有较大的非键张力，相对不稳定。

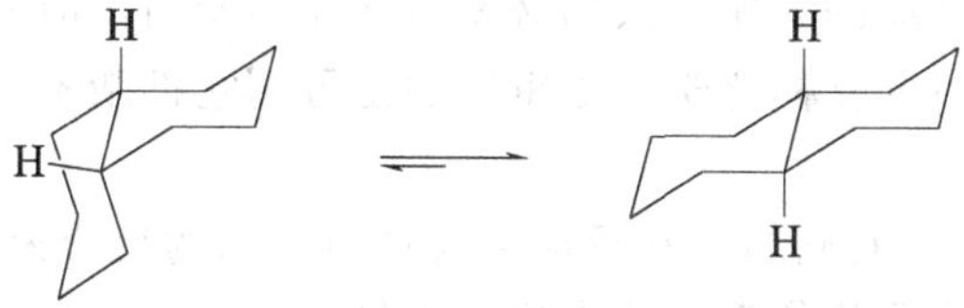

顺式十氢化萘　$\Delta H^{\ominus}=-11.3\sim12.6\text{kJ/mol}$　反式十氢化萘

顺式十氢化萘和反式十氢化萘之间有很大差异，反式十氢化萘由于环稠合的特性而不能发生环翻转作用，顺式十氢化萘的构象是可以翻转交换的，其交换速率比环己烷稍慢。

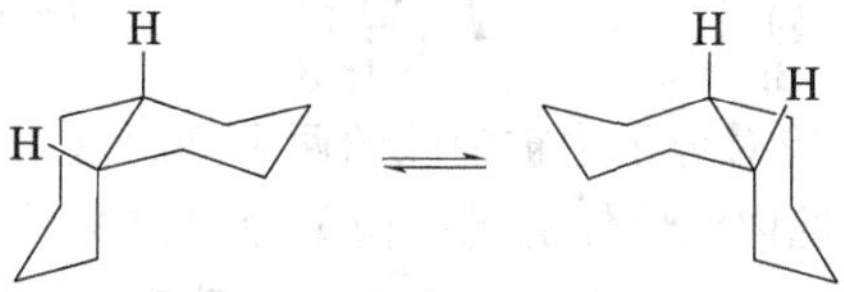

3. 杂环化合物的构象

六元杂环化合物四氢吡喃、二氧六环、哌啶、哌嗪、吗啉和四氢噻喃等的最稳定构象都很像环己烷的椅式构象，只是键长和键角要适应相应的杂原子略作改变，而且这些六元杂环椅式构象都比环己烷的椅式构象折叠程度大一些。

六元杂环化合物的另一重要特点是范德华力减小了。可能是 O、N、S 分别是二和三配位，减少了 1,3-直立氢的排斥作用。如顺式-2-甲基-5-叔丁基-1,3-二氧六环的优势构象是叔丁基位于直立键，这显然可归因于叔丁基位于直立键时不存在1,3-直立氢的排斥作用。

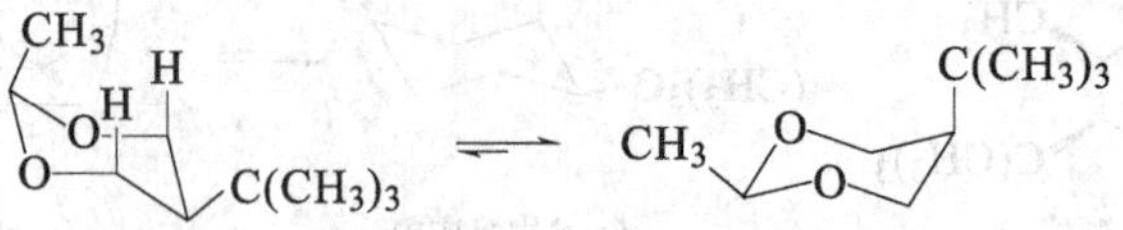

在1,3-二氧六环中，2-烷基取代的构象能比环己烷中的大，平伏键取向的优势更明显，这是由于4,6-直立氢的排斥作用因C—O键比C—C键短而加剧；而在1,3-二硫六环中，2-烷基取代的构象能却比环己烷的构象能略低，原因也是由于4,6-直立氢的排斥作用因C—S键比C—C键长而略微缓减。

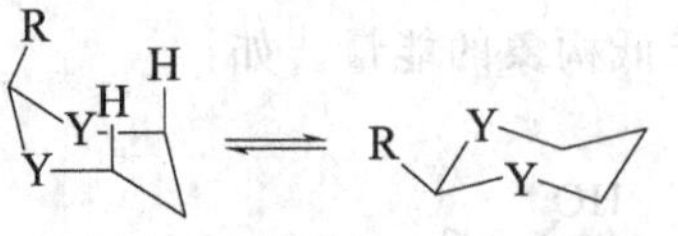

Y=O 2-烷基平伏键的优势更明显

Y=S 2-烷基平伏键的优势略微降低

5-羟基-1,3-二氧六环的优势构象是羟基位于直立键，因为只有在羟基直立式构象中才可能形成分子内氢键，以稳定该构象。

在糖衍生物的立体化学研究中发现，强吸电子基如卤原子、羟基、烷氧基、酰氧基取代在C(1)位时，取代基为直立键的构象较稳定，占优势；这些强吸电子基的2-取代四氢吡喃衍生物也有类似现象，这种现象称为异头效应（anomeric effect）。异头效应实际上是前面提到的邻位交叉效应在杂环化合物中的特例。一种解释认为平伏式构象的偶极-偶极相互作用使平伏式构象在平衡中比较不利。

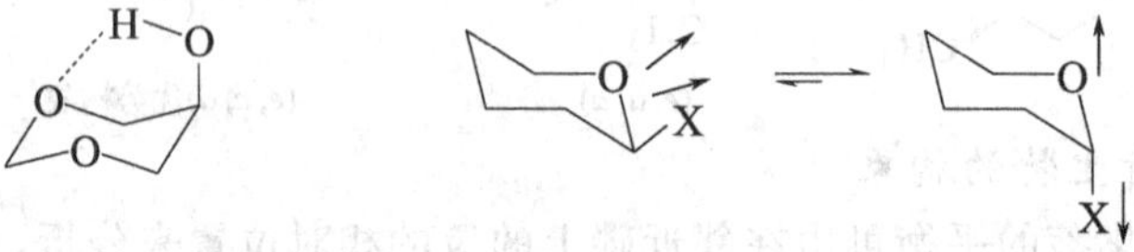

四、构象效应

分子由于构象不同而对分子的化学反应性质所产生的不同影响统称为构象效应。构象对反应活性的影响要考虑参与反应的基团构象的必要条件和不参与反应的基团构象的必要条件。可用构象效应解释不对称合成的立体化学，更重要的是可用它推断不对称合成产物的构型，下面举几个例子来加以说明。

【例1】 2,3-二溴丁烷非对映体，在反应上表现出不同的反应速率。如在碘化钾-丙酮中的脱溴反应，内消旋体比旋光异构体反应速率快1.8倍。

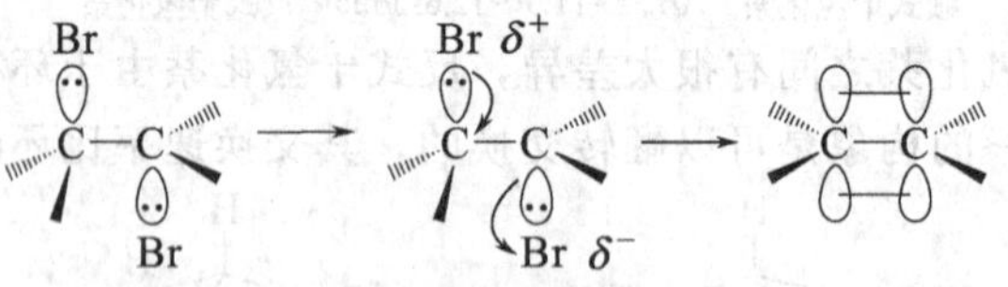

该反应按E2历程进行，E2反应对分子中被消除的两个基团（此处为Br和Br）的立体化学要求是反式共平面。2,3-二溴丁烷内消旋体的优势构象为对位交叉式，恰好符合E2反应的立体化学要求，而且两个较大的基团（—CH_3）距离远，过渡态稳定。

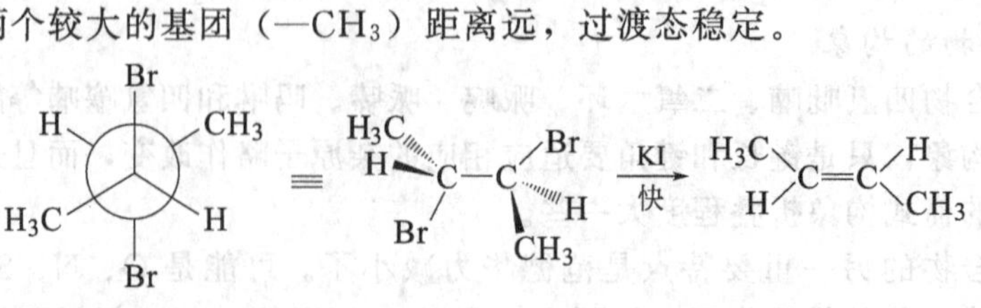

内消旋体

在2,3-二溴丁烷旋光异构体的构象中，如满足两个离去基团处于反式共平面的位置，则两个较大的基团（—CH_3）为邻位交叉式，距离近，过渡态不稳定，故旋光异构体脱溴反应速率较慢。

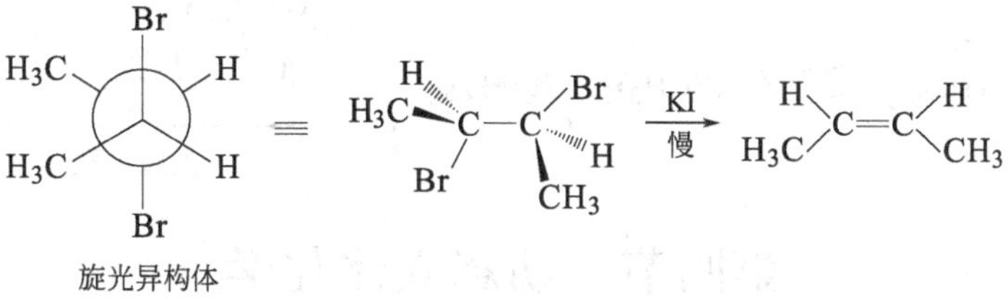

旋光异构体

而CH_3—被Ph—替代后的脱溴速率，内消旋体比旋光异构体快100倍。这是因为Ph—的体积比CH_3—大得多，两个大的Ph—处于同侧时过渡态更不稳定，需要更大的活化能。

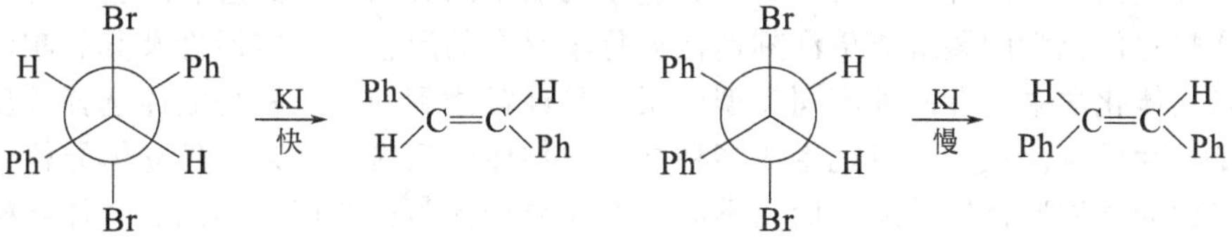

内消旋体　　旋光异构体

【例2】 利用铬酸酐（CrO_3）氧化4-叔丁基环己醇的顺反异构体，顺式的反应速率为反式的3.23倍。

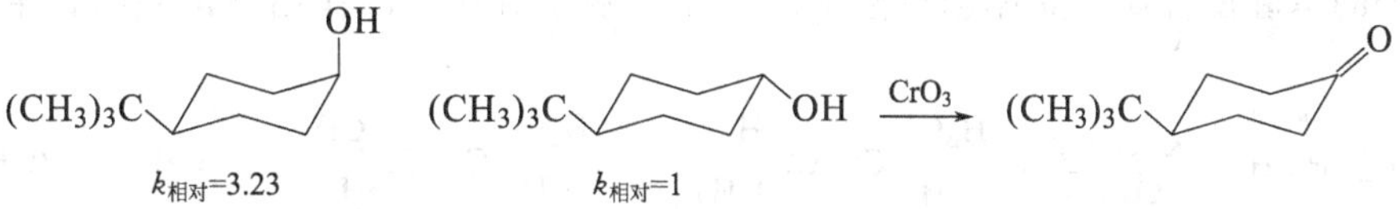

$k_{相对}=3.23$　　$k_{相对}=1$

由于顺式的羟基在被氧化前因处于直立键，它与3,5-位上的氢原子之间存在非键张力，氧化后非键张力解除，故反应速率较反式快。

【例3】 4-叔丁基环己醇，其反式醇的乙酰化速率比顺式醇快3.7倍。

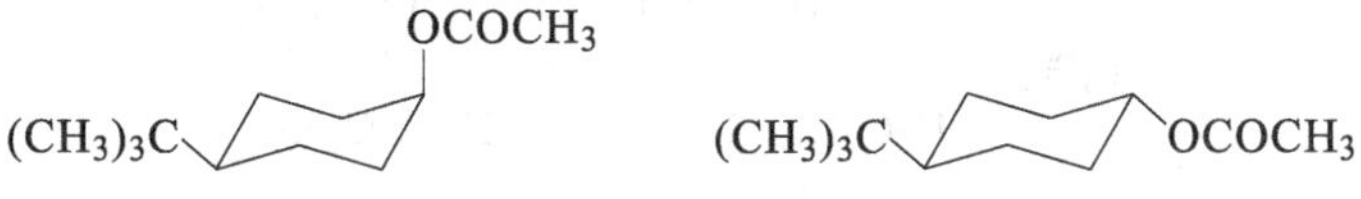

顺式　　反式

这是因为乙酰化反应速率取决于活化能的大小，活化能小的反应速率快，反式的活化能低，只有0.17kJ/mol。同时，由于反式醇处于平伏键上，它比顺式醇稳定，它的乙酰化中间体过渡态的张力要比直立键的同样中间过渡态小。

【例4】 4-叔丁基环己基对甲苯磺酸酯的溶剂解，顺式要比反式快3～4倍。

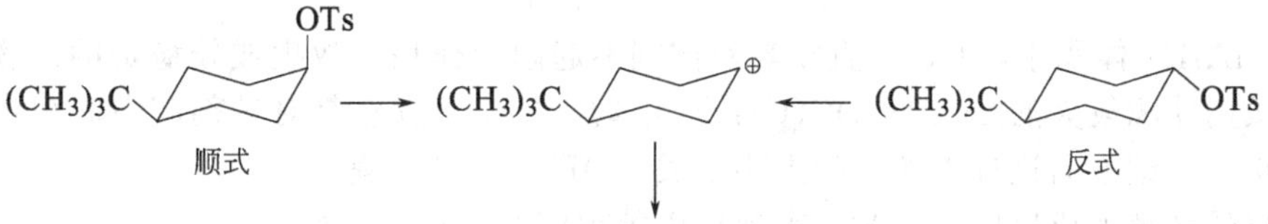

顺式　　反式　　溶剂解产物

顺式和反式的能级在开始反应时是不同的，但在形成相似于正碳离子的过渡态时，这种差别消失。基态顺式（Ⅰ）取代基更拥挤，内能更高，故其活化能（E_aⅠ）更低，更易形成类似于碳正离子的过渡态，反应速率更快。

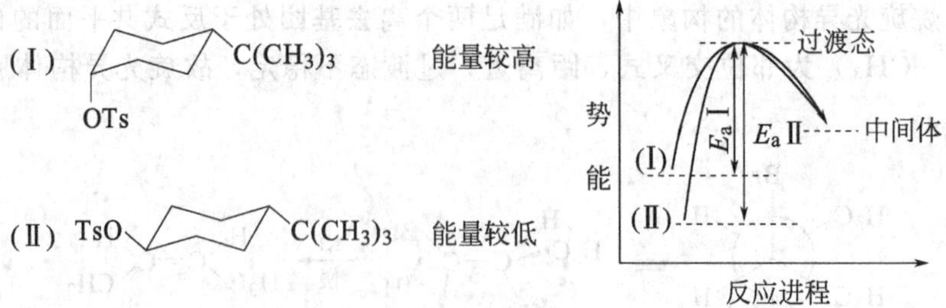

第四节　动态立体化学

动态立体化学是指反应过程中的立体化学，它包括反应过程中化学键的断裂和形成、试剂的进攻和离去基团的离去等，还有中间体和过渡态的空间关系、起始态和终止态之间的立体关系。了解这些立体化学问题就能更深刻地认识化学反应的历程、反应活性及其影响因素。

在动态立体化学中，有两种不同类型的反应是经常碰到的，一种是立体选择性反应，另一种是立体专一性反应。在一个可能生成多种立体异构体的反应中，某一种立体异构体产物含量较多的反应称为立体选择性反应；而用不同的立体异构体为原料产生不同的立体异构体产物的反应称为立体专一性反应。所以，立体专一性反应必定是立体选择性反应，但立体选择性反应不一定是立体专一性反应。

一、立体选择性反应

卤代烃的消除反应属于立体选择性反应，如 2-碘丁烷在碱的作用下消除时，主要生成反-2-丁烯。

$$CH_3CH_2CH(I)CH_3 \xrightarrow[(CH_3)_2SO]{KOC(CH_3)_3} \underset{60\%}{\text{反-}CH_3CH{=}CHCH_3} + \underset{20\%}{\text{顺-}CH_3CH{=}CHCH_3} + \underset{20\%}{CH_2{=}CHCH_2CH_3}$$

这是因为消除反应一般为反式消除。在反应时各基团处于空间的有利地位，如下式所示：

稳定性 （I 与 H 反式，CH_3 与 C_2H_5 处于反位） > （I 与 H 反式，CH_3 与 C_2H_5 处于邻位）

后者体积较大的两个基团距离近，空间拥挤，故稳定性前者大，所以生成较多的反式产物。

醛、酮的亲核加成反应，有时表现出高度的立体选择性。

$$\text{4-}(CH_3)_3C\text{-环己酮} \xrightarrow{LiAlH_4} \underset{(90\%)}{(CH_3)_3C\text{-环己醇（OH 在 e 键）}} + \underset{(10\%)}{(CH_3)_3C\text{-环己醇（OH 在 a 键）}}$$

因为试剂 $LiAlH_4$ 体积小，3,5-上直立氢对试剂不起阻碍作用，故生成较稳定的产物，选择性高。如用试剂体积较大的 $LiAlH[OC(CH_3)_3]_3$ 时，3,5-上直立氢对试剂起空间阻碍作用，试剂从位阻小的 e 键方向进攻羰基，就主要生成—OH 在 a 键的醇。

醛、酮的亲核加成反应，有时又表现出中等程度的选择性。如：

$$H(CH_3)(Ph)C{-}CHO \xrightarrow{CH_3MgI} \underset{\text{赤型}(67\%)}{H(CH_3)(Ph)C{-}C(OH)(H)(CH_3)} + \underset{\text{苏型}(33\%)}{H(CH_3)(Ph)C{-}C(OH)(CH_3)(H)}$$

上述反应是在有一个不对称碳原子的反应物上进行，反应的结果又增加一个不对称碳原子，生成了赤式和苏式产物，形成的3-苯基-2-丁醇赤式比苏式具有更稳定的构象，所以赤式是主要产物。

对于有空间位阻的环氧化反应，也是立体选择性反应。如：

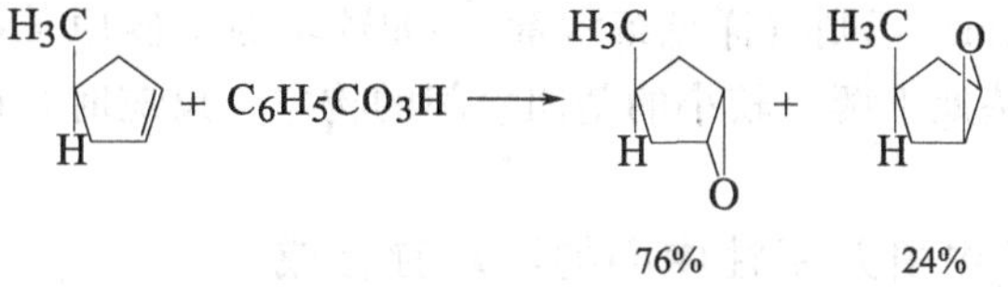

$$H_3C\text{-环戊烯} + C_6H_5CO_3H \longrightarrow \underset{76\%}{\text{环氧化物}} + \underset{24\%}{\text{环氧化物}}$$

二、立体专一性反应

烯类双键的反应中，立体专一性反应的实例比较多。例如（*Z*)-2-丁烯与溴加成差不多只得到苏式外消旋体；(*E*)-2-丁烯与溴加成差不多只生成赤式内消旋体。

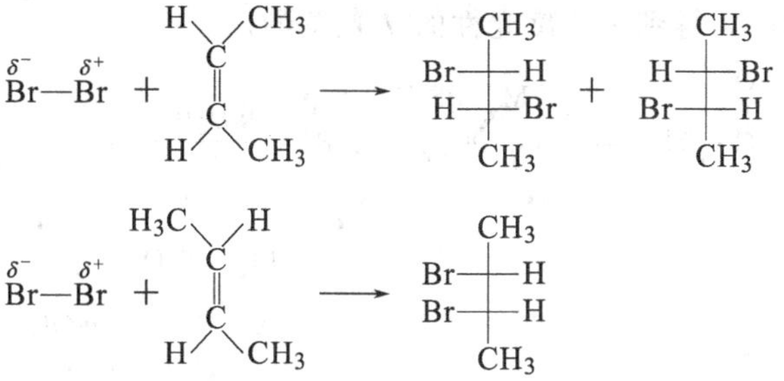

$$\overset{\delta^-}{Br}-\overset{\delta^+}{Br} + (Z)\text{-}CH_3CH{=}CHCH_3 \longrightarrow \text{苏式（Br、H 反向）} + \text{对映体}$$

$$\overset{\delta^-}{Br}-\overset{\delta^+}{Br} + (E)\text{-}CH_3CH{=}CHCH_3 \longrightarrow \text{赤式（Br、Br 同侧）}$$

单线态二溴卡宾与2-丁烯的加成，也是立体专一性反应。由顺-2-丁烯与二溴卡宾得到顺式的环丙烷衍生物；而反-2-丁烯在同一条件下与二溴卡宾作用，则生成反式环丙烷衍生物。

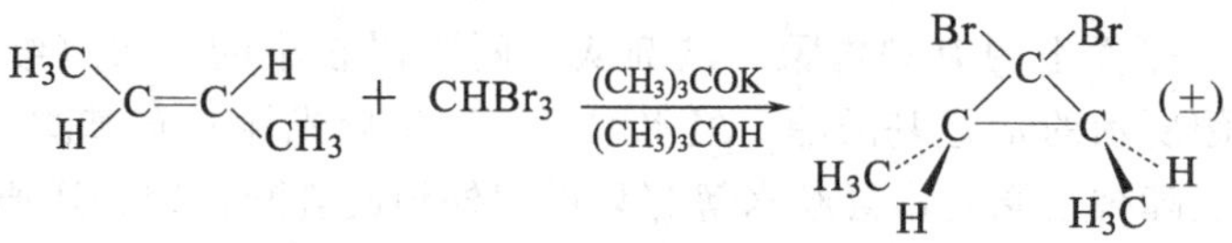

$$\text{反-}H_3CCH{=}CHCH_3 + CHBr_3 \xrightarrow[(CH_3)_3COH]{(CH_3)_3COK} \text{反式-1,1-二溴-2,3-二甲基环丙烷}\ (\pm)$$

在亲核取代反应中，典型的立体专一性反应是发生瓦尔登（Walden）转化的双分子亲核取代反应 S_N2。如：

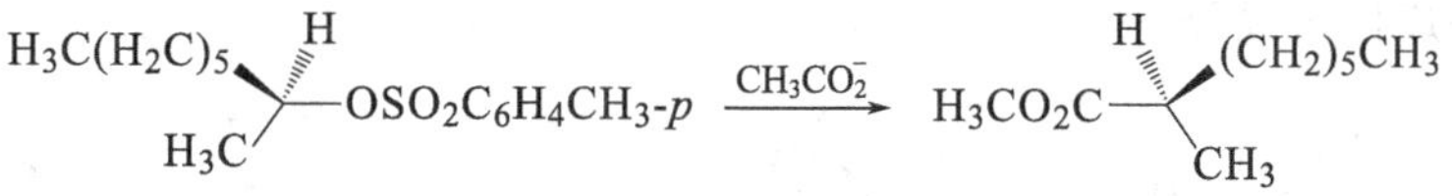

$$H_3C(H_2C)_5(H_3C)CH\text{-}OSO_2C_6H_4CH_3\text{-}p \xrightarrow{CH_3CO_2^-} H_3CO_2C\text{-}CH(CH_3)(CH_2)_5CH_3$$

第五节 不对称合成

通过底物分子的非手性部分与试剂作用后转变成手性部分，得到不等量的立体异构体的反应，称为不对称合成或手性合成。

不对称合成的方法有多种，如使用手性底物、手性试剂、手性催化剂或手性溶剂等，原则上是在手性环境中进行。有时把通过化学因素，如选用不对称的反应物或试剂、选用含不对称因素的催化剂来进行的不对称合成，叫“相对的不对称合成”；而借助物理因素，如用圆偏振光照射反应体系进行的不对称合成称“绝对不对称合成”。

一、以手性分子为原料的不对称合成

克雷姆（D. J. Cram）等系统地研究了 α-碳原子为手性的醛酮羰基的不对称加成反应。用非手性的格利雅（Grignard）试剂与手性酮进行加成反应，则得到不等量的非对映异构体，引入的R越大，立体选择性越高。如：

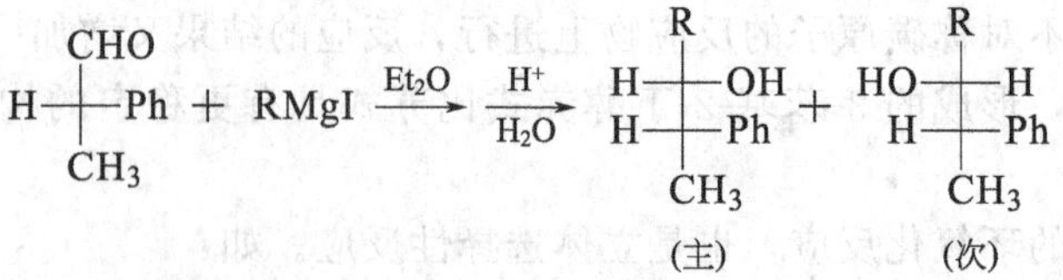

$$\underset{CH_3}{H\overset{CHO}{+}Ph} + RMgI \xrightarrow{Et_2O} \xrightarrow[H_2O]{H^+} \underset{(主)}{\text{H}-\overset{R}{\underset{CH_3}{C}}-\text{OH};\ \text{H}-\text{C}-\text{Ph}} + \underset{(次)}{\text{HO}-\overset{R}{\underset{CH_3}{C}}-\text{H};\ \text{H}-\text{C}-\text{Ph}}$$

该反应遵循克雷姆（Cram）规则（详见第六章），如羰基的α-碳原子上连有三个大小不同的基团时，其优势构象为羰基处于两个较小的基团之间的构象，反应时，试剂优先从位阻小的一面进攻羰基。

二、在非手性分子中引入手性中心的不对称合成

α-酮酸与Grignard试剂进行烷基化，最终得到外消旋化的醇酸，要想得到旋光性的α-羟基酸，必须在α-酮酸中引入一个手性中心。一种常用的方法就是用旋光性醇类（如薄荷醇）酯化α-酮酸，然后用无旋光性的Grignard试剂进行烃基化，就可以得到两种非对映异构的α-羟基酸酯，碱性水解后，得到一个旋光性的α-羟基酸。

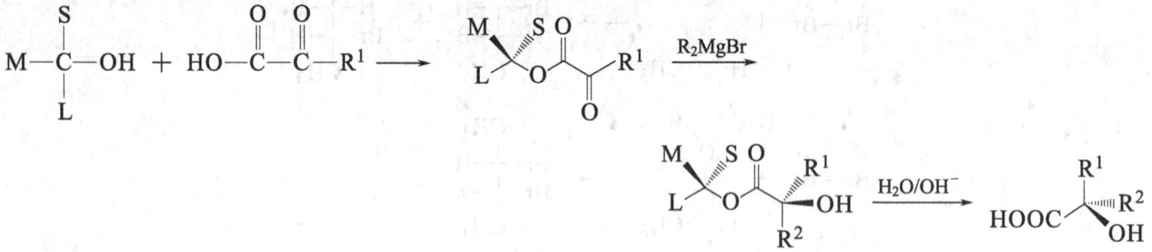

$$M-\overset{S}{\underset{L}{C}}-OH + HO-\overset{O}{\overset{\|}{C}}-\overset{O}{\overset{\|}{C}}-R^1 \longrightarrow (M,S,L)C-O-C(=O)-C(=O)-R^1 \xrightarrow{R_2MgBr}$$

$$(M,S,L)C-O-C(=O)-C(R^1)(R^2)(OH) \xrightarrow{H_2O/OH^-} HOOC-C(R^1)(R^2)(OH)$$

普雷洛格（Prelog）等对旋光性α-酮酸酯研究后，认为α-酮酸酯的两个羰基是在一个平面上，且处于邻位交叉的构象，醇残基O—C键也与羰基处于同一个平面上。围绕O—C键的三个基团以L处在这一平面上为有利构象，试剂从空间阻碍较小的一边（纸面之下）加成，这样优先形成构型如图所示的α-羟基酸酯，经水解后，产生旋光性α-羟基酸。

丙酮酸甲酯或乙酯被还原后，再经水解都只得到外消旋乳酸，因为还原剂从羰基两边进攻的概率相等。但是如果把丙酮酸先与天然的左薄荷醇进行酯化后再进行还原，还原剂从羰基两边进攻的概率就会受到手性薄荷基的影响而不相等，还原产物经水解后生成的乳酸就不会是外消旋体，而是左旋体占优势。

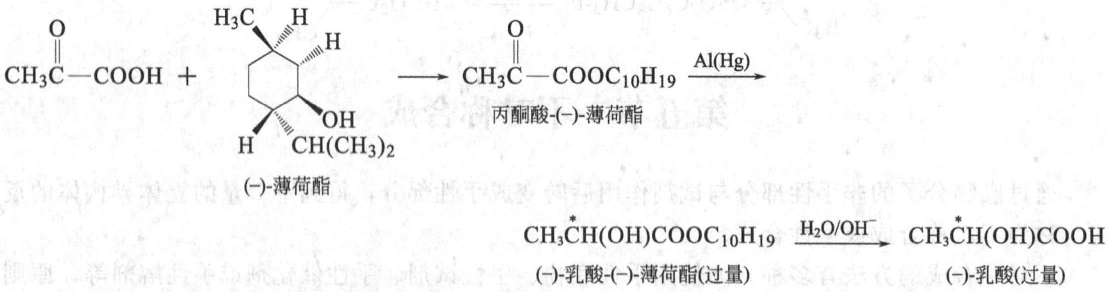

$$CH_3\overset{O}{\overset{\|}{C}}-COOH + \underset{(-)\text{-薄荷酯}}{\text{(薄荷醇结构：}H_3C, H, H, OH, H, CH(CH_3)_2\text{)}} \longrightarrow \underset{\text{丙酮酸-(-)-薄荷酯}}{CH_3\overset{O}{\overset{\|}{C}}-COOC_{10}H_{19}} \xrightarrow{Al(Hg)}$$

$$\underset{\text{(-)-乳酸-(-)-薄荷酯(过量)}}{CH_3\overset{*}{C}H(OH)COOC_{10}H_{19}} \xrightarrow{H_2O/OH^-} \underset{\text{(-)-乳酸(过量)}}{CH_3\overset{*}{C}H(OH)COOH}$$

三、以手性分子为试剂的不对称合成

异丙醇铝参与的梅尔魏因-彭道夫（Meerwein-Porndorf）还原反应，可使对称的酮羰基通过手性的异丙醇铝试剂还原为光学活性醇，这一试剂含有能与被还原羰基的氧原子发生配位的铝原子。在反应过程中，先形成一个环状过渡态，然后进行氢向羰基碳原子的转移作用。这里，因为试剂是手性的，所以反应物分子上与官能团相连接的基团与试剂手性中心上的基团倾向于按基团间相互斥力最小的构型排布，从而形成反应最稳定的过渡态，并由此决定反应的主要产物的构型。如：

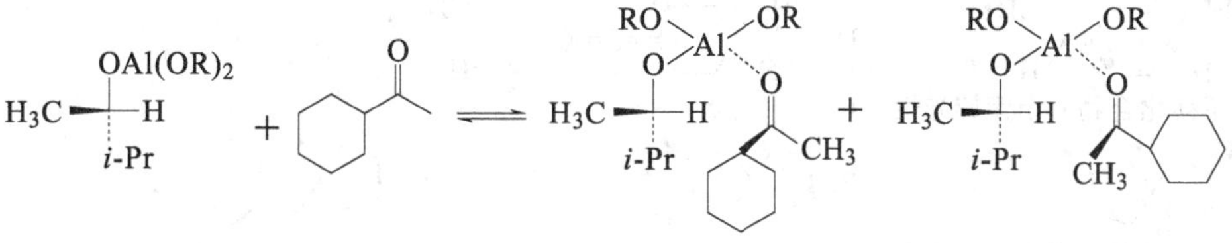

(S)-(+)-3-甲基-2-丁醇铝

(主)

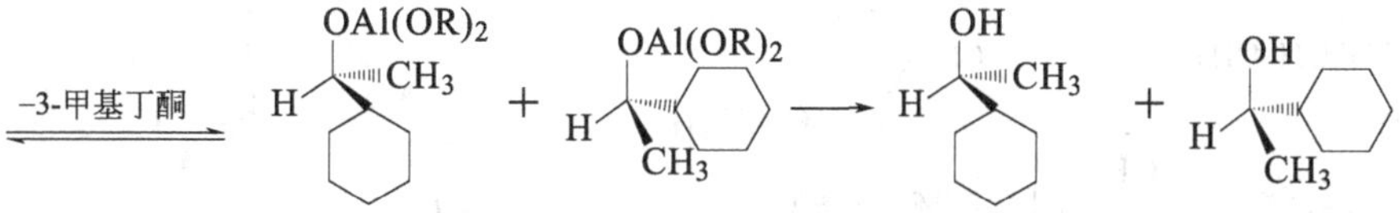

−3-甲基丁酮

(主)

(S)-(+)-1-环己基乙醇
(过量21.85%)

四、手性催化剂参与的不对称合成

近年来，手性的均相催化剂发展很快，它的立体选择性高。例如在合成氨基酸时，利用手性膦铑配合物作氢化催化剂，可得到很高的旋光产率。

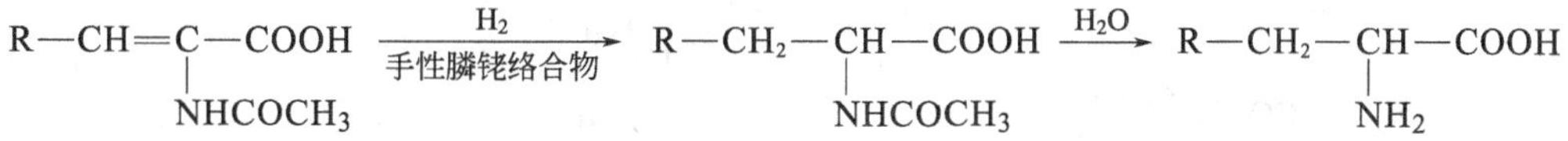

$$R-CH=C(NHCOCH_3)-COOH \xrightarrow[\text{手性膦铑络合物}]{H_2} R-CH_2-CH(NHCOCH_3)-COOH \xrightarrow{H_2O} R-CH_2-CH(NH_2)-COOH$$

习　　题

1. 选择与排序。

(1) 下列 1,2,3-三氯环己烷的三个异构体中，最稳定的异构体是（　　）。

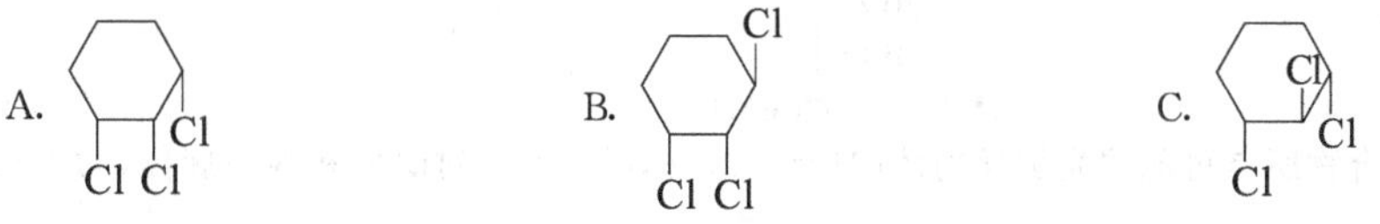

A.　　B.　　C.

(2) 下列哪些分子有手性？（　　）

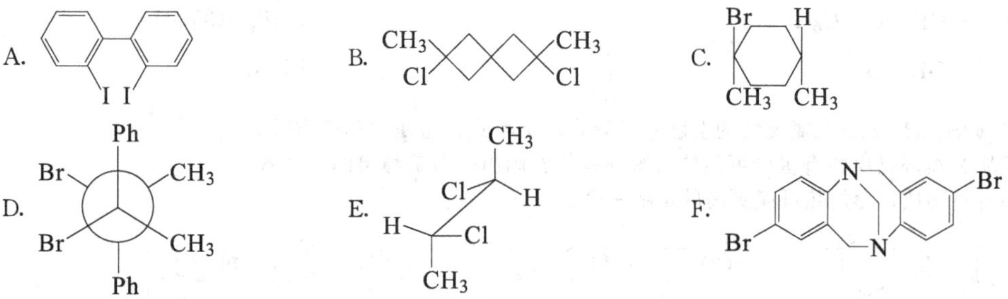

A.　　B.　　C.

D.　　E.　　F.

(3) 将下列化合物按构象的稳定性由大到小排列（　　）。

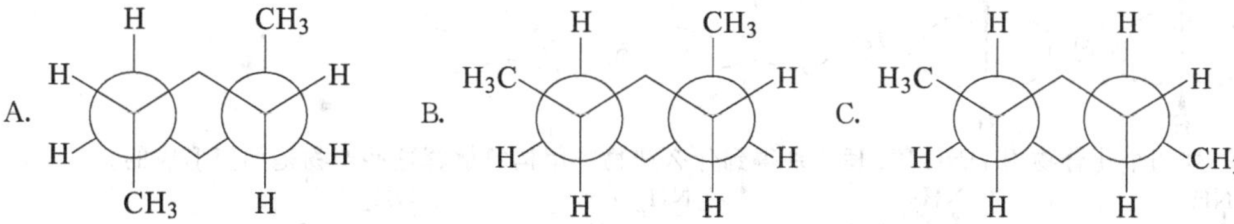

A.　　B.　　C.

(4) 下列化合物哪些有旋光性？（　　）

A.　　B.

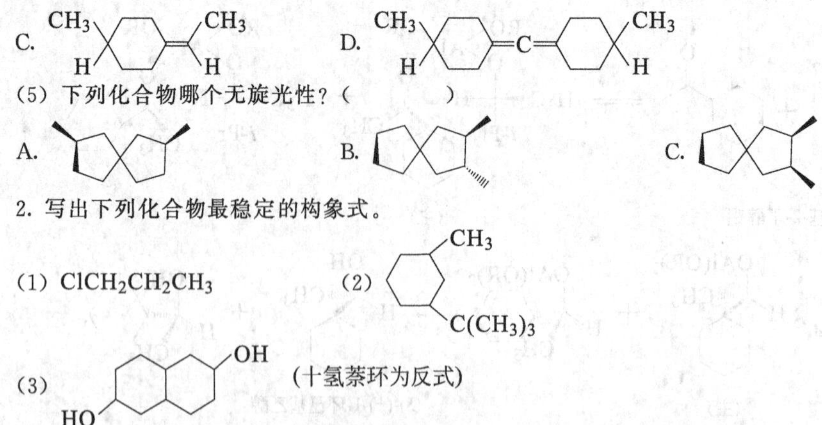

（5）下列化合物哪个无旋光性？（　　）

2. 写出下列化合物最稳定的构象式。

（1）$ClCH_2CH_2CH_3$

（3）（十氢萘环为反式）

3. 写出二甲基环己烷的立体异构体（位置异构、顺反异构、对映异构）。

4. 判断下列化合物是否有对映异构体。

（1）HOOC—　—CH_3　　（2）$CONH_2$　$CONH_2$　CH_3　H_3C

（3）H_5C_6　N　COOH　COOH　N　C_6H_5　HOOC　COOH　　（4）COOH　Br　COOH

（5）COOH　I　NO_2　　（6）COOH　—OH　—OH　HO—　HO—　COOH

5. 用投影式画出下列化合物所有可能的光学异构体的构型式，标明成对的对映体和内消旋体，并用 R/S 标记。

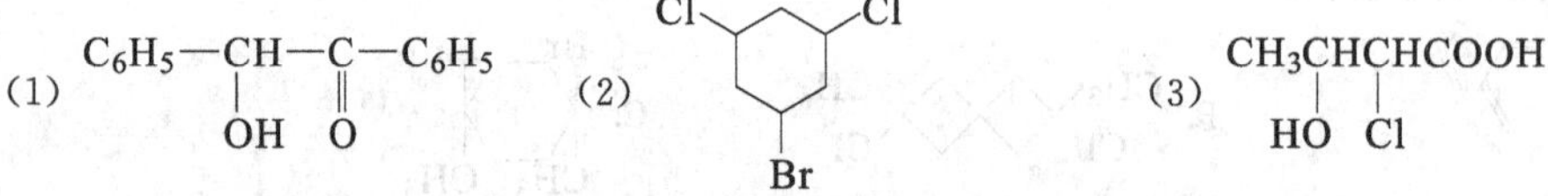

6. 画出（2S,3R）-2,3-二氯戊烷的费歇尔投影式、锯架式、纽曼式和楔型式。

7. 4-羟基-2-溴环己甲酸有多少可能的对映异构体？画出一对最稳定的透视式。

8. 下列各对物质，燃烧热可能更高的是哪一个。

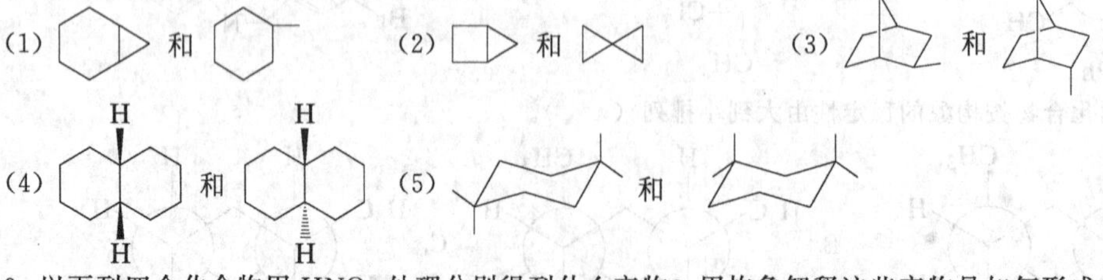

9. 以下列四个化合物用 HNO_2 处理分别得到什么产物？用构象解释这些产物是如何形成的。

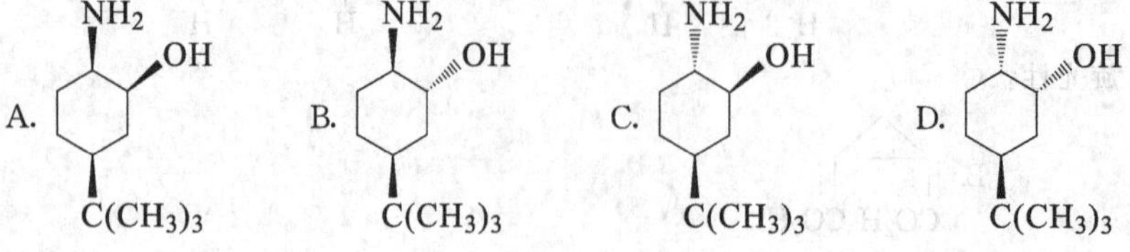

10. 下列邻二醇不可以用高碘氧化的是哪一个？为什么？

A. 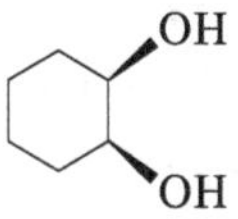 B. 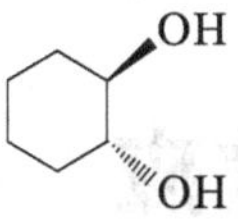 C. 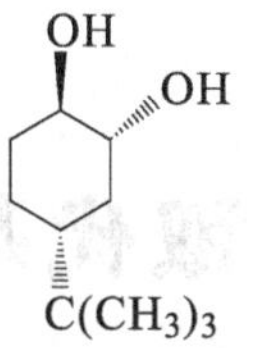 D. 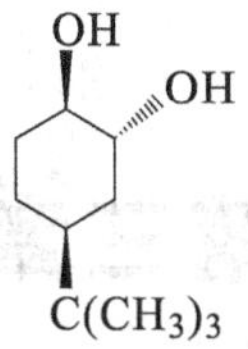 E.

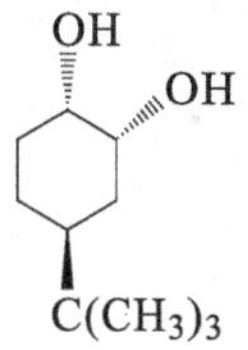

11. 比较以下两个化合物被高锰酸钾氧化成酮反应活性的高低，并用构象加以解释。

A. 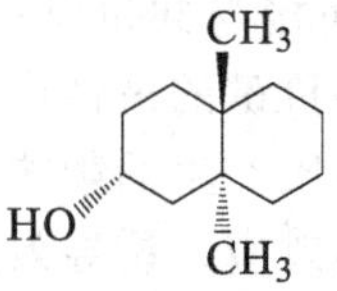 B.

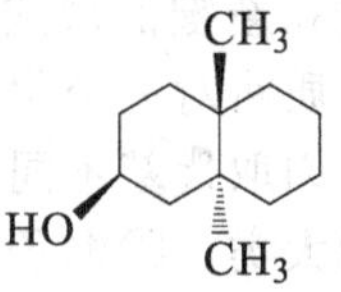

12. 如何用波谱方法简单明了地区分如下两个化合物？

A. 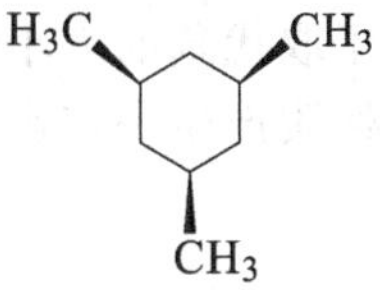 B.

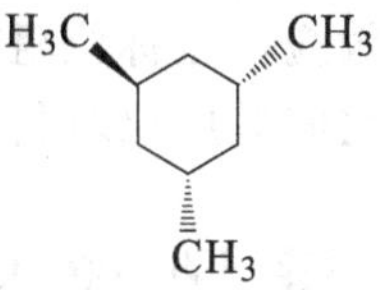

13. 用化学方法区别下列化合物。

(1) 1-己烯、正丙基环丙烷、环己烷、1-己炔、3-环己二烯

(2) 1,2-环己二醇和环己醇

14. C_7H_{14}的三个异构体 A、B、C 有光学活性。A 为 *R* 构型，B、C 为 *S* 构型。在室温下，A、B、C 与 HBr 反应，B、C 可使高锰酸钾褪色，A 则不能。A 进行催化加氢时，可吸收 1mol H_2，得到 *R* 构型化合物；B、C 也能吸收 1mol H_2，亦得到 *R* 构型的两个化合物 D、E，B、C 进行硼氢化氧化反应，只能各得一种醇，若 B 的结构含有两个甲基、C 有三个甲基，求 A～E 的结构式。

15. 化合物 B（C_8H_{16}）催化氢化得到正辛烷。若与过氧酸反应，则得到 C，C 用 H_3O^+ 处理得到 D（$C_8H_{18}O_2$），后者能拆分为对映体。B 若用冷、稀的 $KMnO_4$ 水溶液处理，则得到和 D 为异构体的 E，但 E 不能被拆分。C 与 $LiAlH_4$ 反应后用 H_2O 处理和由 B 经 B_2H_6 反应后用 H_2O_2/OH^- 处理得到的都是外消旋的 F。写出 B～F 的结构式。

第三章　取代基效应

有机化合物的反应归根结底是旧键的断裂和新键的形成，这直接或间接与共价键的极性，即共价键上电子云的分布有关。而取代基的性质将对一个化合物分子中共价键的极性产生很大的影响，从而影响化合物的化学和物理性质。因取代基不同而对化合物性质产生的影响称为取代基效应。归纳起来，取代基效应可以分为两大类：①电子效应，包括场效应、诱导效应和共轭效应。电子效应是通过键的极性传递所表现的分子中原子或基团间的相互影响，取代基通过影响分子中电子云的分布而起作用。②空间效应，也称位阻效应，是由于取代基的大小和形状引起分子中特殊的张力或阻力的一种效应，空间效应也对化合物的理化性质产生一定影响。

第一节　诱导效应

一、共价键的极性与静态诱导效应

在多原子有机分子中，共价键的极性，不仅存在于相连两原子之间，而且影响到分子中不直接相连的部分，这种极性影响可以沿着分子链传递。如电负性较大的原子或原子团 X 使相邻原子 A 产生部分正电荷，随后此电荷又使下一个键 A—B 发生极化，并依次传递，使这些键上的电子云或多或少地向 X 原子或基团偏移，与之相连的原子 A、B、C…等比原先要呈现较多的正电荷。

$$\overset{\delta^-}{X}\leftarrow\overset{\delta^+}{A}\leftarrow\overset{\delta\delta^+}{B}\leftarrow\overset{\delta\delta\delta^+}{C}\cdots\cdots$$ （δ表示微小，$\delta\delta$表示更微小，依此类推）

若“Y”的电负性比 A 小，“Y”的存在使 A、B、C 上的电子云密度增高，比原先呈现较多负电荷。

$$\overset{\delta^+}{Y}\rightarrow\overset{\delta^-}{A}\rightarrow\overset{\delta\delta^-}{B}\rightarrow\overset{\delta\delta\delta^-}{C}\cdots\cdots$$

这种由于电负性不同的取代基的影响，使整个分子中成键电子云按取代基的电负性所决定的方向发生偏移的效应称为诱导效应（inductive effects）或 I 效应。这种效应如果存在于未发生反应的分子中就称为静态诱导效应，用 I_s 表示，其中 S 为 static（静态）一词的缩写。

二、静态诱导效应的特点

（1）起源于电负性

（2）是一种静电作用　在键链中传递只涉及电子云密度分布的改变，并不造成共享电子对单独属于某一个原子核，即诱导效应所引起的主要为键的极性的改变，且极性变化一般是单一方向的。

（3）存在于单、双和叁键中

$$\overset{\delta^{++}}{C}\rightarrow\overset{\delta^+}{C}\rightarrow\overset{\delta^-}{Cl}\qquad \overset{\delta^+}{C}=\overset{\delta^-}{C}\rightarrow Cl\qquad \overset{\delta^+}{C}\equiv\overset{\delta^-}{C}\rightarrow Cl$$

（4）传递方式　沿 σ、π 键传递

（5）传递距离　诱导效应是短程效应。传递有一定限度，经过三个碳原子以后，已极微弱，可忽略不计了。

$$\overset{\delta^-}{Cl}\leftarrow\overset{\delta^+}{C}\leftarrow\overset{\delta\delta^+}{C}\leftarrow\overset{\delta\delta\delta^+}{C}—C$$

以α、β、γ-氯代丁酸和丁酸为例，由于氯原子的电负性较大，诱导效应使羧基更易离解，相应的氯代丁酸的离解常数增大。丁酸及其一氯代物的离解常数见表3-1。

表3-1　丁酸及其一氯代物的离解常数

化合物	α-氯代丁酸	β-氯代丁酸	γ-氯代丁酸	丁酸
离解常数($K\times10^4$)	14.0	0.89	0.26	0.155

表3-1数据表明，氯原子距羧基越远，诱导效应作用越弱。氯原子的诱导效应大致按公比1/3的等比级数急速减小，若以α碳的诱导效应为1，则β碳为1/3，γ碳为1/9，δ碳为1/27……

(6) 有叠加性　当两个基团都能对某一键产生诱导效应时，这一键所受的诱导效应是这几个基团诱导效应的总和。方向相同时叠加，方向相反时互减。一个典型例子是α-氯代乙酸的酸性，氯原子取代越多，酸性越强。

	CH_3COOH	$ClCH_2COOH$	$Cl_2CHCOOH$	Cl_3CCOOH
pK_a	4.75	2.86	1.26	0.64

(7) 只改变键的电子云密度分布，不改变键的本质　无论所受诱导效应的大小和方向如何，σ键仍是σ键，π键仍是π键。

三、静态诱导效应的相对强度及影响因素

1. 比较标准

诱导效应的方向以氢原子作为标准，当原子或基团的供电子能力大于氢原子（或吸电子能力小于氢原子），则其诱导效应表现在其本身带有微量正电荷（δ^+），由其所引起的诱导效应称为供电诱导效应或斥电诱导效应，也称正诱导效应，用+I表示。当原子或基团吸引电子的能力大于氢原子，则其诱导效应表现在其本身带有微量负电荷（δ^-），由其所引起的诱导效应称为吸电诱导效应或叫亲电诱导效应，也称为负诱导效应，用−I表示。

$C\rightarrow X$	C—H	$C\leftarrow Y$
-I效应	比较标准	+I效应

2. 影响取代基诱导效应相对强度的因素

(1) 周期律

同周期中，电负性随元素的族数增加而增大，故自左至右−I效应逐渐增大，+I效应逐渐减小。如：

−I效应：$-CH_3 < -NH_2 < -OH < -F$　　$-\overset{+}{O}R_2 > -\overset{+}{N}R_3$

+I效应：$-\overset{-}{N}R > -O^-$

在同一族中，元素电负性随周期数增高而递减，故自上而下−I效应逐渐减小。如：

−I效应：$-F > Cl > Br > I$　　$-OR > -SR > -SeR$

$-\overset{+}{O}R_2 > -\overset{+}{S}R_2 > -\overset{+}{S}eR_2$　　$-\overset{+}{N}R_3 > -\overset{+}{P}R_3 > -\overset{+}{A}sR_3$

(2) 不饱和度

相同的原子，不饱和度越大，−I效应越强。如：

−I效应：$-C\equiv CR > -CH=CHR$　　$=O > -OR$　　$\equiv N > =NR > -NR_2$

(3) 电荷

相同的原子或基团，带负电荷的取代基+I效应强；带正电荷的取代基−I效应强。同类基团电荷的变化可改变诱导效应的方向或强度。如：

+I效应：$-O^- > -OR$

$-I$ 效应：$-\overset{+}{N}R_3 > -NR_2$

当然这样比较诱导效应强弱是以这些官能团与相同原子相连为基础的，否则将没有比较的意义。诱导效应的强度通常可通过测定取代酸碱的离解常数、偶极矩及反应速率等来比较。

3. *诱导效应相对强度的确定方法*

（1）通过测定取代酸、碱离解常数确定

选取适当的酸或碱，以不同的原子或基团取代其中某一个氢原子，测定取代酸碱的离解常数，可以估算出这些原子或基团的诱导效应次序。例如由各种取代乙酸的离解常数，可以得出下列基团诱导效应的强度次序。

$$-I\text{效应：}-NO_2 > -\overset{+}{N}(CH_3)_3 > -CN > -F > -Cl > -Br > -I > -OH > -OCH_3$$
$$> -C_6H_5 > -CH=CH_2 > -H > -CH_3 > -CH_2CH_3 > -C(CH_3)_3$$

$+I$ 效应的方向与上述相反。值得注意的是，这种方法所得的结果只是相对次序的比较，由于影响酸碱强弱的因素很多，诱导效应只是其中之一，而且在不同的酸碱分子中，原子或基团之间的相互影响并不完全一样，所以选取不同的酸碱作比较标准，用不同的溶剂或在不同的条件下测定，都有可能得到不同的结果。

（2）根据偶极矩比较

静态诱导效应是一种永久的极性效应，表现在化合物的物理性质上会直接影响分子偶极矩的大小。根据同一个氢原子用不同的原子或基团取代所得不同化合物的偶极矩，可计算出原子或基团在分子中的诱导效应，从而排出各原子或基团的诱导效应强度次序。甲烷的一取代物的偶极矩见表 3-2。

表 3-2　甲烷的一取代物的偶极矩

取代基	μ(在气态)/D	取代基	μ(在气态)/D
—CN	3.94	—Cl	1.86
$-NO_2$	3.54	—Br	1.78
—F	1.81	—I	1.64

注：$1D=3.33564\times10^{-30}C\cdot m$。

从表 3-2 中的偶极矩数值可以看出这些基团的负诱导效应（$-I$）的顺序为：

$$-CN > -NO_2 > -Cl > -F > -Br > -I > -H$$[1]

表 3-3　卤代烷的偶极矩

化　合　物	μ/D	化　合　物	μ/D
CH_3-Cl	1.83	$CH_3CH_2CH_2CH_2-Br$	1.97
CH_3CH_2-Cl	2.00	$(CH_3)_2CHCH_2-Br$	1.97
$(CH_3)_2CH-Cl$	2.15	$CH_3CH_2CH(CH_3)-Br$	2.12
$(CH_3)_3C-Cl$	2.15	$(CH_3)_3C-Br$	2.21

从表 3-3 则可以得出不同烷基的正诱导效应（$+I$）的顺序：

$$(CH_3)_3C- > CH_3CH_2CH(CH_3)- > (CH_3)_2CHCH_2- \approx CH_3CH_2CH_2CH_2-$$

$$(CH_3)_3C- \approx (CH_3)_2CH- > CH_3CH_2- > CH_3- > -H$$

[1] 从偶极矩的测定得 Cl 的 $-I$ 大于 F 的 $-I$，与通常看法相反，目前还缺乏合理的解释。

（3）由核磁共振峰化学位移比较

质子核磁共振峰化学位移 δ 值不同将反映质子周围电子云密度的变化，而电子云密度的变化与取代基的吸电或供电的诱导效应及其强度有关。

表 3-4　X—CH_3 中甲基氢的 δ 值

X	δ	X	δ
—NO_2	4.28	—$N(CH_3)_2$	2.20
—F	4.26	—I	2.16
—OH	3.47	—$COCH_3$	2.10
—Cl	3.05	—COOH	2.07
—Br	2.68	—CN	2.00
—SH	2.44	—CH_3	0.90
—C_6H_5	2.30	—H	0.23

从表 3-4 不难看出，取代基不同时，δ 值不同，质子周围电子云密度愈低，δ 值愈大（δ 移向低场）。由表 3-4 的数据也可列出一个－I 效应的顺序。表 3-4 的数据与表 3-2 偶极矩测定的结果有所不同，如甲基取代氢后 δ 值由 0.23 增大到 0.90，δ 值移向低场，即—CH_3 与—H 相比具有吸电性，而与偶极矩测定的结果—CH_3 具有供电性恰恰相反。烷基是供电基还是吸电基？存在着矛盾，有待进一步探讨。

（4）根据诱导效应指数比较

我国著名理论有机化学家蒋明谦提出的诱导效应指数，是利用元素电负性及原子共价半径，按照定义由分子结构推算出来的，在一定的基准原子或键的基础上，任何结构确定的基团的诱导效应是以统一的指数来表示的。如：

	C—NO_2	> C—C=O	> C—F	> C—CN	> C—Cl	> C—Br
诱导效应指数×10^3	450.4	273.23	163.67	87.84	51.65	29.63

四、动态诱导效应

前面讨论的是静态时的情况，即静态诱导效应，是分子本身所固有的性质，是与键的极性即其基态时的永久极性有关的。当某个外来的极性核心接近分子时，能够改变共价键电子云的分布。由于外来因素的影响引起分子中电子云分布状态的暂时改变，称为动态诱导效应，用 I_d 表示。

$$\underset{\text{正常状态(静态)}}{A \div B} \underset{\text{去}[X]^+\text{的作用}}{\overset{[X]^+\text{的作用}}{\rightleftharpoons}} \underset{\text{试剂作用下的状态}}{A \div B[X]^+}$$

动态诱导效应是一种暂时的极化现象，故又称可极化性。它依赖于外来因素的影响，外来因素的影响一旦消失，这种动态诱导效应也不复存在，分子的电子云状态又回复到基态。动态诱导效应在大多数情况下和静态诱导效应是一致的，但在起源、传导方向、极化效果等方面，二者有明显的不同。

1. *动态诱导效应与静态诱导效应的差别*

（1）引起的原因不同。静态诱导效应是由于键的永久极性引起的，是一种永久的不随时间变化的效应，而动态诱导效应是由于键的可极化性引起的，是一种暂时的随时间变化的效应。

（2）动态诱导效应是由于外界极化电场引起的，电子转移的方向符合反应的要求，即电子向有利于反应进行的方向转移，所以动态诱导效应总是对反应起促进或致活作用，而不会起阻碍作用。而静态诱导效应是分子的内在性质，并不一定向有利于反应的方向转移，其结果对化学反应也不一定有促进作用。例如 R—X，按静态诱导效应，其亲核取代反应相对活性应为：R—F ＞ R—Cl ＞ R—Br ＞ R—I。但实际情况却恰恰相反，卤代烷的亲核取代反应相对活性为：R—I ＞ R—Br ＞ R—Cl ＞ R—F。原因就是动态诱导效应的影响。因为在同族元素中，随原子序数的增大电负性降低，其电子云受到核的约束也相应减弱，所以可极化性增大，反应活性增加。

2. 动态诱导效应的相对强度比较

动态诱导效应是一种暂时的效应，不一定反映在分子的物理性质上，不能由偶极矩等物理性质的测定来比较强弱次序。比较科学、可靠的方法是根据元素原子在周期表中的位置来进行比较。

（1）同族元素的原子及其所形成的基团

同一族元素的原子，由上到下原子序数增加，电负性减小，电子受核的约束减小，电子的活动性、可极化性增加，动态诱导效应增强。如：

I_d 效应：—I＞—Br＞—Cl＞—F；　—TeR＞—SeR＞—SR＞—OR

（2）同周期元素的原子及其所形成的基团

在同一周期中，从左到右随着原子序数的增加，元素原子的电负性增大，核对电子的约束性增大，因此可极化性变小，故动态诱导效应随原子序数的增加而降低。

I_d 效应：$—CR_3$＞$—NR_3$＞—OR＞—F

（3）带不同电荷的同一元素原子或基团

如果同一元素原子或基团带有电荷，带正电荷的原子核比相应的中性原子核对电子的约束性大，而带负电荷的则相反，所以 I_d 效应随着负电荷的递增而增强。如：

I_d 效应：$—O^-$＞—OR＞$—{}^+OR_2$；$—NR_2$＞$—{}^+NR_3$；$—NR_2$＞$—{}^+NH_3$

五、诱导效应对化合物性质及化学反应的影响

诱导效应对化合物的物理性质（如偶极矩）、光谱性质（如 NMR 谱）和化学性质有着直接的影响。在化学反应中，对反应方向、反应机理、化学平衡及反应速率等也有一定影响。

1. 对反应方向的影响

在某些反应中，诱导效应影响到反应方向和产物。例如丙烯与卤化氢加成，遵守马氏规则，而 3,3,3-三氯丙烯加卤化氢则按反马氏规则的方向加成。

$$Cl_3C-CH=CH_2 + HCl \longrightarrow Cl_3C-CH_2CH_2Cl$$

这里很明显是三氯甲基强烈吸电子的－I效应的结果。

又如在苯环的亲电取代反应中，$—N(CH_3)_2$ 是邻、对位定位基，活化芳环；而 $—{}^+N(CH_3)_3$ 因具有强烈的－I效应，是很强的间位定位基，钝化芳环。

2. 对反应机理的影响

在一些反应中，诱导效应等因素可以改变其反应机理。如溴代烷的水解反应，伯溴代烷如 CH_3Br 主要按 S_N2 历程进行，而叔溴代烷如 $(CH_3)_3C—Br$ 则主要按 S_N1 历程进行。

3. 对反应速率的影响

诱导效应主要是通过降低或增加反应的活化能来影响反应速率。如羰基的亲核加成反应，羰基碳原子的电子云密度越低，就越容易和亲核试剂发生加成反应，分子所需要的活化能就越小，因而反应速率越大。故取代基的－I效应愈强，愈有利于亲核加成；取代基的＋I效应愈强，对亲核加成愈不利。如下列化合物发生亲核加成的活性顺序为：

$$Cl_3C-CHO > Cl_2CHCHO > ClCH_2CHO > CH_3CHO$$

又如 RCOOR′(酯) 的水解反应，当在 R 中引入电负性大的原子或基团时，使反应加速；若在 R 中引入供电子的原子或基团时，则使反应速率降低。

在卤代烷的亲核取代反应中，其活性顺序（亲核取代反应速率）为：R—I ＞ R—Br ＞ R—Cl。这是动态诱导效应带来的结果。

4. 对化学平衡的影响

酸碱的强弱是由其离解平衡常数的大小来衡量的，在酸碱的分子中引入适当的取代基后，由于取代基诱导效应的影响，使酸碱离解平衡常数增大或减小。如乙酸中的一个 α-氢原子被氯原子取代后，由于氯的－I 效应，使羧基离解程度加大，而且使生成的氯乙酸负离子比乙酸负离子稳定，所以在下面两个离解平衡中，必然有 $K_2>K_1$。

$$CH_3COOH + H_2O \xrightleftharpoons{K_1} CH_3COO^- + H_3O^+$$

$$ClCH_2COOH + H_2O \xrightleftharpoons{K_2} ClCH_2COO^- + H_3O^+$$

乙醛的水合反应是可逆的，形成的水化物很不稳定，只能存在于稀水溶液中。而三氯乙醛的水合反应则比较容易，能生成稳定的水合物并能离析和长期存在。主要是由于三氯甲基强烈的－I 效应使羰基碳原子正电性增加，亲核反应容易发生，同时水合三氯乙醛因氯与氢之间的范德华吸引力也增加了稳定性。

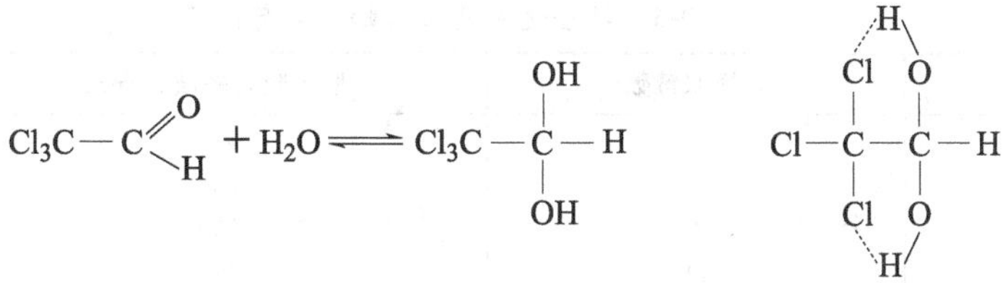

$$Cl_3C-CHO + H_2O \rightleftharpoons Cl_3C-CH(OH)_2$$

第二节 共轭效应

一、电子离域与共轭效应

在包含共轭链的共轭体系中，原子之间的相互影响不仅是单纯的诱导效应。例如，在 1,3-丁二烯中的键长不是简单的单键和双键的键长，存在着平均化的趋势，碳碳单键缩短，碳碳双键变长。而且体系能量降低，化合物趋于稳定。又如氯乙烯与氯乙烷比较，从诱导效应考虑，由于 π 键的电子云流动性较大，氯乙烯的偶极矩（$\mu=1.44D$❶）应该加大，但实际上却比氯乙烷的偶极矩（$\mu=2.05D$）小。同时氯乙烯也同样存在着单双键平均化的趋势，如表 3-5 所示。

表 3-5 氯乙烯单双键比较

化合物	C═C	C—Cl
一般	0.134nm	0.177nm
氯乙烯	0.138nm	0.172nm

这些现象说明，在单双键交替排列的体系中，或具有未共用电子对的原子与双键相连的体系中，π 轨道与 π 轨道或 p 轨道与 π 轨道之间存在着相互作用和影响。电子不再定域于成键原子之间，而是离域于整个分子形成了整体的分子轨道。每个成键电子不仅受到成键原子原子核

❶ $1D=3.34\times10^{-30}C\cdot m$。

的作用，而且也受到分子中其他原子核的作用，因而分子整体能量降低，体系趋于稳定。这种现象称为电子的离域（delocalization），这种键称为离域键，由此而产生的额外的稳定能称为离域能（也叫共轭能或共振能）。包含着这样一些离域键的体系通称为共轭体系，在共轭体系中原子之间相互影响的电子效应叫共轭效应（conjugative effects）或C效应。按照共轭效应的起源，可将共轭效应分为静态共轭效应与动态共轭效应。

二、静态共轭效应

静态共轭效应是在没有外来因素的影响情况下，分子本身就存在的、固有的、一种永久的效应。从本质上讲是分子轨道离域所产生的效应。

1. 共轭效应的表现

（1）电子云密度发生了平均化，引起了键长平均化，单、重键的差别减少或者消灭。如：

$$\underset{}{CH_2}\overset{0.135nm}{=}CH\overset{0.148nm}{-}CH=CH_2 \qquad \begin{matrix} C-C & 0.154nm \\ C=C & 0.134nm \end{matrix}$$

（2）体系趋于稳定，氢化热降低。如：

氢化热/(kJ/mol)

$$\xrightarrow{2H_2} \quad 254$$

$$\xrightarrow{2H_2} \quad 226$$

（3）各能级之间能量差减小，致使吸收光谱向长波方向移动，如表3-6所示。

表3-6 某些化合物吸收峰波长与颜色

化 合 物	共轭双键数	最大吸收峰波长/nm	颜色
丁二烯	2	217	无
己三烯	3	258	无
二甲辛四烯	4	298	淡黄
番茄红素	11	470	红色

（4）共轭体系可以发生共轭加成。

（5）易极化，折射率增高。

2. 共轭效应的特征

与诱导效应相同，共轭效应也是分子中原子之间相互影响的电子效应，但它在存在方式、传导方式、传导距离等方面都与诱导效应不同。

① 存在　诱导效应存在于一切键上，而共轭效应只存在于共轭体系中。

② 起因　共轭效应起因于电子的离域，而不仅是极性或极化效应。

③ 传导方式　诱导效应是由于键的极性或极化性沿σ、π键传导，而共轭效应则是通过π电子的转移沿共轭链传递，是靠电子离域传递。

④ 传导距离　诱导效应是短程效应，共轭效应可远程传递。共轭效应的传导可一直沿着共轭键传递而不会明显削弱，不像诱导效应削弱得那么快，取代基相对距离的影响不明显，而且共轭链愈长，通常电子离域愈充分，体系能量愈低愈稳定，键长平均化的趋势也愈大。例如苯，可以看作无限延长的闭合共轭体系，电子高度离域的结果，电子云已完全平均化，不存在单双键的区别，苯环为正六角形，C—C—C键角为120°，C—C键长均为0.139nm。

⑤ 结构特征　单、重键交替，共轭体系中所有原子共平面。

⑥ 影响的结果　常使共轭体系中各原子的电子云密度出现疏密交替的现象。如：

$$CH_3 \rightarrow \overset{\delta^+}{CH}=\overset{\delta^-}{CH}-\overset{\delta^+}{CH}=\overset{\delta^-}{CH_2}$$

3. 共轭效应相对强度的影响因素

规定与不饱和碳相连的氢原子的共轭效应为0。在共轭体系中，如果一个基团吸引π电子的能力比氢强，则称有吸电子的共轭效应，用－C表示；一个基团吸引π电子的能力比氢弱，则称有供电子的共轭效应，用＋C表示，如：

＋C效应：$CH_2=CH-\ddot{C}l$　　－C效应：$CH_2=CH-CH=O$

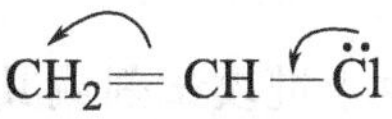

取代基共轭效应的强弱取决于组成该体系原子的性质、共价状态、键的性质、空间排布等因素，可以通过偶极矩的测定计算出或由周期表推导出。

(1) 周期律

同周期中，从左至右，随中心原子的原子序数增加，电负性增加，＋C效应降低，－C效应增强。如：

＋C效应：$-NR_2>-OR>-F$　　－C效应：$C=O>C=NR>C=CR_2$

同族中，随着原子序数增加，原子半径增大，外层p轨道也变大，与碳碳π键重叠变得困难，p-π共轭能力减弱，故＋C效应减小。如：

＋C效应：$-F>-Cl>-Br>-I$　$-OR>-SR>-SeR$　$-O^->-S^->-Se^->-Te^-$

对氯苯甲酸的酸性强于对氟苯甲酸，这一现象用诱导效应无法解释，按诱导效应，－I效应—F>—Cl，后者的酸性应更强。这里只能用共轭效应来解释，因＋C效应—F>—Cl，对氟苯甲酸中氧上的电子云密度较大，O—H键的极性较低，故其酸性较弱。

Cl—⟨苯环⟩—COOH　　F—⟨苯环⟩—COOH

pK_a　3.97　　4.14

同族中，随着原子序数增加，电负性减小，故－C效应减弱。如：

－C效应：$C=S<C=O$

(2) 电荷

带正电荷的取代基对电子的吸引力比中性的大，－C效应增强。带负电荷的取代基对电子的排斥力比中性的大，＋C效应增强。如：

－C效应：$C=N^+R_2>C=NR$

＋C效应：$-O^->-OR>-O^+R_2$

共轭效应的影响因素是多方面的，比较复杂，不仅取决于中心原子的电负性和p轨道的相对大小，而且其强弱还受其他原子及整个分子结构的制约，同时共轭效应和诱导效应是并存的，是综合作用于分子的结果，通常难以严格区分。

4. 共轭效应相对强度的测定方法

共轭效应的方向与强弱，可由实验确定。从含有某些官能团的一系列饱和及芳香化合物的偶极矩测定数据，可比较该官能团共轭效应的强度和电子转移的方向。如：

$CH_3\rightarrow Cl$　　⟨苯环⟩—$\ddot{C}l$

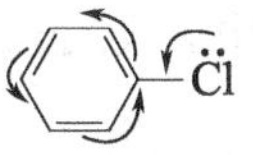

$\mu=6.20\times10^{-30}C\cdot m$　$\mu=5.67\times10^{-30}C\cdot m$

$\Delta\mu=(6.20-5.67)\times10^{-30}$

$=+0.53\times10^{-30}C\cdot m$

氯苯中Cl显＋C效应

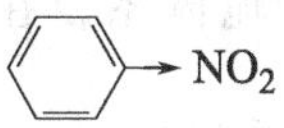

⟨苯环⟩$\rightarrow NO_2$　　$CH_3\rightarrow NO_2$

$\mu=14.11\times10^{-30}C\cdot m$　$\mu=11.81\times10^{-30}C\cdot m$

$\Delta\mu=(11.81-14.11)\times10^{-30}C\cdot m$

$=-2.30C\cdot m\times10^{-30}C\cdot m$

NO_2表现为－C效应

由相应的饱和脂肪族和芳香族化合物的偶极矩差值 $\Delta\mu$，可大致估计某些取代基的共轭效应强度；$\Delta\mu$ 的符号决定着共轭效应体系中电子转移的方向：$\Delta\mu$ 为“＋”号，取代基为＋C 效应；$\Delta\mu$ 为“－”号，取代基为－C 效应。

除此而外，共轭效应的方向与强弱还可以通过测定电离势确定。

三、动态共轭效应

动态共轭效应是共轭体系在发生化学反应时，由于进攻试剂或其他外界条件的影响使 p 电子云重新分布，实际上往往是静态共轭效应的扩大，并使原来参加静态共轭的 p 电子云向有利于反应的方向流动。例如 1,3-丁二烯在基态时由于存在共轭效应，表现体系能量降低，电子云分布发生变化，键长趋于平均化，这是静态共轭效应的体现。而在反应时，例如在卤化氢试剂进攻时，由于外电场的影响，电子云沿共轭链发生转移，出现正负交替分布的状况，这就是动态共轭效应。

$$H^+ + \overset{\delta+}{C}H_2 = \overset{\delta-}{C}H - \overset{\delta+}{C}H = \overset{\delta-}{C}H_2 \longrightarrow CH_2 = CH - \overset{+}{C}H - CH_3$$

动态共轭效应虽然是一种暂时的效应，但一般都对化学反应有促进作用，也可以说，动态共轭效应是在帮助化学反应进行时才会产生。静态共轭效应是一种永久效应，对化学反应有时可能会起阻碍作用。与诱导效应类似，动态因素在反应过程中，往往起主导作用，例如氯苯，在静态下从偶极矩的方向可以测得－I 效应大于＋C 效应。

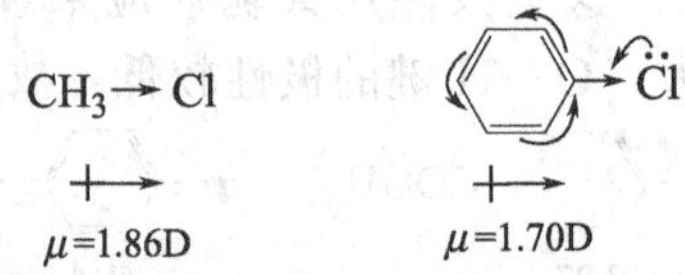

$$CH_3 \rightarrow Cl \quad \mu = 1.86D \qquad C_6H_5 - \ddot{C}l \quad \mu = 1.70D$$

但在反应过程中动态因素却起着主导作用。在亲电取代反应中，当亲电试剂进攻引起了动态共轭效应，加强了 p-π 共轭。这里－I 效应不利于环上的亲电取代反应，而＋C 效应促进这种取代，并使取代的位置进入邻、对位，因而氯苯的亲电取代产物主要为邻、对位产物。由于氯原子的－I 效应太强，虽然动态共轭效应促进了邻对位取代，但氯的作用还是使苯环的亲电取代反应速率减慢。

四、共轭体系

按参加共轭的化学键或电子类型，共轭效应最常见的共轭体系有以下两种。

1. π-π 共轭体系

不饱和键（双键或叁键）与单键彼此相间所组成的体系。如：

$$CH_2 = CH - C \equiv CH \qquad CH_2 = CH - C \equiv N \qquad CH_2 = CH - CH = O \qquad C_6H_5 - CH = CH_2$$

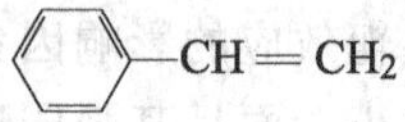

2. p-π 共轭体系

不饱和键（双键或叁键）与相邻 p 轨道重叠而产生的共轭体系。如：

$$\ddot{C}l - CH = CH_2 \qquad R - \overset{O}{\overset{\|}{C}} - OH \qquad CH_3 - CH = CH - \overset{+}{C}H_2 \qquad H_2\dot{C} - CH = CH_2$$

其中氯乙烯是三个 p 轨道四个电子的多电子 p-π 共轭体系，碳正离子是缺电子 p-π 共轭体系，游离基为等电子 p-π 共轭体系。在多电子 p-π 共轭体系中，电子云转移的方向总是移向双键的。

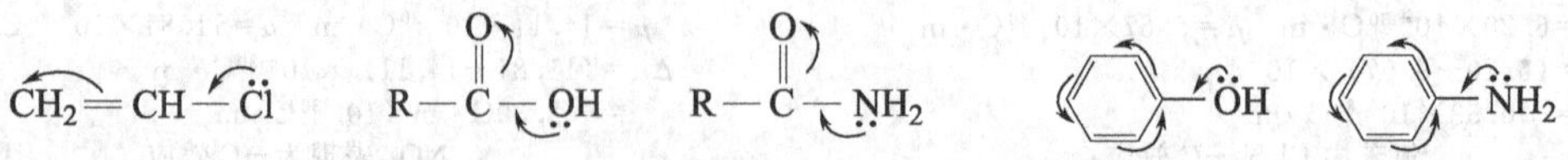

$$CH_2 = CH - \ddot{C}l \qquad R - \overset{O}{\overset{\|}{C}} - \ddot{O}H \qquad R - \overset{O}{\overset{\|}{C}} - \ddot{N}H_2 \qquad C_6H_5 - \ddot{O}H \qquad C_6H_5 - \ddot{N}H_2$$

卤乙烯在亲核取代反应中不活泼，羧酸具有酸性，苯胺比脂肪胺碱性弱，酰胺碱性更弱，苯酚与醇明显不同，这些都起因于 p-π 共轭效应的影响。

五、超共轭效应

共轭效应也发生在重键和单键之间，如有些 σ 键和 π 键、σ 键和 p 轨道、甚至 σ 键和 σ 键之间也显示出一定程度的离域现象，这种效应称为超共轭效应。

从一般诱导效应的概念考虑，当烷基连在苯环上时，与氢比较应呈现供电的诱导效应，而且诱导效应的强度顺序应为叔＞仲＞伯。对苯环在亲电反应中活性的影响似乎也应如下：

$$(CH_3)_3C— > (CH_3)_2CH— > CH_3CH_2— > CH_3 > H—$$

这一诱导效应规律也可从烷基苯在气相中的偶极矩数据看出。

叔丁苯	异丙苯	乙苯	甲苯
μ=0.70D	μ=0.65D	μ=0.58D	μ=0.38D

但进行苯环上的硝化反应和卤代反应时，得到的结果却恰恰相反。

超共轭效应对烷基苯亲电取代速率的影响见表 3-7。

表 3-7　超共轭效应对烷基苯亲电取代速率的影响

取代基	$H_3C—$	$CH_3CH_2—$	$(CH_3)_2CH—$	$(CH_3)_3C—$	H—
溴化相对速率	340	290	180	110	1
硝化相对速率	14.8	14.3	12.9	10.8	1

显然，用诱导效应无法解释这一结果。这里必定存在着其他影响因素，主要是由于存在 C—H σ 键与 π 键的离域，也即 σ-π 超共轭效应。甲苯有三个 C—H σ 键与苯环 π 体系共轭，乙苯有两个，异丙苯只有一个，而叔丁基苯则没有 C—H σ 键与苯环共轭，因此得到上述相对速率顺序。

超共轭效应在化合物分子的物理性能和化学反应性能上都有所反映。键长平均化是共轭效应的一种体现，超共轭效应也有这种表现，如表 3-8 所示。

表 3-8　超共轭效应对 C—C、C═C、C≡C 键长的影响

化学键	孤立的			$CH_3—CH_2═CH_2$中		$CH_3—C≡C—CH_3$中	
	C—C	C═C	C≡C	C—C	C═C	C—C	C≡C
键长/nm	0.154	0.134	0.120	0.1488	0.1353	0.1457	0.1211

从偶极矩、氢化热及光谱性质等方面也进一步证实了超共轭效应的存在。许多化合物 α-H 的活泼性也起因于超共轭效应。当 C—H 键与双键直接共轭时，C—H 键的强度减弱，H 原子的活性增加。如：

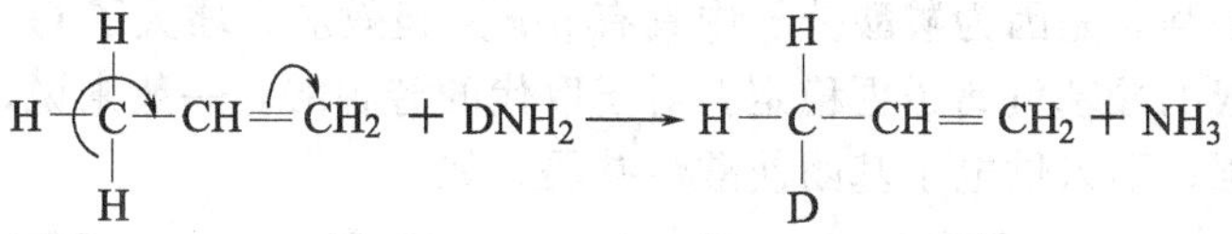

$$H—\underset{H}{\overset{H}{C}}—CH═CH_2 + DNH_2 \longrightarrow H—\underset{D}{\overset{H}{C}}—CH═CH_2 + NH_3$$

烷基超共轭效应的强弱，由烷基中与不饱和键处于共轭状态的 C—H 键的数目而定，随着 $\sigma_{C—H}$ 键数目的增多，超共轭效应增强。如：

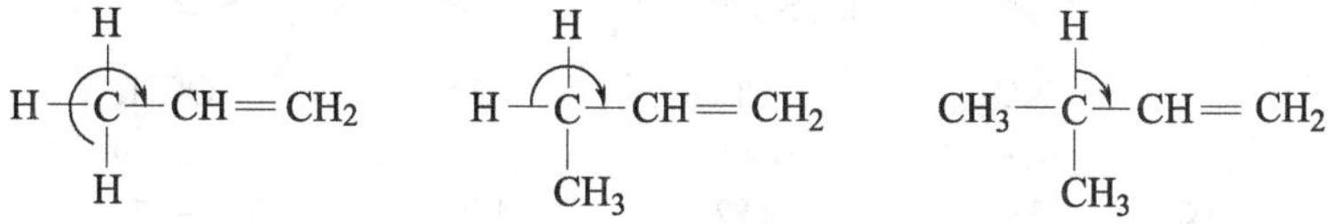

$$H—\underset{H}{\overset{H}{C}}—CH═CH_2 \qquad H—\underset{CH_3}{\overset{H}{C}}—CH═CH_2 \qquad CH_3—\underset{CH_3}{\overset{H}{C}}—CH═CH_2$$

+C效应：$CH_3— > CH_3CH_2— > (CH_3)_2CH— > (CH_3)_3C—$

用分子轨道理论可以较为满意地解释这一结果。丙烯超共轭效应的实质是甲基与 C═C π 键的轨道相互作用，其中最强的是 CH_3-π(C═C) 轨道相互作用，轨道相互作用结果导致甲基中C—H键的拉长和电子从 C—H 键流向 C═C π 键、CH_3—CH σ 键的缩短（部分双键化趋势）、CH═CH_2 π 键的减弱（比孤立的 C═C 双键长）。计算表明丙烯的最佳几何构型存在两个可区别的构象式，重叠式和交叉式。

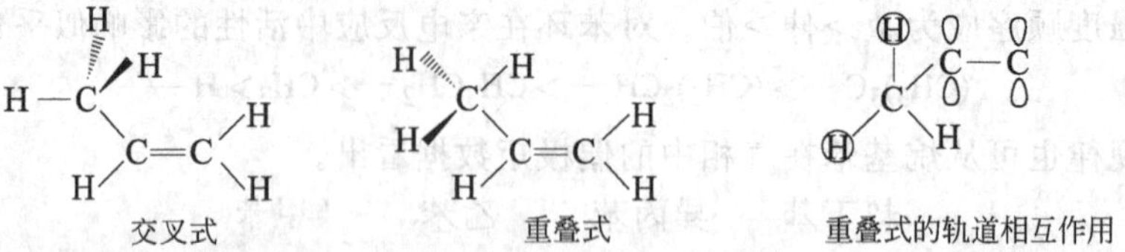

交叉式　　重叠式　　重叠式的轨道相互作用

两个构象式通过甲基旋转的能垒大约是 6.3～7.5kJ/mol，轨道相互作用有利于重叠式。

C—H σ 键与 p 轨道的共轭也可以从正碳离子和自由基的稳定性比较中观察。烷基自由基的稳定性：$(CH_3)_3C\cdot > (CH_3)_2CH\cdot > CH_3CH_2\cdot > \cdot CH_3$。烷基碳正离子稳定性也是：$(CH_3)_3C^+ > (CH_3)_2CH^+ > CH_3CH_2^+ > CH_3^+$。这是因为在这两个顺序中，能与 p 轨道共轭的 C—H σ 键依次为 9 个、6 个、3 个和 0 个。在这样的体系中，C—H 键的强度是有所降低的，叔丁基正离子中的 C—H 键确实比异丁烷中的 C—H 键弱。

当 C—H 键与双键直接共轭时，对分子的偶极矩也会产生影响。如：

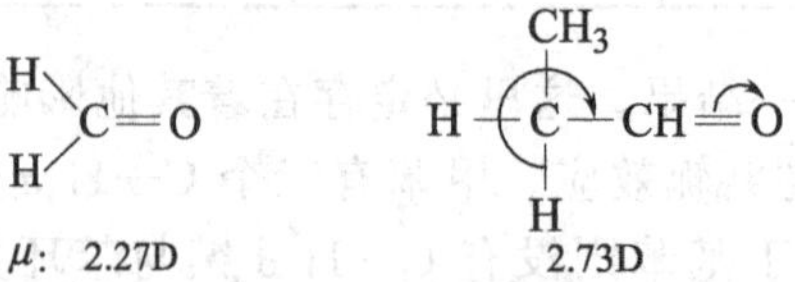

$H_2C{=}O$　　CH_3CH_2—CH═O（H—C(H)(CH_3)—CH═O）

μ：2.27D　　2.73D

在某些体系中，σ 键与 σ 键之间也存在着一定程度的离域，尤其在反应过程中。例如下列反应，前者生成乙烯，后者生成乙炔，都属于 σ-σ 共轭体系。

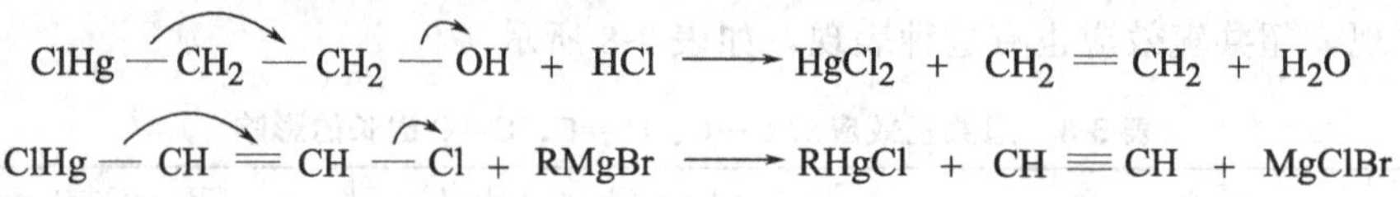

$$ClHg—CH_2—CH_2—OH + HCl \longrightarrow HgCl_2 + CH_2{=}CH_2 + H_2O$$

$$ClHg—CH{=}CH—Cl + RMgBr \longrightarrow RHgCl + CH{\equiv}CH + MgClBr$$

σ-π 共轭和 σ-σ 共轭与 π-π 共轭效应和 p-π 效应比较起来弱得多，有人通过 CNDO/2 法计算表明，超共轭效应大约仅是 π-π 共轭效应的一半。

六、共轭效应对化合物性质及化学反应的影响

共轭效应对化合物性质及化学反应的影响是多方面的，如影响到化学平衡、反应方向、反应机理、反应产物、反应速率和酸碱性等，而且共轭效应的影响往往超过诱导效应。

1. 对化合物酸碱性的影响

羧酸的酸性比醇强，是因为羧酸分子中具有 p-π 共轭效应，增大了 O—H 键的极性，促使氢容易离解，且形成的羧基负离子更稳定。对于取代的芳香酸，一般来说，在芳环上引入吸电子基团，使酸性增强；引入供电子基团使酸性减弱。如：

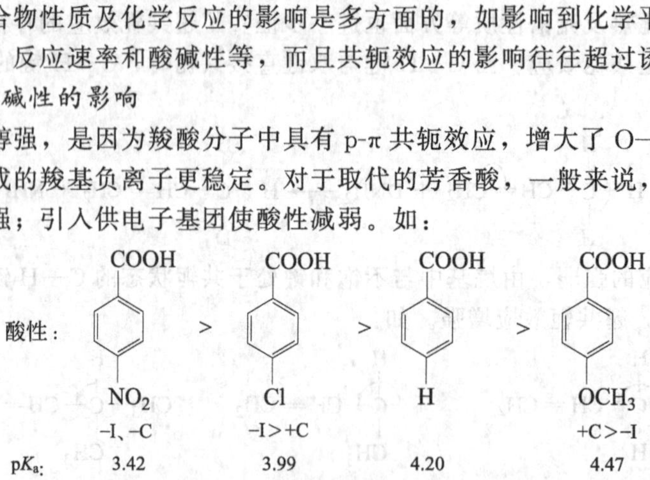

酸性：	对硝基苯甲酸 >	对氯苯甲酸 >	苯甲酸 >	对甲氧基苯甲酸
取代基	NO_2	Cl	H	OCH_3
效应	–I、–C	–I>+C		+C>–I
pK_a	3.42	3.99	4.20	4.47

在取代酚中，吸电子基越多，酚的酸性越强。如三硝基苯酚，由于三个强吸电子硝基的

$-C$和$-I$效应，使其显强酸性，已接近无机酸的强度。

酸性：2,4,6-三硝基苯酚 > 2,4-二硝基苯酚 > 对硝基苯酚（$HO-C_6H_2(NO_2)_3$ > $HO-C_6H_3(NO_2)_2$ > $HO-C_6H_4-NO_2$）

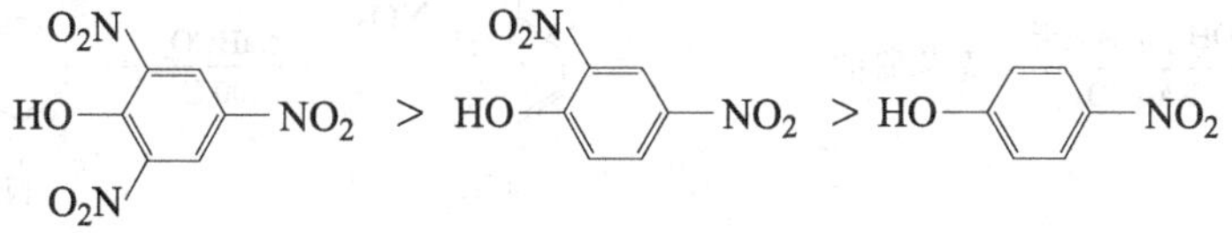

烯醇式的 1,3-二酮具有微弱的酸性，也是由于 p-π 共轭作用。

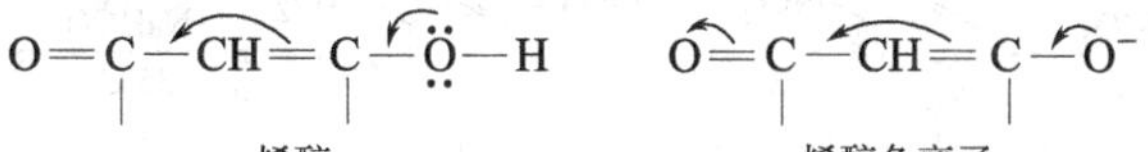

$$O=C-CH=C-\ddot{O}-H \qquad O=C-CH=C-O^-$$

烯醇　　　　烯醇负离子

由于 p-π 共轭效应，芳香胺氮原子上电子云密度大大降低，其碱性比脂肪族胺弱，而酰胺则几乎呈中性。

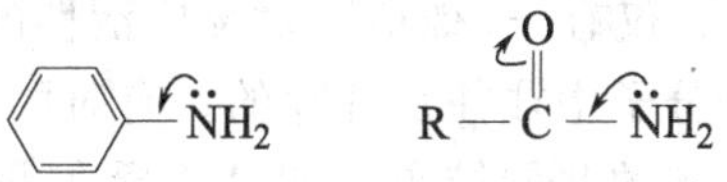

$$C_6H_5-\ddot{N}H_2 \qquad R-\overset{O}{\overset{\|}{C}}-\ddot{N}H_2$$

2. 对反应方向和反应产物的影响

在α,β-不饱和羰基化合物分子中，$C=O$与$C=C$形成共轭体系，对反应方向和反应产物带来很大影响，使这些醛、酮具有一些特殊的化学性质。如丙烯醛与 HCN 主要发生 1,4-加成。

插烯作用是共轭醛、酮中一种特殊作用，也是由于共轭效应的缘故。

$$C_6H_5CHO + CH_3CH=CHCH=CHCHO \xrightarrow[\triangle]{OH^-} C_6H_5CH=CHCH=CHCH=CHCHO + H_2O$$

又如下列反应（1）能发生，（2）却不能。这是因为在反应（1）中，$-N(C_2H_5)_2$ 中 N 上孤对电子可与苯环 p-π 共轭（$+C$），且$+C>-I$，使芳环上电子云密度大大增加，邻、对位电子云密度增加最多，但又因邻位空间位阻较大，故与亲电试剂 $C_6H_5N_2^+Cl^-$ 发生对位的亲电取代，生成偶氮化合物。（2）中$-N(C_2H_5)_2$ 邻位有两个$-CH_3$，因为空间位阻增大，使$-N(C_2H_5)_2$ 与苯环不能很好地共平面，从而减弱了$-N(C_2H_5)_2$ 的$+C$效应，这时$-N(C_2H_5)_2$ 的$+C<-I$，使苯环上电子云密度降低，又因为 $C_6H_5N_2^+Cl^-$ 为弱的亲电试剂，故亲电取代反应不能发生。

$$(1)\quad C_6H_5N(C_2H_5)_2 + C_6H_5N_2^+Cl^- \xrightarrow[0℃]{H_2O,pH=5} (C_2H_5)_2N-C_6H_4-N=N-C_6H_5$$

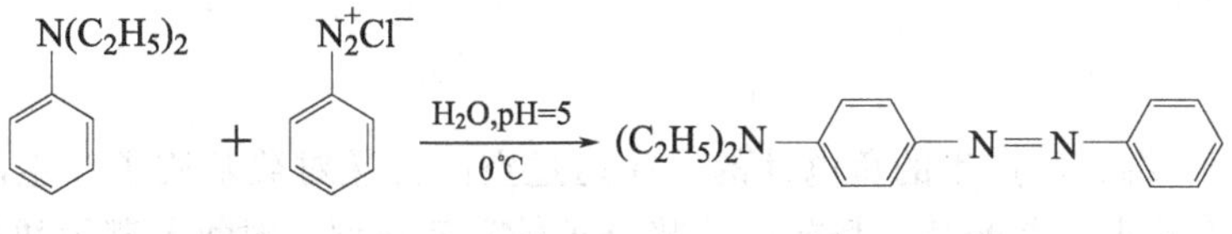

$$(2)\quad 2,6-(CH_3)_2C_6H_3N(C_2H_5)_2 + C_6H_5N_2^+Cl^- \xrightarrow[0℃]{H_2O,pH=5} \text{无偶氮化合物生成}$$

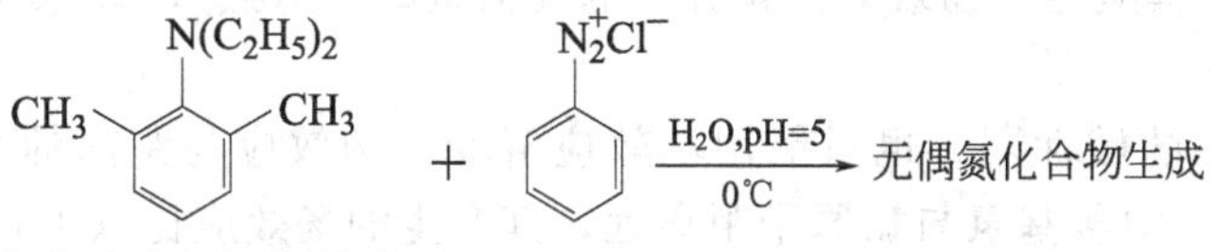

3. 对反应机理的影响

共轭效应对反应机理的影响常表现为对反应中间体或产物的稳定性的影响。如卤代烷的水解反应中，CH_3Br 主要按 S_N2 历程，而 $(CH_3)_3C-Br$ 水解则遵循 S_N1 历程，这里除了有诱导效应的作用外，还有超共轭效应的作用，因为超共轭效应直接影响到生成的碳正离子的稳定性。又如，在酯的碱性水解中，多数按 $B_{AC}2$ 历程进行，而当醇的烷基部分由于共轭效应可以生成稳定的碳正离子时，则可按 $B_{AL}1$ 历程进行。

4. 对反应速率的影响

共轭效应对化合物的反应速率影响很大。如在卤代苯的邻、对位上连有硝基，其碱性水解反应活性随硝基个数的增加而增大。

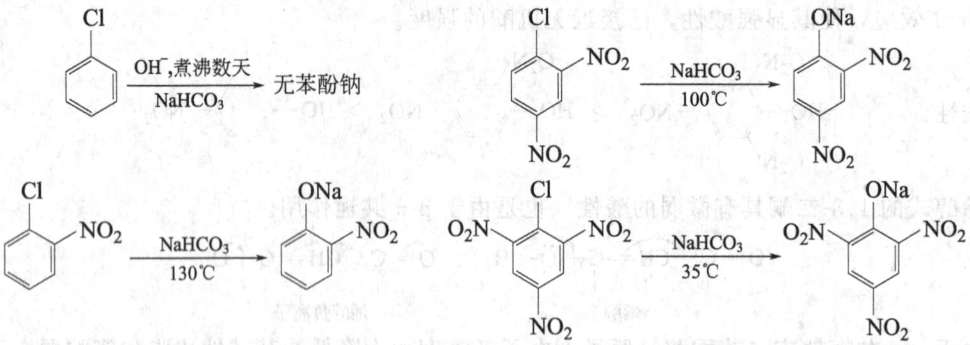

这是由于—NO_2 具有很强的 $-C$ 效应，当它连在邻、对位时能得到很好的传递，而当它处在间位时，$-C$ 效应不能传递，仅有 $-I$ 效应，对反应活性的影响不如在邻、对位时大。

共轭效应与诱导效应在一个分子中往往是并存的，有时两种作用的方向是相反的。有机化学现象往往是诱导效应和共轭效应的共同结果。如氯乙烯在静态时（分子没有参加反应），其 $I>+C$，在动态时（分子处于反应中），其 $-I<+C$。

第三节 场 效 应

分子中原子之间相互影响的电子效应，不是通过键链而是通过空间传递的，称为场效应 (field effects)。场效应和诱导效应通常难以区分，它们往往同时存在而且作用方向一致，实际上场效应是诱导效应的一种表现形式，所以也把场效应和诱导效应总称为极性效应。但在某些场合场效应与诱导效应的方向相反，从而显示出场效应的明显作用。

邻氯苯基丙炔酸的酸性比氯在间位或对位的小。如果从诱导效应考虑，邻位异构体应比间位和对位的酸性强，从共轭效应考虑邻氯苯基丙炔酸也不应比对位异构体的酸性弱。

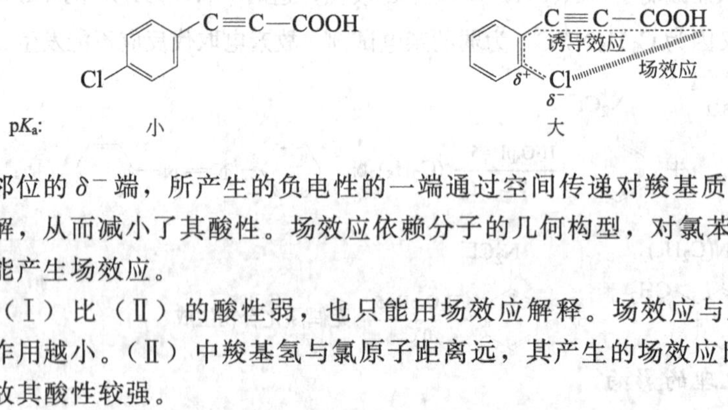

这是由于氯处于邻位的 δ^- 端，所产生的负电性的一端通过空间传递对羧基质子产生静电场吸引，使之不易离解，从而减小了其酸性。场效应依赖分子的几何构型，对氯苯基丙炔酸中，氯与氢距离远，不能产生场效应。

下列化合物（Ⅰ）比（Ⅱ）的酸性弱，也只能用场效应解释。场效应与距离的平方成反比，距离越远，作用越小。（Ⅱ）中羧基氢与氯原子距离远，其产生的场效应比（Ⅰ）中的小，氢较容易电离，故其酸性较强。

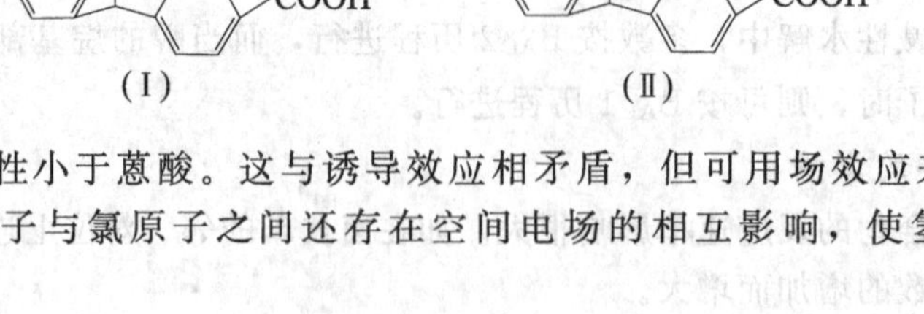

8-氯-1-蒽酸的酸性小于蒽酸。这与诱导效应相矛盾，但可用场效应来解释，这是由于8-氯-1-蒽酸中的氢原子与氯原子之间还存在空间电场的相互影响，使氢不易离解，酸性减弱。

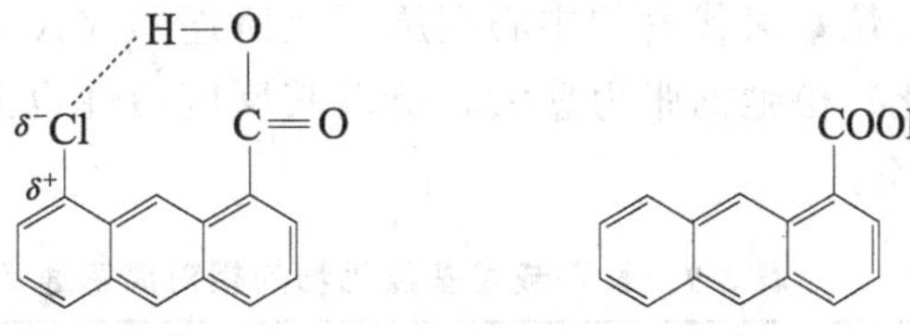

pKa 6.25 6.04

顺、反丁烯二酸第一酸式电离常数和第二酸式电离常数有明显差异，pK_{a_1} 反式较小，pK_{a_2} 顺式较小。如果单从诱导效应考虑，两者应没有区别。

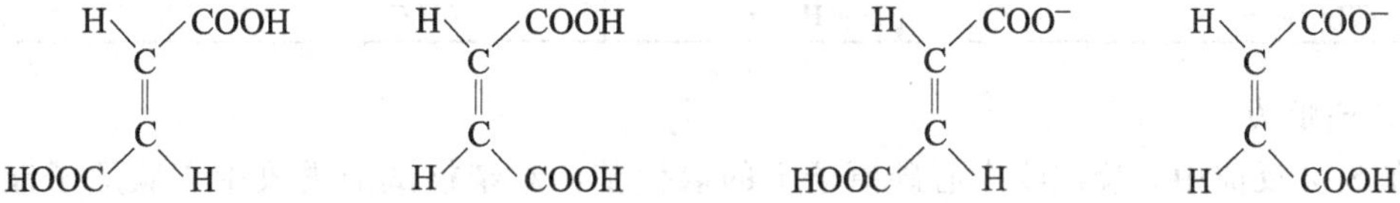

pK_{a_1} 3.03 1.92 pK_{a_2} 4.34 6.59

这是由于羧基吸电的场效应，使顺式丁烯二酸的酸性比反式高。但在第二次电离时，却由于羧基负离子供电子的场效应，使顺式的酸性低于反式。

第四节 空间效应

一、空间效应

分子中原子之间的相互影响并不完全归结为电子效应，有些则是与原子（或基团）的大小和形状有关。当分子内或分子间不同取代基相互接近时，由于取代基的体积大小、形状不同，相互接触而引起的物理的相互作用，称为空间效应（steric effects），或叫位阻效应、立体效应。如联苯的邻位有较大的取代基时，常常因空间效应的干扰而使 σ 键的自由旋转受阻，出现了对映异构现象。

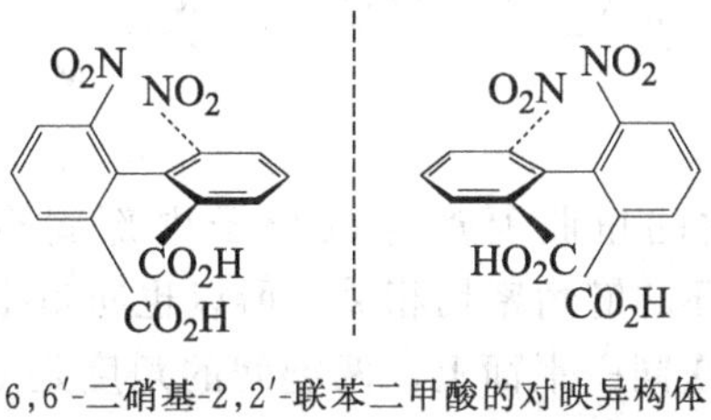

6,6′-二硝基-2,2′-联苯二甲酸的对映异构体

这类空间效应主要是由于基团的大小引起的。另一类空间效应是由张力所引起的，根据不同的分子及不同的环境，取代基所引起的空间张力有 B-张力、F-张力和 I-张力等。

1. B-张力

当反应物转变到过渡态或活性中间体时，如空间拥挤程度降低，则反应速率加快；如空间拥挤程率增加，则反应速率降低。例如在 S_N1 反应中，叔丁基碳正离子比甲基碳正离子要容易形成，除电子效应外，空间效应在这里也起了很大的作用。反应物中心碳原子由 sp^3 变为 sp^2 杂化状态，键角由 109.5°变为 120°，原子或基团间的空间张力变小，故正碳离子容易形成。这种空间张力叫 B-张力（back strain，后张力）。

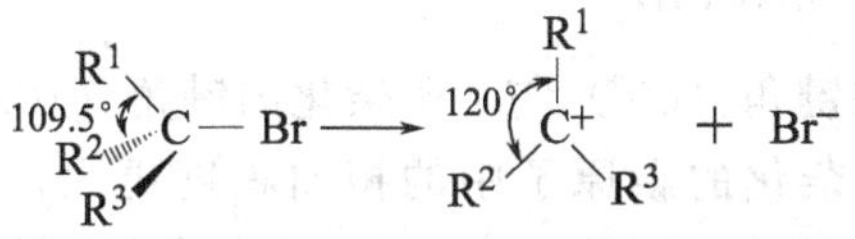

四面体反应物 三角形中间体(B-张力减小)

四面体（sp^3 杂化）烷基卤代物的中心碳原子上所连的取代基体积愈大，B-张力愈大，离解成碳正离子（sp^2 杂化）松弛的张力愈大，所以其反应活性也愈大。表 3-9 列出了某些叔烷基氯代物的相对离解速率。

表 3-9　某些叔烷基氯代物的相对离解速率

R^1	R^2	R^3	相对速率
CH_3—	CH_3—	CH_3—	1.0
CH_3—	CH_3—	CH_3CH_2—	1.7
CH_3—	CH_3CH_2—	CH_3CH_2—	2.6
CH_3CH_2—	CH_3CH_2—	CH_3CH_2—	3.0

2. F-张力

在 S_N2 反应中，反应物中心碳原子上的取代基，对亲核试剂进攻中心碳原子能起阻碍作用。反应物中心碳原子上所连的基团体积愈大，这种阻碍作用愈大，反应速率愈慢。由于基团在空间的直接排斥作用所产生的张力，称为 F-张力（face strain，前张力），这种空间张力是一种空间阻碍作用。

胺的碱性顺序也体现了 F-张力的影响。如只从电子效应考虑，预期胺的碱性次序应为：

$$R_3N > R_2NH > RNH_2 > NH_3$$

在非水溶剂中，对质子酸确实如此。因为质子体积小，空间因素影响不大。如果以体积较大的 Lewis 酸测定，则 F-张力的空间效应就非常明显。如以三烷基硼 BR'_3 为 Lewis 酸与胺作用，R 与 R′都足够大时，R_3N 与 BR'_3 靠近时会发生相互排斥，上述胺的碱性次序将完全倒转。

$$R_3N\text{:}\cdots BR'_3$$

$$\text{吡啶}\text{:} + BMe_3 \longrightarrow \text{吡啶}\overset{+}{N}—\overset{-}{B}Me_3 \qquad \text{2,6-二甲基吡啶} + BMe_3 \longrightarrow \text{不反应}$$

3. I-张力

在小环化合物中，由于键的扭曲所产生的分子内部固有的张力称为 I-张力（internal strain，内张力），这种张力与环的键角密切相关，所以也叫角张力（angle strain）。

在环丙烷中，三个碳原子在同一平面上，两键间的角度是 60°，同一碳原子的两个键必须由正常的四面体键角（109°28′）向内屈挠 24°44′，因此环丙烷的 I-张力较大，分子内能高，很不稳定。

但某些小环化合物与类似较大环或链状化合物比较，I-张力还有另外一种表现形式，如环丙烷衍生物 1-甲基-1-氯环丙烷离解为碳正离子比相应的开链化合物叔丁基氯要慢，虽然其中心原子表面上看都是由 sp^3 杂化状态转变为 sp^2 杂化状态，但由于环丙烷较大的角张力使卤代衍生物的解离变得极其困难。

$$(CH_3)_3C—Cl \longrightarrow (CH_3)_3C^+ + Cl^- \qquad \text{1-甲基-1-氯环丙烷} \longrightarrow \text{1-甲基环丙基正离子} + Cl^-$$

因为几何形状的限制，环丙烷键角（60°）与 sp^3 杂化的键角（109.5°）相差比与 sp^2 杂化的键角（120°）之差要小，在 sp^2 杂化的碳原子中的扭曲程度更大，张力更大，碳正离子难以形成，离解速率小。又如对甲苯磺酸环丙酯，在 60℃于醋酸中的溶剂解，比对甲苯磺酸环丁酯

的速率小 10^6 倍，也是角张力的影响。

二、空间效应对化合物性质的影响

1. 对化合物（构象）稳定性的影响

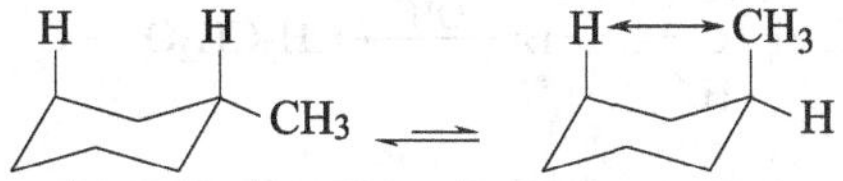

上图甲基环己烷的稳定性前者大于后者，是因为后者取代基在 *a* 键，取代基体积比氢原子大，与 C_3 和 C_5 上的氢原子距离太近，产生了范德华斥力，使分子内能增加。

又如，因为空间位阻的影响，丁烷的构象稳定性为：

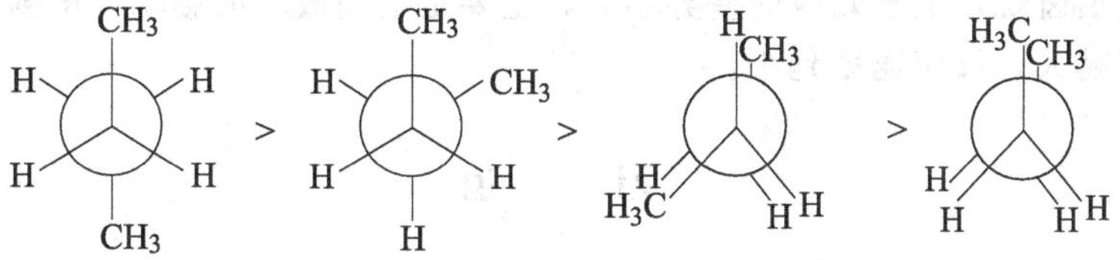

2. 对化合物酸碱性的影响

如下列化合物（Ⅰ）的酸性大于（Ⅱ）的酸性。这从诱导效应和超共轭效应都无法解释。

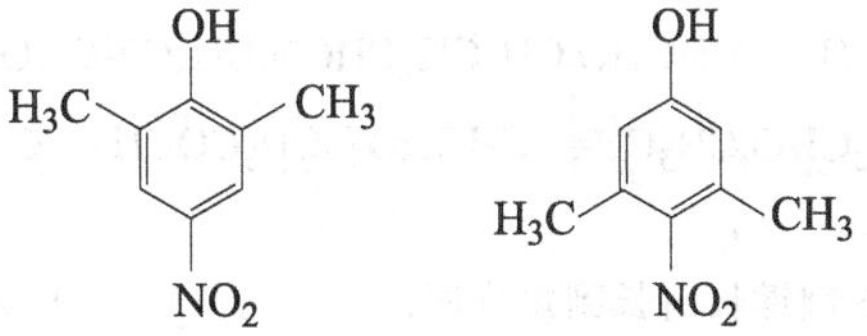

（Ⅰ）pK_a=7.16　　（Ⅱ）pK_a=8.24

两个甲基无论从诱导效应或超共轭效应考虑，在（Ⅰ）中对酚羟基的影响都比在（Ⅱ）中要大得多，因为甲基的电子效应是减弱酚羟基的酸性的，因此（Ⅰ）的酸性要比（Ⅱ）的酸性弱，但实际却正好相反。原因在于硝基的体积较大，当硝基的邻位有两个甲基时，由于空间拥挤而使 N═O 双键的 p 轨道不能与苯环上的 p 轨道的对称轴完全平行，即硝基 N═O 双键与苯环的共平面性受到破坏，减弱了硝基、苯环与羟基的共轭离域，致使酸性相对降低，这是甲基空间效应作用的结果。而在（Ⅰ）中两个甲基离硝基较远，没有明显影响，所以产生上述的结果。对硝基苯酚的 p 轨道离域如图 3-1 所示。

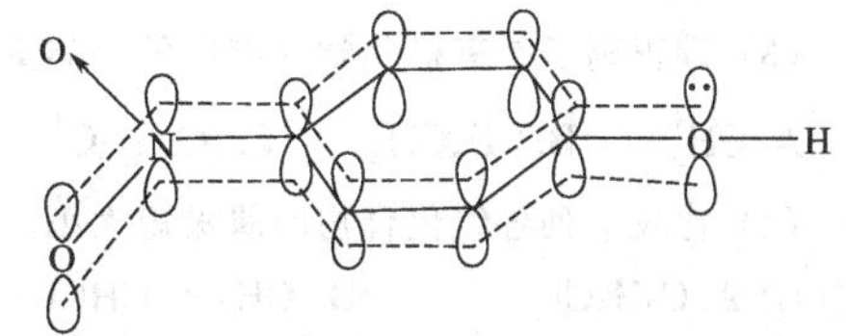

图 3-1　对硝基苯酚的 p 轨道离域

又如，邻叔丁基苯甲酸（Ⅰ）的酸性比对叔丁基苯甲酸（Ⅱ）的酸性强。这是因为，当叔丁基在羧基邻位时，由于叔丁基体积较大，把羧基挤出了苯环所在的平面，芳环给电子的 +C 效应消失，故酸性增强。

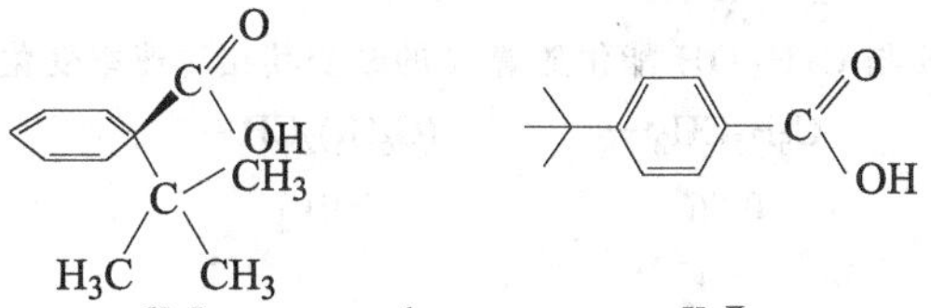

pK_a Ⅰ　<　pK_a Ⅱ

3. 对化合物反应活性的影响

如卤代烷在乙醇解的 S_N2 反应中，随着 R 体积的大小不同，乙氧基从背面进攻的难易、空间阻碍和反应速率各异，具体见表 3-10 所列。

$$CH_3CH_2OH + RCH_2Br \xrightarrow{OH^-} CH_3CH_2O-CH_2R + HBr$$

表 3-10 RCH_2Br 乙醇解的相对速率

R—	H—	CH_3—	CH_3CH_2—	$(CH_3)_2CH$—	$(CH_3)_3C$—
相对速率	17.6	1	0.28	0.030	4.2×10^{-3}

反应物都是伯卤烷，电子效应的差异不大，主要是空间效应的影响，R 越大则试剂从背面进攻的空间阻碍越大，反应速率越小。

习　　题

1. 指出下列化合物进行亲核加成反应的活性顺序，并简要说明原因。

(1) $(CH_3)_2C=O$,$(C_6H_5)_2CO$,$C_6H_5COCH_3$和$C_6H_5CH_2COCH_3$

(2) $(CH_3)_2C=O$,HCHO和CH_3CHO

(3) $ClCH_2CHO$,$BrCH_2CHO$,$CH_2=CHCHO$,CH_3CH_2CHO和CH_3CF_2CHO

(4) CH_3CHO,CH_3COCH_3,CF_3CHO,$CH_3CH=CHCHO$和$CH_3COCH=CH_2$

2. 按要求回答下列问题。

(1) 将下列化合物按分子中双键键长由长到短排序。

A. （苯） B. （1,3-环己二烯） C. $CH_2=CH-CH_2-CH=CH_2$

(2) 比较下列试剂与 Br_2-CCl_4 溶液反应的难易（由易到难）。

A. $CH_3CH=CH_2$ B. $CH_3CH=CHCOOH$ C. $(CH_3)_2C=CHCH_3$
D. $CH_3CH=CHCH_3$ E. $CH_2=CHCOOH$

(3) 碳正离子是有机化学反应中的一类重要的中间体，请指出下列碳正离子的稳定性次序。

A. CH_3^+ B. $CH_3CH_2^+$ C. $(CH_3)_3C^+$ D. $C_6H_5^+$ E. $(C_6H_5)_2C^+$ F. $(C_6H_5)_3C^+$

(4) 比较下列各组化合物的偶极矩大小。

① A. C_2H_5Cl B. $CH_2=CHCl$ C. $CCl_2=CCl_2$ D. $CH\equiv CCl$

② A. 邻氯甲苯（CH_3、Cl） B. CH_3-C_6H_4-Cl（对位） C. CH_3-C_6H_4-Cl（间位）

(5) 将下列化合物按其进行水解反应（稀 NaOH，浓度相同）时的活性由大到小排列。

X-C_6H_4-COOR′

X= ①—NO_2 ②—OCH_3 ③—H ④—Cl

3. 在 HCl 催化下 RCOOH 与 C_2H_5OH 酯化随着 R 的改变其相对速率变化如下：

R=	—CH_3	$C_6H_5CH_2$—	$(C_6H_5)_2CH$—	$(C_6H_5)_3C$—
相对速率	1	0.56	0.015	0.00

试解释这一结果。

4. 下列各组化合物在 KOH 乙醇溶液中脱卤化氢反应哪个快？

（1）A. $CH_3CH_2CH_2CH_2Br$　　B. $CH_2=CHCH_2CH_2Br$　　C. 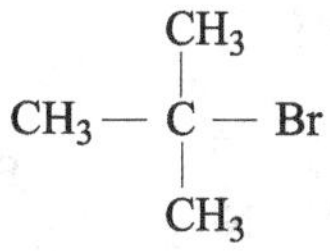　D. 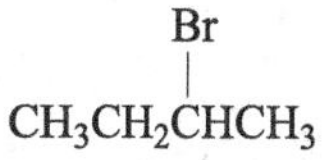

（2）A. 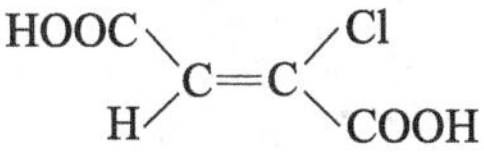　　B. 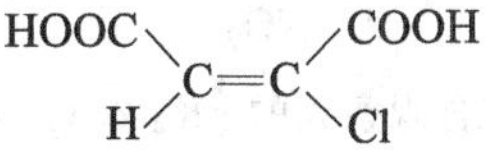

（3）A. 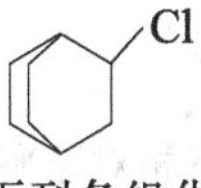　　B. 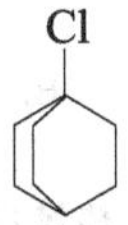

5. 比较下列各组化合物的酸性强弱，并予以解释。

（1）$HOCH_2CH_2COOH$和$CH_3CH(OH)COOH$。

（2）对硝基苯甲酸和对羟基苯甲酸。

（3）A. $ClCH_2COOH$　　B. CH_3COOH　　C. FCH_2COOH
D. CH_2ClCH_2COOH　　E. $CH_3CHClCOOH$

（4）$CH_3COCH_2COCH_3$和$CH_3COCH_2CO_2C_2H_5$。

（5）A. 2,6-二甲基-4-硝基苯酚　　B. 3,5-二甲基-4-硝基苯酚
C. 对甲氧基苯酚　　D. 邻甲基苯酚

（6）A. 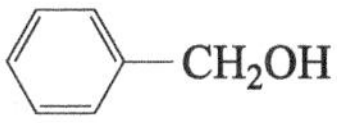　B. 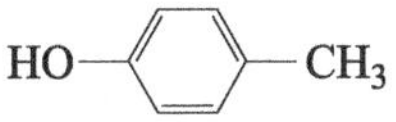　C. 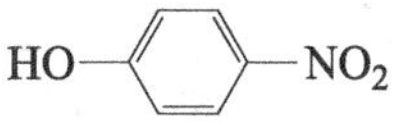

D. 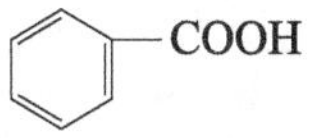　E. 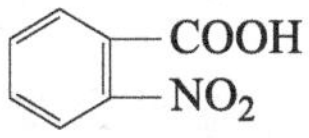　F. 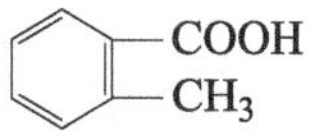

6. 比较下列各组化合物或指定单元的碱性强弱，并从结构上予以解释。

（1）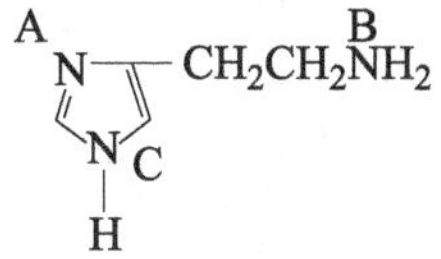

（2）A. 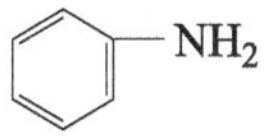　B. 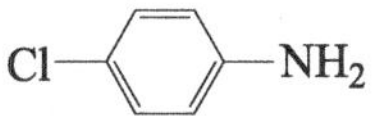　C. 

D. 　E. 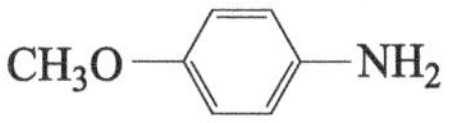

（3）A. CH_3O^-　　B. $CH_3CH_2O^-$　　C. $(CH_3)_2CHO^-$　　D. $(CH_3)_3CO^-$

（4）A. 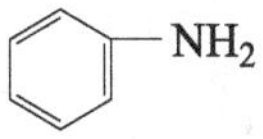　B. 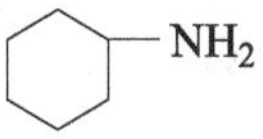　C. 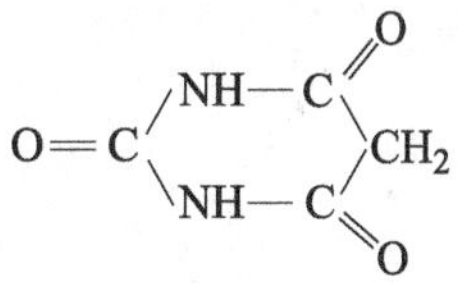

D. C_2H_5ONa　　E. $(CH_3)_3COK$　　F. CH_3CONH_2

（5）A. 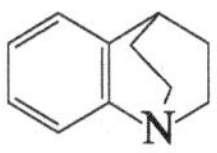　B. 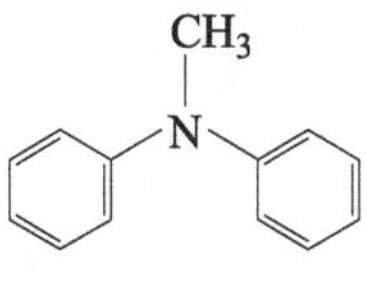　C. 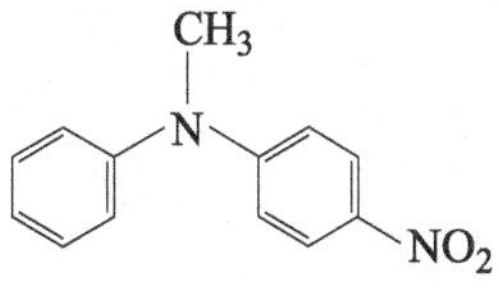

D. 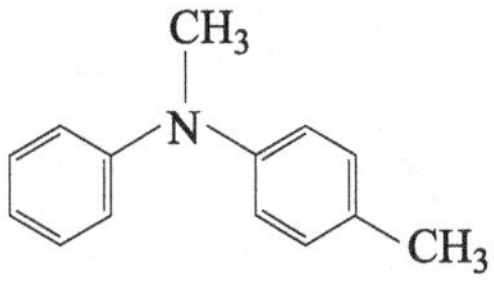　E. 　F. 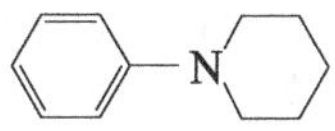

(6) A. [4-氨基-2,6-二甲基-硝基苯结构：苯环上 NH_2、NO_2、H_3C、CH_3 取代] B. [苯环上 NH_2、H_3C、CH_3、NO_2 取代]

7. 哪一个甲基烯酮二聚体的结构更符合观察到的 pK_a 2.8？为什么？

A. [CH_3CH=、H、CH_3、O、=O 的四元环内酯结构] B. [CH_3、OH、CH_3、O=、H 的环丁烯酮结构]

8. 在含少量水的甲酸（HCOOH）中，对几种烯丙基氯进行溶剂分解时，测得如下相对速率：

$CH_2=CHCH_2Cl$	$CH_2=CHCH(CH_3)Cl$	$CH_2=C(CH_3)CH_2Cl$	$CH_3CH=CHCH_2Cl$
A	B	C	D
1.0	5670	0.5	3550

试解释以下事实：C 中的甲基实际上起着轻微的钝化作用，B 和 D 中的甲基则起着强烈的活化作用。

第四章　有机反应活性中间体

有机反应不论以哪种历程进行，都会发生分子中价键的断裂，就可能生成各种活性中间体。这些中间体很活泼，存在的时间很短，形成后立即参与下面的反应。事实上不少活性中间体都已经被鉴定或分离出来，常见的有机反应活性中间体有：碳正离子、碳负离子、自由基、碳烯、氮烯和苯炔。研究有机反应活性中间体对有机反应历程的研究具有重要意义。

第一节　碳正离子

具有正电荷的三价碳原子称为碳正离子，它的价电子层仅有六个电子。碳正离子是有机化合物离子反应中经常遇到的活性中间体。

一、碳正离子的结构

碳正离子一般以 sp^2 或 sp^3 杂化轨道与其他三个原子或原子团键连，分别为平面构型或角锥形构型，如图 4-1 所示。其共同点是都有可利用的空轨道，前者是一个空的 2p 轨道，后者为一个空的 sp^3 轨道。

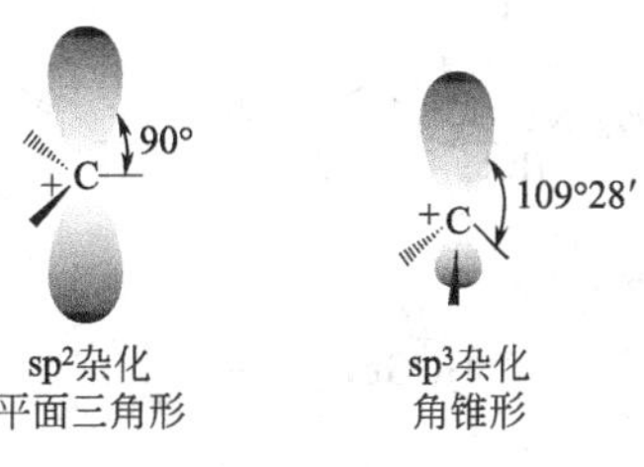

图 4-1　碳正离子的结构

在 sp^2 杂化的平面结构构型中，与碳正离子中心碳原子相连的三个原子或原子团间的相互排斥作用较小，而且 sp^2 杂化轨道比 sp^3 杂化轨道具有较大的 s 轨道成分（前者为 1/3，后者为 1/4），杂化轨道更靠近原子核，即更为稳定。

利用拉曼光谱、红外光谱和核磁共振的研究表明，简单的烷基正离子为平面构型。利用量子力学对简单烷基正碳离子的计算得知，平面构型（sp^2 杂化）比角锥构型（sp^3 杂化）内能低 84kJ/mol，更稳定。

三苯甲基氯在液态 SO_2 中能导电，它与 $AlCl_3$ 形成有色的盐。

$$(C_6H_5)_3CCl \xrightleftharpoons{SO_2} (C_6H_5)_3C^+ + Cl^-$$

$$(C_6H_5)_3CCl + AlCl_3 \longrightarrow (C_6H_5)_3C^+AlCl_4^-$$

X 射线晶体分析研究证明：$(C_6H_5)_3C^+AlCl_4^-$ 具有离子结构，三苯甲基正离子的中心碳原子三个键在同一平面上，但三个苯环由于邻位氢原子之间的斥力，不能共平面，排成螺旋桨形，三个苯环与中心碳原子所在平面之间的夹角为 50°，像风扇一样的三瓣等角分开。

二、碳正离子的生成

1. 直接离子化

通过化学键的异裂产生。如卤代烃按 S_N1 历程进行亲核取代反应时，卤代烃的 C—X 键发生异裂而形成碳正离子。

$$Ph-CH(Ph)-Cl \rightleftharpoons Ph_2\overset{+}{C}H + Cl^-$$

又如醇在酸中按 E1 历程进行消除反应时，也要形成碳正离子。

$$(CH_3)_2CH-OH \xrightarrow{H^+} (CH_3)_2CH-O^+H_2 \xrightarrow{-H_2O} (CH_3)_2CH^+$$

离去基团愈容易离去，也愈有利于碳正离子的形成。如离去基团离去较困难，有时可以加路易斯酸予以帮助。

$$CH_3COF \xrightarrow{BF_3} CH_3\overset{+}{C}O + BF_4^- \qquad R-Cl + Ag^+ \longrightarrow R^+ + AgCl\downarrow$$

2. 质子或其他带正电荷的原子团与不饱和体系加成

$$>C=Z + H^+ \longrightarrow -\overset{+}{C}-ZH \quad Z=O,S,C,N$$

$$\text{(cyclopropyl)}-CH_3 \xrightarrow{H^+} CH_3CH_2\overset{+}{C}HCH_3$$

$$C_6H_5-CH=CHCH_3 \xrightarrow[-Cl^-]{Cl_2} C_6H_5-\overset{+}{C}HCH(Cl)CH_3$$

3. 由其他正离子转化而来

$$C_6H_5-NH_2 \xrightarrow[HCl]{NaNO_2} C_6H_5-N_2^+ \longrightarrow C_6H_5^+ + N_2$$

$$\text{环庚三烯}(CH_2) + Ph_3\overset{+}{C}SbF_6^- \longrightarrow \text{环庚三烯正离子} + SbF_6$$

4. 在超酸中制备碳正离子溶液

比 100% 的 H_2SO_4 酸性更强的酸称为超酸（super acid），如 HSO_3F(氟硫酸)、HSO_3F-SbF_5(魔酸) 等。很多正碳离子的结构与稳定性的研究都是在超酸介质中进行的。

$$H_3C-C(CH_3)_2-OH \xrightarrow[-60^\circ C]{HSO_3F\text{-}SbF_5\text{-}SO_2} H_3C-C^+(CH_3)_2 + H_3\overset{+}{O} + SO_3F^- + SbF_5 + SO_2$$

三、碳正离子的稳定性及其影响因素

影响碳正离子稳定性的因素很多，主要有诱导效应、共轭效应、芳香性、邻近基团效应和结构上的影响等。

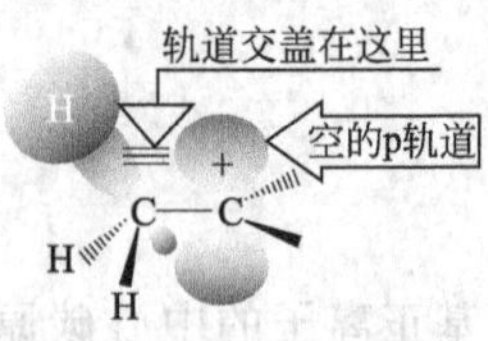

图 4-2 σ-p 超共轭的轨道重叠图

1. 诱导效应

已知简单的烷基正碳离子的稳定性顺序如下：

$$R_3C^+ > R_2CH^+ > CH_3\overset{+}{C}H_2 > CH_3^+$$

这是由于烷基的给电子诱导效应（+I）和烷基中 C—H σ 轨道和中心碳原子空的 p 轨道存在的 σ-p 超共轭效应（+C）共同作用的结果，如图 4-2 所示。

因为碳正离子为电子缺乏者，很显然，任何给电子的原子或原子团（有＋I效应）连于碳正离子，将使碳正离子稳定性提高。相反，任何吸电子的原子或原子团（有－I效应）连于碳正离子，将使碳正离子稳定性降低。如

稳定性：　$CH_3CH_2^+ > FCH_2CH_2^+$

由于氟原子的强吸电子诱导效应（－I），使碳正离子的稳定性降低。

2. 共轭效应

除诱导效应外，共轭效应也对碳正离子的稳定性起作用。具有＋C效应的原子或原子团与碳正离子相连，使碳正离子稳定性增强。反之，具有－C效应的原子或原子团与碳正离子相连，使碳正离子稳定性降低。如烯丙型碳正离子和苄基碳正离子，因为 p-π 共轭，正电荷得到分散，使之稳定。

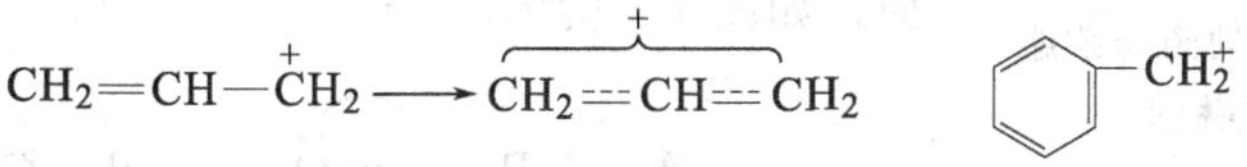

$CH_2{=}CH{-}\overset{+}{C}H_2 \longrightarrow \overbrace{CH_2 \cdots CH \cdots CH_2}^{+}$　　$C_6H_5CH_2^+$

随着共轭体系的增长，碳正离子稳定性明显增加。如：

稳定性：　$(CH_2{=}CH)_3\overset{+}{C} > (CH_2{=}CH)_2\overset{+}{C}H > CH_2{=}CH\overset{+}{C}H_2$

稳定性：　$(C_6H_5)_3\overset{+}{C} > (C_6H_5)_2\overset{+}{C}H > C_6H_5\overset{+}{C}H_2 >$ (环己二烯基)$\overset{+}{C}H_2 >$ (环己烯基)$\overset{+}{C}H_2 >$ (环戊二烯基)$\overset{+}{C}H_2$

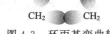

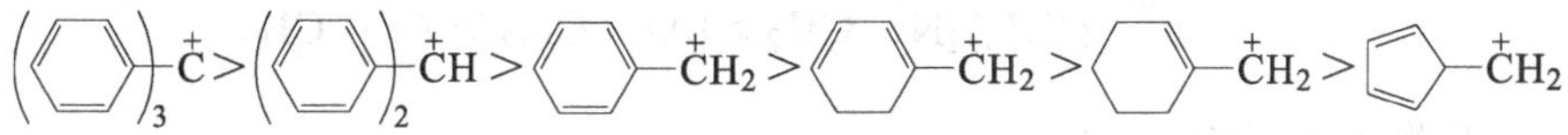

当共轭体系上连有取代基时，供电子基团使正碳离子稳定性增加；吸电子基团使其稳定性减弱。如下列取代苄基碳正离子的稳定性顺序为：

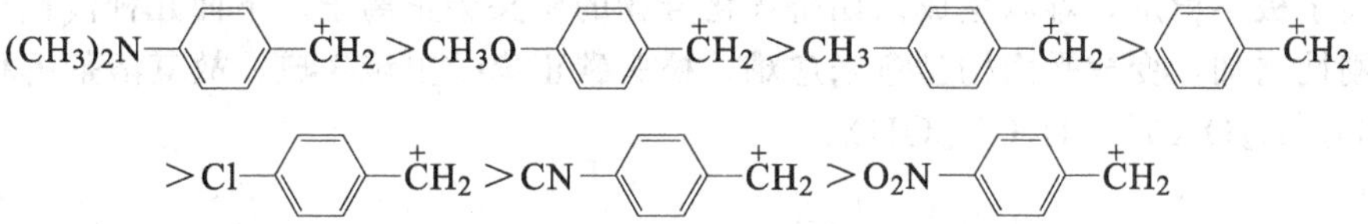

$(CH_3)_2N{-}C_6H_4{-}\overset{+}{C}H_2 > CH_3O{-}C_6H_4{-}\overset{+}{C}H_2 > CH_3{-}C_6H_4{-}\overset{+}{C}H_2 > C_6H_5{-}\overset{+}{C}H_2$

$> Cl{-}C_6H_4{-}\overset{+}{C}H_2 > CN{-}C_6H_4{-}\overset{+}{C}H_2 > O_2N{-}C_6H_4{-}\overset{+}{C}H_2$

环丙甲基正离子比苄基正离子还稳定。这可能是由于中心碳原子上空的p轨道与环丙基中的弯曲轨道可进行侧面交盖（共轭），其结果使正电荷分散，如图4-3所示。

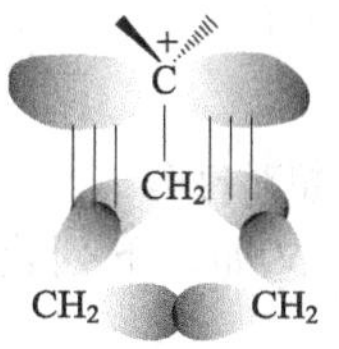

图4-3　环丙基弯曲轨道与p轨道的重叠图

稳定性：　$(\triangleright)_3\overset{+}{C} > (\triangleright)_2\overset{+}{C}H > \triangleright{-}\overset{+}{C}H_2 > C_6H_5{-}\overset{+}{C}H_2$

3. 芳香性

环状正碳离子的稳定性与该体系的芳香性有关。根据休克尔芳香性定义，共轭、共平面、具有 $4n+2$ 非定域 π 电子的环状体系有芳香性，特别稳定。故单环共轭多烯中，具有 $4n+3$ 元环和 $4n+2$ 个 π 电子的碳正离子具有芳香性，组成环的每个碳原子对正电荷的享有是等同的，如环丙烯正离子和环庚三烯正离子。

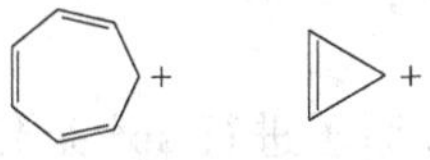

（环庚三烯正离子）+　（环丙烯正离子）+

又如草酚酮，可发生硝化和溴化反应，有芳香性。

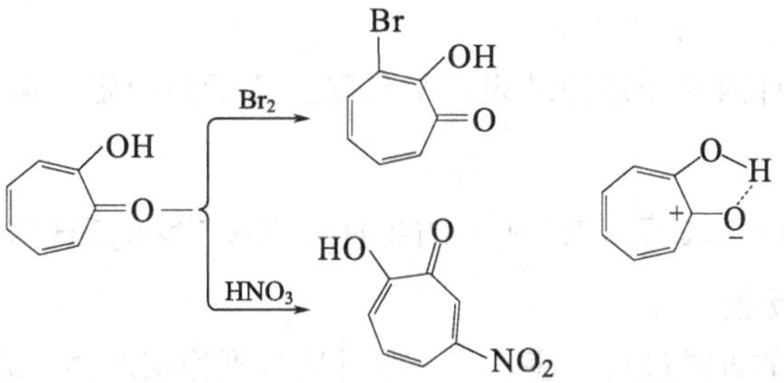

下面的草酮，羰基性质也不显著，而偶极矩却比较高（14.3×10^{-30} C·m），有碱性，能与酸生成稳定的盐。

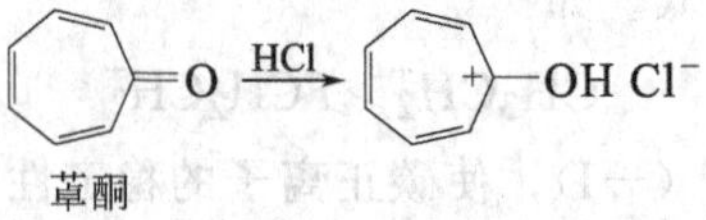

$$\text{草酮} \xrightarrow{HCl} \text{(草鎓离子)}—OH\ Cl^-$$

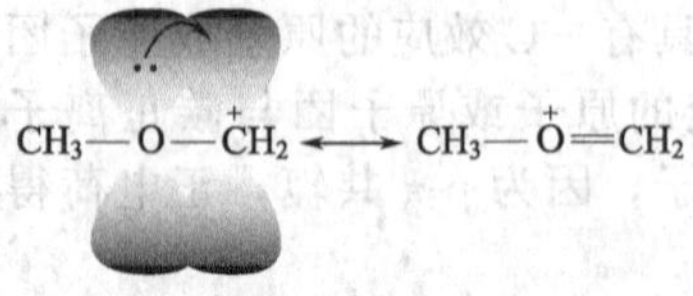

图 4-4　碳正离子 p 轨道与杂原子 p 轨道的重叠图

4. 邻近基团效应

直接与杂原子（O、S、N、X 等）相连的碳正离子，由于中心碳原子空的 p 轨道可与杂原子未共有电子对所占 p 轨道侧面交盖，未共有电子对离域，正电荷分散，其稳定性增加，如图 4-4 所示。

$$R—\overset{+}{C}=\ddot{O} \longleftrightarrow R—C\equiv\overset{+}{O}$$

这类碳正离子也比苄基碳正离子稳定。如稳定性：

$$(CH_3)_2N—\overset{+}{C}H_2 > RO—\overset{+}{C}H_2 > Ar—\overset{+}{C}H_2$$

5. 结构上的影响

越趋于平面构型的碳正离子越稳定。在某些情况下由于结构上的刚性难以形成平面构型，这类碳正离子极不稳定，难以生成。如桥环化合物的桥头碳正离子。下面几种溴代烷，随着环的变小，刚性增加，变成平面构型愈来愈难，桥头碳正离子更难生成，故其溶剂解相对速率愈来愈小（80%H_2O-20%CH_3CH_2OH）。

	$(CH_3)_3CBr$	1-溴金刚烷	1-溴双环[2.2.2]辛烷	1-溴双环[2.2.1]庚烷
相对速率	1	10^{-2}	10^{-6}	10^{-13}

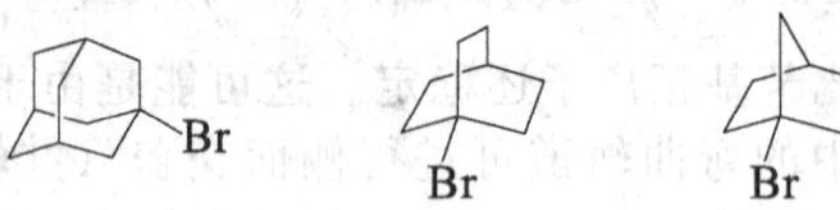

又如，下列化合物 A 和 B 进行 S_N1 水解反应时，其相对速率 A∶B=1∶10^{-10}。

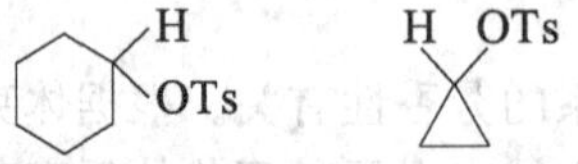

A（环己基—H, OTs）　B（环丙基—H, OTs）

这是因为 A 中—OTs 离去后生成的是六元环上的 C^+，较稳定；而 B 中—OTs 离去后生成的是三元环上的 C^+，其角张力大，不稳定，难以生成，故 B 发生反应的相对速率比 A 小得多。

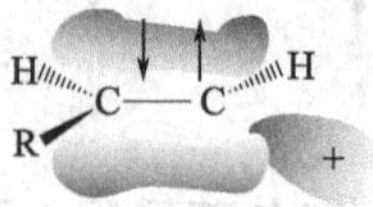

乙烯型碳正离子和苯基正离子，C 原子进行 sp^2 杂化，p 轨道用于形成 π 键，空着的是 sp^2 杂化轨道，使正电荷集中，此二类正碳离子稳定性也较差（图 4-5）。

图 4-5　乙烯正离子的结构

综上所述，由于多种因素作用的结果，常见碳正离子的稳定性顺序如下：

$$Ph_3C^+ > Ph_2\overset{+}{C}H > Ph\overset{+}{C}H_2 > RCH=CH\overset{+}{C}H_2 > R_3C^+ > R_2CH^+ > CH_3\overset{+}{C}H_2 > CH_3^+$$

四、碳正离子的反应

碳正离子可按不同的方式进行反应，有一些反应得到稳定产物，另一些反应则生成另外的碳正离子，新形成的碳正离子再进一步反应就得到稳定产物。

1. 与一个亲核体结合得到稳定产物

$$R^+ + Nu^- \longrightarrow RNu \qquad Nu^- = OH^-、X^-等$$

$$C_6H_5NH_2 \xrightarrow[H_2SO_4]{NaNO_2} C_6H_5^+ \xrightarrow{OH^-} C_6H_5OH$$

2. 碳正离子由相邻原子失去一个质子生成含不饱和键的化合物

$$H_3C-CH(CH_3)-\overset{+}{C}HCH_3 \xrightarrow{-H^+} H_3C-C(CH_3)=CHCH_3$$

3. 与不饱和键加成形成新的较大的碳正离子

$$CH_2=C(CH_3)-CH_3 \xrightarrow{H^+} H_3C-\overset{+}{C}(CH_3)-CH_3 \xrightarrow{CH_2=C(CH_3)-CH_3} H_3C-C(CH_3)_2-CH_2-\overset{+}{C}(CH_3)-CH_3$$

形成新的碳正离子还可以进一步与双键，如此反复加成下去，实际就是正离子型聚合反应。

4. 重排形成更稳定的碳正离子

$$H_3C-CH(CH_3)-\overset{+}{C}HCH_3 \xrightarrow{H^-迁移} H_3C-\overset{+}{C}(CH_3)-CH_2CH_3$$

迁移的基团可以是烷基、芳基、氢或其他原子团，迁移时都带着一对成键电子至带正电荷的碳原子上，形成新的更稳定的正电荷中心。如正丙基胺与 HNO_2 反应，第一步生成不稳定的重氮盐，脱氮后生成正丙基碳正离子，正丙基碳正离子可与水结合、可脱质子生成烯，也可发生重排。

$$CH_3CH_2CH_2NH_2 \xrightarrow[HCl]{NaNO_2} \xrightarrow{-N_2} CH_3CH_2\overset{+}{C}H_2 \begin{cases} \xrightarrow[-H^+]{H_2O} CH_3CH_2CH_2OH \\ \xrightarrow{-H^+} CH_3CH=CH_2 \\ \xrightarrow{重排} CH_3\overset{+}{C}HCH_3 \xrightarrow[-H^+]{H_2O} CH_3CH(OH)CH_3 \end{cases}$$

（$CH_3\overset{+}{C}HCH_3 \xrightarrow{-H^+} CH_3CH=CH_2$）

生成的正丙基碳正离子和异丙基碳正离子还可能与体系中存在的 Cl^- 结合而得到正丙基氯和异丙基氯。

五、非经典的碳正离子

以上讨论的碳正离子都是价电子层有六个电子，与三个原子或原子团键连，能用个别的路易斯结构式来表示，这种碳正离子被称为经典的碳正离子。此外，还有一些碳正离子，不能用个别的路易斯结构式来表示，具有一个或多个碳原子或氢原子桥连两个缺电子中心，这些桥原子具有比一般情况高的配位数，这类碳正离子称为非经典的碳正离子，如碳鎓离子。碳鎓离子及其衍生物在液相反应中早已发现，并离析了它的稳定复盐。当烷基苯经由电子冲击时有 $C_7H_7^+$ 碳正离子的生成，过去一直认为是苄基碳正离子，后来证明此气相过程中所得的

$C_7H_7^+$ 为碳鎓离子。

当用 $HSO_3F\text{-}SbF_5$（超酸）处理新戊烷时，中间会产生两个五配位的非经典碳正离子。

$$H^{\oplus} + CH_3-\underset{CH_3}{\overset{CH_3}{C}}-CH_3 \longrightarrow \left[CH_3-\underset{CH_3}{\overset{CH_3}{C}}\overset{H}{\cdots}CH_3\right]^{\oplus} \longrightarrow (CH_3)_3\overset{\oplus}{C} + CH_4$$

(5配位)

$$\left[CH_3-\underset{CH_3}{\overset{CH_3}{C}}-CH_2\overset{H}{\underset{H}{\cdots}}\right]^{\oplus} \xrightarrow{-H_2} \left[CH_3-\underset{CH_3}{\overset{CH_3}{C}}-\overset{\oplus}{C}H_2\right] \longrightarrow CH_3-\underset{\oplus}{\overset{CH_3}{C}}-CH_2CH_3$$

(5配位)

金刚烷用 $NO_2^+PF_6^-$ 于二氯甲烷中进行硝化时，生成的中间体也是 5 配位的非经典碳正离子。

$\xrightarrow[CH_2Cl_2]{NO_2^+PF_6^-}$ [H…HC…O_2N]$^+$ $\xrightarrow{-H^+}$ O_2N

(5配位)

形成非经典碳正离子的主要情形有邻位 π 键参与、邻位环丙基参与和邻位 σ 键参与三种，现分述如下。

1．邻位 π 键参与的非经典碳正离子

实验表明反-7-原冰片烯基对甲苯磺酸酯在乙酸中的溶剂解速率比相应的饱和化合物大 10^{11} 倍，比顺-7-降冰片烯基对甲苯磺酸酯快 10^7 倍。

TsO H $\xrightarrow{-TsO}$ 两电子三中心体系 $\xrightarrow{AcOH}$ AcO H　　Ts＝CH_3—⟨⟩—SO_2—

反式　　构型保持

TsO H $\xrightarrow{AcOH}$ H AcO

顺式　　构型翻转

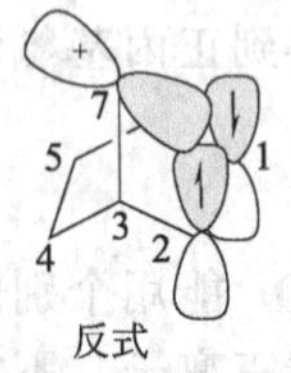

图 4-6　反-7-原冰片烯基对甲苯磺酸酯的溶剂解过渡态轨道图

此处不能只用双键的诱导效应来解释，而认为是在反-7-原冰片烯基对甲苯磺酸酯中，由于双键 1、2 位的 π 电子移向 7 位上空的 p 轨道，形成环丙烯型非经典碳正离子，故其反应速率较快，反应中 7 位的碳原子构型保持，如图 4-6 所示。而顺-7-原冰片烯基对甲苯磺酸酯由于双键不能发生邻基参与作用，反应中不能形成非经典碳正离子，故其反应速率慢 10^7 倍，在反应过程中构型发生翻转。

外向和内向-降冰片烯基卤化物在醇的水溶液中进行溶剂解得到同样产物（Ⅲ）。外向化合物（Ⅰ）比内向化合物（Ⅱ）的溶剂解速率大约快 10 倍。

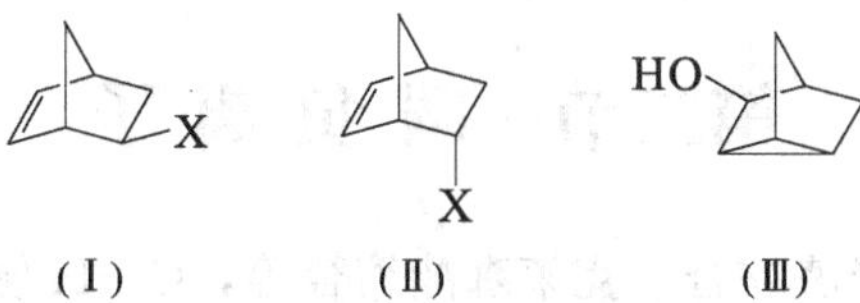

罗伯特（Roberts）认为在化合物（Ⅰ）的离解过程中能发生背后的烯丙基参与作用，而在化合物（Ⅱ）中则不能发生这种烯丙基参与作用，如图 4-7 所示。

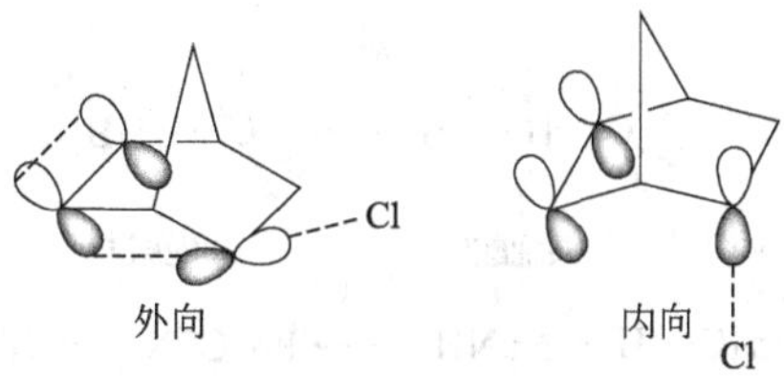

图 4-7　外向和内向-5-降冰片烯基卤代物的溶剂解过渡态轨道图

2. 邻位环丙基参与的非经典正碳离子

下列化合物 A 的溶剂解比 B 快 10^{14} 倍，比 C 约快 10^{13} 倍。

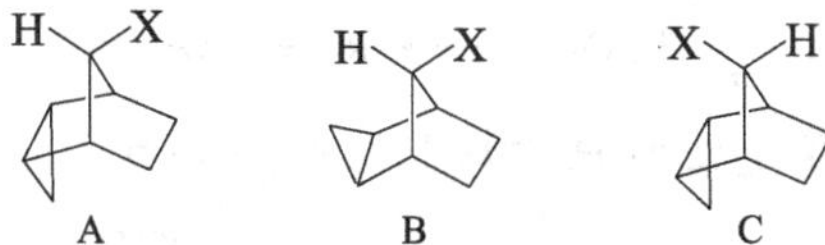

环丙基在合适位置的邻基参与甚至比双键更有效。在 A 中环丙基的邻位促进相当大，当卤素离去后生成的碳正离子的 p 轨道与环丙基的弯曲键是正交的，能形成非经典碳正离子而被稳定。而在 B 和 C 中，由于方位的问题，卤素离去后生成的碳正离子的 p 轨道不能与环丙基的弯曲键重叠，不能形成非经典的碳正离子，故反应速率 A 比 B、C 要快得多。

3. 邻位 σ 键参与的非经典正碳离子

外型原冰片醇的对溴苯磺酸酯溶剂解速率比相应的内型化合物快 350 倍。

内型因对向不合适，不能形成非经典正碳离子。内型必须先生成碳正离子（决速步骤）后才能形成桥型离子，故其溶剂解速率慢得多。

第二节　碳负离子

在许多有机反应中，如羟醛缩合、克莱森酯缩合等，C—H键于适当条件下发生异裂，将生成的质子转移给碱，而形成一个具有一对未共享电子对的三价碳原子，称为碳负离子。

一、碳负离子的生成

1. C—H的异裂

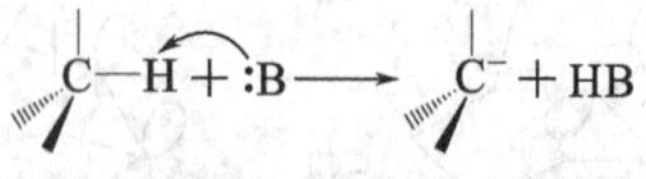

$$\text{C—H} + :\text{B} \longrightarrow \text{C}^- + \text{HB}$$

共轭酸　　共轭碱

$$Ph_3C\text{—}H + NaNH_2 \longrightarrow Ph_3C^-Na^+ + NH_3$$

$$Ph_3C\text{—}H + 2Na \longrightarrow Ph_3C^-Na^+ + Na^+Cl^-$$

$$CH_3\overset{\overset{O}{\|}}{C}CH_2COOC_2H_5 \xrightarrow{C_2H_5ONa} CH_3\overset{\overset{O}{\|}}{C}\bar{C}HCOOC_2H_5$$

2. 利用某些负离子的分解也可得到碳负离子

$$RCOO^- \longrightarrow R^- + CO_2$$

3. 还可利用负离子和碳碳不饱和键加成生成碳负离子

$$HC\equiv CH + \bar{O}CH_3 \longrightarrow \bar{C}H{=}CH{-}OCH_3 \xrightarrow{HOCH_3} CH_2{=}CH{-}OCH_3$$

二、碳负离子的结构

从理论上讲，一个R_3C^-型的简单碳负离子，究竟是具有角锥形（sp^3杂化）或一个平面的（sp^2）构型，或者在这两个极端之间的一些可能的构型，要由R而决定。但根据一些实验事实得知，多数碳负离子是以sp^3杂化轨道和三个原子团结合，其几何构型为角锥形，一对未共用电子占据一个sp^3杂化轨道，和胺类一样构型容易反转。反转是通过中心碳原子的再杂化，由sp^3杂化转变为sp^2杂化，最后达到平衡，如图4-8所示。

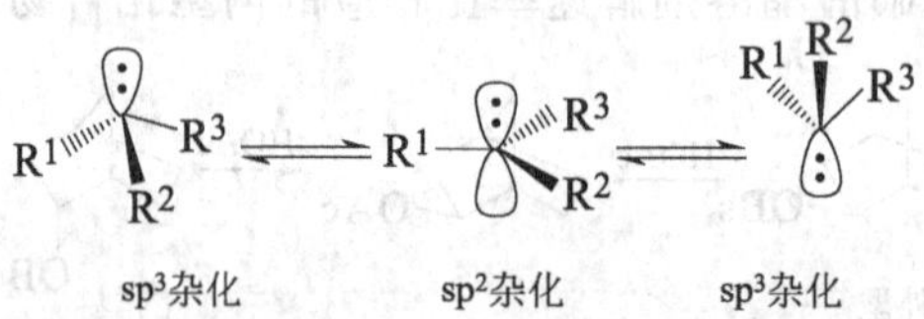

sp³杂化　　sp²杂化　　sp³杂化

图4-8　碳负离子的结构

轨道夹角为109°28′时，电子对间的排斥力小，利于碳负离子稳定。

还有一个现象也支持碳负离子是采取sp^3杂化的角锥构型，碳负离子反应很容易发生在桥头碳上，而相应的在桥头碳上形成正碳离子则是失败的。但当取代基能与碳负离子的未共用电子对共轭而使负电荷离域时，则为sp^2杂化的平面构型，这样才能使取代基组成共轭体系，如Ph_3C^-、$CH_2{=}CHCH_2^-$。

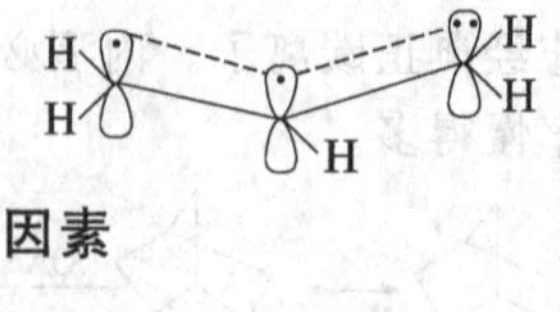

三、影响碳负离子稳定性的因素

1. s-性质效应（杂化效应）

C—H键中的碳原子杂化轨道s成分愈多，成键电子愈靠近原子核，受核的约束力愈大，使 C—H 键的极性增大，则氢原子愈容易以质子释出，酸性愈强，其相应的碳负离子的稳定性就愈大。如下列碳负离子的稳定性顺序为：

$$HC\equiv C^- > CH_2=CH^- \approx Ar^- > CH_3CH_2^-$$

2. 诱导效应

和碳负离子中心碳原子直接相连的原子或基团的吸电诱导效应（－I），将有利于负电荷的分散，使碳负离子的稳定性增加。如：

	HCF_3	$H_2C(CF_3)_2$	CH_4
pK_a	28	11	43

碳负离子的稳定性顺序为：

$$(F_3C)_3C^- > F_3C^- > CH_3^-$$

相反，具有给电子诱导效应（＋I）的原子或基团与碳负离子的中心碳原子直接相连时，将使碳负离子的稳定性降低。如简单烷基碳负离子的稳定性顺序为：

$$CH_3^- > RCH_2^- > R_2CH^- > R_3C^-$$

3. 共轭效应

碳负离子中心碳原子与不饱和键直接相连时，其未共用电子对因与 π 键共轭而离域，从而使碳负离子的稳定性增加。如：

$$(C_6H_5)_3C^- > (C_6H_5)_2CH^- > C_6H_5CH_2^-$$

酯基，如$—CO_2C_2H_5$ 对碳负离子的稳定作用比简单的醛酮中的 C═O 为差，这是因为酯基中烷氧基的氧原子的孤对电子具有＋C 效应，使碳负离子的稳定性降低。如下列碳负离子的稳定性顺序为：

$$^-CH_2C(=O)CH_3 < {^-CH}(COOEt)_2 < {^-CH}(COCH_3)(COOEt) < {^-CH}(COCH_3)_2$$

总的说来，常见 α 位取代基对碳负离子稳定能力的顺序为：

$—NO_2 > —COR > —SO_2Cl > —COOR > —CN \approx CONH_2 >$ 卤素 $> —H > —R > —OR$

4. 芳香性

对于环状的碳负离子，和环状的碳正离子同理，如为共平面的共轭体系，π 电子数符合 $4n+2$ 规律，则具有芳香性，很稳定。环戊二烯的 pK_a 值为 14.5，而简单烯烃的 pK_a 值约为 37，这是由于环戊二烯碳负离子是一个有 6 个 π 电子的共轭体系，NMR 谱数据说明环戊二烯负离子中 5 个氢原子是等同的，负电荷是分布在 5 个碳原子所组成的共轭体系中，此体系有芳香性，环戊二烯负离子也较稳定。二茂铁中，Fe^{2+} 就是由上下两个环戊二烯负离子通过 π 键夹起来，整个分子的结构像一块夹心饼干，其熔点为 176～177℃。

B: H H ⇌ BH^+ + (环戊二烯负离子)　　Fe

在 $4n$ 元环状共轭多烯中若具有 $4n+2$ 个 π 电子时，则为带两个负电荷的环状碳负离子，此体系也有芳香性。

环壬四烯负离子　　　　环辛四烯双负离子

这些芳香负离子能存在于溶液中或作为盐类存在于固态。

5. d 轨道共轭与鎓内盐

鎓内盐（ylide，叶利德）是指一种化合物，在其分子内含有碳负离子，和碳负离子相邻的杂原子带正电荷，这些杂原子为 P、N、S、As、Sb、Se 等。

$$Ph_3\overset{+}{P}-\overset{-}{C}H_2 \longleftrightarrow Ph_3P{=}CH_2$$

磷鎓内盐的 X 光结晶结构研究表明，碳为平面结构，即为 sp^2 杂化。

鎓内盐较为稳定，与碳负离子相邻的带正电荷的杂原子基团，使碳负离子稳定性明显增大，这主要是由于碳原子的 2p 轨道与磷和硫原子的 3d（或砷、锑的 4d、5d）空轨道相互重叠，碳原子 2p 轨道的未共用电子对向 3d 空轨道共轭离域，从而使碳负离子稳定。因此许多鎓内盐可以结晶离析，并广泛用于有机合成中。而普通的碳负离子对水和氧都极其敏感，只能存在于干燥绝氧的有机溶剂中，不能离析出来。鎓内盐在有机合成中应用最广的是磷、硫叶利德，磷叶利德与羰基化合物反应合成烯就是著名的魏狄希（Wittig）反应。

四、碳负离子的反应

1. 与碳碳重键的亲核加成

迈克尔（Michael）加成反应就属于这类反应（详见第六章）。

$$CH_2{=}CH-\overset{\overset{\displaystyle O}{\|}}{C}-CH_3 + CH_2(COOC_2H_5)_2 \xrightarrow[C_2H_5OH]{C_2H_5ONa} \underset{\displaystyle CH(COOC_2H_5)_2}{\underset{|}{CH_2}}-CH_2-\overset{\overset{\displaystyle O}{\|}}{C}-CH_3$$

2. 与羰基化合物的亲核加成

$$-\overset{\overset{\displaystyle O}{\|}}{C}- + -\overset{-}{\underset{|}{\overset{|}{C}}}-\underset{|}{\overset{|}{C}}- \longrightarrow -\overset{\overset{\displaystyle O^-}{|}}{\underset{|}{C}}-\underset{|}{\overset{|}{C}}-\underset{|}{\overset{|}{C}}-$$

这类反应很多，包括羟醛缩合、克莱森酯缩合、维蒂希反应、普尔金反应、安息香缩合、克脑文盖尔反应和炔化物与醛酮的加成等（详见第六章）。如克脑文盖尔（Knoevenagel）反应：

$$CH_3\overset{\overset{\displaystyle O}{\|}}{C}CH_2CH_2CH_3 + \underset{\displaystyle CN}{\underset{|}{CH_2}}COOC_2H_5 \xrightarrow{\text{吡啶}} CH_3CH_2CH_2\underset{\displaystyle CH_3}{\underset{|}{C}}{=}\overset{\overset{\displaystyle CN}{|}}{C}COOC_2H_5$$

3. 饱和碳原子上的亲核取代

碳负离子和具有四个键的饱和碳原子反应，按 S_N2 历程进行。如：

$$CH_3\overset{\overset{\displaystyle O}{\|}}{C}CH_2COOC_2H_5 \xrightarrow{C_2H_5ONa} CH_3\overset{\overset{\displaystyle O}{\|}}{C}\overset{-}{C}HCOOC_2H_5 \xrightarrow{BrCH_2\overset{\overset{O}{\|}}{C}CH_3} CH_3\overset{\overset{\displaystyle O}{\|}}{C}\underset{\displaystyle CH_2COCH_3}{\underset{|}{C}H}COOC_2H_5$$

$$NC-CH_2COOC_2H_5 \xrightarrow{C_2H_5ONa} NC-\overset{-}{C}HCOOC_2H_5 \xrightarrow{\triangle_{O}} NC-\underset{\displaystyle CH_2CHO^-}{\underset{|}{C}H}COOC_2H_5$$

4. 羧基化

$$RMgX \xrightarrow{CO_2} RCOOMgX \xrightarrow{H^+} RCOOH$$

$$PhLi \xrightarrow{CO_2} PhCOOLi \xrightarrow{H^+} PhCOOH$$

5. 消除

在按 E1cb 历程进行的消除反应中，碳负离子是作为中间体然后发生消去形成双键。如：

$OCOCH_3$, Ph, H, NO_2 $\xrightarrow{CH_3O^-}$ $OCOCH_3$, Ph, NO_2 $\xrightarrow{-CH_3COO^-}$ Ph, NO_2

6. 重排

涉及碳负离子的重排，其中迁移到碳负离子的碳原子上的基团是不带电子的，比起迁移基团带电子对的碳正离子的重排，数目少得多。如：

$CH_2CN \underset{}{\overset{CH_3O^-}{\rightleftharpoons}} \bar{C}HCN \longleftrightarrow {=}CHCN \underset{}{\overset{CH_3OH}{\rightleftharpoons}}$ H, $=CHCN$

$$Ph_3C{-}CH_2Cl \xrightarrow{Na} Ph_2\overset{Ph}{C}{-}CH_2^-Na^+ \longrightarrow Ph_2\bar{C}{-}\overset{Ph}{C}H_2Na^+ \xrightarrow{ROH(质子化)} Ph_2\overset{H}{C}{-}\overset{Ph}{C}H_2$$

$$\downarrow 1.CO_2\ 2.H^+$$

$$Ph_2\underset{CO_2H}{C}{-}CH_2Ph$$

还有一些重排反应也是通过碳负离子中间体进行的，如 Stevens 重排、Favorskii 重排等。

第三节　自　由　基

自由基（free radical）也叫游离基，是一类含有未配对电子的原子或原子团。典型的具有三价碳原子的有机自由基在其价电子层有七个电子，有一个未配对的单电子。1900 年冈伯格（Gomberg）首次制得稳定的三苯甲基自由基，确立了自由基的概念。

自由基的类型很多，常见的有：原子自由基，如 Cl·，H·，Na·等；分子自由基，如 CH_3·，RO·等；离子自由基，如 $R\dot{C}HCOO^-$，$(Ph)_2\dot{C}O^-$ 等；双自由基，如·O—O·。

一、自由基的结构

根据顺磁共振谱、红外光谱的研究得知，碳自由基具有 sp^2 杂化的平面构型或 sp^3 杂化的角锥构型，如图 4-9 所示。

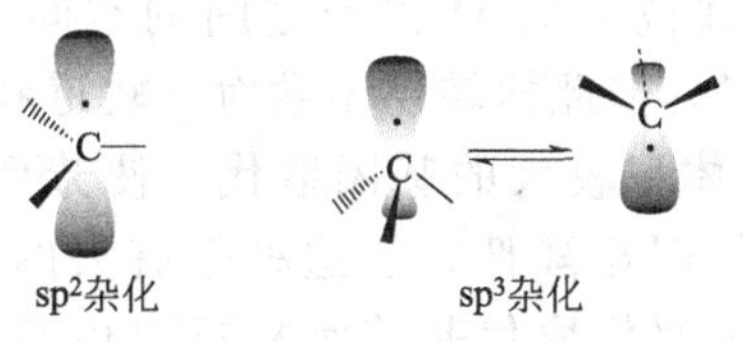

图 4-9　碳自由基的结构

甲基和一些简单烷基为平面构型，多环自由基为角锥构型。

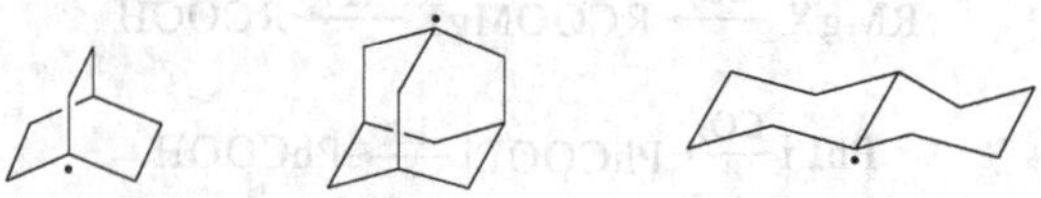

由于桥头的碳自由基是角锥构型，因此桥头碳自由基不像桥头碳正离子那样难以形成，例如桥头醛基不难发生自由基型的脱羰基反应。

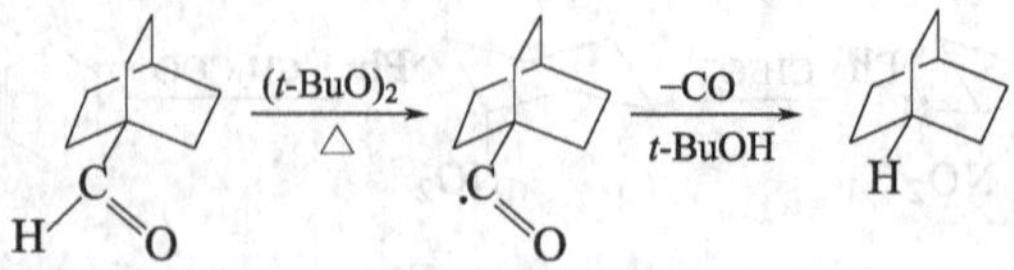

$$\xrightarrow[\triangle]{(t\text{-BuO})_2} \qquad \xrightarrow[t\text{-BuOH}]{-CO}$$

其反应速率稍慢于其他醛的脱羰基反应。

叔丁基自由基是角锥构型，从一个角锥转化为另一个角锥型所需能量很低，仅为 2.5kJ/mol。因此当具有旋光性的化合物在手性碳原子上起自由基反应后，由于手性碳原子不能保持其构型，容易得到外消旋产物。

二、自由基的稳定性及其影响因素

根据许多实验结果得知，一些碳自由基的相对稳定性顺序为：

$$Ph_3\dot{C} > Ph_2\dot{C}H > Ph\dot{C}H_2 \geqslant CH_2{=}CH\dot{C}H_2 > (CH_3)_3\dot{C} > (CH_3)_2\dot{C}H > CH_3\dot{C}H_2 > \dot{C}H_3 > CH_2{=}\dot{C}H$$

影响自由基稳定性的因素包括未成对电子的离域作用（共轭效应）、空间效应、螯合作用以及相邻基团的影响等。

1. 共轭效应

苄自由基和烯丙基自由基具有较大的稳定性，是由于含未成对电子的 p 轨道与 π 轨道形成 p-π 共轭体系，未成对电子产生离域作用。离域程度越大的自由基越稳定。叔丁基自由基的稳定性大于异丙基自由基，也因为前者的超共轭效应较大。

2. 空间效应

大的空间效应可以阻止自由基的二聚作用，从而使自由基稳定。有时空间阻碍产生的稳定化作用比电子离域产生的稳定化作用大得多。如：

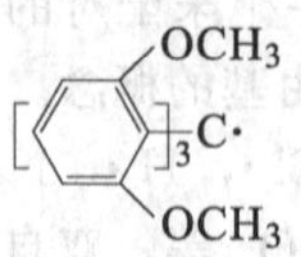

OCH_3 OCH_3 $]_3C\cdot$ (Ⅰ)　　$C(CH_3)_3$ $(CH_3)_3C$ $O\cdot$ $C(CH_3)_3$ (Ⅱ)

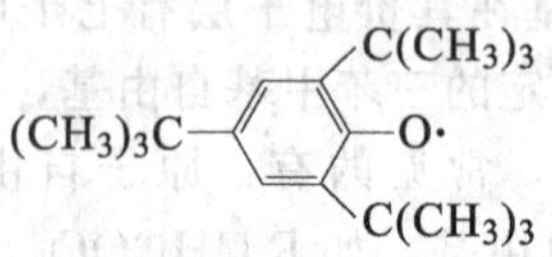

（Ⅰ）甚至在固态时也完全是以自由基的形式存在，（Ⅱ）不论是在固态还是在溶液中，都是以自由基的形式存在，它是深蓝色固体。

三苯甲基自由基由于苯环邻位上的 H 原子之间的空间效应，使三个苯环相对于三个 C—Hσ 键组成的平面扭转约 20°，但此扭转还不致对 p 轨道和苯环的 π 轨道的重叠作用有太大影响。但当苯环邻位的 H 被体积较大的基团取代，使芳环平面扭转角度达 50°甚至更多时，则未成对电子的离域作用就明显降低，但这种带有大的邻位取代基的自由基却更为稳定，这必然是由于空间效应——邻位取代基非常靠近自由基碳原子，因此便能阻止它与另一个自由基接近。

3．键的离解能

自由基是由共价键均裂产生的，键的离解能越大，产生的自由基越不稳定；键的离解能越小，产生的自由基越稳定。

$$CH_3—H \longrightarrow CH_3\cdot + \cdot H \qquad E_d = +439.3kJ/mol$$

$$CH_3CH_2—H \longrightarrow CH_3CH_2\cdot + \cdot H \qquad +410$$

$$CH_3CH_2CH_2—H \longrightarrow CH_3CH_2CH_2\cdot + \cdot H \qquad +410$$

$$CH_3CH(CH_3)—H \longrightarrow CH_3CH(CH_3)\cdot + \cdot H \qquad +397.5$$

$$(CH_3)_3C—H \longrightarrow (CH_3)_3C\cdot + \cdot H \qquad +389.1$$

4．螯合作用

具有单电子的某些自由基，有时像一个配位体一样，与金属之间发生螯合作用并被稳定。如右边结构式中氧原子上有一个未成对电子，是一个自由基，但它在固态时也是稳定的，X射线衍射证明，在铁与氧之间有成键性质。

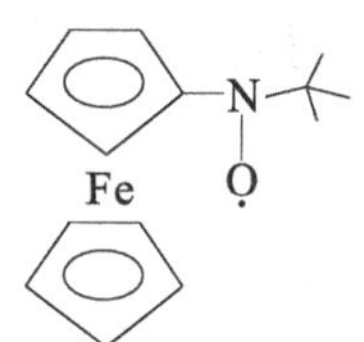

三、自由基的生成

自由基的产生方法很多，最重要的方法有光解、热解、单电子氧化还原和用金属处理卤代烷四种。

1．光解

分子吸收一定波长的光（通常是紫外光或可见光），使分解能为167.5～293kJ/mol较弱的键发生均裂生成自由基的反应称为光分解反应。这个反应的前提是有关分子必须对紫外光或可见光有吸收能力，例如丙酮蒸气能吸收波长约320nm的紫外光而被分解。

$$CH_3\overset{O}{\overset{\|}{C}}CH_3 \xrightarrow{h\nu} \cdot\overset{O}{\overset{\|}{C}}CH_3 + \cdot CH_3 \longrightarrow 2\cdot CH_3 + CO$$

醛、过氧化物、次氯酸酯和亚硝酸酯等也容易由光解产生自由基。

$$ROCl \xrightarrow{h\nu} RO\cdot + Cl\cdot \qquad RONO \xrightarrow{h\nu} RO\cdot + \cdot NO$$

也可以用烷基偶氮化合物和二酰基过氧化物光解的方法产生烷基自由基。

$$R—N{=}N—R \xrightarrow{h\nu} 2R\cdot + N_2$$

$$R\overset{O}{\overset{\|}{C}}—O—O—\overset{O}{\overset{\|}{C}}—R \xrightarrow{h\nu} 2R\overset{O}{\overset{\|}{C}}—O\cdot \longrightarrow 2R\cdot + 2CO_2$$

这类反应用光解比热解更好，光解的专一性较高，进行得较完全，而热解在很多情况下易引起其他副反应。

2．热解

很多化合物特别是含弱键的化合物可通过加热而发生均裂生成自由基，反应在气相或非极性溶剂中进行，键的离解能在168～210kJ/mol时，需加热到200～400℃，这些键包括Br—

Br，O—N，N—N，C—O，C—N，少数的C—H和C—C键。

(1) 许多烷烃当加热到800～1000℃时均裂为自由基。如丙烷裂解生成甲基自由基和少量乙基自由基。

$$CH_3CH_2CH_3 \xrightarrow{\triangle} \cdot CH_3 + \cdot C_2H_5$$

(2) 烷基金属化合物热解。如$Pb(CH_3)_4$、$Bi(CH_3)_3$、$Pb(C_2H_5)_4$等受热时，裂解形成自由基。

$$Pb(CH_3)_4 \xrightarrow{\triangle} 4\dot{C}H_3 + Pb$$

(3) 四乙酸铅受热分解。

$$Pb(CH_3COO)_4 \xrightarrow{\triangle} 2CH_3COO\cdot + Pb(CH_3COO)_2$$

$$2CH_3COO\cdot \longrightarrow 2CH_3\cdot + 2CO_2$$

(4) 如键的离解能在126～168kJ/mol时，需要的温度则较低，一般在50～200℃之间。如：

$$(CH_3)_3C—O—O—C(CH_3)_3 \xrightarrow{100\sim110℃} 2(CH_3)_3C—O\cdot$$

$$(PhCOO)_2 \xrightarrow{40\sim100℃} 2PhCOO\cdot \longrightarrow 2Ph\cdot + CO_2$$

$$(CH_3)_2\underset{}{C}(CN)—N{=}N—C(CN)(CH_3)_2 \xrightarrow{60\sim100℃} N_2 + 2(CH_3)_2\dot{C}(CN)$$

3. 用金属处理卤代烷

$$R—X + Na \longrightarrow R\cdot + NaX$$

R—X的键能愈小，则自由基愈易生成，卤代烷的反应速率为：RI＞RBr＞RCl＞RF，这与键能的大小次序是一致的。

4. 单电子氧化还原法

很多无机离子可以在氧化-还原反应中得到或失去一个电子而改变价态，可利用这一性质来产生自由基。如：

$$2Fe^{2+} + H_2O_2 \xrightarrow{OH^-} 2HO\cdot + Fe(OH)_3 + Fe^{3+}$$

$$(CH_3)_3C—OOH + Co^{3+} \longrightarrow (CH_3)_3C—OO\cdot + Co^{2+} + H^+$$

羧酸盐的电解也可看作是单电子转移的氧化-还原过程，在电解时羧酸负离子在阳极上失去一个电子，生成自由基。

$$RCOO^- \xrightarrow{-e} RCOO\cdot \longrightarrow R\cdot + CO_2$$

四、自由基的反应

自由基的反应可分成自由基之间的结合、自由基的传递、自由基碎裂、自由基重排、自由基加成和自由基氧化等几种类型。

1. 自由基之间的反应

(1) 二聚反应

指由两个自由基结合，生成一种新产物的反应。在常温下，自由基一般发生二聚作用。

如，四甲基铅在气相热解生成甲基自由基，发生二聚作用生成的主要产物为乙烷。

$$Pb(CH_3)_4 \xrightarrow{\triangle} 4\dot{C}H_3 + Pb$$

$$2CH_3\cdot \longrightarrow CH_3CH_3$$

(2) 交换反应

指高度活性的自由基从一个分子夺取一个原子（通常为氢原子）而形成一个更稳定的自由基的反应。如：

$$\cdot CH_3 + H—CH_2Ph \longrightarrow CH_4 + \cdot CH_2Ph$$

$$2\cdot CH_2Ph \longrightarrow PhCH_2CH_2Ph$$

(3) 歧化反应

指两个自由基相互作用，使氢原子由一个自由基转移到另一个自由基，生成一分子烷和一分子烯的反应。如：

$$\cdot CH_2CH_3 + \cdot CH_2CH_3 \longrightarrow CH_3CH_3 + CH_2{=}CH_2$$

在自由基之间发生的歧化反应，断裂一个键，生成两个键，在能量上是有利的，歧化反应和二聚反应是两个竞争反应。实验结果表明，低分支的或直链自由基容易发生二聚反应，高分支的自由基容易发生歧化反应。

2. 自由基加成反应（详见第六章加成反应）

在基础有机化学中已学过，HRr 与丙烯的加成，在极性条件下生成 2-溴丙烷，是按亲电加成历程进行的。但在过氧化物存在下，则是生成 1-溴丙烷，是按自由基机理进行加成的。

3. 自由基取代反应（详见第五章取代反应）

4. 重排反应（详见第九章分子重排反应）

5. 碎裂反应

自由基碎裂反应前面已经提到过，如羧酸盐溶液进行电解时，在阳极进行下述反应：

$$RCOO^- \xrightarrow{-e} RCOO\cdot \longrightarrow R\cdot + CO_2$$

6. 自动氧化反应

由分子氧参与的自由基氧化反应常称为自动氧化反应。氧分子具有双自由基结构(·O—O·)，容易参加自由基反应。如：

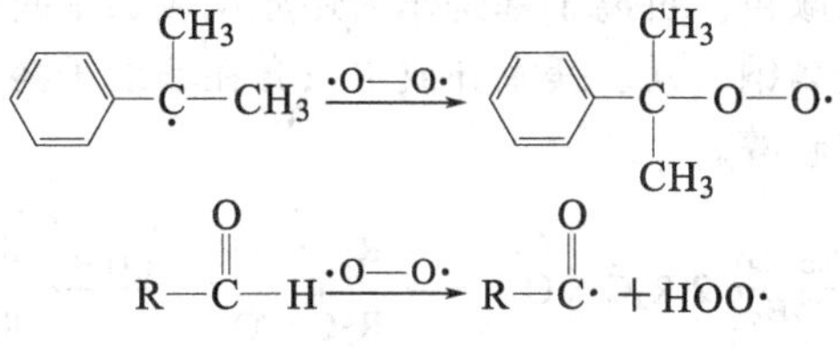

$$C_6H_5\dot{C}(CH_3)—CH_3 \xrightarrow{\cdot O—O\cdot} C_6H_5C(CH_3)_2—O—O\cdot$$

$$R—\overset{O}{\overset{\|}{C}}—H \xrightarrow{\cdot O—O\cdot} R—\overset{O}{\overset{\|}{C}}\cdot + HOO\cdot$$

五、离子自由基

前面讨论的碳正离子、碳负离子都是带电荷的，而自由基是含有未配对电子的电中性物质，离子和自由基在结构和性质上都不相同，如果在一个分子中同时具有自由基和离子时，即为离子自由基或简称离子基，按其离子性质不同，可分为正离子基和负离子基。最早发现的离子基为二苯甲酮负离子自由基，是由金属钠和二苯甲酮在乙二醇二甲醚中反应时得到的一种蓝色物质。

$$Ph_2C{=}O \xrightarrow{Na} Ph_2\dot{C}{-}\bar{O}Na^+$$

1. 离子自由基的形成

(1) 电子转移作用

某些分子可通过接受电子的方式而形成离子基，在此过程中只发生电子的转移，并不发生分子中原子或原子团的裂解作用。例如，碱金属在液氨中产生溶剂化电子。

$$M \xrightarrow{NH_3(液)} M^+ + e(NH_3)$$

这一体系有很强的还原作用。苯或其他芳烃在液氨中用金属钠还原时，苯环接受一个电子变成负离子自由基。

$$C_6H_6 + e \longrightarrow C_6H_6^{\cdot -} \quad (或写成\ C_6H_6^{\dot{-}})$$

羰基化合物在用金属还原时，第一步是羰基从金属接受一个电子，变成负离子自由基。

$$-\overset{O}{\overset{\|}{C}}- + M \longrightarrow -\overset{O^-M^+}{\overset{|}{\dot{C}}}-$$

(2) 离子自由基作用

丙烯酸盐或甲基丙烯酸盐与自由基引发剂作用时，自由基和碳碳双键加成产生负离子基。

$$R\cdot + CH_2{=}CHCOO^- \longrightarrow RCH_2\dot{C}HCOO^-$$

(3) 键的均裂作用

离子化合物分子中的键发生均裂作用时，能形成离子基。一般盐类只能在高能射线作用下发生键的均裂。

$$CH_2(COO^-)_2 \xrightarrow{-H\cdot} \cdot CH(COO^-)_2$$

2. 离子基的反应

离子自由基具有顺磁性和导电性，这是由于离子基分子中有未配对电子和带电荷的离子引起的。多数离子基具有特殊颜色。负离子基是作为还原反应的中间体，而正离子基是作为氧化反应的中间体，醛或酮用金属钠、镁、镁汞齐或铝汞齐在非质子溶剂中起还原反应时，先生成负离子基，最后水解得邻二叔醇。

$$2\,R_2CO \xrightarrow[C_6H_6]{Na(Hg)} 2\,R_2\dot{C}{-}O^- \longrightarrow \begin{array}{l} R_2C{-}O^- \\ \quad | \\ R_2C{-}O^- \end{array} \xrightarrow{H_2O,H^+} \begin{array}{l} R_2C{-}OH \\ \quad | \\ R_2C{-}OH \end{array}$$

伯奇（Brich）还原反应的第一步，就是苯接受一个电子变成负离子基。反应中将液氨改为甲胺、乙胺或正丙胺时，更安全和方便。当芳环上带有可被还原的卤素、硝基、醛或酮羰基等官能团的化合物不能进行伯齐还原，酚因与金属生成盐，也不进行伯齐还原。给电子基使还原速率减慢，还原 2,5-位；吸电子基使反应速率加快，还原 1,4-位。如：

$$\text{C}_6\text{H}_5\text{OCH}_3 + \text{Li} \xrightarrow[\text{C}_2\text{H}_5\text{OH}]{\text{NH}_3(\text{液})} \text{1-OCH}_3\text{-1,4-环己二烯} \qquad \text{C}_6\text{H}_5\text{COOH} + \text{Na} \xrightarrow[\text{C}_2\text{H}_5\text{OH}]{\text{NH}_3(\text{液})} \text{COOH-2,5-环己二烯}$$

第四节　碳　　烯

碳烯又称卡宾（carbene），为亚甲基衍生物的总称。碳烯有 6 个价电子，其中 4 个价电子在 2 个共价键上，另外 2 个电子未成键。已知的卡宾有以下几种：

（1）$:CH_2$，$:CHR$，$:CRR'$

（2）$:CHX$，$:CRX$，$:CXX$（X＝F，Cl，Br，I）

（3）$:CHY$，$:CRY$，$:CYZ$（Y 或 Z＝OR，SR，CN，COOR，COR 等）

（4）$R_2C{=}C:$，$R_2C{=}C{=}C:$（R＝烷基或芳基）

一、碳烯的结构

碳烯是电中性的二价碳化合物，其中碳原子只与两个原子或基团以共价键相连，因而还带有两个未成键电子。若两个未成键电子同处一个轨道，其自旋方向相反，余下一个空轨道，这叫单线态（singlet state）碳烯；另一种可能是两个未成键电子分别处于两个轨道，电子的自旋方向相同，这叫三线态（triplet state）碳烯。

一般认为单线态碳烯中心碳原子采取 sp^2 杂化，其中 2 个 sp^2 杂化轨道与其他原子成键，第三个杂化轨道容纳一对孤对电子，未杂化的 p 轨道是空的。而三线态碳烯中心碳原子为 sp 杂化，是线型结构，未参与杂化的两个 p 轨道各容纳一个电子，因此也可以把三线态碳烯看作是一个双自由基，如图 4-10 所示。

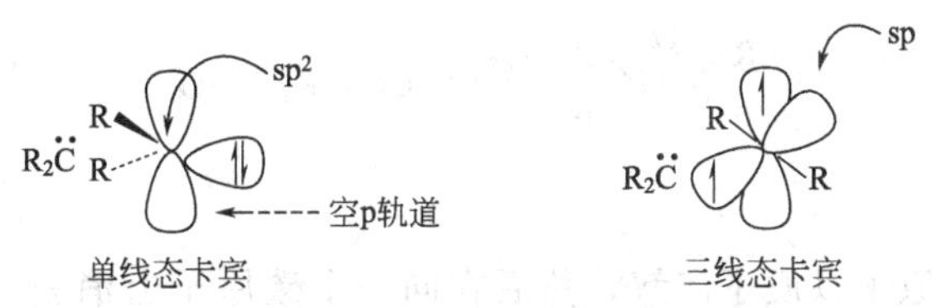

图 4-10　碳烯的结构

电子光谱和电子顺磁共振谱研究表明：三线态亚甲基碳烯是弯分子，键角约为 136°，单线态亚甲基碳烯也是弯的，H—C—H 键角为 103°。三线态结构中，未成键电子排斥作用小，能量比单线态低 33.5～41.8kJ/mol，说明三线态碳烯比单线态稳定，是基态。

一般而言，大多数碳烯的基态是三线态，但是二卤碳烯及二价碳原子上连有 O、S、N 的碳烯可能是单线态为基态，这是由于杂原子的未共用电子对可与单线态碳烯的空 p 轨道发生去局部化作用，从而使碳烯的单线态结构稳定性有所提高。

$$\ddot{\text{C}}\text{l}—\underset{\cdot\cdot}{\text{C}}—\text{Cl} \longrightarrow \overset{+}{\text{C}}\text{l}{=}\underset{\cdot\cdot}{\bar{\text{C}}}—\text{Cl}$$

在惰性气体中，单线态碰撞可变成三线态。碳烯究竟以哪种状态参加反应，一般取决于生成条件。在惰性气体中或有光敏剂存在时，主要以三线态进行反应，在液相中时，主要以单线态进行反应。

二、碳烯的形成

1. 化合物的光解或热解

反应物自身热解或光解为碳烯。如重氮化合物经热解或光解，裂解出氮分子而生成碳烯。

$$R_2C{=}N^+{=}N^- \xrightarrow{\text{光解或加热}} R_2C\colon + N_2$$

烷基重氮化合物不稳定，易爆炸，羰基取代的重氮化合物则比较稳定，并且可以分离。

$$C_2H_5O{-}C({=}O){-}CH{=}N_2 \xrightarrow{\triangle} C_2H_5O{-}C({=}O){-}\ddot{C}H + N_2$$

由醛或酮生成的腙通过氧化，再分解；或通过醛、酮的对甲苯磺酰腙的钠盐分解，可制备烷基取代的碳烯，而不用容易爆炸的重氮化合物作反应物。

三氯乙酸盐在非质子溶剂中的热解、烯酮的光解或热解也可制得碳烯。

$$CCl_3COONa \xrightarrow[150^\circ C]{\text{乙二醇二甲醚}} Cl_2C\colon + CO_2 + NaCl$$

$$Ar_2C{=}C{=}O \xrightarrow{\triangle} Ar_2C\colon + CO$$

2. 三元环状化合物的消去反应

三元环状化合物的消去反应可以看作是碳烯与双键加成的逆反应。三元环化合物如取代环丙烷、环氧化物、偶氮环丙烷等。

$$\text{(环氧化物)}\ R_2C\text{—}O\text{—}CR_2 \xrightarrow{\text{光解}} R_2C\colon + R_2C{=}O$$

3. α-消除

碳原子上的一个氢原子以质子离解，然后在同一个碳原子上消去一个亲核基团形成碳烯。这个方法限于没有 β-H，否则将优先脱卤化氢发生 β-消除。

$$\underset{\text{具有酸性}}{CHCl_3} + (CH_3)_3COK \xrightarrow{(CH_3)_3COH} {}^-CCl_3 + (CH_3)_3CCOH + K^+$$

$${}^-CCl_3 \xrightarrow{-Cl^-} \ddot{C}Cl_2\text{(二氯卡宾)}$$

$$ArCH_2X + RLi \longrightarrow RH + LiCHXAr$$

$$LiCHXAr \longrightarrow \colon CHAr + LiX$$

利用冠醚作相转移催化剂，可使一氟二氯甲烷与 KOH 反应生成氟氯卡宾。

$$CHFCl_2 \xrightarrow[\text{18-冠-6}]{\text{55\%KOH水溶液}} \colon CFCl$$

提供二氯碳烯的另一途径是将三氯乙酸脱羧，这个方法仅限用于多卤代化合物。

$$Cl_2C\begin{matrix} \diagup CO_2^- \\ \diagdown Cl \end{matrix} \xrightarrow[-CO_2]{\triangle} Cl_2\bar{C}-Cl \longrightarrow Cl_2C: + Cl^-$$

用汞有机化合物产生碳烯的原理也是 α-消除。

$$PhHg-CCl_2Br \rightleftharpoons :CCl_2 + PhHgBr$$

4. 西蒙-史密斯（Simmon-Smith）反应

用二碘甲烷和铜锌合金（或二乙基锌）作用产生的 $I-CH_2-ZnI$，不像由烷基重氮化合物分解得到的“自由”卡宾，可能是卡宾的络合物或有机金属化合物，但可进行像卡宾那样的反应，常称为“类卡宾”，“类卡宾”并不发生插入反应，与烯加成操作简便，产率较好，在合成上有广泛的应用，常称西蒙-史密斯（Simmon-Smith）反应。

$$\text{H(CH}_3\text{)C=C(H)CH}_3 \xrightarrow{CH_2I_2,Zn/Cu} \text{顺-1,2-二甲基环丙烷}$$

三、碳烯的反应

碳烯是典型的缺电子化合物，是非常活泼、寿命极短的中间体，它们的反应以亲电性为特征。碳烯的典型反应主要有两类：π 键的加成反应和 σ 键的插入反应。其反应的历程和结果很大程度上依赖于碳烯未成键电子的自旋状态的不同，即是单线态还是三线态。

1. 插入反应

碳烯可以在 C—H、C—Br、C—Cl、C—M(金属)、N—H、O—H、S—H 和 C—Oσ单键上进行插入反应，但不能在 C—C 键上进行插入反应。碳烯插入 C—H 间的活性是3°>2°>1°，分子间插入反应往往得一混合物，在有机合成上没有重要价值。

$$CH_2: + H-CR_3 \longrightarrow H-CH_2-CR_3$$

碳烯也可以发生分子内插入，特别是烷基碳烯优先发生分子内插入。这对制备有较大张力的环状化合物具有一定意义。插入反应中，单线态碳烯比三线态碳烯活泼。

$$\text{樟脑} \xrightarrow[2.CH_3ONa]{1.H_2NNHTs} \text{碳烯}: \longrightarrow \text{三环烷}$$

2. 加成反应

实验证明，单线态卡宾与烯类发生协同反应，烯烃的立体化学在环加成中保持不变（顺式加成）。

$$\text{顺-CH}_3\text{CH=CHCH}_3 + {\uparrow\downarrow}CH_2 \longrightarrow \text{顺-1,2-二甲基环丙烷}\ (80\%)$$

而且单线态卡宾与烯类的加成服从亲电加成规律，烯烃双键电子云密度越高，反应活性越大。如下列烯烃与 :CCl_2 加成的相对反应活性为：

$$Me_2C=CMe_2 > Me_2C=CHMe > Me_2C=CH_2 > ClHC=CH_2$$

三线态碳烯无论与顺或反-2-丁烯作用都得到顺及反-1,2-二甲基环丙烷的混合物。这是由于三线态碳烯首先生成双自由基，由于碳-碳单键旋转使立体化学特征消失，故可得到两种加成产物。

$$:CH_2(\uparrow\downarrow) + CH_3CH=CHCH_3\ (顺) \longrightarrow \cdot CH_2-CH(CH_3)-\dot{C}H(CH_3) \xrightarrow{电子自旋反转} \xrightarrow{闭环} 顺-1,2-二甲基环丙烷$$

$$:CH_2(\uparrow\downarrow) + CH_3CH=CHCH_3\ (反) \longrightarrow \cdot CH_2-CH(CH_3)-\dot{C}H(CH_3) \xrightarrow{电子自旋反转} \xrightarrow{闭环} 反-1,2-二甲基环丙烷$$

（两中间体之间：单键旋转）

卡宾的反应活性顺序为：$:CH_2 > :CR_2 > :CAr_2 > :CX_2$。乙烯酮或重氮甲烷光分解生成的卡宾与烯烃反应迅速，但同时发生插入反应，合成意义不大。若用前述 Simmon-Smith 反应产生的“类卡宾”，并不发生插入反应，而且这一方法操作简便，产率较好，在合成上有广泛的应用。

碳烯也可以与炔烃、环烯烃甚至与芳环上的 C═C π 键以及 C═N、C≡N π 键进行加成反应。如：

$$C_6H_6 + (N\equiv C)_2CN_2 \xrightarrow{80^\circ C} 7,7-二氰基降蒈二烯$$

3. 重排反应

碳烯可以发生分子内的重排反应，通过氢、烷基和芳基的迁移，得到更为稳定的化合物如烯烃等。其迁移难易顺序是 H>芳基≫烷基。如：

$$PhC(CH_3)_2-CHN_2 \xrightarrow{60^\circ C} (CH_3)_2C=CH-Ph\ (50\%) + Ph-C(CH_3)=CHCH_3\ (9\%) + 1-Ph-1-CH_3-环丙烷\ (41\%)$$

环状卡宾能发生各种可能的重排。如：

$$环丙基-CH: \longrightarrow 环丁烯 + CH_2=CH-CH=CH_2 + CH_2=CH_2 + CH\equiv CH$$

在卡宾的重排中，最重要的是沃尔夫（Wolff）重排。

$$R-\overset{O}{\overset{\|}{C}}-OH \xrightarrow[2.CH_2N_2]{1.SOCl_2} R-\overset{O}{\overset{\|}{C}}-CHN_2 \xrightarrow[H_2O]{Ag_2O} RCH_2\overset{O}{\overset{\|}{C}}-OH$$

$$R-\overset{O}{\overset{\|}{C}}-CHN_2 \xrightarrow{-N_2} R-\overset{O}{\overset{\|}{C}}-\ddot{C}H \longrightarrow RCH=C=O \xrightarrow{H_2O} RCH_2COOH$$

4. 取代反应

在雷米尔-蒂蔓（Reimer-Tiemann）反应中，氯仿在碱的作用下生成二氯卡宾，二氯卡宾再与酚氧负离子发生插入反应，然后水解得到取代产物。

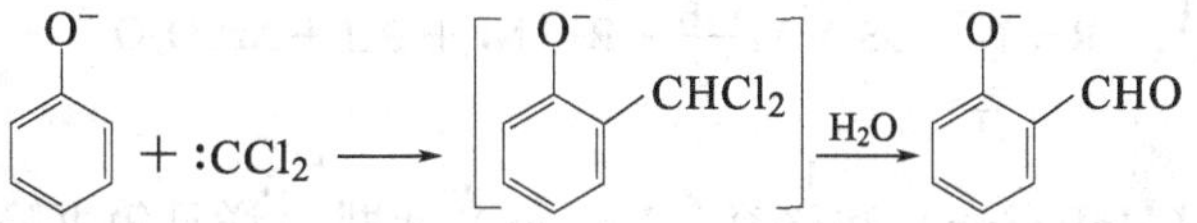

$$\text{C}_6\text{H}_5\text{O}^- + :\text{CCl}_2 \longrightarrow [\text{o-CHCl}_2\text{-C}_6\text{H}_4\text{O}^-] \xrightarrow{H_2O} \text{o-CHO-C}_6\text{H}_4\text{O}^-$$

吡咯、吲哚在碱性条件下亦能发生类似反应，但在中性溶液则发生加成。如：

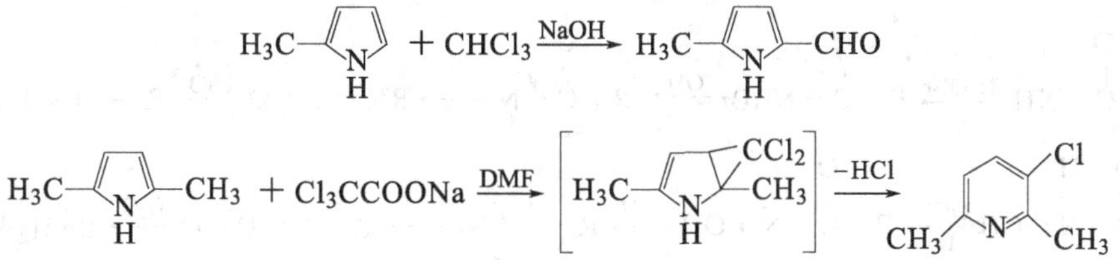

$$\text{2-甲基吡咯} + CHCl_3 \xrightarrow{NaOH} \text{5-甲基吡咯-2-甲醛}$$

$$\text{2,5-二甲基吡咯} + Cl_3CCOONa \xrightarrow{DMF} [\text{二氯环丙烷加成物}] \xrightarrow{-HCl} \text{3-氯-2,6-二甲基吡啶}$$

5. 二聚反应

$$\text{C}_6\text{H}_5\text{CH}: \longrightarrow \text{双环[4.1.0]庚三烯} \longrightarrow \text{环庚三烯亚基}: \longrightarrow \text{庚富瓦烯(二聚体)}$$

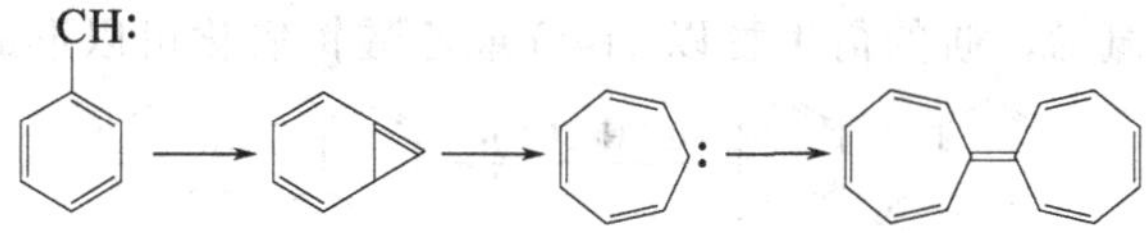

第五节　氮　　烯

氮烯也叫氮宾或乃春（nitrene），是缺电子的一价氮中间体，非常活泼，以至在普通条件下难以离析，有人在 77K 的条件下，曾捕集过芳基乃春。

一、氮烯的结构

氮烯的 N 原子具有六个价电子，只有一个 σ 键与其他原子或基团相连，也有单线态和三线态两种结构，它们都是 sp 杂化。如图 4-11 所示。单线态氮宾比三线态氮宾能量高 154.8kJ/mol。

单线态氮宾　　三线态氮宾

图 4-11　氮烯的结构

二、氮烯的形成

生成氮烯的方法与碳烯类似，主要包括一些活泼物质的热解或光解、α-消除、硝基或亚硝基化合物的脱氧还原等。

1. 热解和光解

叠氮化合物、异氰酸酯等进行热解或光解，是形成单线态氮烯的最普通方法。

$$EtO-\overset{O}{\overset{\|}{C}}-N_3 \xrightarrow{254nm} EtO-\overset{O}{\overset{\|}{C}}-\ddot{N}: + N_2\uparrow$$

$$Ph-N=C=O \xrightarrow{h\nu} PhN: + CO$$

$$Ph-N_3 \xrightarrow{\triangle} Ph-\ddot{N}: + N_2\uparrow$$

2. α-消去反应

以碱处理芳磺酰羟胺可生成氮烯。

$$R-NH-OSO_2Ar \xrightarrow{B} R-\ddot{N}: + BH + ArSO_2O^-$$

一般认为霍夫曼（Hofmann）和洛森（Lossen）重排（详见第九章）反应也是属于经氮烯中间体进行重排的 α-消去反应。

$$R-\overset{O}{\overset{\|}{C}}-NH_2 \xrightarrow{NaOBr} R-\overset{O}{\overset{\|}{C}}-NHBr \xrightleftharpoons{OH^-} R-\overset{O}{\overset{\|}{C}}-\ddot{N}: \longrightarrow RN=C=O \xrightarrow{H_2O} R-NH_2 + CO_2$$

$$R-\overset{O}{\overset{\|}{C}}-\overset{H}{N}-OH \xrightarrow[-H^+]{OH^-} R-\overset{O}{\overset{\|}{C}}-\bar{\ddot{N}}-OH \xrightarrow{-OH^-} R-\overset{O}{\overset{\|}{C}}-\ddot{N}: \longrightarrow R-N=C=O \xrightarrow{H_2O} RNH_2 + CO_2$$

3. 氧化反应

伯胺氧化可以生成氮烯，肼的衍生物以 HgO 或乙酸铅氧化可以形成氨基氮烯。

$$\text{N-氨基咔唑 (N-}NH_2) \xrightarrow{Pd(CH_3COO)_4} \text{咔唑-N-}\ddot{N}:$$

4. 脱氧还原反应

硝基或亚硝基化合物用三苯基膦或亚膦酸酯等脱氧还原，可生成氮烯并进一步反应。

$$\text{邻-}CH_2CH_2CH_2CH_3\text{-硝基苯} \xrightarrow{2(EtO)_3P} \text{邻-}(H_2C-CH_2-CH(H)-CH_3)\text{-苯基-}N: \longrightarrow \text{2-甲基四氢喹啉 (N-H, }CH_3)$$

（邻-$CH_2CH_2CH_2CH_3$-苯基叠氮（N_3）经 △ 亦生成该氮烯中间体）

三、氮烯的反应

与碳碳双键的加成和 C—H 键的插入是氮烯的典型反应。此外还可以发生重排、二聚等反应。

1. 与烯烃加成

与碳烯加成反应的立体化学特性相同。氮烯的基态也是三线态，通常氮烯生成后，由单线态逐渐转变为能量较低的三线态。单线态立体专一，三线态为非专一的。

$$EtO\overset{O}{\overset{\|}{C}}-N_3 \longrightarrow EtO\overset{O}{\overset{\|}{C}}-\ddot{N}:\ (\text{单线态}) \xrightarrow{\text{H(Me)C=C(Et)H}} \text{D,L-}(\text{N-}CO_2Et\text{ 氮丙啶, H, H, Me, Et})\quad \text{立体专一}$$

$$\downarrow$$

$$EtO\overset{O}{\overset{\|}{C}}-\ddot{N}:\ (\text{三线态}) \xrightarrow{\text{H(Me)C=C(Et)H}} EtO_2C-\dot{N}-CH(Me)-\dot{C}H(Et) \xrightarrow{\text{闭环}} \text{D,L-H,H(Me,Et)氮丙啶} + \text{D,L-H,Et(Me,H)氮丙啶}$$

2. 插入 C—H 键

氮烯可插入脂肪族化合物的 C—H 键，通常认为是单线态氮烯的典型反应，反应前后 C 原子的构型不变。特别是羰基氮烯和磺酰基氮烯易插入脂肪族化合物的 C—H 键。

$$R-\overset{O}{\overset{\|}{C}}-\ddot{N}: + R'_3C-H \longrightarrow R-\overset{O}{\overset{\|}{C}}-NHCR'_3$$

氮烯插入 C—H 间的活性也是 3°>2°>1°，且氮烯也可以发生分子内插入。如：

$$H_3C-CH(CH_2CH_2CH_2-\ddot{N}:) \xrightarrow{\alpha\text{插入}} H_3C-CH(CH_2CH_2HC=NH)\ (50\%) \xrightarrow{H_2O} H_3C-CH(CH_2CH_2HC=O)$$

δ插入：2-甲基吡咯烷 20%

3. 二聚反应

氮烯发生二聚得到偶氮化合物。如：

$$\left.\begin{matrix}Ph-N_3\\Ar-N_3\end{matrix}\right\} \xrightarrow{\triangle} \begin{matrix}Ph\ddot{N}:\\+\\Ar\ddot{N}:\end{matrix} \longrightarrow PhN=NPh + PhN=NAr + ArN=NAr$$

(Ar= —C₆H₄—OMe)

4. 重排反应

烷基氮烯很容易发生重排，在其形成同时即发生迁移，生成亚胺。酰基氮烯重排得到异氰酸酯。

$$R-CH(H)-\ddot{N}: \longrightarrow RCH=NH$$

$$R-\overset{O}{\overset{\|}{C}}-NH_2 \xrightarrow{NaOBr} R-\overset{O}{\overset{\|}{C}}-\overset{H}{N}-Br \underset{-HBr}{\overset{OH^-}{\rightleftharpoons}} R-\overset{O}{\overset{\|}{C}}-\ddot{N}: \xrightarrow{\text{重排}} R-N=C=O \underset{NaOH}{\xrightarrow{H_2O}} RNH_2 + CO_2$$

第六节 苯 炔

当用氨基钠或氨基钾等强碱处理卤代芳烃时，不仅生成正常的亲核取代产物，而且同时得到异构体。如：

$$\text{邻氯甲苯} \xrightarrow{NaNH_2} [\text{3-甲基苯炔}] \xrightarrow{NH_2^-} \text{邻甲苯胺} + \text{间甲苯胺}$$

$$\text{氯苯}(^*C) \underset{NH_3(l)}{\xrightarrow{NaNH_2}} \text{苯胺}(^*C\text{-}NH_2) + \text{苯胺}(NH_2\text{在}^*C\text{邻位})$$

上述反应不是简单的亲核取代反应，而是经苯炔中间体的一种“消去-加成”作用。当卤苯中的邻位没有氢时，因不能消除卤化氢生成苯炔，氨解反应不能发生。

由于苯炔的高度活泼性，到现在一直没有离析成功，但用光谱证明了苯炔的存在，也可以通过活性中间体捕获的方法证实。

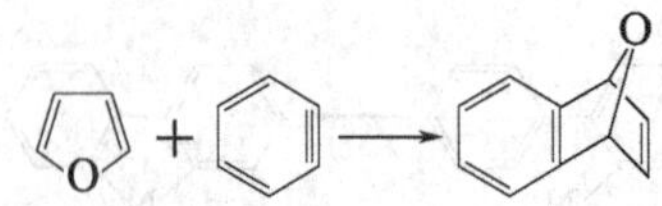

一、苯炔的结构

苯炔的高度活泼性毫无疑问是由于含有叁键的六元环的张力所致，苯炔的叁键碳原子仍为 sp^2 杂化状态，叁键的形成基本上不影响苯炔中离域的 π 体系，苯环的芳香性保持不变，新的“π 键”在环平面上与苯环的 π 轨道垂直，由两个 sp^2 杂化轨道在侧面重叠形成很弱的 π 键，因此苯炔非常活泼，很不稳定。图 4-12 为苯炔的结构。

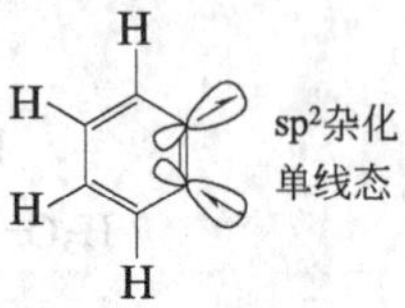

sp^2杂化
单线态

图 4-12 苯炔的结构

若两个未成对电子自旋方向相反，是单线态。自旋方向相同，则为三线态，苯炔的基态不是三线态。

二、苯炔的形成

在所有产生芳炔中间体的反应里，都是先从苯环的相邻位置脱掉一个电负性的基团和一个电正性的基团，发生消除反应。

1. 脱卤化氢

如前所述，用强碱如 $NaNH_2$、PhLi 等强碱处理卤代芳烃，发生β-消除，形成芳炔，反应第一步是消去 H^+。

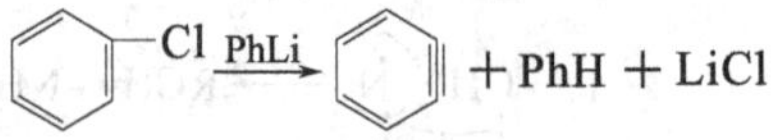

$$C_6H_5Cl \xrightarrow{PhLi} C_6H_4 + PhH + LiCl$$

卤素不同，生成苯炔的难易程度不同，一般氟化物较易生成苯炔，因为氟的电负性大，邻位碳原子上氢的酸性增强，有利于作为质子离去。碱消除质子是反应速率的控制步骤，卤原子的离去不起决定作用。

2. 由邻二卤代芳烃与锂或镁作用，也可制备苯炔

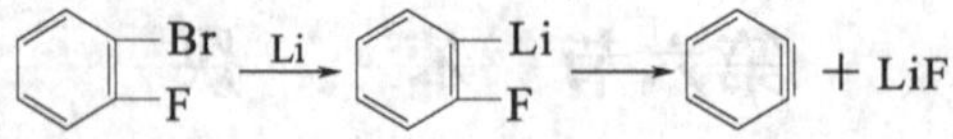

$$o\text{-}BrC_6H_4F \xrightarrow{Li} o\text{-}LiC_6H_4F \longrightarrow C_6H_4 + LiF$$

邻卤代芳基锂在-70℃还比较稳定，但当温度升到-60℃以上，则分解为芳炔。在此反应中，邻氟芳基锂比邻氟芳基溴（或氯）活泼。

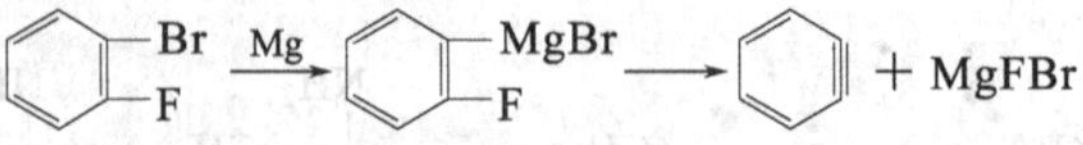

$$o\text{-}BrC_6H_4F \xrightarrow{Mg} o\text{-}BrMgC_6H_4F \longrightarrow C_6H_4 + MgFBr$$

3. 中性原子的消除

邻位的重氮羧酸盐或重氮羧酸能在极温和的条件下热解形成芳炔。

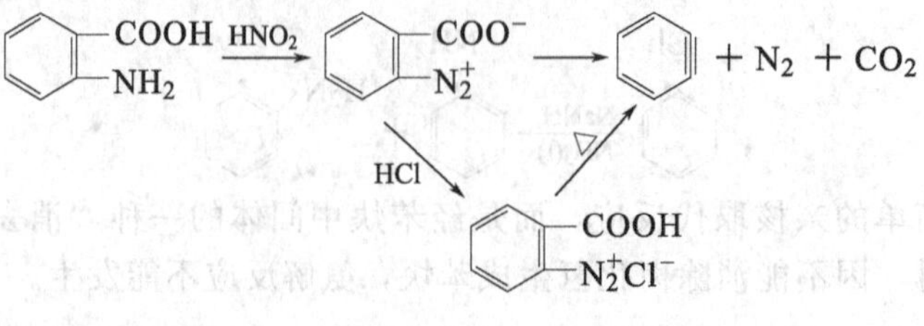

$$o\text{-}H_2NC_6H_4COOH \xrightarrow{HNO_2} o\text{-}N_2^+C_6H_4COO^- \longrightarrow C_6H_4 + N_2 + CO_2$$

$$o\text{-}N_2^+C_6H_4COO^- \xrightarrow{HCl} o\text{-}N_2^+Cl^-C_6H_4COOH \xrightarrow{\triangle} C_6H_4$$

由于上述两性离子是爆炸性的物质，故现改为：

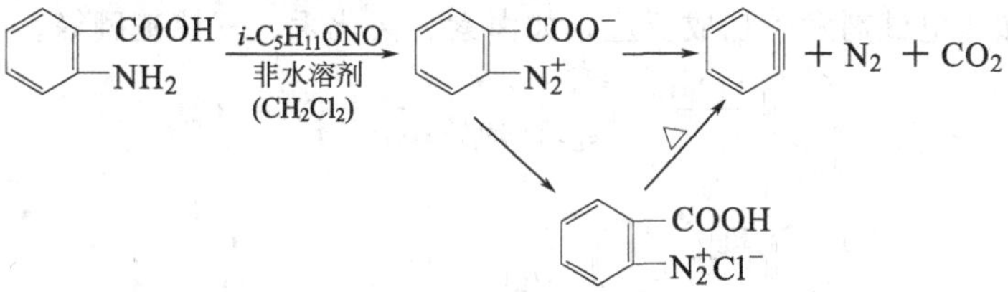

4. 环状化合物的分解

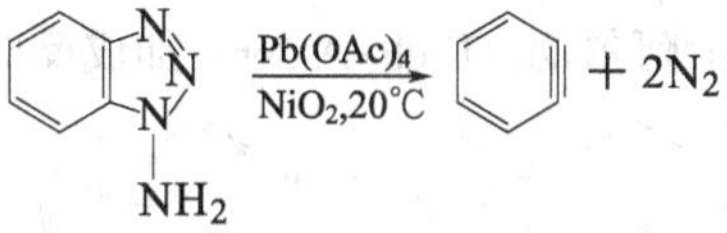

5. 光解或热解

许多化合物在紫外光照射或加热时能分解形成苯炔。

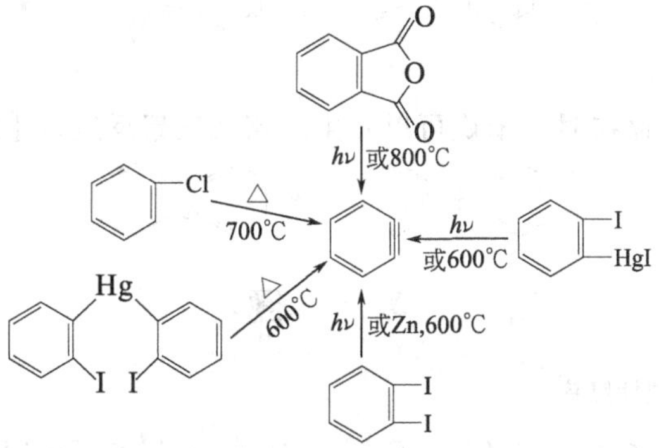

三、苯炔的反应

1. 亲核加成

醇类、烷氧基、烃基锂及其他亲核试剂，如羧酸盐、卤离子和氰化物都比较容易与苯炔反应。对于未取代的苯炔，亲核试剂无论从叁键的哪一端进攻均得到同一产物。当亲核试剂与不对称的取代芳炔进行加成时，则有一个方向问题。加成的方向取决于取代基的诱导效应，诱导效应不同，失去电正性基团所形成的碳负离子稳定性不同。碳负离子稳定性愈大，愈易发生反应。这是因为 sp^2 杂化轨道形成的 π 键与苯环的 π 键垂直，取代基与苯环没有共轭效应（详见第五章取代反应）。如：

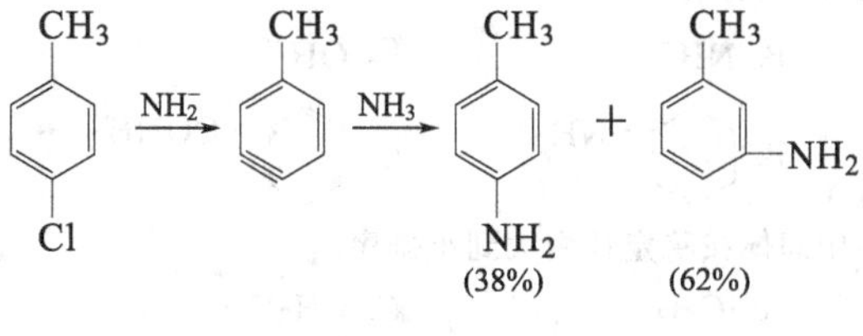

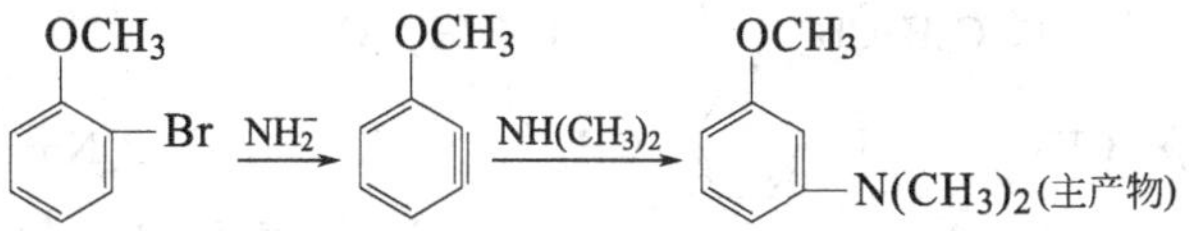

(38%)　(62%)

苯炔也能发生分子内的亲核加成反应。如：

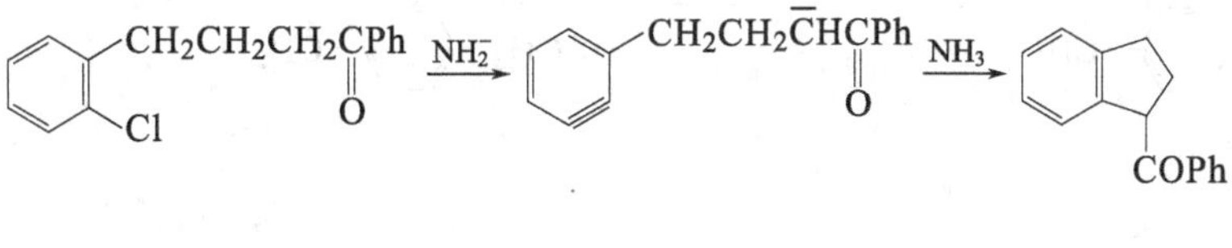

2. 亲电加成

芳炔很容易和亲电试剂发生加成反应，如卤素、卤化汞、三烷基硼等。

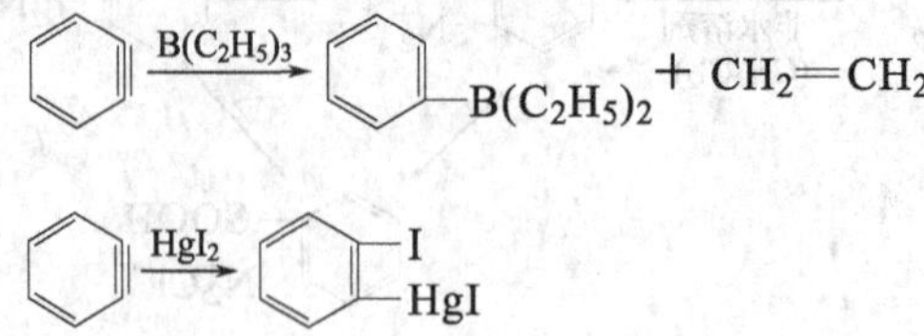

3. 环加成

苯炔可以与双稀体进行狄尔斯-阿尔德（Diels-Alder）加成反应，苯炔是很好的亲双烯体。

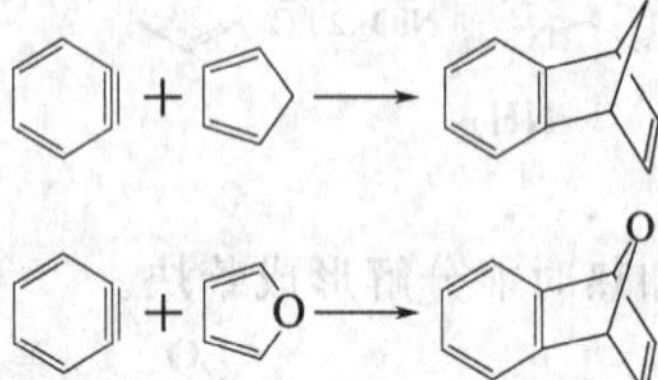

4. 聚合反应

在没有其他活性物质存在时，苯炔可以发生二聚或三聚反应，生成聚合产物。

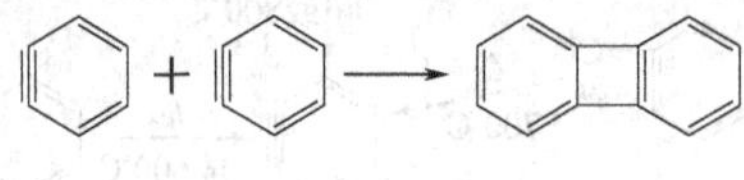

习　　题

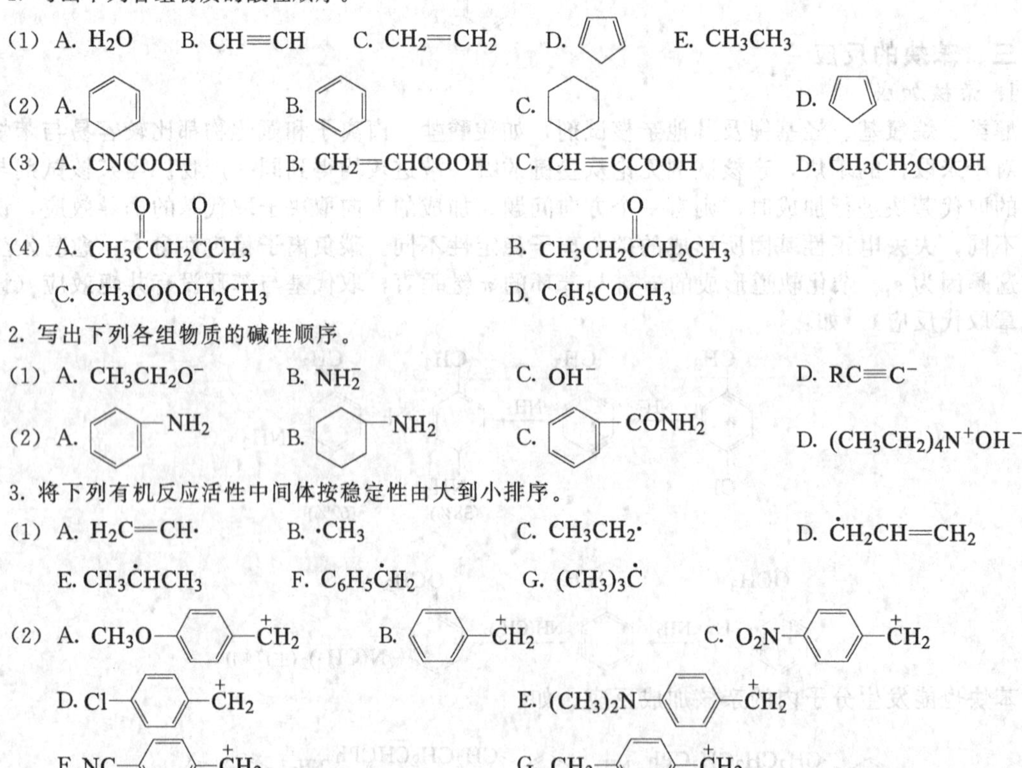

1. 写出下列各组物质的酸性顺序。

(1) A. H_2O　B. $CH\equiv CH$　C. $CH_2=CH_2$　D.（环戊二烯）　E. CH_3CH_3

(2) A.　B.　C.　D.

(3) A. CNCOOH　B. $CH_2=CHCOOH$　C. $CH\equiv CCOOH$　D. CH_3CH_2COOH

(4) A. $CH_3COCH_2COCH_3$　B. $CH_3CH_2COCH_2CH_3$　C. $CH_3COOCH_2CH_3$　D. $C_6H_5COCH_3$

2. 写出下列各组物质的碱性顺序。

(1) A. $CH_3CH_2O^-$　B. NH_2^-　C. OH^-　D. $RC\equiv C^-$

(2) A.　B.　C.　D. $(CH_3CH_2)_4N^+OH^-$

3. 将下列有机反应活性中间体按稳定性由大到小排序。

(1) A. $H_2C=CH\cdot$　B. $\cdot CH_3$　C. $CH_3CH_2\cdot$　D. $\dot{C}H_2CH=CH_2$　E. $CH_3\dot{C}HCH_3$　F. $C_6H_5\dot{C}H_2$　G. $(CH_3)_3\dot{C}$

(2) A.　B.　C.　D.　E.　F. 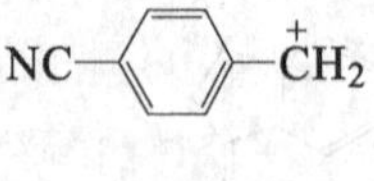　G.

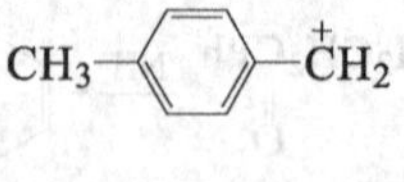

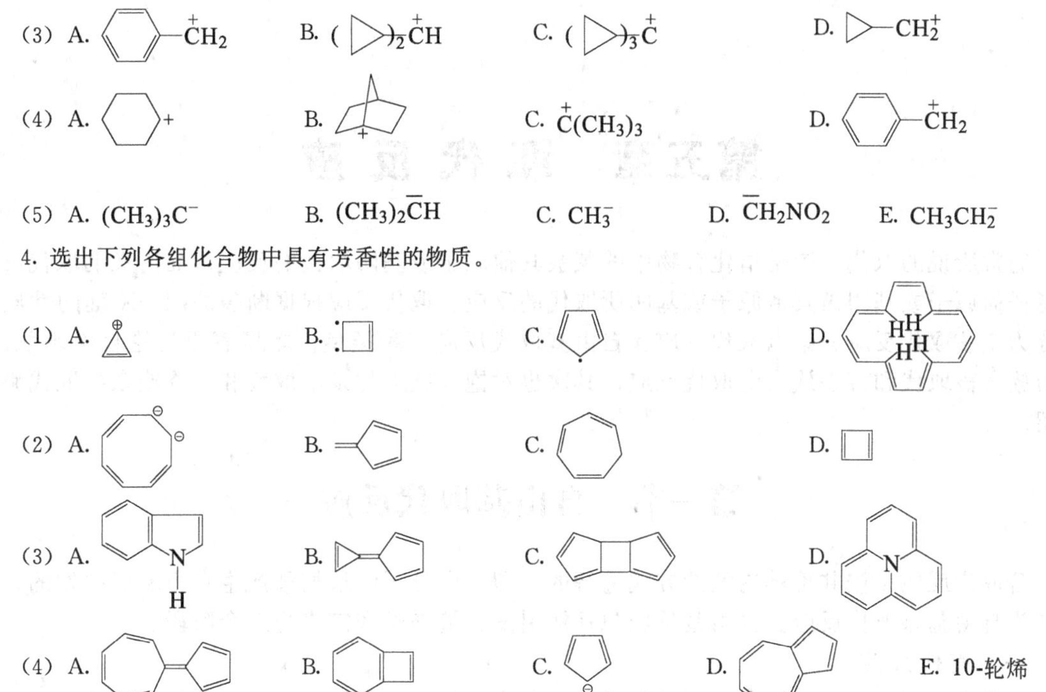

4. 选出下列各组化合物中具有芳香性的物质。

5. 苯甲酸硝化的主要产物是什么？写出该硝化反应过程中产生的活性中间体碳正离子的极限式或离域式。

6. (1) 下列化合物是否具有芳香性？(2) 该化合物呈明显酸性 (pK_a 2.7)，这是出于质子离解后负离子很稳定。该负离子最稳定的一个共振式含有 6π 电子环系。写出该负离子的共振形式。

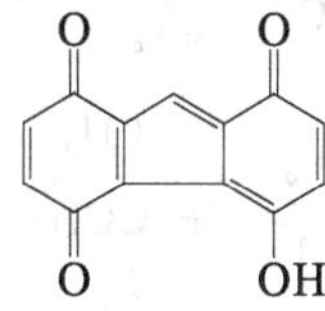

7. 指出下列化合物进行偶合反应的活性大小顺序，试说明原因。

(1) $(CH_3)_2N-C_6H_4-N_2^+Cl^-$　　(2) $O_2N-C_6H_4-N_2^+Cl^-$

(3) $CH_3-C_6H_4-N_2^+Cl^-$　　(4) $Cl-C_6H_4-N_2^+Cl^-$

第五章　取 代 反 应

通常所说的取代反应是指化合物中的氢被其他原子或基团取代的反应，而广义的取代反应是指任何原子或基团被其他原子或基团所取代的反应。取代反应根据断裂的R—X键的性质可以分为亲核取代反应、亲电取代反应和自由基取代反应三种类型。本章着重讨论自由基取代、脂肪族亲核取代和芳香族亲电取代反应，其次也对饱和碳上的亲电取代和芳香族亲核取代略作介绍。

第一节　自由基取代反应

若取代反应是按共价键均裂的方式进行的，即是由分子经过均裂产生自由基而引发的，则称其为自由基型取代反应。自由基反应包括链引发、链增长和链终止三个阶段。

一、卤代反应

分子中的原子或基团被卤原子取代的反应称为卤代反应。烃的溴代反应是一个重要的引入官能团于不活泼分子中的方法。

$$\mathrm{CH_3CH_2CH_3} \xrightarrow[h\nu,125^\circ\mathrm{C}]{\mathrm{Br_2}} \underset{97\%}{\mathrm{CH_3CH(Br)CH_3}} + \underset{3\%}{\mathrm{CH_3CH_2CH_2Br}}$$

$$\mathrm{CH_3CH(CH_3)CH_3} \xrightarrow[h\nu,125^\circ\mathrm{C}]{\mathrm{Br_2}} \underset{>99\%}{\mathrm{CH_3C(CH_3)(Br)CH_3}} + \underset{<1\%}{\mathrm{CH_3CH(CH_3)CH_2Br}}$$

烷烃溴代的链式反应历程如下：

链引发：

$$\mathrm{Br_2} \xrightarrow{h\nu} 2\mathrm{Br}\cdot$$

链增长：

$$\mathrm{Br}\cdot + \mathrm{R_3CH} \longrightarrow \mathrm{R_3C}\cdot + \mathrm{HBr}\ \text{(决速步骤)}$$

$$\mathrm{R_3C}\cdot + \mathrm{Br_2} \longrightarrow \mathrm{R_3CBr} + \mathrm{Br}\cdot$$

……

链终止：

$$2\mathrm{Br}\cdot \longrightarrow \mathrm{Br_2}$$

$$2\mathrm{R_3C}\cdot \longrightarrow \mathrm{R_3C{-}CR_3}$$

$$\mathrm{Br}\cdot + \mathrm{R_3C}\cdot \longrightarrow \mathrm{R_3CBr}$$

决速步骤中，对于不同氢活化能不同，一级氢最高为＋16.5kJ/mol，二级氢为＋10.5kJ/mol，三级氢为＋3.5kJ/mol。因此溴代反应三种氢的相对活性在125℃时约为：1°H∶2°H∶3°H＝1∶82∶1600；室温时约为1∶100∶2000。

同溴代反应相比，氯代的选择性较差。在室温下，氯代反应三种氢的相对活性为：1°H∶2°H∶3°H＝1∶3.8∶5。当升高温度时，比例逐渐接近1∶1∶1。

$$\mathrm{CH_3CH_2CH_3} \xrightarrow[h\nu,25^\circ\mathrm{C}]{\mathrm{Cl_2}} \underset{57\%}{\mathrm{CH_3CH(Cl)CH_3}} + \underset{43\%}{\mathrm{CH_3CH_2CH_2Cl}}$$

$$CH_3CH(CH_3)CH_3 \xrightarrow[h\nu,25℃]{Cl_2} CH_3C(CH_3)(Cl)CH_3 + CH_3CH(CH_3)CH_2Cl$$

36% 54%

氯的自由基取代反应也受分子极性的影响。在强－I基团附近，氯代速率致钝，而且氯原子选择取代离－I基团稍远的β和γ氢。如：

$$CH_3CH_2CH_2CN \xrightarrow[h\nu]{Cl_2} CH_3CH(Cl)CH_2CN + CH_2(Cl)CH_2CH_2CN$$

69% 31%

醚键倾向于使卤原子进攻α位，可能是α位的C—H键受到醚基削弱的影响。酯和羧酸倾向于β或γ位上卤代，但在酰卤分子中则情形不同，主要发生在α位取代。酮类的卤代发生在α位，但自由基的卤代不如酸碱催化的离子性卤代收率好。

碘代需要加热，不能使反应按链式机理进行。氟代反应由于放热太剧烈，不易控制，能破坏碳—碳键，因此很少用单质氟取代烃类。

硫酰氯（SO_2Cl_2，或称二氯化砜）和N-溴代丁二酰亚胺（NBS）是常用的卤代试剂。

$$C_6H_5CH_2CH_2CH_3 \xrightarrow[h\nu]{SO_2Cl_2} C_6H_5CH(Cl)CH_2CH_3 \quad 50\%$$

$$CH_3(CH_2)_3CH{=}CHCH_3 \xrightarrow[h\nu]{NBS} CH_3(CH_2)_2CH(Br)CH{=}CHCH_3 \quad 58\%\sim64\%$$

次氯酸叔丁酯也是进行氯代的试剂，引发阶段先生成有强活性的叔丁氧基，后者夺取烃类的氢。

$$(CH_3)_3COCl \xrightarrow{h\nu} (CH_3)_3CO\cdot + Cl\cdot$$

$$(CH_3)_3CO\cdot + R{-}H \longrightarrow (CH_3)_3COH + R\cdot$$

$$R\cdot + (CH_3)_3COCl \longrightarrow (CH_3)_3CO\cdot + RCl$$

这一试剂的活性介于氯和溴之间，选择性与溶剂、温度有关。在氯苯中，三种氢的活性比为：1°H∶2°H∶3°H＝1∶10∶60。

二、氧化反应

分子氧进行的自由基氧化反应常叫自氧化反应，分子氧处于三线态能很快地与自由基结合。自氧化反应大多数情况取决于有机物的氢被另一自由基夺取的难易，这里过氧基夺取氢是有选择的。

$$ROO\cdot + R{-}H \longrightarrow ROOH + R\cdot$$

底物分子中电子很丰富时最容易起上述反应，形成的R·也是比较稳定的。苄基、烯丙基和叔碳基就是这类R·基。它们的RH也较易被氧化。这样，它们的氧化也比较有制备价值。表5-1列出了部分芳脂烃被氧化的相对活性。

表5-1 芳脂烃用氧进行氧化的相对活性

芳香烃	$PhCH(CH_3)_2$	$PhCH_2CH{=}CH_2$	$(Ph)_2CH_2$	$PhCH_2CH_3$	$PhCH_3$
相对活性	1.0	0.8	0.35	0.18	0.015

在工业生产中，自氧化反应最典型的例子为异丙苯的氧化，经氢过氧化物而发生重排分解，可制备苯酚和丙酮。

$$PhCH(CH_3)_2 \xrightarrow{O_2} PhC(CH_3)_2(O-O-H) \xrightarrow{H^+} PhOH + CH_3COCH_3$$

许多物质在空气中长时间放置发生变质，如醛可被氧化成羧酸，这也是自氧化的结果。

三、芳香自由基取代反应

涉及芳香自由基的取代反应很重要，因为芳香卤代物和其他—I或—C取代的芳香核不易进行亲核取代，而自由基的取代反应则可以利用芳基自由基通过重氮基的分解而广泛用于有机合成。

N-亚硝基乙酰苯胺分解得到苯基的反应如下：

$$PhN(NO)-\overset{O}{\overset{\|}{C}}-CH_3 \longrightarrow Ph-N=N-O-\overset{O}{\overset{\|}{C}}-CH_3 \rightleftharpoons PhN_2^+ + CH_3COO^-$$

$$Ph-N=N-O-CO-CH_3 + CH_3COO^- \longrightarrow Ph-N=N-O^- + (CH_3CO)_2O$$

$$Ph\overset{+}{N}\equiv N + Ph-N=N-O^- \longrightarrow PhN=N-O-N=NPh \longrightarrow Ph\cdot + N_2 + PhN=N-O\cdot$$

其他芳香重氮化合物在加热下也能分解出芳基，反应用于制联苯（Gomberg-Bachmann，刚堡-巴赫曼反应）。先是生成一个芳基，芳基与另一苯环偶联后，形成的芳基环己二烯基中间体成为链的传递者，再和一分子重氮芳基正离子作用而释放出另一芳基。

$$ArN_2^+ + Cu(\text{I}) \longrightarrow Ar\cdot + Cu(\text{II}) + N_2$$

$$Ar\cdot + C_6H_6 \longrightarrow [Ar(H)C_6H_5\cdot] \xrightarrow{ArN_2^+} Ar-C_6H_5 + Ar\cdot + N_2$$

活泼的芳香自由基还可引到烯键的加成反应中去，铜（Ⅰ）盐起了可逆的氧化-还原作用，催化了整个反应。

$$ArN_2^+ + Cu(\text{I}) \longrightarrow Ar\cdot + Cu(\text{II}) + N_2$$

$$Ar\cdot + PhCH=CH_2 \longrightarrow Ph\dot{C}HCH_2Ar$$

$$Ph\dot{C}HCH_2Ar + Cu(\text{II}) \longrightarrow Ph\overset{+}{C}HCH_2Ar + Cu(\text{I})$$

$$Ph\overset{+}{C}HCH_2Ar \xrightarrow{-H^+} PhCH=CHAr$$

$$Ph\overset{+}{C}HCH_2Ar \xrightarrow{Cl^-} PhCHClCH_2Ar$$

芳胺与亚硝酸烷酯在有机溶剂中作用，被亚硝化的芳胺为自由基的前身，分解出的芳基也可用于合成联苯。

$$ArNH_2 + RONO \longrightarrow ArN(H)-N=O \xrightarrow{ROH} ArN=NOR + H_2O$$

$$ArN=NOR \longrightarrow Ar\cdot + N_2 + RO\cdot$$

$$C_6H_5NH_2 + C_6H_6 \xrightarrow[\triangle]{RONO} C_6H_5-C_6H_5 \quad 50\%$$

一些重氮盐在碱性或稀酸条件下发生分子内的偶联反应，称为普塑尔（Pschorr）反应。

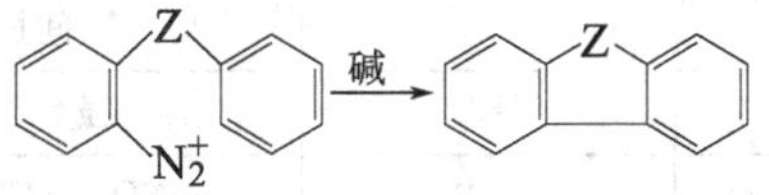

$$\xrightarrow{\text{碱}}$$ （Z=CH_2CH_2,CH=CH,NH,C=O,CH_2）

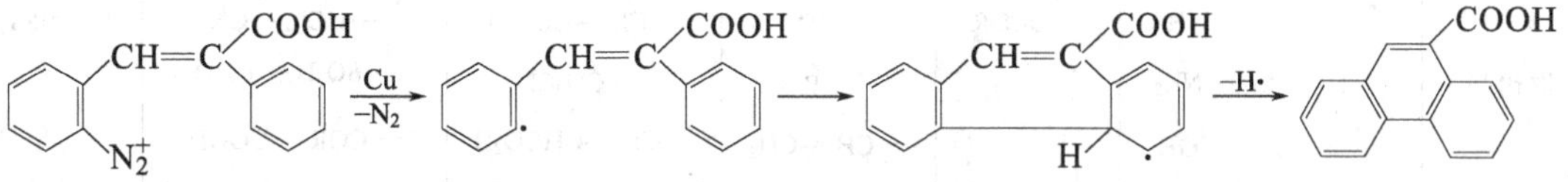

芳香自由基的取代反应与亲电取代反应不同的地方在于不受定位基团的电子效应影响，也不因原取代基的性质而减慢其反应速率或改变其取代位置。取代产物占百分比最高的是邻位，其次是对位。

从反应历程可以清楚地了解到控制反应速率的是苯基自由基进攻芳香化合物产生加成中间体的一步。如果加成中间体的能量低，那么活化能低，反应速率就快，否则反应速率就慢。

第二节　亲电取代反应

一、芳环上的亲电取代反应

在芳香化合物中，由于芳环两侧分布着环状的 π 电子云，容易受到亲电试剂的进攻，且 π 电子又具有较高的活性，所以芳环上的取代反应多数是亲电取代反应。

1. 历程

芳环上的亲电取代反应是芳环的典型反应，在有机合成上有重要的用途，对这类反应的历程已有全面深入的研究。其历程可由下式表示：

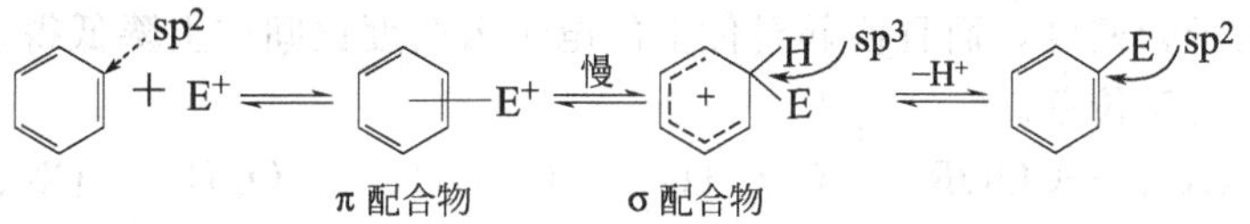

π 配合物　　σ 配合物

如硝化反应的历程为：

$$2H_2SO_4 + HNO_3 \rightleftharpoons H_3O^+ + 2HSO_4^- + NO_2^+$$

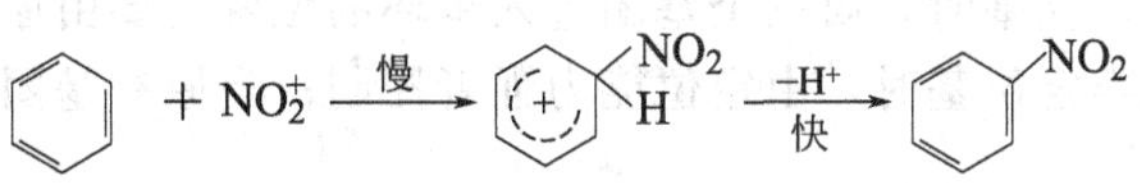

$$+ NO_2^+ \xrightarrow{\text{慢}} \xrightarrow[\text{快}]{-H^+}$$

芳环上亲电取代反应的位能曲线如图 5-1 所示。生成 σ 配合物的一步是慢反应，是整个反应的决速步骤。

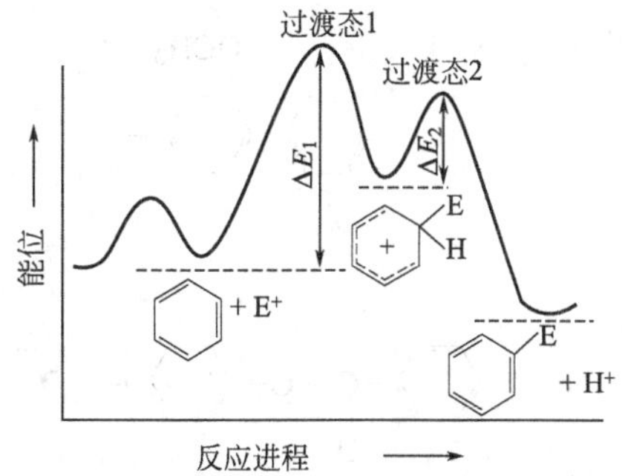

图 5-1　芳环上亲电取代反应的位能曲线图

2. 定位效应

（1）邻对位定位基和间位定位基

一取代苯进行亲电取代时，取代基进入苯环的位置，主要取决于原有取代基的性质。于是将取代基分为两类：一类为邻对位定位基，它们将新的取代基引入其邻位和（或）对位；一类为间位定位基，将新的取代基引入其间位。两类定位基列在表 5-2。

表 5-2　邻对位定位基和间位定位基

分类强度	邻对位定位基					间位定位基	
	最强	强	中	弱	最弱	强	最强
取代基	$—O^-$	$—NR_2$	—NHCOR	—NHCHO	—F	$—NO_2$, $—CF_3$	$—NR_3^+$
		—NHR	—OCOR	—Ph	—Cl, —Br, —I	$—CCl_3$, —CN	$—NH_3^+$
		$—NH_2$		—R	$—CH_2Cl$	$—SO_3H$, —CHO	
		—OH		$—CH═CH_2$	$—CH═CHCO_2H$	—COR, —COOH	
		—OR			$—CH═CHNO_2$	—COOR, $—CONH_2$	
性质	活化基					钝化基	

① 邻对位定位基

$—O^-$，由于氧上带有负电荷，具有强的＋I和＋C效应，对苯环有很强的致活作用，是最强的邻对位定位基。

$—NR_2$、—NHR、$—NH_2$、—OR、—OH、—OCOR、—NHCOR等，这些基团具有－I和＋C，且＋C＞－I，总的结果使苯环上电子云密度增加，是活化苯环的邻对位定位基。

—R，烷基都具有＋I效应，除叔烷基外还有超共轭的＋C效应，增加了苯环电子云密度，活化了苯环，为邻对位定位基。

—X、$—CH═CHCO_2H$、$CH═CHNO_2$等，有－I和＋C，且＋C＜－I，总的结果使苯环上电子云密度降低，对苯环起钝化作用，但在亲电取代反应中，动态共轭效应起了决定性作用，在邻、对位上发生取代生成的σ配合物比间位的要稳定，所以是邻对位定位基。

② 间位定位基

$—NR_3^+$、$—NH_3^+$、$—CF_3$、$—CCl_3$等，它们没有共轭效应，只有很强的－I效应，显著降低了苯环上的电子云密度，而且使邻对位上的电子云密度比间位上降低得多，所以这些基团使苯环钝化且为间位定位基。

—COR、—CHO、—COOR、$—CONH_2$、—COOH、$—SO_3H$、—CN、$—NO_2$等，它们有－I和－C效应，使苯环上电子云密度显著降低，邻对位上降低得更多，所以也是使苯环钝化的间位定位基。

(2) 定位规则

当苯环上已有两个取代基时，第三个基团进入苯环的位置主要由原来的两个取代基的性质决定。当原有基团是同类定位基时，由定位能力强者控制；当原有基团不同类时，由第一类邻对位定位基控制。如：

OCH_3　　CH_3　NHCOCH$_3$　　N H

C—O　O　　N　　CH_3　NO_2

(3) 影响邻、对位取代产物比例的因素

① 空间效应

苯环上原有取代基的体积越大，邻/对位产物之比越小。如不同烷基苯硝化产物的情况为：

$$\text{C}_6\text{H}_5\text{R} \xrightarrow[H_2SO_4]{HNO_3} o\text{-}R\text{C}_6\text{H}_4NO_2 + p\text{-}R\text{C}_6\text{H}_4NO_2 + m\text{-}R\text{C}_6\text{H}_4NO_2$$

R	邻位	对位	间位
R=CH_3	53.8%	28.8%	17.3%
CH_2CH_3	45%	25%	30%
$CH(CH_3)_2$	37%	32.7%	29.8%
$C(CH_3)_3$	0	93%	7%

亲电试剂的体积也影响邻/对位产物比例。如甲苯用 R—X 进行烷基化时，随 R 基的体积增大，邻位产物减少，对位产物增加。

$$\text{C}_6\text{H}_5\text{CH}_3 \xrightarrow[AlCl_3]{RX} o\text{-}CH_3\text{C}_6\text{H}_4R + p\text{-}CH_3\text{C}_6\text{H}_4R + m\text{-}CH_3\text{C}_6\text{H}_4R$$

R	邻位	对位	间位
R=CH_3	58.4%	37.2%	4.4%
CH_2CH_3	45%	48.6%	6.5%
$CH(CH_3)_2$	30%	62.5%	7.7%
$C(CH_3)_3$	15.8%	72.7%	11.5%

又如：

$$\text{(二甲基芴)} \xrightarrow[\triangle]{\text{混酸}} \text{(硝基进入右边苯环、甲基邻位的产物，}NO_2\text{)}$$

硝基进入右边的苯环，而不是左边的苯环，是因为如果进入左边苯环甲基的对位，则空间位阻较大，热力学不稳定。

② 电子效应

对诱导效应来说，随着距离的增大，诱导效应很快减弱，故对苯环的邻位影响更大。如卤苯的硝化反应，若从空间效应考虑，从氟到碘邻位产物应该逐渐减少，而实际情况却正好相反：氟苯 12%、氯苯 30%、溴苯 38%、碘苯 41%。这是由卤原子的－I效应决定的，从氟到碘，－I效应越来越弱，造成邻位上电子云密度越来越大，所以，邻位产物增加。

对共轭效应来说，吸电子的共轭效应对间位取代有利，供电子的共轭效应则有利于对位取代。如：

$$\text{2-}CH_3O\text{-联苯} \xrightarrow[\text{浓硫酸}]{\text{浓硝酸}} \text{2-}CH_3O\text{-4-}NO_2\text{-联苯}$$

硝基进入苯基的对位，而不是 CH_3O—的对位。因为与前者相关的 σ-络合物中，p-π 共轭链长，使正电荷分散程度更大，反应活化能更低。

③ 亲电试剂的活性

亲电试剂的活性也影响邻、对和间位产物比例。一般亲电试剂的活性高，其位置选择性低；亲电试剂的活性低，其位置选择性高。如：

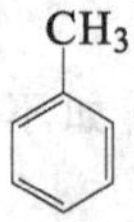

	相对速率	o%	m%	p%
HNO_3-H_2SO_4	17	60	3	37
$NO_2^+BF_4^-/CH_3CN$	2.3	69	2	29

④ 温度

亲电取代反应的温度不同时，产物亦有所改变。如甲苯的磺化反应，温度升高，有利于生成对位产物。

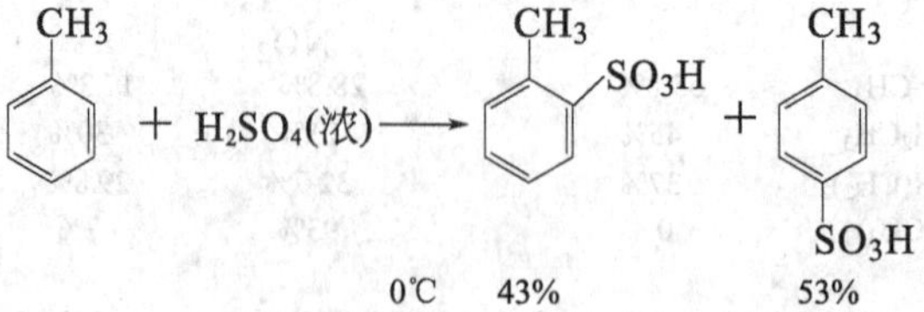

$$C_6H_5CH_3 + H_2SO_4(浓) \longrightarrow o\text{-}CH_3C_6H_4SO_3H + p\text{-}CH_3C_6H_4SO_3H$$

	邻位	对位
0℃	43%	53%
100℃	13%	79%

⑤ 溶剂效应

亲电取代反应通常在溶剂中完成，溶剂对取代基进入的位置也有影响。如：

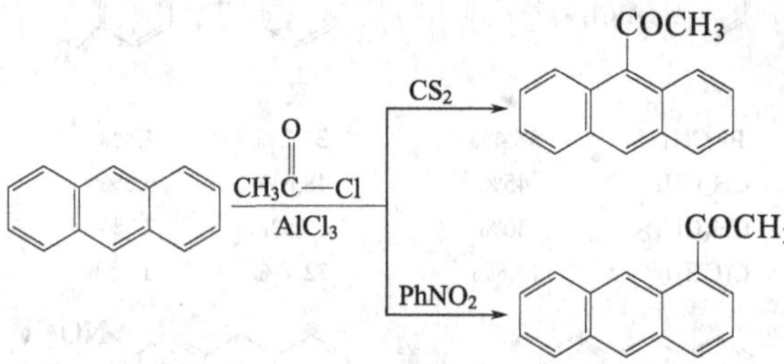

$$\text{蒽} \xrightarrow[AlCl_3]{CH_3COCl} \begin{cases} \xrightarrow{CS_2} 9\text{-}COCH_3\text{蒽} \\ \xrightarrow{PhNO_2} 1\text{-}COCH_3\text{蒽} \end{cases}$$

用硝基苯作溶剂时，E^+被硝基苯溶剂化，体积增大。较大的空间效应使酰基进入1位。

⑥ 原位取代效应（Ipso效应）

在芳环上已有取代基的位置上，发生取代作用，称为原位取代效应（Ipso效应）。如：

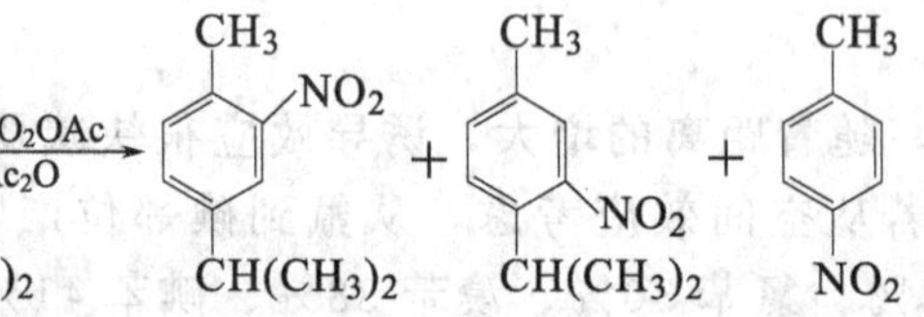

$$p\text{-}CH_3C_6H_4CH(CH_3)_2 \xrightarrow[Ac_2O]{NO_2OAc} \underset{82\%}{2\text{-}NO_2} + \underset{8\%}{3\text{-}NO_2} + \underset{10\%}{p\text{-}CH_3C_6H_4NO_2}$$

取代基消除的难易程度取决于其容纳正电荷的能力。$^+CH(CH_3)_2$ 比较稳定，故异丙基容易作为正离子消除。碘或溴在苯环上也可被硝基取代下来。对溴茴香醚、对碘茴香醚硝化时可得30%～40%对硝基茴香醚。氯不易被取代下来，硝化对氯茴香醚不发生氯之退减。

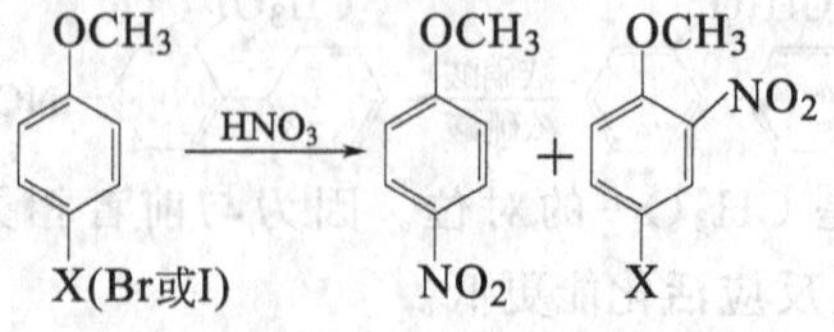

$$p\text{-}CH_3OC_6H_4X\,(Br或I) \xrightarrow{HNO_3} p\text{-}CH_3OC_6H_4NO_2 + 2\text{-}NO_2\text{-}4\text{-}X\text{-}C_6H_3OCH_3$$

⑦ 螯合效应

有时，亲电试剂与苯环上原有基团发生相互作用形成五元或六元环活性中间体，则会使邻位产物显著增多，甚至成为主产物。如：

$$\text{PhCH}_2\text{CH}_2\ddot{\text{O}}\text{CH}_3 + NO_2-O-NO_2 \xrightarrow{-NO_3^-} \text{o-}NO_2C_6H_4CH_2CH_2OCH_3\ \ 69\%(邻)\ \ 28\%(对)$$

能够发生螯合效应的条件：杂原子能与试剂结合；所成环为五元环或六元环。

3．亲电取代反应在有机合成中的应用

亲电取代反应在有机合成中有着广泛的用途，通过取代可以向芳环上引入各种官能团，也可以合成稠环。

【例 1】 以甲苯为主要原料合成邻氨基苯甲酸。

氨基可通过硝基还原而来，羧基可通过甲基氧化，不过应先氧化再还原，不然氨基将被氧化。氨基只进入甲基邻位不进入对位，故还要用磺酸基占位。

$$CH_3C_6H_5 \xrightarrow[100℃]{浓H_2SO_4} CH_3C_6H_4SO_3H \xrightarrow[\triangle]{混酸} CH_3C_6H_3(NO_2)SO_3H$$

$$\xrightarrow[\triangle]{H_2O} CH_3C_6H_4NO_2 \xrightarrow[\triangle]{KMnO_4/H^+} HOOCC_6H_4NO_2 \xrightarrow{Fe+HCl} HOOCC_6H_4NH_2$$

【例 2】 用苯和不超过两个碳的有机原料合成下列醚：

$$(C_6H_5)_2C(CH_3)OCH_2C_6H_5$$

目标分子为混醚，首先应该想到使用威廉逊合成法，如果从氧原子左边断开，则为一个三级卤代烃和一个苄醇钠反应，因苄醇钠为强碱，易使三级卤代烃发生消除反应，故只能从氧原子右边断开，即是要合成三级醇和苄卤，苄卤可使用氯甲基化反应一步完成，三级醇则可由酮和格氏试剂作用，所以该题的合成方法为：

$$C_6H_6 \xrightarrow[Fe,\triangle]{Br_2} \xrightarrow[乙醚]{Mg} C_6H_5MgBr$$

$$C_6H_6 \xrightarrow[AlCl_3]{CH_3COCl} C_6H_5COCH_3$$

$$\xrightarrow{乙醚} \xrightarrow[H_2O]{NH_4Cl} (C_6H_5)_2C(CH_3)OH \xrightarrow{Na} (C_6H_5)_2C(CH_3)ONa$$

$$C_6H_6 \xrightarrow[无水ZnCl_2]{HCHO\text{-}HCl} C_6H_5CH_2Cl$$

$$\rightarrow T.M.$$

【例 3】 完成下列转化：

$$CH_3C_6H_5 \longrightarrow 2,6\text{-}[(CH_3)_3C]_2\text{-}4\text{-}CH_3C_6H_2OH$$

这里涉及酚的傅氏反应，酚的傅氏反应一般要用质子酸催化，因为：

$AlCl_3$ + 苯酚（OH） $\xrightarrow{-HCl}$ [$\ddot{O}-AlCl_2$ ⟷ $\overset{+}{O}=AlCl_2$]

苯环上电子云密度降低

甲苯（CH_3） $\xrightarrow[100℃]{浓H_2SO_4}$ $\xrightarrow{Na_2CO_3}$ $\xrightarrow[300℃]{NaOH(s)}$ $\xrightarrow[H_2SO_4]{2(CH_3)_2C=CH_2}$ 2,6-二（$C(CH_3)_3$）-4-CH_3-苯酚

【例 4】 完成下列转化：

苯 ⟶ O_2N-（Br）-苯-$N=N-N(CH_2CH_2OH)_2$

该反应为苯重氮盐的偶联反应，其本质也是亲电取代。苯重氮盐是弱的亲电试剂，而氨基、羟基是强致活基团。如羟基对位有 H，则偶联到羟基对位，对位无 H，则偶联到邻位；氨基 N 上有 H，则偶联到 N 上，N 上无 H，则偶联到邻对位。

苯 $\xrightarrow[\triangle]{混酸}$ NO_2-苯 $\xrightarrow[HCl]{Fe}$ NH_2-苯 $\xrightarrow{(CH_3CO)_2O}$ $NHCOCH_3$-苯 $\xrightarrow[\triangle]{混酸}$ 对 NO_2-$NHCOCH_3$-苯

$\xrightarrow[Fe]{Br_2}$ 2-Br-4-NO_2-$NHCOCH_3$-苯 $\xrightarrow[H^+或OH^-,\triangle]{H_2O}$ 2-Br-4-NO_2-NH_2-苯 $\xrightarrow[0\sim5℃]{NaNO_2,HCl}$ 2-Br-4-NO_2-苯-$N_2^+Cl^-$

苯 $\xrightarrow[\triangle]{混酸}$ NO_2-苯 $\xrightarrow[HCl]{Fe}$ NH_2-苯 $\xrightarrow[OH^-]{2\ 环氧乙烷}$ $N(CH_2CH_2OH)_2$-苯

2-Br-4-NO_2-苯-$N_2^+Cl^-$ + $N(CH_2CH_2OH)_2$-苯 $\xrightarrow[0\sim5℃]{NaOAc}$ O_2N-（Br）-苯-$N=N$-苯-$N(CH_2CH_2OH)_2$

二、饱和碳上的亲电取代反应

饱和碳原子上的亲电取代反应不如亲核取代反应那样清楚，但目前已知的至少有四种可能的历程，即 S_E1、S_E2(前)、S_E2(后) 和 S_Ei。S_E1 为单分子历程，其他为双分子历程。

双分子亲电取代反应和 S_N2 类似，在旧键破裂的同时新键形成。在 S_N2 历程中进攻试剂带着一对电子从离去基团的背面进攻，构型发生反转。但在 S_E2 历程中情况则不同，进攻的亲电试剂具有空轨道，很难预言亲电试剂的进攻方向。通常可以推测有两种主要的可能性：亲电试剂从前面进攻，我们称为 S_E2(前)；从后面进攻，我们叫 S_E2(后)。这两种可能性可以利用构型来区别：S_E2(前) 导致构型保持而 S_E2(后) 则发生构型反转。

亲电试剂从前面进攻还有第三种可能性：部分亲电试剂可能有助于离去基团的除去，即与离去基团断键的同时形成了新 C—A 键，很明显，涉及这种内协助（internal assistance）类型的二级反应亦引起构型保持，这种历程我们称之为 S_Ei 历程，可以看作类似于环加成的 S_E2 反

应，故也叫 S_E2 环。

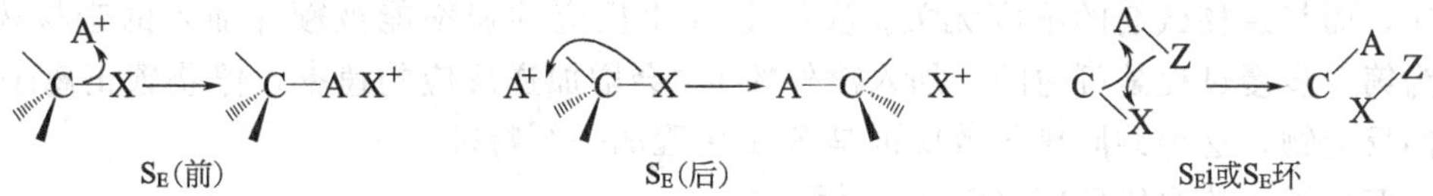

S_E(前) S_E(后) S_Ei或S_E环

S_E1 历程与 S_N1 历程类似，首先发生慢的电离，然后发生迅速的化合。

$$R—L \xrightarrow{慢} R^- + L^+ \qquad R^- + A^+ \xrightarrow{快} RA$$

S_E1 历程为动力学一级反应，S_E1 历程可用碱催化互变异构作用来证明。如：

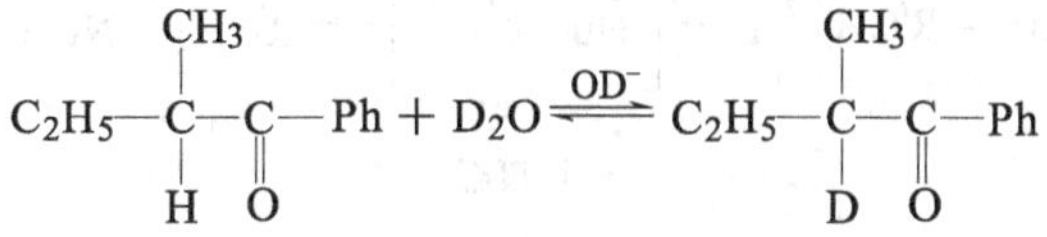

$$C_2H_5—C(CH_3)(H)—C(=O)—Ph + D_2O \xrightleftharpoons{OD^-} C_2H_5—C(CH_3)(D)—C(=O)—Ph$$

旋光 外消旋体

反应中，氘的交换与外消旋化作用的速率相同，表明有同位素效应。小的双环体系的桥头碳原子不能形成平面构型的碳正离子。而碳负离子为角锥形构型，因此这种类型的化合物容易发生 S_E1 反应。

S_E1 反应的立体化学问题与碳负离子的结构有密切的关系，如果碳负离子为平面构型，则必定得到外消旋化产物，如果碳负离子能保持角锥形构型，则反应结果必定保持构型。但当碳负离子的角锥形构型不能保持其结构时，例如有类似胺的伞效应，也发生外消旋化作用。

第三节 亲核取代反应

一、饱和碳上的亲核取代反应

饱和碳上的亲核取代反应是一类范围相当广泛、实验材料很多的有机反应，它不仅在有机合成上有重要的应用价值，在理论上也有着普遍的指导意义。

1. 饱和碳上的亲核取代反应历程

亲核取代反应的通式可写成：

$$Nu: + R—L \longrightarrow RNu + L:$$

Nu:可以是中性的，也可以带负电荷。L:同样可以是中性的或带负电荷的基团。脂肪族亲核取代反应，根据底物、亲核试剂、离去基团和反应条件，可以按不同的历程进行，两种极限的情况是 S_N1 和 S_N2 历程。

(1) 单分子亲核取代反应（S_N1）历程

S_N1 反应分两步进行：第一步为慢过程，底物分子离解，生成一个碳正离子中间体；第二步是这个高能量的碳正离子中间体和亲核试剂迅速结合得到产物。

$$R—L \xrightleftharpoons{慢} [\overset{\delta^+}{R}\cdots\overset{\delta^-}{L}] \longrightarrow R^+ + L^- \qquad R^+ + Nu^- \xrightarrow{快} R—Nu$$

如：

$$(CH_3)_3C—Br \xrightleftharpoons{慢} (CH_3)_3C^+ + Br^-$$

$$(CH_3)_3C^+ + OH^- \xrightarrow{快} (CH_3)_3COH$$

S_N1 反应进程的位能曲线如图 5-2 所示。R—L 键的异裂需要较大的活化能，有一个较高能量的过渡态（图中的过渡态 T_1），是决定反应速率的步骤。生成的碳正离子中间体能量较高，很活泼，与亲核试剂键合的活化能较小，反应进行迅速。

S_N1 反应表现为一级动力学，$v=k[RX]$（k 为反应速率常数）。即反应速率仅与底物的浓度成正比，而与亲核试剂的浓度无关。实际上 S_N1 反应的速率能被额外加入的亲核体 L^- 降低，因为第一步慢过程是可逆的，加入额外的 L^- 会增加逆反应的速率，俘获碳正离子中间体使之变回反应物，这种共同离子效应也是 S_N1 历程的一个特征。

（2）双分子亲核取代反应（S_N2）历程

S_N2 表示双分子亲核取代反应，反应进程中 Nu 从离去基团 L 的背面进攻底物，没有中间体，R—L 键断裂的同时形成 Nu—R 键。

$$Nu^- + R'CH_2—L \longrightarrow \left[\overset{\delta^-}{Nu}\cdots\overset{H\ H}{\underset{R'}{C}}\cdots\overset{\delta^-}{L}\right]^{\ne} \longrightarrow R'CH_2—Nu + L^-$$

过渡态

如：

$$HO^- + H_3C—Cl \longrightarrow \left[HO\cdots CH_3\cdots Cl\right]^{\ne} \longrightarrow HO—CH_3 + Cl^-$$

反应物　　过渡态(T.S)　　产物

典型的 S_N2 反应是协同历程，R—L 键的断裂和 R—Nu 键的形成协同进行。当旧键断裂与新键形成处于均势时，体系能量最高，为反应的过渡态。S_N2 反应进程的位能曲线如图 5-3 所示。

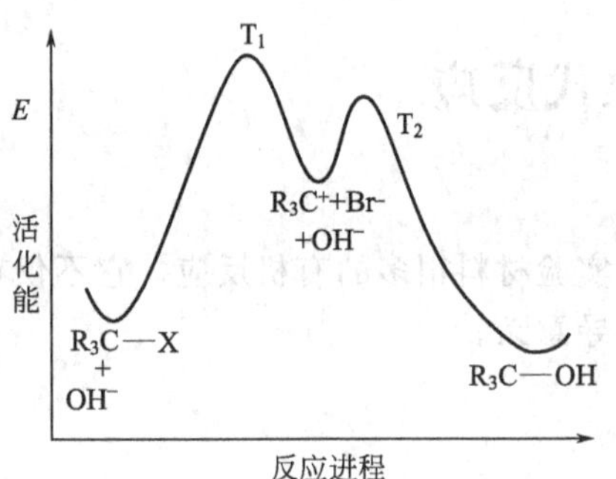

图 5-2　S_N1 反应进程的位能曲线图

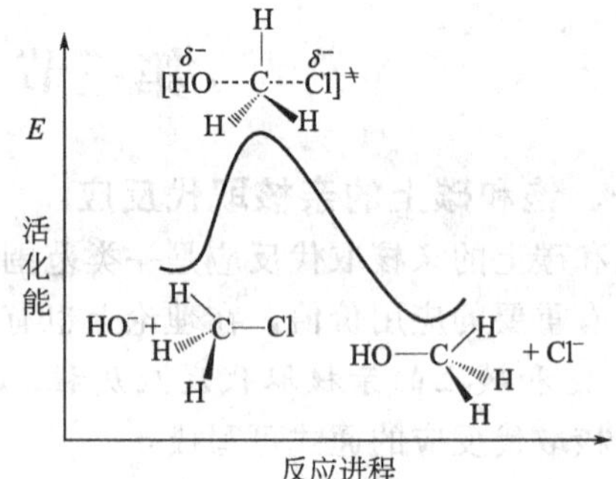

图 5-3　S_N2 反应进程的位能曲线图

S_N2 机理表现为二级动力学，$v=k[RX][Nu]$，对反应物和亲核试剂都是一级。通常认为 Nu 从离去基团的背面沿着中心碳原子和离去基团连线的延长线进攻，此时亲核试剂受到离去基团的场效应和空间阻碍均较小。光学活性的底物按 S_N2 历程反应将得到构型反转的产物，这一过程又叫 Walden 转化。

除了 S_N1、S_N2 两种极限情况的历程以外，还有很多亲核取代反应测定的数据既不符合 S_N1 又不符合 S_N2 历程，而是介于两种极限历程之间，叫做处于"交界状况"的反应。对于"交界状况"的亲核取代反应，有几种反应机理假说，其中最有影响的有：①同时并存的、竞争或混合的 S_N1-S_N2 历程；②二元化离子对历程及统一的离子对历程。

（3）离子对历程

把亲核取代反应看成是 S_N1、S_N2 历程同时并存的观点，至今仍不时在专著、教材、论文中出现。但离子对历程对亲核取代反应的解释已逐渐为人们所接受。Sneeen 等在 Winstein 等二元化离子对历程的基础上提出了统一的离子对历程（又称一元化离子对历程），来说明亲核取代反应。他们认为，底物在溶液中进行分步离解。第一步共价键断裂生成紧靠一起的碳正离子和负离子，称为紧密离子对；第二步少数溶剂分子进入两个离子之间，叫做溶剂分隔离子对；最后，正负离子进一步分离各自被溶剂分子完全包围，生成溶剂化的自由碳正离子和负离子。

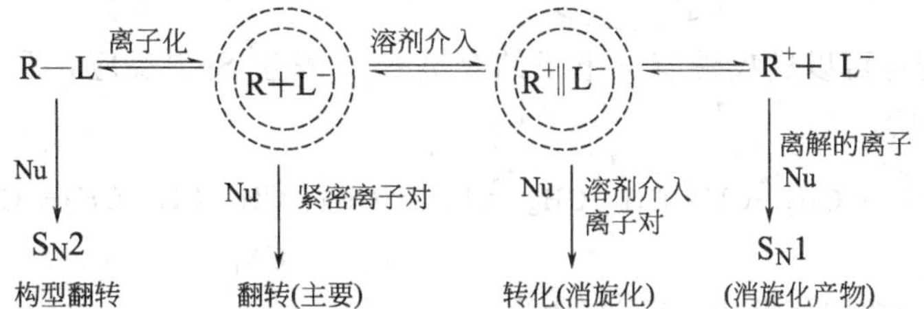

上述图示的每一阶段都可以返回到前一阶段，也可以离解到下一阶段，或者与溶剂作用，或者与其他亲核试剂作用生成产物。这样，亲核取代反应可以发生在几个不同阶段。

① 底物在未离解之前整体被溶剂化，由于 L 的屏蔽效应，溶剂或亲核试剂只能从 L 的背面进攻底物，所得的产物构型发生转化，是典型的 S_N2 反应。

② 在紧密离子对阶段，正、负离子紧密结合在一起，其间无溶剂分子或 Nu^- 把它们隔开，是一起被溶剂化的，且由于 L^- 的屏蔽作用，溶剂分子或 Nu^- 也只能从 L^- 的背面进攻 R^+，导致构型大部分转化，相当于 S_N2 为主的历程。

③ 在溶剂分隔离子对阶段，溶剂分子或 Nu^- 可能从 R^+ 的两面进攻，导致外消旋化，但从正面进攻 R^+ 或多或少地受到 L^- 的阻碍，故仍以背面进攻为主，产物除主要得到外消旋产物外尚有部分构型转化产物。相当于混合的 S_N1 和 S_N2 历程。

④ 在自由离子阶段，由于完全离解的 R^+ 具有平面构型，溶剂分子或 Nu^- 可以机会均等地从平面两侧进攻，导致产物完全外消旋化，相当于典型的 S_N1 历程。

离子对并不像对称的自由离子那样，是不对称的。因此当离子对被亲核试剂进攻时，并不形成外消旋产物，主要是根据离子对中碳正离子的稳定性而得到不同构型的产物。

统一的离子对历程（以下简称离子对历程）包含了连续统一的观点，S_N1 和 S_N2 实际上是亲核取代反应中的两种极限情况。离子对历程可以比较满意地解释饱和碳原子上的亲核取代反应。当底物和条件不同时，反应究竟发生在哪一阶段，主要取决于：A. 底物的结构，特别是生成碳正离子的相对稳定性；B. 溶剂，特别是溶剂作为亲核试剂的亲核能力；C. 亲核试剂的亲核能力。一般说来，离去基团的离去能力、碳正离子的稳定性、溶剂解离能力的增高，有助于离子对的形成和加速它们离解为自由离子，这将有利于亲核取代反应在后面阶段进行。反之，若碳正离子不太稳定，溶剂化作用又不强，Nu 的亲核性却较强，则亲核取代反应主要在前面阶段进行。同样，若溶剂的亲核性强，则在生成溶剂分隔离子对之前就可能发生反应了。像仲卤代烷和苄基卤代烷等，反应发生在中间阶段，故产物的旋光纯度高低不一，但也不是完全固定在一个阶段内。

（4）S_N2'反应

S_N2'反应是伴随有烯丙式重排的双分子亲核取代反应，若以 L 表示离去基团，Nu^- 表示亲核试剂，S_N2'反应的通式为：

$$\underset{3}{>C}=\underset{2}{C}-\underset{1}{\overset{L}{\overset{|}{C}}}RR' + Nu^- \longrightarrow >\overset{Nu}{\overset{|}{C}}-\overset{|}{C}=CRR' + L^-$$

在反应物中 C═C 双键在 C_2、C_3 之间，C_1 位是离去基团 L 所处的 sp^3 杂化的饱和碳原子，亲核试剂 Nu^- 进攻 C_3 位，C_1 位上的离去基团 L 协同地离去，反应过程中 C═C 双键重排至 C_1、C_2 之间，产物中 C_3 位重排为饱和碳原子。如 1-氯-2-丁烯与 CN^- 反应生成 CH_3CH ═

CH—CH_2CN 和 CH_3—CH(CN)—CH=CH_2 的反应，3-戊烯腈的生成来自终端 C 上的 S_N2 反应。

$$CH_3—CH=CH—CH_2—Cl + CN^- \longrightarrow CH_3—CH=CH—CH_2—CN + Cl^-$$

^-CN 作为亲核试剂也可以进攻带有 π 电子的双键 C_3，发生 S_N2' 反应，取代烯丙位的 Cl，则生成 2-甲基-3-丁烯腈。

$$CN^- + CH_3—CH=CH—CH_2—Cl \longrightarrow CH_3—CH(CN)—CH=CH_2 + Cl^-$$

(5) 分子内的亲核取代反应（S_Ni）历程

有些特殊结构的分子，离去基团的其中一部分作为亲核体能进攻底物，同时该部分和离去基团的其余部分脱离，形成产物，这种分子内亲核取代反应用 S_Ni 表示。如：

$$HOCH_2—CH_2Cl \xrightarrow{Ca(OH)_2} {}^-O—CH_2—CH_2—Cl \longrightarrow CH_2—CH_2 (—O—)$$

环氧乙烷

醇和亚硫酰氯的反应为二级反应。光学活性的醇和亚硫酰氯在乙醚和吡啶中进行反应，分别得到构型保持和构型转变的产物。醇与亚硫酰氯作用首先生成并可离析出氯代亚硫酸烷基酯 ROSOCl。由于醚的极性小，不利于电荷的分离，氯代亚硫酸酯在乙醚中以紧密离子对形式存在，Cl 从有利的位置，即—OSOCl 失去的同侧进攻 R 的中心碳原子，得到构型保持的产物，这是 S_Ni 历程的例子。

$$RR'HC—O—H + Cl_2S^{\delta+}=O^{\delta-} \longrightarrow RR'HC—O^+(H)—S(Cl)_2—O^- \xrightarrow{-H^+} RR'HC—O—S(Cl)_2—O^-$$

$$\xrightarrow{-Cl^-} RR'HC—O—S(=O)Cl \longrightarrow RR'HC^+ \;{}^-O—S(=O)Cl \longrightarrow RR'HC—Cl + SO_2$$

(紧密离子对)　(构型保持)

在吡啶中，ROSOCl 与吡啶作用生成 $ROSON^+C_5H_5$ 和 Cl^-，Cl^- 是自由的，可以从背后进攻底物的中心碳原子，发生 S_N2 反应，得到构型转变的产物。

S_Ni 历程比较罕见，除上述例子外，氯甲酸烷基酯（ROCOCl）分解为 RCl 和 CO_2 是 S_Ni 反应的另一例。

2. 亲核取代反应的立体化学

(1) S_N1 反应的立体化学

S_N1 历程离解慢反应形成的碳正离子中间体具有平面结构。可以预料，试剂 Nu 从平面两侧进攻的机会均等，如果反应中心是一个手性碳原子，将得到外消旋化产物。大量的实验结果表明，100%的外消旋化并不多见。外消旋化的同时常常伴随着某种程度的构型转化，或构型保持的光学活性产物，且构型转化产物要多些。如：

$$CH_3(CH_2)_4CH(Br)CH_3 \xrightarrow{C_2H_5OH-H_2O} CH_3(CH_2)_4CH(OC_2H_5)CH_3 + CH_3(CH_2)_4CH(OH)CH_3$$

光学活性　　74%构型转化，26%外消旋化　　68%构型转化，32%外消旋化离子对历程可以圆满解释上述实验结果，底物结构、进攻试剂的种类、浓度、反应条件的影响都会使反应偏离 S_N1 的极限情况。总的趋势是，碳正离子越稳定，外消旋化的比例就越大；试剂的亲核性越强，构型转化的比例就越大。

（2）S_N2 反应的立体化学

典型的 S_N2 反应，Nu 从离去基团的背面向反应中心进攻，在反应的过渡态，旧键断裂与新键形成处于均势，Nu 与 L 基本在一条直线上，中心碳原子上的另外三个原子或基团处于垂直于这条直线的同一平面上，如果中心碳原子是手性的，产物的构型必然引起 Walden 转化。

$$Nu^- + C—L \longrightarrow \left[\overset{\delta^-}{Nu}\cdots C \cdots \overset{\delta^-}{L}\right] \longrightarrow Nu—C + L^-$$

完全的构型转化是 S_N2 典型历程的标志。构型的转化可以用化学方法或仪器表征鉴定。但完全的构型转化的亲核取代反应也不多见，多数是处于交界的情况。

（3）S_Ni 反应的立体化学

S_Ni 反应的立体化学特征则是中心碳原子的构型保持，即反应物和产物的构型相同。如：

$$(CH_3)(C_6H_5)(H)C—OH \xrightarrow{SOCl_2} (CH_3)(C_6H_5)(H)C—OS(=O)Cl \longrightarrow (CH_3)(C_6H_5)(H)C—Cl$$

3. 亲核取代反应的影响因素

影响亲核取代反应历程和速率的因素主要有底物的结构、亲核试剂、离去基团和溶剂的性质等，它们之间是相互联系的。

（1）反应物烃基的结构

反应物烃基 R 的结构对 S_N1 和 S_N2 反应速率的影响，起因于电子效应和空间效应。一般说来，电子效应对 S_N1 历程的影响更大，空间效应对 S_N2 历程的影响更显著。

① 电子效应

A. 供电子和吸电子基团的影响

在 S_N1 反应中，决定反应速率的步骤是碳正离子的生成，具有 +I 效应和 +C 效应的取代基都可以稳定碳正离子，使反应速率加快。如卤代烃 RX 按 S_N1 的反应活性与其生成的碳正离子稳定性顺序相似：

$$3^\circ RX > 2^\circ RX > 1^\circ RX > CH_3X$$

B. α 位的双键、三键及芳基的影响

反应物 R—X 中 R 为乙烯基、乙炔基和芳基时，无论 S_N1 或 S_N2 反应都很慢或完全不反应。不活泼的原因有二：一是 sp 杂化和 sp^2 杂化碳原子的电负性较 sp^3 杂化碳原子高，对电子具有一定的吸引力，因此，sp 杂化及 sp^2 杂化碳原子较 sp^3 杂化碳原子难于失去离去基团和电子对；二是离去基团具有未共用电子对时，能与 π 键发生共轭作用，使 C—X 键被大大加强。

$$C=C—\ddot{X}$$

C. β 位双键的影响

当 β 位有双键时，S_N1 反应速率有很大的增加，如表 5-3 所示。当底物为烯丙基和苄基类化合物时，S_N1 反应极迅速，这是由于形成的相应碳正离子稳定之故。

$$[CH_2\cdots CH\cdots CH_2]^+ \qquad C_6H_5\overset{+}{C}H_2$$

表 5-3　ROTs 和乙醇发生 S_N1 反应的相对速率（25℃）

基团(R)	Et	*i*-Pr	$CH_2=CH-CH_2$	$PhCH_2$	Ph_2CH	Ph_3C
相对速率	0.26	0.69	8.6	100	约 10^5	约 10^{10}

由表 5-3 中数据可以得到 S_N1 反应的下列活性顺序：

$$Ph_3C- > Ph_2CH- > PhCH_2- > CH_2=CHCH_2- > (CH_3)_2CH- > CH_3CH_2-$$

烯丙基和苄基类化合物的 S_N2 反应速率也加快，是由于 π 键的存在，可以和过渡态电子云交盖（共轭效应），使过渡态能量降低。炔丙基型化合物中 β 位叁键具有和苄基类化合物的类似活泼性。

② 空间效应

S_N2 反应理想的过渡态，是中心碳原子具有五配位的三角双锥结构，空间因素对反应有显著影响。

显然，反应中心碳原子上烷基数目越多，烷基体积越大，过渡态的中心碳原子周围的拥挤程度就越严重，必然会显著地降低反应速率。对于 S_N2 历程的反应，α 或 β 碳上有分支、空间位阻愈大，都使反应速率减慢，如表 5-4 所示。

表 5-4　S_N2 反应中烷基体系的平均相对速率

R(R—X)	相对速率	R(R—X)	相对速率
CH_3-	30	$(CH_3)_2CH-$	0.025
CH_3CH_2-	1	$(CH_3)_3C-$	0.002
$CH_3CH_2CH_2-$	0.4	$(CH_3)_3CCH_2-$	0.00001

由表 5-4 中数据可以得到 RX 按 S_N2 反应的活性顺序：

$$CH_3X > CH_3CH_2X > CH_3CH_2CH_2X > (CH_3)_2CHX > (CH_3)_3CX$$

小环化合物发生亲核取代反应时，无论 S_N1 还是 S_N2 反应，速率控制步骤的中间体或过渡态都要求底物由四面体形变为平面的或近于平面的 sp^2 杂化的构型，这就要求小环分子发生较大的变形。实验数据表明，三元环和四元环化合物比五元环化合物的反应速率小得多。这是因为在 S_N2 过渡态和 S_N1 中间体（碳正离子）中都要求反应中心碳原子从 sp^3 杂化变为 sp^2 杂化构型，小环产生的角张力更大，使过渡态或碳正离子中间体变得更不稳定。

在桥环化合物中，当离去基团位于桥头碳原子上时，由于该碳原子既难于变为平面或近于平面的构型，又由于笼状结构的空间位阻关系排除了亲核试剂从离去基团背面进攻的可能性，因而发生 S_N1 与 S_N2 反应都很困难。

(2) 亲核试剂

对于 S_N1 反应，亲核试剂不参与速率控制步骤，因此影响较小。但对于 S_N2 反应，亲核试剂亲核性增加将大大加快 S_N2 反应速率。对于同一反应，改变试剂的亲核性甚至可改变反应历程。如 3-溴-1-戊烯与 C_2H_5OH 反应时，按 S_N1 历程进行，但当它与 C_2H_5ONa 的乙醇溶液反应时，则发生 S_N2 反应。这是因为 $C_2H_5O^-$ 的亲核性比乙醇大得多，有利于 S_N2。

$$CH_3CH_2\underset{\underset{Cl}{|}}{C}H-CH=CH_2 \xrightarrow[S_N1]{-Cl^-} CH_3CH_2\overset{+}{C}H-CH=CH_2 \longleftrightarrow CH_3CH_2CH=CH-\overset{+}{C}H_2$$

$$\xrightarrow{1.C_2H_5OH\ \ 2.-H^+} CH_3CH_2\underset{\underset{OC_2H_5}{|}}{C}H-CH=CH_2 \qquad \xrightarrow{1.C_2H_5OH\ \ 2.-H^+} CH_3CH_2CH=CH-\underset{\underset{OC_2H_5}{|}}{C}H_2$$

$$CH_3CH_2\underset{\underset{Cl}{|}}{C}H-CH=CH_2 \xrightarrow[S_N2]{C_2H_5ONa/C_2H_5OH} CH_3CH_2\underset{\underset{OC_2H_5}{|}}{C}H-CH=CH_2$$

亲核试剂都有未共用电子对，是路易斯碱。一般说来，试剂的碱性强，亲核能力也强，但碱性与亲核性不完全等同。实际上亲核性所涉及的范围比碱性要广，亲核性不仅与碱性大小有关，而且与亲核原子的可极化性、电负性、试剂的空间位阻、溶剂的极性等有关。

① 试剂的亲核性与碱性大小一致的有下列情况：

A. 试剂中亲核原子相同时，其亲核性与碱性顺序一致。如下列化合物的亲核性和碱性顺序为：

$$RO^- > HO^- > ArO^- > RCOO^- > ROH > H_2O$$

ArO^- 小于 HO^-，是因为芳环与氧共轭，电子平均化使负电荷分散的结果。$RCOO^-$ 小于 ArO^- 是因为 C═O 吸电子的缘故。带负电荷试剂的碱性比其共轭酸大，亲核性也强。如：

$$HO^- > H_2O \qquad RO^- > ROH \qquad RS^- > RSH$$

B. 周期表中同一周期的元素所产生的同类型试剂，随电负性增大，亲核性减小，碱性也减小。如下列化合物的亲核性和碱性顺序为：

$$NH_2^- > HO^- > F^- \qquad R_3C^- > R_2N^- > RO^- > F^-$$

② 试剂的亲核性与碱性强弱不一致的有以下三种情况：

A. 周期表中同族元素产生的负离子或分子中，中心原子可极化度大的亲核性较强。如下列化合物的亲核性顺序为：

$$RS^- > RO^- \qquad RSH > ROH \qquad R_3P > R_3N$$

这是由于可极化度大的原子外层电子易变形，更容易进攻缺电子的碳，形成过渡态所需的活化能较低，显示出较强的亲核性，S_N2 反应易于进行。再如 I^-、SH^-、SCN^-，这些离子虽然碱性很弱，但是其可极化性很高，因此亲核性均很高。

B. 溶剂化作用强的试剂其亲核性小。如卤离子在水、醇等质子性溶剂中亲核性大小顺序为：$I^- > Br^- > Cl^- > F^-$，与其碱性顺序正好相反。若在 *N*,*N*-二甲基甲酰胺、二甲亚砜等偶极非质子溶剂中，卤离子的亲核性顺序为：$I^- < Br^- < Cl^- < F^-$，与碱性大小顺序一致。因为在水、醇等质子性溶剂中，负离子与溶剂分子生成氢键而缔合，体积小、电荷集中的 F^-、Cl^- 生成的氢键牢固，与溶剂缔合的程度大，溶剂化作用大；而 I^- 体积大，电荷分散，与溶剂缔合的程度小，溶剂化作用小。Nu 在进攻碳原子前，必须摆脱包围在外面的“溶剂壳”，缔合程度小的，Nu 脱掉外层溶剂愈容易，显示出亲核性愈强。而 *N*,*N*-二甲基甲酰胺（DMF）、二甲亚砜（DMSO）、六甲基磷酰胺（HMPA）等偶极非质子溶剂，分子内有明显的偶极。这类分子正电荷一端被烷基等包围，空间阻碍大，负电荷一端裸露在外，因此只缔合正离子，裸露的负离子作为 Nu 不被溶剂分子包围，所以在偶极非质子溶剂中，卤离子亲核性次序与碱性一致。

$$\overset{+}{M}\cdots\overset{-}{O}-\overset{+}{S}\begin{matrix}\diagup CH_3\\ \diagdown CH_3\end{matrix} \qquad B^-$$

实验表明，在偶极非质子溶剂中裸露的负离子亲核性比溶剂化的负离子大得多。如在 DMF 中，Cl^- 取代 I^- 的速率为在甲醇中的 1.2×10^6 倍。

$$CH_3I + Cl^- \xrightarrow{CH_3OH} CH_3Cl + I^- \quad \text{相对速率} \quad 1$$

$$CH_3I + Cl^- \xrightarrow[25℃]{DMF} CH_3Cl + I^- \quad 1.2\times10^6$$

为了加速亲核取代反应，减少亲核试剂的溶剂化作用，常常使反应在非质子溶剂中进行。加入冠醚（crown ether）可明显地提高负离子的活性，大大促进 S_N2 反应。

C. 空间位阻大的试剂亲核性小。如烷氧负离子亲核性大小次序为：$CH_3O^- > CH_3CH_2O^- > (CH_3)_2CHO^- > (CH_3)_3CO^-$，刚好与碱性强弱的次序相反。

又如 α-烷基吡啶衍生物与碘代烷的 S_N2 反应，试剂的 α-空间位阻增大时，亲核性减弱。如表 5-5 所示。相应的 β-取代吡啶在三个系列中的相对速率均在 1.8～2.4 之间。

表 5-5　α-烷基吡啶与碘代烷的相对反应速率

烷基 R	CH_3I	$MeCH_2I$	Me_2CHI
—H	1.0	1.0	1.0
—Me	0.47	0.22	0.054
—CH_2Me	0.22	0.11	—
—CH Me_2	0.071	0.030	—

（3）离去基团

不论 S_N1 还是 S_N2 历程，离去基团的离去倾向越大，亲核取代反应速率越快。表 5-6 列出了 1-苯基乙酯和卤化物在 80%乙醇水溶液中 75℃时溶剂解反应的速率。由表中数据可以看到相对反应活性和取代基吸电子能力之间的平行关系。但卤素离子的活性顺序为 $I^- > Br^- > Cl^- > F^-$，恰好与其电负性顺序相反，而与它们的亲核性顺序相同。这种现象一方面是由于 C—X 键的键能，另一方面是由于它们的可极化性，因为一个较易极化的离去基团将使它与碳所成的键断裂时的过渡态变得稳定。

表 5-6　1-苯基乙酯和卤化物溶剂解反应的相对速率

离去基团	$k_{相对}$	离去基团	$k_{相对}$
$CF_3SO_3^-$	1.4×10^8	$CF_3CO_2^-$	2.1
对硝基苯磺酸根离子	4.4×10^5	Cl^-	1.0
对甲苯磺酸根离子	3.7×10^4	F^-	9×10^{-6}
$CH_3SO_3^-$	3.0×10^4	对硝基苯甲酸根离子	5.5×10^{-6}
I^-	91	$CH_3CO_2^-$	1.4×10^{-6}
Br^-	14		

虽然，S_N1 和 S_N2 反应中离去基的离去能力顺序是相同的，但它们对离去基好坏的敏感性是不同的。S_N1 历程对离去基离去能力的依赖性比 S_N2 要明显得多。

磺酸酯具有高度的反应活性，在亲核取代反应中是极为有用的反应物。最常用的有对甲苯磺酸酯（ROTs）、对溴苯磺酸酯（ROBs）、对硝基苯磺酸酯（RONs）和甲磺酸酯（ROMs）。这些磺酸根离子都是比卤离子更好的离去基团。更重要的是可以将进行亲核取代反应较为困难的醇与磺酰氯在吡啶存在下反应来制备相应的磺酸酯。

$$ROH + R'SO_2Cl \xrightarrow{\text{吡啶}} ROSO_2R'$$

得到的磺酸酯可以保持醇 R 基原有的结构完整和立体化学特征。近年来还陆续发现了一些更好的离去基团，相应化合物都是强烷基化试剂，如 ROR_2^+、$ROClO_3$、$ROSO_2F$、$ROSO_2CF_3$ 等。

一些碱性强的基团如—OH、—OR、—NH_2、—NHR、—NR_2 则是很差的离去基团，难以离去。但在酸性条件下被质子化后，变成相应的共轭酸 HOH、HOR、HNH_2、RNH_2，大大增强了离去能力，因此，醇、醚、胺能在酸性溶液中起取代反应。如：

$$CH_3CH_2CH(OH)CH_3 \xrightarrow{HBr} CH_3CH_2CH(\overset{+}{O}H_2)CH_3 \xrightarrow{-H_2O} CH_3CH_2\overset{+}{C}HCH_3 \xrightarrow{Br^-} CH_3CH_2CHBrCH_3$$

$$CH_3CH_2CH(OH)CH_3 \xrightarrow{NaBr} \text{不反应}$$

除采用先质子化的方法外，醇还可以转化为羧酸酯离去，但不及水和磺酸酯易于离去。将脂肪伯胺亚硝基化转化为重氮离子，其中的 N_2 分子也是最好的离去基团之一。

实验事实表明，好的离去基团大多数是 pK_a 值小于 5 的强酸或较强酸的共轭碱。一般在水溶液中进行亲核取代反应时，离去基团的离去能力顺序为：

$$N_2 \gg RSO_3^- > ROSO_3^- > I^- > Br^- > H_2O > Me_2S > Cl^- >$$

最好的　　好的离去基团

$$CF_3CO_2^- > H_2PO_4^- > NO_3^- > F^- > RCO_2^- \gg CN^- > NH_3 > PhO^- > R_3N, RNH_2 > RS^- \gg$$

中等的离去基团　　次等的离去基团

$$HO^- > CH_3O^- \gg NH_2^- > CH_3^-$$

差的离去基团　　最差的

上列离去能力顺序只是一个粗略的大致顺序，在不同的反应条件下可能有一些变化。

（4）溶剂的性质

溶剂效应对亲核取代反应所起的作用，不仅是重要的，而且是复杂的，主要是通过影响过渡态的稳定性从而影响反应活化能，以致影响反应速率。

绝大部分 S_N1 反应是由中性分子离解成带电荷的离子，过渡态的电荷比反应物有所增加。溶剂极性增加，使过渡态的能量降低，从而降低反应的活化能，使反应加速。例如叔卤代烷的溶剂解反应随溶剂极性增加而加速。

$$(CH_3)_3C—Br + Sol—OH \longrightarrow (CH_3)_3C—O—Sol + HBr$$

溶剂	乙醇	80%乙醇,20%水	50%乙醇,50%水	水
相对速率	1	10	20	1450

在 S_N2 反应中，溶剂的影响情况比较复杂。如果过渡态的电荷比反应物有所增加，溶剂极性加大，更能稳定过渡态，使反应速率加快；如果过渡态的电荷比底物有所减少或过渡态的电荷更加分散，则溶剂极性增加更能稳定反应物分子，不利于过渡态的生成，使反应速率减慢（见表5-7）。大多数 S_N2 反应是第三种情况，即负离子 Nu^- 亲核试剂与中性分子反应物之间的反应。

从表 5-7 可看出，增加溶剂的极性和溶剂化能力，使多数 S_N1 反应速率加快，使多数 S_N2 反应速率减慢。对于同一反应，增大溶剂的极性和离子溶剂化能力，可使反应历程由 S_N2 向极限的 S_N1 方向转变。同理，如将质子溶剂改变为非质子溶剂时，则常使极限的 S_N1 向 S_N2 反应历程方向转变，这是因为体系中亲核体的亲核性得到了增强的缘故。

4. 邻基参与

在亲核取代反应中，某些取代基当其位于分子的适当位置，能够和反应中心部分地或完全地成键形成过渡态或中间体，从而影响反应的进行，这种现象称为邻基参与（neighboring group

表 5-7 S_N2 反应中溶剂极性影响情况

反应类型	过渡态相对于底物的电荷变化	增加溶剂极性后速率变化
$Nu + R—L \longrightarrow [\overset{\delta^+}{Nu}\cdots R\cdots \overset{\delta^-}{L}] \longrightarrow Nu—R + L$	电荷增加	速率加快
$Nu^- + R—L^+ \longrightarrow [\overset{\delta^-}{Nu}\cdots R\cdots \overset{\delta^+}{L}] \longrightarrow Nu—R + L$	电荷减少	速率减慢
$Nu^- + R—L \longrightarrow [\overset{\delta^-}{Nu}\cdots R\cdots \overset{\delta^-}{L}] \longrightarrow Nu—R + L^-$	电荷分散	速率减慢
$Nu + R—L^+ \longrightarrow [\overset{\delta^+}{Nu}\cdots R\cdots \overset{\delta^+}{L}] \longrightarrow Nu^+—R + L$	电荷分散	速率减慢

participation）。通常把由于邻基参与作用而使反应加速的现象称为邻基协助或邻基促进。若邻基参与作用发生在决速步骤之后，此时只有邻基参与作用而无邻基促进。邻基参与的结果，或导致环状化合物的生成，或限制产物的构型，或促进反应速率异常增大，或几种情况同时存在。

能发生邻基参与作用的基团通常为具有未共用电子对的基团、含有碳-碳双键等的不饱和基团、具有 π 键的芳基以及 C—C 和 C—H σ 键。因此邻基参与的类型有：n 电子参与、π 电子参与和 σ 电子参与等。

（1）n 电子参与

某些化合物的分子中具有未共用电子对的基团位于离去基团的 β 位置或更远时，这种化合物在取代反应过程中保持原来的构型。这些 β 取代基包括—COO^-（但不是 COOH）、—OCOR、—COOR、—COAr、—OR、—OH、—O^-、—NH_2、—NHR、—NR_2、—NHCOR、—SH、—SR、—S^-、—Br、—I 及—Cl。

上述这些邻基参与历程包含两步连续的 S_N2 反应，每步反应都引起构型转化，总结果是构型保持。第一步，邻基作为亲核试剂促进离去基团 L 离去，第二步为外部的亲核试剂 Nu^- 再取代邻基 Z 而得到产物。

第一步 :Z—C(R)(R)—C(R)(R)—L ⟶ $^+$Z(环状，C(R)(R)—C(R)(R)) + L^-　　第二步 $^+$Z(环状，C(R)(R)—C(R)(R)) + Nu^- ⟶ Z—C(R)(R)—C(R)(R)—Nu

例如，下列两化合物水解反应速率（1）∶（2）＝3×10^3∶1，就是因为（1）中邻位 S 的参与，使反应速率加快。

$$CH_3CH_2SCH_2CH_2Cl + H_2O \xrightarrow{(1)} CH_3CH_2SCH_2CH_2OH$$

$$CH_3CH_2CH_2CH_2CH_2CH_2Cl + H_2O \xrightarrow{(2)} CH_3CH_2CH_2CH_2CH_2CH_2OH$$

$C_2H_5—\ddot{S}$:—$CH_2—CH_2$—Cl $\xrightarrow{-Cl^-}$ $C_2H_5—S^+$(环状 $CH_2—CH_2$) + :OH_2 ⟶ C_2H_5S—CH_2CH_2—$^+OH_2$ $\xrightarrow{-H^+}$ C_2H_5S—CH_2CH_2—OH

又如，当3-溴-2-丁醇的苏型（threo）外消旋体用HBr处理时，得到（±）-2,3-二溴丁烷，而赤型（erythro）外消旋体则得到内消旋体。

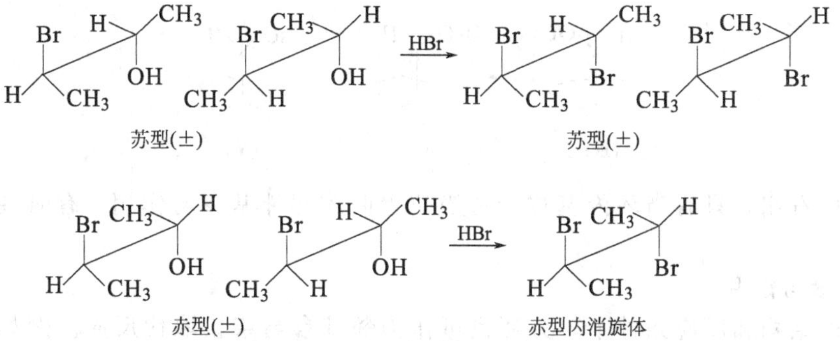

苏型(±)　　苏型(±)

赤型(±)　　赤型内消旋体

这个结果表明反应保持原有构型。得到的两种产物都不具有旋光性，但（±）-2,3-二溴化物和内消旋体具有不同的沸点和不同的折射率，可利用这些性质鉴别它们。

卤素作为邻基参与的能力大小次序一般为I＞Br＞Cl，这与原子的亲核性和可极化性大小顺序是一致的。F电负性太强，不易给出电子，亲核性和可极化性太小，一般不发生邻基参与作用。

（2）π电子参与

① C═C双键参与

C═C π键、C═O π键也有邻基参与作用，如反-7-降冰片烯基对甲苯磺酸酯的乙酸解，由于π电子参与，反应速率为相应饱和酯的10^{11}倍，且产物构型保持。

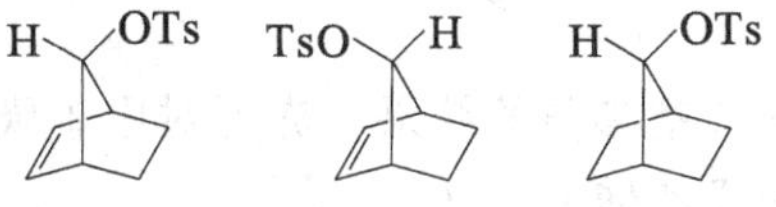

	(A)	(B)	(C)
$k_{相对}$(HOAc)	10^{11}	$10^{2.7}$	1

（A）反应速率特别快的原因是双键的π电子移向7位上的空p轨道形成类烯丙基非经典碳正离子。

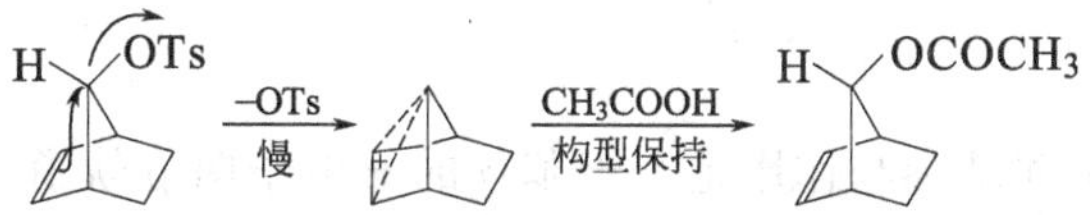

位于反应中心较远位置的双键，如果位置适当，也存在着邻基参与作用。如下列对甲苯磺酸酯的醋酸解，在反应中由于双键的参与形成了非经典碳正离子，产物仅为外型醋酸降冰片酯。

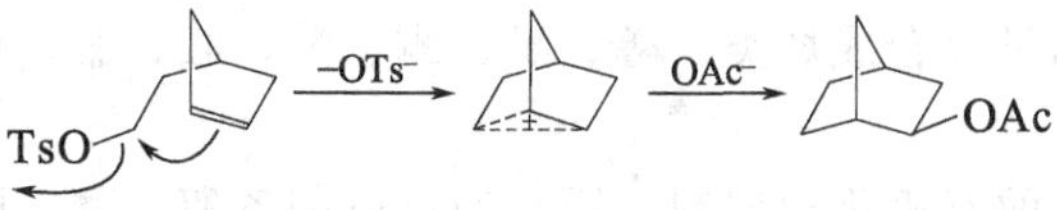

② 环丙基的参与作用

环丙基的某些性质与双键类似，因此处于适当位置时也可能发生邻基参与作用。例如，内向-反-三环［3,2,1,$0^{2,4}$］辛基-8-对硝基苯甲酸酯（Ⅰ）的溶剂解速率比化合物（Ⅱ）的溶剂解速率快10^{14}倍。

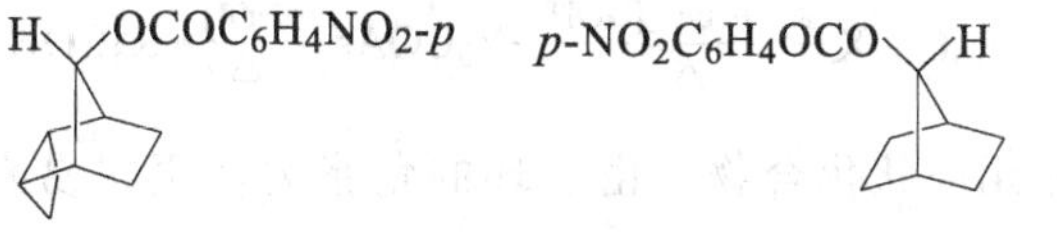

（Ⅰ）　　（Ⅱ）

又如，化合物（Ⅳ）的溶剂解速率比化合物（Ⅴ）大约快5倍，而化合物（Ⅲ）的溶剂解速率比化合物（Ⅴ）慢3倍。

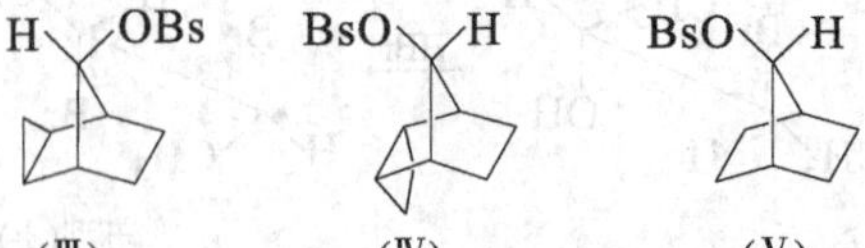

(Ⅲ)　(Ⅳ)　(Ⅴ)

从上述例子可看出，只有当环丙基位于适当位置时才起邻基参与作用，有时甚至比双键更有效。

③ 芳基参与作用

在特定的结构和反应条件下，芳环也可作为邻基参与亲核取代反应。例如，具有旋光性的苏型对甲苯磺酸-3-苯基-2-丁酯的乙酸解反应，似乎应该生成相应的具有旋光性的乙酸酯，但事实上却生成了外消旋混合物。原因是带着π电子的苯基促进对甲苯磺酸根离去，同时生成苯桥正离子中间体，其中与苯桥正离子直接相连的两个碳原子完全相同，整个分子有一个对称面，是一个非手性分子，亲核试剂乙酸可以机会均等地进攻两个碳原子，得到一对对映体。

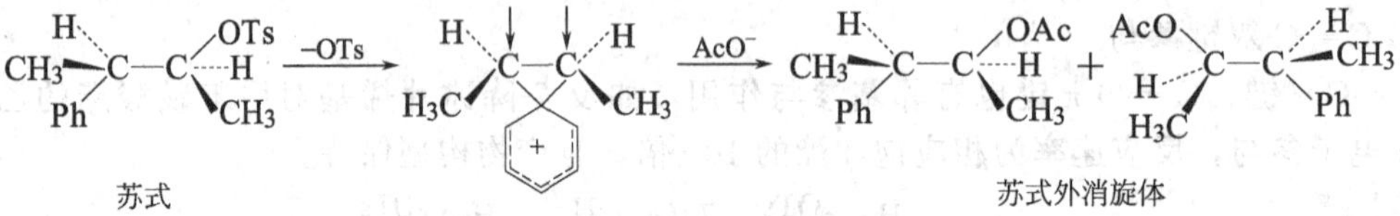

苏式　苏式外消旋体

与上述情况相似，由于苯基参与的结果，赤型对甲苯磺酸-3-苯基-2-戊酯进行乙酸解反应，得到构型保持的和重排的赤式乙酸酯。

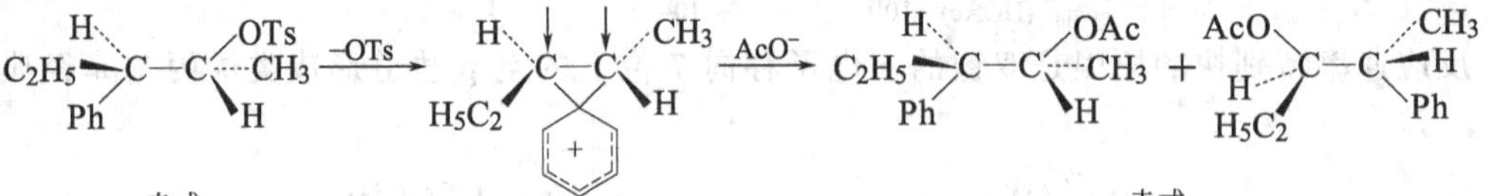

赤式　赤式

位于β碳上的苯环能发生邻基参与作用是由于苯环的π电子向p轨道转移，形成苯桥正离子。

5. 亲核取代反应在有机合成中的应用

亲核取代反应在有机合成上有着广泛的应用，可以通过官能团的相互转变合成各类化合物和通过C—C键的形成来构筑碳架。亲核取代反应能形成C—C、C—H、C—O、C—S、C—N、C—X等键，从而可以合成烃类、醇、醚、酮、酯、胺、腈、卤代烃等。

(1) 形成C—O键

含氧亲核试剂是重要的有机化学试剂，用它们可以制备醇、醚、酯等化合物。由醇脱水制醚和Williamson合成醚，现在仍然是制备对称醚或不对称醚的最好方法。叔卤代烷水解制醇容易发生消除反应，可先用较弱的碱性亲核试剂，如醋酸盐CH_3COONa、CH_3COOAg等制成酯，然后再水解制醇。如：

$$R_3C-X \xrightarrow[\triangle]{AcOAg/C_2H_5OH} R_3COAc \xrightarrow[\triangle]{NaOH} R_3COH$$

1,2-环氧化合物是三元环状化合物，由于环的角张力，更容易发生亲核取代反应生成醇、醚和酯。

$$\begin{array}{c} CH_3\underset{|}{C}H—CH_2OH \\ OCOCH_3 \\ \uparrow CH_3COOH \\ CH_3\underset{\underset{OH}{|}}{C}H—CH_2OH \xleftarrow[\text{酸或碱}]{H_2O} CH_3CH\overset{O}{—}CH_2 \xrightarrow[C_2H_5ONa]{C_2H_5OH} CH_3\underset{\underset{OH}{|}}{C}H—CH_2OC_2H_5 \\ \downarrow H^+ \; C_2H_5OH \\ CH_3\underset{\underset{OC_2H_5}{|}}{C}H—CH_2OH \end{array}$$

1,2-环氧化合物在酸和碱的催化下都能开环。在酸的作用下开环时，质子首先结合到氧上，生成鉾盐，从而有利于亲核试剂进攻电子云密度较低的碳原子。

$$\text{(H,H)环氧(CH}_3\text{,CH}_2\text{CH}_3) \xrightarrow{H^+} \text{质子化环氧}(O^+H) \longrightarrow \text{质子化环氧} \xrightarrow{H_2O^{18}} \text{H}_2\overset{+}{O}^{18}\text{加成中间体} \xrightarrow{-H^+} \text{产物}(^{18}OH, OH, CH_3, CH_2CH_3)$$

在碱性试剂作用下的醚键断裂。不是通过生成鉾盐，而是三元环本身受亲核试剂进攻而开环，亲核试剂一般进攻取代较少（空间位阻较小）的环氧碳。

$$CH_3\text{-环氧-}(H,H) + {}^-OCH_3 \xrightarrow[2.H^+]{1.\text{开环}} CH_3CH(HO)—CH_2OCH_3$$

（2）形成 C—S 键

含硫的亲核试剂比相应含氧的亲核试剂亲核性更强，更容易与卤代烃等发生亲核取代反应。

$$(CH_3)_2CHCl + NaSH \longrightarrow (CH_3)_2CHSH + NaCl$$

$$(CH_3)_2CHBr + NaSC_2H_5 \longrightarrow (CH_3)_2CHSC_2H_5 + NaBr$$

用硫氢化钠与卤代烷作用制硫醇时，有较多的硫醚生成，为避免之可采用硫脲代替硫氢化钠。

$$(CH_3)_2CHCl + S{=}C(NH_2)_2 \xrightarrow[\triangle]{C_2H_5OH} (CH_3)_2CH—S—C\begin{matrix} {\diagup} NH\cdot HCl \\ {\diagdown} NH_2 \end{matrix}$$

$$\xrightarrow{NaHCO_3(\text{水})} (CH_3)_2CHSH + NH_2CN + NaCl$$

（3）形成 C—X 键

由醇制取卤代烷，最常用的试剂是 HX 和 $SOCl_2$、PCl_5、PCl_3 和 $POCl_3$ 等。

$$(CH_3)_2CHOH + HBr \longrightarrow (CH_3)_2CHBr + H_2O$$

$$(CH_3)_2CHOH + SOCl_2 \longrightarrow (CH_3)_2CHCl + SO_2\uparrow + HCl\uparrow$$

（4）形成 C—N 键

卤代烷同胺或氨反应可以制得相应的胺。1,2-环氧化合物和氨或胺反应是制备 β-羟胺的一种有用的方法。

$$\underset{\text{O}}{-\overset{|}{C}-\overset{|}{C}-} + NH_3 \longrightarrow -\underset{OH}{\overset{|}{C}}-\underset{NH_2}{\overset{|}{C}}- + \left[-\underset{OH}{\overset{|}{C}}-\overset{|}{C}-\right]_2 NH + \left[-\underset{OH}{\overset{|}{C}}-\overset{|}{C}-\right]_3 N$$

与氨反应主要产物是伯胺，但也有些仲胺和叔胺。重要的乙醇胺等就是用此法制得的。

$$\underset{O}{\triangledown} + NH_3 \longrightarrow H_2NCH_2CH_2OH + HN(CH_2CH_2OH)_2 + N(CH_2CH_2OH)_3$$

还可用 $NaNO_2$ 和仲或伯溴代烷或伯碘代烷制硝基烷。$AgNO_2$ 只与伯溴代烷或伯碘代烷形成硝基化合物。由于 NO_2^- 具有双位反应性，所以在所有情况中都会有亚硝酸酯生成，当仲或叔卤代烷与 $AgNO_2$ 反应时，主要产物是亚硝酸酯（S_N1 历程）。

$$RX + NO_2^- \longrightarrow RNO_2 + RONO + X^-$$

例如：

$$BrCH_2COOCH_3 + NaNO_2 \xrightarrow{S_N2} O_2NCH_2COOCH_3 + NaBr$$

$$(CH_3)_3CCl + AgNO_2 \xrightarrow{S_N1} \underset{\text{微量}}{(CH_3)_3C-NO_2} + \underset{60\%}{(CH_3)_3C-ONO} + (CH_3)_2C=CH_2$$

通过卤代烃还可制得叠氮化物。如：

$$CH_3CH_2CH_2Br + NaN_3 \longrightarrow CH_3CH_2CH_2N_3 + NaBr$$

(5) 形成 C—H 键

如氢化锂铝或硼氢化钠可使卤代烃还原为烃，可以看作负氢离子对卤代烃的亲核取代反应。

$$4\ CH_3CH_2CH_2Br + LiAlH_4 \xrightarrow{\text{乙醚}} 4\ CH_3CH_2CH_3 + LiAlBr_4$$

(6) 形成 C—C 键

当试剂中亲核原子为碳，如 CN^-、负碳（炔化钠、烯醇盐等）离子，进行亲核取代即生成 C—C 键，可以得到烃、腈、酮、酮酸、羧酸、酯等。如：

$$CH_3\overset{O}{\overset{\|}{C}}CH_2COOC_2H_5 \xrightarrow{NaOC_2H_5} \xrightarrow{ClCH_2COOC_2H_5} CH_3\overset{O}{\overset{\|}{C}}-\overset{CH_2COOC_2H_5}{\overset{|}{CH}}-COOC_2H_5$$

由乙酰乙酸乙酯的烯醇盐进行亲核取代反应，再经酮式分解即可合成甲基酮，β 与 γ-二酮，γ-酮酸等。丙二酸二乙酯的烯醇盐进行类似的亲核取代反应再水解，可以合成各类取代羧酸。

二、芳环上的亲核取代反应

1. 芳环上的亲核取代反应历程

芳环上也可发生亲核取代反应，但比较困难，需要一定结构的底物，或特定的试剂，或强烈的条件。这是因为芳环上分布着 π 电子云，不利于富电子的亲核试剂接近，且芳基负离子不稳定，不易生成。例如氯苯与 NaOH 煮沸几天，也不发生反应。芳环上的亲核取代反应，主要有 S_N1、S_N2 和苯炔历程三种。

(1) S_N1 历程

按 S_N1 历程进行的反应很少，即使是非常活泼的芳基卤化物，也未发现过 S_N1 历程的反应，但重氮盐的取代反应则被认为是按 S_N1 历程进行的。

$$C_6H_5-N_2^+ \underset{\text{慢}}{\xrightarrow{-N_2}} C_6H_5^+ \underset{\text{快}}{\xrightarrow{Nu^-}} C_6H_5-Nu$$

重氮盐首先分解产生芳基正离子，但其正电荷处于 sp^2 杂化轨道，不能与苯环的 π 轨道发生共轭，所以很不稳定，这一步反应很慢，是决速步骤，随后非常活泼的芳正离子很快与亲核试剂反应生成产物。支持这一历程的证据如下：

① 动力学研究结果表明，反应是一级的，反应速率只与重氮盐的浓度有关，与亲核试剂的浓度无关。

② 用下列Ⅰ作为反应物，在重氮盐未完全分解之前进行回收，发现的重氮盐不仅包括Ⅰ，而且包括Ⅱ，说明第一步的离解是可逆的。

$$\underset{\text{I}}{Ph-\overset{15+}{N}\equiv N} \qquad \underset{\text{II}}{Ph-\overset{+}{N}\equiv N^{15}}$$

③ 重氮苯硼酸盐在溴苯中分解，可得高价溴化物。

$$PhN_2^+BF_4^- + PhBr \longrightarrow PhBr^+Ph\cdot BF_4^-$$

④ 在重氮盐水解过程中加入 Cl^-，则有芳基氯生成，但 Cl^- 的加入并不影响反应速率。

⑤ 苯环上带有供电子基团时，有利于—N_2^+ 带着一对电子离去，同时，对于芳基正离子也能起到稳定作用，故有利于反应的进行。相反，当环上有吸电子基团时，不利于亲核取代反应的进行。

（2）S_N2 历程（加成-消除历程）

在芳环的 S_N2 历程中，亲核试剂先同芳环加成，然后消去一个取代基完成亲核取代反应，反应分两步进行。

$$PhX + Nu^- \xrightarrow[\text{决速步骤}]{\text{慢}} [C_6H_5(X)(Nu)]^- \longrightarrow PhNu + X^-$$

X=卤素,NO_2,OR等；Nu^-=OH^-,NH_2^-, RNH^-,RO^-

这个历程同饱和碳原子上的亲核取代反应相似，由于是芳香族的 S_N2 历程，因此，有人称之为 S_NAr2 历程。支持这一历程的证据如下：

① 反应是二级反应，$v=k[ArX][Nu^-]$。

② 与不饱和碳原子的 S_N2 反应不同的是，反应经由一个碳负离子中间体，而非过渡态，该中间体在特定条件下非常稳定，已被分离出来。

$$\text{2,4,6-}(O_2N)_3C_6H_2OC_2H_5 \underset{}{\overset{KOCH_3}{\rightleftharpoons}} \left[\text{1-}H_3CO\text{-1-}OC_2H_5\text{-2,4,6-}(NO_2)_3C_6H_2^-\right]K^+ \xrightarrow{-OC_2H_5^-} \text{2,4,6-}(O_2N)_3C_6H_2OCH_3$$

深蓝色的盐

③ 下列反应中，当 L 为 Cl、Br、I 时，相对速率为 4.3、4.3、1，这也表明控制反应速率的一步不包括 C—L 键的断裂，反应是分两步进行的。否则，由于 Cl、Br、I 作为离去基团的难易程度不同，反应速率将出现较大的差别。当 L=F 时，其相对于碘的反应速率是 3300，这是由于 F 的 −I 效应远远强于 Cl、Br、I，所以能增加碳负离子中间体的稳定性，使反应容易进行。

$$\text{1-L-2,4-}(NO_2)_2C_6H_3 + C_5H_{10}NH \longrightarrow \text{1-}(C_5H_{10}N)\text{-2,4-}(NO_2)_2C_6H_3$$

L=Cl,Br,I,OSO_2Ph,p-$O_2NC_6H_5O$

按 S_N2 历程进行的亲核取代反应，当环上有吸电子基，尤其在离去基团的邻对位时，使反应加速，有供电子基时则反应受阻。因为邻、对位的吸电子基，通过共轭（或诱导）效应使与离去基团直接相连的碳原子上电子云密度降低，有利于亲核试剂的进攻，同时，也有利于碳负离子中间体的稳定。如下面的氯代苯，随邻对位硝基数目的增加，反应越来越容易。

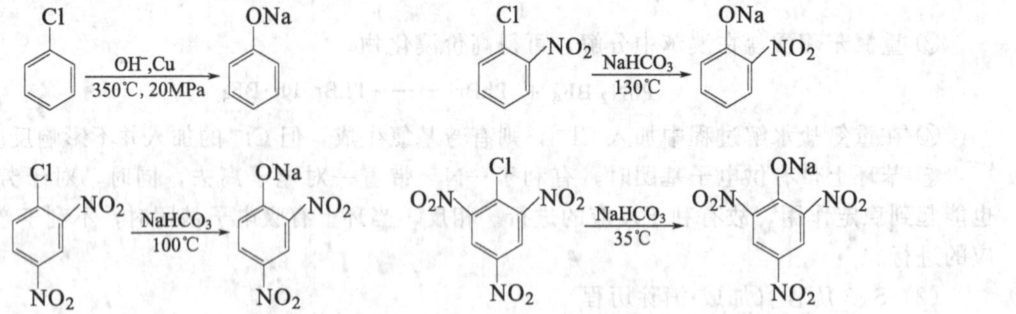

相对反应活性：

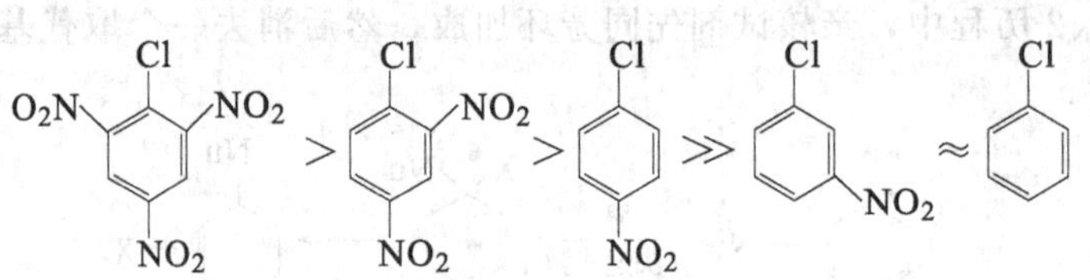

（3）苯炔历程（消除-加成历程）

按苯炔历程进行的反应最常见的是未被活化的芳基卤化物在氨基钠（钾）作用下氨解，反应分两步进行，首先是在 NH_2^- 作用下消去一分子 HX，然后再与 NH_3 发生加成。

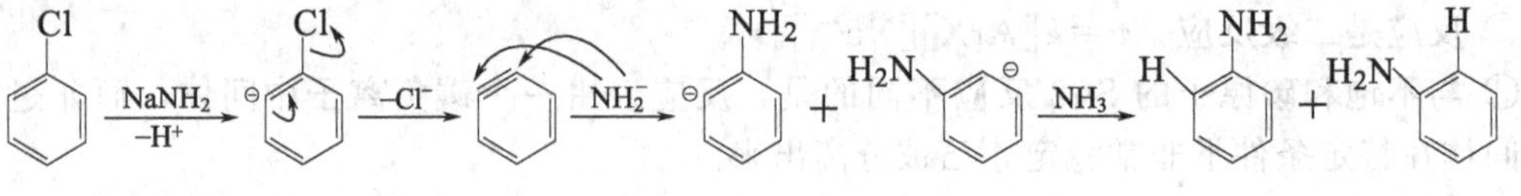

支持这一历程的证据如下：

① 如果卤原子两个邻位均被取代，则此反应不能发生。

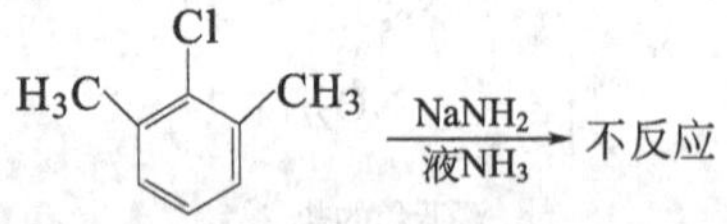

② 作为反应活性中间体的苯炔，已被很多实验所证实。

③ 如果用 ^{14}C 标记的氯苯进行反应，则得到下列结果。

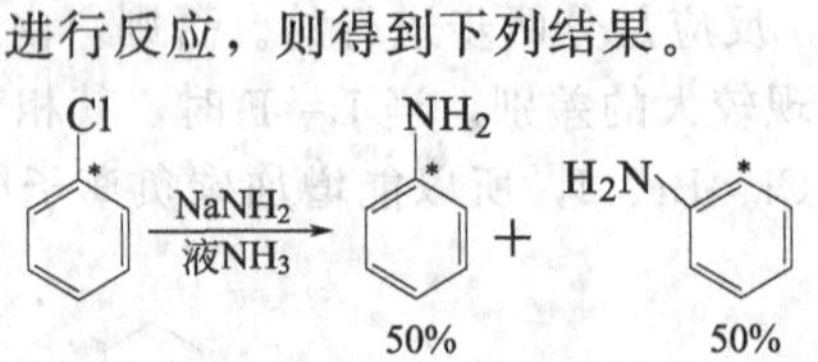

二取代苯按苯炔历程进行的亲核取代反应，亲核试剂进入苯环的位置与卤原子之外的另一取代基的诱导效应有关。因为苯炔的“额外的键”是 sp^2-$sp^2\pi$ 键，在苯环平面上，不与苯环的大 π 键共轭，所以不受共轭效应影响。具体如下：

A. 生成的苯基负离子中间体，当 Z 具有 +I 效应时，负电荷离 Z 越远越稳定；当 Z 具有 −I 效应时，负电荷离 Z 越近越稳定。

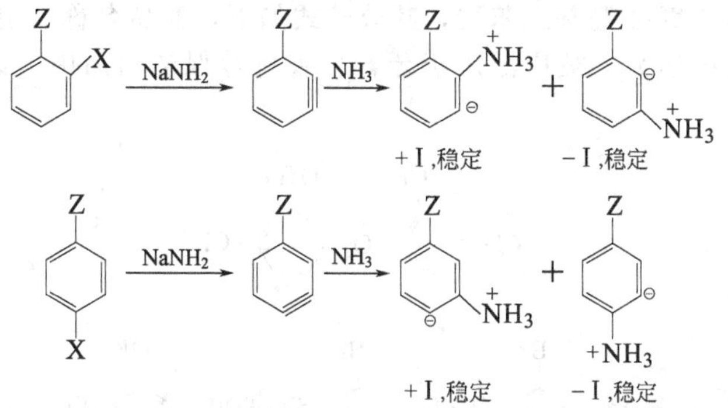

Z, X（邻位）$\xrightarrow{NaNH_2}$ 苯炔 $\xrightarrow{NH_3}$ 邻位 $\overset{+}{N}H_3$ 负离子（+I，稳定）+ 间位 $\overset{+}{N}H_3$ 负离子（−I，稳定）

Z, X（对位）$\xrightarrow{NaNH_2}$ 苯炔 $\xrightarrow{NH_3}$ 间位 $\overset{+}{N}H_3$ 负离子（+I，稳定）+ 对位 $\overset{+}{N}H_3$ 负离子（−I，稳定）

B. 当Z在间位时，可以生成两种不同的苯炔，在两种情况下，都优先消去酸性较强的氢。

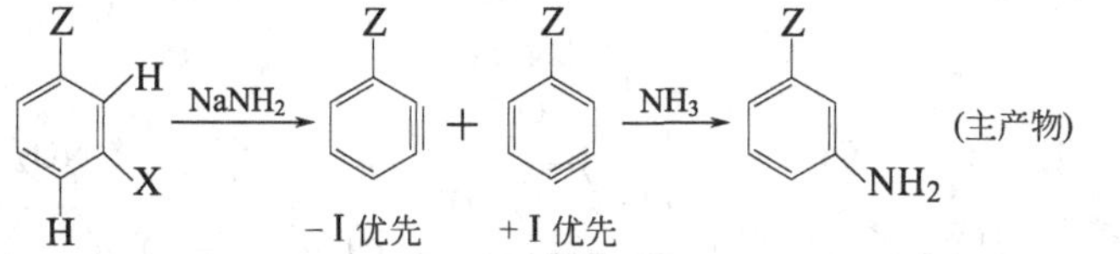

Z, H, X, H $\xrightarrow{NaNH_2}$ 苯炔（−I优先）+ 苯炔（+I优先）$\xrightarrow{NH_3}$ 3-Z-苯胺（NH_2）(主产物)

例如：

OCH_3, Br $\xrightarrow{NaNH_2}$ 苯炔 $\xrightarrow{NH_3}$ 负离子（$\overset{+}{N}H_3$）$\longrightarrow$ 间甲氧基苯胺（OCH_3, NH_2）(主产物)

间溴甲苯（CH_3, Br）$\xrightarrow[液NH_3]{NaNH_2}$ 间甲苯胺（CH_3, NH_2）(主产物) + 邻甲苯胺 + 对甲苯胺

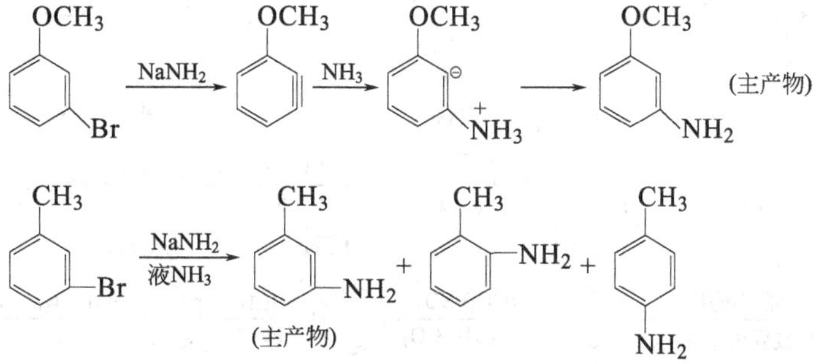

2. 芳环亲核取代反应在有机合成中的应用

芳环的亲核取代反应在有机合成中也有较广泛的应用，尤其是芳香重氮盐的亲核取代。

【例1】 以甲苯为主要原料合成4-甲基-1,2-苯二甲酸。

解： 目标分子上仍有甲基，所以羧基就不能由烷基的氧化而来，由此可以考虑由腈水解而来。

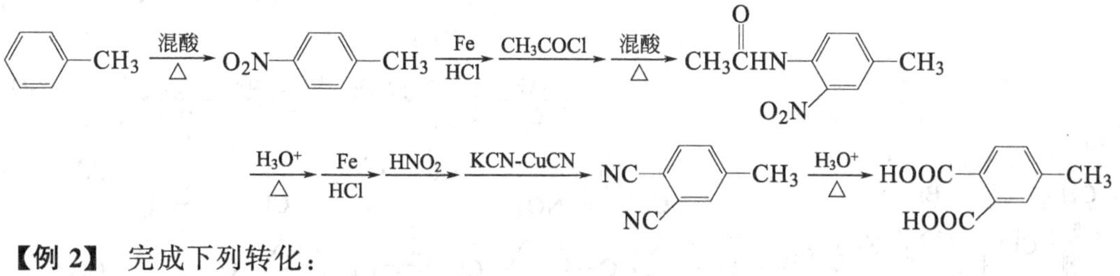

$C_6H_5-CH_3 \xrightarrow[\triangle]{混酸} O_2N-C_6H_4-CH_3 \xrightarrow[HCl]{Fe} \xrightarrow{CH_3COCl} \xrightarrow[\triangle]{混酸}$ $CH_3\overset{O}{\overset{\|}{C}}HN$-（$O_2N$）-$C_6H_3$-$CH_3$

$\xrightarrow[\triangle]{H_3O^+} \xrightarrow[HCl]{Fe} \xrightarrow{HNO_2} \xrightarrow{KCN-CuCN}$ (NC)(NC)C_6H_3-CH_3 $\xrightarrow[\triangle]{H_3O^+}$ (HOOC)(HOOC)C_6H_3-CH_3

【例2】 完成下列转化：

$C_6H_5-NO_2 \longrightarrow$ 3,3′,5,5′-四溴联苯（Br, Br, Br, Br）

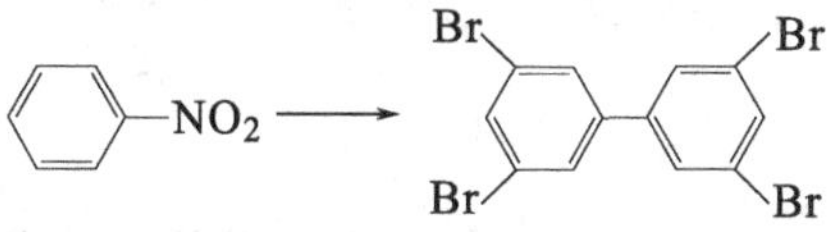

解： 目标分子为联苯，故可用氢化偶氮苯重排反应来合成。

$C_6H_5-NO_2 \xrightarrow[NaOH]{Zn} C_6H_5-NHNH-C_6H_5 \xrightarrow{H^+} NH_2-C_6H_4-C_6H_4-NH_2 \xrightarrow{Br_2}$

3,3′,5,5′-四溴联苯胺（Br, Br, NH_2, NH_2, Br, Br）$\xrightarrow[HCl]{NaNO_2} \xrightarrow{H_3PO_2}$ 3,3′,5,5′-四溴联苯（Br, Br, Br, Br）

【例 3】 2′,4,4′-三氯-2-羟基二苯醚，其分子式如下，商品名称“卫洁灵”，对病菌尤其是厌氧菌具有很强的杀伤力，被广泛用于牙膏、香皂等保洁用品中。试由苯为起始原料合成之。

Cl OH
Cl O Cl

解：

$\xrightarrow[60℃]{Br_2,Fe}$ Br $\xrightarrow[\triangle]{2Cl_2,Fe}$ Br Cl Cl $\xrightarrow[\triangle]{KOH}$ OK Cl Cl

$\xrightarrow[FeCl_3]{2Cl_2}$ Cl Cl $\xrightarrow[\triangle]{混酸}$ Cl NO_2 Cl $\xrightarrow{Cl\ \ Cl\ \ OK}$ Cl Cl O NO_2 Cl

$\xrightarrow[HCl]{Fe}$ Cl Cl O NH_2 Cl $\xrightarrow[0\sim5℃]{NaNO_2,H_2SO_4}$ $\xrightarrow[\triangle]{H_2O,H^+}$ Cl Cl O OH Cl

或者：$\xrightarrow[或异丙苯氧化法]{磺化碱熔法}$ OH $\xrightarrow[或(CH_3)_2CO_3]{(CH_3)_2SO_4}$ OCH_3 $\xrightarrow[Fe,\triangle]{2Cl_2}$ OCH_3 Cl Cl $\xrightarrow[\triangle]{HI}$ OH Cl Cl

$\xrightarrow[\triangle]{混酸}$ NO_2 $\xrightarrow[HCl]{Fe}$ $\xrightarrow{(CH_3CO)_2O}$ $NHCOCH_3$ $\xrightarrow[Fe,\triangle]{Cl_2}$ $NHCOCH_3$ Cl $\xrightarrow[\triangle]{混酸}$ $NHCOCH_3$ NO_2 Cl

$\xrightarrow[\triangle]{H_2O/H^+}$ NH_2 NO_2 Cl $\xrightarrow[0\sim5℃]{HNO_2+HBr}$ $\xrightarrow[HBr]{CuBr}$ Br NO_2 Cl

OH Cl Cl + Br NO_2 Cl $\xrightarrow{OH^-}$ Cl Cl O NO_2 Cl $\xrightarrow[HCl,\triangle]{Fe}$ Cl Cl O NH_2 Cl

$\xrightarrow[0\sim5℃]{NaNO_2,H_2SO_4}$ $\xrightarrow[\triangle]{H_2O,H^+}$ Cl Cl O OH Cl

习　题

1. 按要求回答下列问题。

（1）比较下列试剂的亲核性强弱。

① 氨、甲胺、二甲胺　　② 水、乙醇、异丁醇、叔丁醇

③ 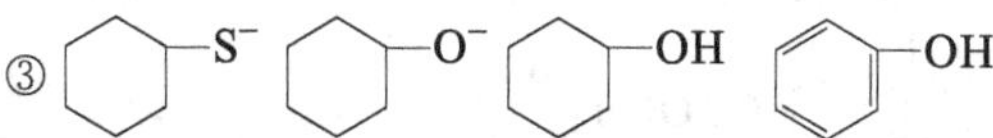　④  $(CH_3CH_2)_3N$

(2) 比较下列卤代烃与 KI-丙酮溶液反应的速率。

①

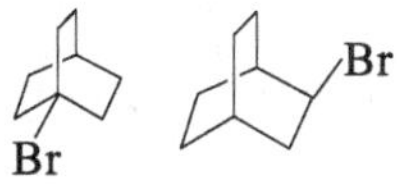

②

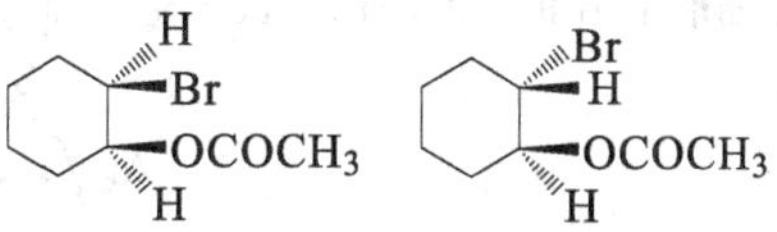

③ 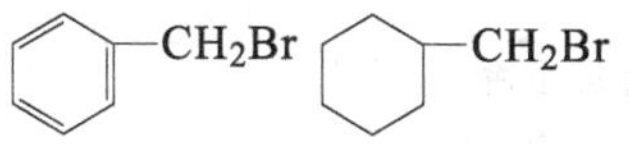 $CH_3CH_2CH_2Br$

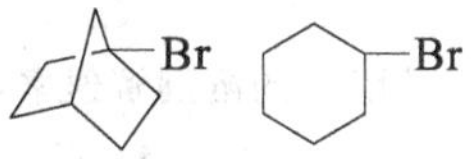

(3) 比较下列基团的离去倾向。

① A. 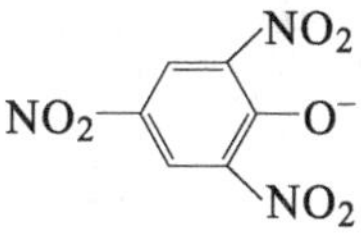　B. 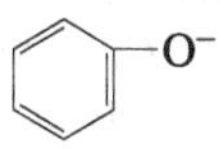　C. 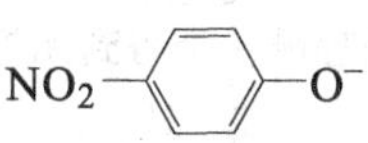　D.

② A. H_2O　B. CF_3COO^-　C. CH_3COO^-　D. PhO^-

③ A. F^-　B. Cl^-　C. Br^-　D. I^-

(4) 将下列化合物按溶剂分解反应活性递减的顺序进行排列。

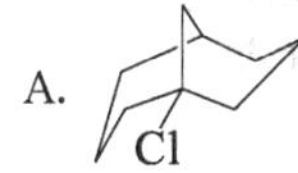

A.　B. 　C. 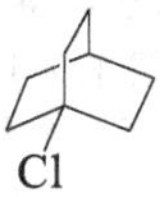　D. 　E.

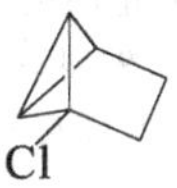

(5) 下列化合物发生亲核取代反应最容易的是（　），最难的是（　）。

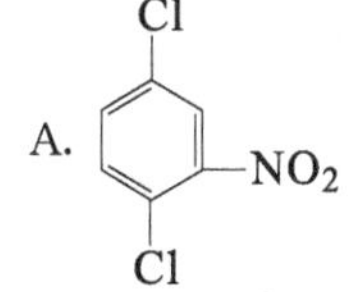

A.　B. 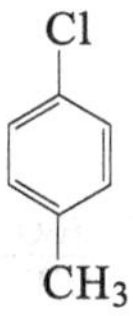　C. 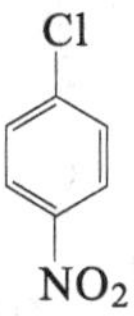　D.

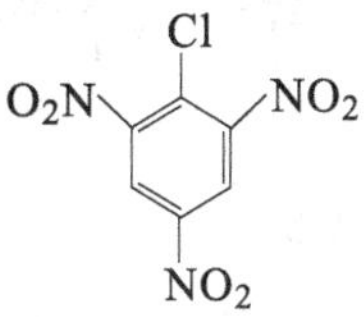

(6) 比较下列化合物溴代反应的速率。

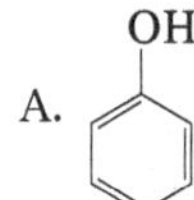

A.　B. 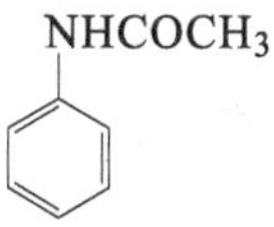　C. 　D. 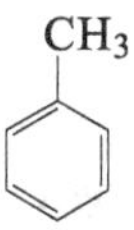　E.

(7) 测得三乙胺与碘甲烷和 2-碘丙烷反应的 $k_{CH_3}/k_{(CH_3)_2CH}=2.9\times10^4$，而 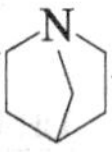 与上述试剂反应的 $k_{CH_3}/k_{(CH_3)_2CH}=2.4\times10^3$，试解释之。

(8) 化合物 A 和 B 独立进行溶剂解实验时的速率如下，请解释。

A. $(CH_3)_2CHOTs$　　B. $[(CH_3)_3C]_2CHOTs$

相对速率：　1　　10^5

(9) 化合物 A 和 B 在含有 CH_3COO^- 的乙酸中进行溶剂解，A 的速率比 B 快 13 倍，A 只生成一种产物，B 的溶剂解产物是一混合物，试解释结果。

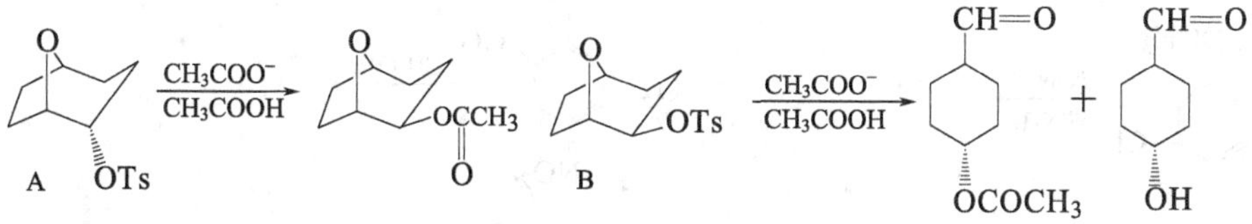

A →(CH_3COO^- / CH_3COOH)　　B →(CH_3COO^- / CH_3COOH) +

(10) 试解释：

① 化合物 A 的醋酸解是立体专一性的反应，仅生成反式异构体 B；

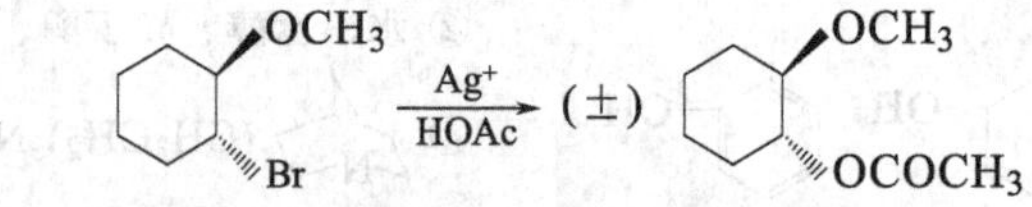

A $\xrightarrow[HOAc]{Ag^+}$ (±) B

② 在醋酸中 A 的醋酸解比 B 快 2×10^3 倍。

A. 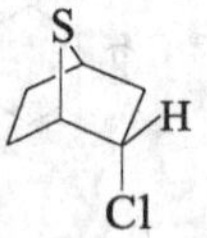　B.

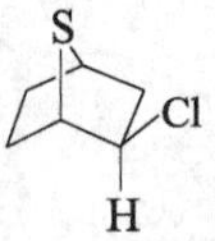

(11) 比较以下两个化合物在乙醇中的溶剂解速率，并用历程给出合理解释。

A. 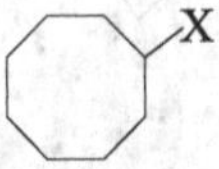　B.

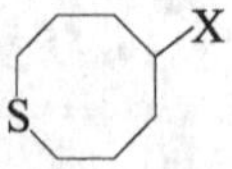

(12) 下列两个旋光化合物用水处理哪一个得到无旋光的产物？

A. 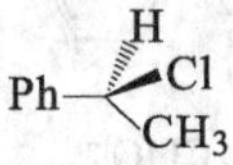　B.

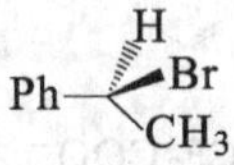

(13) 亚硝基苯在发生亲电取代反应时，亚硝基是第一类定位基或是第二类定位基，它致活或致钝苯环，简要解释之。

(14) 旋光性的环氧丙烷分别在酸或碱催化下水解，得构型相反的邻二醇，试解释这一结果。

(15) 顺-2-溴环己醇和反-2-溴环己醇用 HBr 水溶液处理都转变成相同的产物，简要解释之。

2. 写出下列反应主产物，如有立体异构体，请写出产物构型。

(1) 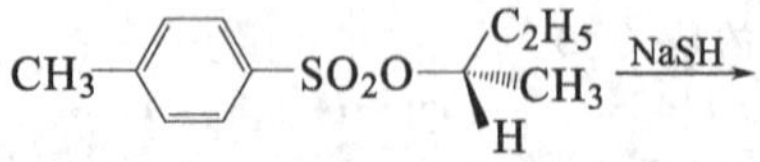 $\xrightarrow{NaSH}$　(2) $\xrightarrow{RNH_2}$

(3) $\xrightarrow{H_2O}$　(4) $\xrightarrow[OH^-]{H_2O}$

(5) $\xrightarrow{PPA}$　(6) $\xrightarrow{SOCl_2}$

(7) $\xrightarrow{CH_3OH}$　(8) $\xrightarrow[吡啶]{SOCl_2}$

(9) $\xrightarrow{AlCl_3}$　(10) $\xrightarrow{CN^-}$

(11) $\xrightarrow[液NH_3]{NaNH_2}$　(12) $\xrightarrow{CH_3ONa}$

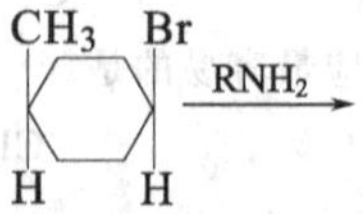

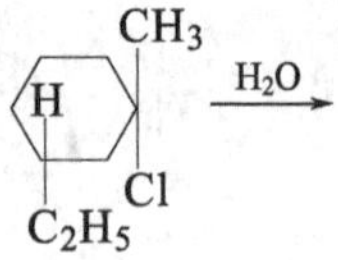

(13) $\xrightarrow[h\nu]{NBS}$　(14) $\xrightarrow[ZnCl_2,HCl]{HCHO}$

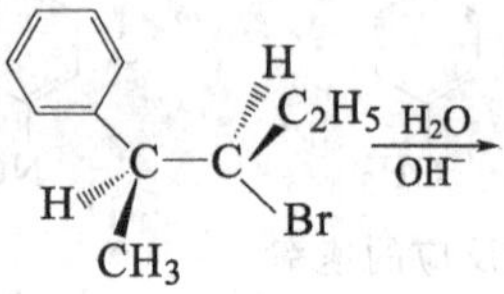

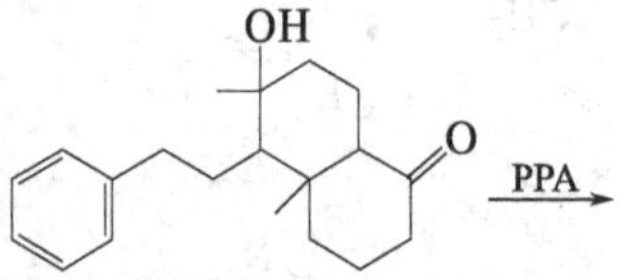

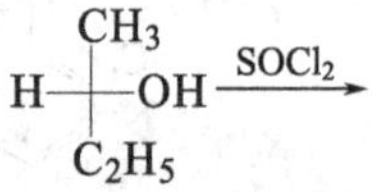

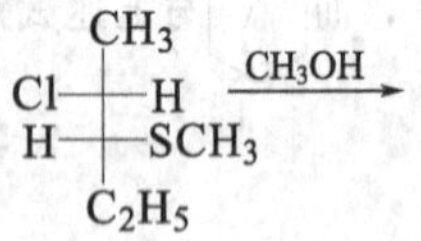

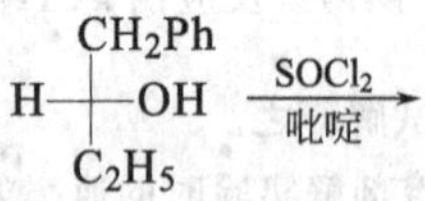

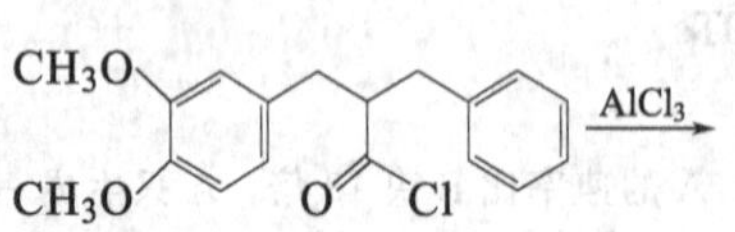

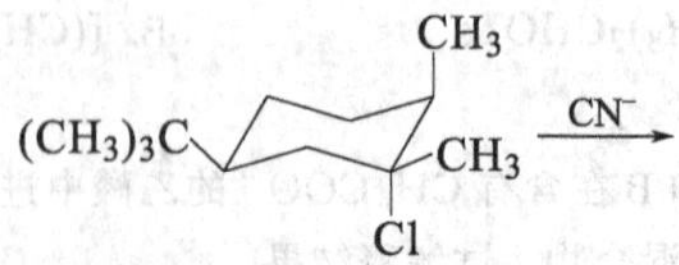

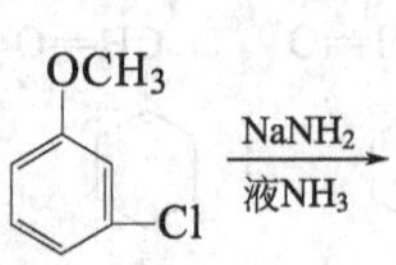

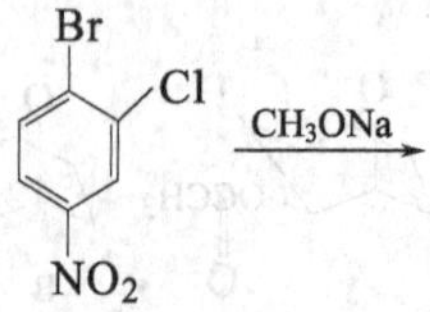

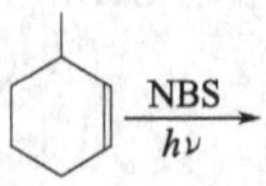

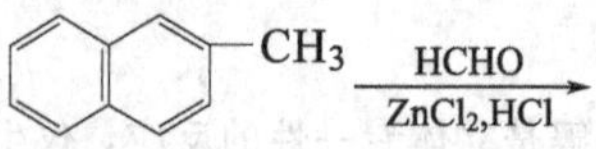

(15) 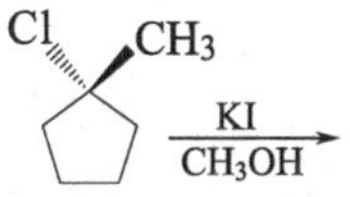 1-氯-1-甲基环戊烷 $\xrightarrow[CH_3OH]{KI}$

(16) 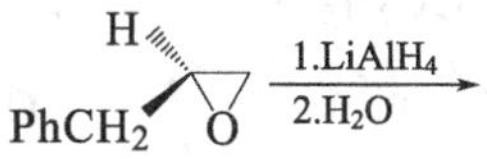 $\xrightarrow[2.H_2O]{1.LiAlH_4}$（H，$PhCH_2$ 取代环氧乙烷）

(17) 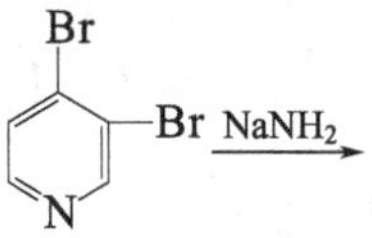 3,4-二溴吡啶 $\xrightarrow{NaNH_2}$

(18) 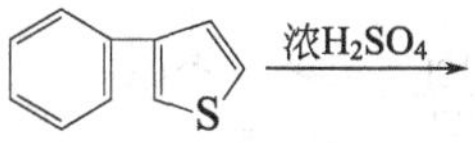 3-苯基噻吩 $\xrightarrow{浓H_2SO_4}$

(19) 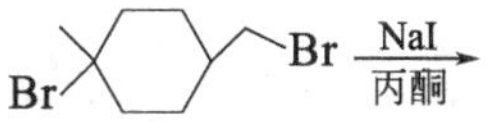 $\xrightarrow[丙酮]{NaI}$（Br，Br）

(20) 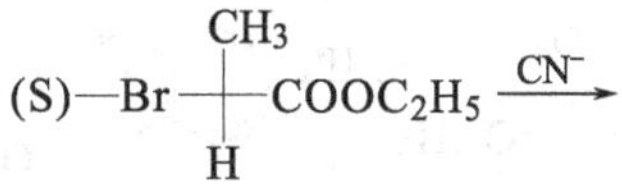 (S)—Br—C(CH_3)(H)—$COOC_2H_5$ $\xrightarrow{CN^-}$

(21) 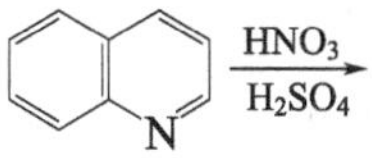 喹啉 $\xrightarrow[H_2SO_4]{HNO_3}$

(22) 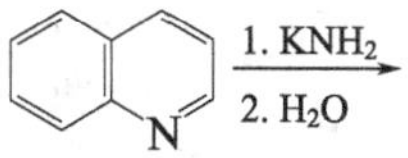 喹啉 $\xrightarrow[2.\ H_2O]{1.\ KNH_2}$

(23) 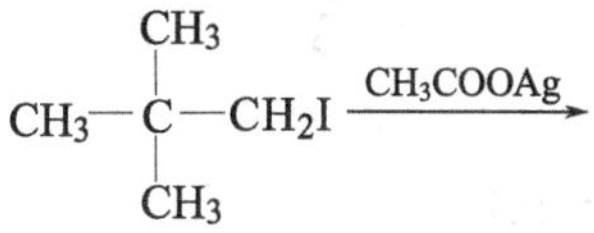 $CH_3-C(CH_3)_2-CH_2I$ $\xrightarrow{CH_3COOAg}$

(24) 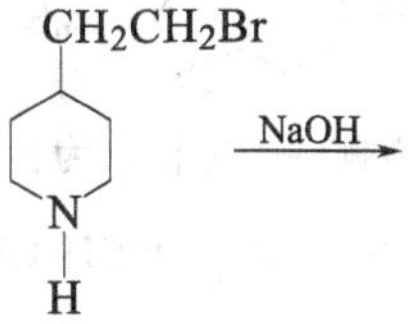 4-(CH_2CH_2Br)哌啶（N—H） $\xrightarrow{NaOH}$

(25) 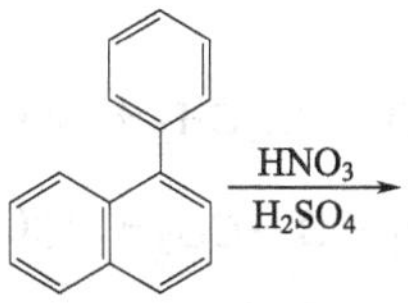 1-苯基萘 $\xrightarrow[H_2SO_4]{HNO_3}$

(26) 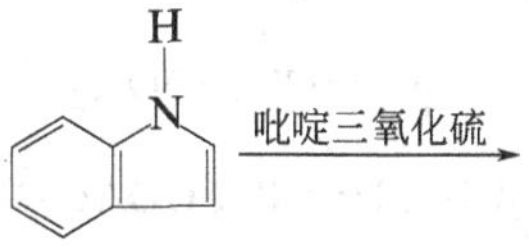 吲哚（N—H） $\xrightarrow{吡啶三氧化硫}$

3. 为下列反应提出可能的机理。

(1) 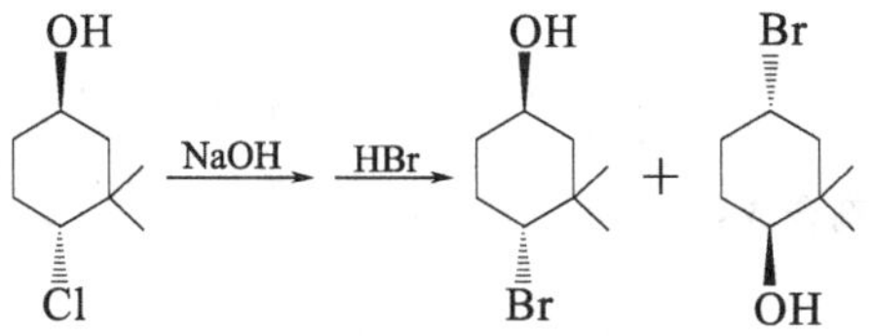 (OH，Cl，二甲基环己烷) $\xrightarrow{NaOH}$ $\xrightarrow{HBr}$ (OH，Br) + (Br，OH)

(2) 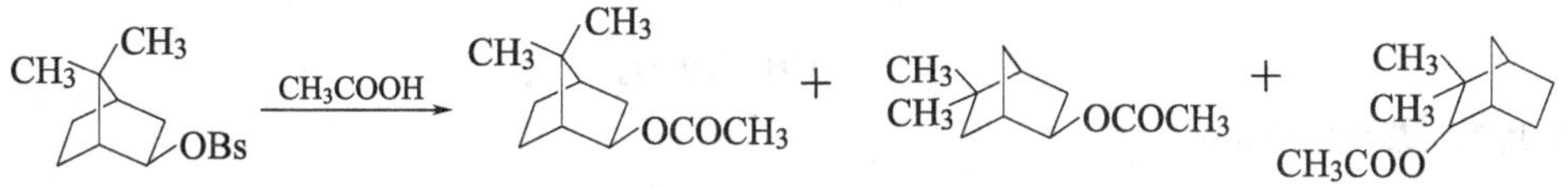 (CH_3，CH_3，OBs) $\xrightarrow{CH_3COOH}$ (CH_3，CH_3，$OCOCH_3$) + (CH_3，CH_3，$OCOCH_3$) + (CH_3，CH_3，CH_3COO)

(3) $HC\equiv CCH_2CH_2CH_2Cl \xrightarrow{CF_3COOH} H_2C=C(Cl)CH_2CH_2CH_2OCOCF_3$

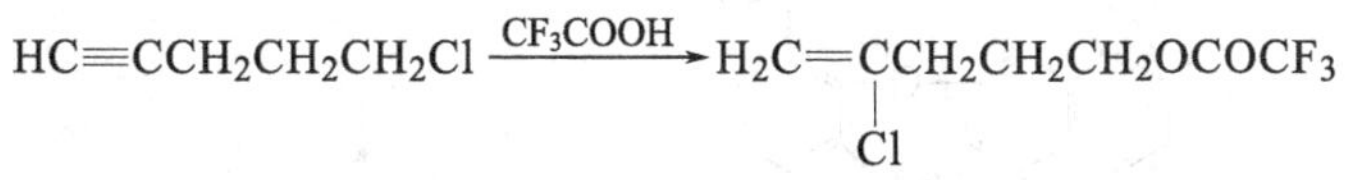

(4) 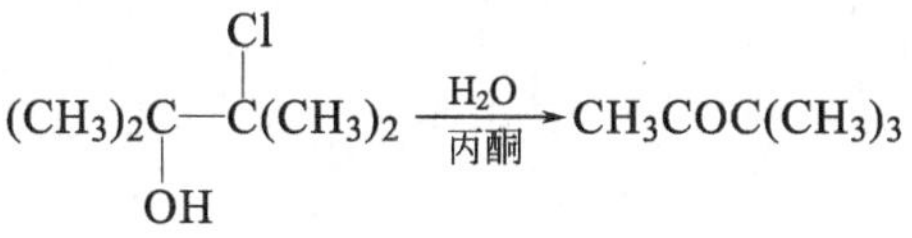 $(CH_3)_2C(OH)-C(Cl)(CH_3)_2 \xrightarrow[丙酮]{H_2O} CH_3COC(CH_3)_3$

(5) ① (Br，Br) $\xrightarrow[丙酮]{CH_3COO^-}$ (±) ($OCOCH_3$，CH_3COO)　② (Br，Br) $\xrightarrow[丙酮]{CH_3COO^-}$ ($OCOCH_3$，CH_3COO)

(6) ① (Br，H，CH_3；CH_3，H，OH) $\xrightarrow{浓HBr}$ (CH_3；H—Br；H—Br；CH_3)　② (Br，H，CH_3；H，CH_3，OH) $\xrightarrow{浓HBr}$ (dl) (CH_3；H—Br；Br—H；CH_3)

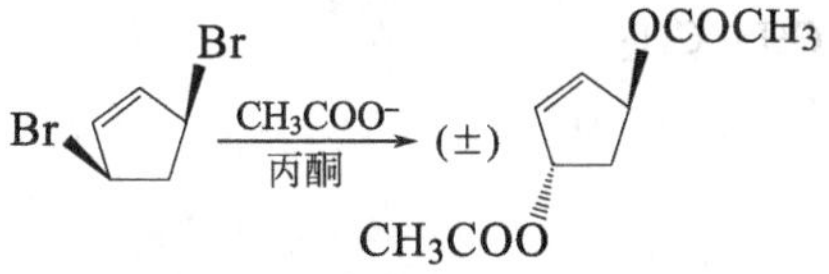

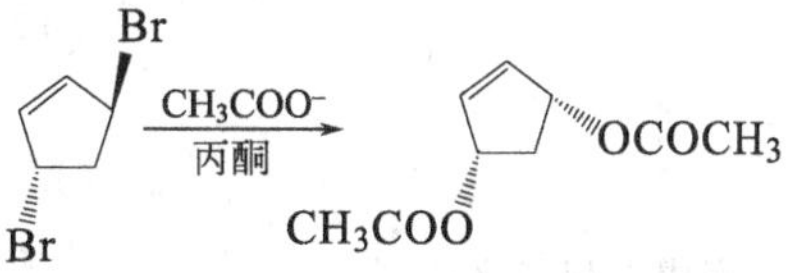

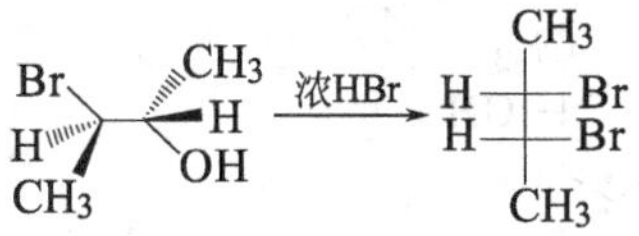

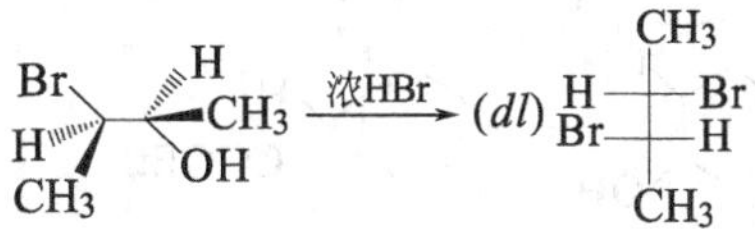

(7) 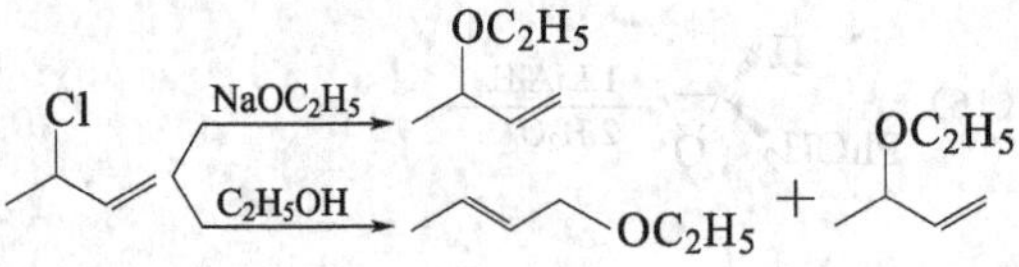 [reaction scheme: 3-chloro-1-butene; with $NaOC_2H_5$ → 3-ethoxy-1-butene (OC_2H_5); with C_2H_5OH → 1-ethoxy-2-butene (OC_2H_5) + 3-ethoxy-1-butene (OC_2H_5)]

(8) 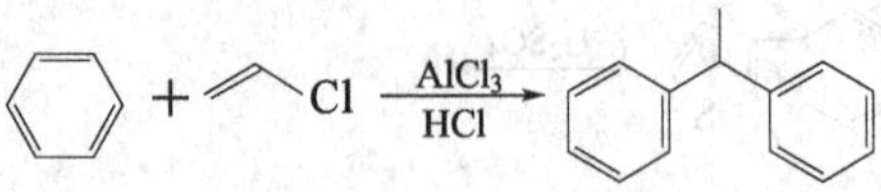 苯 + 氯乙烯 (Cl) $\xrightarrow[HCl]{AlCl_3}$ 1,1-二苯基乙烷

(9) 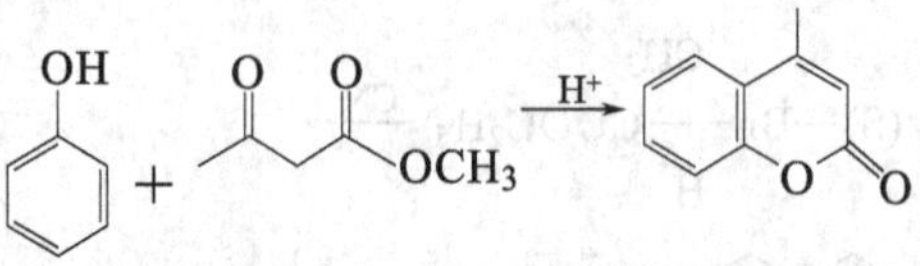 苯酚 (OH) + 乙酰乙酸甲酯 (OCH_3) $\xrightarrow{H^+}$ 4-甲基香豆素

(10) 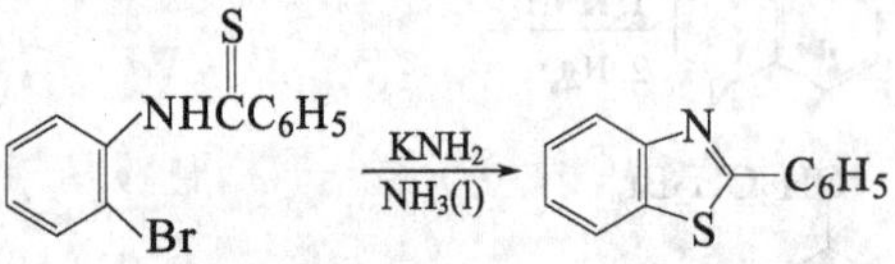 邻溴苯基硫代苯甲酰胺 ($NHC(=S)C_6H_5$, Br) $\xrightarrow[NH_3(l)]{KNH_2}$ 2-苯基苯并噻唑 (C_6H_5, N, S)

4. 在下列每一对反应中，预测哪一个更快，为什么？

(1) (A) $CH_3CH{=}CHCH_2Cl + H_2O \xrightarrow{\triangle} CH_3CH{=}CHCH_2OH + HCl$

(B) $CH_2{=}CHCH_2CH_2Cl + H_2O \xrightarrow{\triangle} CH_2{=}CHCH_2CH_2OH + HCl$

(2) (A) $CH_3CH_2{-}O{-}CH_2Cl + CH_3COOAg \xrightarrow{CH_3COOH} CH_3COOCH_2{-}O{-}CH_2CH_3 + AgCl\downarrow$

(B) $CH_3{-}O{-}CH_2CH_2Cl + CH_3COOAg \xrightarrow{CH_3COOH} CH_3COOCH_2CH_2{-}O{-}CH_3 + AgCl\downarrow$

(3) (A) $CH_3CH_2I + SH^- \xrightarrow{CH_3OH} CH_3CH_2SH + I^-$

(B) $CH_3CH_2I + SH^- \xrightarrow{DMF} CH_3CH_2SH + I^-$

5. 完成下列合成。

(1) 用苯和不超过四碳的有机原料，以及其他必要试剂合成：

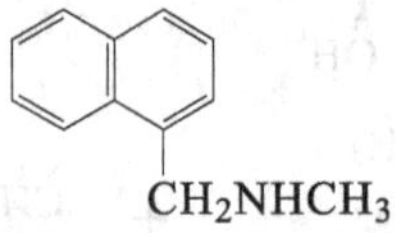

[structure: 1-naphthyl-CH_2NHCH_3]

(2) 用苯、萘和必要试剂合成：

[structure: 2-naphthyl 2,6-dinitrophenyl ether (NO_2, O_2N)]

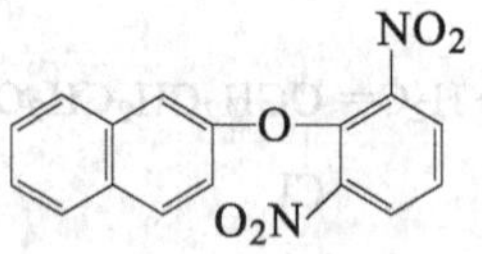

(3) 用苯甲酸合成 2,4,6-三溴苯甲酸。

(4) 由苯和必要的试剂合成：

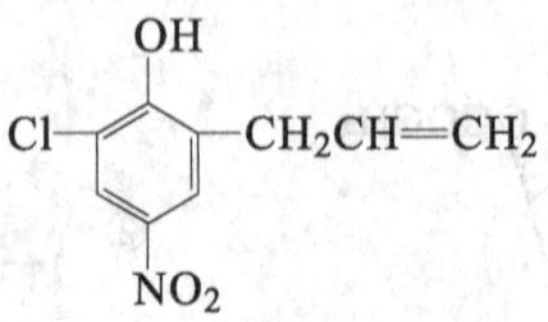

[structure: 2-allyl-6-chloro-4-nitrophenol (OH, Cl, $CH_2CH{=}CH_2$, NO_2)]

(5) 完成下列转化：

① [2-chlorocyclohexanol (Cl, OH)] ⟶ [bicyclo[4.1.0]heptane-7-carboxylate (H, COOEt)]　② [2-chloro-2-methylcyclohexanol (CH_3, Cl, OH)] ⟶ [1-methylcyclohexanol (CH_3, OH)]

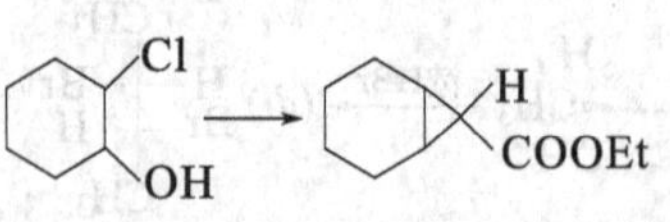

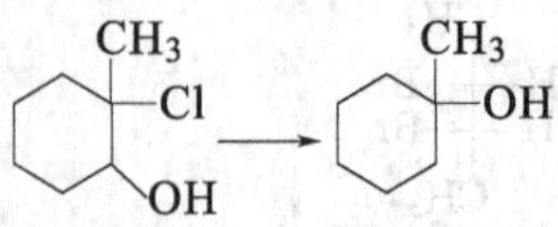

③ [苯] ⟶ [3,4,5-三溴苯酚：OH，Br，Br，Br] ④ [甲苯 CH_3] ⟶ [2-氯-5-硝基苯甲酸：Cl，COOH，NO_2]

6. 盐酸卡布特罗是1980年Smith Kline & French（英国）开发的一种用于治疗支气管的药物。其合成路线如下：

$$\text{HO-C}_6\text{H}_4\text{-COCH}_3 \xrightarrow{HNO_3} \text{(3-硝基-4-羟基苯乙酮)} \xrightarrow[NaI,C_2H_5OH]{PhCH_2Cl,NaOH} (A) \xrightarrow[0.1MPa]{H_2,PtO_2} (B) \xrightarrow{COCl_2,PhCH_3} \text{(4-苄氧基-3-异氰酸酯基苯乙酮, } N{=}C{=}O\text{)}$$

$$\xrightarrow{NH_3(g),C_6H_6} (C) \xrightarrow[CHCl_3]{Br_2} (D) \xrightarrow[CH_3CN]{PhCH_2NHC(CH_3)_3} (E) \xrightarrow[CH_3OH,0.4MPa]{H_2,10\%\ Pd\text{-}C} \text{(}PhCH_2O\text{-}C_6H_3(NHCONH_2)\text{-}CH(OH)CH_2N(CH_2Ph)C(CH_3)_3\text{)} \xrightarrow{HCl} (F)$$

（1）请写出合成路线中A、B、C、D、E、F的结构式。

（2）在最后一步反应中，用盐酸酸化得到盐酸卡布特罗（F），请说明你认为的那一个氮原子质子化而不是其他氮原子质子化的原因。

（3）请用系统命名法（IUPAC）命名化合物（A）。

（4）在合成化合物A的实验步骤中，请说明NaI的主要作用是什么？

7. 写出以下反应的产物、中间体或试剂。

（1）

$$\text{(水杨酸: }HO_2C,\ HO\text{)} \xrightarrow{Ac_2O,H^+} A \xrightarrow{AlCl_3} B \xrightarrow{Br_2,HCCl_3} C \xrightarrow{NH_2C(CH_3)_3} D \xrightarrow{LiAlH_4} E \xrightarrow{F} \text{(沙丁胺醇: HO, HO, OH, N-H, 叔丁基)}$$

（2）槟榔啶是一种生物碱，其合成如下：

$$CH_2{=}CHCO_2C_2H_5 \xrightarrow{NH_3} A(C_5H_{11}O_2N) \xrightarrow{CH_2=CHCO_2C_2H_5} B(C_{10}H_{19}O_4N) \xrightarrow{NaOC_2H_5} C(C_8H_{13}O_3N)$$

$$\xrightarrow{C_6H_5COCl} D(C_{15}H_{17}O_4N) \xrightarrow[Ni]{H_2} E(C_{15}H_{19}O_4N) \xrightarrow[\triangle]{H^+} F(C_6H_9O_2N) \xrightarrow{CH_3I} \text{T.M.}$$

根据所给信息，推出A、B、C、D、E、F的结构式。

（3）

$$Cl\text{-}C_6H_4\text{-}CH_3 \xrightarrow[h\nu]{Cl_2} A \xrightarrow[CH_3OH]{NaCN} B \xrightarrow[KOH,DMSO]{Br(CH_2)_3Br} C \xrightarrow[2.H_3O^+]{1.BrMg\text{-}CH_2CH_2CH(CH_3)_2,\ Et_2O} \text{(酮，O)} \xrightarrow{D} \text{(胺，}NH_2\text{)} \xrightarrow{E} \text{(N,N-二甲基胺，N)}$$

（4）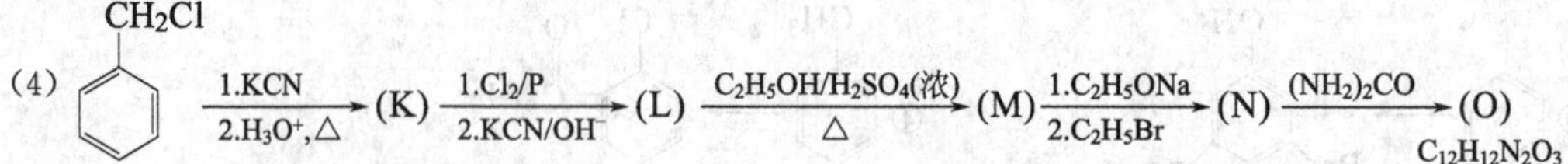

8. 化合物（A）是一个胺，分子式为 C_7H_9N。（A）与对甲苯磺酰氯在 KOH 溶液中作用，生成清亮的液体，酸化后得白色沉淀。当（A）用 $NaNO_2$ 和 HCl 在 0～5℃处理后再与 α-萘酚作用，生成一种深颜色的化合物（B）。（A）的 IR 谱表明在 $815cm^{-1}$ 处有一强的单峰。试推测（A）、（B）的构造式并写出各步反应式。

第六章　加成反应

在反应中，π 键断开，两个不饱和原子和其他原子或原子团结合，形成两个 σ 键，这种反应称为加成反应。加成反应可分为两类：一是碳碳重键的加成，一是碳杂重键的加成。前者的重键无极性，后者有显著极性，故二者的反应机理并不完全相同。根据反应历程，加成反应又可分为自由基加成、离子型加成和协同加成三类。离子型加成又可分为亲核和亲电加成。本章主要讨论自由基、亲电和亲核加成反应。

第一节　自由基加成反应

烯烃受自由基进攻而发生的加成反应称为自由基加成反应。烯烃可与溴化氢、多卤代甲烷、醛和硫醇等化合物发生自由基加成反应，现分述如下。

一、烯烃与溴化氢的加成

溴化氢在过氧化物影响下与烯烃发生反马氏规则的加成反应已被认定是自由基历程，反应中的自由基加成与离子加成是竞争性地进行的。如：

$$CH_3CH{=}CH_2 \xrightarrow[\text{过氧化物}]{HBr} CH_3CH_2CH_2Br$$

1. 反应历程

链引发：

$$RO{-}OR \xrightarrow{\text{加热或光照}} 2RO\cdot$$

$$RO\cdot + H{-}Br \longrightarrow ROH + Br\cdot$$

链增长：

$$RCH{=}CH_2 + Br\cdot \longrightarrow R\dot{C}HCH_2Br(\text{主})$$

$$RCH{=}CH_2 + Br\cdot \longrightarrow RCHBrCH_2\cdot(\text{次})$$

$$R\dot{C}HCH_2Br + HBr \longrightarrow RCH_2CH_2Br + Br\cdot$$

$$\cdots\cdots$$

链终止：

$$R\dot{C}HCH_2Br + Br\cdot \longrightarrow RCH(Br)CH_2Br$$

$$RO\cdot + Br\cdot \longrightarrow ROBr$$

$$2R\dot{C}HCH_2Br \longrightarrow RCH(CH_2Br){-}CH(CH_2Br)R$$

$$2Br\cdot \longrightarrow Br_2$$

2. 立体化学特征

脂肪性和脂环性烯与 HBr 的自由基加成都曾被研究过。发现反式加成占优势，这与预料的立体化学有些不同，本来预想 sp^2 碳自由基在反应过程中会很快旋转，而与 HBr 进行反应。

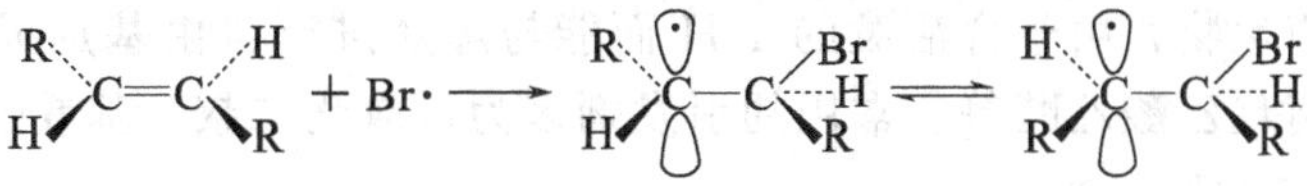

$$RHC{=}CHR + Br\cdot \longrightarrow R(H)\dot{C}{-}C(Br)(H)R \rightleftharpoons H(R)\dot{C}{-}C(Br)(H)R$$

如果发生后一动态平衡，就既可以顺式加成，也可能反式加成。但是实验证明，氢与溴的加成方向是相反的，说明中间体是一个带单电子的溴桥，这与离子加成情况相似。

$$R(H)C=C(H)R + Br\cdot \longrightarrow \text{溴桥自由基} \xrightarrow{HBr} RHBrC-CHBrR$$

二、多卤代甲烷与烯的加成

多卤代甲烷特别是四卤甲烷和三卤甲烷在引发剂存在下，与烯烃的自由基加成具有合成价值。这些反应是链式过程，依靠从多卤代甲烷中均裂出一个卤原子或氢原子。

$$BrCCl_3 + RO\cdot \longrightarrow \cdot CCl_3 + ROBr$$

$$HCBr_3 + RO\cdot \longrightarrow ROH + \cdot CBr_3$$

$$CBr_4 + RO\cdot \longrightarrow \cdot CBr_3 + ROBr$$

如：

$$BrCCl_3 + \text{环己烯} \xrightarrow{h\nu} \text{反式产物 (55\%)} + \text{顺式产物 (45\%)}$$

$$BrCCl_3 + \text{降冰片烯} \xrightarrow{h\nu} \text{产物 (反式)}$$

$$BrCCl_3 + \text{八氢萘烯} \xrightarrow{h\nu} \text{产物 (反式，两个基团处于}\alpha\text{键)}$$

多卤代甲烷的活性次序为：$CBr_4 > CBrCl_3 > CCl_4 > CH_2Cl_2 > CH_3Cl$

烯中的 R 基对反应也有影响，一般烯键在末端，CX_3—加在末端碳上，如果 R 基是推电子或有动态+C 效应者，加成速率加快：Ph，$CH_3 > H > PhCH_2 > CH_2Cl > CH_2CN$。这个次序说明链式自由基加成也是亲电性的。

三、醛、硫醇对烯烃的加成

醛羰基上 C—H 键和硫醇巯基 S—H 的均裂能量与 H—Br 键的键能相近，所以醛和硫醇也能与烯进行自由基加成反应，在这一连锁反应中，RCO·和 RS·为链的传递者。如：

$$CH_3CHO + PhCH=CH_2 \xrightarrow{ROOR} PhCH(H)CH_2COCH_3$$

$$ROOR \xrightarrow{\triangle} RO\cdot \xrightarrow{CH_3CHO} CH_3\overset{O}{\overset{\|}{C}}\cdot \xrightarrow{PhCH=CH_2} Ph\dot{C}HCH_2COCH_3 \xrightarrow[-CH_3\dot{C}=O]{CH_3CHO} PhCH(H)CH_2COCH_3$$

反应有一定合成意义，与之相似的是硫醇与烯的加成。

$$PhCH=CH_2 + CH_3CH_2SH \xrightarrow{ROOR} PhCH_2CH_2SCH_2CH_3$$

$$CH_3CH_2SH \xrightarrow{RO\cdot} CH_3CH_2S\cdot \xrightarrow{PhCH=CH_2} Ph\dot{C}HCH_2SCH_2CH_3 \xrightarrow[-CH_3CH_2S\cdot]{CH_3CH_2SH} PhCH(H)CH_2SCH_2CH_3$$

四、羧酸及其衍生物对烯烃的加成

很多羧酸及其衍生物，由于含活泼的 α-H 而能与烯烃进行自由基加成，特别是乙酰乙酸乙酯、丙二酸酯、卤代乙酸乙酯等。常用的引发剂多为过氧化二叔丁基或过氧化二甲苯酰，反应温度一般为 145～170℃。如：

$$CH_2(COOC_2H_5)_2 + C_6H_{13}CH{=}CH_2 \xrightarrow{ROOR} C_6H_{13}\underset{H}{CH}\underset{CH(COOC_2H_5)_2}{CH_2}$$

$$CH_2(COOC_2H_5)_2 \xrightarrow{RO\cdot} \dot{C}H(COOC_2H_5)_2 \xrightarrow{C_6H_{13}CH=CH_2} C_6H_{13}\dot{C}H\underset{CH(COOC_2H_5)_2}{CH_2}$$

$$\xrightarrow[-\dot{C}H(COOC_2H_5)_2]{CH_2(COOC_2H_5)_2} C_6H_{13}\underset{H}{CH}\underset{CH(COOC_2H_5)_2}{CH_2}$$

当我们采用 α-卤代酸酯 $BrCH_2COOC_2H_5$ 时，反应中被传递的不是氢而是溴，加成产物为增长碳链的 γ-卤代酸酯。

$$BrCH_2COOC_2H_5 + RO\cdot \longrightarrow ROBr + \cdot CH_2COOC_2H_5$$

$$\cdot CH_2COOC_2H_5 + C_6H_{13}CH{=}CH_2 \longrightarrow C_6H_{13}\dot{C}HCH_2CH_2COOC_2H_5$$

$$C_6H_{13}\dot{C}HCH_2CH_2COOC_2H_5 + BrCH_2COOC_2H_5 \longrightarrow C_6H_{13}\underset{Br}{CH}\underset{CH_2COOC_2H_5}{CH_2} + \cdot CH_2COOC_2H_5$$

从形式上看羧酸酯与烯的反应是烷基化反应，烯作为烷基化试剂使酯增长碳链，在合成上有很大用途，如大环酯类，香料中间体十三碳二酸的合成就可采用该反应。

第二节　亲电加成反应

在决定反应速率的步骤中，由亲电试剂进攻而进行的加成反应称为亲电加成反应。碳—碳不饱和键中 π 键较弱，所以它们很容易和缺电子的亲电试剂进行反应。

一、亲电加成反应历程

亲电加成反应的第一步是一个带正电荷的，或者带部分正电荷的（偶极或诱导极化的正端）试剂进攻双键或三键，将 π 键电子对转变为 σ 电子对，形成碳正离子中间体或环状鎓离子中间体。反应的第二步与 S_N1 反应第二步相似，为碳正离子中间体与负离子结合为产物。

1. 双分子亲电加成反应 Ad_E2

这一类加成反应动力学上表现为二级反应，对烯烃和亲电试剂各一级，即 $v=k$[烯烃][亲电试剂]，故称为双分子亲电加成反应，用 Ad_E2（bimolecular electrophilic addition）表示。这一类反应机理可细分为两种类型三种情况，反应中涉及碳正离子和环状鎓离子（或称桥鎓离子）中间体。

(A)　$>C{=}C< + E{:}Nu \xrightarrow{慢}$

$\longrightarrow -\underset{E}{C}-\overset{+}{C}- \xrightarrow[快]{Nu^-} -\underset{E}{C}-\underset{Nu}{C}-$　顺、反异构体

$\longrightarrow >C\underset{E^+}{-}C< \xrightarrow[快]{Nu^-} -\underset{E}{C}-\overset{Nu}{C}-$　反异构体

(B)　$E{:}Nu \longrightarrow E^+ + Nu^-$

$>C{=}C< + E^+ \longrightarrow -\underset{E}{C}-\overset{+}{C}- \xrightarrow[快]{Nu^-} -\underset{E}{C}-\underset{Nu}{C}-$　顺、反异构体

类型（A）的亲电试剂是带部分正电荷的偶极或诱导极化的正端，生成的碳正离子或环状

鎓离子中间体最初是以离子对的形式存在，反应的立体化学取决于正负离子对相互反应的活性大小，在结合为反应最终产物前如果彼此是自由的，这样得到的产物将是顺、反异构体混合物；正负离子对也可能是不自由的，这样得到的产物将只有反式异构体。类型（B）的亲电试剂是带正电荷的离子，中间体是一个独立的碳正离子，形成时不存在相反离子的作用，最终反应产物也是顺、反异构体混合物。

（1）碳正离子历程

烯烃与各种酸的加成相当于前述类型（B）的反应历程，亲电性的质子由酸离解产生，质子对烯烃的亲电加成这一步为慢反应，是决定反应速率的步骤，第二步再加上负性基团。

$$>C=C< + H^+ \xrightarrow{慢} -\underset{H}{\overset{|}{C}}-\overset{+}{C}- \xrightarrow[快]{X^-} -\underset{H}{C}-\underset{X}{C}-$$

某些烯烃的加成反应除得到正常产物外，还得到重排产物，这也可以作为碳正离子中间体历程的证据。如 3,3-二甲基-1-丁烯与卤化氢的加成得到重排产物 2,3-二甲基-2-卤丁烷。

$$CH_3-C(CH_3)_2-CH=CH_2 \xrightarrow{HCl} CH_3-C(CH_3)_2-\overset{+}{C}H-CH_3 \xrightarrow[迁移]{-CH_3} CH_3-\overset{+}{C}(CH_3)-CH(CH_3)-CH_3 \xrightarrow{Cl^-} CH_3-C(Cl)(CH_3)-CH(CH_3)-CH_3$$

83%

（2）桥鎓离子历程

烯烃与溴的加成反应是典型的桥鎓离子历程。如：

$$\overset{\delta^-}{Br}-\overset{\delta^+}{Br} + \text{顺-2-丁烯} \underset{}{\overset{慢}{\rightleftharpoons}} \text{环状溴鎓离子} + Br^- \xrightarrow{快} \text{(2R,3R)-2,3-二溴丁烷} + \text{(2S,3S)-2,3-二溴丁烷}$$

(±) 外消旋体

反应的第一步是极化了的 Br_2 分子中 δ^+ 一端进攻顺-2-丁烯，生成环状溴鎓离子中间体，这是慢的一步。环状结构的溴鎓离子中间体阻止了碳碳单键的旋转。第二步 Br^- 进攻这两个环碳原子的机会是均等的，所以生成的产物是外消旋体，且是快反应。

简单和非共轭烯烃被认为易生成溴鎓离子，理论计算结果表明环状溴鎓离子比相应的开链碳正离子能量约低 40kJ/mol，稳定得多，因而易于生成。元素周期表中的第二或更高的周期的亲电试剂，如 Cl_2、Br_2、I_2，对多数烯烃的 Ad_E2 加成反应可形成桥鎓离子中间体，但有的情况下要先经过烯-卤素络合物，再生成桥鎓离子中间体，且这些桥鎓离子不如环状溴鎓离子稳定，有可能与开链的碳正离子平衡存在，最终是桥鎓离子中间体还是开链的碳正离子何者进行第二步反应生成加成产物，取决于底物的结构和反应条件。

$$\underset{\vdots\, X_2}{>C=C<} \rightleftharpoons >\underset{\overset{+}{X}}{C-C}< \rightleftharpoons -\underset{X}{C}-\overset{+}{C}-$$

加成反应的立体化学可以说明桥鎓离子的存在。形成鎓离子以后，亲核试剂需要从背面进攻，因此会得到反式加成产物。

2. 三分子亲电加成 Ad_E3

HCl 或 HBr 对烯的加成反应常常表现为三级动力学过程，反应速率方程是：$v=k$［烯烃］$[HX]^2$，一分子 E—Nu 的 E 端和另一分子 E—Nu 的 Nu 端分别从双键的两侧同时进攻形成加成产物，叫做三分子亲电加成，其立体化学特征也是反式加成。

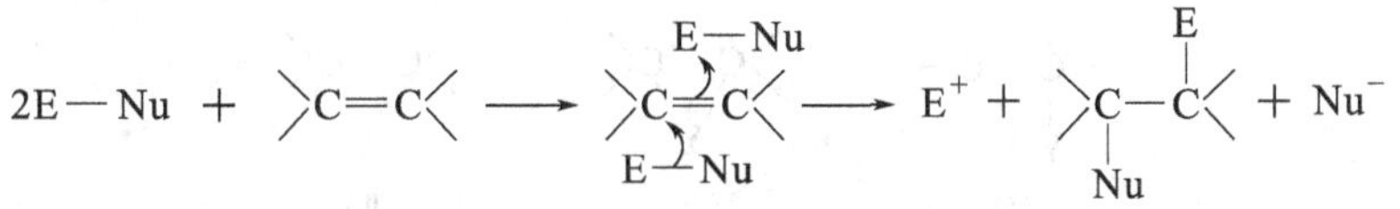

$$2E-Nu + \rangle C=C\langle \longrightarrow \rangle C=C\langle\ (E-Nu,\ E-Nu) \longrightarrow E^{+} + \rangle C(Nu)-C(E)\langle + Nu^{-}$$

实际上有效的三分子碰撞的情况是罕见的，有可能涉及烯与卤化氢的络合物与另一分子卤化氢的相互作用。

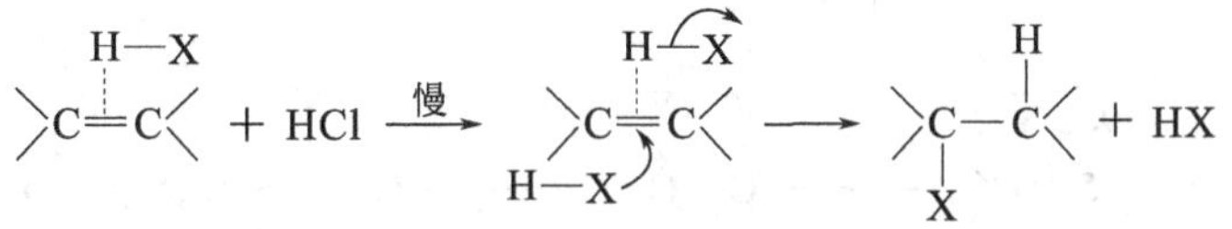

$$\rangle C=C\langle (H-X) + HCl \xrightarrow{慢} \rangle C=C\langle (H-X,\ H-X) \longrightarrow \rangle C(X)-C(H)\langle + HX$$

显然，由于上列慢反应是涉及烯与卤化氢的三分子反应，反应速率表现三级动力学过程。

前面已经指出，烯烃与低浓度的溴加成，在水和醇溶剂中进行是二级反应。但用极性小的溶剂或使用高浓度的溴，则在过渡态中第二个溴分子帮助第一个溴分子极化。

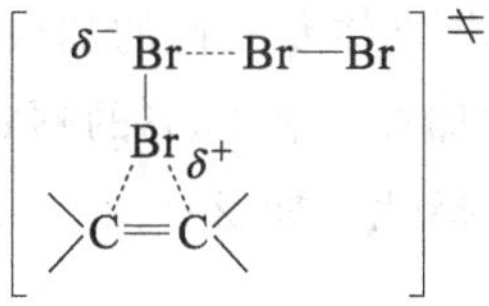

$$\left[\ {}^{\delta^-}Br\cdots Br-Br\ ;\ Br^{\delta^+}\ \rangle C=C\langle\ \right]^{\neq}$$

反应速率方程是：$v=k$[烯烃][Br_2]^2，也可视为 Ad_E3 历程。

二、亲电加成反应的立体化学

由于烯烃双键所在平面的上下覆盖着 π 电子云，亲电试剂从垂直于该平面的上面或下面接近双键碳原子是最有利的，然后试剂的亲核部分从亲电部分的同侧或异侧加到双键的另一碳原子上，这样就产生两种不同的结果。试剂的亲电和亲核部分从同侧加到双键上称为顺式加成，从异侧加到双键上称为反式加成。

对于 ABC═CBA 型的顺-反烯烃，如为顺式加成，则应得到赤 *dl* 对产物。

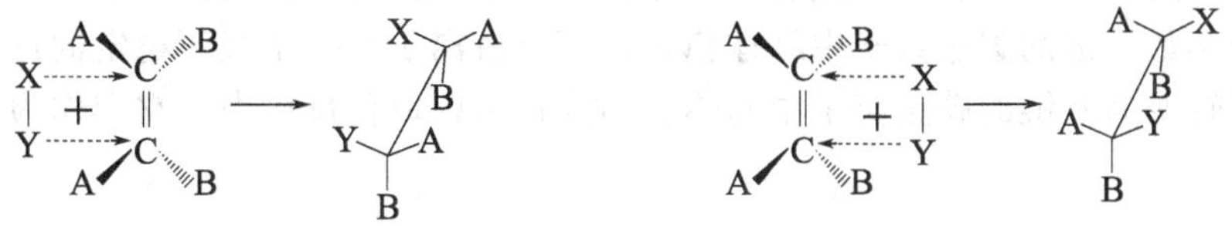

顺式加成

如为反式加成则形成苏 *dl* 对产物。

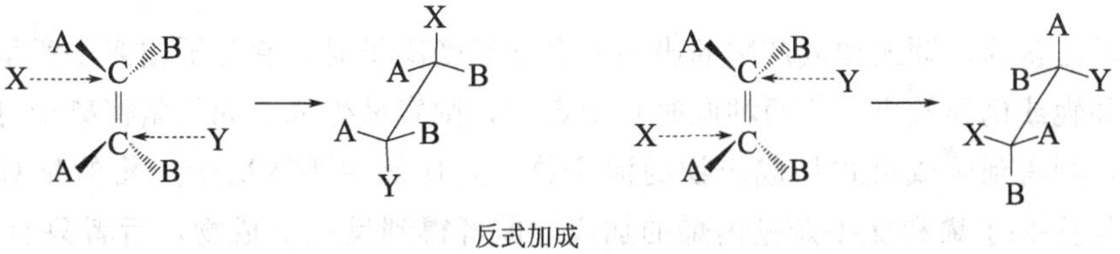

反式加成

当发生加成作用的烯为反式异构体时，则顺式加成作用得到苏 *dl* 对，而反式加成作用则得到赤 *dl* 对。在 X=Y 如 Br_2 的特殊情况下，“赤 *dl* 对”是一个内消旋体，苏 *dl* 对则为一对外消旋体。

1. 反应机理和立体化学

很容易看出涉及下列桥鎓离子中间体（Ⅱ）的加成反应必定为反式加成，涉及碳正离子中间体（Ⅰ）的反应，其立体化学很难预言，如果碳正离子（Ⅰ）具有足够长的寿命，单键能自由旋转，则加成反应一定为非立体专一性的。但另一面可能有某些因素使其保持构型，在此情况下 X 可由同侧或异侧进攻，决定于反应条件。如，碳正离子（Ⅲ）能由于 Y 的吸引而稳定，第二个基团可由反面进攻。

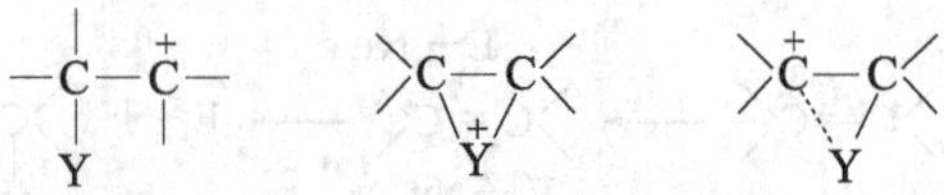

(Ⅰ) (Ⅱ) (Ⅲ)

若 Y 加成后形成紧密离子对，此时 X 已经位于 Y 所处的平面的同侧，离子对的破裂将导致顺式加成。

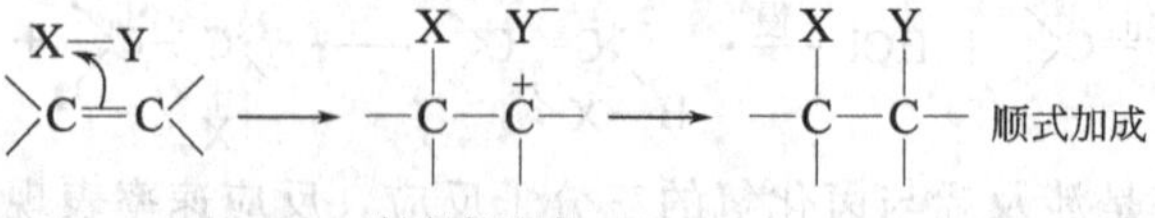

紧密离子对 顺式加成

Ad_E3 历程的立体化学也是反式加成。

碳碳叁键的加成是立体选择性而非立体专一性的加成反应，如丁炔二酸和溴在水溶液中进行加成反应时，得到 70%反式（反式加成）和 30%的顺式异构体（顺式加成）。

有的加成反应只有很小的立体选择性，如 Z-1,2-二甲基环己烯的酸性水合反应，生成大约等量的顺-和反-1,2-二甲基环己醇。

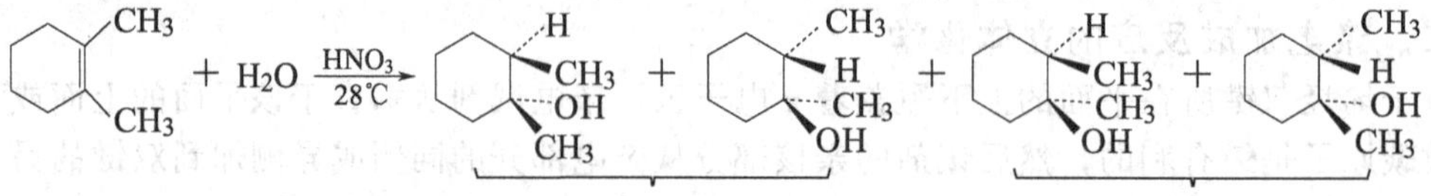

$$+ H_2O \xrightarrow[28℃]{HNO_3}$$

顺式45% 反式55%

实验表明，Br_2、Cl_2、HBr 与反-1-苯基丙烯的反式加成产物分别为 88%、33%和 12%。这一事实被认为是 Br、Cl 或 H 形成桥式离子的稳定性依次降低。溴桥离子中间体稳定性最高，氯桥离子不如开链的碳正离子中间体稳定，而氢桥离子是一个极不稳定的过渡态，即使形成，也将迅速转变为开链的碳正离子中间体。因为在亲核取代反应中，它们作为邻近基团的作用依次降低。

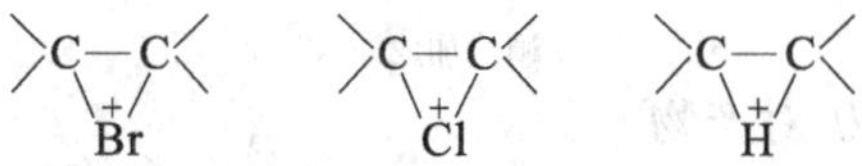

另一种看法认为，顺式加成产物的出现来自于紧密离子对，它与桥鎓离子竞争，若开链的离子对能被共轭或诱导效应（或两种同时）稳定时，则容易生成。如果紧密离子对进一步离解成自由离子，则得到顺或反式加成产物的混合物，其比例主要取决于产物的相对稳定性。例如，氯分别与反-2-丁烯和反-1-苯基丙烯的加成，前者得到反式加成物，后者只有 33%的反式加成物。这是由于碳正离子与桥鎓离子的相对稳定性(Ⅱ)>(Ⅰ)和(Ⅲ)>(Ⅳ)之故，带正电荷的碳原子与苯基相连时，正电荷离域得到稳定，故反式加成物减少。

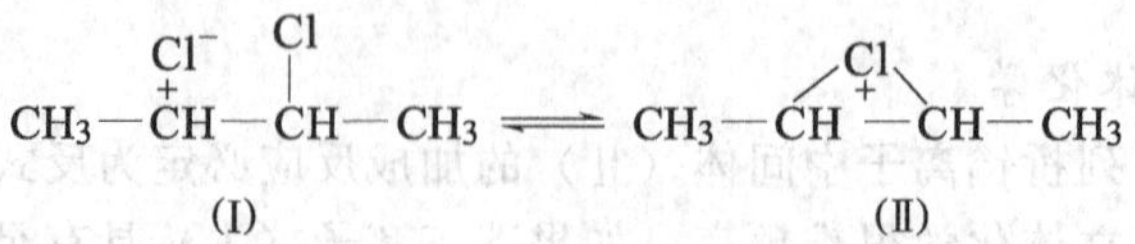

(Ⅰ) (Ⅱ)

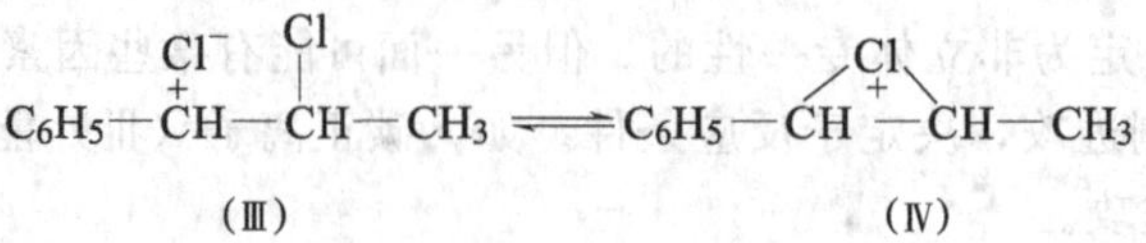

(Ⅲ) (Ⅳ)

2. 影响亲电加成反应立体化学的因素

影响亲电加成反应立体化学的因素除了亲电试剂和烯烃的结构以外，还有溶剂及温度的影响。

(1) 溶剂的影响

改变溶剂也能改变烯烃亲电加成反应的立体化学。如顺-1,2-二苯乙烯与溴在不同溶剂中的加成反应，内消旋和外消旋产物的比例不同，显示顺式和反式加成产物的比例不同，如表6-1所示。

$$\text{Ph(H)C=C(H)Ph} + Br_2 \xrightarrow{\text{溶剂}} \text{PhCH(Br)—CH(Br)Ph}$$

表 6-1 溶剂极性对加成立体化学的影响

溶剂	介电常数 ε/(F/m)	内消旋产物/外消旋产物	溶剂	介电常数 ε/(F/m)	内消旋产物/外消旋产物
环己烷	2.0	0	C_6H_5CN	25	0.6
CCl_4	2.2	0	CH_3NO_2	35	0.9
t-C_4H_9OH	11	0.3			

由表6-1可以看出，增加溶剂的极性有利于生成碳正离子中间体，而内消旋产物被认为是经过非环状的碳正离子中间体按顺式加成生成的。外消旋混合物（*dl* 对）则是经过溴鎓离子中间体按反式加成产生的。

(2) 外加试剂的影响

在反应体系中加入与亲电试剂相同的负离子将增加反式加成产物，这可以看作立体化学因素控制下的共同离子效应。例如，2-戊烯在乙酸溶液中于25℃与氯的反应，在无添加物时，反式加成物（2,3-二氯戊烷）为52%，添加入LiCl后，反式加成物为69%。

三、取代基的性质对烯烃加成反应的影响

1. 加成反应的方向

不对称结构烯烃的亲电加成遵从马氏（Markownikoff）规则，氢原子加到含氢较多的双键碳原子上，卤原子加到含氢较少的双键碳原子上的为主产物。如，在极性条件下，异丁烯与HBr加成，得到90%的叔丁基溴（马氏加成产物）。

当强吸电子基团和不饱和碳原子相连接时，则HX的加成违反马氏规则，即氢加到含氢较少的碳原子上，卤素加到含氢较多的碳原子上。如：

$$CF_3—CH=CH_2 \xrightarrow{HBr} CF_3—CH_2CH_2Br$$

$$(CH_3)_3N^+—CH=CH_2 \xrightarrow{HI} (CH_3)_3N^+—CH_2CH_2I$$

这是因为F_3C—和$(CH_3)_3N^+$—等基团的强−I作用使双键极化，形成的碳正离子（Ⅰ）较（Ⅱ）为稳定。

$$CF_3 \leftarrow \underset{\delta^-}{CH}=\underset{\delta^+}{CH_2} \xrightarrow{H^+} \underset{(\text{I})}{CF_3—CH_2\overset{+}{C}H_2} + \underset{(\text{II})}{CF_3—\overset{+}{C}HCH_3}$$

2. 烯烃的反应活性

烯烃双键上连有烷基，超共轭效应使双键的电子云密度增加而有利于亲电试剂的进攻，加成反应速率增加；吸电子基团的影响却完全相反。表6-2为甲基、卤素及羧基等基团对烯烃加成反应速率的影响。

表 6-2 溴和各种烯烃及其衍生物加成反应的相对速率（在 CH_2Cl_2 溶液中，$-78℃$）

化合物	相对速率	化合物	相对速率
$(CH_3)_2C=C(CH_3)_2$	14.0	$CH_2=CH_2$	1.0
$(CH_3)_2C=CHCH_3$	10.4	$CH_3CH=CHCO_2H$	0.26
$(CH_3)_2C=CH_2$	5.53	$CH_2=CHBr$	0.04
$CH_3CH=CH_2$	2.03	$CH_2=CHCO_2H$	0.03

四、亲电加成反应的实例

1. 烯烃与卤化氢的加成反应

反应遵循马氏规则。卤化氢的活性顺序为：HI＞HBr＞HCl。多数情况下烯烃与 HX 加成主要得到反式加成产物，但随烯的结构、温度及溶剂的不同，也有不同量的顺式加成产物。

2. 烯烃与卤素的加成反应

在无光照和自由基引发的情况下，烯烃与卤素的加成为离子反应，卤素的活性顺序为：$F_2>Cl_2>Br_2>I_2$。烯烃与卤素的加成反应主要得到反式加成产物，但当烯烃的双键连有芳基时，顺式加成产物增加，有时甚至以顺式加成产物为主。烯烃溴化反应的立体选择性通常高于氯化反应，可能是氯与烯烃形成的桥鎓离子中间体不如溴的桥鎓离子中间体稳定的缘故。

3. 加次氯酸

烯与氯水加成，相当于乙烯与次氯酸的加成。遵循马氏规则，带正电性部分的卤素加到含氢较多的双键碳原子上，形成较稳定的碳正离子。这一反应也多为反式加成。

$$\overset{\delta^-}{X}-\overset{\delta^+}{X} + \mathrm{C{=}C} \underset{}{\overset{\text{慢}}{\rightleftharpoons}} \text{(X 桥鎓离子)} \xrightarrow[-H^+]{OH_2} X-C-C-OH$$

4. 酸催化水合

在酸催化下，烯烃可以与水加成生成醇，在动力学上表现为二级反应，对烯烃和 H_3O^+ 各一级。最常用的酸催化剂是硫酸。反应历程可能是：

$$CH_2=CH_2 \xrightarrow[\text{慢}]{H^+} CH_3CH_2^+$$

$$CH_3CH_2^+ \xrightarrow[\text{快}]{HSO_4^-} CH_3CH_2OSO_2-OH \xrightarrow[\text{快}]{H_2O} CH_3CH_2OH + H_2SO_4$$

$$CH_3CH_2^+ \xrightarrow[\text{快}]{H_2O} CH_3CH_2\overset{+}{O}H_2 \xrightarrow[\text{快}]{-H^+} CH_3CH_2OH$$

后一历程恰好是乙醇酸催化脱水生成乙烯的逆过程。丙烯酸催化水合生成异丙醇，加成产物符合马氏规则。

5. 加碳正离子

烯烃质子化生成碳正离子。在合适的反应条件下，生成的碳正离子可以作为亲电试剂与尚未质子化的烯烃加成。如异丁烯在酸催化下主要生成二聚体（还生成少量三聚体等）。

6. 硼氢化反应

硼烷与烯烃迅速反应生成三烷基硼，该反应的亲电中心为缺电子的硼，是经由一个四元环状过渡态一步完成的协同反应。在硼氢化时，硼总是加到较少取代的不饱和碳原子上，得到反马氏规则产物，同时，硼氢化反应总是生成顺式加成产物。生成的三烷基硼用碱性 H_2O_2 氧化水解，即得到伯醇，称为硼氢化-氧化反应，是一个合成伯醇的重要方法。

氧化水解时 C—B 键转化为 C—OH 键，*C 的构型保持不变，可利用此不对称合成反应制备旋光性的醇。如 *Z*-2-丁烯与 R_2BH 加成，经碱性 H_2O_2 氧化-水解后，得到高光学纯的

2-丁醇。

7. 溶剂汞化反应

汞盐易与烯烃加成，汞加到含氢多的碳上，溶剂负离子加到含氢少的碳上，因此这个反应又叫溶剂汞化反应。

$$(CH_3)_2C{=}CH_2 + Hg(OCOCH_3)_2 \xrightarrow[THF/H_2O]{Hg(OCOCH_3)_2} (CH_3)_2\underset{\displaystyle OH}{\underset{|}{C}}{-}CH_2HgOCOCH_3$$

$$(CH_3)_2C{=}CH_2 + Hg(OCOCH_3)_2 \xrightarrow[THF/HOCH_3]{Hg(OCOCH_3)_2} (CH_3)_2\underset{\displaystyle OCH_3}{\underset{|}{C}}{-}CH_2HgOCOCH_3$$

用硼氢化钠还原汞化反应产物，可将产物中的汞原子用氢取代，此过程称“去汞”，这样就可以由烯烃制备醇、醚、酯等化合物。

$$(CH_3)_2\underset{\displaystyle OH}{\underset{|}{C}}{-}CH_2HgOCOCH_3 \xrightarrow{NaBH_4} (CH_3)_2\underset{\displaystyle OH}{\underset{|}{C}}{-}CH_3$$

$$(CH_3)_2\underset{\displaystyle OCH_3}{\underset{|}{C}}{-}CH_2HgOCOCH_3 \xrightarrow{NaBH_4} (CH_3)_2\underset{\displaystyle OCH_3}{\underset{|}{C}}{-}CH_3$$

此法制醇相当于烯烃加水，但条件更温和，反应中不发生重排，产率高，且得到遵从马氏规则的产物。反应过程可能如下：

$$>C{=}C< + Hg(OCOCH_3)_2 \xrightarrow{快} \left[-\underset{|}{C}\cdots\overset{+}{}HgOCOCH_3 \text{（环状汞鎓离子）}\right] \xrightarrow[慢]{H_2O} -\overset{|}{C}{-}HgOCOCH_3,\ HO{-}\underset{|}{C}{-}$$

汞化反应在动力学上表现为二级反应。绝大部分脂肪链烃和单环烯烃（环丁烯、环戊烯、环己烯、环庚烯）的汞化反应都以反式加成的方式进行。如：

$$\text{环己烯} + (CH_3COO)_2Hg \xrightarrow{CH_3OH} \text{反-2-甲氧基环己基}HgOCOCH_3\ (OCH_3,\ HgOCOCH_3) + \text{其对映体}\ (H_3CO,\ HgOCOCH_3)$$

第三节 亲核加成反应

一、烯烃的亲核加成

碳碳双键的离子加成一般是亲电的。但如果双键碳原子上带有强的吸电子基，烯烃就能被亲核试剂进攻而发生亲核加成。

$$Y{-}C{=}C< + E{-}Nu \longrightarrow -\bar{C}{-}\underset{\displaystyle Nu}{\underset{|}{C}}{-} + E^+$$

$$-\bar{C}{-}\underset{\displaystyle Nu}{\underset{|}{C}}{-} + E^+ \longrightarrow -\overset{\displaystyle E}{\overset{|}{C}}{-}\underset{\displaystyle Nu}{\underset{|}{C}}{-}$$

Y=—CHO, —COR, —COOR, —CONH$_2$, —CN, —NO$_2$, —SO$_2$R

例如，双键碳原子上带有 4 个强－I 效应氟原子的四氟乙烯难以与溴化氢发生亲电加成，可是在乙醇钠的催化下，却能迅速与乙醇发生亲核加成。

$$CF_2{=}CF_2 + C_2H_5OH \xrightarrow{C_2H_5O^-} HCF_2{-}CF_2OC_2H_5$$

其亲核加成的反应历程为：

$$CF_2{=}CF_2 \xrightarrow[慢]{C_2H_5O^-} \bar{C}F_2{-}CF_2{-}OC_2H_5 \xrightarrow[快]{C_2H_5OH} HCF_2{-}CF_2OC_2H_5$$

用 HBr 进行亲电加成时，$CH_2{=}CH_2$ 的活性比 $CF_2{=}CF_2$ 高得多；但在 $C_2H_5O^-$ 催化下，用 C_2H_5OH 进行亲核加成时，恰恰相反，$CF_2{=}CF_2$ 的活性则比 $CH_2{=}CH_2$ 高很多。

四氟乙烯还可与硫醇、硫化氢、$NaHSO_3$、氨或胺进行亲核加成反应，此外六氟丙烯及其他含氟烯烃、丙烯腈、丙烯醛、丙烯酸酯等也可与这些试剂进行亲核加成反应。

$$CF_2{=}CF_2 \xrightarrow{NaHSO_3} CHF_2CF_2SO_3Na$$

$$CH_2{=}CHCN \xrightarrow{NH_3} NH_2CH_2CH_2CN \xrightarrow{CH_2{=}CHCN} NH(CH_2CH_2CN)_2$$

$$2CH_2{=}CHCOOC_2H_5 \xrightarrow{H_2S} S(CH_2CH_2COOC_2H_5)_2$$

$$3CH_2{=}CH{-}CN + CH_3\overset{O}{\overset{\|}{C}}{-}CH_3 \xrightarrow{KOH} CH_3\overset{O}{\overset{\|}{C}}{-}C(CH_2CH_2CN)_3$$

二、炔烃的亲核加成

炔烃的亲电加成比烯烃困难，但炔烃较易与亲核试剂发生加成反应，如可和醇、HCN、RCOOH 等进行加成反应。

$$CH{\equiv}CH + CH_3OH \xrightarrow[约160℃,加压]{少量KOH} CH_2{=}CHOCH_3$$

$$CH{\equiv}CCH_3 + HCN \xrightarrow{Cu_2Cl_2\text{-}NH_4Cl} CF_2{=}\overset{CN}{\overset{|}{C}}{-}CH_3$$

不对称炔烃的亲核加成，净的结果仍遵循马氏规则，只是反应机理不同于亲电加成。

$$HCN \rightleftharpoons H^+ + CN^-$$

$$\underset{\delta^-}{CH}{\equiv}\underset{\delta^+}{C}{-}CH_3 \xrightarrow[慢]{CN^-} \bar{C}H{=}\overset{CN}{\overset{|}{C}}{-}CH_3$$

$$\bar{C}H{=}\overset{CN}{\overset{|}{C}}{-}CH_3 \xrightarrow[快]{HCN} CH_2{=}\overset{CN}{\overset{|}{C}}{-}CH_3$$

三、醛酮的亲核加成反应

由于醛、酮中的羰基呈高度极化状态，羰基碳原子上带有部分正电荷，氧原子上则带有部分负电荷。带负电荷的氧比带正电荷的碳要稳定得多，因此羰基的反应首先是亲核试剂（Nu）进攻羰基中正电性的碳原子。

1. 醛酮亲核加成反应历程

(1) 简单的亲核加成反应历程

为使亲核试剂的负电荷裸露出来，增加亲核性，常需碱催化。

$$HNu + :B \longrightarrow Nu^- + HB$$

$$Nu^- + A{-}\overset{O}{\overset{\|}{C}}{-}B \xrightarrow{慢} A{-}\underset{Nu}{\underset{|}{\overset{O^-}{\overset{|}{C}}}}{-}B \xrightarrow[或E^+]{H^+} A{-}\underset{Nu}{\underset{|}{\overset{OH}{\overset{|}{C}}}}{-}B$$

酸也可以催化醛酮的亲核加成反应。羰基质子化后，π电子发生转移，使碳原子带有正电荷，可提高羰基的反应活性。无论酸催化还是碱催化，决速步骤都是 Nu^- 进攻中心碳原子的一步。

$$A-\underset{\underset{:O:}{\|}}{C}-B + H-A \xrightleftharpoons{-A^-} A-\underset{\underset{\overset{+}{OH}}{\|}}{C}-B \longleftrightarrow A-\underset{\underset{OH}{|}}{\overset{+}{C}}-B$$

$$A-\underset{\underset{\overset{+}{OH}}{\|}}{C}-B + H-\ddot{N}u \xrightleftharpoons{慢} A-\underset{\underset{OH}{|}}{\overset{\overset{+Nu-H}{|}}{C}}-B \xrightleftharpoons{A^-} A-\underset{\underset{OH}{|}}{\overset{\overset{Nu}{|}}{C}}-B + HA$$

酸还能与羰基形成氢键，也使羰基活化。质子性溶剂也能起同样作用。

$$>\overset{\delta^+}{C}=\overset{\delta^-}{O}\cdots H-Cl \qquad >\overset{\delta^+}{C}=\overset{\delta^-}{O}\cdots H-Sol$$

（2）复杂的亲核加成反应历程

醛、酮和氨及其衍生物的加成反应，是较复杂的亲核加成反应过程，为加成-消除历程。

$$>C=O + H^+ \xrightleftharpoons{快} >C=\overset{+}{O}-H \xrightleftharpoons[慢]{H_2NB} >C<\begin{matrix}OH\\ \overset{+}{N}H_2B\end{matrix} \xrightleftharpoons{快} >C<\begin{matrix}\overset{+}{O}H_2\\ \ddot{N}HB\end{matrix} \xrightleftharpoons[快]{-H_2O} >C=\overset{+}{N}<\begin{matrix}H\\ B\end{matrix} \xrightleftharpoons[快]{-H^+} >C=N-B$$

式中 B 可以是 H、R、Ar、OH、NH_2、NHR′、NHAr、$NHCONH_2$ 等。

此反应为 H^+ 所催化，H^+ 加在羰基氧上使羰基碳原子的正电性增大，有利于亲核试剂的进攻，但 H^+ 还可与 H_2NB 生成铵盐，使 H_2NB 失去亲核活性。因此，在氨及其衍生物对醛、酮的加成反应中，有一个最合适的 pH 值：使相当一部分羰基化合物质子化，又使游离的含氮化合物保持一定的浓度，以利反应。

2. 反应物活性及影响因素

（1）醛酮的反应活性及影响因素

醛、酮对同一亲核试剂反应性能有很大差别，反应活性一般为：

$$HCHO > RCHO > RCOCH_3 > RCOR > C_6H_5COR$$

影响羰基反应活性的主要因素有取代基的诱导效应、共轭效应及空间效应等。

① 电子效应　在醛、酮的亲核加成反应中，负性的亲核试剂（Nu）对羰基的进攻是决定反应速率的步骤，所以羰基的反应活性主要取决于羰基碳原子上正电荷的多少。当羰基与具有 +I 或 +C 的基团直接相连时，由于增加了中心碳原子的电子云密度，故使反应活性降低。相反，当羰基与具有 −I 或 −C 的基团直接相连时，由于增加了中心碳原子的正电荷量，故使反应活性增加。如：

$$C_6H_5CHO \xrightleftharpoons{HCN} C_6H_5\underset{\underset{OH}{|}}{C}HCN \qquad K=210$$

$$m\text{-}BrC_6H_4CHO \xrightleftharpoons{HCN} m\text{-}BrC_6H_4\underset{\underset{OH}{|}}{C}HCN \qquad K=530$$

间溴苯甲醛中，由于溴的 −I 效应使羰基碳正电性增加，故平衡常数大大地超过了 210。

② 空间效应　与羰基相连的基团空间位阻越大，越不利于反应进行。一方面是由于大的位阻会阻碍亲核试剂的进攻；另一方面发生加成反应后醛、酮羰基碳原子由 sp^2 杂化变成 sp^3 杂化，键角由 120°减小到 109°28′，基团体积越大，加成后必然张力增加也大，使亲核加成难

以发生。如：

$$\underset{CH_3CH_2}{\overset{CH_3}{\rangle}}C{=}O + HCN \rightleftharpoons \underset{CH_3CH_2}{\overset{CH_3}{\rangle}}C\underset{CN}{\overset{OH}{\langle}} \qquad K>1$$

$$\underset{(CH_3)_3C}{\overset{(CH_3)_3C}{\rangle}}C{=}O + HCN \rightleftharpoons \underset{(CH_3)_3C}{\overset{(CH_3)_3C}{\rangle}}C\underset{CN}{\overset{OH}{\langle}} \qquad K\ll 1$$

六甲基丙酮（$Me_3C—CO—CMe_3$）因为空间位阻太大，很难进行亲核加成反应。相反，对于角张力缓解的反应，加成反应变得容易。如：

$$\text{环丙酮} + HCN \rightleftharpoons \text{1-羟基环丙腈}(OH, CN) \qquad K=10000$$

$$\text{环己酮} + HCN \rightleftharpoons \text{1-羟基环己腈}(OH, CN) \qquad K=1000$$

在环丙酮中，sp^2 杂化，键角应为 120°，实际为 105.5°，角张力较大；反应中，键角由 105.5° 转化为 109°28′，角张力得到缓解，故平衡常数为环己酮的十倍。

（2）亲核试剂对反应的影响

① 对于同一羰基化合物，试剂的亲核性越强，反应的平衡常数越大。

② 试剂的可极化度越大，则利于亲核加成反应的进行。如：

$$CH_3CHO + H_2O \rightleftharpoons CH_3CH(OH)_2 \qquad K\approx 1$$

$$CH_3CHO + HCN \rightleftharpoons CH_3\underset{\displaystyle CN}{\underset{|}{C}}HOH \qquad K\approx 10^4$$

③ 具有较小体积的亲核试剂，利于反应进行。如：

$$\underset{Et}{\overset{Et}{\rangle}}C{=}O \underset{}{\overset{HCN}{\rightleftharpoons}} Et_2\underset{\displaystyle CN}{\underset{|}{C}}OH \qquad K=38$$

$$\underset{Et}{\overset{Et}{\rangle}}C{=}O \overset{NaHSO_3}{\rightleftharpoons} Et_2\underset{\displaystyle SO_3Na}{\underset{|}{C}}OH \qquad K=4\times 10^{-4}$$

3. 羰基加成反应的立体化学

实验证明，当羰基两边的空间条件相同时，亲核试剂从羰基所在平面的上方和下方进攻的概率是相等的；当羰基两边的空间条件不相同时，亲核试剂便从空间位阻较小的一面接近羰基，进而发生反应，并成为主要产物。下面从反应物结构和试剂体积大小来进行考察。

（1）对手性脂肪酮的加成

关于羰基与手性碳原子相连的醛、酮加成的立体化学，克雷姆（Gram）及康福斯（Cornforth）等人做了大量的研究工作，提出了 Gram 规则与 Cornforth 规则，这两个经验规则的中心思想是：反应中亲核试剂总是优先从空间阻碍较小的方向进攻羰基，对应于这种加成的反应物优势构象所导致的产物为主要产物。

① Gram 规则一：如果醛、酮的羰基与手性碳原子直接相连，手性碳原子上所连接的另外三个基团分别以L（大）、M（中）、S（小）表示，假定作用物起反应时的构象是羰基处于 M 和 S 之间，Nu^- 优先从位阻小的 S 一边进攻羰基，这样生成的产物为主要产物。

O, M, S, R, L；次要产物 ……→ ←…… 主要产物

例如，用硼氢化钠还原 3-苯基-2-戊酮：

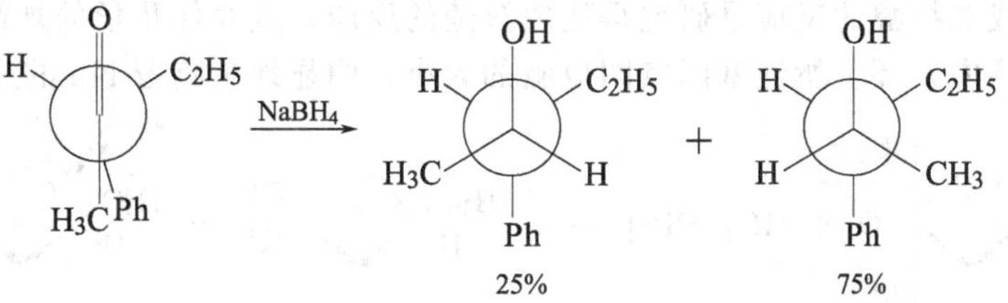

$\xrightarrow{NaBH_4}$ 25% + 75%

醛、酮与格氏试剂的加成也遵守 Gram 规则。如：

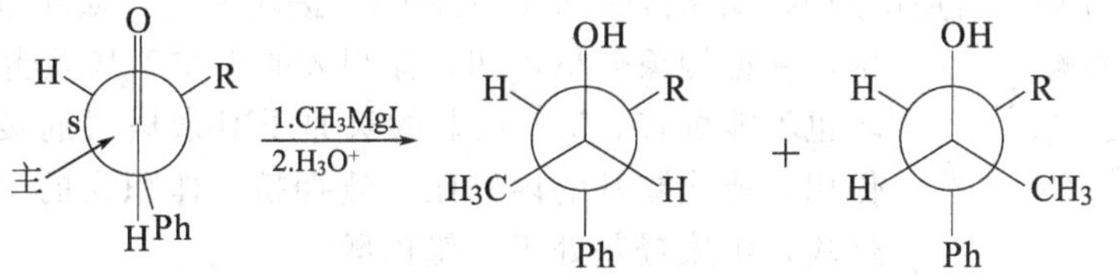

$\xrightarrow[2.H_3O^+]{1.CH_3MgI}$

R		
$CH_3—$	2.4	1
$C_2H_5—$	2.5	1

② Gram 规则二：当醛、酮的手性碳原子上结合了一个羟基或氨基等可以和羰基氧原子形成氢键的基团时，Nu^- 将从含氢键的环空间阻碍较小的一边进攻羰基，这样的加成产物为主要产物。

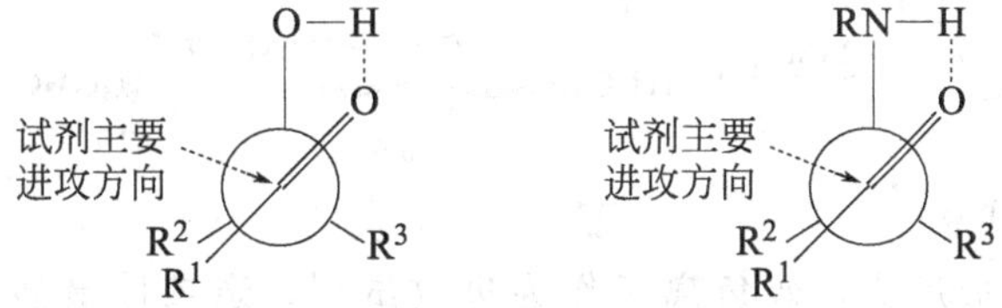

试剂主要进攻方向　　试剂主要进攻方向

假定：$R^2 < R^3$

如：

$\xrightarrow[95\%C_2H_5OH]{H_2,Pt}$ + 99%

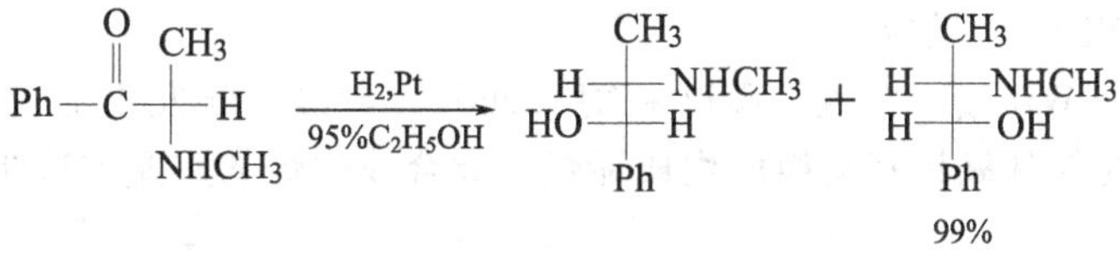

这是由于催化剂倾向于在空间障碍较小的氢原子一边吸附反应物分子，故导致 H_2 由这个方向对羰基加成。

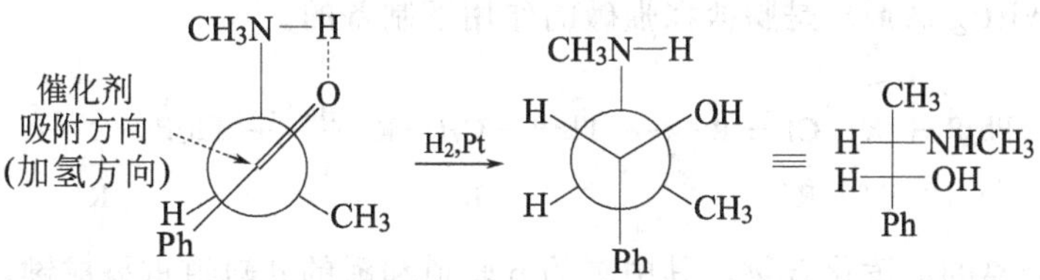

催化剂吸附方向(加氢方向) $\xrightarrow{H_2,Pt}$

③ Cornforth 规则：当羰基的 α-碳原子上连有卤原子时，羰基加成则遵守 Cormforth 规则。由于卤原子和羰基氧原子的电负性都很大，都带有部分负电荷，它们之间相互排斥的结果使卤原子与羰基处于对位交叉位置。反应时试剂从空间阻碍较小的一边进攻。如：

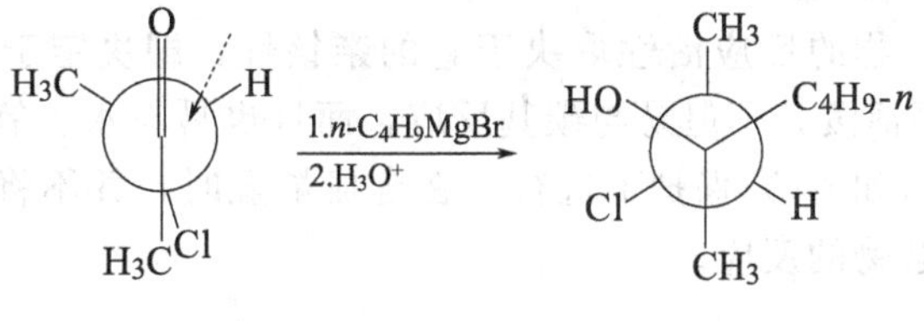

$\xrightarrow[2.H_3O^+]{1.n\text{-}C_4H_9MgBr}$

(2) 非对称环酮羰基加成反应的立体化学

环酮被还原成二级醇的反应是研究得比较清楚的反应，其立体化学的规律性比较明显。脂环酮的羰基嵌在环内，环上所连基团空间位阻的大小，明显地影响着 Nu 的进攻方向。如：

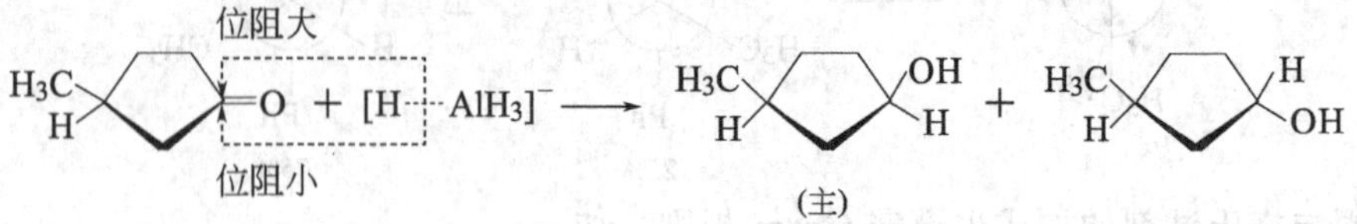

位阻大

H_3C、H（环己酮）$=O + [H\cdots AlH_3]^- \longrightarrow$ H_3C、H（OH、H）（主） + H_3C、H（H、OH）

位阻小

对于同一反应物，所用试剂 Nu 体积的大小，也影响其进攻方向。如在叔丁基环己酮分子中，根据构象分析可知，体积大的 4-叔丁基只能以 e 键与环相连，环也不能翻转，3,5-位上的氢原子对亲核试剂接近有一定的阻碍作用，造成羰基的内侧比外侧拥挤，体积大的试剂更容易从外侧进攻，生成羟基处于 a 键的醇。

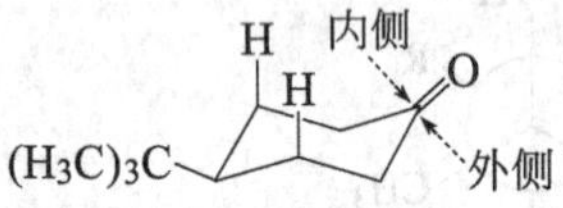

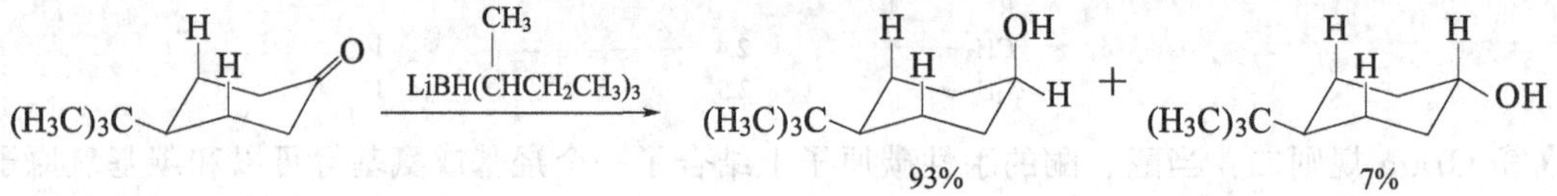

H、内侧、H、O、$(H_3C)_3C$、外侧

$(H_3C)_3C$-环己酮 $\xrightarrow{LiBH(CH(CH_3)CH_2CH_3)_3}$ $(H_3C)_3C$-环己醇（OH 处于 a 键）93% + $(H_3C)_3C$-环己醇（OH 处于 e 键）7%

当用体积较小的试剂如 $LiAlH_4$、$NaBH_4$ 时，主要产物则为羟基处于 e 键的反式醇。

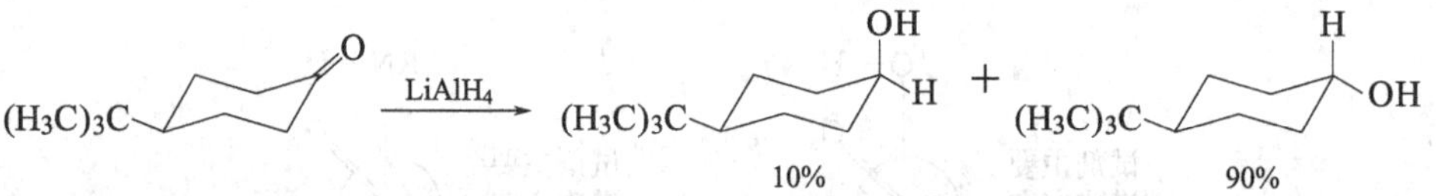

$(H_3C)_3C$-环己酮 $\xrightarrow{LiAlH_4}$ $(H_3C)_3C$-环己醇（OH 处于 a 键）10% + $(H_3C)_3C$-环己醇（OH 处于 e 键）90%

4. 亲核加成反应实例

对于羰基的亲核加成反应，碳负离子作为进攻试剂，亲核性最强，这里予以着重介绍。醛、酮与氢氰酸、格氏试剂等的加成基础有机已经作了详细介绍，这里不再赘述。

(1) 魏狄希（Wittig）反应

1954 年魏狄希（Wittig）发现，磷叶利德（ylide）与醛、酮发生加成结果导致叶利德的亚甲基碳与醛、酮的羰基氧相互交换而生成烯烃，此合成烯烃的重要方法叫 Wittig 反应。

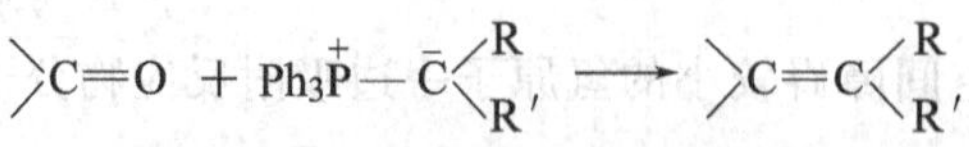

$$>C=O + Ph_3\overset{+}{P}-\overset{-}{C}<^{R}_{R'} \longrightarrow >C=C<^{R}_{R'}$$

磷叶利德（Wittig 试剂）是膦盐在强碱的作用下制备的。

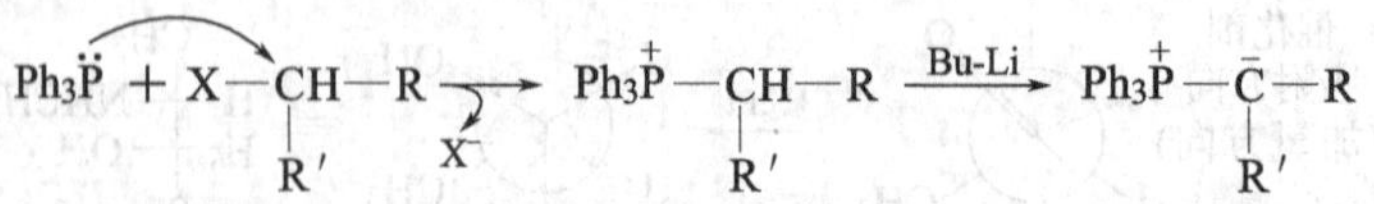

$$Ph_3\ddot{P} + X-\underset{R'}{\underset{|}{CH}}-R \xrightarrow{-X^-} Ph_3\overset{+}{P}-\underset{R'}{\underset{|}{CH}}-R \xrightarrow{Bu\text{-}Li} Ph_3\overset{+}{P}-\underset{R'}{\underset{|}{\overset{-}{C}}}-R$$

磷叶利德是个能分离的活泼化合物，其中碳的 p 轨道和磷的 d 轨道重叠成键，这个 π 键极性很强，故可和羰基进行亲核加成。硫和磷一样，也可通过硫化物烷基化成锍盐，然后在碱影响下形成硫叶利德，下面主要讨论磷叶利德。

① 反应物活性及影响因素

磷叶利德与羰基化合物的反应活性取决于它的亲核性，即决定于 α-碳原子的电负性。当 R、R′为氢或烷基时，很活泼，不但易与羰基反应，而且也易与水、氧和酸反应，故制备这类磷叶利德应在惰性气体（如 N_2）保护下进行，在合成烯烃时，并不将它们分离出来，而是直接进行下一步与羰基化合物的反应。

$$p\text{-}OHC\text{-}C_6H_4\text{-}COOCH_2CH_3 + Ph_3\overset{+}{P}\overset{-}{C}HCH_3 \longrightarrow p\text{-}CH_3CH{=}CH\text{-}C_6H_4\text{-}COOCH_2CH_3 + Ph_3P{=}O$$

若 α-碳上连着—Ph、—$CO_2C_2H_5$、—COR、—CN 等吸电子基时，磷叶利德的亲核性就减弱了，变得较稳定。当 R、R′中有一个是 Ph—时，就不能和芳香酮进行反应，但还能和芳香醛反应；当 R、R′两个都是 Ph—时，就不能同羰基化合物反应，也不能与水、醇和酸反应；当 R、R′中有一个是吸电子基时，就不易同水、醇、酸等反应，但可与醛反应，在较高温度下也可与酮反应，当 R、R′两个都是吸电子基时，则不能再同羰基化合物反应。

羰基化合物通常为醛、酮，但酮的反应速率较慢，产率较低。除醛、酮外，磷叶利德还可以和烯酮、异氰酸酯、某些酸酐的羰基以及亚胺的碳氮双键发生反应。

$$Ph_3P{=}CR'R'' + RN{=}C{=}O \longrightarrow RN{=}C{=}CR'R''$$

$$Ph_3P{=}CR'R'' + R_2C{=}N \longrightarrow R_2C{=}CR'R''$$

$$Ph_3P{=}CR'R'' + \text{邻苯二甲酸酐} \longrightarrow \text{3-(}CR'R''\text{)亚基苯酞}$$

② 反应机理

关于 Wittig 反应的机理目前还缺乏一致的看法。基本有两种观点：一种观点认为该反应必须首先形成内𬭩盐，另一种观点认为反应不必经过内𬭩盐，而是直接形成膦氧杂四元环。

第一种观点认为磷叶利德作为亲核试剂首先进攻醛、酮中的羰基形成𬭩盐，然后通过一个四元环的过渡态分解、消去得到产物。

$$\rangle C{=}O + Ph_3P^+{-}\bar{C}R_2 \longrightarrow \rangle C(O^-){-}CR_2{-}\overset{+}{P}Ph_3 \longrightarrow \left[\rangle C{-}O \cdots PPh_3 \cdots CR_2\right]^{\neq} \longrightarrow \rangle C{=}CR_2 + O{=}PPh_3$$

这种机理可以较好地解释 Wittig 反应的立体化学一般规律。现在一般认为 Wittig 反应的机理与反应物结构及反应条件有关。低温下，在无盐体系中，活泼的磷叶利德是通过膦氧杂四元环的机理进行反应；在有盐体系中，则可能是通过形成内𬭩盐进行的。但多数的研究报道倾向于膦氧杂四元环机理。

③ 立体化学规律

当磷叶利德的 α-碳上连着吸电子基时，降低了 α-碳原子上的电子云密度，不利于亲核加成，此时反应为热力学控制，以更稳定的 E 型烯为主要产物。而当磷叶利德的 α-碳上连着供电子基时，增加了 α-碳原子上的电子云密度，有利于亲核加成，此时反应为动力学控制，得到的产物以 Z 型烯为主。例如：

$$Ph_3P{=}CHCOOC_2H_5 + PhCHO \longrightarrow \underset{E\quad 79\%}{(Ph)(H)C{=}C(H)(COOC_2H_5)} + \underset{Z\quad 21\%}{(Ph)(H)C{=}C(COOC_2H_5)(H)}$$

$$Ph_3P{=}CHCH_3 + (CH_3)_3CCHO \longrightarrow \underset{E\quad 1\%}{((CH_3)_3C)(H)C{=}C(H)(CH_3)} + \underset{Z\quad 99\%}{((CH_3)_3C)(H)C{=}C(CH_3)(H)}$$

但是也有一些情况例外，若将三苯基鏻盐换成三乙基鏻盐，则活泼的叶立德与醛、酮反应，所得的烯却以E型产物为主。

$$(C_2H_5)_3P{=}CHCH_3 + (CH_3)_3CCHO \longrightarrow \underset{E\ 90\%}{(CH_3)_3C(H)C{=}C(H)CH_3} + \underset{Z\ 10\%}{(CH_3)_3C(H)C{=}C(CH_3)H}$$

Wittig反应的主要用途是合成各种含烯键的化合物，尤其在合成天然产物中特别重要，如维生素A醋酸酯与胡萝卜素的合成。

(2) 羟醛缩合反应

含有 α-H的羰基化合物可在碱或酸催化下发生缩合反应，生成 β-羟基羰基化合物。一般是在碱性条件下，常用NaOH。如果生成的 β-羟基羰基化合物还有 α-H存在，常常进一步失水而形成 α,β-不饱和羰基化合物。碱催化反应机理如下：

$$HO^- + H{-}CH_2CHO \rightleftharpoons HOH + [\,^-:CH_2{-}CHO \longleftrightarrow CH_2{=}CH{-}O^-\,]$$

$$CH_3CHO + ^-:CH_2{-}CHO \rightleftharpoons CH_3CH(O^-)CH_2CHO$$

$$CH_3CH(O^-)CH_2CHO + HOH \rightleftharpoons CH_3CH(OH)CH_2CHO + ^-OH$$

动力学研究表明，羟醛缩合反应对醛是一级反应，虽然缩合是由两分子醛发生反应，因为第一步醛的烯醇化是慢的速率控制步骤，这已为氘同位素交换反应所证明。

碱催化有利于醛的缩合，而不利于酮的缩合。酮的缩合反应常在酸催化下进行。酸催化下的反应机理如下：

$$CH_3COCH_3 + H{-}Cl \rightleftharpoons CH_3C(=\overset{+}{O}H){-}CH_2{-}H + Cl^- \underset{}{\overset{-HCl}{\rightleftharpoons}} CH_3C(OH){=}CH_2$$

$$CH_3C(OH){=}CH_2 + (CH_3)_2C{=}\overset{+}{O}H \rightleftharpoons CH_3{-}C(=\overset{+}{O}H){-}CH_2{-}C(CH_3)_2{-}OH$$

$$CH_3C(=\overset{+}{O}H){-}CH_2{-}C(CH_3)_2{-}OH \rightleftharpoons CH_3C(=O){-}CH(H){-}C(CH_3)_2{-}\overset{+}{O}H_2 \xrightarrow{-H_2O,\,-H^+} CH_3C(=O)CH{=}C(CH_3)CH_3$$

两个都含有 α-H的不同的醛缩合时，会生成四种可能的产物，在合成上没有重要价值。如果用芳香醛和一个脂肪醛、酮反应时，可直接得到产率较高的 α,β-不饱和羰基化合物。当一个分子内既有羰基又有能形成烯醇负离子的基团时，可进行分子内缩合，特别是形成五、六元环时，反应非常顺利。

$$\text{CH}_3\text{CO(CH}_2)_3\text{CH(CH}_3)\text{CHO} \xrightarrow{稀OH^-} \text{1-乙酰基-2-羟基-3-甲基环戊烷} \xrightarrow[\triangle]{-H_2O} \text{1-乙酰基-3-甲基环戊烯}$$

$$\text{4-乙酰基-4-甲基环己酮} \xrightarrow{K_2CO_3} \text{HO-双环[2.2.2]辛酮-CH}_3$$

(3) 克脑文盖尔 (Knoevenagel) 反应

醛、酮在碱存在下和活泼亚甲基化合物的缩合反应，称为克脑文盖尔反应。

$$\rangle C{=}O + \underset{}{\overset{Z'}{\overset{|}{C}}H_2}{-}Z \xrightarrow{\text{碱}} \rangle C{=}C\langle^{Z}_{Z'}$$

$(Z,Z'={-}CHO、{-}COR、{-}COOR、{-}CN、{-}NO_2、{-}SO_2R$等吸电子基)

$$CH_3\overset{O}{\overset{\|}{C}}CH_2CH_2CH_3 + \underset{CN}{\underset{|}{CH_2}}COOC_2H_5 \xrightarrow{\text{吡啶}} CH_3CH_2CH_2\underset{CH_3}{\underset{|}{C}}{=}\overset{CN}{\overset{|}{C}}COOC_2H_5$$

$$C_6H_5{-}CHO + CH_2(COOH)_2 \xrightarrow[\triangle,-H_2O]{\text{哌啶}} C_6H_5{-}CH{=}CHCOOH$$

其他含活泼氢的化合物也能发生此反应。

丙二酸及氰基乙酸与醛、酮反应时，常同时发生脱羧反应。

$$\text{2,4-}(CH_3O)_2C_6H_3{-}CHO + CH_2(COOH)_2 \xrightarrow{\text{六氢吡啶}} \text{2,4-}(CH_3O)_2C_6H_3{-}CH{=}CHCOOH + CO_2$$

用脂肪醛与丙二酸酯发生缩合时，所生成的 α,β-不饱和羰基化合物在碱的影响下，极易进一步与这些活泼亲核成分发生亲核加成（迈克尔加成）反应。如：

$$CH_3CHO + CH_2(COOEt)_2 \xrightarrow{\text{六氢吡啶}} CH_3CH{=}C(CO_2Et)_2 \xrightarrow[\text{六氢吡啶}]{CH_2(COOEt)_2} CH_3CH\langle^{CH(CO_2Et)_2}_{CH(CO_2Et)_2}$$

必须控制反应条件、反应物的配比和催化剂，才能使反应停止于克脑文盖尔缩合反应阶段。

克脑文盖尔反应，适合于合成双键上含有吸电子基的化合物，由于这个反应的条件比较温和，一般可用弱碱作催化剂，即使脂肪醛含有 α-H，也不会发生羟醛缩合反应。

(4) 安息香缩合

在 CN^- 催化下，两分子芳醛缩合可生成 α-羟基酮。苯甲醛缩合生成的二苯羟基酮叫做安息香，故这个缩合反应称为安息香缩合反应。

$$2\,C_6H_5{-}CHO \xrightarrow{KCN} C_6H_5{-}\underset{O}{\underset{\|}{C}}{-}\underset{OH}{\underset{|}{C}H}{-}C_6H_5$$

安息香缩合反应历程也属亲核加成，参加反应的两分子醛的作用不同。一分子醛作为氢给予体，将醛基上的氢转移给予它缩合的另一分子醛的醛基氧原子。前者叫氢给予体，后者叫氢接受体。1903 年拉波沃思提出了下面的机理，现在仍为人们所接受。

$$C_6H_5{-}\overset{O}{\overset{\|}{C}}{-}H + CN^- \rightleftharpoons C_6H_5{-}\underset{CN}{\underset{|}{\overset{O^-}{\overset{|}{C}}}}{-}H \rightleftharpoons C_6H_5{-}\underset{CN}{\underset{|}{\overset{OH}{\overset{|}{C^-}}}} \xrightleftharpoons{C_6H_5-\overset{O}{\overset{\|}{C}}-H}$$

$$\text{(I)} \qquad \text{(II)}$$

$$C_6H_5{-}\underset{CN}{\underset{|}{\overset{OH}{\overset{|}{C}}}}{-}\underset{H}{\underset{|}{\overset{O^-}{\overset{|}{C}}}}{-}C_6H_5 \rightleftharpoons C_6H_5{-}\underset{CN}{\underset{|}{\overset{O^-}{\overset{|}{C}}}}{-}\underset{H}{\underset{|}{\overset{OH}{\overset{|}{C}}}}{-}C_6H_5 \xrightleftharpoons{-CN^-} C_6H_5{-}\overset{O}{\overset{\|}{C}}{-}\overset{OH}{\overset{|}{C}H}{-}C_6H_5$$

催化剂 CN^- 先作为亲核试剂与醛基加成，生成（Ⅰ），其中与氰基相连的碳上的氢，因受到两个吸电子基——苯基和氰基的影响而极为活泼，随即转化为碳负离子（Ⅱ），（Ⅱ）再作为亲核试剂进攻另一分子醛的羰基，发生亲核加成后，CN^-作为离去基团，即得安息香。除氰离子外，噻唑生成的季铵盐也能催化芳醛和脂醛的安息香缩合反应。

根据上面的历程看，取代的苯甲醛发生安息香缩合，其速率依赖于羰基的亲电活性和进攻试剂负离子中电子对的亲核活性。因此，当芳环上有—OH、—OCH_3、—$N(CH_3)_2$等供电子基团时，羰基碳上的正电荷降低，这类醛仅能作为氢原子给予体，不能发生自身的缩合反应。当环上有吸电子基时，羰基的亲电性增加，与CN^-易结合，并形成腈醇负碳离子，可是腈醇的负碳上负电荷降低，亲核性减弱，不易与醛分子的羰基加成，所以只能作为氢原子的接受体，也较难发生自身的安息香缩合。根据上述理论不难料到，如果使一个具有吸电子基的芳醛和一个具有供电子基的芳醛发生混合的缩合反应，应是可能的。事实上确实如此。例如，两个都不易发生自身缩合的芳醛，它们却可发生彼此间的缩合反应而得到混合安息香。

$$(CH_3)_2N-C_6H_4-CHO + \text{3-}BrC_6H_4-CHO \xrightleftharpoons{CN^-} \text{3-}BrC_6H_4-\overset{O}{\overset{\|}{C}}-\overset{OH}{\overset{|}{C}H}-C_6H_4-N(CH_3)_2$$

安息香缩合反应的可逆性，可由安息香在CN^-存在下，用某些取代苯甲醛处理，得到混合的安息香来证明。如：

$$C_6H_5-\overset{O}{\overset{\|}{C}}-\overset{OH}{\overset{|}{C}H}-C_6H_5 + 2CH_3O-C_6H_4-CHO \xrightleftharpoons{CN^-} C_6H_5-\overset{OH}{\overset{|}{C}H}-\overset{O}{\overset{\|}{C}}-C_6H_4-OCH_3 \quad 79\%$$

(5) 普尔金 (Perkin) 反应

芳醛在碱催化下与酸酐作用，发生类似交叉羟醛缩合反应得到β-芳基-α,β-不饱和酸的反应，称为普尔金反应。

$$C_6H_5-CHO + CH_3\overset{O}{\overset{\|}{C}}O\overset{O}{\overset{\|}{C}}CH_3 \xrightarrow[170℃]{CH_3COONa} C_6H_5-CH{=}CHCOOH$$

$$\text{o-}HOC_6H_4-CHO + CH_3\overset{O}{\overset{\|}{C}}O\overset{O}{\overset{\|}{C}}CH_3 \xrightarrow[\triangle]{CH_3COONa} \text{(香豆素)}$$

其反应机理为：

$$(CH_3CO)_2O \xrightleftharpoons{CH_3CO_2K} CH_3CO\overset{O}{\overset{\|}{O}C}\bar{C}H_2 \xrightleftharpoons{C_6H_5CHO} C_6H_5-\underset{O^-}{CH}-CH_2-\overset{O}{\overset{\|}{C}}-O-\overset{O}{\overset{\|}{C}}-CH_3 \longrightarrow \text{(环状中间体)}$$

$$\longrightarrow C_6H_5-\underset{OCOCH_3}{\underset{|}{C}H}CH_2COO^- \xrightarrow{(CH_3CO)_2O} C_6H_5-\underset{OCOCH_3}{\underset{|}{C}H}\overset{H}{\overset{|}{C}H}COOCOCH_3 \xrightarrow{CH_3CO_2^-}$$

$$\overset{C_6H_5}{H}\!\!>C{=}C<\!\!\overset{H}{CO_2COCH_3} \xrightarrow{H_2O} \overset{C_6H_5}{H}\!\!>C{=}C<\!\!\overset{H}{CO_2^-} \quad 55\%\sim60\%$$

反应中如温度过高，则将发生脱羧、消除，得烯类产物。

普尔金反应的收率与芳醛上的取代基性质有关。芳环上的吸电子基促进反应，供电子基视其位置不同而有不同的影响。例如，芳醛邻位的供电子基（—OH，—OR）对反应有利，而对位与间位的供电子基则使反应难以进行。

普尔金反应所需时间较长，温度较高，收率也不太好。但是由于原料易得，在工业上仍经常采用。

（6）曼尼希（Mannich）反应

醛、酮、酯等含活泼氢的化合物与醛（常用甲醛）和胺（氨、伯胺、仲胺）缩合，生成β-氨基羰基化合物的反应，称为曼尼希反应。换句话说就是使含活泼氢的化合物发生胺甲基化反应。

$$Me_2N\text{—}H + HC(=O)H + H\text{—}CH_2COCH_3 \xrightarrow{H^+或OH^-} Me_2NCH_2\text{—}CH_2COCH_3$$

含活泼氢的化合物如下：

$$\text{—}\overset{|}{\underset{\underline{H}}{C}}\text{—COR} \quad \text{—}\overset{|}{\underset{\underline{H}}{C}}\text{—CHO} \quad \text{—}\overset{|}{\underset{\underline{H}}{C}}\text{—COOR} \quad \text{—}\overset{|}{\underset{\underline{H}}{C}}\text{—COOH} \quad \text{—}\overset{|}{\underset{\underline{H}}{C}}\text{—CN}$$

$$\text{—}\overset{|}{\underset{\underline{H}}{C}}\text{—NO}_2 \quad RC\equiv C\underline{H} \quad (邻羟基苯，\text{OH}邻位\ \underline{H}) \quad \text{—}\overset{|}{\underset{\underline{H}}{C}}\text{—}(2\text{-吡啶基}) \quad RO\underline{H} \quad RS\underline{H} \quad \underline{H}CN$$

关于曼尼希反应历程还未确知，曾有多年争论，主要是醛首先被活性氢进攻还是被胺所攻击的问题。现在一般认为这种反应的历程相似于前面讨论的羟醛缩合反应，只不过是羰基变成了亚胺，即羰基的氮类似物。按所用催化剂的不同，有两种假说，即碱催化历程和酸催化历程。

碱催化历程的假说认为，氨和醛生成加成产物氨基醇。含活泼氢的物质在碱作用下失去H^+生成碳负离子，碳负离子再与氨基醇进行S_N2反应。

$$HC(=O)H + CH_3\text{—}\ddot{N}H\text{—}CH_3 \rightleftharpoons HO\text{—}CH_2\text{—}\ddot{N}(CH_3)\text{—}CH_3$$

$$CH_3C(=O)\text{—}CH_2\text{—}H \underset{}{\overset{OH^-}{\rightleftharpoons}} CH_3C(=O)\text{—}CH_2^- \underset{-HO^-}{\overset{HOCH_2\text{—}N(CH_3)\text{—}CH_3}{\rightleftharpoons}} CH_3\text{—}C(=O)CH_2\text{—}CH_2N(CH_3)_2$$

酸催化历程的假说认为，醛先与氨缩合成亚胺盐，亚胺盐和含活泼氢化合物的烯醇式发生缩合反应，生成曼尼希碱。

$$HC(=O)H + CH_3\text{—}\ddot{N}H\text{—}CH_3 \rightleftharpoons HO\text{—}CH_2\text{—}\ddot{N}(CH_3)\text{—}CH_3 \underset{-H_2O}{\overset{+H^+}{\rightleftharpoons}} CH_2\text{=}\overset{+}{N}(CH_3)\text{—}CH_3$$

$$CH_3C(=O)\text{—}CH_2\text{—}H \overset{H^+}{\rightleftharpoons} CH_3\text{—}C(\ddot{O}H)\text{=}CH_2 \overset{CH_2=\overset{+}{N}(CH_3)\text{—}CH_3}{\rightleftharpoons} \overset{-H^+}{\rightleftharpoons} CH_3\text{—}C(=O)CH_2\text{—}CH_2N(CH_3)_2$$

生成的曼尼希碱受热时，氨与活泼α-H发生消除生成α,β-不饱和醛酮。它的季铵盐更容易分解，可在缓和条件下，不断供给反应所需的α,β-不饱和醛酮。

$$CH_3-\overset{O}{\overset{\|}{C}}CH-CH_2(H,\ N(CH_3)_2) \xrightleftharpoons{\triangle} CH_3-\overset{O}{\overset{\|}{C}}CH=CH_2$$

曼尼希反应在有机合成中有着重要的作用，通过它可合成许多其他方法难以合成的化合物。因为这个反应条件温和，收率高，应用十分广泛，特别是用于天然含氮化合物的合成。

$$CH_3\overset{O}{\overset{\|}{C}}CH_3 + OHC-CH_2CH_2-CHO + H_2NCH_3 \xrightarrow{HCl} (CH_3N\cdot HCl\text{ 托品酮盐酸盐}) \xrightarrow{OH^-} (CH_3N\text{ 托品酮})$$

$$C_6H_5COCH_3 + HCHO + (CH_3)_2NH \xrightarrow{\text{浓HCl(微量)}} \underset{85\%}{C_6H_5COCH_2-CH_2N(CH_3)_2}$$

$$CH_3-C_6H_4-OH + HCHO + (CH_3)_2N \xrightarrow{\text{浓HCl(微量)}} CH_3-C_6H_3(OH)-CH_2N(CH_3)_2$$

$$\text{吲哚} + HCHO + (CH_3)_2NH \xrightarrow{\text{浓HCl(微量)}} \text{3-}CH_2N(CH_3)_2\text{-吲哚}$$

$$\text{2-甲基环己酮} + HCHO + (CH_3)_2NH \longrightarrow \underset{70\%}{\text{2-甲基-2-}CH_2N(CH_3)_2\text{-环己酮}} + \underset{30\%}{\text{2-甲基-6-}(CH_3)_2NCH_2\text{-环己酮}}$$

(7) 瑞福马斯基（Reformatsky）反应

醛或酮、α-卤代酸酯、锌，在惰性溶剂中作用，生成β-羟基酸酯的反应叫瑞福马斯基（Reformatsky）反应。

$$>C=O + \underset{X}{CH_2CO_2R} \xrightarrow[2.H_2O]{1.Zn} >\underset{OH}{C}-CH_2CO_2R \xrightarrow{-H_2O} >C=CHCO_2R$$

$$\text{环己酮} + BrCH_2COOC_2H_5 + Zn \xrightarrow{\text{苯}} \text{1-BrZnO-1-}CH_2COOC_2H_5\text{-环己烷} \xrightarrow{H_2O} \text{1-HO-1-}CH_2COOC_2H_5\text{-环己烷}$$

$$CH_3CH_2\overset{O}{\overset{\|}{C}}-H + BrCH_2COOC_2H_5 + Zn \xrightarrow{\text{苯}} \xrightarrow{H_2O} CH_3CH_2\overset{OH}{\overset{|}{C}H}CH_2COOC_2H_5$$

$$C_6H_5-CHO + Br\underset{CH_3}{CH}COOC_2H_5 + Zn \xrightarrow[2.H_2O]{1.\text{苯}} C_6H_5-\overset{OH}{\overset{|}{C}H}\underset{CH_3}{CH}COOC_2H_5$$

该反应的机理同格氏试剂与醛、酮的反应类似。α-卤代酸酯先与锌生成中间体有机锌试剂，然后有机锌试剂与醛或酮发生亲核加成反应，再水解。

$$BrCH_2COOC_2H_5 + Zn \longrightarrow Br\overset{+}{Zn}\overset{-}{C}H_2COOC_2H_5 \xrightarrow{CH_3CH_2\overset{O}{\overset{\|}{C}}-H} CH_3CH_2\underset{}{\overset{OZnBr}{\overset{|}{C}}}HCH_2COOC_2H_5$$

$$\xrightarrow{H_2O} CH_3CH_2\overset{OH}{\overset{|}{C}}HCH_2COOC_2H_5$$

脂肪族或芳香族醛、酮都可发生这一反应，但空间位阻太大时，与羰基反应可能发生困难。这个反应不能用镁代替锌，因有机镁太活泼，可与酯中的羰基发生反应。有机锌试剂比较稳定，只与醛、酮中的羰基反应，而不与酯反应。

瑞福马斯基反应主要的副反应是有机锌与醛、酮的活泼氢发生交换，生成醛或酮的有机锌试剂，后者进一步与醛、酮发生反应，或水解成原来的醛、酮。

$$RCOCH_2R + R\underset{ZnBr}{\underset{|}{C}}HCO_2C_2H_5 \longrightarrow R\overset{OZnBr}{\overset{|}{C}}=CHR \begin{cases} \xrightarrow{H_2O} RCOCH_2R \\ \xrightarrow{RCOCH_2R} R\overset{OZnBr}{\overset{|}{\underset{CH_2R}{\underset{|}{C}}}}-CHRCOR \end{cases}$$

瑞福马斯基反应在合成上的意义是制备 β-羟基酸酯、α,β-不饱和酸酯或 α,β-不饱和衍生物。此外，通过该反应可以在醛、酮羰基碳上引入一个含有取代基的二碳碳链，故该方法提供了一种使醛、酮增长碳链的有用方法。如：

$$C_6H_5CHO + \underset{Br}{\underset{|}{C}}H_2CO_2Et \xrightarrow[2.H_2O]{1.Zn} C_6H_5\underset{OH}{\underset{|}{C}}HCH_2CO_2Et \xrightarrow{-H_2O} \xrightarrow[2.PCC]{1.B_2H_6} C_6H_5CH_2CH_2CHO$$

(8) 达参（Darzens）反应

醛、酮与 α-卤代酸酯在强碱（如 RONa，$NaNH_2$，Me_3COK 等）催化作用下互相作用，生成 α,β-环氧酸酯的反应称为达参反应。

$$\rangle C=O + BrCH_2CO_2C_2H_5 \xrightarrow[\text{或}NaOR]{NaNH_2} \rangle C\overset{O}{—}CHCO_2C_2H_5$$

$$\text{环己酮} + ClCH_2CO_2C_2H_5 \xrightarrow{KOC(CH_3)_3} \text{(环己烷)}C\overset{O}{—}C\langle^{COOC_2H_5}_{H} \quad 83\%\sim95\%$$

$$PhCHO + Ph\underset{Cl}{\underset{|}{C}}HCO_2C_2H_5 \xrightarrow{NaOC_2H_5} {}^{H}_{C_6H_5}\rangle C\overset{O}{—}C\langle^{COOC_2H_5}_{C_6H_5} \quad 75\%$$

反应没有多少立体选择性，因而用不对称酮通常得到的是异构体的混合物。其反应机理如下：

$$BrCH_2CO_2C_2H_5 \xrightarrow{NaNH_2} Br\overset{-}{C}HCO_2C_2H_5 \xrightarrow{\rangle C=O} \rangle\underset{O^-}{\underset{|}{C}}-\overset{Br}{\overset{|}{C}}\langle^{H}_{CO_2C_2H_5} + \rangle\underset{O^-}{\underset{|}{C}}-\overset{Br}{\overset{|}{C}}\langle^{CO_2C_2H_5}_{H}$$

$$\xrightarrow{-Br} \rangle C\overset{O}{—}CHCO_2C_2H_5$$

达参反应所得环氧酯（又叫缩水甘油酸酯）可用于合成多一个碳原子的酮或醛。只要把酯进行皂化，所得的酸加热脱羧就形成羰基化合物，可以把脱羧反应看作是通过双环过渡态的协同反应。

$$>C(O)-CHCO_2C_2H_5 \xrightarrow{OH^-} \xrightarrow{H^+} >C(O)-CH-C(=O)OH \xrightarrow[-CO_2]{\triangle} >C=CHOH \rightleftharpoons >CHCHO$$

除了α-卤代酸酯外，达参反应还可以用α-卤代酮、α-卤代腈、α-卤代酰胺、对硝基氯苄、α-卤代磺酸酯及硫羟酸的酯等。

$$PhCHO + PhC(=O)CH_2Cl \xrightarrow{碱} PhCH(O)CH-C(=O)Ph$$

$$C_6H_5CHO + ClCH_2-C_6H_4-NO_2 \xrightarrow[\triangle]{NaOH,\ EtOH} PhCH(O)CH-C_6H_4-NO_2 \quad 94\%$$

四、羧酸及其衍生物的亲核加成反应

羧酸及其衍生物的亲核加成反应包括羧酸、酰卤、酸酐、酯及酰胺的一系列反应，本章中主要讨论酯化、酯的水解和酯缩合反应。羧酸及其衍生物的亲核加成反应历程，可用下列通式表示。先加成后消去，在酰基上引入Nu基团。

$$R(L)C=\ddot{O}: + :Nu-H \rightleftharpoons (H\overset{+}{N}u)(R)(L)C-\ddot{O}:^- \rightleftharpoons (Nu)(R)(H\overset{+}{L})C-\ddot{O}:^- \rightleftharpoons (Nu)(R)C=O + HL$$

1．酯化

$$CH_3COOH + CH_3CH_2OH \underset{}{\overset{H^+}{\rightleftharpoons}} CH_3COOC_2H_5 + H_2O$$

酯化反应是可逆的，为了提高酯的产率，将平衡向生成物方向移动，可采用使原料之一过量或不断移走产物的（如除水，乙酸乙酯、乙酸、水可形成三元恒沸物，b.p.70.4℃）措施。

酯化反应的历程有加成-消除机理、碳正离子机理和酰基正离子机理三种，现分述如下。

（1）加成-消除机理

$$CH_3COOH \overset{H^+}{\rightleftharpoons} CH_3C(=\overset{+}{O}H)OH \overset{CH_3CH_2OH}{\rightleftharpoons} CH_3-C(OH)(H\overset{+}{O}CH_2CH_3)-OH \rightleftharpoons CH_3C(OH)(OCH_2CH_3)-\overset{+}{O}H_2 \overset{-H_2O}{\rightleftharpoons} CH_3C(=\overset{+}{O}H)OC_2H_5 \overset{-H^+}{\rightleftharpoons} CH_3COOC_2H_5$$

1°ROH、2°ROH酯化时按加成-消除机制进行，且反应速率为 $CH_3OH > RCH_2OH > R_2CHOH > R_3COH$；$HCOOH > CH_3COOH > RCH_2COOH > R_2CHCOOH > R_3CCOOH$。

加成-消除反应机理可用下列反应证明：

$$C_6H_5COOH + CH_3O^{18}H \overset{H^+}{\rightleftharpoons} C_6H_5COO^{18}CH_3 + H_2O$$

$$CH_3C(=O)OH + H-O-C(CH_3)(H)(CH_2)_5CH_3 \overset{H^+}{\rightleftharpoons} CH_3C(=O)-O-C(CH_3)(H)(CH_2)_5CH_3$$

（2）碳正离子机理

$$(CH_3)_3C-OH \overset{H^+}{\rightleftharpoons} (CH_3)_3C-\overset{+}{O}H_2 \overset{-H_2O}{\rightleftharpoons} (CH_3)_3C^+ \xrightarrow{O=C(OH)R} RC(=\overset{+}{O}H)OC(CH_3)_3 \overset{-H^+}{\rightleftharpoons} RC(=O)OC(CH_3)_3$$

3°ROH按此反应机理进行酯化。由于 R_3C^+ 易与碱性较强的水结合，不易与羧酸结合，故逆向反应比正向反应易进行，所以3°ROH的酯化反应产率很低。

该反应机理也从同位素方法中得到了证明：

$$(CH_3)_3COH + CH_3\overset{\overset{O}{\|}}{C}—O^{18}H \xrightleftharpoons{H^+} CH_3\overset{\overset{O^{18}}{\|}}{C}—OC(CH_3)_3 + H_2O$$

(3) 酰基正离子机理

有少数空间位阻大的羧酸按此反应机理进行。

$$\text{2,4,6-}(CH_3)_3C_6H_2—\overset{\overset{O}{\|}}{C}—OH \xrightleftharpoons{H^+} \text{2,4,6-}(CH_3)_3C_6H_2—\overset{\overset{O}{\|}}{C}—\overset{+}{O}H_2 \xrightleftharpoons{-H_2O} \left[\text{2,4,6-}(CH_3)_3C_6H_2—\overset{+}{C}=O \longleftrightarrow \text{2,4,6-}(CH_3)_3C_6H_2—C\equiv\overset{+}{O}\right]$$

$$\xrightleftharpoons{CH_3OH} \text{2,4,6-}(CH_3)_3C_6H_2—\overset{\overset{O}{\|}}{C}—\overset{+}{O}(H)CH_3 \xrightleftharpoons{-H^+} \text{2,4,6-}(CH_3)_3C_6H_2—\overset{\overset{O}{\|}}{C}—OCH_3$$

2. 酯的水解

酯的水解是酯化反应的逆过程，酸和碱都能催化。酯在碱的催化下水解基本上不可逆；在酸催化下水解则是可逆的，而平衡的位置决定于水和醇的相对浓度。在水溶液中有利于水解反应，在醇溶液中则有利于酯的生成。若用 A 代表酸催化，B 代表碱催化，阿拉伯数字 2 和 1 分别表示在决定反应速率的步骤中为双分子参与和单分子参与。在酯的水解反应中，常见的历程有五种：①碱催化酰氧断裂双分子历程（简称 $B_{AC}2$）；②酸催化酰氧断裂双分子历程（简称 $A_{AC}2$）；③碱催化烷氧断裂单分子历程（简称 $B_{AL}1$）；④酸催化烷氧断裂单分子历程（简称 $A_{AL}1$）；⑤酸催化酰氧断裂单分子历程（$A_{AC}1$）。其中以前两种历程更普遍。

(1) 酯的碱催化水解

① $B_{AC}2$ 历程　当羧酸和光学活性的醇形成的酯进行碱性水解时，得到的醇保持原有构型，这说明在酯的水解过程中醇分子中的烃基没有变成碳正离子（因这样会导致生成外消旋化的醇），也没有发生双分子亲核取代（如发生 S_N2 反应，则会发生构型翻转），而是在整个反应过程中保持与氧键连。$B_{AC}2$ 历程实际上为加成-消去历程。

$$R—\overset{\overset{O}{\|}}{C}—OR' + OH^- \xrightleftharpoons{慢} \left[R—\underset{\underset{OH}{|}}{\overset{\overset{O^-}{|}}{C}}—OR'\right] \xrightleftharpoons{快} R—\overset{\overset{O}{\|}}{C}—OH + R'O^- \longrightarrow R—\overset{\overset{O}{\|}}{C}—O^- + R'OH$$

② $B_{AL}1$ 历程　在某些结构的酯分子中，如能形成稳定的碳正离子，则水解反应按单分子烷氧断裂历程进行。

$$R—\overset{\overset{O}{\|}}{C}—O—R' \underset{快}{\overset{慢}{\rightleftharpoons}} R—\overset{\overset{O}{\|}}{C}—O^- + R'^+$$

$$R'^+ + OH^- \longrightarrow ROH$$

例如，旋光的邻苯二甲酸的对甲氧基二苯甲酯，碱性水解得到外消旋化的醇，说明遵从

$B_{AL}1$ 历程。

$$\text{邻-HOOC-C}_6\text{H}_4\text{-COOCH(Ph)-C}_6\text{H}_4\text{-OCH}_3 + H_2O \xrightarrow{OH^-} \text{邻-C}_6\text{H}_4(\text{COOH})_2 + \text{HOCH(Ph)-C}_6\text{H}_4\text{-OCH}_3\ (\text{外消旋化})$$

有时碱的浓度对反应历程也有较大影响，如下面的邻苯二甲酸单酯在 5mol/L 这种较浓的氢氧化钠溶液中水解按 $B_{AC}2$ 历程进行，得到光学活性的醇；而在稀氢氧化钠溶液中，则几乎全部按 $B_{AL}1$ 历程，得到外消旋化的醇。

$$\text{邻-HOOC-C}_6\text{H}_4\text{-COOCH(CH}_3\text{)CH=CHCH}_3 \xrightarrow[B_{AC}2]{\text{浓碱}} \text{邻-C}_6\text{H}_4(\text{COOH})_2 + \text{HOCH(CH}_3\text{)CH=CHCH}_3\ (\text{光学活性})$$

$$\text{邻-HOOC-C}_6\text{H}_4\text{-COOCH(CH}_3\text{)CH=CHCH}_3 \xrightarrow[B_{AL}1]{\text{稀碱}} \text{邻-C}_6\text{H}_4(\text{COOH})_2 + \text{HOCH(CH}_3\text{)CH=CHCH}_3\ (\text{外消旋化})$$

(2) 酯的酸催化水解

① $A_{AC}2$ 历程　酯的酸催化水解较多的为酰氧断裂双分子历程，即 $A_{AC}2$ 历程，其逆反应过程即为酸催化的酯化反应。在 $A_{AC}2$ 历程中，随着溶液酸性增加，酯的水解速率增加，此时水解速率与酸的浓度成正比，动力学上表现为二级。酯的 $A_{AC}2$ 水解历程如下：

$$R-\overset{O}{\overset{\|}{C}}-OR' \xrightleftharpoons{H^+} R-\overset{^+OH}{\overset{\|}{C}}-OR' \xrightleftharpoons{H_2O,\ 慢} R-\underset{^+OH_2}{\overset{OH}{C}}-OR' \rightleftharpoons R-\underset{OH}{\overset{:OH}{C}}-\underset{H}{\overset{+}{O}}R' \xrightleftharpoons{-R'OH} R-\overset{^+OH}{\overset{\|}{C}}-OH \xrightleftharpoons{-H^+} RCOOH$$

② $A_{AL}1$ 历程　某些酯类当其分子中的醇组分能够形成稳定的碳正离子时，其酸性水解则按烷氧断裂单分子历程进行。如叔醇或某些一级、二级醇（如苄醇、烯丙醇等）的酯水解常遵守 $A_{AL}1$ 历程，动力学证明此类反应为一级反应。

$$R\overset{O}{\overset{\|}{C}}OCR'_3 \xrightleftharpoons{H^+} R\overset{^+OH}{\overset{\|}{C}}-O-CR'_3 \rightleftharpoons R\overset{OH}{\overset{|}{C}}=O + \overset{+}{C}R'_3$$

$$\overset{+}{C}R'_3 + H_2O \rightleftharpoons H_2\overset{+}{O}-CR'_3 \xrightleftharpoons{-H^+} R'_3COH$$

③ $A_{AC}1$ 历程　当酯的水解在酸性很强的溶液中进行时，则可能按照共轭酸的酰氧断裂的单分子历程进行。这是由于在强酸介质中水的亲核性显著减小，质子化的酯在水分子还未进攻之前即失去一分子醇，生成酰基正离子，此酰基正离子再与水结合得到羧酸。

$$R-\overset{O}{\overset{\|}{C}}-OR' \xrightleftharpoons{H^+} R-\overset{^+OH}{\overset{\|}{C}}-OR' \rightleftharpoons R-\overset{O}{\overset{\|}{C}}-\underset{H}{\overset{+}{O}}R' \xrightleftharpoons{-R'OH} R-\overset{O}{\overset{\|}{C^+}} \xrightleftharpoons{H_2O} R-\overset{O}{\overset{\|}{C}}-\overset{+}{O}H_2 \xrightleftharpoons{-H^+} RCOOH$$

研究证明，某些酯在水解反应中遵从哪种历程确实与酸度有关，如乙酸苯酯在低酸度条件下遵从 $A_{AC}2$ 历程，而在高酸度条件下遵从 $A_{AC}1$ 历程。

3. 酯缩合反应

(1) 克莱森（Claisen）缩合反应

两分子酯在醇钠等强碱作用下，缩合生成 β-酮酸酯的反应常称为克莱森（Claisen）缩合反应。

$$2CH_3\overset{O}{\overset{\|}{C}}OC_2H_5 \xrightleftharpoons{NaOC_2H_5} CH_3\overset{O}{\overset{\|}{C}}CH_2\overset{O}{\overset{\|}{C}}OC_2H_5$$

其反应历程可分为四步：

$$① \ CH_3-\overset{O}{\overset{\|}{C}}OEt \xrightarrow[C_2H_5OH]{NaOC_2H_5} \overset{-}{C}H_2-\overset{O}{\overset{\|}{C}}OEt \longleftrightarrow CH_2=\overset{O^-}{\overset{|}{C}}OEt$$

$$② \ CH_3-\overset{O}{\overset{\|}{C}}OEt + \overset{-}{C}H_2-\overset{O}{\overset{\|}{C}}OEt \rightleftharpoons CH_3-\underset{CH_2-\underset{O}{\underset{\|}{C}}OEt}{\overset{:O^-}{\overset{|}{C}}}-OEt$$

$$③ \ CH_3-\underset{CH_2-\underset{O}{\underset{\|}{C}}OEt}{\overset{:O^-}{\overset{|}{C}}}-OEt \rightleftharpoons CH_3-\overset{O}{\overset{\|}{C}}-CH_2-\overset{O}{\overset{\|}{C}}OEt + \overset{-}{O}C_2H_5$$

$$④ \ CH_3-\overset{O}{\overset{\|}{C}}-CH_2-\overset{O}{\overset{\|}{C}}OEt + \overset{-}{O}C_2H_5 \xrightleftharpoons{-C_2H_5OH} CH_3-\overset{O}{\overset{\|}{C}}-\overset{-}{C}H-\overset{O}{\overset{\|}{C}}OEt \longleftrightarrow CH_3\overset{O}{C}\overset{-}{\underset{CH}{\frown}}\overset{O}{C}OEt$$

普通的酯是很弱的酸（如乙酸乙酯其 $pK_a=24$），醇钠的碱性也不够强，这种条件使第①步平衡反应中，形成碳负离子很困难，实际上反应明显偏向左边。但由于最后产物 β-酮酸酯是一比较强的酸，能形成稳定的烯醇负离子（或碳负离子），同时产生酸性较弱的乙醇且可以不断蒸出，所以反应④是关键的步骤，是使反应向生成缩合产物方向移动的动力。

如果酯的 α 碳只有一个氢原子，另外连有烷基，由于烷基的 +I 效应，使 α-H 的酸性减弱，故形成的负离子稳定性减小；而且由于缺乏第二个 α-H，因而生成的 β-酮酸酯不能再被醇钠作用生成稳定的共轭碱（烯醇负离子），即第④步反应不能发生，整个反应就缺乏进行到底的动力。这种情况下，必须采用更强的碱，如烃基钠、氢化钠，才可能使缩合反应顺利进行。

$$2CH_3CH_2\underset{CH_3}{\underset{|}{C}H}COOC_2H_5 \xrightarrow[2.H^+]{1.(C_6H_5)_3CNa} CH_3CH_2\underset{CH_3}{\underset{|}{C}H}-\overset{O}{\overset{\|}{C}}-\underset{CH_2CH_3}{\overset{CH_3}{\overset{|}{\underset{|}{C}}}}-COOC_2H_5$$

用两种不同的都具有 α-H 的酯缩合时，会得到四种产物。如果采用苯甲酸酯、草酸酯、甲酸酯及碳酸酯等无 α-H 的酯与另一个有 α-H 的酯缩合，则可避免自身的缩合，这种缩合称为交叉的 Claisen 酯缩合。在此种酯缩合中，有 α-H 的酯作为亲核试剂，无 α-H 的酯则作为亲电组分，尤其是当亲电组分中羰基的活性比亲核试剂中的大时，此反应更容易发生。

$$C_6H_5\overset{O}{\overset{\|}{C}}OC_2H_5 + CH_3\overset{O}{\overset{\|}{C}}-OC_2H_5 \xrightarrow[2.H^+]{1.NaOC_2H_5} C_6H_5\overset{O}{\overset{\|}{C}}CH_2\overset{O}{\overset{\|}{C}}-OC_2H_5 \quad (45\%)$$

$$C_6H_5CH_2COOC_2H_5 + C_2H_5OCOC_2H_5 \xrightarrow[2.H^+]{1.NaOC_2H_5} C_6H_5CH(COOC_2H_5)_2 \quad (65\%)$$

$$\text{3-吡啶基}-COOCH_3 + CH_3CH_2CH_2COOC_2H_5 \xrightarrow{NaH} \text{3-吡啶基}-COCH(CH_2CH_3)COOC_2H_5$$

草酸酯的缩合产物还可以在加热下失去 CO。如：

$$\begin{array}{l}COOC_2H_5\\|\\COOC_2H_5\end{array} + C_6H_5CH_2COOC_2H_5 \xrightarrow{NaOC_2H_5} C_2H_5OOC-\overset{O}{\overset{\|}{C}}-\underset{C_6H_5}{\underset{|}{C}}HCOOC_2H_5$$

$$\xrightarrow{\triangle} C_2H_5OOC-\underset{C_6H_5}{\underset{|}{C}}HCOOC_2H_5 + CO$$

(2) 狄克曼（Dieckmann）缩合反应

二元酸酯发生分子内缩合，形成五元环或六元环状的 β-羰基酸酯的反应称为 Dieckmann 缩合。

$$\begin{array}{l}CH_2-CH_2-COOC_2H_5\\|\\CH_2-CH_2-\overset{}{\underset{O}{\underset{\|}{C}}}OC_2H_5\end{array} \xrightarrow{C_2H_5ONa} \text{2-乙氧羰基环戊酮} \quad 74\%\sim81\%$$

$$(Ph)(CH_3OOC)C(CH_2CH_2COOCH_3)_2 \xrightarrow{CH_3ONa} \text{4-Ph-4-}CH_3OOC\text{-2-}COOCH_3\text{-环己酮}$$

在 Dieckmann 缩合中，如含有两种酸性不同的 α-H 时，则酸性较大的 α-H 优先被碱夺去，由此来决定环化方向。如：

$$\begin{array}{l}CH_2CH_2CH_2COOC_2H_5\\|\\CH_2CHCOOC_2H_5\\\quad\ |\\\quad CH_3\end{array} \xrightarrow{:B^-} \begin{array}{l}CH_2CH_2\bar{C}HCOOC_2H_5\\|\\CH_2CHCOOC_2H_5\\\quad\ |\\\quad CH_3\end{array} \longrightarrow \text{2-}COOC_2H_5\text{-6-}CH_3\text{-环己酮}$$

如果同一分子中两种酯 α-H 的酸性差别非常小，则以位阻大小来决定环化方向。如：

$$\begin{array}{l}CH_2CH_2COOC_2H_5\\|\\CHCH_2COOC_2H_5\\|\\CH_3\end{array} \xrightarrow{:B^-} \begin{array}{l}CH_2\bar{C}HCOOC_2H_5\\|\\CHCH_2COOC_2H_5\\|\\CH_3\end{array} \longrightarrow \text{3-}H_3C\text{-5-}COOC_2H_5\text{-环戊酮}$$

Dieckmann 缩合的产物经水解、脱羧得相应的酮类化合物。如：

$$\text{2-}COOC_2H_5\text{-环戊酮} \xrightarrow[2.H^+]{1.OH^-} \text{2-}COOH\text{-环戊酮} \xrightarrow[-CO_2]{\triangle} \text{环戊酮}$$

(3) 酮与酯的缩合

酮的 α-H 的酸性比酯中 α-H 强，故酮中的 α-H 更活泼，在碱的作用下生成烯醇负离子，进攻酯的羰基而发生缩合，产物为酸性更强的 β-二酮，此反应也称为克莱森缩合。

$$R'COOEt + RCH_2\overset{O}{\overset{\|}{C}}R \xrightarrow{B^-} R'\overset{O}{\overset{\|}{C}}-\overset{R}{\overset{|}{C}}H-\overset{O}{\overset{\|}{C}}-R + EtOH$$

其反应机理如下：

$$RCH_2\overset{O}{\overset{\|}{C}}R \xrightarrow{B^-} R\bar{C}H\overset{O}{\overset{\|}{C}}R \longleftrightarrow RCH{=}\overset{O^-}{\overset{|}{C}}-R \underset{}{\overset{R'\overset{O}{\overset{\|}{C}}OEt}{\rightleftharpoons}} R'-\overset{O^-}{\underset{OEt}{\overset{|}{\underset{|}{C}}}}-\overset{R}{\overset{|}{C}H}-\overset{O}{\overset{\|}{C}}R \xrightarrow{-EtO^-} R'\overset{O}{\overset{\|}{C}}-\overset{R}{\overset{|}{C}H}-\overset{O}{\overset{\|}{C}}-R$$

烷基的给电子效应与空间位阻都会使酮及酯的反应活性减小。酮组分中以甲基酮的活性最大，取代甲基酮的活性则较小，二异丙基甲酮（$Me_2CH—CO—CHMe_2$）用一般方法则不能进行这种缩合。各类酯与酮缩合的实例如：

$$CH_3COOEt + PhCOCH_3 \xrightarrow{NaNH_2} CH_3\overset{O}{\overset{\|}{C}}CH_2\overset{O}{\overset{\|}{C}}-Ph \qquad 77\%$$

$$C_6H_5COOCH_3 + CH_3COCH_3 \xrightarrow{NaH} C_6H_5COCH_2\underset{O}{\underset{\|}{C}}CH_3 \qquad 66\%$$

$$HCOOEt + \text{环己酮} \xrightarrow{NaOEt} \text{2-甲酰基环己酮（CHO）} \qquad 70\% \sim 74\%$$

酮酯缩合一般选用无 α-H 的酯。草酸酯缩合的产物加热去 CO 可得到 β-酮酸酯，这是一种由酮出发制备 β-酮酸酯的好方法。如：

$$\text{环己酮} + \begin{matrix}COOEt\\|\\COOEt\end{matrix} \xrightarrow{NaOEt} \text{2-(CO—COOEt)环己酮} \xrightarrow[-CO]{\triangle} \text{2-(COOEt)环己酮} \qquad 64\% \sim 67\%$$

碳酸酯也能与酮缩合，但反应活性不好，如用 $NaNH_2$ 或 NaH 作催化剂，用过量的碳酸酯与酮作用，并不断蒸出反应中产生的醇，使平衡向缩合产物移动，则也可以用来合成 β-酮酸酯。

$$\text{环辛酮} + O{=}C\begin{matrix}OEt\\OEt\end{matrix} \xrightarrow[\triangle]{NaH} \text{2-(COOEt)环辛酮}$$

酮基与酯基相距较远的酮酸酯，还可以发生自身酮酯缩合生成五元或六元环二酮。

$$CH_3CH_2\overset{O}{\overset{\|}{C}}(CH_2)_6COOEt \xrightarrow{NaOEt} \text{2-(}COCH_2CH_3\text{)环己酮} \qquad 83\%$$

第四节　共轭加成

一、共轭烯烃的加成反应

1. 1,2-加成和 1,4-加成

共轭二烯烃具有烯烃的通性，但由于是共轭体系，故又具有共轭二烯烃的特有性质，在进行加成时，既可发生 1,2-加成，也可发生 1,4-加成。1,2-加成和 1,4-加成是同时发生的，哪一反应占优势，决定于反应的温度、反应物的结构、产物的稳定性和溶剂的极性。

（1）温度的影响

1,2-加成反应的活化能低，为速率控制（动力学控制）反应，故低温主要为 1,2-加成。1,4-加成反应的活化能较高，但逆反应的活化能更高，一旦生成，不易逆转，故在高温时为平衡控制（热力学控制）反应，主要生成 1,4-加成产物。如：

$$HBr + CH_2{=}CH{-}CH{=}CH_2 \begin{cases} \xrightarrow[-80^{\circ}C]{\text{醚}} \underset{H}{CH_2}{-}\underset{Br}{CH}{-}CH{=}CH_2\ (80\%) \quad \underset{H}{CH_2}{-}CH{=}CH{-}\underset{Br}{CH_2}\ (20\%) \\ \xrightarrow[40^{\circ}C]{\text{醚}} \quad (20\%) \quad (80\%) \end{cases}$$

(2) 产物结构的影响

1,4-加成产物的稳定性大于1,2-加成产物（可从σ-π共轭效应来理解）。

$$H_2C{-}C(H)(Br){-}CH{=}CH_2 \qquad H{-}C(H)(H){-}CH{=}CH{-}CH(H)(Br)$$

1,2-加成产物　　　　　　1,4-加成产物

一个C—H σ键与π共轭　　五个C—H σ键与π共轭

1-苯基-1,3-丁二烯和HBr的加成反应主要为1,2-加成产物，该产物中苯环和双键共轭，较其他形式的加成产物稳定。

$$PhCH{=}CH{-}CH{=}CH_2 \xrightarrow{HBr} PhCH{=}CH{-}\underset{Br}{CH}{-}CH_3$$

1,4-二苯基-1,3二丁烯和溴加成的产物主要也为1,2-加成产物，1,4-加成产物不超过4%。

$$PhCH{=}CH{-}CH{=}CHPh \xrightarrow{Br_2} PhCH{=}CH{-}\underset{Br}{CH}{-}\underset{Br}{CHPh} + \underset{Br}{PhCH}CH{=}CH\underset{Br}{CHPh}\ (<4\%)$$

(3) 溶剂的影响

极性溶剂，有利于1,4-加成；非极性溶剂，有利于1,2-加成。

$$CH_2{=}CH{-}CH{=}CH_2 \begin{cases} \xrightarrow[-15^{\circ}C]{Br_2\ CHCl_3} \underset{Br}{CH_2}{-}\underset{Br}{CH}{-}CH{=}CH_2\ (37\%) \quad \underset{Br}{CH_2}{-}CH{=}CH{-}\underset{Br}{CH_2}\ (63\%) \\ \xrightarrow[-15^{\circ}C]{Br_2\ \text{正己烷}} \quad (54\%) \quad (46\%) \end{cases}$$

2. 狄尔斯-阿尔德（Diels-Alder）反应

共轭二烯烃和某些具有碳碳双键、三键的不饱和化合物进行1,4-加成，生成环状化合物的反应称为狄尔斯-阿尔德反应（双烯合成反应）。如：

$$\text{丁二烯} + CH_2{=}CH{-}COOCH_3 \xrightarrow{150^{\circ}C} \text{4-环己烯基}{-}COOCH_3$$

双烯体　亲双烯体

对双烯合成反应，要明确以下几点：

(1) 双烯体是以S-顺式构象进行反应的，不可改变的S-反式构象不能发生狄尔斯-阿尔德反应。

$$\text{环戊二烯} + CH_2{=}CH{-}CH_2Cl \xrightarrow{\triangle} \text{降冰片烯}{-}CH_2Cl$$

$$\text{(S-反式二烯)} + \text{NC}{-}CH{=}CH{-}CN \longrightarrow \text{不反应}$$

(2) 反应为顺式加成，亲双烯体的构型保持不变。

$$\text{丁二烯} + \text{反式-}CH_3OOC\text{–}CH{=}CH\text{–}COOCH_3 \longrightarrow (\pm)\ \text{反式-4-环己烯-1,2-二甲酸二甲酯}$$

$$\text{丁二烯} + \text{顺式-}CH_3OOC\text{–}CH{=}CH\text{–}COOCH_3 \longrightarrow \text{顺式-4-环己烯-1,2-二甲酸二甲酯}$$

(3) 当双烯体和亲双烯体上都有取代基时，一般主要生成邻、对位产物。

$$CH_2{=}C(CH_3)CH{=}CH_2 + CH_2{=}CHCHO \xrightarrow{\triangle} \text{4-甲基-3-环己烯甲醛 (70\%)} + \text{3-甲基-3-环己烯甲醛 (30\%)}$$

$$CH_3CH{=}CHCH{=}CH_2 + CH_2{=}CHCOOCH_3 \xrightarrow{\triangle} \text{邻位产物 (61\%)} + \text{间位产物 (39\%)}$$

(4) 环状共轭二烯反应时，主要生成内型产物。

$$\text{环戊二烯} + H\text{–}C(CO_2Me){=}CH_2 \longrightarrow \text{内型 (COOR) 76\%} + \text{外型 (COOR) 24\%}$$

(5) 一般情况下，双烯体含有供电基，亲双烯体含有吸电基，反应活性高。

(6) 狄尔斯-阿尔德反应是可逆的，既可由双烯合成六元环，也可由六元环制备共轭二烯。

二、*α*,*β*-不饱和醛酮的加成

α,β-不饱和醛酮的结构特点是碳碳双键与羰基共轭，故 α,β-不饱和醛酮兼有烯烃和醛酮的性质，同时，由于碳碳双键和羰基共轭，它也会和共轭双烯一样有一些独特的性质。

1. 1,2-加成和 1,4-加成

(1) 1,2-加成

① 碳碳双键的 1,2-加成：当 α,β-不饱和醛酮与卤素、HOX 加成时，不发生共轭加成，只在碳碳双键上发生亲电加成。如：

$$CH_3CH{=}CH\overset{O}{\overset{\|}{C}}CH_3 \xrightarrow{Br_2} CH_3\underset{Br}{\underset{|}{CH}}\text{—}\underset{Br}{\underset{|}{CH}}\overset{O}{\overset{\|}{C}}CH_3$$

② 羰基的 1,2-加成：当 α,β-不饱和醛酮与亲核性较强的有机钠、有机锂、有机钾化合物加成时，亲核试剂主要进攻羰基，产物大多是 1,2-加成产物。如：

$$CH_3CH{=}CH\text{—}\overset{O}{\overset{\|}{C}}\text{—}CH_3 \xrightarrow{CH_3Li} \xrightarrow{H_2O} CH_3CH{=}CH\text{—}\underset{CH_3}{\underset{|}{\overset{OH}{\overset{|}{C}}}}\text{—}CH_3$$

(2) 1,4-加成

① α,β-不饱和醛酮与 HX、H_2SO_4（等质子酸）以及 H_2O、ROH（在酸催化下）的加成为 1,4-共轭加成。如：

$$CH_2{=}CH{-}\overset{O}{\overset{\|}{C}}{-}H \xrightarrow{HCl} \underset{Cl}{\underset{|}{CH_2}}{-}CH{=}\overset{OH}{\overset{|}{C}}{-}H \rightleftharpoons \underset{Cl}{\underset{|}{CH_2}}{-}CH_2{-}\overset{O}{\overset{\|}{CH}}$$

1,4-加成

② α,β-不饱和醛酮与 HCN、NH_3 及 NH_3 的衍生物、亚硫酸氢钠等的加成，也以发生 1,4-共轭加成为主。如：

$$C_6H_5{-}CH{=}CH{-}\overset{O}{\overset{\|}{C}}{-}C_6H_5 \xrightarrow[CH_3COOH]{KCN} C_6H_5{-}\underset{CN}{\underset{|}{CH}}{-}CH_2{-}\overset{O}{\overset{\|}{C}}{-}C_6H_5$$

(3) 影响 1,2-加成和 1,4-加成的因素

① 试剂亲核性的强弱　弱亲核试剂主要进行 1,4-加成，强亲核试剂主要进行 1,2-加成。如亲核性较强的有机钠、有机锂、有机钾化合物与 α,β-不饱和醛酮加成时，主要进攻羰基，产物大多是 1,2-加成产物；若换成亲核性较弱的 RNH_2、CN^-、R_2CuLi 时，产物则变为 1,4-加成为主。如：

$$(CH_3)_2C{=}CH\overset{O}{\overset{\|}{C}}CH_3 \xrightarrow[2.H_2O]{1.(CH_2{=}CH)_2CuLi} CH_2{=}CH{-}\underset{CH_3}{\underset{|}{\overset{CH_3}{\overset{|}{C}}}}{-}CH_2{-}\overset{O}{\overset{\|}{C}}{-}CH_3$$

② 反应温度　低温有利于 1,2-加成，高温有利于 1,4-加成。

③ 立体效应　羰基所连的基团体积大或试剂体积较大时，有利于 1,4-加成。如 α,β-不饱和醛酮与 RMgX 的加成。

$$C_6H_5{-}CH{=}CH{-}\overset{O}{\overset{\|}{C}}{-}R \xrightarrow{C_2H_5MgBr} \begin{cases} \xrightarrow{1,2-} C_6H_5{-}CH{=}CH{-}\underset{C_2H_5}{\underset{|}{\overset{OMgX}{\overset{|}{C}}}}{-}R \xrightarrow{H_3O^+} C_6H_5{-}CH{=}CH{-}\underset{C_2H_5}{\underset{|}{\overset{OH}{\overset{|}{C}}}}{-}R \\ \xrightarrow{1,4-} C_6H_5{-}\underset{C_2H_5}{\underset{|}{CH}}{-}CH{=}\overset{OMgX}{\overset{|}{C}}{-}R \xrightarrow{H_3O^+} C_6H_5{-}\underset{C_2H_5}{\underset{|}{CH}}{-}CH_2\overset{O}{\overset{\|}{C}}{-}R \end{cases}$$

R=	H	CH_3	C_2H_5	*i*-Pr	*t*-Bu
1,4-加成反应	0	60%	71%	100%	100%

2. 麦克尔（Michael）反应

α,β-不饱和醛酮、羧酸、酯、腈、硝基化合物、酰胺等与有活泼亚甲基化合物的共轭加成反应称为麦克尔（Michael）反应，其通式如下：

$$\rangle C{=}\underset{H}{\underset{|}{C}}{-}Z + R^- \longrightarrow {-}\underset{R}{\underset{|}{\overset{|}{C}}}{-}\underset{H}{\underset{|}{\overset{|}{C}}}{-}Z$$

(Z代表能和C═C共轭的基团)

如：

$$\left.\begin{array}{l}CH_2{=}CHCOOC_2H_5\\CH_3COCH_2COOC_2H_5\end{array}\right\}\xrightarrow[C_2H_5OH]{C_2H_5ONa}\begin{array}{l}CH_3COCH-CH_2CH_2COOC_2H_5\\\quad\;|\\\quad COOC_2H_5\end{array}$$

$$\text{环己酮}\underset{}{\overset{OH^-}{\rightleftharpoons}}\text{环己酮负离子}\xrightarrow{C_6H_5CH=CH-\overset{O}{\overset{\|}{C}}-C_6H_5}\text{2-}(CH(C_6H_5)CH_2COC_6H_5)\text{环己酮}$$

$$CH_2{=}CH-\overset{O}{\overset{\|}{C}}-CH_3+CH_2(COOC_2H_5)_2\xrightarrow[C_2H_5OH]{C_2H_5ONa}\begin{array}{l}CH_2-CH_2-\overset{O}{\overset{\|}{C}}-CH_3\\|\\CH(COOC_2H_5)_2\end{array}$$

其反应机理为：

$$CH_2(COOC_2H_5)_2\overset{C_2H_5O^-}{\rightleftharpoons}\bar{C}H(COOC_2H_5)_2\xrightarrow{CH_2=CH-\overset{O}{\overset{\|}{C}}-CH_3}\begin{array}{l}CH_2-CH=\overset{O^-}{\overset{|}{C}}-CH_3\\|\\CH(COOC_2H_5)_2\end{array}\overset{C_2H_5OH}{\rightleftharpoons}\begin{array}{l}CH_2-CH_2-\overset{O}{\overset{\|}{C}}-CH_3\\|\\CH(COOC_2H_5)_2\end{array}$$

麦克尔（Michael）反应还用来合成环状化合物，一般是在一个六元环系上，再加上一个四个碳原子，形成一个二并六元环的环系，这一反应称为罗宾森（Robinson）关环反应。如：

$$\text{2-甲基-1,3-环己二酮}+CH_2{=}CH-\overset{O}{\overset{\|}{C}}-CH_3\xrightarrow{C_2H_5ONa}\text{2-甲基-2-}(CH_2CH_2COCH_3)\text{-1,3-环己二酮}\xrightarrow[\text{羟醛缩合}]{C_2H_5ONa}\text{双环烯二酮}$$

烃基化发生在取代较多的碳原子上，这是麦克尔反应的一般规则。羰基化合物经烯胺的酰基化或烃基化的取向刚好与麦克尔规则相反。

$$\text{2-甲基环己酮}\xrightarrow{\text{四氢吡咯(NH)}}\xrightarrow{CH_2=CHCOCH_3}\xrightarrow[2.H_3O^+]{1.\text{二氧六环，回流}}\text{2-甲基-6-}(CH_2CH_2COCH_3)\text{环己酮}\xrightarrow{NaOC_2H_5}\text{羟基双环酮(OH)}\xrightarrow{\triangle}\text{双环烯酮}$$

麦克尔反应是可逆的，碱性过强，可能引起反应的逆转或进一步产生其他的副反应。所以应尽可能采用比较温和的反应条件，如采用较低的反应温度，缩短反应时间并使用碱性较弱的六氢吡啶就是这一目的。

值得指出的是，一般的α,β-不饱和醛与活泼亚甲基化合物（ZCH_2Z'）通常发生 Knoevenagal 反应，而丙烯醛例外，它与活泼亚甲基化合物发生 Michael 加成反应，这可能由于与其他α,β-不饱和醛相比，丙烯醛的空间位阻最小。

$$CH_2{=}CH-\overset{O}{\overset{\|}{C}}H+CH_2(COOC_2H_5)_2\xrightarrow[C_2H_5OH,\ 15℃]{C_2H_5ONa(\text{微量})}\begin{array}{l}CH_2-CH_2-\overset{O}{\overset{\|}{C}}H\\|\\CH(COOC_2H_5)_2\end{array}$$

3. 插烯作用

在研究巴豆醛（2-丁烯醛）的性质时，我们还发现它的甲基非常活泼，例如它可以和乙醛或自身发生羟醛缩合反应。

$$CH_3CHO + CH_3CH{=}CHCHO \xrightarrow[\triangle]{OH^-} CH_3CH{=}CHCH{=}CHCHO$$

$$CH_3CH{=}CHCHO + CH_3CH{=}CHCHO \xrightarrow[\triangle]{OH^-} CH_3CH{=}CHCH{=}CHCH{=}CHCHO$$

这可以用共轭效应来解释。虽然在甲基和羰基之间加一个碳碳双键，但是因为这个双键和羰基共轭，而且 π 电子的流动性较大，所以羰基的电子效应将通过双键而传递到 γ-键上，使 γ-H 活化。

$$\text{H}-\overset{\alpha}{\text{C}}-\text{C}{=}\text{O} \qquad \text{H}-\overset{\gamma}{\text{C}}-\overset{\beta}{\text{C}}{=}\overset{\alpha}{\text{C}}-\text{C}{=}\text{O}$$

同样的，只要是一个连续不断的共轭体系，这种效应还可以传递到更远的碳上。

$$\text{H}-\overset{\varepsilon}{\text{C}}-\overset{\delta}{\text{C}}{=}\overset{\gamma}{\text{C}}-\overset{\beta}{\text{C}}{=}\overset{\alpha}{\text{C}}-\text{C}{=}\text{O}$$

总之，共轭不饱和醛、酮在结构上可以看作 A—B 的 A 和 B 之间插入一个或多个 1,2-乙烯基（—CH═CH—）得到的化合物 A(CH═CH)$_n$B，而 A 和 B 仍保持着原来的相互关系，这种现象叫插烯作用，相应的化合物叫插烯体。共轭不饱和醛酮就是含羰基的插烯体。

习　题

1. 按要求回答下列问题。

(1) 将下列化合物按照与卤素起加成反应的速率由大到小排列。

① A. $CH_2{=}CH{-}CH_2{-}CN$　　B. $CH_2{=}CH{-}CH_3$　　C. $CH_2{=}CH{-}F$　　D. $CH_2{=}CF_2$

② A. $CH_2{=}CH{-}CH_3$　　B. $H_2C{=}CHCOOH$　　C. $(CH_3)_2C{=}CH_2$　　D. $CH_2{=}CHCOO^-$

③ A. $CH_2{=}CH{-}CH_2Cl$　　B. $CH_2{=}CH{-}CHCl_2$　　C. $CH_2{=}CH{-}CCl_3$

(2) 判断以下反应对中，哪一个加成反应速率较快？

① HBr 或 HI 与丙烯在二氧六环中反应。

② HOCl 与 $F_3C{-}CH{=}CH{-}CF_3$ 或与 2-丁烯在水中反应。

③ 水与 $CH_3CH{=}CHCHO$ 或与 $CH_3CH{=}CH{-}CF_3$，用 1mol/L H_2SO_4 催化，在水-二氧六环中反应。

④ Br_2 与环已烯在醋酸中同 NaCl 或同 $AlBr_3$ 反应。

⑤ Br_2 与亚甲基环丁烷或与亚甲基环戊烷在醋酸中加成。

(3) 下列双烯体哪些能进行狄尔斯-阿尔德反应？哪些不能？为什么？

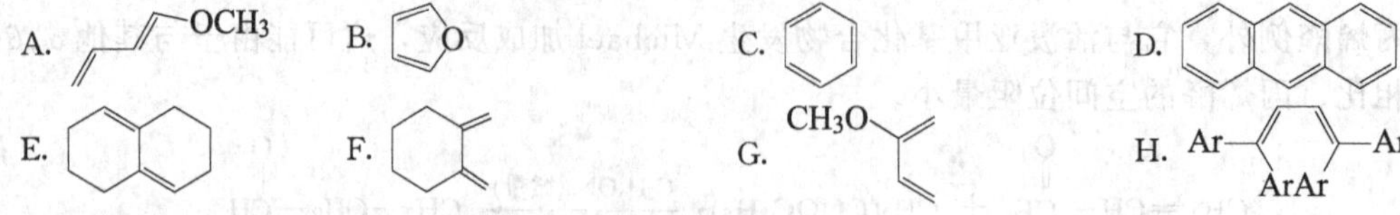

(4) 将下列化合物按与 HCN 反应的速率由快到慢排列。

A. 环丙酮 B. 环丁酮 C. 环戊酮 D. 环己酮

(5) 将下列按酯水解反应的速率由快到慢排列。

A. $CH_3-C_6H_4-COOC_2H_5$ B. $HOOC-C_6H_4-COOC_2H_5$

C. $Cl-C_6H_4-COOC_2H_5$ D. $CH_3O-C_6H_4-COOC_2H_5$

(6) 将下列化合物按与饱和 $NaHSO_3$ 反应的活性由大到小排列。

A. CH_3CHO B. $ClCH_2CHO$ C. C_6H_5CHO D. $C_6H_5COCH_3$ E. Cl_3CCHO F. $CH_3CH_2COCH_3$

2. 说明题

(1) 反式-1-苯基丙烯同溴加成得 88%的反式加成产物，同溴化氢加成得 12%反式加成产物，同氯加成得到 35%的反式加成产物，为什么？

(2) 氯水对 2-丁烯的加成不仅生成 2,3-二氯丁烷，还产生 3-氯-2-丁醇，其中 (*Z*)-2-丁烯只生成苏式氯醇，(*E*)-2-丁烯只生成赤式氯醇。为什么？

(3) 从乙酰乙酸乙酯及 $BrCH_2CH_2CH_2Br$ 在醇钠作用下反应，得到下列化合物 A，而不是 B，请解释其原因。

A. 6-甲基-3,4-二氢-2H-吡喃-5-甲酸乙酯（H_3C，$COOC_2H_5$） B. 1-乙酰基环丁烷甲酸乙酯（$COCH_3$，$COOC_2H_5$）

3. 完成下列反应，产物有立体异构体的请标明构型。

(1) $CH_3CH=CH_2 \xrightarrow[ROOR]{H_2S}$

(2) $HOOCCH=CH_2 \xrightarrow{IBr}$

(3) $PhCOCH_3 + BrCH_2COOC_2H_5 \xrightarrow[2.H_2O]{1.Zn,苯}$

(4) 1-甲基环己烯 $\xrightarrow{NOCl}$

(5) $PhCH_2(H)C=C(H)CH_2OCH_3$（反式） $\xrightarrow[乙醚]{CH_2I_2,Zn(Cu)}$

(6) 丁二烯 + NC−CH=CH−CN（反式） $\xrightarrow{\triangle}$

(7) 2-亚甲基降冰片烷 $\xrightarrow[CH_3OH]{Hg(OAc)_2} \xrightarrow[OH^-]{NaBH_4}$

(8) 月桂烯 $\xrightarrow{HCl}$

(9) 环己酮 + $CH_3\overset{O}{\overset{\|}{C}}OC(CH_3)=CH_2 \xrightarrow{NaOC_2H_5}$

(10) 3,4-二氢-2H-吡喃 $\xrightarrow{1mol\ HBr}$

(11) $ClCH_2COCl$ + 脯氨酰胺 ⟶

(12) $CH_2=CH\overset{+}{N}(CH_3)_3 \xrightarrow{HCl}$

(13) 2-甲基环己酮 + $CH_2=CHCOCH_3 \xrightarrow[C_2H_5OH]{KOH}$

(14) α-蒎烯 $\xrightarrow{1mol\ HCl}$

(15) $C_6H_5COCH_3 + CH_3CH(Cl)COOC_2H_5 \xrightarrow{NaOCH_3} \xrightarrow[3.\triangle,-CO_2]{1.\ OH^-,\ 2.\ H^+}$

(16) $(CH_3)_2C=CHCH_2CH(CH_3)CH=CH_2 \xrightarrow{1mol\ HBr}$

(17) $CH_3\overset{O}{\overset{\|}{C}}CH_2CH_3 + O_2NCH_2COOC_2H_5 \xrightarrow{吡啶}$

(18) H−C(CHO)(C_2H_5)−Cl（Fischer 投影式） $\xrightarrow[2.H_3^+O]{1.CH_3MgI}$

(19) $CH_2=CHCHO + Ph_3P=CHCH_3 \longrightarrow$

(20) 降冰片烯 $\xrightarrow[h\nu]{CCl_4}$

(21) 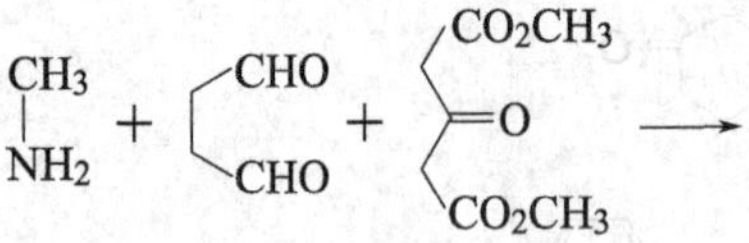 CH_3NH_2 + $OHCCH_2CH_2CHO$ + $CH_3O_2CCH_2COCH_2CO_2CH_3$ $\longrightarrow$

(22) 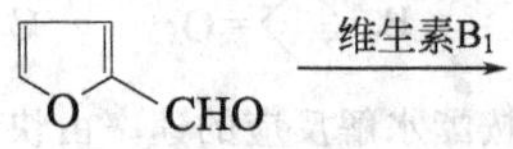 糠醛（2-呋喃甲醛） $\xrightarrow{\text{维生素}B_1}$

(23) 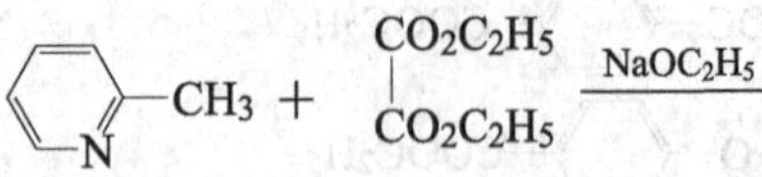 2-甲基吡啶 + $C_2H_5O_2C-CO_2C_2H_5$ $\xrightarrow{NaOC_2H_5}$

(24) 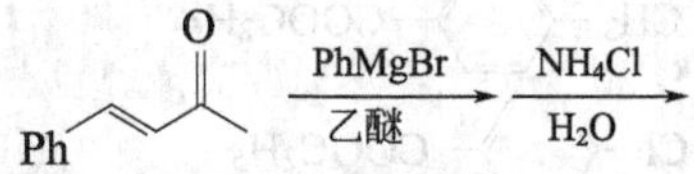 $PhCH=CHCOCH_3$ $\xrightarrow[\text{乙醚}]{PhMgBr}$ $\xrightarrow[H_2O]{NH_4Cl}$

(25) 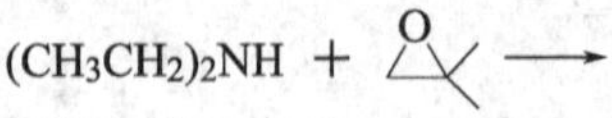 $(CH_3CH_2)_2NH$ + 2,2-二甲基环氧乙烷 $\longrightarrow$

(26) $CH_3NCO + CH_3CH_2OH \longrightarrow$

(27) $CH_2=CHCOOCH_3 \xrightarrow{NH(C_2H_5)_2}$

(28) $F_2C=CH_2 \xrightarrow[CH_3OH]{NaOCH_3}$

(29) $PhCH_2CN + CH_2=CHCHO \xrightarrow[CH_3OH]{NaOCH_3}$

(30) 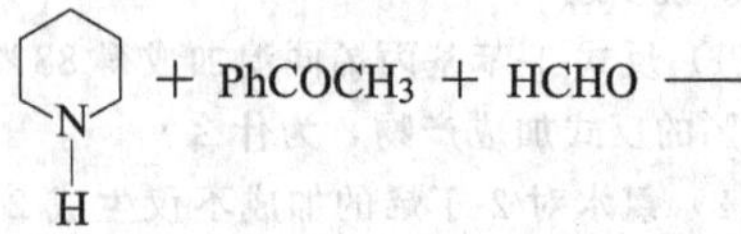 哌啶 + $PhCOCH_3$ + HCHO $\longrightarrow$

(31) 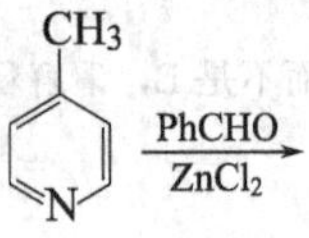 4-甲基吡啶 $\xrightarrow[ZnCl_2]{PhCHO}$

(32) 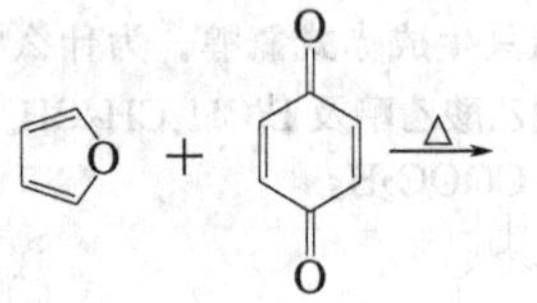 呋喃 + 对苯醌 $\xrightarrow{\triangle}$

4. 推测下列反应机理。

(1) 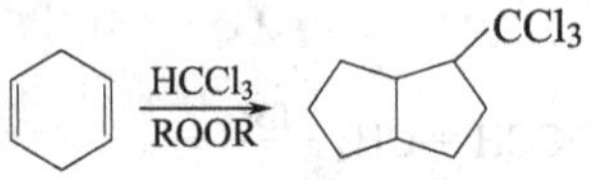 1,3-环己二烯 $\xrightarrow[ROOR]{HCCl_3}$ 1-三氯甲基八氢并环戊二烯（CCl_3）

(2) 3-亚甲基异色满-1-酮 $\xrightarrow[HOC_2H_5]{NaOC_2H_5}$ 1,3-萘二酚

(3) 2-(环己-2-烯基)乙酸 $\xrightarrow[CCl_4]{Br_2}$ 7-溴代六氢苯并呋喃-2-酮（Br）

(4) 4,4-二取代环己-2,5-二烯酮（R, R） $\xrightarrow{H_3O^+}$ 3,4-二取代苯酚（OH, R, R）

(5) 环己酮 + 甲基乙烯基酮 $\xrightarrow[C_2H_5OH]{C_2H_5ONa}$ 八氢萘酮（H, OH）

(6) $H_2NCH_2CH_2$-取代硫代内酯 $\longrightarrow$ HS-取代八元内酰胺（N—H）

(7) 邻氯苯基-$N(CH_3)CH_2CH_2NHCH_3$ $\xrightarrow[Et_2O]{NaNH_2}$ 1,4-二甲基-1,2,3,4-四氢喹喔啉（CH_3, CH_3）

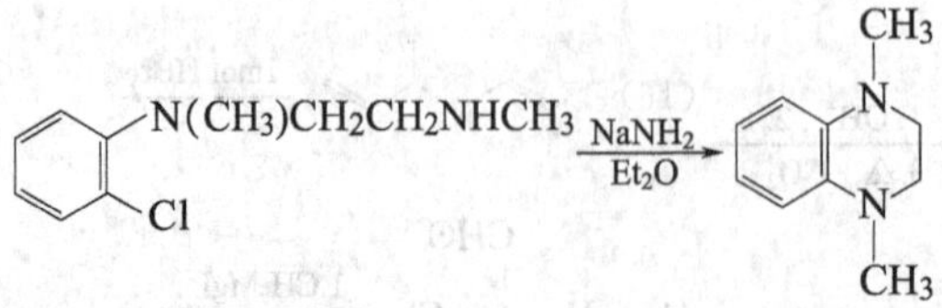

(8) 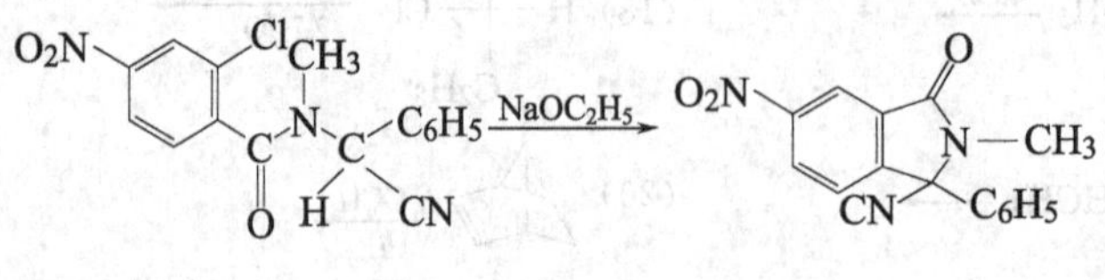 O_2N-、Cl-取代苯甲酰-$N(CH_3)$-$CH(C_6H_5)CN$ $\xrightarrow{NaOC_2H_5}$ O_2N-取代异吲哚酮（N—CH_3, CN, C_6H_5）

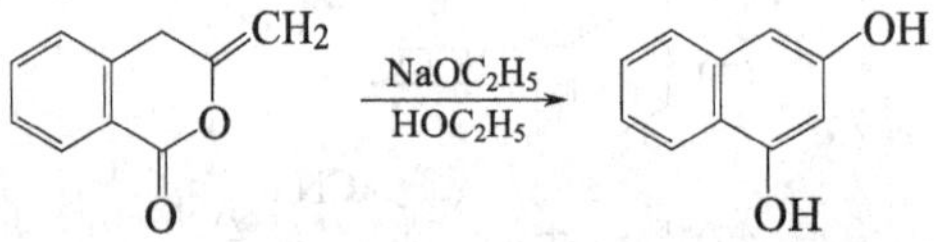

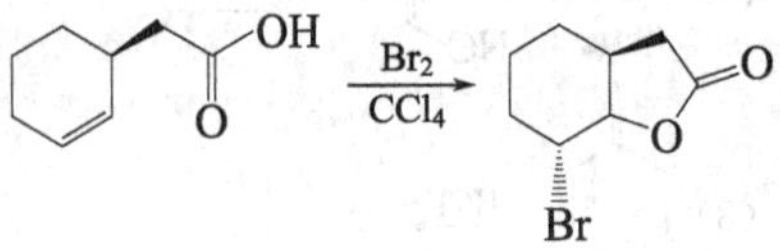

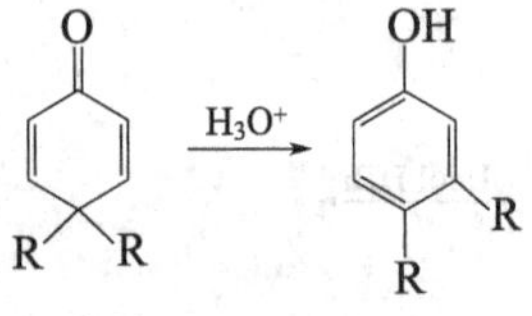

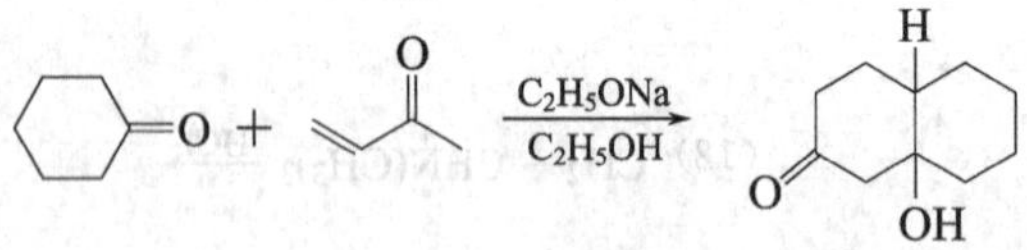

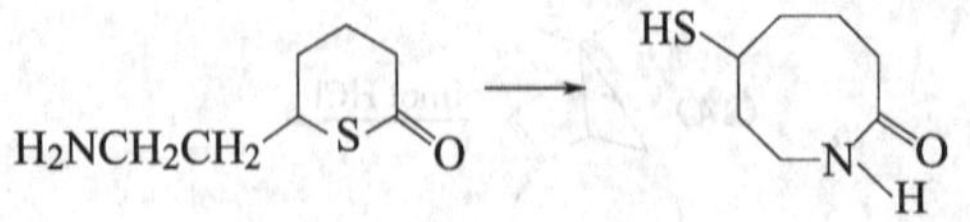

(9) Cl_3CCHO + 氯苯 $\xrightarrow{H_2SO_4(稀)}$ $Cl-C_6H_4-CH(CCl_3)-C_6H_4-Cl$

(10) 1,3-环庚二酮 $\xrightarrow{NaOC_2H_5}$ 2-乙酰基环戊酮（$-COCH_3$）

(11) 2,2,4-三甲基-1,3-二氧六环-4-乙酸（CH_2CO_2H） $\xrightarrow{H_3O^+}$ 4-羟基-4-甲基-δ-内酯（OH） + CH_3COCH_3

(12) 胡薄荷酮类结构 $\xrightarrow{OH^-}$ 丙酮 + 3-甲基环己酮

(13) 1,3-环己二酮 + 2-氯环己酮（Cl） $\xrightarrow{KOH}$ 三环呋喃酮

5. 解释下列实验事实，并写出 B 转化为 A 的机理。

$$HOCH_2CH_2NH_2 \xrightarrow[K_2CO_3]{1mol\ (CH_3CO)_2O} HOCH_2CH_2NHCOCH_3\ (A)$$

$$HOCH_2CH_2NH_2 \xrightarrow[HCl]{1mol\ (CH_3CO)_2O} CH_3CO_2CH_2CH_2\overset{+}{N}H_3Cl^-\ (B)$$

$$B \xrightarrow{K_2CO_3} A$$

6. 完成下列转化。

(1) 萘 ⟶ 蒽醌

(2) 萘 ⟶ 2,2'-二乙基-1,1'-联萘（C_2H_5，C_2H_5）

(3) 苯 ⟶ 间硝基苯基苄基醚（$-O-CH_2-C_6H_5$，NO_2）

(4) 苯 ⟶ 2-溴-6-硝基苯甲酸（Br，COOH，NO_2）

(5) $CH{\equiv}CH$ ⟶ 环氧化合物（H，C_2H_5，H_5C_2，H）

(6) $CH{\equiv}CH$ ⟶ 苏式2,3-二溴丁烷

(7) 1,2-二甲基环己烯 ⟶ 1-(2-甲基环戊基)乙酮

(8) Ph–CH=CH–Ph（反式） ⟶ Ph–CH=CH–Ph（顺式）

7. 完成下列合成。

(1) 由四碳及四碳以下的原料合成：双（环己烯基）螺环二缩醛（O，O，O，O）

(2) 由环己酮和不超过四个碳的有机原来合成：甲基八氢萘酮（O）

(3) 由四碳及四碳以下的原料合成：HO_2C、CO_2H、HO_2C、CO_2H 四羧酸

(4) 由环戊酮合成：2-(2-氯-2-苯基乙基)环戊酮（O，Cl，Ph）

(5) 由环己酮合成：

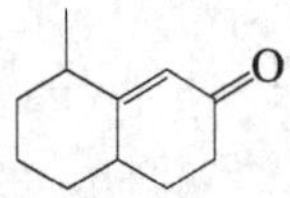

(6) 由苯合成：

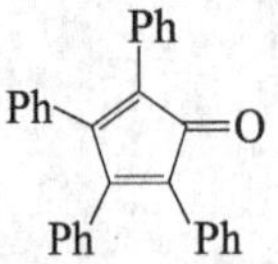

8. 有一位同学设计如下反应合成目标产物A：

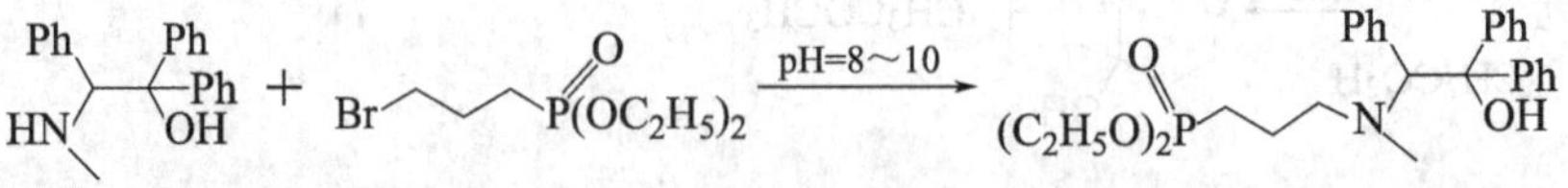

(1) 该反应必须要控制反应体系的 pH＝8～10 范围，过高或过低对反应有什么影响？

(2) 该同学在合成目标化合物A时遇到了不小的麻烦，当他将反应物的投料比控制在1∶1时却没有得到目标化合物A；当将反应物的投料比控制在5∶1时，并采取其他手段才能得到目标化合物A。

① 请推测将反应物的投料比控制在1∶1时，得到的可能产物是什么？

② 当将反应物的投料比控制在5∶1时，得到目标化合物A，请指出谁过量最合适？为什么？

③ 请为这位同学出主意，他可采取哪些其他手段有利于目标产物的合成？

9. 化合物(A)的分子式为 $C_6H_{12}O_3$，在 $1710cm^{-1}$ 处有强吸收峰。(A)和碘的氢氧化钠溶液作用得黄色沉淀，与 Tollens 试剂作用无银镜产生。但(A)用稀 H_2SO_4 处理后，所生成的化合物与 Tollens 试剂作用有银镜产生。(A)的 NMR 数据如下：

$\delta=2.1$(3H，单峰)；$\delta=2.6$(2H，双峰)；$\delta=3.2$(6H，单峰)；$\delta=4.7$(1H，三重峰)。写出(A)的构造式及反应式。

第七章　消除反应

消除反应（elimination reaction）是一类比较普遍的有机反应，指从有机分子中除去一个小分子或两个原子或基团，生成双键、叁键或环状结构化合物的反应。消除反应可根据发生消除作用的碳原子的相对位置分为α-消除（或1,1-消除）、β-消除（或1,2-消除）、γ-消除（或1,3-消除）和1,4-消除反应等。1,3-消除或1,4-消除可以看作是分子内的取代反应。消除反应中β-消除最重要，本章重点讨论β-消除反应。

第一节　消除反应的历程及影响因素

一、消除反应的历程

β-消除反应既可以在液相中发生，也能在气相中进行（指热消除反应）。在液相中进行的消除反应一般为离子历程，根据共价键断裂和生成的次序，可分为以下三种机理。

1. 双分子（E2）消除反应历程

在双分子消除反应中，碱进攻反应物β-H的同时，离去基团带着一对电子从分子中离去，在两个碳原子之间形成新的π键。

$$-\underset{L}{\overset{|}{C}}-\underset{|}{\overset{H}{C}}- + B^- \longrightarrow \left[-\underset{\delta^-}{\underset{L}{\overset{|}{C}}}\cdots\overset{H\cdots B^{\delta^-}}{C}-\right]^{\neq} \longrightarrow \rangle C=C\langle + BH + L^-$$

典型E2的消除反应，新键的生成和旧键的断裂是协同进行的，碱参与了过渡态的形成，动力学表现为二级反应，反应速率与反应物和碱的浓度成正比，$v=k[RX][B^-:]$。

2. 单分子（E1）消除反应历程

E1历程与S_N1历程相似，所涉及的两步反应均为单分子反应。首先反应物的离去基团在溶剂的作用下带着一对电子离去生成碳正离子，第二步为碳正离子以质子形式失去一个β-H生成碳碳双键。

$$H-\overset{|}{\underset{|}{C}}-\overset{|}{\underset{|}{C}}-L \xrightleftharpoons{-L^-,慢} H-\overset{|}{\underset{|}{C}}-\overset{|}{\underset{|}{C}}^+ \xrightarrow{-H^+,快} \rangle C=C\langle$$

第一步反应物的异裂是决速步骤，动力学上表现为一级反应，反应速率仅与反应物浓度有关。如下列反应的速率方程为：$v=k[(CH_3)_3CBr]$。

$$(CH_3)_3C-Br \xrightarrow{慢} (CH_3)_3C^+ + Br^-$$

$$(CH_3)_3C^+ \xrightarrow{快} (H_3C)_2C=CH_2 + H^+$$

3. 共轭碱单分子（E1cb）消除反应历程

碱首先夺去β-H生成底物的共轭碱碳负离子，随后离去基团带着一对电子离去形成π键的消除反应称为共轭碱单分子消除反应，用E1cb表示。如：

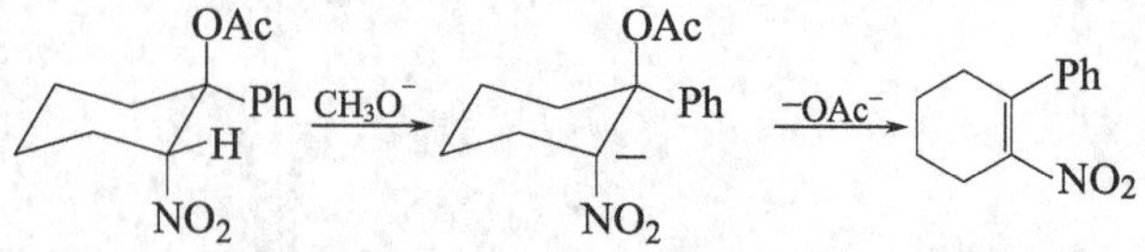

E1cb 历程和 E1 相似，也是两步反应，所不同的是前者的中间体是碳负离子，后者的中间体是碳正离子。E1cb 历程实际表现为二级反应，反应速率方程式中碱及反应物的浓度各为一级。简单卤代烷和磺酸烷基酯一般不发生 E1cb 反应，只有在碳链上连有—NO_2、═C═O、—CN 等吸电子基团时，反应才能按 E1cb 历程进行。

实际上 E1、E2 和 E1cb 是三种极限历程，在它们之间还有很多中间类型的历程。在离子型消除反应中，按 E2 历程进行的比较多，而在 E2 历程中反应完全按协同历程进行的仅是一种理想状况。如果 C—H 键的断裂先于 C—X 键的断裂及 π 键的形成，在过渡态时键的断裂程度 C—H 键大于 C—X 键，这种过渡态与 E1cb 类似；如果 C—X 键的断裂先于 C—H 键的断裂及 π 键的形成，在过渡态时键的断裂程度 C—X 键大于 C—H 键，这种过渡态与 E1 类似。实际上 E1 通过 E2 到 E1cb 是一个连续变化的过程。这一概念叫作 E2 可变过渡态理论，下图简略地描述了这种变化。

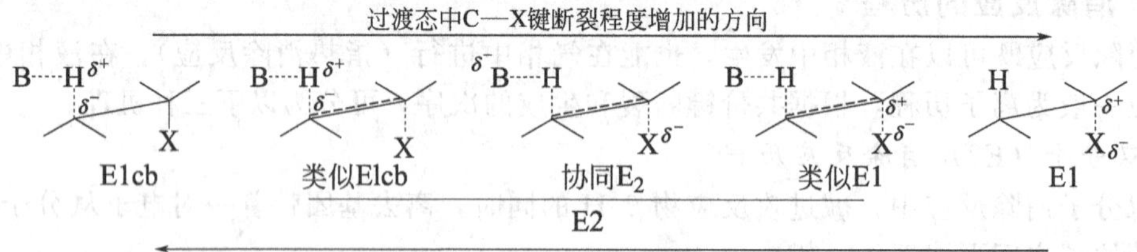

二、影响消除反应历程的因素

影响消除反应历程的主要因素有反应物的结构、试剂的碱性、溶剂极性等，这些因素对不同消除反应历程的影响不同。

1. 反应物结构

（1）当 α 或 β 碳原子上连有 Ar、C═C 或 C═O 时，因消除后能生成较稳定的共轭烯，无论是 E1 还是 E2 反应，都使反应速率增加。

（2）当反应物中的 α-碳原子上连有烷基及芳基时，能使形成的碳正离子中间体稳定，反应将倾向于按 E1 历程进行。当 β-碳原子上连有烷基时，由于它的供电子效应使 β-氢原子的酸性减小，也使反应向着 E1 历程转变。

（3）当 β-碳原子上连有芳基时使形成的碳负离子稳定，反应历程向着 E1cb 历程转变。同样位于 β-碳原子上的所有吸电子基，不仅能增加 β-氢的酸性，又能使碳负离子稳定；但若吸电子基团处于 α-位则几乎没有影响，除非与双键共轭。例如 Br、Cl、CF_3、CN、OTs、NO_2、C═O、SR 等基团处于 β-位都会增加 E2 消除反应的速率，CF_3、NO_2 的强吸电子作用甚至可能将反应移向 E1cb 历程。

2. 试剂的碱性

在 E1 历程中，一般不需要加碱，此时溶剂起着碱的作用。当增加额外的碱时，反应历程将由 E1 历程向 E2 历程转变。增加碱的浓度或用更强的碱则使反应历程向 E1-E2-E1cb 历程方向移动。

3. 离去基团的影响

较好的离去基团有利于离子化作用，对 E1 反应历程有利，也有利于 E2 历程。较差的离去基团或带正电荷的离去基团使反应按 E1cb 历程进行。

4. 溶剂的影响

对任何反应来说，较大的极性环境能够提高具有离子中间体历程的反应速率，因此极性溶剂和溶剂的离子化强度增大时，有利于按单分子反应 E1 历程进行，而不利于双分子反应历程。

第二节　消除反应的取向

当消除反应中可能产生两种或多种烯烃异构体的混合物时，究竟哪一个异构体占优势呢？从大量的实验事实中查依采夫（Saytzeff）和霍夫曼（Hofmann）分别总结出两个规则。

一、消除反应的一般规则

1. 查依采夫（Saytzeff）规则

仲或叔取代的电中性化合物进行消除反应时，主要生成双键碳原子上连有取代基较多的烯烃，称为查依采夫规则。如：

$$CH_3CH_2-\underset{Br}{\overset{CH_3}{C}}-CH_3 \xrightarrow[C_2H_5OH]{NaOC_2H_5} \underset{71\%}{CH_3CH=\underset{CH_3}{C}-CH_3} + \underset{29\%}{CH_3CH_2-\underset{CH_3}{C}=CH_2}$$

$$CH_3CH_2\underset{Br}{C}HCH_3 \xrightarrow[C_2H_5OH]{NaOC_2H_5} \underset{81\%}{CH_3-CH=CH-CH_3} + \underset{19\%}{CH_3CH_2CH=CH_2}$$

可用产物的稳定性或反应所经历的过渡态的稳定性来解释。在一般情况下，醇、卤代烷和磺酸烷基酯的消除反应符合查依采夫规则，这种取代基较多的烯又叫查依采夫烯。

2. 霍夫曼（Hofmann）规则

在季铵盐或锍盐的消除反应中，主要生成双键碳原子上连有较少取代基的烯烃，称为霍夫曼规则。这种取代基较少的烯又叫霍夫曼烯。如：

$$(CH_3CH_2CH_2)_2N^+(CH_2CH_3)_2OH^- \xrightarrow{\triangle} \underset{96\%}{CH_2=CH_2} + \underset{4\%}{CH_3CH=CH_2}$$

$$CH_3CH_2-\underset{^+S(CH_3)_2Br^-}{CHCH_3} \xrightarrow[C_2H_5OH]{NaOC_2H_5} \underset{26\%}{CH_3CH=CH-CH_3} + \underset{74\%}{CH_3CH_2-CH=CH_2}$$

二、反应历程与消除反应的取向

消除反应的两种取向规则，主要取决于过渡态的结构。

1. 在 E1 消除反应中

在 E1 消除反应中，离去基团完全离开后，碳正离子中间体的 β-C—H 键才断裂。因此，决定产物取向的是由碳正离子转变为烯烃的步骤。可以预料，离去基团仅影响反应的速率，不影响产物的分布即取向。在 E1 消除中，不论离去基团是中性的还是带正电荷者，都遵循查依采夫规则。如：

$$(CH_3)_2\underset{Br}{C}CH_2CH_3 \xrightarrow[C_2H_5OH]{NaOC_2H_5} \underset{(1)\text{大量}}{(CH_3)_2C=CHCH_3} + \underset{(2)\text{少量}}{CH_3CH_2-\underset{CH_3}{C}=CH_2}$$

产物（1）比（2）有更强的超共轭效应，故产物（1）比（2）稳定。同样产物（1）的过渡态比产物（2）的过渡态稳定，形成（1）较（2）所需活化能低。因而生成产物（1）的反应快，产物（1）所占比例大。图 7-1 为该反应的位能曲线图。

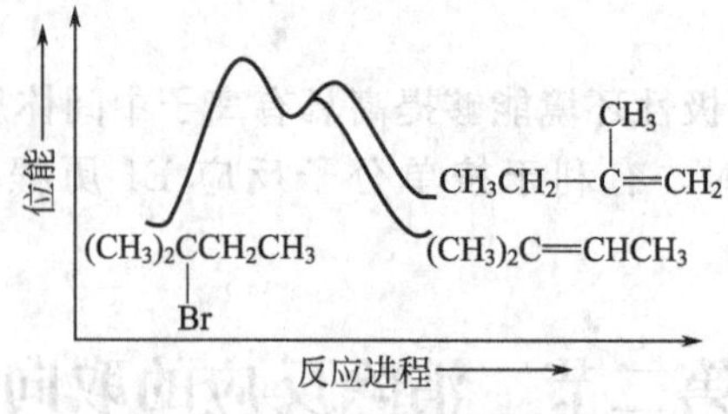

图 7-1　E1 反应的位能曲线图

E1 消除反应的方向，除了主要受电子效应的影响外，立体效应有时起主导作用。如：

$$(CH_3)_3CCH_2-\underset{Cl}{\overset{CH_3}{C}}-CH_3 \longrightarrow (CH_3)_3CCH_2-\overset{CH_3}{\underset{+}{C}}-CH_3 \longrightarrow \begin{cases} (CH_3)_3CCH_2-\overset{CH_3}{C}=CH_2 & (\text{I})\ 81\% \\ (CH_3)_3CCH=C(CH_3)_2 & (\text{II})\ 19\% \end{cases}$$

这是因为（Ⅱ）的分子中有一个甲基和叔丁基处于双键同侧，不如（Ⅰ）稳定的缘故。这种立体效应表现得更明显的例子是 $PhMeCXCH_2Ph$ 发生 E1 或 E2 消除反应时生成约 50% 的 $CH_2=CPhCH_2Ph$，而不顾查依采夫产物 $PhMeC=CHPh$ 中双键同两个苯环共轭的优势。表明空间效应在这里占主导地位。

$$C_6H_5CH_2\underset{X}{\overset{CH_3}{C}}C_6H_5 \longrightarrow \underset{\text{约50\%}}{(H)_2C=C(C_6H_5)(CH_2C_6H_5)} + (C_6H_5)(H)C=C(CH_3)(C_6H_5) + (C_6H_5)(H)C=C(C_6H_5)(CH_3)$$

还需要指出的是，E1 反应的选择性通常比较低，得到的是全部可能有的烯烃混合物，但产物的组成大致反映了这些烯烃的相对热力学稳定性。

2. 在 E1cb 机理中

在 E1cb 机理中，消除反应的方向取决于可反应质子的动力学酸度，而动力学酸度又取决于相关取代基的诱导效应、共轭效应和碱接近质子时的空间障碍程度。烷基取代基在诱导效应和空间障碍两方面都不利于夺取质子。因此碱优先从取代少和空间障碍小的位置夺去质子，生成取代较少的烯，即霍夫曼产物。

3. 在 E2 反应中

在 E2 反应中的取向优势，决定于过渡态的性质，类似于 E1cb 机理的 E2 过渡态，主要生成取代较少的烯，即霍夫曼产物。同样地，过渡态类似于 E1 过程的 E2 消除反应将服从 E1 消除反应的取向规则，即遵循查依采夫规则。

如 E2 历程中，含中性离去基团（它们带着成键电子对离开）的化合物，无论反应物的结构如何，它们一般都遵循查依采夫规则。但含带正电荷的离去基团（如 $^+NR_3$、$^+SR_2$，它们以中性分子离开）的非环状化合物，则遵循霍夫曼规则。

如果发生消除反应的化合物分子中已有双键（C═C 和 C═O）存在，并能和新形成的双键共轭，无论是哪一种反应历程，都是共轭产物占优势。如：

$$C_6H_5-CH_2-\underset{OH}{CH}-CH(CH_3)_2 \xrightarrow[\triangle]{\text{浓硫酸}} C_6H_5-CH=CH-CH(CH_3)_2 \quad (\text{主})$$

$$C_6H_5-CH_2-\underset{^+N(CH_3)_2}{CH}-CH_3 \xrightarrow[\triangle]{OH^-} C_6H_5-CH=CHCH_3 \quad (\text{主})$$

另外，无论哪一种消除反应历程，形成的双键一般不能位于桥头碳原子上（除非当环很大时），这就是布雷特（Bredt）规则。这是由于在较小的刚性双环体系中进行 E2 消除时，其过渡态的桥头碳和相邻碳上展现出来的两个 p 轨道不能共平面，不能有效重叠发展成双键。E1 和 E1cb 历程也难以进行此种消除反应。

第三节　消除反应与取代反应的竞争

消除反应和亲核取代反应是相互竞争的反应，影响因素主要有反应物的结构、碱的强弱、离去基团的性质、溶剂、温度等。研究影响消除反应和取代反应的各种因素，在合成上有实际意义，利用这些影响因素能更有效地控制产物的取向和比例。

一、反应物的结构

消除反应与亲核取代反应都是由同一亲核试剂的进攻引起的，进攻 α-碳原子就引起取代反应，进攻 β-氢就引起消除反应。

对于双分子反应 S_N2 和 E2，α-碳上的支链增多，则 E2 产物比例增加。一是由于因空间位阻增大，对取代反应不利；二是由于可供碱进攻的氢原子增多，有利于消除。如表 7-1 所示。

表 7-1　反应物对消除和取代之间竞争的影响

反应物	温度	碳	碱	溶剂	消除%
$(CH_3)_3C—Br$	25℃	Ⅲ	$NaOC_2H_5$	乙醇	>97
$(CH_3)_2CH—Br$	25℃	Ⅱ	$NaOC_2H_5$	乙醇	80.3
$(CH_3)_2CHCH_2—Br$	55℃	Ⅰ	$NaOC_2H_5$	乙醇	59.5
$C_6H_5CH_2CH_2Br$	55℃	Ⅰ	$NaOC_2H_5$	乙醇	94.6(β位有活泼氢)
$CH_3CH_2CH_2Br$	55℃	Ⅰ	$NaOC_2H_5$	乙醇	8.8
CH_3CH_2Br	55℃	Ⅰ	$NaOC_2H_5$	乙醇	1

若 β-碳原子上的烷基多或体积大，因位阻原因对取代反应 S_N2 历程不利，也增加消除反应产物的比例。如：

$$CH_3CH_2Br \xrightarrow{EtOH/NaOEt} \underset{1\%}{CH_2{=}CH_2} + \underset{99\%}{CH_3CH_2OCH_2CH_3}$$

$$(CH_3)_2CHBr \xrightarrow{EtOH/NaOEt} \underset{78\%}{CH_3CH{=}CH_2} + \underset{22\%}{(CH_3)_2CHOC_2H_5}$$

对于单分子反应 E1 和 S_N1，α-碳原子上支链增多时也会增加消除反应的倾向，但在溶剂解反应中通常仍以取代产物占优势。例如，叔丁基溴的溶剂解反应，仅有 19% 的消除产物。另外，β-碳原子上支链的增多也是消除较取代有利，这可能是由于立体效应造成的。

总之，一般情况下，α-及 β-碳上的取代基增多时，由于位阻增加及后张力不利于 S_N2 而有利于 S_N1、E1 和 E2。即：

$$\text{难} \xrightarrow{S_N2} \text{易}$$

$$3^\circ RX \quad 2^\circ RX \quad 1^\circ RX \quad CH_3X$$

$$\text{易} \xleftarrow[S_N1、E1、E2]{} \text{难}$$

二、碱的影响

在 S_N1 和 E1 反应中，决定反应速率的步骤是碳正离子的生成，碱的影响不大；但碱的性质不同程度地影响着 S_N2 和 E2 的竞争和产物相对量。强碱有利于 E2，在非离子化溶剂中，高浓度的强碱对双分子历程有利，并且对 E2 比 S_N2 更为有利。在离子化溶剂中，用低浓度的碱或完全不用碱，对单分子历程有利，并且对 S_N1 比对 E1 历程有利。弱碱有利于取代反应，但如在极性非质子溶剂中反应时，消除反应可占优势。

$$(CH_3)_3C{-}Br \xrightarrow[25^\circ C]{} \begin{cases} \xrightarrow{C_2H_5OH} (CH_3)_2C{=}CH_2 \quad 19\% \\ \xrightarrow[C_2H_5ONa]{C_2H_5OH} (CH_3)_2C{=}CH_2 \quad 93\% \end{cases}$$

碱性和亲核性是相关又易混淆的概念。试剂的碱性与亲核性通常不是严格平行的关系。一般认为，强碱也具有较强的亲核性能，如伯卤代烷与 $NaOH/H_2O$ 反应，取代和消除同时发生。弱碱难于进攻 β-氢，但对 α-碳原子的进攻能力不一定差，I^-、CH_3COO^- 为弱碱但亲核性能较强，因此主要发生 S_N2 反应。在 OH^-、$C_6H_5O^-$、CH_3COO^- 和 Br^- 等试剂系列中，E2 反应所占比例依次降低，而 S_N2 反应所占比例依次上升，这是因为碱性与亲核性的关系不平行所至。以卤代烷制备烯烃时，需要采用高浓度的强碱，或用选择性强、体积大的碱；而用卤代烷制备醇等取代产物时，则需要弱碱以减少烯烃的形成。

$$CH_3CH(Br)CH_3 \begin{cases} \xrightarrow{NaSH} CH_3CH(SH)CH_3 \\ \xrightarrow{EtONa} CH_3CH{=}CH_2 \end{cases}$$

三、离去基团的影响

对于极限情况的单分子反应来说，离去基团与 E1 和 S_N1 间的竞争无关。然而在电离形成的离子对中，已经发现离去基团对产物的取向是有影响的。在双分子反应中，离去基团对消除与取代反应的竞争有较大影响。好的离去基团有利于取代反应。基团的离去能力一般按 $TsO^- > I^- > Br^- > Cl^- > {}^+S(CH_3)_3 > {}^+N(CH_3)_3$ 顺序递降，因而在消除与取代反应的竞争中消除产率按此顺序增高。但卤素离去基团间的影响不是很大，其比率增加程度较小。离去基团为 TsO^-（对甲苯磺酸根）时，取代反应产物往往较多。例如，n-$C_{18}H_{37}OTs$ 用叔丁醇钾处理，99%为取代产物，而 n-$C_{18}H_{37}Br$ 在同样条件下，85%为消除产物。

带正电荷的离去基团，由于具有强－I效应，β-氢酸性增强，易被碱进攻而增加消除产物比例，与之竞争的取代反应较难发生。如含有 β-氢的季铵碱在醇钠或加热条件下几乎完全得到消除产物。

四、溶剂的影响

增加溶剂的极性有利于 S_N2 反应，不利于 E2 反应，故可用 KOH 的醇溶液与卤代烃反应制备烯烃（消除反应），可能是 E2 比 S_N2 过渡态涉及的基团多，电荷更分散，溶剂的极性增加在能量上使之不利。在单分子反应中，S_N1 和 E1 历程中的第一步都是 C—X 键的异裂，要经历带有电荷的过渡态。提高溶剂的极性，S_N1 和 E1 反应的速率将加快。但由于 S_N1 反应的过渡态中电荷更集中，因此随着溶剂极性增加，更有利于 S_N1。

$$CH_3CH(Br)CH_3 \begin{cases} \xrightarrow{NaOH\text{-}H_2O} CH_3CH(OH)CH_3 \\ \xrightarrow{NaOH\text{-}EtOH} CH_3CH{=}CH_2 \end{cases}$$

五、温度的影响

消除反应活化过程需要拉长 C—H 键，通常比取代反应所需活化能大，且活化能越大，温度系数也越大，越容易受温度的影响。无论是 E1 还是 E2 历程，升高温度都有利于消除反应，因此要得到烯烃常在较高温度下反应。

第四节　消除反应的立体化学

一、E2 反应的立体化学

E2 反应对分子中被消除的两个基团 H 和 L 的立体化学要求是反式消除。在可能的情况下，过渡态时两个被消除基团处于反式共平面的构象。如（1*R*,2*R*）-1-溴-1,2-二苯丙烷按 E2 历程进行消除反应时，只生成顺式-1,2-二苯丙烯。这个反应是立体专一的。很明显这是反式消除的结果。

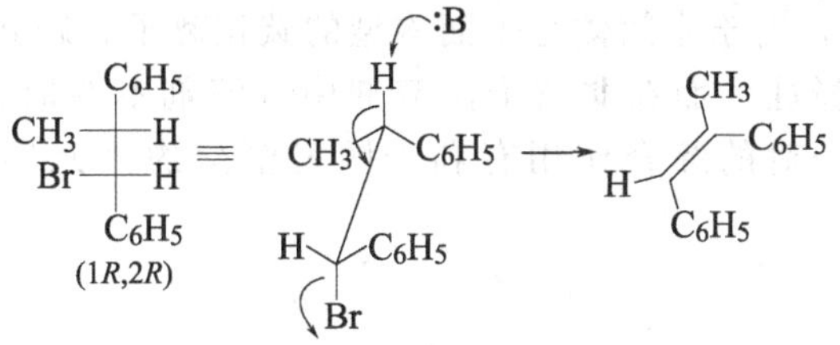

(1*R*,2*R*)

一般说来，E2 的消除反应发生反式消除，对于环状化合物更是如此。被消除的 X 和 H 处于直立键位置，这时它们和 σ C—C 键才能处于同一个平面上。

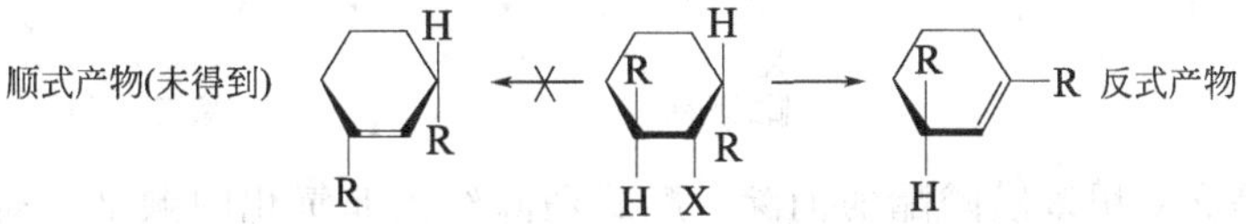

顺式产物(未得到)　　反式产物

下列化合物（3）的最稳定构象中 C—Cl 已为 *a* 键不需要翻转直接反应，反应速率快，且（3）中，处于 *a* 键 C—Cl 存在两个相邻的 *a* 键 β-H，因而得到两个反应产物，其中主产物为查依采夫烯烃。（1）起反应的速率比（3）慢得多是由于它的最稳定的构象为（5），（5）中三个体积大的取代基—Cl、—CH_3 和—$CH(CH_3)_2$ 都处于 *e* 键，发生消除反应时，要翻转变成（1）才能使—Cl 处于 *a* 键，环的翻转需要一定的能量，所以（1）的反应速率比（3）慢。且只有仲碳原子（—CH_2—）上的 H 在 *a* 键上，因而只有一个反应产物。

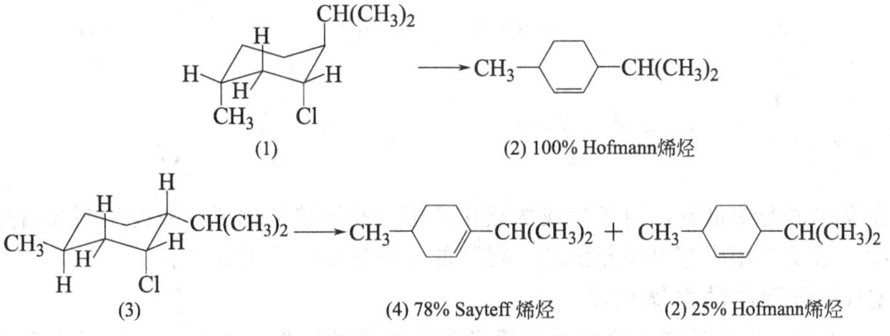

(1)　　(2) 100% Hofmann烯烃

(3)　　(4) 78% Sayteff 烯烃　　(2) 25% Hofmann烯烃

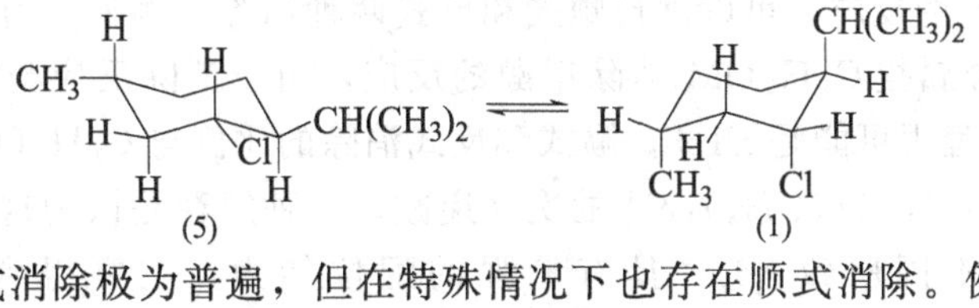

(5)　　(1)

E2 反应通过反式消除极为普遍，但在特殊情况下也存在顺式消除。例如下列化合物，Ha 与芳环同碳相连，其活泼性比 Hb 高，故发生顺式消除。

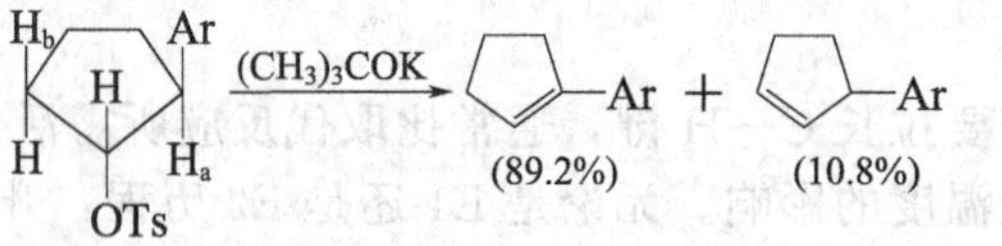

又如氘化原菠烷基溴，这个环系本身刚性较强不能扭动，不能达到E2所要求的反式消除构象，Br—Cα—Cβ—H不能同处一个平面，但Br—Cα—Cβ—D共平面，是顺叠构象，所以进行顺式消除。

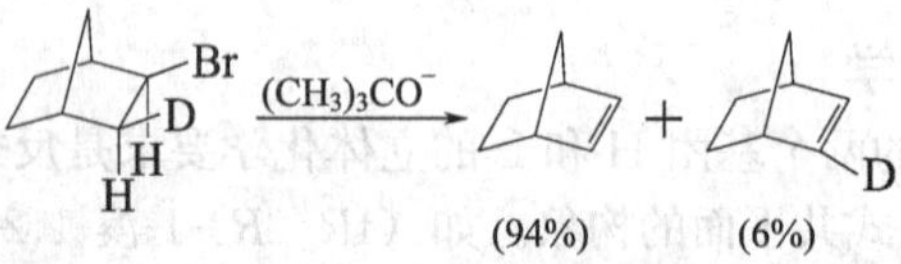

二、E1反应的立体化学

典型的E1反应历程，由于中间体是平面构型的碳正离子，顺式消除和反式消除都容易发生，通常没有立体选择性。而在非离子性溶剂中（溶剂不夺取β-H），消除取向可能为顺式消除，这是由于离子对的缔合作用有利于顺式消除的六元环状过渡态的形成，如下所示：

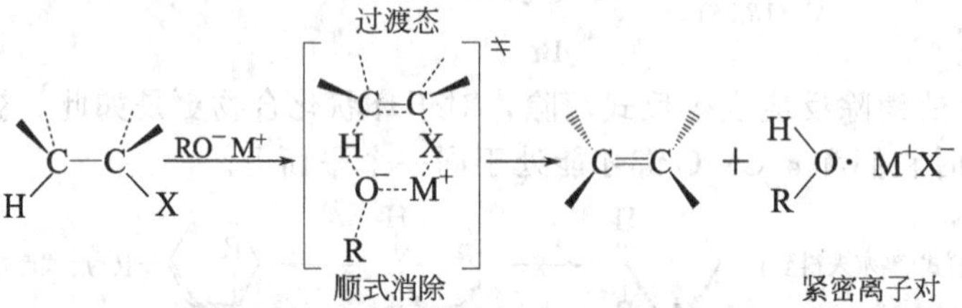

典型的例子是赤对甲苯磺酸酯的消除，顺式消除给出非氘化的顺-2-丁烯和氘化的反-2-丁烯，而反式消除得到的是氘化的顺式产物和非氘化的反式产物。

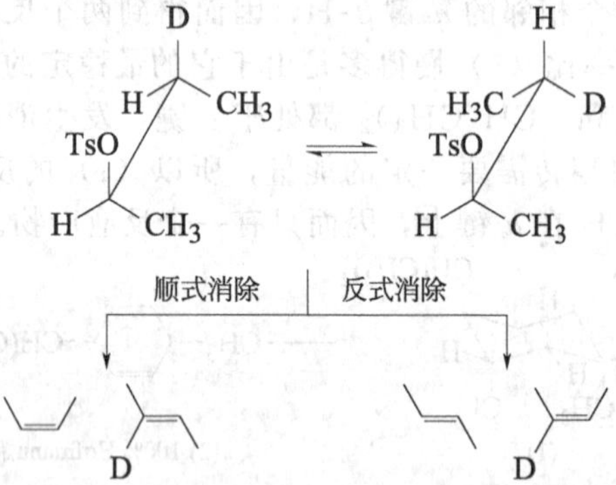

该反应若在含水乙醇中进行，由于生成的碳正离子已经被溶剂化了，故得到顺式消除和反式消除的混合物。若反应用硝基甲烷作溶剂，得到的几乎都是顺式消除产物。

三、E1cb历程中的立体化学

按E1cb历程进行的反应，可以进行顺式和反式两种消除。例如，由下列化合物（Ⅰ）和（Ⅱ）利用丁基氧化金属盐C_4H_9OM消除甲醇的反应，由于消除反应与溶剂进行氘交换的竞争不相上下，反应历程很可能是E1cb。顺式和反式消除的比例与C_4H_9OM中的正离子M^+有关，并按$Li^+ > K^+ > Cs^+ > (CH_3)_4N^+$的次序递减。一种解释是认为这些正离子与反应物中甲氧基的配位能力不同所致，Li^+具有最强的配位能力，主要得到顺式消除产物，而$(CH_3)_4N^+$的配位能力最弱，则反式消除产物占优势。

(Ⅰ)　　(Ⅱ)

第五节　热消除反应

无外加试剂存在下，在惰性溶剂中（或无溶剂情况下），通过加热，失去β-氢和离去基团生成烯烃的反应，称为热消除反应。热消除反应为单分子反应，不需要酸碱催化。热消除反应在合成上有重要用途，利用它们可以合成不稳定的烯烃。

一、热消除反应的历程

1. 环状过渡态历程

某些化合物的热消除反应通过环状过渡态将β-H转移给离去基团，同时生成π键。环状过渡态一般由4～6个原子组成，只有当被消除的基团处于顺式时才能形成，故亦属于顺式消除。但不同的构象可形成不同的环状过渡态，这样的顺式消除立体选择性较低。如：

$$\xrightarrow{400\sim600℃}\ \longrightarrow CH_3COOH + RCH{=}CHR$$

(优势构象)　$\xrightarrow{\triangle}$　(主)　　$\xrightarrow{\triangle}$　(痕量)

环己烷衍生物中，若在离去基团的两侧只有一边的顺式β-H可被利用时，则消除按此方向进行。如：

$$\xrightarrow{435℃}\ \text{—}COOC_2H_5$$

上式中，—$OCOCH_3$处于直立键，进行顺式消除时，处于a键的β-H不能与之形成环状过渡态，只有处于平伏键的顺式β-H才是可以利用的，故只得到单一产物。

2. 自由基历程

自由基热消除反应历程目前了解较少。多卤化物和伯单卤化物的热消除反应可能按此历程进行。按自由基历程进行的反应，与一般自由基反应相似，也是包括链引发、链传递、链终止三步反应。因为卤代烷的热消除反应在有机合成上没有重要意义，这里将不深入讨论。

二、热消除反应的取向

1. 链状的羧酸酯热消除反应遵从霍夫曼规则，在次要产物查依采夫烯烃中E型比Z型烯烃多。反应的取向决定于可利用的β-H 原子数。如：

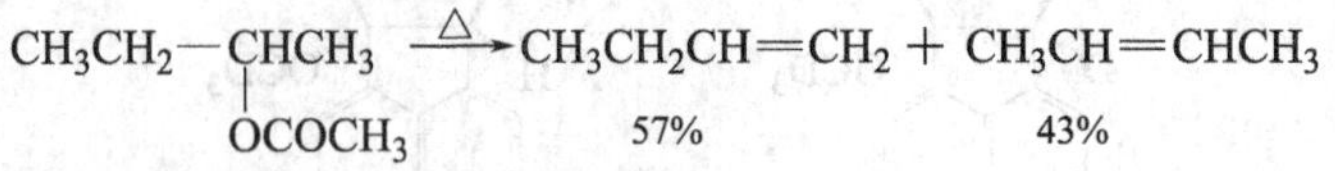

这个比例接近于可利用的氢原子数比 3∶2。又如：

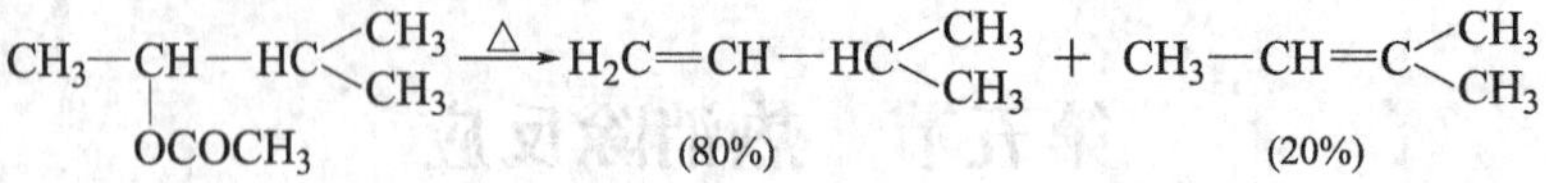

由两个过渡态构象（Ⅰ）和（Ⅱ）可以看出，（Ⅰ）比（Ⅱ）具有较小的重叠且（Ⅰ）有三个可利用的氢原子，其比例为 75∶25，与 80∶20 接近。

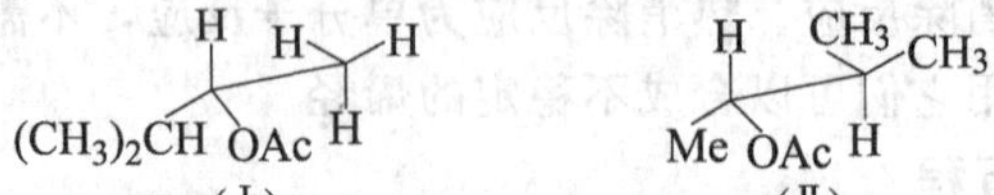

（Ⅰ）　　　　（Ⅱ）

2. 环状羧酸酯热消除主要遵从查依采夫规则。如：

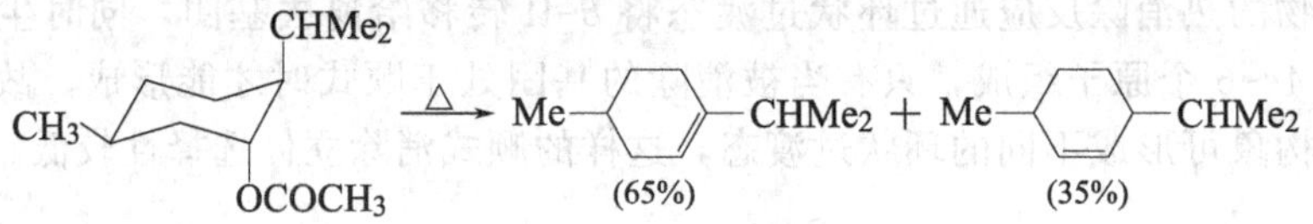

三、热消除反应实例

1. 羧酸酯的热消除反应

羧酸酯在大约 300～500℃裂解生成烯烃和羧酸。当酯的沸点足够高时，通过加热即可使反应完成。若将其蒸气通过加热的管子也可使反应完成。此反应的产率通常较好，且不需溶剂和其他试剂，从而简化了产物的分离，所用羧酸酯一般为乙酸酯。如：

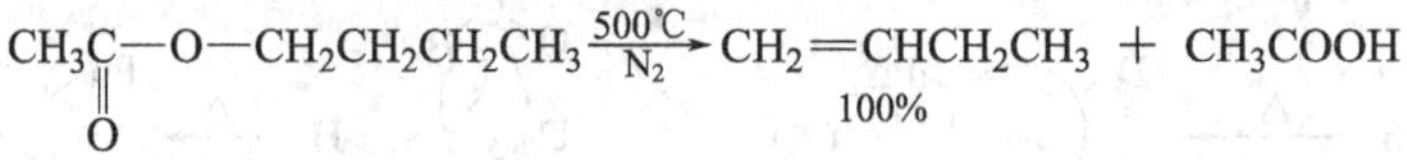

此反应提供了从乙酸伯烷基酯制备纯的α-烯烃的一个很好的方法，因为它不发生重排。而由伯醇经酸催化脱水制备烯烃时常得到重排产物。另外，此反应既不需要酸也不需要碱，因此对于制备高度活泼的或热力学上不利的二烯和三烯是特别有用的。如：

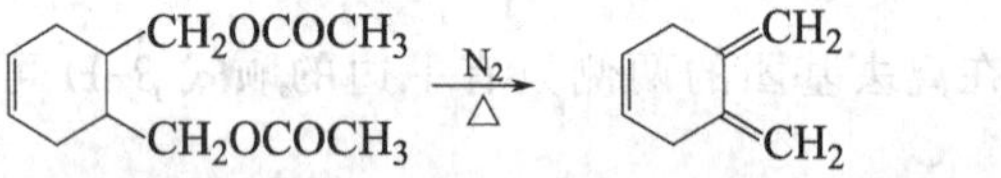

4，5-二乙酰氧甲基环己烯　　4，5-二亚甲基环己烯(47%)

在某些情况下，酯发生消除之前会发生重排，从而导致混合物的生成。使用烯丙酯时这种现象更为突出。如：

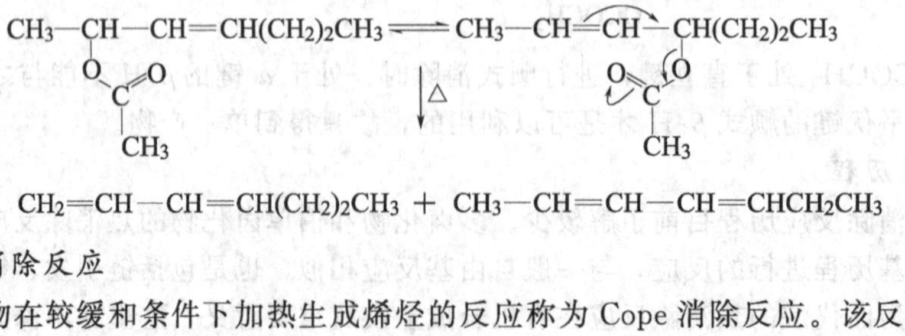

2. Cope 消除反应

叔氨氧化物在较缓和条件下加热生成烯烃的反应称为 Cope 消除反应。该反应通常将胺与氧化剂混合，不需要分离胺氧化物，很少发生副反应，形成的烯类不发生重排。该反应经由五元环状过渡态，是立体专一性的顺式消除。如：

$$R-CH(H)-CH(R)-N^{+}(CH_3)_2(O^-) \xrightarrow{100\sim500℃} \left[\text{环状过渡态}\right]^{\neq} \longrightarrow RCH=CHR + (CH_3)_2NOH$$

产物主要为霍夫曼烯烃。生成的查依采夫烯烃中 E-烯烃比 Z-烯烃多。如：

$$CH_3CH_2CH(CH_3)N^{+}(CH_3)_2O^- \xrightarrow{150℃} \underset{67\%}{CH_3CH_2CH=CH_2} + \underset{E\ 21\%\quad Z\ 12\%}{CH_3CH=CHCH_3} + (CH_3)_2NOH$$

3. 丘加叶夫（Chugaev）反应

黄原酸酯在比羧酸酯略低的温度下进行热消除生成烯烃、硫醇和 COS 的反应叫丘加叶夫（Chugaev）反应。此反应与 Cope 反应相似，也是制备烯烃的方法之一，同时也是通过顺式消除完成的。如：

$$RS-C(=S)-O-CH_2CHR_2 \xrightarrow{\triangle} \underset{61\%}{CH_2=CR_2} + [RS-C(=S)-OH] \longrightarrow RSH + COS$$

$$C_6H_5CH(H)(OCSCH_3)-CH(H_3C)(H)(H_5C_6) \xrightarrow{\triangle} H_5C_6(CH_3)C=CH(C_6H_5)$$

$$(CH_3)_3C\text{-环己基-}OC(=S)SCH_3 \longrightarrow 3\text{-}C(CH_3)_3\text{-环己烯}$$

醇在酸性溶液中进行消除反应，容易引起碳胳的重排。将醇变为羧酸酯或黄原酸酯，再热分解制备烯烃就没有这个缺点。例如，由 3,3-二甲基-2-丁醇经此法消除，可得到未发生重排的 3,3-二甲基-1-丁烯。

$$CH_3-C(CH_3)_2-CH(OH)CH_3 \xrightarrow{Na} \xrightarrow{CS_2} \xrightarrow{CH_3I} CH_3-C(CH_3)_2-CH(CH_3)-O-C(=S)SCH_3 \xrightarrow{\triangle} CH_3-C(CH_3)_2-CH=CH_2$$

习　　题

1. 推测下列反应的主产物或机理。

（1）$PhC(CH_2OH)_2CH_2CH=CH_2 \xrightarrow[CCl_4]{Br_2} C_{12}H_{15}O_2Br$

（2）1,1,3-三甲基吡咯烷鎓 OH^- $\xrightarrow{\triangle}$

（3）$PhCH(Br)CH(Br)C(=O)CH_3 \xrightarrow{NaOAc} PhCH=C(Br)C(=O)CH_3$

（4）$(CH_3)_2C(N^+(CH_3)_3\ OH^-)-C_6H_{10}-CH_3 \xrightarrow{\triangle} C_{10}H_{18}$

（5）$C_6H_5C(CH_3)_2CH(OH)CH_3 \xrightarrow[\triangle]{H_2SO_4(浓)}$

（6）3,6-二甲基环己烯 $\xrightarrow[n\text{-BuLi}]{CHBr_3}$

2. 解释反应。

（1）2-丁基二甲基锍盐与乙醇钠和2-溴丁烷与叔丁醇钠的反应均生成3∶1的1-丁烯和2-丁烯。

（2）$Cl(CH_2)_3CN \xrightarrow[NH_3]{NaNH_2}$ ▷—CN

（3）$CH_2{=}CHCH_2NHCC_6H_5$（C=O）$\xrightarrow[AcOH]{Br_2}$ （CH_2Br 取代的噁唑啉鎓盐，C_6H_5）Br^-

3. 写出下列反应主产物。

（1）1,3-双($CH_2O_2CCH_3$)环己烷 $\xrightarrow{555℃}$

（2）4-($CH_2CH_2O_2CCH_3$)咪唑 $\xrightarrow{500℃}$

（3）双环偶氮化合物 $\xrightarrow{h\nu}$

（4）CH_3O_2C-取代的3,3-二甲基-3H-吲唑 $\xrightarrow{h\nu}$

（5）$C_6H_5CH_2CH_2\overset{+}{N}(CH_3)_2OH^-$（$CH_2CH_3$）$\xrightarrow{\triangle}$

（6）$(CH_3)_2CHCH_2\overset{+}{N}(CH_3)_2OH^-$（$CH_2CH_3$）$\xrightarrow{\triangle}$

（7）2-甲基环己基-$\overset{+}{N}(CH_3)_2$-O^- $\xrightarrow{\triangle}$

（8）氯代异丙基甲基环己烷 $\xrightarrow{NaNH_2}$

（9）$OCOCH_3$、Cl、CH_3、H 取代环己烷 $\xrightarrow{\triangle}$

（10）3-氯苯甲醚（OCH_3，Cl）$\xrightarrow[NH_3(l)]{KNH_2}$

（11）$(CH_3)_3C$-环己基（$OCOCH_3$，CH_3）$\xrightarrow{\triangle}$

（12）Ph、H—C—Br、H—C—D、Ph $\xrightarrow[\triangle]{KOH/醇}$

（13）1-甲基-1-氯-2-(氯甲基)环己烷 $\xrightarrow[CH_3CN]{KCN}$

（14）H_3C、H、CH_3CH_2—C—C—H、CH_3、Br $\xrightarrow{(CH_3)_3CO^-K^+}$

（15）H_3C、C_6H_5、H—C—C—CH_3、H、$\overset{+}{N}(CH_3)_2$—O^- $\xrightarrow{115℃}$

（16）3-CN-1,1-二甲基哌啶鎓（H_3C，CH_3）OH^- $\xrightarrow{\triangle}$

4. 完成下列转化。

（1）环己醇（OH）⟶ 2-甲基环己醇（H，CH_3，H，OH）

（2）1-(氨甲基)环戊醇（OH，CH_2NH_2）⟶ 1-(氨甲基)环己醇（OH，CH_2NH_2）

（3）丙酮 ⟶ 1,1-二氯-2,2-二甲基环丙烷（Cl，Cl，CH_3，CH_3）

（4）甲苯（CH_3）⟶ $(C_6H_5CH_2)_2C{=}CH$—C_6H_4—CH_3

5. 碱性化合物A($C_7H_{17}N$)，没有旋光性，与等摩尔的碘甲烷反应生成水溶性化合物B($C_8H_{20}NI$)，B与湿的氧化银作用后受热生成三甲胺和唯一的烯烃C(C_5H_{10})，C没有旋光性，C与等摩尔的氢气加成生成2-甲基丁烷，试写出 A、B 和 C 的结构式。

6. 化合物 A(C_8H_{16})，它的化学性质如下：

(1) $C_8H_{16}(A) \xrightarrow{O_3} \xrightarrow[H_2O]{Zn}$ HCHO + $C_7H_{14}O$(酮)(B)

(2) $C_8H_{16}(A) \xrightarrow{HBr} C_8H_{17}Br$(主产物C)

(3) $C_8H_{17}Br(C) \xrightarrow[醇]{碱} C_8H_{16}(A)$ + C_8H_{16}(主产物D)

(4) $C_8H_{16}(D) \xrightarrow{O_3} \xrightarrow[H_2O]{Zn} C_2H_4O + C_6H_{12}O(E)$

化合物 E 的红外光谱中 $3000cm^{-1}$ 以上无吸收，$2800cm^{-1}$ 至 $2700cm^{-1}$ 也无吸收，在 $1720cm^{-1}$ 附近有强吸收，$1460cm^{-1}$、$1380cm^{-1}$ 处都有较强吸收。E 的 NMR 谱中，$\delta=0.9$ 处有单峰，相当于 9H；在 2.1 处有单峰，相当于 3H。写出 A、B、C、D、E 的结构。

7. 某化合物 A($C_{10}H_{12}O$) 加热到 200℃时异构化到化合物 B。用 O_3 作用时，A 产生甲醛，没有乙醛；B 产生乙醛，无甲醛。B 可溶于稀 NaOH 中，并可被 CO_2 再沉淀。此溶液用苯甲酰卤处理时得 C($C_{17}H_{16}O_2$)，高锰酸钾氧化 B 得水杨酸。试推出化合物 A、B、C 的结构。并写出各步的变化过程。

第八章　氧化还原反应

氧化还原反应均是最普通、最常用的有机化学反应。利用氧化或还原可以合成出种类繁多的有机化合物。醇、醛、酮、羧酸、酸酐、酚、醌等含氧化合物常由氧化反应制备。而芳胺、醇、一些具有特殊结构的烃类的制备则利用了有机物的还原反应。在有机合成中，利用具有选择性的氧化剂或还原剂可以使合成步骤减少，收率显著提高。

第一节　氧化反应和氧化剂

氧化可视为被氧化的物质失去电子或仅发生部分电子转移的过程。对于以共价键结合的有机化合物而言，可将氧化看成有机物分子中碳原子（或其他原子如 S、N、P 等）周围的电子云密度降低，即碳原子氧化数增加的过程。在乙烷、乙烯、乙炔分子中碳原子的氧化数分别为 −3、−2、−1，所以由乙烷→乙烯→乙炔的变化过程即属于氧化。烃的卤化、硝化、磺化也是氧化反应。在本教材中，主要讨论有机物分子中氧原子增加、氢原子减少或二者同时存在的氧化反应。

一般来说，氧化反应为放热反应，有气相氧化和液相氧化两类。在操作方式上，可分为应用化学试剂的化学氧化，应用电解方法的电解氧化，应用微生物等的生化氧化以及在催化剂作用下的催化氧化等。

氧化反应应用于有机合成中虽已有很长的历史，但许多氧化反应的机理至今仍不太清楚，有机化合物的氧化反应是很复杂的化学反应，而且不易控制。不仅氧化剂与被氧化物结构的不同，将导致不同的反应机理，即使是同一种氧化剂和被氧化物往往由于具体反应条件的不同，而使反应过程完全不同，得到完全不同的产物。所以，氧化剂的选择和氧化反应条件的控制是顺利完成氧化反应的关键。

一、常见氧化剂的特征及应用范围

1. 氧（空气）、臭氧和过氧化氢

(1) 氧气

氧气（尤其是空气中的氧）为廉价的氧化剂，在石油化工中有广泛的应用。空气氧化（催化氧化）一般是通过生成氢过氧化物阶段，属于自由基反应机理。反应分为三个阶段进行。首先是在光照、高温、引发剂存在下产生自由基。第二步是生成的自由基 R· 和 O_2 作用生成氢过氧化物。氢过氧化物在酸、碱或加热条件下分解为各种氧化物，如醇、醛、酸等。利用此法的几个重要反应如下。

① 烯烃在 $PdCl_2$-$CuCl_2$ 催化下以空气直接氧化为醛或酮。

$$CH_2=CH_2 \xrightarrow[\text{空气}]{PdCl_2\text{-}CuCl_2} CH_3CHO\ (\text{约}95\%)$$

本法收率高，成本低（约为乙炔法的 1/3，乙醇法的 2/3）。

② 丙烯在不同催化剂作用下经空气氧化生成不同的产物。

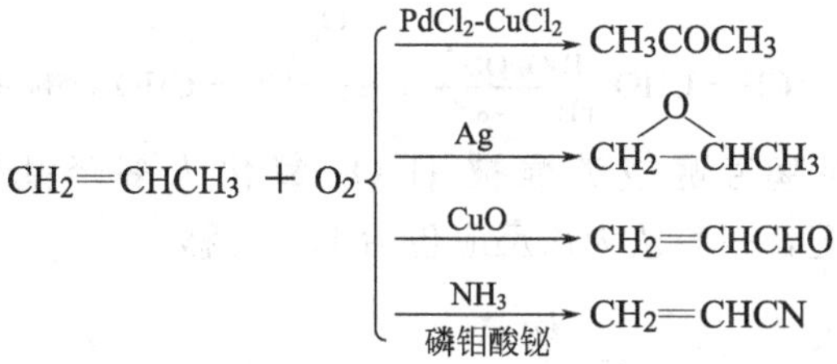

$$CH_2{=}CHCH_3 + O_2 \begin{cases} \xrightarrow{PdCl_2\text{-}CuCl_2} CH_3COCH_3 \\ \xrightarrow{Ag} CH_2\text{—}CHCH_3 \ (\text{环氧, O 桥}) \\ \xrightarrow{CuO} CH_2{=}CHCHO \\ \xrightarrow[\text{磷钼酸铋}]{NH_3} CH_2{=}CHCN \end{cases}$$

③ 不饱和醇的氧化。

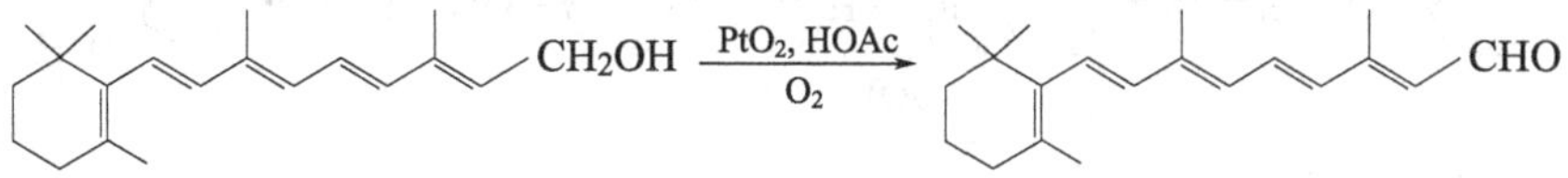

$$\text{维生素A} \xrightarrow[O_2]{PtO_2,\ HOAc} \text{视网膜色素}$$

维生素A　　视网膜色素

一般情况下，不饱和醇的催化氧化，仅氧化伯醇而对双键影响很小。上述反应中五个双键基本不受影响。

(2) 臭氧

臭氧的氧化能力略比氧强，烯烃的臭氧氧化还原水解，是确定分子中双键位置的经典方法，也可用于某些化合物的制备。

$$(CH_3)_2C{=}CHCH_3 \xrightarrow[2.\ Zn/H_2O]{1.\ O_3} CH_3COCH_3 + CH_3CHO$$

$$RC{\equiv}CR' \xrightarrow[2.\ H_2O]{1.\ O_3} RCOOH + R'COOH$$

烯烃臭氧氧化反应机理，目前一般认为是经过裂解再化合的过程。

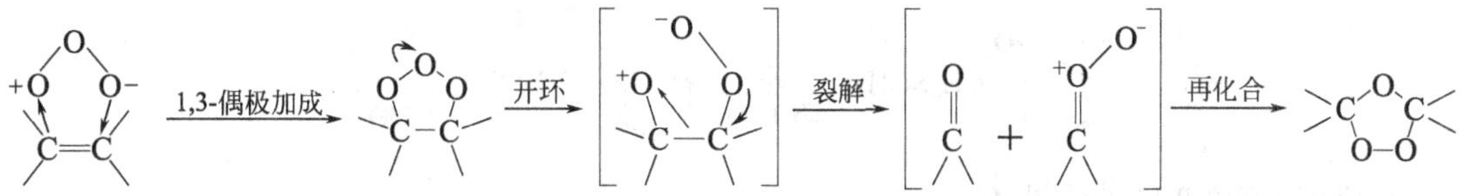

$$\xrightarrow{1,3\text{-偶极加成}} \quad \xrightarrow{\text{开环}} \quad \xrightarrow{\text{裂解}} \quad \xrightarrow{\text{再化合}}$$

凡含有—OH、—NH_2 或—CHO 的化合物，在臭氧氧化前需要预先保护这些基团。

(3) 过氧化氢

过氧化氢是一种较缓和的氧化剂，H_2O_2 一般是在催化剂存在下进行氧化，并可在酸性、中性和碱性介质中进行。

① 在酸性介质中的氧化

H_2O_2 在有机酸介质中可生成有机过氧酸并可与烯烃发生亲电加成，通常将烯烃氧化成环氧化物，环氧化物在酸或碱催化下开环生成反式二羟基化合物。

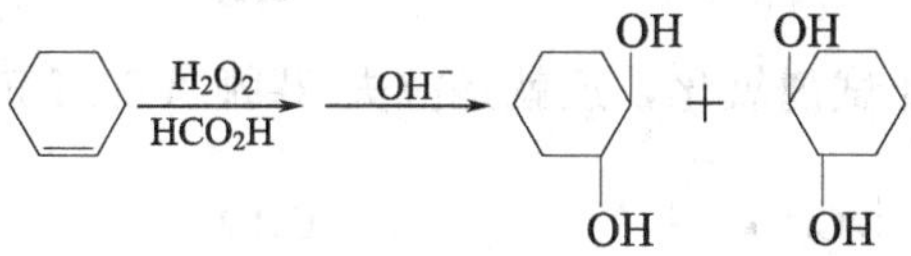

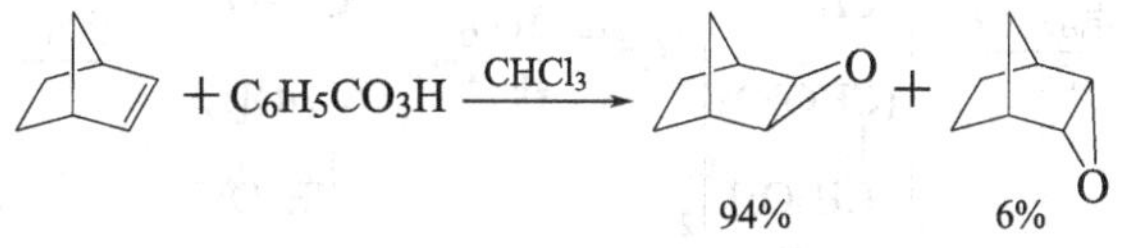

$$\text{环己烯} \xrightarrow[HCO_2H]{H_2O_2} \xrightarrow{OH^-} \text{反式环己二醇（两种对映体）}$$

$$\text{降冰片烯} + C_6H_5CO_3H \xrightarrow{CHCl_3} \text{exo-环氧化物}\ (94\%) + \text{endo-环氧化物}\ (6\%)$$

② 在碱性介质中的氧化

H_2O_2 在碱性介质中生成它的共轭碱 HOO^-，后者作为亲核试剂进行氧化反应，可将 α，β-不饱和羰基化合物氧化为环氧化合物。如：

$$CH_2{=}CH{-}CHO \xrightarrow[pH=8\sim8.5]{H_2O_2/OH^-} \overset{O}{CH_2{-}CH}{-}CHO \quad (75\%\sim80\%)$$

在碱性介质中，邻羟基芳醛或芳酮被 H_2O_2 氧化为多羟基化合物的反应称为达金(Dakin) 反应。以 O^{18} 标记，一般认为该反应包括 1,2-迁移。

$$\text{邻-}O^-\text{-}C_6H_4{-}\overset{O^{18}}{\overset{\|}{C}}{-}H \xrightarrow{H_2O_2} \text{邻-}O^-\text{-}C_6H_4{-}\underset{OOH}{\overset{H{-}O^{18}}{C}}{-}H \xrightarrow{-H_2O} \text{邻-}O^-\text{-}C_6H_4{-}O\overset{O^{18}}{\overset{\|}{C}}{-}H \xrightarrow{H_2O} \text{邻-}C_6H_4(OH)_2$$

$$\text{2,6-(HO)}_2\text{-3-OCH}_3\text{-4-CH}_3\text{-}C_6H\text{-CHO} \xrightarrow[NaOH]{H_2O_2} \text{2,6-(HO)}_2\text{-3-OCH}_3\text{-4-CH}_3\text{-}C_6H\text{-OH}$$

$$\text{邻-HO-}C_6H_4{-}COCH_3 \xrightarrow[(CH_3)_4NOH]{H_2O_2} \text{邻-HO-}C_6H_4{-}OCOCH_3 \xrightarrow{OH^-} \text{邻-}C_6H_4(OH)_2$$

③ 在中性介质中的氧化

硫醚可在中性介质中被 H_2O_2 氧化为亚砜。如：

$$C_6H_5{-}CH_2SCH_3 \xrightarrow[(CH_3)_2CO]{H_2O_2} C_6H_5{-}CH_2\overset{O}{\overset{\|}{S}}CH_3 \quad (77\%)$$

④ 应用 Fenton 试剂的氧化

这是 H_2O_2 在具有还原性的金属离子（Fe^{2+}）为催化剂的作用下的氧化。在这个反应中有用的氧化剂是·OH，它可用于叔丁醇的氧化。

$$Fe^{2+} + H_2O_2 \longrightarrow Fe^{3+} + OH^- + HO\cdot$$

$$(CH_3)_3C{-}OH \xrightarrow{HO\cdot} (CH_3)_2\overset{\dot{C}H_2}{C}{-}OH \xrightarrow{\text{二聚}} CH_3{-}\underset{CH_3}{\overset{OH}{C}}{-}CH_2CH_2{-}\underset{CH_3}{\overset{OH}{C}}{-}CH_3$$

α-羟基酸和 α-酮酸亦可用此试剂氧化，这就是拉夫-芬顿（Ruff-Fenton）反应。如：

$$\underset{\text{D-葡萄糖}}{CHO{-}CHOH{-}(CHOH)_3{-}CH_2OH} \xrightarrow[(Ca^{2+})]{\text{电解氧化}} \left[COO^-{-}CHOH{-}(CHOH)_3{-}CH_2OH\right]_2 Ca^{2+} \xrightarrow[Fe^{2+}]{H_2O_2} COO^-{-}C{=}O{-}(CHOH)_3{-}CH_2OH \xrightarrow{-CO_2} \underset{\text{D-阿拉伯糖}}{CHO{-}CHOH{-}(CHOH)_2{-}CH_2OH}$$

2. 锰化物氧化剂

(1) $KMnO_4$

高锰酸钾是应用最广的氧化剂，几乎可氧化一切能被氧化的基团，并可在酸性、碱性和中性介质中进行氧化。氧化能力依介质而异，在碱性与中性介质中被还原为 MnO_2，在酸性介质中被还原为 Mn^{2+} 。

$KMnO_4$ 不溶于一般有机溶剂，只溶于极性较强的丙酮、乙酸或它们与水的混合溶剂，故大多数情况下在水溶液中使用，对难溶于水的反应物则可用适当的有机溶剂，为使反应呈均相反应，有时加入少量冠醚或季铵盐这类相转移催化剂。$KMnO_4$ 一般常用于烯键、醇羟基、芳烃的侧链以及一些稠环化合物的开环氧化。

① 不饱和键的氧化　冷的、中性或弱碱性的 $KMnO_4$ 氧化烯为 α-二醇，立体化学为顺式加成。酸性、碱性或热的 $KMnO_4$ 氧化烯烃为双键断裂的羰基化合物或羧酸（$=CH_2$ 被氧化为 CO_2）；炔烃被酸性 $KMnO_4$ 氧化为羧酸（端炔也会产生 CO_2），在中性条件下可得 α-二酮。

$$CH_3(CH_2)_7C\equiv C(CH_2)_7CO_2H \xrightarrow[pH=7.5]{KMnO_4} CH_3(CH_2)_7\overset{O}{\overset{\|}{C}}-\overset{O}{\overset{\|}{C}}(CH_2)_7CO_2H$$

② 烷烃与烷基苯侧链的氧化　烷烃一般不被氧化，分子中存在亲水基时可被氧化。烷基苯侧链有 α-H 时，可被氧化成苯甲酸，无 α-H 的苯和叔丁苯不能被 $KMnO_4$ 氧化。如：

$$(CH_3)_2CHCH_2\underset{OH}{\underset{|}{C}}(CH_3)_2 \xrightarrow[OH^-]{KMnO_4} (CH_3)_2\underset{OH}{\underset{|}{C}}CH_2\underset{OH}{\underset{|}{C}}(CH_3)_2$$

$$R''-\overset{R'}{\underset{R'''}{C}}-C_6H_4-CHR_2 \xrightarrow[OH^-]{KMnO_4} R''-\overset{R'}{\underset{R'''}{C}}-C_6H_4-COOH$$

③ 芳环的氧化　一般情况下芳环不被 $KMnO_4$ 氧化。当环上有强给电基—OH 和—NH_2 等时，芳环极易被氧化；当环上有强的吸电基时，芳环变得稳定。故 $KMnO_4$ 氧化稠环芳烃时，氧化电子云密度较大的环。如：

$$\text{1-硝基萘} \xrightarrow[H^+,\triangle]{KMnO_4} \text{3-硝基邻苯二甲酸}(NO_2, COOH, COOH)\qquad \text{1-萘胺}(NH_2) \xrightarrow[H^+,\triangle]{KMnO_4} \text{邻苯二甲酸}(CO_2H, CO_2H)$$

④ 醇的氧化　伯醇被 $KMnO_4$ 氧化一般得酸；仲醇可得酮，在激烈的条件下也可得碳—碳键断裂的产物。叔醇不易被氧化，但在酸性条件下也可得经烯烃氧化的碳—碳键断裂的产物。

(2) MnO_2

二氧化锰是一种较温和的氧化剂，可使芳烃侧链甲基氧化为醛，但不易控制，生成部分芳酸。如：

$$C_6H_5CH_3 \xrightarrow[H_2SO_4]{MnO_2} \begin{cases} \xrightarrow{40℃} C_6H_5CHO \\ \xrightarrow{60\sim70℃} C_6H_5COOH \end{cases}$$

$MnSO_4$ 与 $KMnO_4$ 溶液作用，新生成的所谓活性 MnO_2 与普通的 MnO_2 不同，它是一种缓和的氧化剂，能在中性溶液中使烯丙式醇和苄醇氧化生成相应的醛酮。

$$CH_2{=}CHCH_2OH \xrightarrow[\text{石油醚,中性,室温}]{\text{活性}MnO_2} CH_2{=}CHCHO$$

$$\text{环己-2-烯-1-醇} \xrightarrow{\text{活性}MnO_2} \text{环己-2-烯-1-酮}$$

3. 铬化合物氧化剂

用强而选择性小的铬氧化剂可以把烯丙位亚甲基氧化成羰基。如：

$$\text{1-苯基环己烯} \xrightarrow[CH_2Cl_2]{CrO_3\cdot 2C_5H_5N} \text{3-苯基环己-2-烯-1-酮}$$

若分子中有多个烯丙位时，总是位阻小的优先反应。如：

$$\xrightarrow[CO_2,\ 50℃]{CrO_2(OBu^t)_2,AcOH/Ac_2O} \quad 50\% \quad + \quad 16\%$$

三氧化铬溶于水生成铬酸，铬酸与重铬酸处于动态平衡，稀溶液中以铬酸为主，浓溶液中以重铬酸为主，一般是在硫酸中进行氧化。氧化能力较强，可使芳环有 α-氢的烷基氧化为羧基。

$$O_2N{-}C_6H_4{-}CH_3 \xrightarrow[H_2SO_4]{Na_2Cr_2O_7} O_2N{-}C_6H_4{-}COOH$$

铬酸可使伯醇被氧化为醛，仲醇可被氧化为酮。常用的方法是将醇溶解在丙酮中，然后滴加铬酸的强酸性溶液，这样，反应中生成的铬盐可以沉淀出来，使反应混合物的后处理容易进行，反应可能是通过生成铬酸酯进行的。醛还可被铬酸氧化成羧酸，因此伯醇用铬酸氧化时，如不将生成的醛立即蒸出，得到的产物为羧酸。

CrO_3 与吡啶生成的配合物（于 10 份吡啶中，在搅拌下慢慢加入 1 份 CrO_3，不能反加，否则引起燃烧）称为萨雷特（sarett）试剂，简称 PCC。它能溶于 CH_2Cl_2，可将烯丙位的羟基或亚甲基氧化为羰基而不影响分子中的双键。而且由于是以碱性的吡啶作介质，因此对含有对酸敏感的环氧基团的羟基化合物，也不产生作用。

$$\text{环己烯基}{-}CH_2OH \xrightarrow{CrO_3\cdot\text{吡啶}} \text{环己烯基}{-}CHO$$

$$\xrightarrow{PCC} (60\%) + (15\%)$$

$$\xrightarrow{PCC}$$

CrO_3 与盐酸作用（在硫酸存在时）生成的铬酰氯（CrO_2Cl_2）称为埃塔（Etard）试剂，可将芳烃有 α-氢的侧链氧化为芳醛，当被氧化物有多个甲基时只氧化一个，反应很剧烈。

$$C_6H_5{-}CH_3 \xrightarrow[CS_2]{CrO_2Cl_2} C_6H_5{-}CHO \quad (90\%)$$

$$CH_3{-}C_6H_4{-}CH_3 \xrightarrow[CS_2]{CrO_2Cl_2} CH_3{-}C_6H_4{-}CHO \quad (70\%\sim80\%)$$

4. SeO_2

应用 SeO_2 的氧化称为赖利（Riley）氧化法。SeO_2 是一种选择性的氧化剂，经氧化后它本身被还原为 Se，经硝酸氧化后可重复使用，但 SeO_2 有剧毒而且要新制备的。其特点如下。

（1）能将羰基化合物中羰基邻位活泼亚甲基或甲基及共轭体系中活泼亚甲基氧化成相应的羰基化合物。

$$CH_3CH_2CHO \xrightarrow{SeO_2} CH_3COCHO \quad 30\%$$

$$\text{环己酮} \xrightarrow{SeO_2} \text{1,2-环己二酮} \quad 35\%$$

$$PhCOCH_3 \xrightarrow{SeO_2} PhCOCHO \quad 67\% \sim 72\%$$

$$PhCOCH_2Ph \xrightarrow{SeO_2} PhCO-CO-Ph \quad 88\%$$

（2）将烯丙位的活泼氢氧化成相应的羰基化合物或醇。

$$\text{1-甲基环己烯} \xrightarrow[EtOH]{SeO_2} \text{2-甲基-2-环己烯-1-醇}\ (35\%) + \text{2-甲基-2-环己烯-1-酮}\ (27\%)$$

若分子中有多个烯丙位时，总是位阻小的优先被氧化。如：

$$\text{2-甲基-2-辛烯} \xrightarrow[H_2O,\ \triangle]{SeO_2} \text{2-甲基-2-辛烯-1-醇}\ (OH)\quad 70\%$$

（3）将两个芳环中间的亚甲基氧化为酮。

$$\text{3-}(CH_2Ph)\text{吡啶} \xrightarrow{SeO_2} \text{3-}(COPh)\text{吡啶} \quad 81\%$$

5. 含卤素的化合物

（1）高碘酸

高碘酸可使下列结构单位的化合物发生碳碳键的断裂氧化。

$$>C(OH)-C(OH)< \qquad >C(OH)-C(=O)- \qquad -C(=O)-C(=O)- \qquad >C(OH)-C(=O)-OH \qquad >C(OH)-C(NH_2)<$$

这些氧化通称为马拉普拉德（Malaprade）反应。如：

$$RCH=CH-CH(OH)-CO-R' \xrightarrow{HIO_4} RCH=CH-CHO + R'COOH$$

反应经环状高碘酸酯定量进行，可用于测定邻羟基多元醇的含量。

$$R_2C(OH)-C(OH)R_2 \xrightarrow{IO_4^-} [\text{环状高碘酸酯 } R_2C(O)-C(O)R_2\cdot I(O^-)(OH)_2(=O)] \longrightarrow 2R_2C=O + IO_3^- + H_2O$$

$$IO_3^- \xrightarrow{AgNO_3} AgIO_3\downarrow$$

碳碳双键如先氧化成邻位二醇，然后再用高碘酸氧化，碳键可以在双键处断裂。

$$CH_3(CH_2)_7CH=CH(CH_2)_7COOH \xrightarrow[2.\ H_2O,\ H^+]{1.\ HCOOH} CH_3(CH_2)_7CH(OH)-CH(OH)(CH_2)_7COOH$$

$$\xrightarrow{HIO_4} CH_3(CH_2)_7CHO + OHC(CH_2)_7COOH$$

水是此反应最佳的溶剂，不溶于水的反应物则可用甲醇、二氧六环、冰醋酸等作溶剂。此反应广泛用于多元醇及糖类的降解反应并用来测定它们的结构。

(2) 次氯酸盐

次氯酸钠、钾、钙或镁盐等遇到空气中的 CO_2 即分解，游离出次氯酸，次氯酸很不稳定能放出新生氧起氧化作用。

$$\mathrm{NaOCl} \longrightarrow \mathrm{HOCl} \xrightarrow{H_2O} \mathrm{HCl} + [\mathrm{O}]$$

次氯酸盐是价廉而很强的碱性氧化剂，主要用于氧化甲基酮（卤仿反应），这时甲基首先被氧化，继而碳碳键断裂氧化为羧酸。如：

① 卤仿反应

$$\mathrm{CH_3CH{=}CHC(O)CH_3} \xrightarrow{NaOCl} \mathrm{CH_3CH{=}CHCOO^-}$$

② 烯烃的环氧化

$$\mathrm{PhCH{=}CHCOPh} \xrightarrow[\text{吡啶}]{NaOCl} \mathrm{PhCH\overset{O}{-}CHCOPh}\ (94\%)$$

③ 氨基酸的氧化脱羧

$$\mathrm{(3,4\text{-}(CH_3O)_2C_6H_3)CH_2C(CH_3)(NH_3^+)COO^-} \xrightarrow{NaOCl} \mathrm{(3,4\text{-}(CH_3O)_2C_6H_3)CH_2C(O)CH_3}$$

6. 有机氧化剂

(1) 有机过氧酸

羧酸中加入 H_2O_2 即氧化为有机过氧酸，不需分离即直接用作氧化剂。常用的有过氧乙酸、过氧甲酸、过氧三氟乙酸等。过氧酸一般不稳定，久置易分解，但间氯过氧苯甲酸是例外，它是稳定的晶体。过氧酸是重要的环氧化试剂，作用于双键即可形成环氧化物，且为顺式加成。过氧酸对双键的氧化过程为亲电加成反应，因而被氧化的双键电子云密度越高或过氧酸的亲电性越强，氧化就越剧烈。对于电子云密度较低的双键（如双键上有强吸电子基时）则需采用亲电性较大的过氧酸（如过氧三氟乙酸）为氧化剂。

$$\text{1,2-二甲基-1,4-环己二烯} + m\text{-}\mathrm{ClC_6H_4CO_3H} \longrightarrow \text{环氧化物}$$

(控制摩尔比1:1)

$$\text{环己烯} + \mathrm{RCO_3H} \xrightarrow{-RCOOH} \text{环氧环己烷} \xrightarrow{H^+} \text{质子化环氧} \xrightarrow[:OH_2]{-H^+} (\pm)\ \text{反-1,2-环己二醇}$$

也可将酮氧化为酯，但反应较为缓慢，一般要采用强酸催化或应用氧化能力较强的过氧酸，过氧酸的氧化性为：$CF_3CO_3H > PhCO_3H > CH_3CO_3H$。

$$\mathrm{Ph{-}C(O){-}CH_3} \xrightarrow{RCOOH} \mathrm{Ph{-}O{-}C(O)CH_3}$$

(2) 四乙酸铅

四乙酸铅是一种选择性强的氧化剂，可用下列方法制备。

$$\mathrm{Pb_3O_4 + 8HOAc \longrightarrow Pb(OAc)_4 + 2Pb(OAc)_2 + 2H_2O}$$

四乙酸铅遇水即发生复分解，因而它作氧化剂时多以冰醋酸、苯、氯仿、二氯甲烷等为介质，常用于邻二醇的氧化、活泼氢化合物的取代以及酚、醇的脱氢和羧酸的氧化脱羧等。如：

$$HO-C_6H_4-OH \xrightarrow{Pb(OAc)_4} O=C_6H_4=O$$

$$\begin{matrix}R-CH-OH\\ |\\ R-CH-OH\end{matrix} \xrightarrow[-2HOAc]{Pb(OAc)_4} \begin{matrix}R-CH-O\\ |\\ R-CH-O\end{matrix}\!\!>Pd<\!\!\begin{matrix}OAc\\ \\ OAc\end{matrix} \longrightarrow 2RCHO + Pd(OAc)_2$$

$$CH_2(CO_2C_2H_5)_2 \xrightarrow{Pb(OAc)_4} AcO-CH(CO_2C_2H_5)_2 \quad (80\%)$$

$$CH_3O-C_6H_4-CH_3 \xrightarrow{Pb(OAc)_4} CH_3O-C_6H_4-CH_2OAc \quad (50\%\sim60\%)$$

(3) 二甲亚砜（DMSO）

$(CH_3)_2SO$ 既是一种非质子性溶剂，又是一种很有价值的缓和的选择性氧化剂，它能使伯、仲醇及其磺酸酯，一些活泼卤化物如 α-卤代酸、α-卤代酸酯、苄卤、α-卤代酮、伯碘代烷等氧化为相应的羰基化合物，伯氯和伯溴代烷难被 DMSO 氧化，但可先转变为磺酸酯，则可在碱性条件下进行氧化并得到高收率的醛。DMSO 的氧化还具有条件缓和，产物易于分离，产率高等特点。

$$PhCOCH_2Br \xrightarrow{DMSO} PhCOCHO \quad (84\%)$$

$$C_6H_{13}CH_2I \xrightarrow{DMSO} C_6H_{13}CHO \quad (70\%)$$

$$BrCH_2COOC_2H_5 \xrightarrow{DMSO} OHC-COOC_2H_5 \quad (70\%)$$

DMSO 对醇的氧化可先将醇转变为磺酸酯，再用 DMSO 氧化。如：

$$CH_3(CH_2)_6CH_2OH \xrightarrow[\text{吡啶}]{TsCl} CH_3(CH_2)_6CH_2OTs \xrightarrow[150℃]{DMSO\text{-}NaHCO_3} \underset{(70\%)}{CH_3(CH_2)_6CHO}$$

更方便的方法是将二环己基碳二亚胺（DCC）和吡啶磷酸盐加入醇和 DMSO 的混合物中，这种方法称为费慈纳-莫发特（Pfitzner-Maffatt）法，反应条件温和，收率高，而且具有良好的选择性，氧化时分子中的═C═C、—COOR、—NH_2 等均不受影响，被广泛地应用于生物碱和甾族化合物的合成。如：

$$O_2N-C_6H_4-CH_2OH + CH_3\overset{O}{\overset{\|}{S}}CH_3 + C_6H_{11}-N=C=N-C_6H_{11} \xrightarrow{H_3PO_4}$$

$$\underset{92\%}{O_2N-C_6H_4-CHO} + CH_3SCH_3 + C_6H_{11}-NH\overset{O}{\overset{\|}{C}}NH-C_6H_{11}$$

$$\text{17-羟基甾体-4-烯-3-酮} \xrightarrow[DMSO]{DCC} \text{甾体-4-烯-3,17-二酮} \quad (92\%)$$

(4) 丙酮-异丙醇铝

伯、仲醇在叔丁醇铝或异丙醇铝的存在下，用过量丙酮（或甲乙酮，环己酮）氧化成羰基化合物。这一反应称为欧芬脑尔（Oppenauer）氧化法，此法具有良好的选择性，反应物分子中的双键及对酸敏感的基团可不受影响，收率较高。此反应为可逆反应，其逆反应称为梅尔魏因-彭道夫（Meerwein-Ponndarf）还原。如：

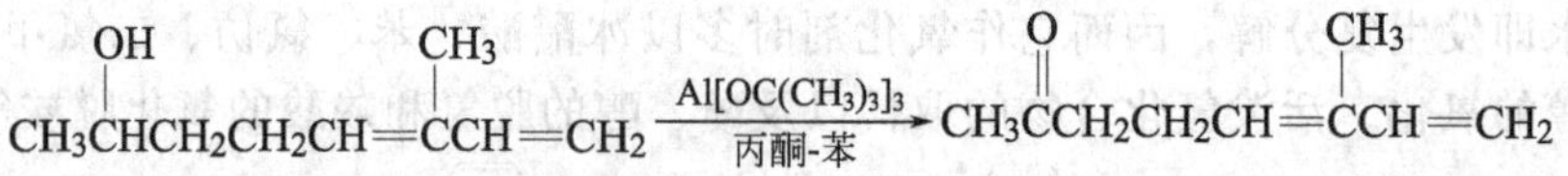

$$CH_3\underset{\displaystyle OH}{CH}CH_2CH_2CH{=}\overset{\displaystyle CH_3}{C}CH{=}CH_2 \xrightarrow[\text{丙酮-苯}]{Al[OC(CH_3)_3]_3} CH_3\overset{\displaystyle O}{C}CH_2CH_2CH{=}\overset{\displaystyle CH_3}{C}CH{=}CH_2$$

以上介绍了六种类型的重要氧化剂及其应用范围，在实际应用中还必须注意选择合适的反应条件，包括氧化剂的浓度、反应温度、催化剂、溶剂等，这一点是十分重要的。

① 催化剂不同，氧化产物也不同。

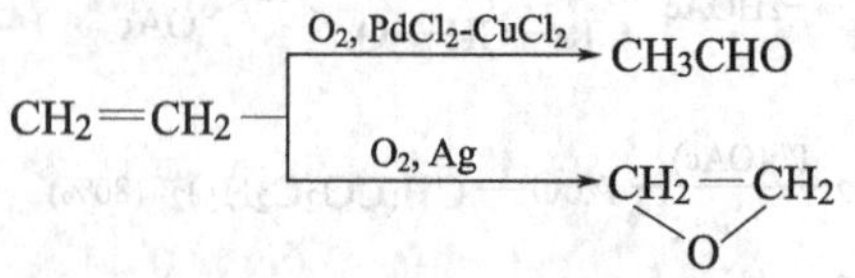

$$CH_2{=}CH_2 \xrightarrow{O_2,\ PdCl_2\text{-}CuCl_2} CH_3CHO$$

$$CH_2{=}CH_2 \xrightarrow{O_2,\ Ag} \underset{\displaystyle O}{CH_2{-}CH_2}\ (\text{环氧乙烷})$$

② 氧化剂的浓度和反应温度不同，反应产物也不同。

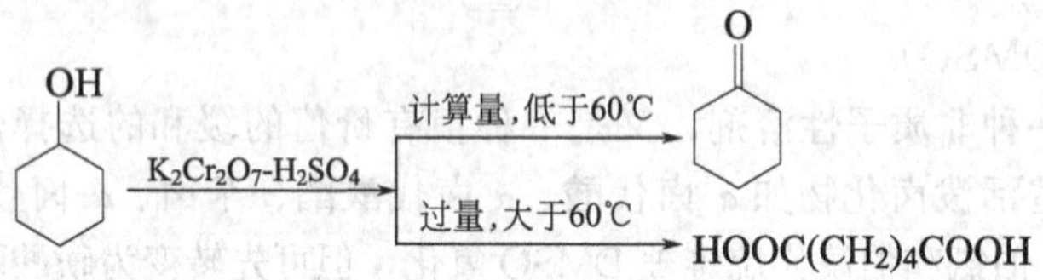

$$\text{环己醇} \xrightarrow{K_2Cr_2O_7\text{-}H_2SO_4}\ \begin{cases}\xrightarrow{\text{计算量,低于}60℃} \text{环己酮} \\ \xrightarrow{\text{过量,大于}60℃} HOOC(CH_2)_4COOH\end{cases}$$

③ 反应介质不同，可得到不同的氧化产物。

$$\text{3-甲基二苯醚} \begin{cases}\xrightarrow{KMnO_4/\text{吡啶}} \text{3-苯氧基苯甲醛 (CHO)} \\ \xrightarrow{KMnO_4/H^+} \text{3-苯氧基苯甲酸 (COOH)}\end{cases}$$

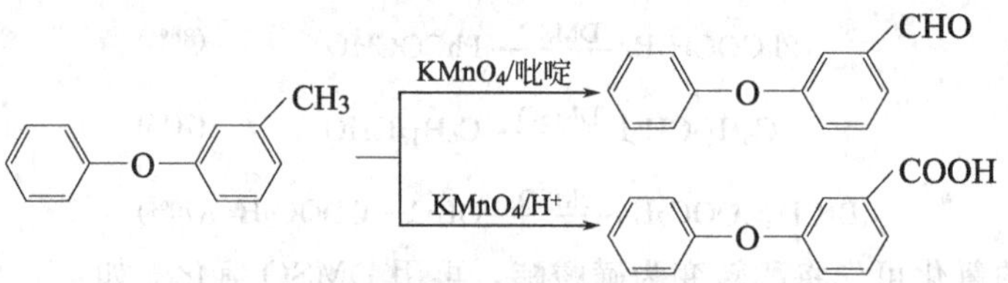

④ 有时溶剂不同，也可得到不同的氧化产物。

$$PhCH{=}CH_2 \begin{cases}\xrightarrow[\text{非极性溶剂}]{CH_3CO_3H} PhCH{-}CH_2\ (\text{环氧,}{-}O{-}) \\ \xrightarrow[\text{极性溶剂}]{CH_3CO_3H} \underset{\displaystyle OH}{PhCH}{-}\underset{\displaystyle OH}{CH_2}\end{cases}$$

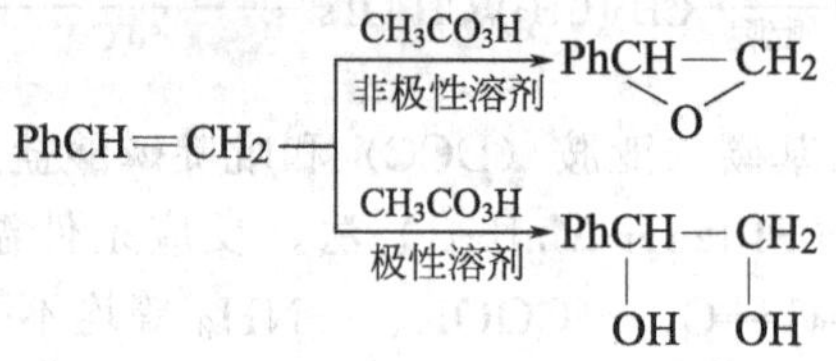

在多官能团化合物的氧化反应中，为使氧化反应在被氧化物分子的特定部位上进行，必须将被氧化物分子中的易氧化基团加以保护，对于氧化反应而言，尤其需要注意氨基和羟基的保护。对氨基的保护最常用的是将氨基酰化，对羟基的保护通常是使其生成醚、缩醛（或缩酮）或酯类衍生物。如：

① $H_2N{-}C_6H_4{-}CH_3 \xrightarrow{(CH_3CO)_2O} CH_3\overset{\displaystyle O\ H}{C}N{-}C_6H_4{-}CH_3 \xrightarrow[MgSO_4]{KMnO_4} CH_3\overset{\displaystyle O\ H}{C}N{-}C_6H_4{-}COOK \xrightarrow[\triangle]{H_2O/H^+} H_2N{-}C_6H_4{-}COOH$

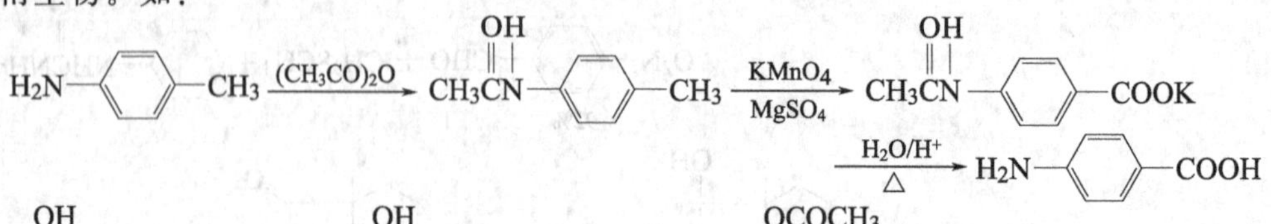

② (4-烯丙基-2-甲氧基苯酚：OH, OCH_3, $CH_2CH{=}CH_2$) $\xrightarrow[\text{异构化}]{KOH}$ (OH, OCH_3, $CH{=}CH{-}CH_3$) $\xrightarrow{CH_3COCl}$ ($OCOCH_3$, OCH_3, $CH{=}CH{-}CH_3$) $\xrightarrow[2.Zn/H_2O]{1.O_3}$ ($OCOCH_3$, OCH_3, CHO) $\xrightarrow{OH^-}$ (OH, OCH_3, CHO)

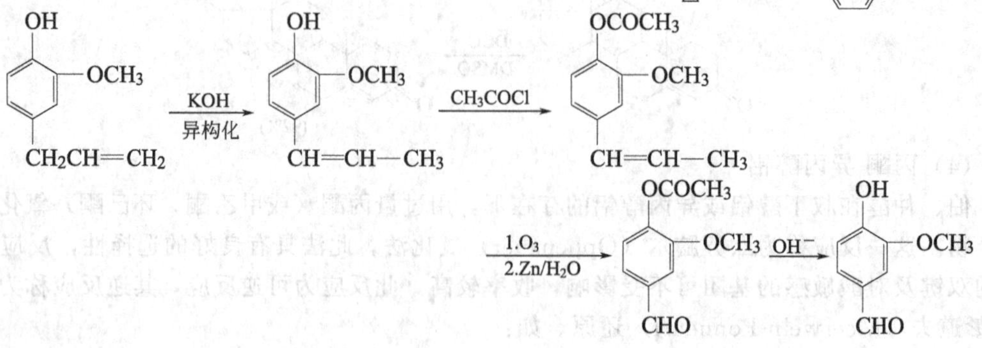

二、脱氢反应

脱氢反应可视为氧化反应的一种特殊形式。许多有机化合物在催化剂或脱氢剂存在下高温加热会分裂出氢分子，同时生成饱和或不饱和的化合物。脱氢反应为可逆反应，脱氢和氢化之间存在着动态平衡，温度和压力会影响平衡的移动。如乙醇脱氢生成乙醛：

$$CH_3CH_2OH \underset{\text{氢化(放热)}}{\overset{\text{脱氢(吸热)}}{\rightleftharpoons}} CH_3CHO + H_2 - 68.91\text{kJ/mol}$$

脱氢为吸热，氢化为放热，升温和降压对脱氢有利；降温和加压对氢化有利。

如脱氢反应在有氧存在下进行，生成的氢气与氧生成水并放出大量的热量，总反应就将成为放热，不可逆氧化反应。如：

$$CH_3CH_2OH \longrightarrow CH_3CHO + H_2 - 68.91\text{kJ/mol}$$

$$H_2 + \frac{1}{2}O_2 \longrightarrow H_2O + 241.70\text{kJ/mol}$$

总反应 $$CH_3CH_2OH + \frac{1}{2}O_2 \xrightarrow[550℃]{Ag} CH_3CHO + H_2O + 172.78\text{kJ/mol}$$

脱氢方法在若干场合远比氧化优越，乙醇制乙醛脱氢法产率可高达90%～92%，氧化法仅为80%。脱氢过程常用的催化剂种类很多，常用的如Pt、Pd、Pt-C、Pd-C、Cr_2O_3-Al_2O_3、Cu、Ni等。Pt-C、Pd-C具有脱氢温度低，副反应少的优点，Cr_2O_3-Al_2O_3催化脱氢温度较高，一般在400～500℃。脱氢剂有S、Se等，S的脱氢能力高于Se，反应温度也较低，但副反应较多。Se的脱氢温度较高（300～330℃），反应时间较长，生成的H_2Se剧毒，但副反应少。脱氢反应依被脱氢物质的类型，主要有下列三类。

1. 烃的脱氢

（1）开链烃的脱氢

这类烃的脱氢结果依条件不同可生成不饱和的链烯或芳构化为芳烃。如：

$$CH_3CH_2CH_2CH_3 \xrightarrow[560\sim590℃,\ 0.3atm]{Cr_2O_3\text{-}Al_2O_3} \underset{(30\%\sim40\%)}{CH_2=CH-CH=CH_2}$$

$$CH_3(CH_2)_5CH_3 \xrightarrow[475℃]{Cr_2O_3\text{-}Al_2O_3} PhCH_3$$

（2）环烷烃的脱氢

环烷烃及其同系物经加热催化脱氢生成芳烃。脂肪族稠环烃、单环萜烯也可发生类似的变化。例如：

$$\text{(甲基环己烷)}-CH_3 \xrightarrow[\Delta]{Ni} \text{(甲苯)}-CH_3$$

$$\text{(十氢萘)} \xrightarrow[250℃]{S} \text{(萘)}$$

$$\text{(柠檬烯)} \xrightarrow[280\sim300℃]{Ni} \text{(对异丙烯基甲苯)}$$

（3）芳烃的脱氢

芳烃在加热或适当的催化剂、脱氢剂作用下，可发生分子间或分子内脱氢，并依不同条件产生多环芳烃或稠环芳烃。芳烃的侧链也可发生脱氢反应。如：

$$C_6H_5-CH_2CH_3 \xrightarrow[550\sim600℃]{Fe_2O_3\text{或}ZnO} C_6H_5-CH=CH_2$$

$$2\,C_6H_6 \xrightarrow{740℃} C_6H_5-C_6H_5$$

$$\text{2-甲基联苯} \xrightarrow{\text{Pd-C}} \text{芴}$$

2. 含氧化合物的脱氢

含氧化合物的脱氢，最有工业价值的是醇脱氢制备醛或酮，工业上常用脱氢的方法制备低级的醛、酮。如：

$$CH_3CH_2OH \xrightarrow[275\sim300^\circ C]{Cu} CH_3CHO + H_2$$

$$(CH_3)_2CHOH \xrightarrow[300^\circ C]{Cu} CH_3COCH_3 + H_2$$

醇脱氢的机理，依反应条件而不同。

$$R-\underset{R'}{\underset{|}{CH}}-\underset{H}{\underset{|}{CH}}-O-H \xrightarrow[\text{缓和条件}]{Ni} R-\underset{R'}{\underset{|}{CH}}-CHO + H_2 \quad (8\text{-}1)$$

$$R-\underset{R'}{\underset{|}{\overset{H}{\overset{|}{C}}}}-\overset{H}{\overset{|}{CH}}-OD \xrightarrow[\text{高温}]{Ni} R-\underset{R'}{\underset{|}{C}}=CH-OD \rightleftharpoons RR'CD-CHO \quad (8\text{-}2)$$

按（8-1）的脱氢方式称为羰基机理，按（8-2）的方式称为烯醇式机理，反应物β-C原子为手性碳原子，在缓和条件下脱氢时产物仍具有旋光性，说明反应照（8-1）的机理进行；在高温条件下脱氢时，产物无旋光性，说明反应照（8-2）的机理进行。当羟基的H用D代替，高温条件下，则生成的产物中有D原子，而脱去的氢中无D原子存在。实践证明，以上两种方式都有可能，但是不同条件下两者的比例不同。

3. 含氮化合物的脱氢

芳胺类脱氢可发生环化反应，生成含氮杂环化合物，肼类脱氢可生成偶氮化合物；含杂原子化合物脱氢生成杂环化合物。例如：

$$\text{2-}CH_3\text{-}C_6H_4\text{-}NHCH_3 \xrightarrow[300\sim350^\circ C]{Ni} \text{吲哚（N—H）}$$

$$(CH_3)_2\underset{CN}{\underset{|}{C}}-NHNH-\underset{CN}{\underset{|}{C}}(CH_3)_2 \xrightarrow{HgO} (CH_3)_2\underset{CN}{\underset{|}{C}}-N=N-\underset{CN}{\underset{|}{C}}(CH_3)_2$$

$$\text{3,4-二氢-2-氨基喹喔啉（}CH_2\text{, }C-NH_2\text{）} \xrightarrow{H_2O_2,\ Fe^{2+}} \text{2-氨基喹喔啉（}NH_2\text{）}$$

第二节　还原反应和还原剂

在还原剂参与下，使有机物分子得到电子或使参加反应的碳原子上的电子云密度增加的反应称为还原反应。在这一节中主要是讨论在有机物分子中增加氢或减少氧或两者兼而有之的反应。

根据使用的还原剂不同和操作方法的不同，还原反应可以分为化学还原法、电解还原法和催化氢化反应。有机物的还原反应多数在液相条件下进行，一般较氧化反应易于控制。

一、金属还原剂

金属，尤其是活泼金属与其合金，以及某些金属的盐类是应用十分广泛的一类还原剂。活泼金属包括碱金属（锂，钠，钾）、碱土金属（钙，镁，锌）以及铝、锡、铁等。金属与汞的合金称汞齐，也是常用的还原剂，如钠汞齐、锌汞齐、镁汞齐、铝汞齐等。一般说来，汞齐可使高活泼性金属的活泼性降低，使低活泼性金属的活泼性提高。而且增加了流动性以便于操作。常用作还原剂的金属盐有 $FeSO_4$、$SnCl_2$ 等，其有效的还原剂实际上是 Fe^{2+}、Sn^{2+} 等金属离子。金属还原剂在进行还原反应时都具有电子得失过程，并同时产生质子的转移，金属是供给电子，水、醇类、酸类则是供给质子。通常金属与质子供给剂的反应越剧烈，其还原效果也越差。

对这类还原剂的还原机理，曾被认为是有赖于形成的所谓新生氢，但后来的研究表明为内部的“电解还原”过程。以羰基化合物用金属进行的还原为例，羰基首先由金属供给一个电子形成负离子自由基。负离子自由基再由金属供给一个电子变为两价负离子，然后与质子供给剂提供的质子结合，则形成还原产物醇。

$$>C{=}O \xrightarrow{M} >\dot{C}{-}O^- \xrightarrow{M} >\bar{C}{-}O^- \xrightarrow{H^+} -\underset{H}{\overset{|}{C}}{-}OH$$

若形成的负离子游离基彼此结合，形成两价的负离子，两价负离子与质子结合生成双分子还原产物。

$$\begin{matrix} >\dot{C}{-}O^- \\ >\dot{C}{-}O^- \end{matrix} \longrightarrow \begin{matrix} -\overset{|}{C}{-}O^- \\ -\underset{|}{C}{-}O^- \end{matrix} \xrightarrow{H^+} \begin{matrix} -\overset{|}{C}{-}OH \\ -\underset{|}{C}{-}OH \end{matrix}$$

羰基化合物在碱性介质中或在有机介质中的还原，由于介质中的质子浓度甚低，一般情况下主要得到双分子还原产物；在酸性介质中，高浓度的质子有利于单分子还原产物的形成，同样道理，硝基化合物在酸性介质中得到单分子还原产物，在碱性介质中得到双分子还原产物。

1. 钠

钠在醇中，或悬浮于苯、甲苯、乙醚等惰性溶剂中以及钠汞齐在醇、水中都是一种强的还原剂，可用于醛、酮、羧酸、酯、腈、苯环和杂环的还原。如：

$$\text{吡啶} \xrightarrow{\text{Na-乙醇}} \text{哌啶}$$

$$PhCOCH_3 \xrightarrow{\text{Na-醇}} PhCH(OH)CH_3 + Ph{-}\underset{CH_3}{\overset{OH}{C}}{-}\underset{CH_3}{\overset{OH}{C}}{-}Ph$$

$$NC{-}(CH_2)_4{-}CN \xrightarrow{\text{Na-醇}} H_2N{-}(CH_2)_6{-}NH_2$$

$$CH_3CH_2CH_2CHO \xrightarrow[H_2O]{Na\text{-}Hg} CH_3CH_2CH_2CH_2OH$$

$$PhCH{=}CHCOOH \xrightarrow{NaOH} \xrightarrow[H_2O]{Na\text{-}Hg} PhCH_2CH_2COONa \xrightarrow{H^+} PhCH_2CH_2COOH$$

除甲酸和羧基直接与芳环相连的芳酸外，钠-醇还可还原各种羧酸的酯。钠-醇还原羧酸酯为伯醇称为布沃-布朗（Bauveault-Blanc）还原。如：

$$CH_3CH_2COOC_2H_5 \xrightarrow{\text{Na-乙醇}} CH_3CH_2CH_2OH$$

其还原机理如下：

$$C_2H_5{-}\overset{O}{\overset{\|}{C}}{-}OC_2H_5 \xrightarrow{Na} C_2H_5{-}\overset{O\cdot}{\overset{|}{\underline{C}}}{-}OC_2H_5 \xrightarrow{\text{乙醇}} C_2H_5{-}\overset{O\cdot}{\overset{|}{C}}H{-}OC_2H_5 \xrightarrow{Na} C_2H_5{-}\overset{O^-}{\overset{|}{C}}H{-}OC_2H_5$$

$$\xrightarrow{-C_2H_5O^-} C_2H_5{-}\overset{O}{\overset{\|}{C}}H \xrightarrow{Na} C_2H_5{-}\overset{O^\cdot}{\overset{|}{\underline{C}}}H \xrightarrow{\text{乙醇}} C_2H_5{-}\overset{\cdot O}{\overset{|}{C}}H_2 \xrightarrow{Na} C_2H_5{-}\overset{O^-}{\overset{|}{C}}H_2 \xrightarrow{\text{乙醇}} CH_3CH_2CH_2OH$$

反应中生成醇钠，常加入尿素使其分解，以免醇钠催化酯综合。

$$C_2H_5ONa \xrightarrow{H_2NCONH_2} C_2H_5OH + NaOCN + NH_3$$

钠-醇还可将酮还原为仲醇，如为取代脂环酮，则还原后生成占优势的反式醇。如：

$$\text{2-甲基环己酮} \xrightarrow{\text{Na-乙醇}} \text{反-2-甲基环己醇 (反式占优势) } 99\%$$

钠在非质子溶剂苯或乙醚等中还原酯，则生成的负离子自由基可以相互结合生成双负离子，再经进一步还原、水解而得到酮醇。

$$C_2H_5-\overset{O}{\overset{\|}{C}}-OC_2H_5 \xrightarrow{Na} C_2H_5-\overset{O^-Na^+}{\overset{|}{\dot{C}}}-OC_2H_5 \xrightarrow{\text{苯}} \begin{matrix} O^-Na^+ \\ | \\ C_2H_5-C-OC_2H_5 \\ | \\ C_2H_5-C-OC_2H_5 \\ | \\ O^-Na^+ \end{matrix} \xrightarrow{-2C_2H_5O^-Na^+} C_2H_5-\overset{O}{\overset{\|}{C}}-\overset{O}{\overset{\|}{C}}-C_2H_5$$

$$\xrightarrow[\text{苯}]{Na} C_2H_5-\overset{O^-}{\overset{|}{C}}=\overset{O^-}{\overset{|}{C}}-C_2H_5 \xrightarrow{H^+} C_2H_5-\overset{O}{\overset{\|}{C}}-\overset{OH}{\overset{|}{CH}}-C_2H_5$$

又如：

$$2CH_3CH_2CH_2\overset{O}{\overset{\|}{C}}OC_2H_5 + 4Na \xrightarrow{Et_2O} \xrightarrow{H^+} CH_3CH_2CH_2\overset{O}{\overset{\|}{C}}\underset{OH}{\underset{|}{C}H}CH_2CH_2CH_3$$

在液氨-醇中碱金属将芳香核部分还原成1,4-二氢化物的反应称柏齐（Brich）还原。还原是通过生成负离子自由基进行的。碱金属在液氨中的溶解度次序为：Li ＞ K ＞ Na。醇作为质子供给剂。为增加有机反应物的溶解度，往往还加入除去过氧化物和水的醚或 THF 等溶剂。由于有醇存在，可以降低氨基离子（NH_2^-）的浓度，防止非共轭体系的1,4-二氢化合物转变成共轭体系的1,2-二氢化合物，后者进一步还原成四氢化合物。

在 Brich 还原中，芳香核上的取代基不同，对反应有很大影响。一般吸电子基（如—COOH等）能使芳环容易接受电子形成负离子自由基而使反应加速，生成1,4-二氢化物；而给电子取代基（如$—CH_3$、$—NH_2$、—OR、$—O^-$等）则不利于形成负离子自由基，使还原反应速率减慢，生成2,5-二氢衍生物。如：

$$C_6H_5COOH \xrightarrow{Na,\ NH_3(l)} [\text{负离子自由基, COONa}] \xrightarrow{C_2H_5OH} [\text{自由基}] \xrightarrow{Na,\ NH_3(l)} [\text{负离子}] \xrightarrow{C_2H_5OH} \text{1,4-二氢苯甲酸钠}$$

$$C_6H_5OCH_3 \xrightarrow{Na,\ NH_3(l)} [\text{负离子自由基}] + [\text{负离子自由基}] \xrightarrow{C_2H_5OH} [\text{自由基}] + [\text{自由基}]$$

$$\xrightarrow{Na,\ NH_3(l)} [\text{负离子}] + [\text{负离子}] \xrightarrow{C_2H_5OH} \text{1-甲氧基-1,4-环己二烯}$$

柏齐还原除用于苯环、稠环的部分氢化外，还用于碳碳不饱和键的还原、羰基和酰氨基的还原、还原环化和氢解等。如：

① 与羰基共轭的双键的还原

$$\xrightarrow{\text{Na-NH}_3}$$

② 与苯环共轭的双键的还原

$$Ph_2C{=}CH_2 \xrightarrow[\text{2. NH}_4\text{Cl}]{\text{1. Na-NH}_3\text{-(C}_2\text{H}_5)_2\text{O}} Ph_2CHCH_3$$

③ 羰基的还原

依反应物和反应条件的不同生成不同的还原产物。

A. 羰基还原为亚甲基或甲基

$$\xrightarrow[\text{2. NH}_4\text{Cl}]{\text{1. Li-NH}_3\text{-Et}_2\text{O}}$$

B. 羰基还原为羟基

$$C_6H_5\text{—CHO} \xrightarrow[t\text{-BuOH}]{\text{Li-NH}_3} C_6H_5\text{—CH}_2\text{OH}$$

$$\xrightarrow[\text{EtOH-Et}_2\text{O}]{\text{K-NH}_3}$$

70%　　30%

④ 酰胺基的还原、还原环化、氢解等

$$RCONR'_2 \xrightarrow[t\text{-BuOH}]{\text{Li-NH}_3} RCHO \qquad Ph\text{—O—}Ph \xrightarrow[\text{EtOH}]{\text{Na-NH}_3} Ph\text{—O—H}$$

$$\xrightarrow{\text{Li-NH}_3}$$

$$Ph\text{—}\underset{\diagdown O \diagup}{CH\text{—}CH_2} \xrightarrow[\text{EtOH}]{\text{Na-NH}_3} Ph\text{—CH}_2\text{—CH}_2\text{OH}$$

2. 镁与镁汞齐

镁与镁汞齐能参与很多还原反应，镁汞齐能还原酮为相应的仲醇，并发生双分子还原生成片呐醇。如：

$$2CH_3\overset{O}{\overset{\|}{C}}CH_3 \xrightarrow[\text{苯}]{\text{Mg-Hg}} \xrightarrow{\text{H}_3\text{O}^+} CH_3\text{—}\underset{OH}{\overset{CH_3}{C}}\text{—}\underset{OH}{\overset{CH_3}{C}}\text{—}CH_3 \quad 43\%\sim50\%$$

$$CH_3\overset{O}{\overset{\|}{C}}CH_3 \xrightarrow{\text{Mg-NH}_4\text{Cl}} CH_3\overset{OH}{\overset{|}{C}}HCH_3$$

3. 锌及锌汞齐

锌粉在中性、酸性和碱性条件下都具有还原性，能还原—NO_2、—NO、—CN、C═O、C—X、C—S、C═C和碳碳叁键等。根据还原基团的不同、反应介质的不同生成不同产物。很多有机化合物与锌粉共蒸馏时，都可起还原反应。如：

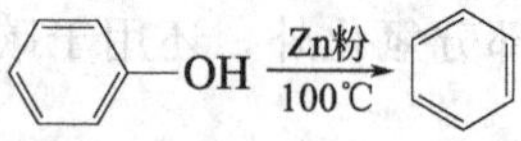

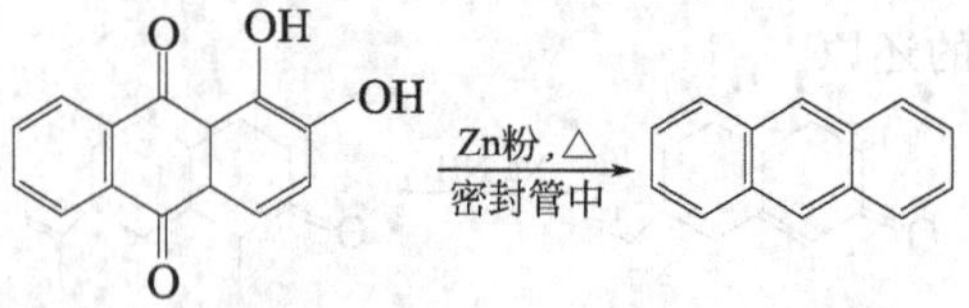

(1) Zn 粉在酸性条件下进行的还原反应

在酸性条件下（常用 H_2SO_4、HCl、HOAc 等），Zn 粉有较强的还原性，能将—NO_2 和—CN 还原为—NH_2 和—CH_2NH_2，Zn-Hg 能将醛酮还原为烃。在酸性条件下，用 Zn-Hg 将羰基还原为亚甲基的反应称为克莱门森（Clemensen）还原。最常用的是盐酸，其还原机理如下：

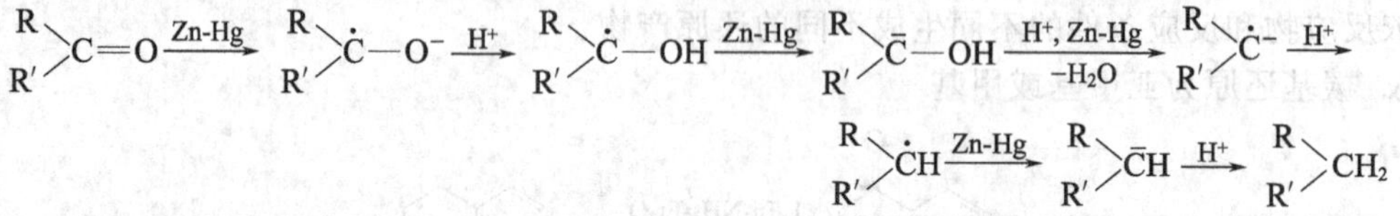

克莱门森还原法还能应用于酮酸或酮酸酯的还原，能将酮羰基还原为亚甲基（α-酮酸酯或 α-酮酸只能将酮还原为羟基，而不影响—COOH 和—COOR）。

$$CH_3COCOOC_2H_5 \xrightarrow[HCl]{Zn\text{-}Hg} CH_3CH(OH)COOC_2H_5$$

$$CH_3COCH_2COOC_2H_5 \xrightarrow[HCl]{Zn\text{-}Hg} CH_3CH_2CH_2COOC_2H_5$$

Zn-Hg/HCl 还原不饱和酮时，一般情况下孤立双键不受影响；若双键与醛酮的羰基共轭时，双键与羰基同时被还原；若双键与酯羰基共轭时，仅双键被还原，酯羰基不受影响。

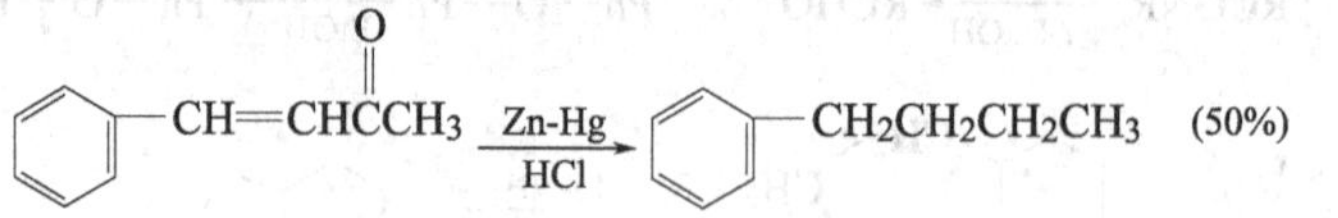

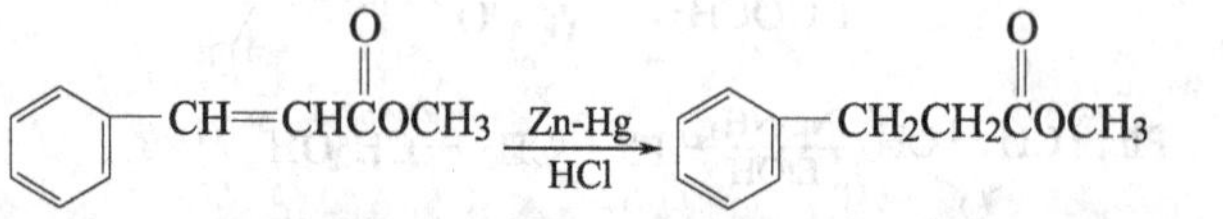

$$C_6H_5CH{=}CHCOCH_3 \xrightarrow[HCl]{Zn\text{-}Hg} C_6H_5CH_2CH_2CH_2CH_3 \quad (50\%)$$

$$C_6H_5CH{=}CHCOOCH_3 \xrightarrow[HCl]{Zn\text{-}Hg} C_6H_5CH_2CH_2COOCH_3$$

克莱门森还原反应对芳香-脂肪混合酮的还原收率较高，而对脂肪酮、醛或脂环酮的还原则易产生树脂化和双分子还原，生成片呐醇等，收率较低。

(2) Zn 粉在碱性条件下进行的还原反应

锌粉在碱性条件下对于 α-位具有氢原子的酮类衍生物的还原收率较低，但是将二苯酮类化合物还原为相应的醇则收率很高。如：

$$Ph-CO-Ph \xrightarrow[100\sim105℃,12h]{Zn\text{-}NaOH} Ph-CH(OH)-Ph \quad (98\%)$$

$$\text{蒽酮} \xrightarrow[Cu^{2+}]{Zn\text{-}NaOH} \text{蒽} \quad (82\%)$$

$$\text{呫吨酮} \xrightarrow[\text{乙醇,回流}]{Zn\text{-}NaOH} \text{呫吨醇} \quad (97\%)$$

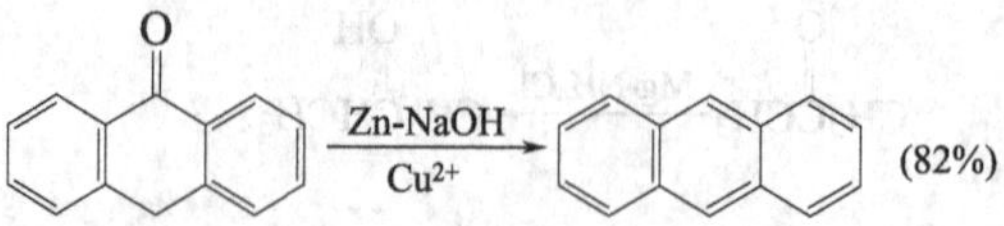

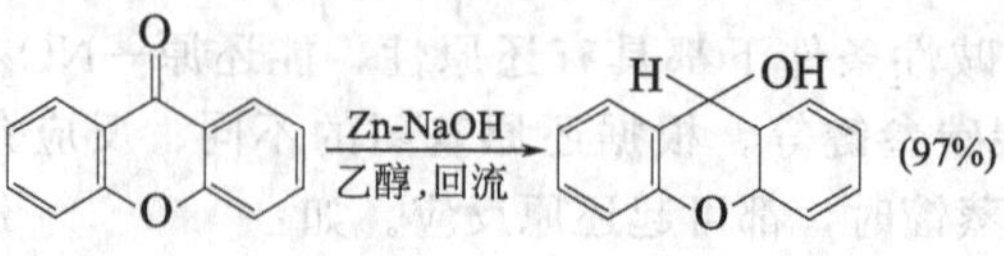

在碱性条件下用锌粉还原芳香族硝基化合物时，发生双分子还原生成氧化偶氮物、偶氮化合物与氢化偶氮化合物，控制反应的 pH 值，可使反应停止在某一阶段，生成需要的产物。例如，硝基苯在中性或微酸性条件下用锌粉还原生成苯羟胺（苯胲），在碱性条件下还原生成偶氮苯或氢化偶氮苯。

$$PhNO_2 \xrightarrow{2Zn\text{-}4NH_4Cl} PhNHOH$$

$$2PhNO_2 \xrightarrow{4Zn\text{-}8NaOH} PhN{=}NPh$$

$$2PhNO_2 \xrightarrow{5Zn\text{-}10NaOH} PhNH{=}NHPh$$

而氧化偶氮苯可能是由还原的中间体亚硝基苯与苯胲脱水缩合而成。

$$C_6H_5\text{-}N{=}O + HO\text{-}NH\text{-}C_6H_5 \longrightarrow PhN{=}N(\rightarrow O)Ph$$

4. 铁和亚铁盐

铁粉在酸性溶液中为强的还原剂，可将芳香族硝基、脂肪族硝基或其他含氮氧的基团（如亚硝基、羟胺基等）还原成相应的氨基。

$$4PhNO_2 + 9Fe + 4H_2O \xrightarrow[\text{或}FeCl_2(\text{少量})]{HCl(\text{少量})} 4PhNH_2 + 3Fe_3O_4$$

对不同的硝基化合物，用铁粉还原的条件也不同。当芳香硝基化合物的芳环上有吸电子基存在，由于硝基氮原子的亲电性增强，还原较容易，还原温度一般较低。若芳香环上有给电子基存在，则反应温度较高，这可能是由于硝基氮原子上的电子密度较高，不易接受电子的原因。例如，对硝基苯甲酸甲酯用铁粉还原，反应温度为 35～40℃即可，而对硝基苯酚用铁粉还原，则需在 100℃左右进行。对于脂肪族硝基化合物用铁粉还原则应在酸性条件下进行，反应的温度也较高。

$$O_2NCH_2C(CH_3)_2CH_2NO_2 \xrightarrow[100\sim103^\circ C]{Fe/HCl} H_2NCH_2C(CH_3)_2CH_2NH_2$$

对含有溴、碘原子的硝基化合物，若以水为溶剂，用铁粉还原，由于反应条件剧烈，硝基被还原的同时，溴、碘原子可被脱去。故采用乙醇或乙醇和水的混合溶剂，使温度不超过 80℃，可避免这种副反应的发生。

$$m\text{-}BrC_6H_4NO_2 \xrightarrow{Fe/CaCl_2/EtOH} m\text{-}BrC_6H_4NH_2 \quad (96\%)$$

亚铁盐亦可作还原剂，如 $FeSO_4$、$FeCl_2$、$Fe(OAc)_2$ 等。当分子中除—NO_2 外还有其他可被还原的基团时，$FeSO_4$ 一般只还原—NO_2 为—NH_2，不影响其他基团，因而成为硝基芳醛、硝基芳酸的良好还原剂。

5. 锡与 $SnCl_2$

Sn 也是很早就使用的还原剂，常用 Sn-HCl 或 $SnCl_2$-HCl，只是 Sn 的价格较贵，工业上很少使用。$SnCl_2$-HCl 的还原作用较为缓和，在醇溶液中能缓和地将硝基化合物还原为胺，并有很高的收率，含醛基的硝基化合物用 $SnCl_2$-HCl 还原时，醛基可不被还原。若用计算量的 $SnCl_2$-HCl 还原多硝基化合物，可只还原一个硝基。

（1）芳香族或脂肪族硝基化合物的还原

$$\text{3-NO}_2\text{C}_6\text{H}_4\text{CHO} \xrightarrow[\text{HCl}]{\text{SnCl}_2} \text{3-NH}_2\text{C}_6\text{H}_4\text{CHO} \qquad \text{2-CH}_3\text{-1,5-(NO}_2)_2\text{C}_6\text{H}_3 \xrightarrow[\text{HCl}]{\text{SnCl}_2} \text{2-CH}_3\text{-5-NO}_2\text{C}_6\text{H}_3\text{NH}_2$$

(2) 重氮盐还原为肼

在低温条件下，芳香族重氮盐的盐酸溶液用计算量的 $SnCl_2$ 还原，可得到芳肼的盐酸盐。

$$Ar-N_2Cl \xrightarrow[HCl]{SnCl_2} ArNHNH_2 \xrightarrow[HCl]{SnCl_2} ArNH_2$$

(3) 偶氮化合物还原为伯胺

$$EtO-C_6H_4-N=N-C_6H_4-OEt \xrightarrow[HCl]{SnCl_2} EtO-C_6H_4-NH_2$$

(4) 腈还原为醛

脂肪族或芳香族腈与无水 $SnCl_2$ 干醚饱和溶液，通入干燥的 HCl 气体，与 $SnCl_2$-HCl 作用后再水解，可得到醛（Stephen 反应）。

$$RC\equiv N \xrightarrow[HCl]{SnCl_2} RCH=NH\cdot HCl \xrightarrow[\text{水解}]{H_2O} R-CHO$$

二、金属氢化物还原剂

1. 金属氢化物

金属氢化物是近年来发展甚为迅速的一类还原剂，常用的有 $LiAlH_4$、KBH_4、$NaBH_4$。这类还原剂具有反应速率快、副反应少、反应条件缓和以及选择性还原等特点。其中 $LiAlH_4$ 是强还原剂，除可将羧酸及其衍生物直接还原为醇外，还可将羰基化合物还原为醇，还可还原很多有机化合物，并能获得优良的收率（70%～98%）。一般不能还原不饱和的碳碳键（当碳碳不饱和键的 α-或 β-位有极性基团活化时也能被还原）。$LiAlH_4$ 遇水、醇、酸等含活泼氢的化合物即发生分解，因此还原反应常用醚或 THF 作溶剂。

KBH_4 与 $NaBH_4$ 还原作用较 $LiAlH_4$ 缓和，但选择性好，它们能使酰基化合物或酰氯还原为醇，而酯的羰基、碳碳双键、硝基和氰基则不受影响。如：

$$COCH_2CH_2Cl-(CH_2)_4-COOC_2H_5 \xrightarrow[H_3O^+]{NaBH_4} CH(OH)CH_2CH_2Cl-(CH_2)_4-COOC_2H_5$$

KBH_4 与 $NaBH_4$ 在常温下对水、醇类都比较稳定，不溶于乙醚，而能溶于水、甲醇、乙醇。在反应液中加少量碱有促进反应的作用。若需在较高温度下进行反应，则可使用 THF、DMSO、β,β'-二甲氧基乙醚作溶剂。若在反应液中加入少量季铵盐或冠醚等相转移催化剂，可提高 KBH_4 与 $NaBH_4$ 的还原能力。

表 8-1 列出了金属氢化物的还原特性。

表 8-1　金属氢化物的还原特性

被还原的官能团	生成的官能团	$LiAlH_4$	$NaBH_4$	KBH_4
—C=O(酮)	—CH—OH(仲醇)	+	+	+
—C=O(醛)	$-CH_2-OH$(伯醇)	+	+	+
—COOR(酯或内酯)	$-CH_2OH$(伯醇)+ROH	+	—	—
—COOH 或 $-COO^-$	$-CH_2OH$(伯醇)	+	—	—
$-CONH_2$(酰胺)	$-CH_2NH_2$(伯胺)	+	—	—
$(RCO)_2O$(酸酐)	RCH_2OH(伯醇)	+	—	—
RCOCl(酰卤)	RCH_2OH(伯醇)	+	+	+

续表

被还原的官能团	生成的官能团	$LiAlH_4$	$NaBH_4$	KBH_4
—CN(氰)	$—CH_2NH_2$(伯胺)	+	−	−
=C=NOH(肟)	$=CHNH_2$(伯胺)	+	+	+
RNO_2(脂肪族硝基化合物)	$R—NH_2$(伯胺)	+	−	−
$PhNO_2$(芳香族硝基化合物)	Ph—N=N—Ph 或 PhNH—NHPh(偶氮化合物或氢化偶氮化物)	+	+*	+*
$—CH_2OTs$ 或 $—CH_2Br$(磺酸酯或卤代烷)	$—CH_3$(烃)	+	−	−
环氧化物	$—CH_2CHOH—$(醇)	+	+	+
$—CSNR_2$(硫代酰胺)	$—CH_2NR_2$(胺)	+	+	+
—N=C=S(异硫氰酸酯)	$—NHCH_3$(胺)	+	+	+
R—S—S—R 或 RSO_2Cl(二硫化物或磺酰卤)	RSH(硫醇)	+	+	+

注："+"表示官能团能被还原，"−"表示官能团不能被还原，*还原为氧化偶氮化合物。

(1) 还原反应机理

这类还原剂具有 AlH_4^- 和 BH_4^-，是很强的亲核试剂，可向极性不饱和键中带正电荷的碳原子进攻，将负氢离子转移而进行还原。

$$H-\overset{\displaystyle H}{\underset{\displaystyle H}{\overset{|}{\underset{|}{B^-}}}}-H + \begin{matrix}R\\R'\end{matrix}\!\!>C=O \longrightarrow BH_3 + RR'CHO^-$$

如反应是在无质子溶剂中进行，则生成 $RR'CHOBH_3^-$，如反应是在质子溶剂中进行，则得到 $RR'CHOH$。

$$BH_3 + RR'CHO^- \longrightarrow RR'CHOBH_3^- \rightleftharpoons RR'CHOH + H_3BOCH_3$$

KBH_4、$NaBH_4$ 和 $LiAlH_4$ 中，都有四个氢原子可用于还原反应，因此反应可继续进行。

$$BH_4^- \xrightarrow{RR'C=O} RR'CHOBH_3^- \xrightarrow{RR'C=O} (RR'CHO)_2BH_2^- \xrightarrow{RR'C=O}$$

$$(RR'CHO)_3BH^- \xrightarrow{RR'C=O} (RR'CHO)_4B^- \xrightarrow{H^+} 4RR'CHOH$$

$$AlH_4^- \xrightarrow{RR'C=O} RR'CHOAlH_3^- \xrightarrow{RR'C=O} (RR'CHO)_4Al^- \xrightarrow{H^+} 4RR'CHOH$$

AlH_4^- 中第一个氢原子的作用最强烈，反应速率最快，以后则逐渐减弱，BH_4^- 则相反。利用这一性质，可有控制地进行选择性还原。

(2) 碳基化合物还原的立体化学（详见第六章）

实验证明，$LiAlH_4$ 的还原速率与被还原的羰基化合物中与羰基相连的基团大小有关。这些基团越大，还原速率就越慢。若羰基的 α-位为手性碳原子，则还原剂（$LiAlH_4$ 等）将主要从位阻较小的一边进攻羰基的碳原子（Gram 规则），由此可推测优势产物的立体化学结构。当被作用物为脂环酮时，还原生成仲醇，生成的羟基有直立键（a 键）与平伏键（e 键）两种，究竟哪一种产物占优势则和空间位阻与产物的稳定性有关。

三叔丁氧基氢化铝锂能使酰氯还原为醛，如使用过量的还原剂，生成的醛可继续还原为醇。

$$NC-C_6H_4-COCl \xrightarrow[-78℃]{LiAlH[OC(CH_3)_3]_3} NC-C_6H_4-CHO$$

用 $LiAlH_4$ 还原氰基能得到相应的胺，但用三乙氧基氢化铝锂可以使腈和酰胺还原为醛。

$$(CH_3)_3CCN \xrightarrow{LiAlH(OC_2H_5)_3} (CH_3)_3CCHO \quad 75\%$$

$$O_2N-C_6H_4-CON(CH_3)_2 \xrightarrow{LiAlH(OC_2H_5)_3} O_2N-C_6H_4-CHO \quad 89\%$$

2. 硼烷类还原剂

研究了各种不同的金属氢化物与不同比例的 Lewis 酸配合的还原性质，发现当使用 $NaBH_4$（或 KBH_4）与 BF_3 配合时，它能还原一般金属氢化物不能还原的孤立双键。经研究证明，四氢硼钠与三氟化硼形成乙硼烷——B_2H_6，它作为还原剂发挥还原作用。

$$3NaBH_4 + 4BF_3 \xrightarrow{THF} 2B_2H_6 + 3NaBF_4$$

乙硼烷是 BH_3 的二聚体，是剧毒、易燃易爆的气体，一般溶于 THF 中使用，在 THF 等醚类溶液中，存在着下列平衡：

$$H_2B\langle^{H}_{H}\rangle BH_2 + 2\,\text{THF} \rightleftharpoons 2\,\text{THF}\overset{+}{O}-\overset{-}{B}H_3$$

(1) 反应机理与还原能力

硼烷的还原反应，与催化氢化和金属氢化物不同，它是亲电性还原剂，首先是由缺电子的硼原子与醛基或酮羰基氧原子上未共用的电子相结合，然后硼原子上的氢以负离子形式转移到醛或酮羰基碳原子上，醛基或酮羰基被还原成醇。

$$RR'C=O \xrightarrow{BH_3} RR'C=\overset{+}{O}-\overset{-}{B}H_3 \longrightarrow RR'\overset{+}{C}-O-\overset{-}{B}H_2(H) \longrightarrow RR'C(H)-O-BH_2 \xrightarrow{H_2O} RR'CHOH + BH_2OH$$

酰氯由于氯原子具有吸电子效应，降低了羰基氧原子上的电子云密度，硼烷不能与氧原子结合，所以酰氯不能被硼烷还原。

硼烷和金属氢化物不同之处是它容易还原羧基成—CH_2OH。还原过程中可能是先生成三酰氧基硼，然后酰氧基中氧原子上未共用的电子同缺电子的硼原子之间可能发生相互作用，生成下列化合物 A 而使酰氧基硼中的羰基较为活泼，容易进一步被硼烷还原得到相应的醇。

$$2\text{-}I\text{-}C_6H_4-C(=O)-OH \xrightarrow[THF]{BH_3} \left[\left(2\text{-}I\text{-}C_6H_4-C(=O)-\ddot{\underset{..}{O}}\right)_3 B \longrightarrow \underset{A}{2\text{-}I\text{-}C_6H_4-C(=O)-\overset{+}{O}=\overset{-}{B}}\right]$$

硼烷还原羧基的速率比其他基团快，因此，当羧酸衍生物中存在—CN、—COOR、—CHO、═C═O 时，若控制硼烷用量和低温反应，可只还原羧基，其他基团不受影响，具有很高的选择性。

$$O_2N-C_6H_4-CH_2COOH \xrightarrow[20\sim25^\circ C,2h]{B_2H_6/THF} O_2N-C_6H_4-CH_2CH_2OH \quad (94\%)$$

$$NC-C_6H_4-COOH \xrightarrow[-15^\circ C,12h]{B_2H_6/THF} NC-C_6H_4-CH_2OH \quad (82\%)$$

$$HOOC(CH_2)_4COOEt \xrightarrow[-18^\circ C,16h]{B_2H_6/THF} HOCH_2(CH_2)_4COOEt \quad (88\%)$$

$$C_6H_5-COCH_2CH_2COOH \xrightarrow{B_2H_6/THF} C_6H_5-COCH_2CH_2CH_2OH \quad (60\%)$$

硼烷还原脂肪酸比还原芳香酸快。位阻较小的羧酸较位阻较大的羧酸易还原。羧酸的盐不能被还原，脂肪酸酯的还原速率较游离羧酸慢，芳香酸酯几乎不发生反应，这是由于芳香环与羧基的共轭效应，对硼烷的进攻不敏感。硼烷还原脂肪酸酯的反应机理可能如下：

$$R-\overset{\overset{\displaystyle O}{\|}}{C}-OR' \xrightarrow{B_2H_6} R-\underset{\underset{\displaystyle H}{|}}{\overset{\overset{\displaystyle O-\overset{\delta-}{B}H_2}{|}}{C}}-\overset{\uparrow}{\underset{\delta+}{OR'}} \xrightarrow{快} R-\underset{\underset{\displaystyle H}{|}}{\overset{\overset{\displaystyle O-BHOR}{|}}{C}}-H \xrightarrow{H_2O} RCH_2OH$$

A　　　　B

中间体 A 可能很不稳定，在分子内迅速发生负氢离子的转移，生成稳定的中间体 B，这是由于在 A 中硼原子与氧原子在分子内的配位作用，增强了负氢离子的转移。硼烷还原的官能团见表 8-2（还原的难易大致按表中的顺序递减）。

表 8-2　硼烷还原的官能团及产物

反应的官能团(作用物)	生成的官能团(还原后水解产物)	反应的官能团(作用物)	生成的官能团(还原后水解产物)
—COOH	$-CH_2OH$	—COOR	$-CH_2OH$ + $-CH_2OH$
—CH═CH—	$-CH_2CH_2-$	$-COO^-$	不反应
═C═O,—CHO	═CHOH,$-CH_2OH$	—COCl	不反应
—CN	$-CH_2NH_2$	$-NO_2$	不反应

（2）硼氢化反应

硼烷与碳碳不饱和键进行加成而形成烃基硼烷的反应，称为硼氢化反应。硼烷对碳碳双键的加成速率，是随着双键上烷烃取代基数目的增加而降低，也随着烃基硼烷的烃基数目的增加而减慢，这是因为烃基的取代增加了立体位阻的缘故。

硼烷还原碳碳不饱和键，与催化氢化相比，无显著优点，但当分子中还具有易被催化氢化还原的官能团（如$-NO_2$）存在时，若要选择性还原双键，则可采用硼烷还原剂。在有机合成中，最有价值的是将烯、炔类产物直接进行氧化而得到相应的醇或醛、酮的反应，即硼氢化-氧化反应。

三、醇铝还原剂

醇铝是一类重要的有机还原剂，这类还原剂具有高度的选择还原性能，它仅能还原羰基为羟基（特殊情况下可还原为亚甲基），对碳碳双键、碳碳叁键、硝基、卤素、氰基等均无还原作用。其还原反应快，副反应少，收率高（80%～100%），是广泛应用的还原剂之一，常用的是异丙醇铝和乙醇铝。异丙醇铝在反应中起催化还原作用，仅需催化量的异丙醇铝即可。这种反应称为梅尔魏因-彭道夫（Meerwein-Ponndarf）还原反应，其逆反应称为欧芬脑尔氧化法（Oppenauer，见前节）。

四、含硫化合物还原剂

含硫化合物还原剂包括硫化物与含氧硫化物两类，主要用于还原含有氮氧的官能团成相应的氨基，一般在碱性条件下使用。

1. 含硫化物还原剂

这类还原剂包括硫化物、硫氢化物和多硫化物，这类还原剂的特点是能使多硝基化合物进行部分还原，在还原中，硫化物供给电子，水或醇供给质子，反应后硫化物被氧化成硫代硫酸盐。

$$4PhNO_2 \xrightarrow{6Na_2S/7H_2O} 4PhNH_2 + 3Na_2S_2O_3 + 6NaOH$$

$$PhNO_2 \xrightarrow{Na_2S_2/H_2O} PhNH_2 + Na_2S_2O_3$$

$$PhNO_2 \xrightarrow{Na_2S_x/H_2O} PhNH_2 + Na_2S_2O_3 + S\downarrow$$

硫化钠还原剂反应后生成 NaOH，使反应液碱性增大，易产生双分子还原产物，而且产物中常带入有色杂质，故需加入 NH_4Cl 或 $MgSO_4$ 等中和 NaOH，或加过量的 Na_2S，使反应迅速进行，不停留在中间体阶段。多硫化钠有 S 析出，分离困难。

$$\text{2,4-二硝基苯酚} \xrightarrow{(NH_4)_2S/C_2H_5OH} \text{2-氨基-4-硝基苯酚}$$

$$\text{2,4-二硝基苯乙醚} \xrightarrow{(NH_4)_2S/C_2H_5OH} \text{2-氨基-4-硝基苯乙醚}$$

若硝基化合物分子中有对碱敏感的基团，则会发生取代反应，不易得相应的胺。

4-硝基甲苯和 4-硝基苄基苯具有活性甲基或次甲基，可用硫化钠进行自身氧化还原而得对氨基羰基化合物，但反应中反应物浓度要稀，否则会产生 Schiff 碱，影响产品质量和收率。如：

$$CH_3\text{-}C_6H_4\text{-}NO_2 \xrightarrow{Na_2S/H_2O} OHC\text{-}C_6H_4\text{-}NH_2$$

$$PhCH_2\text{-}C_6H_4\text{-}NO_2 \xrightarrow{Na_2S/H_2O} PhC(=O)\text{-}C_6H_4\text{-}NH_2$$

2. 含氧硫化物还原剂

包括连二亚硫酸钠、亚硫酸盐，前者在稀碱液中还原能力较强，能还原硝基、重氮基、醌等，后者能将硝基、亚硝基、羟胺基、偶氮基还原成氨基，将重氮基还原为肼。如：

$$\text{2,3,5-三甲基-1,4-苯醌} \xrightarrow[<30℃,3h]{Na_2S_2O_4} \text{2,3,5-三甲基-1,4-苯二酚}$$

$$\text{1-(对磺酸基苯偶氮基)-2-萘酚} \xrightarrow[NaOH]{Na_2S_2O_4} \text{1-氨基-2-萘酚} + H_2N\text{-}C_6H_4\text{-}SO_3Na$$

$$\text{1-硝基萘} \xrightarrow{NaHSO_3} \text{4-氨基-1-萘磺酸 (}SO_3H\text{)}$$ （硝基还原的同时发生磺化）

$$PhN_2Cl \xrightarrow[H_2O]{Na_2SO_3} PhNHNH_2$$

五、其他还原剂

1. 甲酸与低级叔胺加成物还原剂

甲酸除单独用作还原剂外，还可以与一些低级脂肪叔胺形成恒沸加成物。这些加成物具有优良的还原性能，现已发展成为一类新型的还原剂。常用的叔胺-甲酸加成物还原剂有：$HCOOH\text{-}NMe_3$（简称 TMAF）和 $HCOOH\text{-}NEt_3$（简称 TEAF）。与甲酸相比，叔胺-甲酸加成物的还原范围广得多，除可还原 CH═N、C═O 等不饱和键外，还可以还原芳香族硝基和亚硝基化合物，选择性还原α,β-不饱和羰基化合物中的碳碳双键。还能使N-甲基酰胺化合物和N-甲基磺酰胺基化合物发生还原裂解得到相应的叔胺，为叔胺的新合成法。如：

$$PhC(Et){=}N{-}CH_2Ph \xrightarrow{TMAF} PhCH(Et){-}NH{-}CH_2Ph \quad (88\%)$$

$$\text{2-(4-羟基亚苄基)-1,3-茚二酮} \xrightarrow[80\sim85^{\circ}C]{TEAF} \text{2-(4-羟基苄基)-1,3-茚二酮} \quad (95\%)$$

$$CH_3{-}\underset{\underset{O}{\|}}{C}{-}CH{=}CH_2 \xrightarrow{TEAF} CH_3{-}\underset{\underset{O}{\|}}{C}{-}CH_2{-}CH_3$$

$$Ph\overset{\overset{O}{\|}}{C}{-}NHCH_2{-}N(\text{哌啶}) \xrightarrow[90\sim100^{\circ}C]{TMAF} Ph\overset{\overset{O}{\|}}{C}{-}NH_2 + H_3C{-}N(\text{哌啶}) \quad (97\%)$$

2. 水合肼还原剂

水合肼在强碱条件下能还原醛或酮的羰基为亚甲基，称为乌尔夫-凯惜纳（Wolff-Kishner)-黄鸣龙还原反应。还原的机理可表示如下：

$$R_2C{=}O \xrightarrow[-H_2O]{NH_2NH_2} R_2C{=}N{-}NH_2 \underset{-H_2O}{\overset{OH^-}{\rightleftharpoons}} R_2C{=}N{-}\bar{N}H \rightleftharpoons R_2\bar{C}{-}N{=}NH \underset{-OH^-}{\overset{H_2O}{\rightleftharpoons}}$$

$$R_2CH{-}N{=}NH \underset{-H_2O}{\overset{OH^-}{\rightleftharpoons}} R_2CH{-}N{=}\bar{N} \xrightarrow{-N_2} R_2\bar{C}H \underset{-OH^-}{\overset{H_2O}{\rightleftharpoons}} R_2CH_2$$

若反应物分子中存在对高温或强碱性条件敏感的基团时，则不能采用此法还原。据报道，在这种情况下，可先将醛、酮与水合肼制成相应腙，然后在约25℃时加入叔丁醇钾的DMSO溶液中，反应很快，立即放出N_2，收率一般在64%～90%之间，但有连氮副产物生成（═N—N═）。如：

$$\text{环己酮} \xrightarrow{NH_2NH_2} \text{环己酮腙}({=}NNH_2) \xrightarrow[DMSO]{t\text{-BuOK}} \text{环己烷} + N_2$$

本法与克莱门森（Clemensen）还原反应均还原羰基为亚甲基，不过克莱门森还原法不适用于对酸敏感、难溶于水和空间位阻大的羰基化合物，而此法则不受上述条件限制。

水合肼还能还原—NO_2、—NO。在水合肼中加入少量的Pd-C或Raney Ni等催化剂，则活性增大，还原反应迅速而温和，与催化氢化相比，可在不加压条件下进行，并且收率较好。

$$\text{2,4,6-三甲基硝基苯} \xrightarrow[Raney\ Ni]{NH_2NH_2\text{-}H_2O} \text{2,4,6-三甲基苯胺}$$

$$\text{2-硝基芴} \xrightarrow[Pd\text{-}C]{NH_2NH_2\text{-}H_2O} \text{2-氨基芴}$$

$$PhCH{=}CHCOOH \xrightarrow[Raney\ Ni]{NH_2NH_2\text{-}H_2O} PhCH_2{-}CH_2COOH$$

$$\text{邻硝基苯甲腈}(NO_2, CN) \xrightarrow[Raney\ Ni]{NH_2NH_2\text{-}H_2O} \text{邻氨基苯甲酰胺}(NH_2, CONH_2)$$

用水合肼还原时，若加入H_2O_2、偏高碘酸钠（Na_3IO_5）或铁氰化钾等氧化剂，则肼被氧化成二亚胺（NH ═NH），不经分离可选择性地还原碳碳双键、碳碳叁键、氮氮双键等不饱和键，而对极性双键如—CN、CH ═N、S ═O、C ═O 等基团则无影响。如：

$$PhC\equiv CCOOH \xrightarrow[Na_3IO_5]{NH_2NH_2} PhCH_2—CH_2COOH$$

六、催化氢化

含有不饱和键的化合物在催化剂存在下，加氢生成饱和或不饱和度降低的化合物的反应叫催化氢化。催化氢化根据反应的体系可分为非均相催化与均相催化，前者使用不溶于反应介质的非均相催化剂（多为固体），被氢化物与氢通过吸附，在催化剂表面进行氢化反应。常用的非均相催化剂有 Raney Ni、Rh、Ru、Pt-C、Pd-C、Lindlar 催化剂（Pd-$BaCO_3$ 或 Pd-$CaCO_3$）、PtO_2 等。后者使用可溶于反应介质的均相催化剂，包括氯化铑和氯化钌与三苯基膦的络合物，如 $(Ph_3P)_3RhCl$（Willinson 催化剂）、$(Ph_3P)_3RuCl$ 等，它们大多数为第Ⅷ族过渡金属的可溶性络合物。

1. 加氢

（1）非均相加氢

烯烃非均相催化加氢的机理还不很清楚，一般认为属自由基反应。在催化剂存在时，烯烃和一分子氢被吸附在催化剂表面，并释放出能量。能量的释放减弱了烯烃 π 键和氢分子的 σ 键，从而促使两个新的碳氢键形成。实验证明，烯烃的非均相催化加氢以顺式加成为主。如：

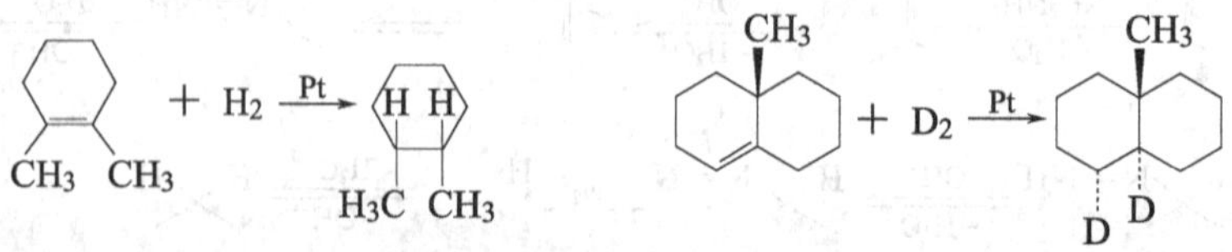

（反应式：1,2-二甲基环己烯 + H_2 $\xrightarrow{Pt}$ 顺-1,2-二甲基环己烷（H H；H_3C CH_3）；甲基八氢萘 + D_2 $\xrightarrow{Pt}$ 顺式加 D 产物（CH_3；D D））

并且不饱和碳上连接的取代基的空间位阻对催化氢化的速率有明显的影响，一般取代基越少，体积越小，空间位阻越小，反应速率越快。

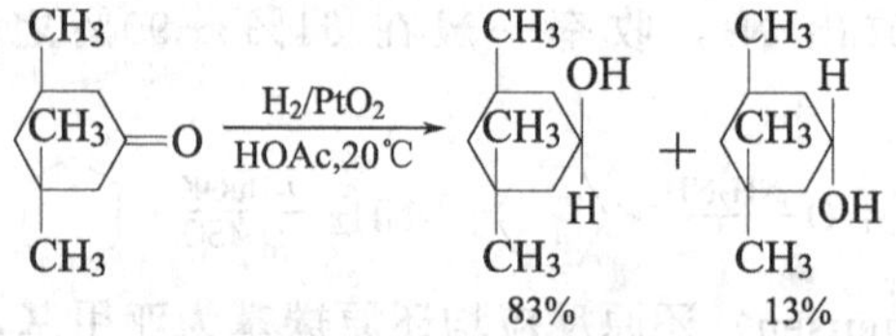

（反应式：三甲基环己酮 $\xrightarrow[HOAc,20℃]{H_2/PtO_2}$ 醇（OH，H）83% + 醇（H，OH）13%）

如在 Pd-$BaCO_3$（或 $CaCO_3$）催化剂中加入抑制剂醋酸铅和喹啉使之部分毒化从而降低了催化能力，这就是林德纳尔（Lindlar）催化剂，使用这种催化剂，可实现部分氢化，由炔烃得到顺式加氢的烯烃。

（2）均相加氢

均相催化与非均相催化相比，具有反应活性大、条件温和、选择性较好、催化剂不中毒等优点。应用均相催化剂的加氢反应也是顺式加成，通常在常温、常压下即可进行反应。与非均相催化氢化一样，不饱和碳上具有较大和较多的取代基，同样使均相催化氢化的速率降低。—NO_2、—CN、N ═N、C ═O、—Cl 等官能团在这种条件下不被还原。

$$RhCl_3 + 4PPh_3 \xrightarrow[\Delta]{C_2H_5OH} (PPh_3)_3RhCl + PPh_3Cl_2$$

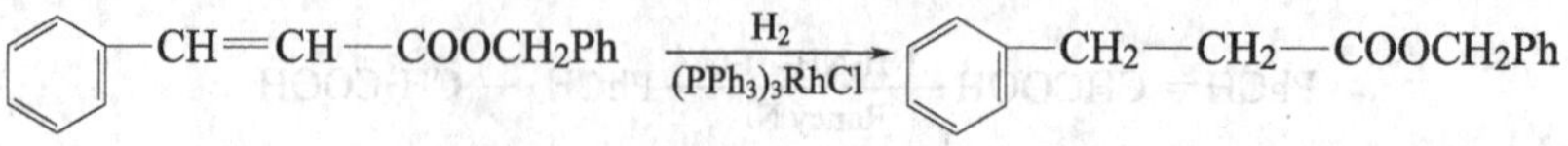

$$C_6H_5—CH═CH—COOCH_2Ph \xrightarrow[(PPh_3)_3RhCl]{H_2} C_6H_5—CH_2—CH_2—COOCH_2Ph$$

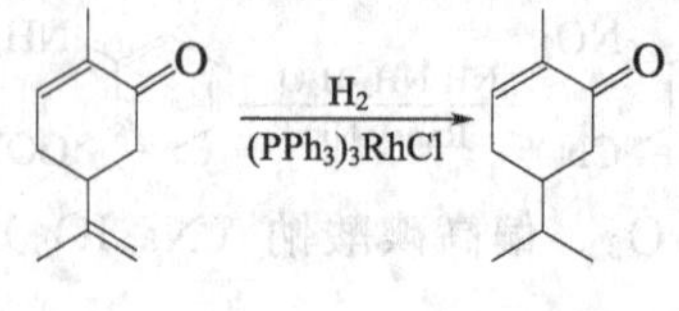

（反应式：香芹酮 $\xrightarrow[(PPh_3)_3RhCl]{H_2}$ 环外双键被氢化的产物）

2. 氢解

氢解是指在钯或铂等催化剂作用下加氢，引起分子中碳—杂原子（O、S、N、X）键断裂，同时形成碳氢键的反应。如：

$$CH_3OCH_2CH_2\overset{O}{\overset{\|}{C}}-Cl \xrightarrow[\text{常温,常压}]{H_2,\ Pd\text{-}BaSO_4/EtOH} CH_3OCH_2CH_2\overset{O}{\overset{\|}{C}}-H$$

酰卤的氢解又名罗森孟德（Rosenmund）反应。

苄基或烯丙基与杂原子相连时，最容易氢解，因此可利用苄基作为保护基使用。

$$PhCH_2-Z \xrightarrow[Pt]{H_2} PhCH_3 + ZH$$

$$\text{OH-cyclohexene} \xrightarrow[\text{吡啶}]{PhCH_2Cl} \text{OCH}_2\text{Ph-cyclohexene} \xrightarrow{KMnO_4} \text{HOOC-CH}_2\text{CH}_2\text{CH(OCH}_2\text{Ph)-COOH} \xrightarrow[Pt]{H_2} \text{HOOC-CH}_2\text{CH}_2\text{CH(OH)-COOH}$$

脱硫氢解，一般用 Raney Ni，不能用 Pt、Pd，硫化物能使 Pt、Pd 中毒失活。

$$\text{cyclohexanone} \xrightarrow[BF_3]{HSCH_2CH_2SH} \text{1,4-dithiaspiro[4.5]decane} \xrightarrow[\text{Raney Ni}]{H_2} \text{cyclohexane} + HSCH_2CH_2SH$$

习　　题

1. 完成下列反应。

(1) 1-methylcyclohexene $\xrightarrow[2.\ H_2O_2/OH^-]{1.\ B_2H_6}$ $\xrightarrow{PCC}$

(2) cyclopropyl$-CH=CHCH_3 \xrightarrow[\triangle]{KMnO_4}$

(3) $CH_3CH_2CH(Cl)CH_2Cl \xrightarrow{Zn} \xrightarrow[\triangle]{KMnO_4}$

(4) (E)-$C_6H_5CH=CHC_6H_5$ $\xrightarrow{CH_3CO_3H}$

(5) 1-methylcyclohexene $\xrightarrow[\triangle]{Ag,O_2} \xrightarrow[H_2O]{OH^-}$

(6) $CH_3C(CH_3)=CHCH_3 \xrightarrow[2.\ H_2O,\ Zn]{1.\ O_3}$

(7) 2-chlorohydroquinone $\xrightarrow[H_2SO_4]{K_2Cr_2O_7}$

(8) 1-naphthylamine $\xrightarrow[\triangle]{KMnO_4}$

(9) $C_6H_5\overset{O}{\overset{\|}{C}}CH_2CH_2COOH \xrightarrow{B_2H_6/THF}$

(10) cyclohex-2-enyl$-CH=CH\overset{O}{\overset{\|}{C}}CH_3 \xrightarrow[HCl]{Zn\text{-}Hg}$

(11) $CH_3C(CH_3)=CHCH_2CO_2Et \xrightarrow[2.\ H_2O]{1.\ LiAlH_4}$

(12) $C_6H_5COOH \xrightarrow[C_2H_5OH]{Na,\ NH_3(l)}$

(13) 2-nitronaphthalene $\xrightarrow[400℃]{O_2,V_2O_5}$

(14) $C_6H_5NH_2 \xrightarrow[\text{硝基苯}]{\text{甘油,浓}H_2SO_4} \xrightarrow{Na/C_2H_5OH}$

（15） 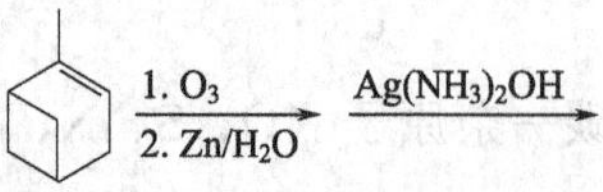 $\xrightarrow[2.\ Zn/H_2O]{1.\ O_3}$ $\xrightarrow{Ag(NH_3)_2OH}$

（16） 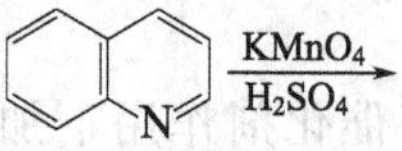 N $\xrightarrow[H_2SO_4]{KMnO_4}$

（17） 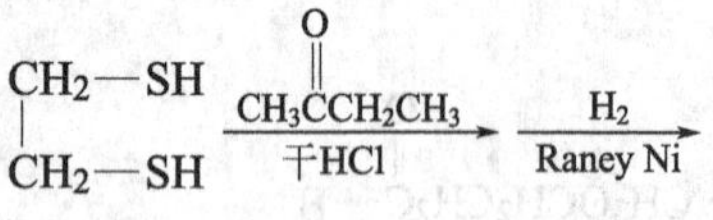 CH_2-SH / CH_2-SH $\xrightarrow[\text{干}HCl]{CH_3\overset{O}{\overset{\|}{C}}CH_2CH_3}$ $\xrightarrow[Raney\ Ni]{H_2}$

（18） 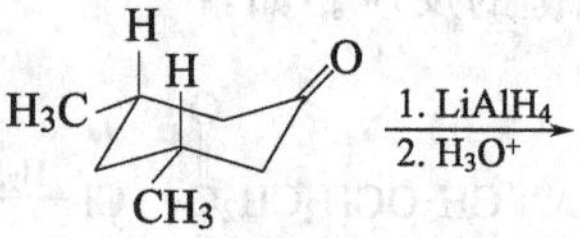 H H H_3C O CH_3 $\xrightarrow[2.\ H_3O^+]{1.\ LiAlH_4}$

（19） 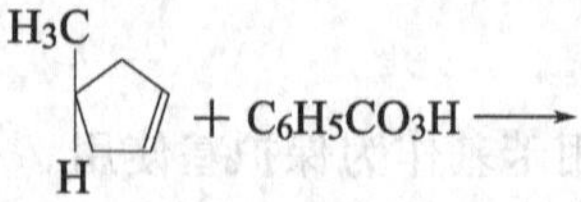 H_3C H $+ C_6H_5CO_3H \longrightarrow$

（20） 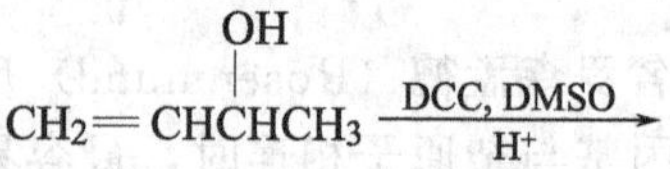 $CH_2=CHCHCH_3$ (OH) $\xrightarrow[H^+]{DCC,\ DMSO}$

（21）  O COOC$_2$H$_5$ $\xrightarrow{NaBH_4}$

2. 完成下列转化。

（1） 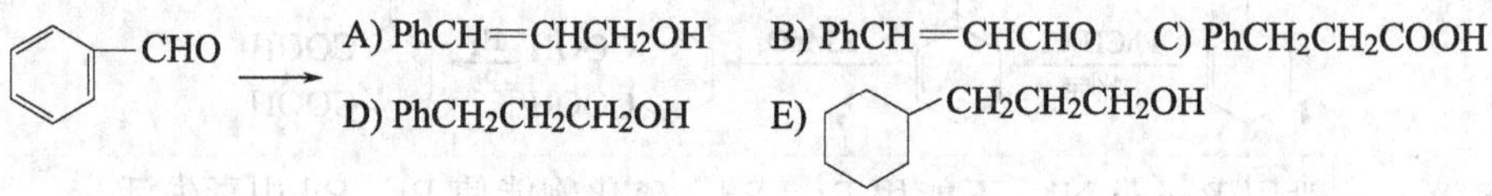 CHO $\longrightarrow$ A) $PhCH=CHCH_2OH$　B) $PhCH=CHCHO$　C) $PhCH_2CH_2COOH$　D) $PhCH_2CH_2CH_2OH$　E) $CH_2CH_2CH_2OH$

（2） CHO, NO_2 $\longrightarrow$ A) CH_2OH, NO_2　B) CH_2OH, NH_2　C) CHO, NH_2　D) CH_3, NO_2

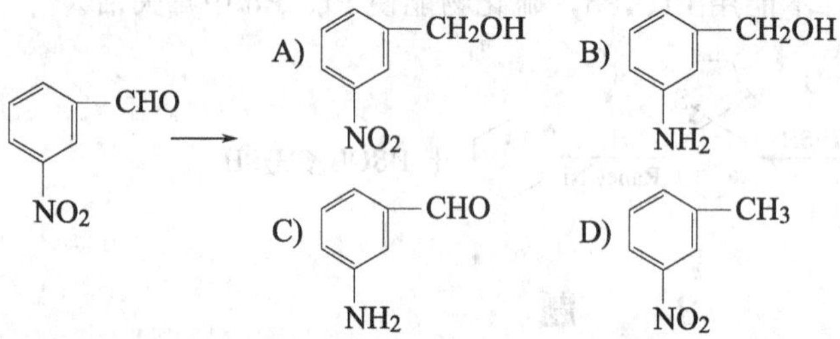

（3） 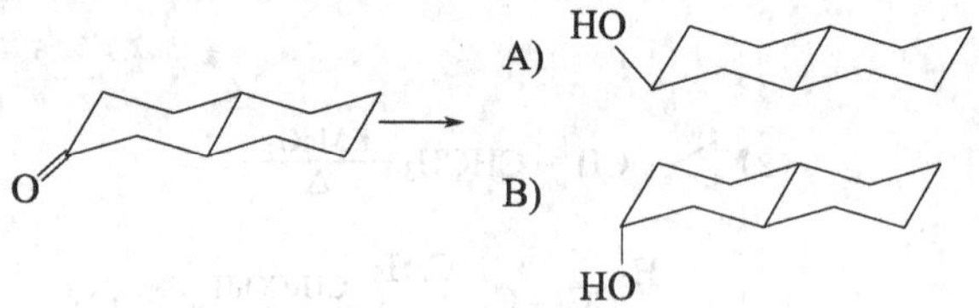 O $\longrightarrow$ A) HO　B) HO

（4） 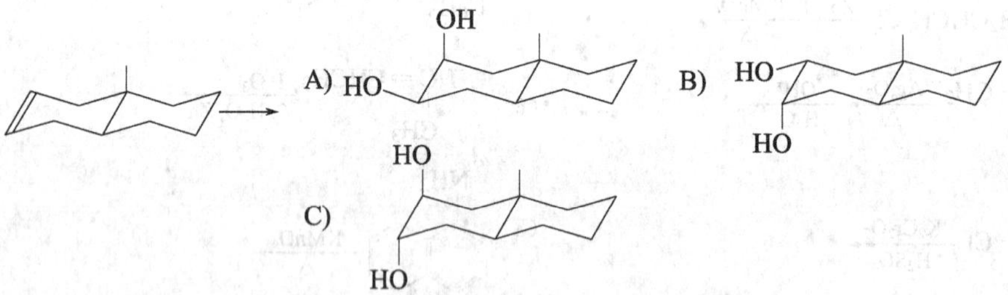 $\longrightarrow$ A) OH, HO　B) HO, HO　C) HO, HO

（5） 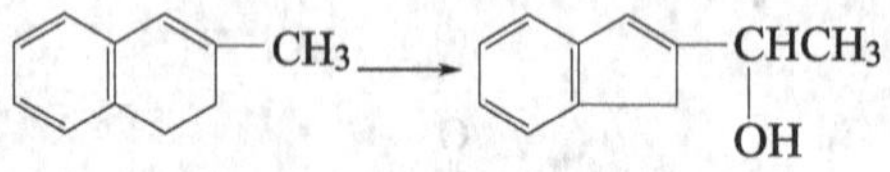 CH_3 $\longrightarrow$ $\underset{OH}{CHCH_3}$

3. 用化学方法鉴别下列各组化合物。

（1） A. 甲醛　B. 苯甲醛　C. 2-丁酮　D. 3-戊酮　E. 对苯醌　F. 苯乙酮

（2） A. 乙酸　B. 草酸　C. 2-丁醇　D. 1-丁醇　E. 苯酚

（3） A. 葡萄糖　B. 果糖　C. 淀粉　D. 蔗糖　E. 味精

4. 推测下列反应机理。

（1） 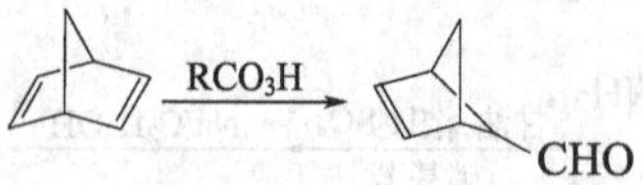 $\xrightarrow{RCO_3H}$ CHO

（2） 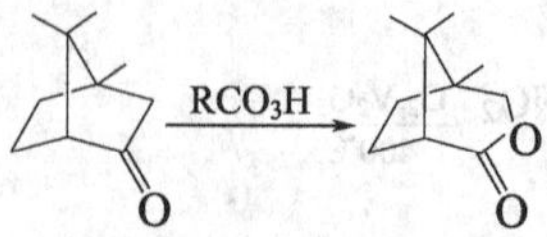 O $\xrightarrow{RCO_3H}$ O, O

（3）$2\ \text{环戊酮} \xrightarrow[\text{苯}]{Mg} \xrightarrow{H_2O}$ 1,1'-二羟基联环戊烷（HO OH）$\xrightarrow{H^+}$ 螺[4.5]癸-6-酮

5. 试写出下列化合物的合成路线。

（1）$MeO-C(=O)-CH_2-CH=C(Me)-CH_2CH_2OH$　　（2）$PhCH_2COPh$

（3）$C(CH_3)_4$　　（4）$PhCH_2CH_2NMe_2$

6. 推出下列反应产物或条件。

（1）$BrCH_2CH_2CH_2CHO \xrightarrow{(A)} BrCH_2CH_2CH_2CH(OC_2H_5)_2 \xrightarrow{(B)} BrMgCH_2CH_2CH_2CH(OC_2H_5)_2$

$\xrightarrow{(C)} \xrightarrow{(D)} (CH_3)_2C(OH)-CH_2CH_2CH_2CHO \xrightarrow{(E)} (CH_3)_2C(OH)-CH_2CH_2CH_2CH_2OH$

（2）$BrCH_2CH_2Br + 2KCN \xrightarrow[\triangle]{\text{醇}} (G) \xrightarrow[\triangle]{H_3O^+} (H) \xrightarrow{\triangle} (I) \xrightarrow[AlCl_3]{C_6H_6} (J) \xrightarrow[HCl]{Zn\text{-}Hg} (K)$

（3）2-羟基-5-氰基苯基 $-C(=O)-CH_2CH_2Cl \xrightarrow[\triangle]{Na_2CO_3} (L) \xrightarrow{NH_2NH_2/OH^-} (M) \xrightarrow{H_3O^+} (N) \xrightarrow[2.\ H_3O^+]{1.\ LiAlH_4} (O) \xrightarrow[2.\ CH_3CH_2I]{1.\ Na} (P)$

（4）$PhCOOH \xrightarrow{(Q)} \xrightarrow{(R)} \xrightarrow{(S)} PhCH_2NH_2$

7. 某萜烯经 O_3 氧化，Zn/H_2O 分解后得化合物甲醛和 $CH_3-C(=O)-CH(CH_2CHO)-CH_2CH_2C(=O)CH_3$。推出此萜烯的结构。

8. 化合物 A 的分子式为 $C_6H_{13}N$ 与 2mol CH_3I 反应，生成季铵盐，后经湿氧化银处理后，得季铵碱 B，B 加热得化合物 C（$C_8H_{17}N$），化合物 C 与 1mol CH_3I 和 AgOH 反应，加热得化合物 D（C_6H_{10}）和 $N(CH_3)_3$，D 用 $KMnO_4$ 氧化得 $CH_3CH(COOH)_2$。试推出 A、B、C、D 的结构式。

9. 化合物 A（$C_5H_8O_3$），IR 谱中 3400～2400cm^{-1} 有宽峰，1760cm^{-1} 和 1710cm^{-1} 有强吸收。A 发生碘仿反应后得化合物 B（$C_4H_6O_4$），B 的 ^1H NMR：δ2.3（4H，s），12（2H，s）。A 与过量甲醇在干燥 HCl 作用下，得化合物 C（$C_8H_{16}O_4$），化合物 C 经 $LiAlH_4$ 还原得化合物 D（$C_7H_{16}O_3$），D 的 IR：3400cm^{-1}、1100cm^{-1}、1050cm^{-1} 有吸收峰。D 经加热得化合物 E 和甲醇。E 的 IR：1120cm^{-1}、1070cm^{-1} 有吸收峰，MS：$m/z=116(M^+)$，主要碎片离子 $m/z=101$。试推测化合物 A、B、C、D、E 的结构式。

10. 化合物 A（$C_{10}H_{20}$）与稀冷 $KMnO_4$ 反应生成化合物 B（$C_{10}H_{22}O_2$），B 与 HIO_4 反应生成化合物 C 和 D。化合物 A 与 O_3 反应，经 Zn/H_2O 分解，也生成 C 和 D，C 和 D 用 Clemensen 还原都得化合物 E（C_5H_{12}），化合物 C 有光学活性，其与 2,4-二硝基苯肼反应得橘黄色沉淀，与 Tollens 试剂也是呈现正性反应。化合物 D 与 2,4-二硝基苯肼是正性反应，与 Tollens 试剂不反应。推出 A、B、C、D、E 的结构式。

11. 某 D-型己醛糖（A）氧化得到旋光二酸（B），将（A）递降为戊醛糖后再氧化得到不旋光的二酸（C）。与（A）生成相同脎的另一己醛糖（D）氧化后得到不旋光的二酸（E），试推测（A）、（B）、（C）、（D）和（E）的结构式。

第九章　分子重排反应

分子重排反应是指分子中的某些原子或基团发生迁移，使分子的碳胳发生变化的一类反应。典型的重排反应通常是一种不可逆过程，它和可逆的互变异构是有区别的。本章着重讨论一些重要的尤其是具有合成价值的分子重排。

第一节　分子重排反应的分类

在适当条件下，能够发生重排反应的有机化合物为数很多。因此，要把重排反应进行分类是很不容易的。化学家们曾经提出过好几种分类方法，主要有下列几种。

一、分子间重排和分子内重排

1. 分子间重排

分子间重排，迁移基团脱离原来分子的范畴，可以与其他分子结合，这与普通的先分解再结合的反应类似。例如，苯基重氮氨基苯的重排：

$$C_6H_5-N{=}N-NH-C_6H_5 \xrightarrow{H^+} C_6H_5-N_2^+ + C_6H_5-NH_2 \longrightarrow C_6H_5-N{=}N-C_6H_4-NH_2$$

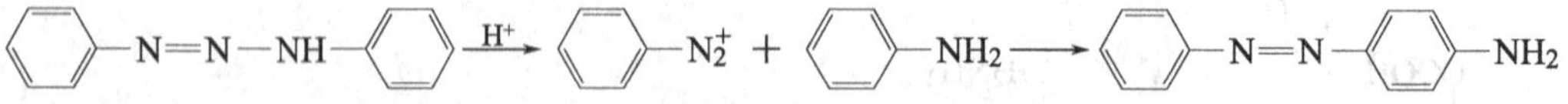

如果向反应混合物中加入苯酚，则可以得到对羟基偶氮苯。这说明反应过程中生成的重氮盐离子脱离了原来分子的范围，可以与其他分子结合，因此属于分子间重排。

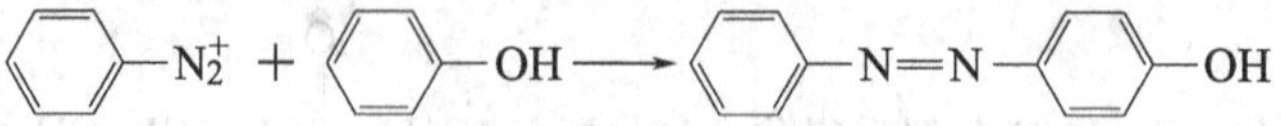

$$C_6H_5-N_2^+ + C_6H_5-OH \longrightarrow C_6H_5-N{=}N-C_6H_4-OH$$

分子间重排，就实质而言，并不是真正的分子重排反应。例如苯基重氮氨基苯的重排反应其实就是一个偶联反应，只不过是前面多了一步苯基重氮氨基苯的分解。真正的分子重排反应应是一个分子的改组过程，即分子内重排。

2. 分子内重排

分子内重排系指发生在分子内部、迁移基团始终没有脱离该分子或没有完全断裂下来，它只是从分子的一个部位迁移到该分子的另一个部位，反应体系中的其他分子不参与组成产物分子。如联苯胺重排：

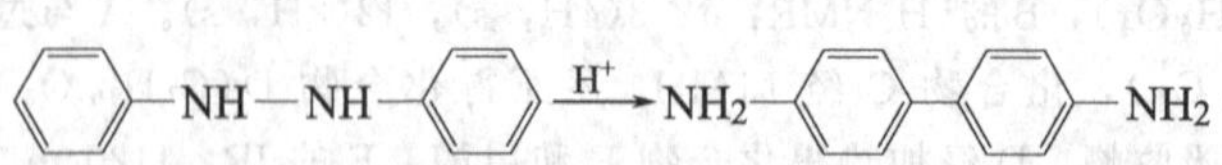

$$C_6H_5-NH-NH-C_6H_5 \xrightarrow{H^+} NH_2-C_6H_4-C_6H_4-NH_2$$

联苯胺重排的历程，现在还没有一个统一的认识，有人认为是通过正离子自由基历程进行的。联苯胺重排是分子内重排，这是人们公认的。用氢化偶氮苯和 2,2-二甲基氢化偶氮苯进行交叉实验，只得到如下两种产物：

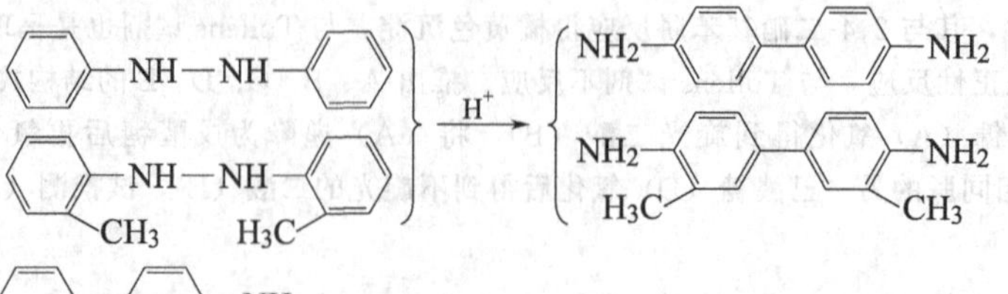

$$\left.\begin{array}{l} C_6H_5-NH-NH-C_6H_5 \\ (CH_3)C_6H_4-NH-NH-C_6H_4(CH_3) \end{array}\right\} \xrightarrow{H^+} \left\{\begin{array}{l} NH_2-C_6H_4-C_6H_4-NH_2 \\ NH_2-C_6H_3(CH_3)-C_6H_3(CH_3)-NH_2 \end{array}\right.$$

无交叉产物 $NH_2-C_6H_3(CH_3)-C_6H_4-NH_2$ 生成。

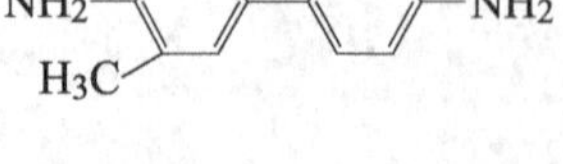

分子间重排和分子内重排的判断并不困难。通过混入不同的重排反应物，看有无交叉重排产物生成；或通过旋光重排反应物，观察重排过程中迁移基团的构型有无变化，都可以进行判断。本章所述的重排反应都是分子内重排。

二、按反应历程分类

按反应历程可分为亲核重排、亲电重排、自由基重排等反应。亲核重排又称缺电子重排，亲电重排又称富电子重排。

$$\underset{\substack{|\\ Y}}{\overset{\substack{M\\|}}{A}-B}\ \begin{cases}\xrightarrow{-Y^-} \overset{\substack{M\\|}}{A}-\overset{+}{B} \longrightarrow \overset{+}{A}-\overset{\substack{M\\|}}{B}\ (\text{亲核重排})\\ \xrightarrow{-Y^+} \overset{\substack{M\\|}}{A}-\overset{-}{B} \longrightarrow \overset{-}{A}-\overset{\substack{M\\|}}{B}\ (\text{亲电重排})\\ \xrightarrow{-Y\cdot} \overset{\substack{M\\|}}{A}-\dot{B} \longrightarrow \dot{A}-\overset{\substack{M\\|}}{B}\ (\text{自由基重排})\end{cases}$$

M＝迁移基团（migration group）；Y＝离去基团；A＝重排始点；B＝重排终点

三、按不同元素之间的迁移分类

按不同元素之间的迁移分，可分为 C→C、C→N、C→O、N→C、O→C、S→C 等重排。

四、按迁移基团迁移的位置分类

按迁移基团迁移的位置分，可分为 1,2-重排、1,3-重排、1,5-重排以及 3,3-迁移重排等。我们主要讨论的是 1,2-重排，它是迁移基团从所连的原子上迁移到邻位原子上的最常见的重排反应。

五、按有机物的三大类型分类

一般分为脂肪族化合物重排、芳香族化合物重排和杂环化合物重排。

以上各种分类方法各有特点并互有联系。本章将重点讨论亲核重排、亲电重排、芳香族重排和自由基重排中的一些典型和重要的重排反应。

第二节 亲核重排

亲核重排反应，又称为缺电子体系的重排。是一个原子或基团带着一对电子转移到相邻的缺电子原子上的过程。亲核重排绝大多数为 1,2-重排。亲核重排是最常见的一类分子重排反应，这类重排的特点是总要产生缺电子中间体，这个缺电子中间体可以是正离子，也可以是碳烯或氮烯，其外层只有六个电子。亲核重排反应历程一般分为三步，这三步可表示为：

$$\underset{\substack{|\\ L}}{\overset{\substack{Z\\|}}{A}-B} \xrightarrow{-L^-} \overset{\substack{Z\\|}}{A}-\overset{+}{B} \longrightarrow \overset{+}{A}-\overset{\substack{Z\\|}}{B} \xrightarrow{Nu^-} \overset{\substack{Nu\\|}}{A}-\overset{\substack{Z\\|}}{B}$$

下面将根据缺电子原子的不同，对亲核重排加以介绍。

一、缺电子碳的重排

这类重排中，反应的活性中心多为碳正离子，重排基团可能为烃基或氢，其中包括不改变碳骨架和改变碳骨架的两种情况。

1. 瓦格涅尔-梅尔魏因（Wagner-Meerwein）重排

最初是指 β-碳原子具有两个或三个烃基或芳香基的一级醇或二级醇在酸性条件下的重

排反应，离去基团为 H_2O。以后扩大到其他离去基团，如 X^- 或 N_2 等。实验证明瓦格涅尔-梅尔魏因重排反应是按碳正离子的历程进行的。如 α-蒎烯与氯化氢发生加成反应生成 2-氯莰。

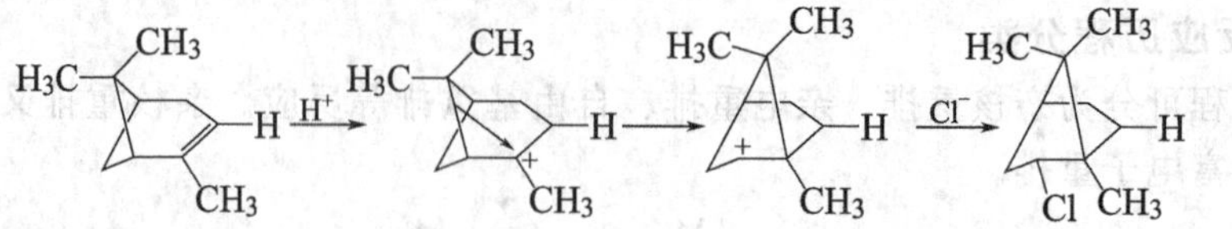

上述反应虽然是由叔碳正离子变为仲碳正离子，但由四元环扩张到五元环碳正离子，张力减小，所以发生了重排。

瓦格涅尔-梅尔魏因重排反应属于分子内的 C→C 重排。重排的趋势一般取决于碳正离子的相对稳定性。例如下列新戊基型化合物，在 S_N1 反应条件下水解时，发生重排；而苯基取代的类似化合物，因苄基正离子虽为仲碳正离子，但比叔碳正离子稳定，故不发生重排。

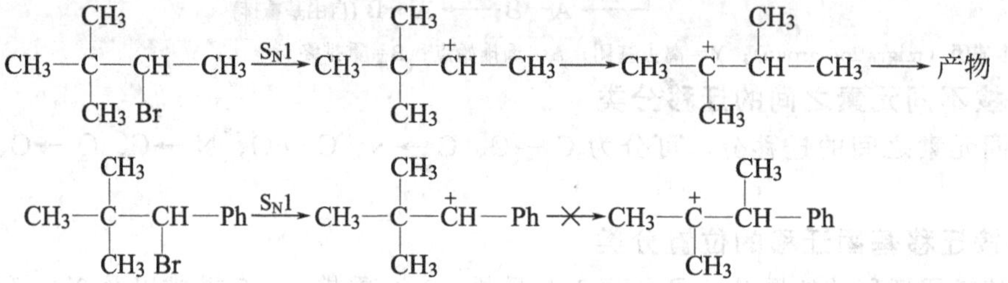

$$CH_3-C(CH_3)_2-CH(Br)-CH_3 \xrightarrow{S_N1} CH_3-C(CH_3)_2-\overset{+}{C}H-CH_3 \longrightarrow CH_3-\overset{+}{C}(CH_3)-CH(CH_3)-CH_3 \longrightarrow \text{产物}$$

$$CH_3-C(CH_3)_2-CH(Br)-Ph \xrightarrow{S_N1} CH_3-C(CH_3)_2-\overset{+}{C}H-Ph \not\longrightarrow CH_3-\overset{+}{C}(CH_3)-CH(CH_3)-Ph$$

重排基团迁移倾向的强弱次序大致如下：

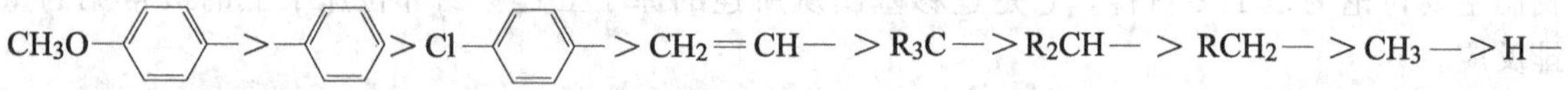

$$CH_3O-C_6H_4- > C_6H_5- > Cl-C_6H_4- > CH_2=CH- > R_3C- > R_2CH- > RCH_2- > CH_3- > H-$$

2. 捷姆扬诺夫（Demyanov）重排

脂环伯胺在亚硝酸作用下发生的重排反应，常常伴随着环的扩大和缩小，称为捷姆扬诺夫（Demyanov）重排反应。捷姆扬诺夫重排也是一种碳正离子重排，可以看成瓦格涅尔-梅尔魏因重排的扩展，可用于制备三元到八元环的脂环化合物。

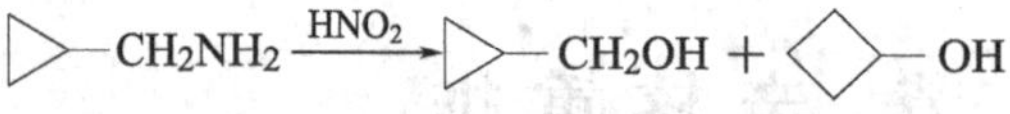

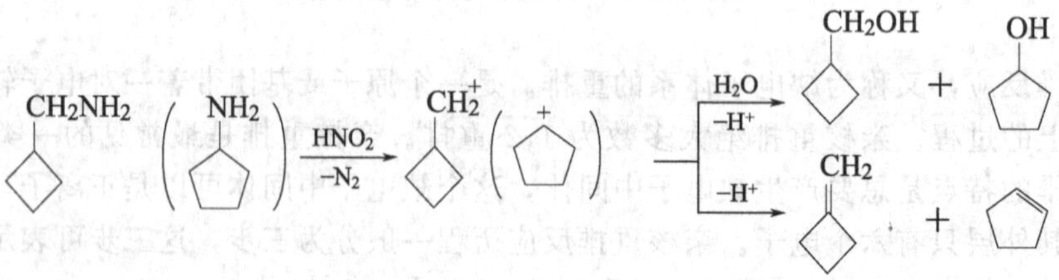

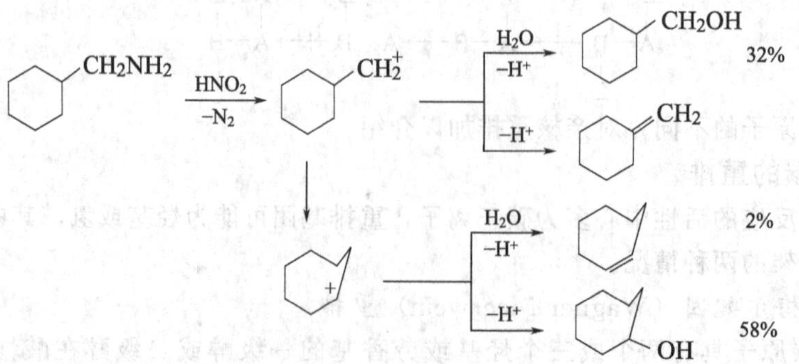

$$\text{环丙基}-CH_2NH_2 \xrightarrow{HNO_2} \text{环丙基}-CH_2OH + \text{环丁基}-OH$$

32%

2%

58%

3. 片呐醇（pinacol）重排

邻二叔醇如 2,3-二甲基-2,3-丁二醇（片呐醇，pinacol）在酸的作用下，转变为甲基叔丁基酮，这类重排反应称为邻二叔醇重排，也称片呐醇重排（pinacol rearrangement）。片呐醇重排是通过缺电子的碳正离子进行重排反应的。其历程如下：

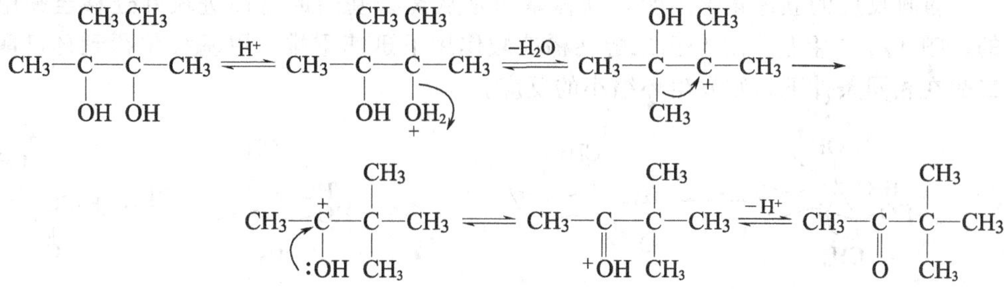

$$CH_3-\underset{OH}{\overset{CH_3}{C}}-\underset{OH}{\overset{CH_3}{C}}-CH_3 \overset{H^+}{\rightleftharpoons} CH_3-\underset{OH}{\overset{CH_3}{C}}-\underset{\overset{+}{O}H_2}{\overset{CH_3}{C}}-CH_3 \overset{-H_2O}{\rightleftharpoons} CH_3-\underset{CH_3}{\overset{OH}{C}}-\overset{CH_3}{\overset{+}{C}}-CH_3 \longrightarrow$$

$$CH_3-\underset{:OH}{\overset{+}{C}}-\underset{CH_3}{\overset{CH_3}{C}}-CH_3 \rightleftharpoons CH_3-\underset{\overset{+}{O}H}{\overset{\|}{C}}-\underset{CH_3}{\overset{CH_3}{C}}-CH_3 \overset{-H^+}{\rightleftharpoons} CH_3-\underset{O}{\overset{\|}{C}}-\underset{CH_3}{\overset{CH_3}{C}}-CH_3$$

在片呐醇重排中，当两个 α-碳原子上所连基团不同时，优先生成稳定的碳正离子。如：

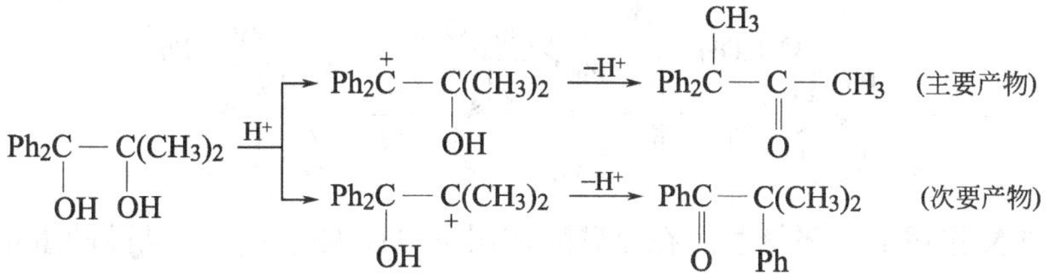

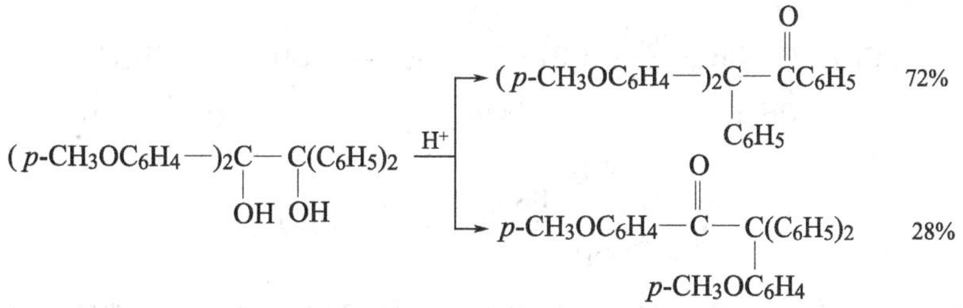

$$Ph_2\underset{OH}{C}-\underset{OH}{C}(CH_3)_2 \xrightarrow{H^+} \begin{cases} Ph_2\overset{+}{C}-\underset{OH}{C}(CH_3)_2 \xrightarrow{-H^+} Ph_2\overset{CH_3}{C}-\underset{O}{\overset{\|}{C}}-CH_3 \quad \text{(主要产物)} \\ Ph_2\underset{OH}{C}-\overset{+}{C}(CH_3)_2 \xrightarrow{-H^+} Ph\underset{O}{\overset{\|}{C}}-\underset{Ph}{C}(CH_3)_2 \quad \text{(次要产物)} \end{cases}$$

$$(p\text{-}CH_3OC_6H_4-)_2\underset{OH}{C}-\underset{OH}{C}(C_6H_5)_2 \xrightarrow{H^+} \begin{cases} (p\text{-}CH_3OC_6H_4-)_2\underset{C_6H_5}{C}-\overset{O}{\overset{\|}{C}}C_6H_5 \quad 72\% \\ p\text{-}CH_3OC_6H_4-\overset{O}{\overset{\|}{C}}-\underset{p\text{-}CH_3OC_6H_4}{C}(C_6H_5)_2 \quad 28\% \end{cases}$$

不同取代基中究竟哪个迁移，情况比较复杂。一般说来，在空间因素不至关重要时，基团迁移倾向的大小与其亲核性的强弱一致：Ph—>Me₃C—>Et—>Me—>H。如：

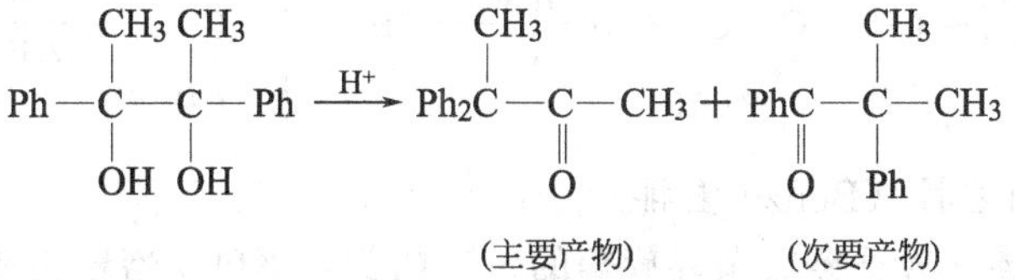

$$Ph-\underset{OH}{\overset{CH_3}{C}}-\underset{OH}{\overset{CH_3}{C}}-Ph \xrightarrow{H^+} \underset{\text{(主要产物)}}{Ph_2\overset{CH_3}{C}-\underset{O}{\overset{\|}{C}}-CH_3} + \underset{\text{(次要产物)}}{Ph\underset{O}{\overset{\|}{C}}-\underset{Ph}{\overset{CH_3}{C}}-CH_3}$$

也有例外的情况，在某些条件下，氢的迁移比烷基或芳基快。如：

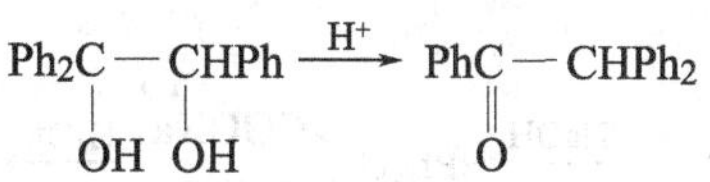

$$Ph_2\underset{OH}{C}-\underset{OH}{CHPh} \xrightarrow{H^+} Ph\underset{O}{\overset{\|}{C}}-CHPh_2$$

这可能由于：①如果 Ph 迁移，造成三个 Ph 连在同一个碳原子上，空间位阻大；②如果 H 迁移，剩下 Ph 可以和羰基共轭，使产物稳定性增加。

如 β-碳上相连的基团均为芳基时，则其迁移的难易次序如下：

p-CH₃O—C₆H₄—> p-CH₃—C₆H₄—> m-CH₃—C₆H₄—> m-CH₃O—C₆H₄—> C₆H₅—> p-Cl—C₆H₄—> o-CH₃O—C₆H₄—> m-Cl—C₆H₄—

说明当苯环的对位有给电子基时迁移倾向最大，间位次之，而邻位取代的苯基由于空间位阻，迁移倾向都减小。几种取代苯基在重排中的相对迁移速率如表 9-1 所示。

表 9-1 几种迁移基团在重排中转移的相对速率

芳基	p-CH_3O—C_6H_4—	p-CH_3—C_6H_4—	p-Ph—C_6H_4—	p-Cl—C_6H_4—	C_6H_5—	o-CH_3O—C_6H_4—
相对迁移速率	500	16	12	0.7	1	0.3

重排反应的立体化学表明，迁移基团是从离去基团的背面进攻并迁移至缺电子碳原子上的。顺-1,2-二甲基-1,2-环己二醇在稀硫酸作用下迅速重排，甲基移位得到环己酮。而其反式二醇在相同条件下，则发生环缩小的反应。

7,8-二苯基-7,8-苊二醇在硫酸作用下，其顺式重排反应速率比反式异构体快六倍。

邻卤代醇在酸作用下，邻氨基醇在亚硝酸作用下也能发生类似片呐醇的重排。如：

$$CH_3-C(Ph)(OH)-CH_2I \xrightarrow[\text{或}H^+]{HgO} CH_3-C(Ph)(OH)-\overset{+}{C}H_2 \longrightarrow CH_3-CO-CH_2Ph$$

$$\text{2-氨基环己醇} \xrightarrow{HNO_2} \text{环戊基}-CHO$$

片呐醇重排在有机合成中可以合成一些用别的方法难以得到的含季碳原子的化合物。如：

$$CH_3-\overset{O}{\overset{\|}{C}}-CH_3 \xrightarrow[2.\ H_2O]{1.\ Mg(Hg)} CH_3-C(CH_3)(OH)-C(CH_3)(OH)-CH_3 \xrightarrow{H_2SO_4} CH_3-\overset{O}{\overset{\|}{C}}-C(CH_3)_2-CH_3 \xrightarrow[2.\ H^+]{1.\ NaOCl} (CH_3)_3CCOOH$$

4. 二苯基乙二酮重排（Benzil 重排）

开链或环状脂肪族、芳香族或杂环族等的α-二酮类与 KOH 熔融生成α-羟基酸的分子内重排称二苯基乙二酮（Benzil）重排或称为二苯基羟乙酸重排。如：

$$Ph-\overset{O}{\overset{\|}{C}}-\overset{O}{\overset{\|}{C}}-Ph \xrightarrow[EtOH]{NaOH} Ph_2C(OH)COONa \xrightarrow{H_3O^+} Ph_2C(OH)COOH$$

反应是在强碱的催化下进行的，与前面讨论的两种重排相似，也是亲核重排历程。所不同的是，迁移基团不是转移到碳正离子上，而是转移到一个具有电正性的羰基碳原子上。

$$Ph-\overset{O}{\overset{\|}{C}}-\overset{O}{\overset{\|}{C}}-Ph \xrightarrow{OH^-} Ph-\overset{O}{\overset{\|}{C}}-C(OH)(Ph)-O^- \longrightarrow Ph-C(O^-)(Ph)-C(OH)=O \longrightarrow Ph-C(OH)(Ph)-C(O^-)=O$$

以 MeO^- 或 t-BuO^- 代替 OH^-，则生成酯。如：

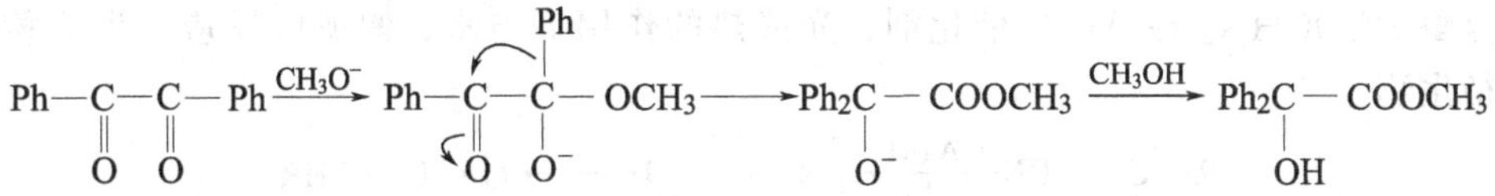

这样的重排反应并不仅限于二苯基乙二酮，也不只限于芳香化合物，一般对芳香族、脂肪族、脂环族及杂环族的 α-二酮都可以发生类似于二苯基乙二酮的重排反应。如：

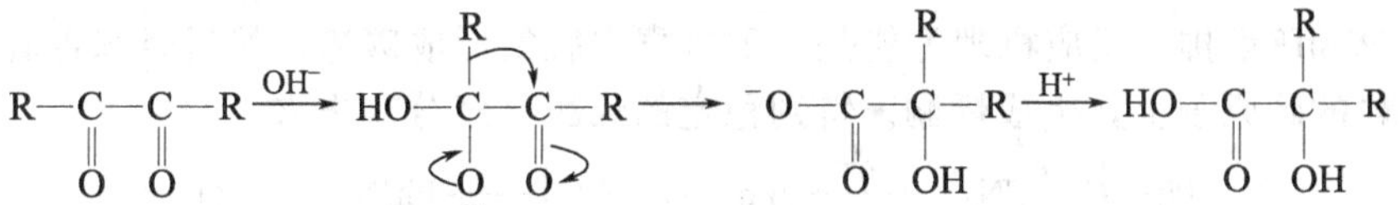

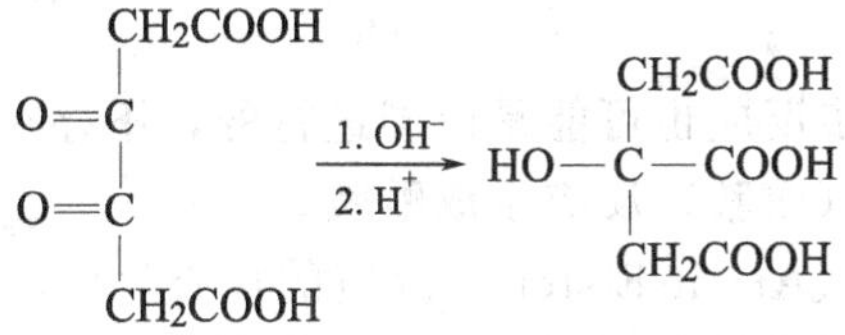

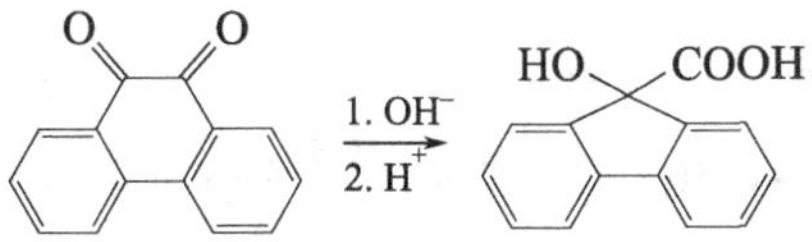

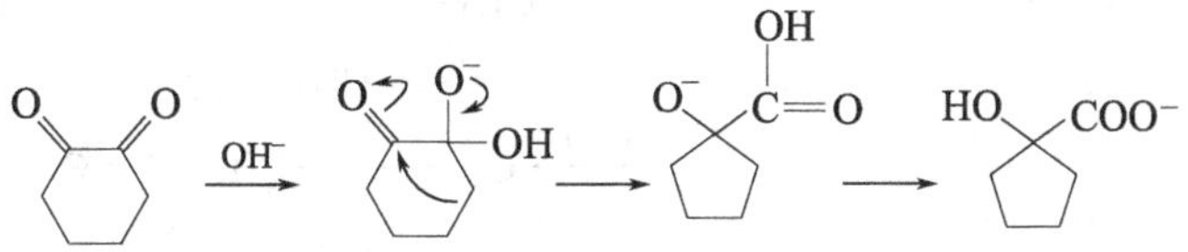

相对来说，反应较适合于芳香 α-二酮。因为带有 α-氢的脂肪族 α-二酮在碱的存在下易发生羟醛缩合，使收率降低，甚至不发生重排。如：

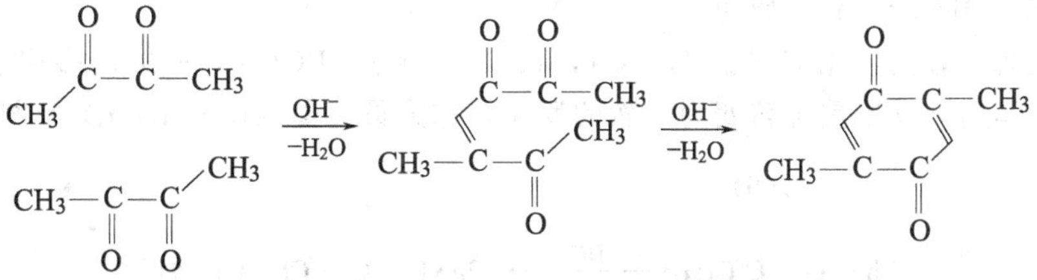

六甲基丁二酮［$(CH_3)_3C—CO—CO—C(CH_3)_3$］既不发生重排反应，也没有羟醛缩合产物，这是由于立体障碍和多个供电子的甲基积聚所致，因而大大地降低了羰基的活泼性。

该重排反应不能用 EtO^- 和 i-PrO^- 代替 OH^-，因为它们的羟基有 α-氢原子，容易被氧化成醛（或酮），而将二酮还原为醇酮。也不能用 ArO^-，因为它是一个弱碱，不足以使 α-芳二酮发生重排。

对于不对称 α-芳二酮的重排，取决于中间体的形成。如 Z 为吸电子基，以中间体（I）为主，此时，以取代芳基迁移为主，如 Z 为 m-Cl，间氯苯基迁移率为 81%；如 Z 为供电子基，则以中间体（II）为主，此时以芳基迁移为主，如对甲氧基苯基的迁移率仅为 31%。

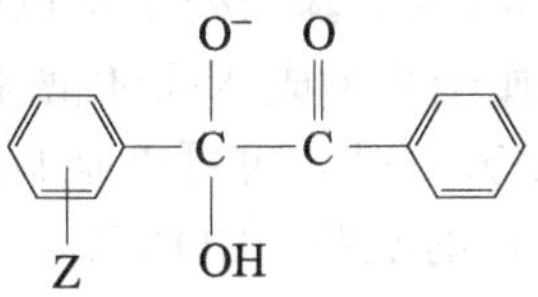

(Ⅰ) 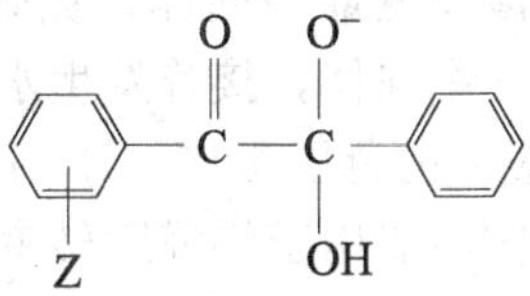　　(Ⅱ)

5. Wolff 重排

重氮酮 $RCOCHN_2$ 在 Ag_2O 催化剂、光或热的作用下与水、醇或胺反应，生成相应的羧酸或其衍生物。

$$R-\underset{\underset{O}{\|}}{C}-CHN_2 \xrightarrow[-N_2]{Ag_2O} \left[R-\underset{\underset{O}{\|}}{C}-\ddot{C}H\right] \longrightarrow O=C=CHR$$

式中的 R 可以是脂肪族、脂环族或芳香族烃基，反应后烃基迁移到重氮甲基的碳原子上，这一反应称为 Wolff 重排。反应机理可能是，重氮酮先脱氮形成碳烯，然后烃基带着一对成键电子迁移到碳烯的碳原子上，生成烯酮。特别稳定的烯酮已经分离出来。

$$Ph-\underset{\underset{O}{\|}}{C}-\underset{\underset{Ph}{|}}{C}N_2 \xrightarrow[-N_2]{110^\circ C} \left[Ph-\underset{\underset{O}{\|}}{C}-\underset{\underset{Ph}{|}}{C}:\right] \longrightarrow \underset{65\%}{Ph_2C=C=O}$$

然而，至少在某些情况下，这两步反应也可能是协同进行的，不存在一个游离的碳烯。重排产生的烯酮与水反应生成酯，与氨（或胺）反应生成酰胺。

Wolff 重排是阿恩物-艾斯特（Arndt-Eistert）反应的核心反应，Arndt-Eistert 反应是由一个羧酸增加一个碳原子变成高一级羧酸及其衍生物的一系列反应。如：

$$C_2H_5-\underset{\underset{CH_3}{|}}{\overset{\overset{CH_3}{|}}{C}}-COOH \xrightarrow{SOCl_2} C_2H_5-\underset{\underset{CH_3}{|}}{\overset{\overset{CH_3}{|}}{C}}-COCl \xrightarrow{CH_2N_2} C_2H_5-\underset{\underset{CH_3}{|}}{\overset{\overset{CH_3}{|}}{C}}-COCHN_2$$

$$\xrightarrow{Ag_2O} C_2H_5-\underset{\underset{CH_3}{|}}{\overset{\overset{CH_3}{|}}{C}}-CH=C=O \xrightarrow{H_2O} C_2H_5-\underset{\underset{CH_3}{|}}{\overset{\overset{CH_3}{|}}{C}}-CH_2COOH$$

二、缺电子氮的重排

1. 贝克曼（Beckmann）重排

醛肟或酮肟在酸性催化剂（如 H_2SO_4，HCl，P_2O_5，$POCl_3$，PCl_5，多聚磷酸，对甲基苯磺酰卤等）作用下发生重排转变为酰胺的反应，称为贝克曼（Beckmann）重排。如：

$$Ph-\overset{\overset{N^{\diagup OH}}{\|}}{C}-C(CH_3)_3 \xrightarrow[CH_3COOH]{HCl} PhNH-\overset{\overset{O}{\|}}{C}-C(CH_3)_3 \quad 94\%$$

其反应历程可表示如下：

$$\underset{:N\diagdown OH}{\overset{R\diagdown\ \diagup R'}{\underset{\|}{C}}} \xrightarrow{H^+} \underset{:N\diagdown \overset{+}{O}H_2}{\overset{R\diagdown\ \diagup R'}{\underset{\|}{C}}} \xrightarrow{-H_2O} \underset{R\diagup :N}{\overset{+C\diagup R'}{\|}} \xrightarrow[-H^+]{H_2O} \underset{R\diagup N:}{\overset{HO\diagdown\ \diagup R'}{\underset{\|}{C}}} \rightleftharpoons \underset{R\diagup N \diagdown H}{\overset{O\diagdown\ \diagup R'}{\underset{|}{C}}}$$

Beckmann 重排属于分子内的 C→N 重排反应，反应历程比较复杂，使用不同的试剂，其中间过程略有不同。但都涉及氮烯中间体，氮烯邻位上与离去基团处于反位的烃基迁移到氮原子上，形成一个碳正离子中间体，接着发生水合、脱质子而生成 *N*-取代酰胺。

Beckmann 重排应用的范围很广，R、R′可以是芳香基，也可以是脂肪烃基，但氢很少发生迁移，因此这个反应不能用于将醛肟转变为没取代的酰胺 $RCONH_2$。脂肪族或芳香族醛肟的这种转变可在 Raney Ni 催化剂存在下，加热到 100～150℃经类似的重排生成酰胺。如：

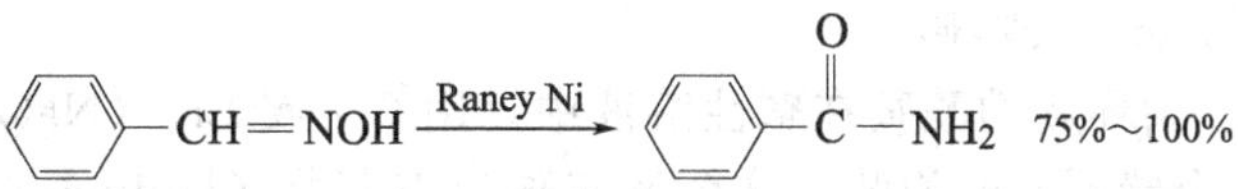

$$C_6H_5-CH=NOH \xrightarrow{\text{Raney Ni}} C_6H_5-C(=O)-NH_2 \quad 75\%\sim100\%$$

现已确定，肟的重排是羟基反位的烃基发生了迁移，迁移与离去基团的离去是协同进行的。用酮肟的两种顺反异构体进行 Beckmann 重排生成的产物，证实了羟基反位的烃基在反应中发生了迁移。如：

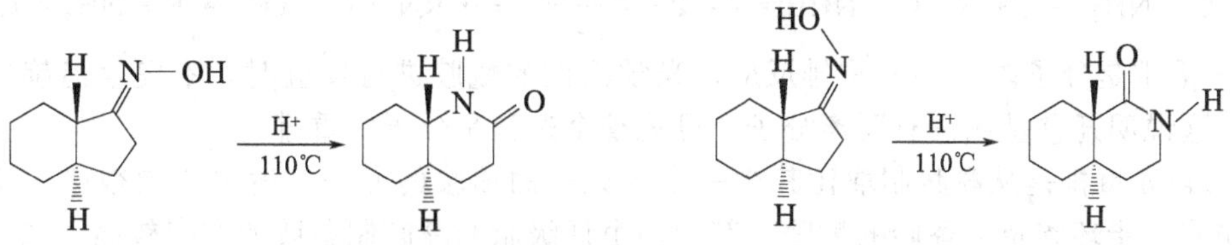

(E) $\xrightarrow[110℃]{H^+}$　　(Z) $\xrightarrow[110℃]{H^+}$

$$Ph(C_6H_4OCH_3\text{-}p)C=N\text{:}(OH)\ (\text{m.p.}147℃) \xrightarrow[Et_2O,-10℃]{PCl_5} C_6H_4OCH_3\text{-}p-C(=O)-NH-Ph\ (\text{m.p.}171℃)$$

$\Big\Updownarrow$ 紫外线

$$Ph(C_6H_4OCH_3\text{-}p)C=N\text{:}(HO)\ (\text{m.p.}117℃) \xrightarrow[Et_2O,-10℃]{PCl_5} Ph-C(=O)-NH-C_6H_4OCH_3\text{-}p\ (\text{m.p.}156℃)$$

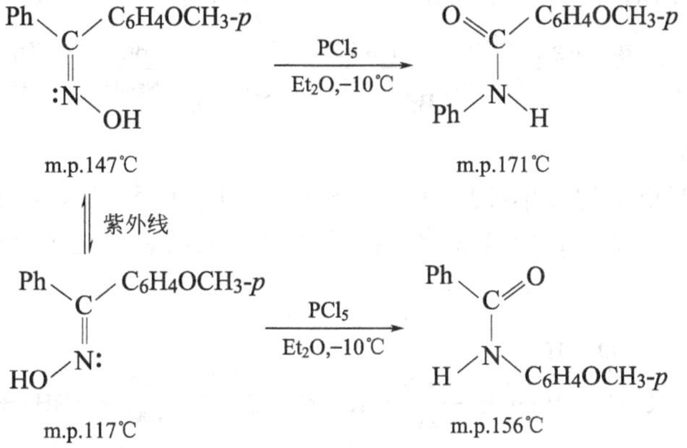

Beckmann 重排一般为反式重排，但也有例外。当两个取代基都为烷基时，往往得到两种酰胺的混合物，这可能是重排以前异构化的结果。若迁移的基团是手性碳原子，则迁移后构型保持不变。

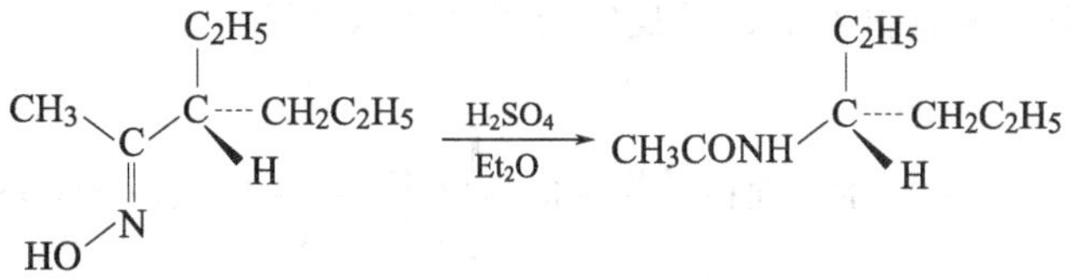

$$CH_3-C(=N-OH)-C(C_2H_5)(H)CH_2C_2H_5 \xrightarrow[Et_2O]{H_2SO_4} CH_3CONH-C(C_2H_5)(H)CH_2C_2H_5$$

Beckmann 重排是一级反应。所以，极性溶剂加速反应进行，溶剂的极性愈强，重排反应进行得愈快。例如，二苯酮肟苦味酸酯于 50℃时，在二氯乙烷中比在苯中的重排速率快 35 倍。于 70℃时，在 CCl_4 中的重排速率仅为苯的 0.15 倍。但在 CCl_4 溶液中加入少量的极性溶剂后，则重排反应速率加快，且因加入少量极性溶剂的极性强弱不同，溶剂的极性愈强，反应速率愈快。

$$CH_3CN > CH_3NO_2 > (CH_3)_2CO > C_6H_5Cl > \text{非极性溶剂}$$

其次，增大试剂的酸性也有利于重排反应的进行。酸性愈强，愈易从肟酯中离解出负离子，因而重排速率愈快。此外，迁移基团上供电子基存在时将增大重排反应的速率。

Beckmann 重排在有机合成中很重要。合成尼龙 6 的单体已内酰胺就是环已酮肟经 Beckmann 重排后得到的。

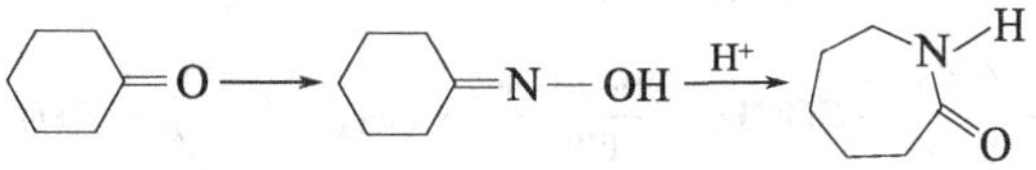

$$\text{环己酮}(C_6H_{10}=O) \longrightarrow C_6H_{10}=N-OH \xrightarrow{H^+} \text{己内酰胺}$$

2. 霍夫曼（Hofmann）重排

脂肪族、芳香族、杂环族的酰胺在碱性溶液中，用 Cl_2 或 Br_2（NaOCl 或 NaOBr）处理，放出 CO_2 变为减少一个碳原子的伯胺，这个反应称为霍夫曼（Hofmann）降解重排。其反应历程可表示如下：

$$R-\overset{O}{\overset{\|}{C}}-NH_2 \xrightarrow{NaOBr} R-\overset{O}{\overset{\|}{C}}-NHBr \underset{}{\overset{OH^-}{\rightleftharpoons}} R-\overset{O}{\overset{\|}{C}}-\ddot{N}: \longrightarrow RN=C=O \xrightarrow{H_2O} R-NH_2 + CO_2$$

Hofmann 重排是分子内 C→N 重排反应。光学活性的酰胺进行反应时，不发生消旋作用，构型保持，这说明迁移基团没有脱离分子，可见整个过程是分子内重排。

Hofmann 重排是从酰胺制取比其少一个碳原子的伯胺的方法，适用范围很广。反应物可以是脂肪族、脂环族及芳香族的酰胺。其中，由低级脂肪酰胺制备胺的产率较高。如：

$$C_6H_5COOH \xrightarrow[\triangle]{Br_2,\ FeBr_3} m\text{-}BrC_6H_4COOH \xrightarrow[2.\ NH_3,\triangle]{1.\ SOCl_2} m\text{-}BrC_6H_4CONH_2 \xrightarrow[NaOH]{Br_2} m\text{-}BrC_6H_4NH_2$$

3. 洛森（Lossen）重排

异羟肟酸或其酰基衍生物在单独加热或在 $SOCl_2$、P_2O_5 和 Ac_2O 等脱水剂存在下加热或在碱性溶液中加热发生重排得到异氰酸酯，再经水解生成伯胺，这个反应称为洛森（Lossen）重排反应。

$$R-\overset{O}{\overset{\|}{C}}-\overset{H}{\overset{|}{N}}-OH \xrightarrow[\triangle]{-H_2O} R-N=C=O \xrightarrow[\text{水解}]{H_2O} RNH_2 + CO_2$$

$$R-\overset{O}{\overset{\|}{C}}-\overset{H}{\overset{|}{N}}-OCOR' \xrightarrow[\triangle]{-R'CO_2H} R-N=C=O \xrightarrow[\text{水解}]{H_2O} RNH_2 + CO_2$$

重排过程与 Hofmann 重排类似，其反应历程可表示如下：

$$R-\overset{O}{\overset{\|}{C}}-\overset{H}{\overset{|}{N}}-OH \xrightarrow[-H^+]{OH^-} R-\overset{O}{\overset{\|}{C}}-\overset{-}{\underset{\cdot\cdot}{N}}-OH \xrightarrow{-OH^-} R-\overset{O}{\overset{\|}{C}}-\ddot{N}: \longrightarrow R-N=C=O \xrightarrow[\text{水解}]{H_2O} RNH_2 + CO_2$$

在 Lossen 重排中，迁移原子团的构型保持不变。如：

$$Ph-\overset{CH_3}{\underset{H}{C}}-\underset{O}{\underset{\|}{C}}-\underset{H}{\underset{|}{N}}-O\overset{O}{\overset{\|}{C}}Ph \xrightarrow[\triangle]{OH^-} Ph-\overset{CH_3}{\underset{H}{C}}-NH_2$$

异羟肟酸的 R 中的氢原子被排斥电子的原子团取代后，则重排反应速率加大，如果被吸电子的原子团取代，则重排反应速率降低，在异羟肟酸的酰基衍生物（RCO—NHOCOR′）中，酰基的 R′中的氢原子被吸电子的原子团取代，则重排反应的速率加快。由于异羟肟酸的制备较酰胺的制备困难，所以 Lossen 重排的应用范围受到限制。下面两个反应可看作为 Lossen 重排的变换形式。

（1）芳香族羧酸与 NH_2OH、多聚磷酸（PPA）共热至 150～170℃，可得到芳胺。

$$CH_3-C_6H_4-COOH \xrightarrow[PPA]{NH_2OH\cdot HCl} CH_3-C_6H_4-NH_2 + CO_2$$

(2) 芳香族羧酸与 CH_3NO_2、PPA 共热生成芳胺。

$$Cl-C_6H_4-COOH \xrightarrow[PPA]{CH_3NO_2} Cl-C_6H_4-NH_2 + CO_2$$

可认为 CH_3NO_2 与 PPA 加热生成 NH_2OH 再参与反应。此反应对于脂肪族羧酸及具有 —NO_2 一类吸电子基团的芳香族羧酸，则不能顺利进行。

由羧酸经 Lossen 重排制取少一个碳原子的胺的整个过程如下：

$$Ph\overset{*}{C}H(CH_3)-COOH \xrightarrow{SOCl_2} Ph\overset{*}{C}H(CH_3)-COCl \xrightarrow{NH_2OH} Ph\overset{*}{C}H(CH_3)-CONHOH$$

$$\xrightarrow{\triangle} Ph\overset{*}{C}H(CH_3)-N=C=O \xrightarrow{H_2O} Ph\overset{*}{C}H(CH_3)-NH_2$$

4. 柯提斯 (Curtius) 重排

将羧酸制成不稳定的酰基叠氮化物，然后在惰性溶剂中加热发生脱氮重排生成异氰酸酯，再经水解得到伯胺，整个反应称为柯提斯 (Curtius) 重排反应。此反应和前面讨论的 Hofmann 重排和 Lossen 重排类似，可实现由羧酸降解为少一个碳原子的胺，它们都生成异氰酸酯中间体，当溶剂含水、醇和胺（伯胺和仲胺）时，则分别形成胺、氨基甲酸酯和取代尿素。

$$RCON_3 \xrightarrow[\triangle]{-N_2} R-N=C=O \begin{cases} \xrightarrow{H_2O} RNH_2 + CO_2 \\ \xrightarrow{R'OH} RNHCO_2R' \\ \xrightarrow{R'NH_2} RNHCONHR' \end{cases}$$

酰基叠氮化物可用下列方法制取：

$$RCOOH \begin{cases} \xrightarrow{EtOH} RCO_2Et \xrightarrow[-EtOH]{NH_2NH_2} RCONHNH_2 \\ \xrightarrow{SOCl_2} RCOCl \xrightarrow[-HCl]{NH_2NH_2} RCONHNH_2 \xrightarrow{HNO_2} RCON_3 \end{cases}$$

$$RCOCl \xrightarrow[-NaCl]{NaN_3} RCON_3$$

Curtius 重排与 Hofmann 重排相似，其反应机理如下：

$$R-\overset{O}{\overset{\|}{C}}-\ddot{N}-\overset{+}{N}\equiv N \xrightarrow{-N_2} R-\overset{O}{\overset{\|}{C}}-\ddot{N}: \longrightarrow R-N=C=O \xrightarrow[水解]{H_2O} RNH_2 + CO_2$$

当与酰基相连的为手性碳原子时，重排过程中其构型保持不变，说明 Curtius 重排也是分子内重排。Curtius 重排的应用范围较广，适用于脂肪族、芳香族和杂环化合物。

5. 施密特 (Schmidt) 重排

羧酸（或醛、酮）与叠氮酸在强酸性介质中发生重排作用而生成胺（或腈、酰胺）的反应称为 Schmidt 重排反应。

$$RCOOH + HN_3 \longrightarrow RNH_2 + CO_2 + N_2$$

$$RCOR' + HN_3 \longrightarrow RCONHR' + N_2$$

$$RCHO + HN_3 \longrightarrow RCN + N_2$$

Schmidt 重排最一般的反应是叠氮酸和羧酸的反应，一般用硫酸作催化剂。当 R 为脂肪烃基，特别是长链烃基时，产率很高。这个方法比 Hofmann 重排及 Curtius 重排反应有两个优点：一是操作时为一步反应；二是产率较高。

Schmidt 重排反应机理如下：

$$RCOOH \xrightarrow{H^+} RC(=O)-\overset{+}{O}H_2 \xrightarrow{-H_2O} RC^+(=O) \xrightarrow{HN_3} RC(=O)-\underset{\cdot\cdot}{N}(H)-\overset{+}{N}=N \xrightarrow{-H^+} R-C(=O)-\ddot{N}^{-}-\overset{+}{N}\equiv N \xrightarrow{-N_2}$$

$$R-C(=O)-\ddot{N}: \longrightarrow R-N=C=O \xrightarrow[\text{水解}]{H_2O} RNH_2 + CO_2$$

第一步是生成酰基正离子，因而此反应不受 R 的空间阻碍的影响，具有空间阻碍的羧酸也能顺利地进行此反应。

α,β-不饱和酸进行 Schmidt 重排反应时产物为烯胺，后者水解得到醛。氨基酸进行此反应时，仅与氨基间隔较大的羧基转化为氨基。

$$PhCH=CHCOOH \xrightarrow{HN_3} [PhCH=CHNH_2] \longrightarrow [PhCH_2CH=NH] \xrightarrow[H^+]{H_2O} \underset{43\%}{PhCH_2CHO}$$

$$HO_2C-(CH_2)_3-CH(NH_2)-COOH \xrightarrow[H_2SO_4]{HN_3} H_2N-(CH_2)_3-CH(NH_2)-COOH \quad 75\%$$

酮重排反应的速率为：二烷基酮＞烷基芳基酮＞二芳基酮。烷基芳基酮重排时，一般是芳基迁移到碳原子上。如：

$$PhCOCH_3 \xrightarrow[H_2SO_4]{HN_3} PhNHCOCH_3 \quad 77\%$$

三、缺电子氧的重排

1. 过氧化氢烃的重排

基础有机化学中曾讨论过异丙苯氧化生产苯酚的方法。其反应涉及缺电子氧的重排。硫酸是这种重排的常用催化剂，有时也用含有少量过氯酸的醋酸来催化。其反应历程如下：

$$PhC(CH_3)_2-O-OH \xrightarrow{H^+} H_3C-C(CH_3)(Ph)-O-\overset{+}{O}H_2 \xrightarrow{-H_2O} H_3C-\overset{+}{C}(CH_3)-O-Ph \xrightarrow{H_2O}$$

$$H_3C-C(CH_3)(\overset{+}{O}H_2)-O-Ph \longrightarrow H_3C-C(CH_3)(OH)-\overset{+}{O}(H)-Ph \xrightarrow{-PhOH} CH_3-C(=\overset{+}{O}H)-CH_3 \xrightarrow{-H^+} CH_3-C(=O)-CH_3$$

反应物的分子中如果烷基和芳基同时存在，芳基优先迁移。烷基和氢的优先迁移次序是：3°R—＞2°R—＞$CH_3CH_2CH_2$—≈H＞CH_3CH_2—＞CH_3—。取代芳基的迁移能力可被供电子取代基所增大，被吸电子取代基所降低。如：

$$C_6H_5-C(CH_3)(C_6H_5)-O-OH \xrightarrow{H^+} C_6H_5-C(=O)-CH_3 + C_6H_5OH$$

$$p\text{-}NO_2-C_6H_4-C(C_6H_5)_2-O-OH \xrightarrow{H^+} p\text{-}NO_2-C_6H_4-C(=O)-C_6H_5 + C_6H_5OH$$

2. 拜耶-魏立格尔（Baeyer-Villger）重排

酮在酸催化下与过氧酸作用，在分子中插入氧生成酯的反应称为拜耶-魏立格尔（Baeyer-Villger）重排。反应过程中插入一个氧原子，因此本反应是由酮制备酯的一种方法。芳香酮被氧化成酚酯，后者水解可以得到酚，所以也是制备酚的一种方法。如：

$$C_6H_5-\overset{O}{\overset{\|}{C}}-CH_3 \xrightarrow{CF_3CO_3H} C_6H_5O-\overset{O}{\overset{\|}{C}}-CH_3 \xrightarrow[2.\ H^+]{1.\ OH^-,\ H_2O} C_6H_5OH + CH_3COOH$$

过氧乙酸、过氧苯甲酸、三氟过氧乙酸、$H_2O_2 \cdot BF_3$、过氧顺丁烯二酸、间氯过氧苯甲酸以及过氧磷酸等过氧酸都可以作氧化剂，其中以三氟过氧乙酸用得最多，该试剂不但作用强，而且产品容易纯化，若加入 NaH_2PO_4 缓冲剂可以避免 CF_3CO_3H 和产物进行酯交换，产率可达 80%～90%。

Baeyer-Villger 重排也是亲核的 1,2-重排。酮分子中的羰基先与过氧化物进行亲核加成，然后过氧键异裂得到缺电子的氧正离子，随后迁移基团从碳原子迁移至氧原子上。

$$CF_3\overset{O}{\overset{\|}{C}}OOH + CH_3-\overset{O}{\overset{\|}{C}}-Ph \xrightarrow{CH_2Cl_2} CH_3-\underset{O-O\overset{}{C}(=O)CF_3}{\overset{OH}{C}}-Ph \xrightarrow{-CF_3COO^-} CH_3-\underset{O^+}{\overset{OH}{C}}-Ph$$

$$\longrightarrow CH_3-\underset{OPh}{\overset{HO}{C^+}} \longrightarrow CH_3-\overset{^+OH}{\overset{\|}{C}}-OPh \xrightarrow{-H^+} CH_3-\overset{O}{\overset{\|}{C}}-OPh$$

环酮重排的结果是扩环生成内酯。如：

$$\text{环己酮} \xrightarrow{CF_3CO_3H} \text{己内酯}\quad 85\%$$

$$\text{2-丁基环戊酮} \xrightarrow{CF_3CO_3H} \text{6-丁基戊内酯}\quad 57\%$$

不对称酮重排产物的结构和哪一个基团进行迁移有关，基团的亲核性越大，迁移的倾向也越大，其顺序大致为：$>3°R->2°R->PhCH_2->Ph->1°R->CH_3-$；对于取代苯基有下列顺序：$p\text{-}CH_3OC_6H_4->C_6H_5->p\text{-}NO_2\text{-}C_6H_4-$。如：

$$CH_3-\overset{O}{\overset{\|}{C}}-C(CH_3)_3 \xrightarrow[CH_2Cl_2]{CF_3CO_3H} CH_3-\overset{O}{\overset{\|}{C}}-OC(CH_3)_3$$

$$Ph-\overset{O}{\overset{\|}{C}}-CH_2CH_3 \xrightarrow[CH_2Cl_2]{CF_3CO_3H} PhO-\overset{O}{\overset{\|}{C}}-CH_2CH_3$$

$$Ph-\overset{O}{\overset{\|}{C}}-C_6H_{11} \xrightarrow[CH_2Cl_2]{CF_3CO_3H} Ph-\overset{O}{\overset{\|}{C}}O-C_6H_{11}$$

酸能起催化作用是因为既提高羰基的活性，又促进离去基团的离去。过氧酸加成的中间体虽然没有分离得到，但 O^{18} 标记原子的实验却提供了有力的证据。当用 O^{18} 标记的酮与没有标记的过氧酸反应时，结果证明 O^{18} 在酯的羰基上，而不在烃氧基上。

$$C_6H_5-\overset{O^{18}}{\overset{\|}{C}}-C_6H_5 \xrightarrow{C_6H_5O_3H} C_6H_5O-\overset{O^{18}}{\overset{\|}{C}}-C_6H_5$$

若将光学活性的α-苯基乙基甲酮用过氧酸处理，经重排后得到具有光学活性的酯。手性中心构型保持不变。

第三节 亲电重排

亲电重排反应是在分子中脱去一个正离子，留下碳负离子或具有未共用电子对的活泼富电子中心，相邻基团以正离子形式迁移过来，该迁移基团所遗留的一对电子，可以结合一个质子。这类重排在碱性条件下进行，大多数也是1,2-重排。亲电重排不像亲核重排那么普遍。

一、法沃尔斯基（Favorskii）重排

α-卤（氯、溴或碘）代酮在碱催化下重排生成羧酸或酯的反应称为法沃尔斯基（Favorskii）重排。如：

$$Ph_2\underset{Br}{\underset{|}{C}}-\overset{O}{\overset{\|}{C}}-CH_3 \xrightarrow[EtOH]{NaOEt} Ph_2\overset{H}{\overset{|}{C}}CH_2-\overset{O}{\overset{\|}{C}}-OEt$$

$$(CH_3)_2\underset{Br}{\underset{|}{C}}-COCH_3 \xrightarrow[EtOH]{NaOEt} (CH_3)_3C-COOEt$$

一般认为Favorskii重排反应是经由环丙酮中间体。

$$H-C-\overset{O}{\overset{\|}{C}}-C-Cl \xrightarrow[-ROH]{RO^-} {}^{-}C-\overset{O}{\overset{\|}{C}}-C-Cl \xrightarrow{-Cl^-} \text{(环丙酮)}$$

$$\xrightarrow{RO^-} \text{(RO)(O}^-\text{)C 环丙烷} \longrightarrow RO-\overset{}{C}(=O)-C-\bar{C} \xrightleftharpoons{ROH} RO-C(=O)-C-C-H$$

用同位素标记的方法（^{14}C法）可得到上述机理的证明。

$$\text{2-氯环己酮(*标记)} \xrightarrow{C_2H_5O^-} \text{碳负离子} \xrightarrow{-Cl^-} \text{双环环丙酮} \xrightarrow[C_2H_5OH]{C_2H_5ONa} \text{*环戊基}-COOC_2H_5\ (50\%) + \text{*环戊基}-COOC_2H_5\ (50\%)$$

在上述例子中，环丙酮中间体是对称的，两边开环的概率相等。如果生成的环丙酮不对称，则在哪一边开环取决于碳负离子的稳定性，如下列两个反应物在碱中都生成同一中间体：

$$\left.\begin{array}{l} PhCH_2-\underset{O}{\underset{\|}{C}}-\underset{Cl}{\underset{|}{CH_2}} \\ Ph\underset{Cl}{\underset{|}{CH}}-\underset{O}{\underset{\|}{C}}-CH_3 \end{array}\right\} \longrightarrow \text{Ph-环丙酮 (1)(2)} \xrightarrow{RO^-} \begin{cases} Ph\bar{C}HCH_2COR & (1) \\ PhCH(\bar{C}H_2)-COR & (2) \end{cases}$$

由于苯基的影响（1）比（2）稳定，所以只有一种产物。用呋喃捕获实验证实了环丙酮中间体的存在。

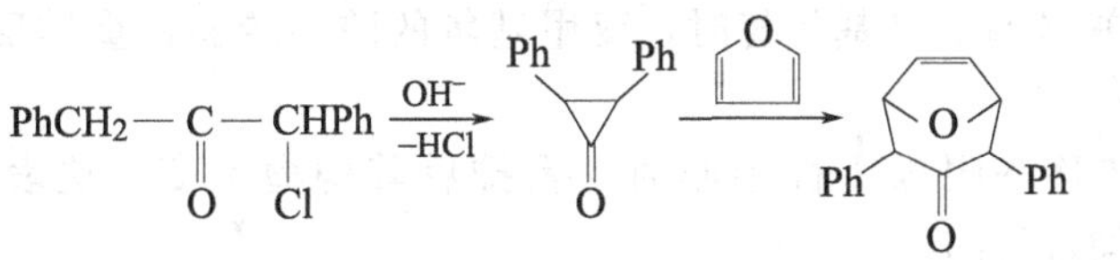

$$PhCH_2-\underset{\underset{O}{\|}}{C}-\underset{\underset{Cl}{|}}{CHPh}\xrightarrow[-HCl]{OH^-}\text{(二苯基环丙酮)}\xrightarrow{\text{呋喃}}\text{(加成产物)}$$

如所用的碱为 RO^-，产物是酯；如所用的碱为 OH^- 或 RNH_2 类，产物则是羧酸或是酰胺。环状 α-卤代酮在碱催化下重排得到环缩小的产物。

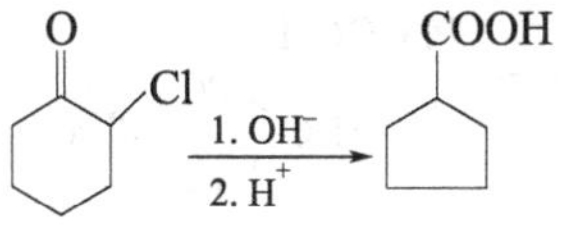

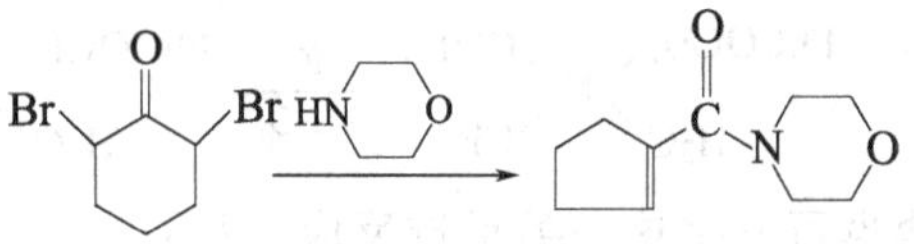

$$\text{2-氯环己酮}\xrightarrow[2.\ H^+]{1.\ OH^-}\text{环戊烷甲酸(COOH)}$$

$$\text{2,6-二溴环己酮}\xrightarrow{\text{吗啉(HN O)}}\text{环戊烯基-C(=O)-N(吗啉)}$$

这一反应还可以用于合成具有张力的环。如：

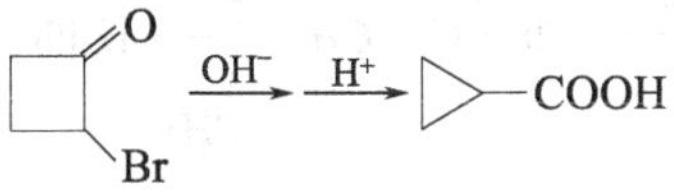

$$\text{2-溴环丁酮}\xrightarrow{OH^-}\xrightarrow{H^+}\text{环丙烷-COOH}$$

反应历程要求在 α-卤代羰基的另一侧有 α-H，如果羰基两侧未连有卤原子的一端不含有 α-H，则重排按下列历程进行。

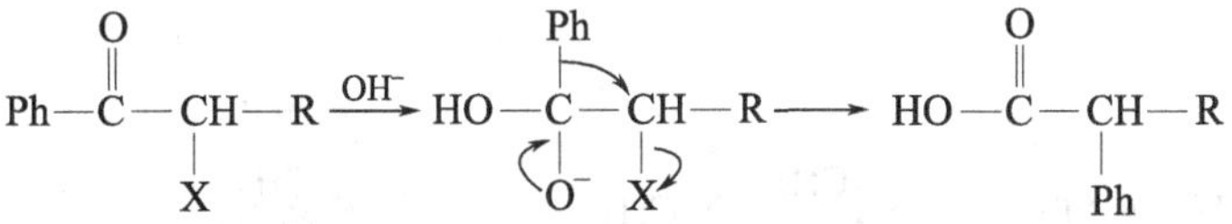

$$Ph-\underset{\underset{}{}}{\overset{\overset{O}{\|}}{C}}-\underset{\underset{X}{|}}{CH}-R\xrightarrow{OH^-}HO-\overset{\overset{Ph}{|}}{\underset{\underset{O^-}{|}}{C}}-\underset{\underset{X}{|}}{CH}-R\longrightarrow HO-\overset{\overset{O}{\|}}{C}-\underset{\underset{Ph}{|}}{CH}-R$$

此重排称为似 Favorskii 重排。如：

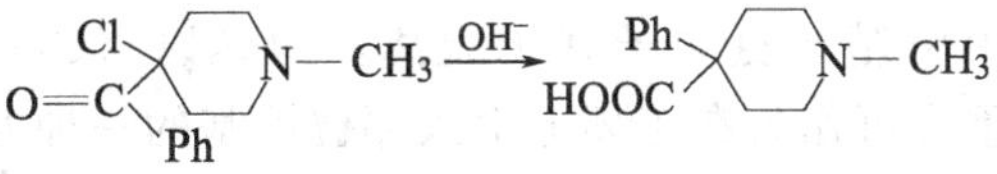

$$\text{4-氯-4-苯甲酰基-1-甲基哌啶}\xrightarrow{OH^-}\text{4-苯基-1-甲基哌啶-4-甲酸(HOOC)}$$

二、史蒂文斯（Stevens）重排

含有活泼 α-H 的季铵盐或锍盐，在强碱 NaOH、NH_2^- 作用下，脱去质子形成碳负离子，经烷基重排转移生成叔胺或硫醚的反应称为史蒂文斯（Stevens）重排反应。属于分子内的 N→C 亲电重排（富电子重排）。

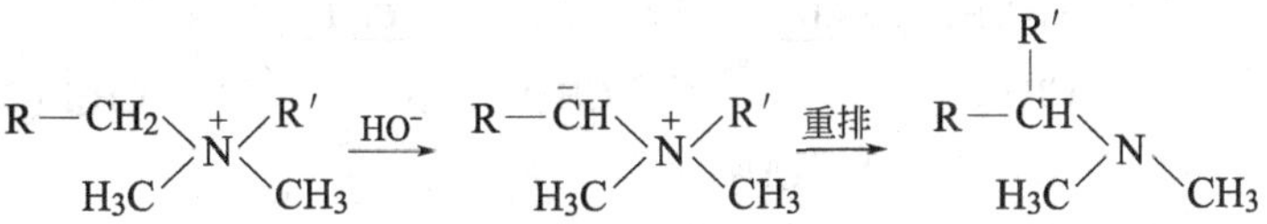

$$R-CH_2-\overset{+}{N}(R')(CH_3)-CH_3\xrightarrow{HO^-}R-\overset{-}{C}H-\overset{+}{N}(R')(CH_3)-CH_3\xrightarrow{\text{重排}}R-\underset{}{\overset{\overset{R'}{|}}{CH}}-N(CH_3)-CH_3$$

R 通常是 PhCO—，Ph—，CH_2 ═CH—等能使亚甲基上的 H 活化的基团；R′通常是 $PhCH_2$—，CH_2 ═CH—CH_2—，取代苯甲基等；碱通常是 NaOH、$NaNH_2$ 等。

Stevens 重排的反应历程，通常认为首先是强碱夺取 α-氢，形成碳负离子，而后迁移基团从氮原子迁移到碳负离子上而生成叔胺。

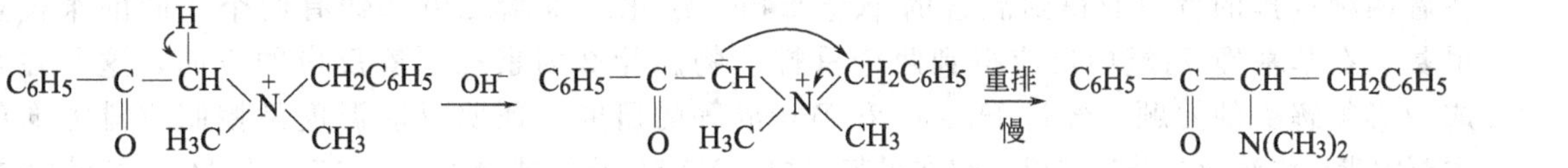

$$C_6H_5-\overset{}{\underset{\underset{O}{\|}}{C}}-\overset{\overset{H}{|}}{CH}-\overset{+}{N}(H_3C)(CH_3)-CH_2C_6H_5\xrightarrow{OH^-}C_6H_5-\underset{\underset{O}{\|}}{C}-\overset{-}{C}H-\overset{+}{N}(H_3C)(CH_3)-CH_2C_6H_5\xrightarrow[\text{慢}]{\text{重排}}C_6H_5-\underset{\underset{O}{\|}}{C}-\underset{\underset{N(CH_3)_2}{|}}{CH}-CH_2C_6H_5$$

(1) (2) (3)

当（1）中苯甲酰基被苯基或烷基代替时，亚甲基氢的酸性减弱，重排反应不易进行，反应产率很低。

实验证明，当转移基团为手性中心时，重排后其构型不变。这表明 C—N 键的断裂和 C—C键的生成是协同进行的。

$$PhCOCH_2\overset{+}{N}(CH_3)_2\overset{*}{C}H(CH_3)Ph \xrightarrow[-H_2O]{HO^-} Ph CO\overset{-}{C}H\overset{+}{N}(CH_3)_2\overset{*}{C}H(CH_3)Ph \longrightarrow PhCOCH(\overset{*}{C}H(CH_3)Ph)N(CH_3)_2$$

叔锍盐也可发生这一类重排反应。如：

$$Ph-\overset{O}{\overset{\|}{C}}-CH_2-\overset{+}{S}(CH_3)-CH_2Ph \xrightarrow{OH^-} Ph-\overset{O}{\overset{\|}{C}}-\overset{-}{C}H-\overset{+}{S}(CH_3)-CH_2Ph \longrightarrow Ph-\overset{O}{\overset{\|}{C}}-CH(CH_2Ph)-S-CH_3$$

三、沙密尔脱（Sommelet）重排

苯甲基三烷基季铵盐（或锍盐）在 PhLi，$LiNH_2$ 等强碱作用下发生重排，苯环上起亲核烷基化反应，烷基的 α-碳原子与苯环的邻位碳原子相连形成叔胺。本重排与 Stevens 重排很相似。

$$C_6H_5CH_2\overset{+}{N}(CH_3)_2CH_3 \xrightarrow[-NH_3]{NaNH_2} C_6H_5CH_2\overset{+}{N}(CH_3)_2\overset{-}{C}H_2 \longrightarrow (\text{环己二烯}{=}CH_2,\ N(CH_3)_2CH_2,\ H) \longrightarrow o\text{-}CH_3C_6H_4CH_2N(CH_3)_2$$

实验证明，反应过程中甲基与氮原子并未脱离，而是以 $(CH_3)_2NCH_2$—的形式进行重排，属于分子内重排，本重排可作为在芳环上引入邻位甲基的一种方法。如：

$$C_6H_5CH_2\overset{+}{N}(CH_3)_2CH_2Ph \xrightarrow{NaNH_2} o\text{-}CH_3C_6H_4CHN(CH_3)_2(Ph)$$

$$C_6H_5CH_2\overset{+}{N}(CH_3)_2CH_3 \xrightarrow{NaNH_2} o\text{-}CH_3C_6H_4CH_2N(CH_3)_2 \xrightarrow{CH_3I} o\text{-}CH_3C_6H_4CH_2\overset{+}{N}(CH_3)_3$$

$$\xrightarrow{NaNH_2} 2,3\text{-}(CH_3)_2C_6H_3CH_2N(CH_3)_3 \xrightarrow{CH_3I} \xrightarrow{NaNH_2} \xrightarrow{\text{重复进行}} (CH_3)_5C_6CH_2N(CH_3)_2$$

由于 Sommelet 重排和 Stevens 重排的中间体都是内鎓盐，可想而见，反应中就可能存在着两种重排的竞争而得到混合的重排产物。溴化二苄基二甲基铵有两个相同的苄位亚甲基，在苯基锂-乙醚中反应得到两个重排产物。什么因素控制着反应的方向，这是在合成中必须解决的问题。经过 Hauser 和 Wittig 等的研究，证明反应温度是控制重排方向的主要因素。将溴化二苄基二甲基铵在甲苯中加入 KNH_2 回流或者加入 $NaNH_2$ 在 145℃熔融加热，则只得到 Stevens 重排产物；而在液氨中加入 $NaNH_2$ 进行反应，则只得到 Sommelet 重排产物。

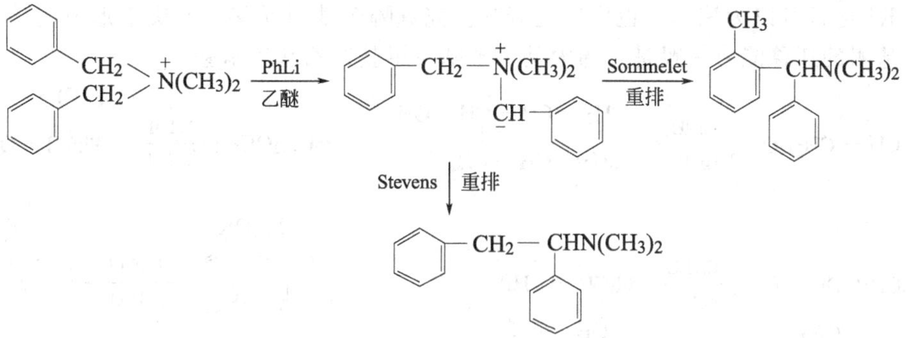

当然，除上面讨论的因素外，季铵盐的结构对重排的方向影响很大，如溴化苄基烯丙基二甲基铵分子，有两个不同的亚甲基，均能形成比较稳定的内𬭩盐，而且苄基和烯丙基的迁移倾向均较大，在 $NaNH_2$ 的液氨中低温时反应，Stevens 重排产物仍达到 68%。

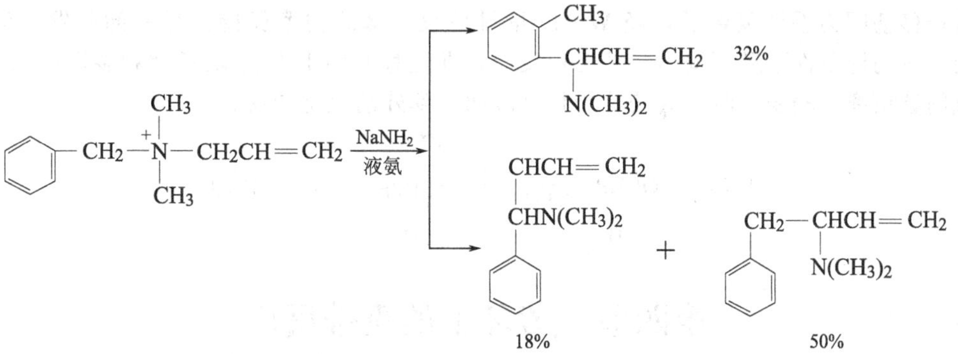

N,*N*-二甲基-2-苯基六氢吡啶季铵盐在 $NaNH_2$ 的液氨中能进行 Sommelet 重排得到扩环产物。

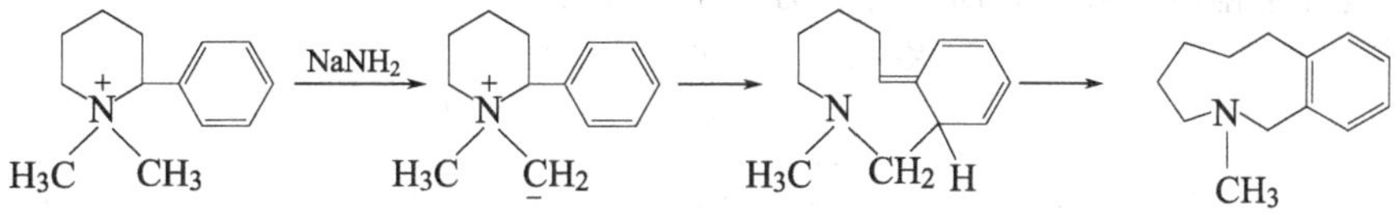

硫盐也能进行 Sommelet 重排。如：

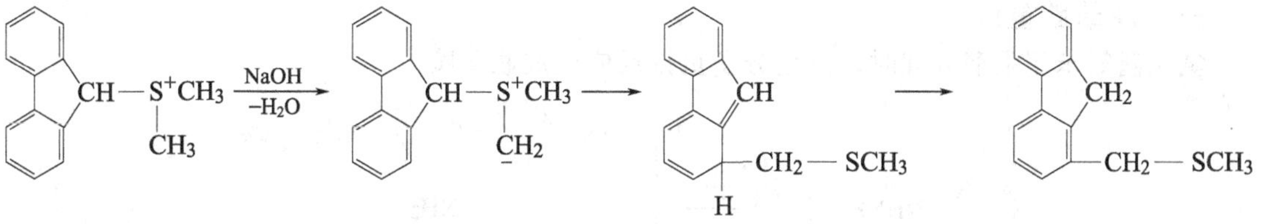

四、魏狄希（Wittig）重排

醇溶液中，苄基或烯丙基醚等在强碱性试剂作用下，C—O 断开，形成新的 C—C 键，使醚转变为醇的反应称为魏狄希（Wittig）重排反应。与 Stevens 重排相似，但要用较强的碱如烷基锂、苯基锂或氨基钠等才能达到脱去质子的目的。

$$R^1-CH^2-OR^2 \xrightarrow{RLi} R^1-\underset{\displaystyle R^2}{\underset{|}{CH}}-OLi + RH$$

$$\xrightarrow[H_3O^+]{水解} R^1-\overset{\displaystyle R^2}{\overset{|}{CH}}-OH$$

R^1、R^2 通常可以为烷基，也可以是芳基。究竟哪个基团迁移，取决于形成的碳负离子的稳定性。基团的迁移能力一般是：烯丙基，苄基>甲基>乙基>苯基。

$$(CH_2{=}CH-CH_2)_2O \xrightarrow[2.\ H_3O^+]{1.\ NaNH_2} CH_2{=}CH-CH(OH)-CH_2-CH{=}CH_2$$

$$PhCH_2OCH_3 \xrightarrow[2.\ H_3O^+]{1.\ PhLi} PhCH(CH_3)-OH$$

$$PhCH_2O\overset{*}{C}H(CH_3)-Ph \xrightarrow[2.\ H_3O^+]{1.\ C_4H_9Li} PhCH(OH)-\overset{*}{C}H(CH_3)Ph$$

$$\text{9-H-9-OR-芴} \xrightarrow[2.\ H_3O^+]{1.\ PhLi} \text{9-R-9-OH-芴}$$

通常认为其重排机理如下：

$$PhCH_2-O-CH_3 \xrightarrow[-H^+]{PhLi} Ph\overset{-}{C}H-O-CH_3 \longrightarrow PhCH(CH_3)-O^- \xrightarrow{H^+} PhCH(OH)-CH_3$$

若迁移基团为手性碳原子，经 Wittig 重排后仅一部分构型保持而另一部分发生消旋化。这是因为在同样条件下还可按另一种历程反应，即迁移基团 R 发生烷氧键断裂形成 R^- 离子，当生成的碳负离子较稳定时，会按此历程反应而得到外消旋化产物。

$$PhCH_2-O\overset{*}{C}HPh(CH_3) \xrightarrow[2.\ H_3O^+]{1.\ n\text{-}C_4H_9Li} PhCH(OH)-{}^{*}CHPh(CH_3) \quad (约70\%消旋化)$$

第四节　芳环上的重排反应

下列芳香化合物中，与 X 取代基相连的原子或原子团，在酸的作用下，转移到芳环的邻位或对位。这种重排涉及芳环，所以称为芳环上的重排。

$$C_6H_5-X-Y \longrightarrow p\text{-}Y-C_6H_4-X + o\text{-}Y-C_6H_4-X$$

一、联苯胺重排

氢化偶氮苯用强酸处理时，发生分子重排反应生成联苯胺。

$$C_6H_5-NHNH-C_6H_5 \xrightarrow{H^+} \begin{cases} H_2N-C_6H_4-C_6H_4-NH_2\ (4,4')\quad 70\% \\ H_2N-C_6H_4-C_6H_4-NH_2\ (2,4')\quad 30\% \end{cases}$$

此外还有少量副产物为：

邻-氨基苯基苯胺	2,2'-二氨基联苯	对-氨基苯基苯胺
0.3%	0.3%	1.0%
邻苯胺基苯胺(邻半联胺)	2,2'-二氨基联苯	对苯胺基苯胺(对半联胺)

通常，除非芳环上一个或两个对位被占据，主要产物是 4,4-二氨基联苯。在某些情况下，即使

芳环的对位有—SO_3H、—COOH 时，它们仍可被取代，仍得到 4,4-二氨基联苯。芳环的对位被—Cl占据时，它们也能进行反应，生成 2,2′-二氨基联苯、邻半联胺或对半联胺。若对位有 R—、Ar—或 R_2N—存在时，生成其他重排产物。产物的组成因反应物结构不同而异。如：

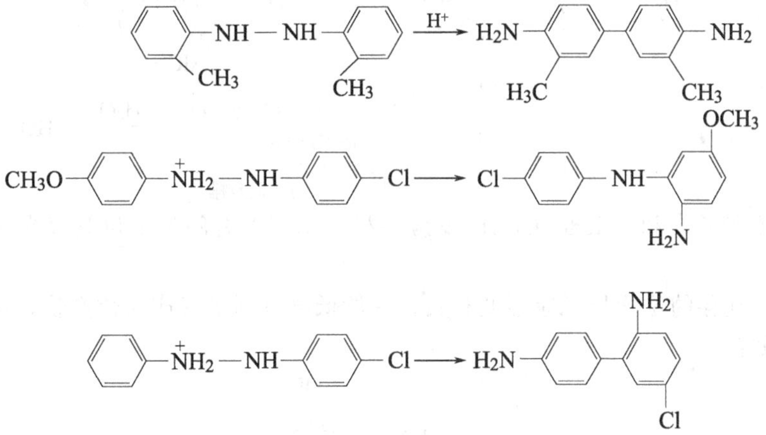

联苯胺重排反应的历程目前看法还不一致，现得到公认的机理为联苯胺重排是分子内的重排反应，在 N—N 键完全断裂之前，两个芳环已逐渐连接。

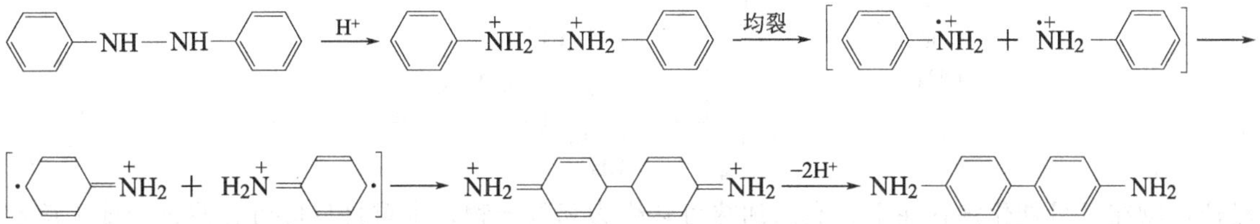

联苯胺及其衍生物的重排反应广泛地用于偶氮染料的合成上。重排产物经重氮化所得重氮盐是许多偶氮染料的重氮组分。N,N'-二芳肼可由硝基化合物还原制备。重排产物中的氨基（NH_2）又可转换成其他基团，所以将芳硝基化合物的还原和本重排反应结合是制取联苯胺衍生物的重要方法。但由于联苯胺有致癌性，其应用受到了极大限制。

二、弗瑞斯（Fries）重排

酚酯类化合物在 Friedel-Crafts 催化剂如 $AlCl_3$、$ZnCl_2$ 或 $FeCl_3$ 等 Lewis 酸的催化下，酰基迁移到芳环的邻位或对位，而生成邻、对位酚酮的混合物，这种反应称为弗瑞斯（Fries）重排反应。如：

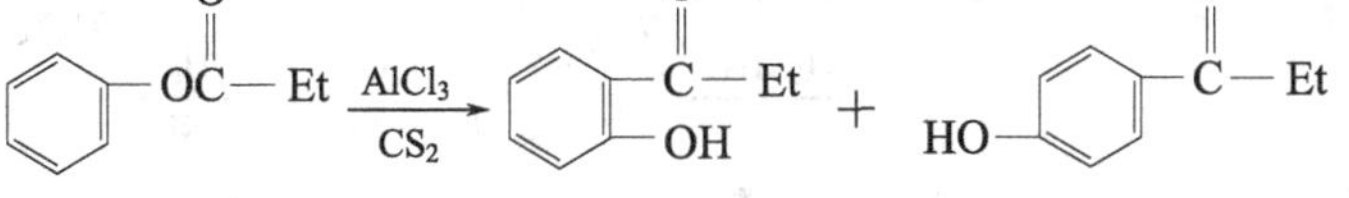

Fries 重排反应的历程还不很清楚，一般认为是分子内与分子间两种机理的综合，在重排过程中两者都有。有人认为邻位异构体是分子内重排生成的，而对位异构体是分子间重排产物。

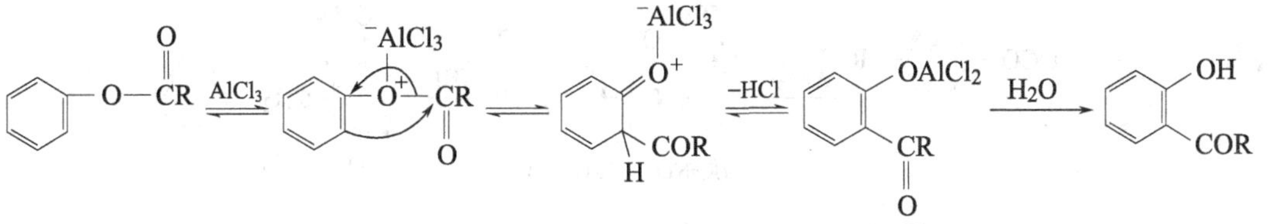

分子内重排

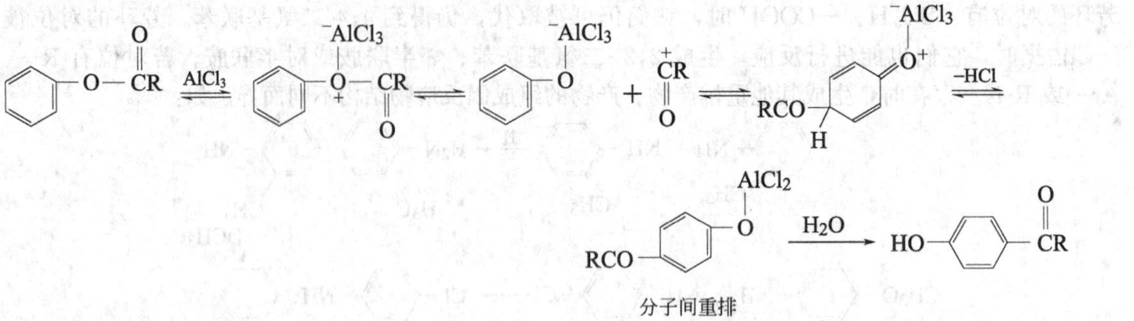
AlCl3
H2O
分子间重排

R 可以是烷基或芳基，和 Friedel-Crafts 反应一样，苯环上有间位定位基存在时将不利于重排反应的进行。

产物中酰基迁移的位置与反应温度有关，一般低温有利于形成对位产物，而高温有利于形成邻位产物。如：

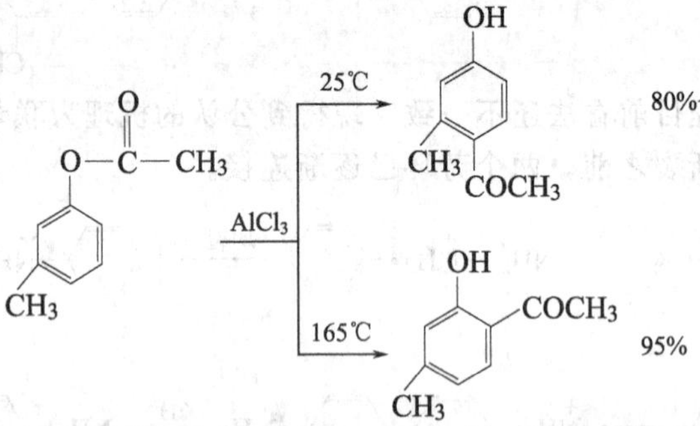
AlCl3
25℃
80%～85%
165℃
95%

对位产物在过量催化剂存在下，高温加热可转变为邻位产物。本重排反应可在溶剂中或无溶剂条件下进行，通常用硝基苯作溶剂，有溶剂时重排反应温度比无溶剂时低。

在光照条件下也会发生 Fries 重排反应，此时为自由基重排反应。Fries 重排是一种重要的合成酚酮的方法，例如合成氯乙酰儿茶酚，它是强心药物——肾上腺素的中间体。

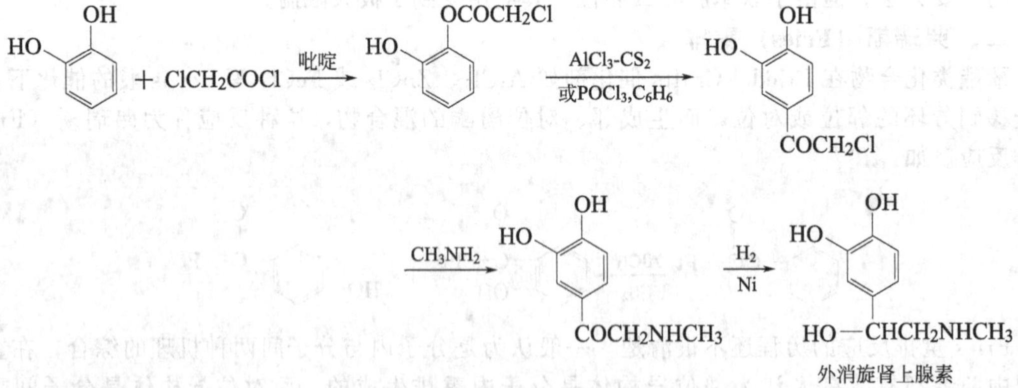
吡啶
AlCl3-CS2
或POCl3,C6H6
CH3NH2
H2
Ni

外消旋肾上腺素

又如合成蚊蝇杀虫剂——酚羟基二芳基甲烷。

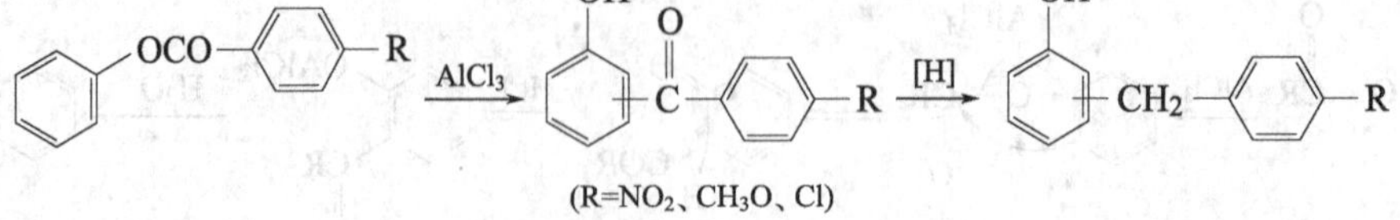
AlCl3
[H]

($R=NO_2$、CH_3O、Cl)

第五节　自由基重排

自由基重排反应比正离子重排少得多。当发生自由基重排时，一般都是先生成自由基，然后再发生基团的转移，而迁移基团也必须是带有单个电子。

$$\underset{\overset{|}{\text{Z}}}{\text{A}}-\text{B}\cdot \longrightarrow \dot{\text{A}}-\underset{\overset{|}{\text{Z}}}{\text{B}}$$

重排过程可能经过一个桥式自由基中间体或过渡态。如：

$$R_3C-\dot{C}H_2 \longrightarrow \left[R_2C\cdots(R)\cdots CH_2\right]^{\cdot} \longrightarrow R_2\dot{C}-CH_2R$$

因为形成具有芳环的单电子过渡态比较稳定，迁移基团往往是芳基。通常情况下，烷基不发生迁移。1,2-芳基迁移重排可能涉及一个取代的苯桥自由基中间体或过渡态。例如 3,3-二苯基丁醛被 $Me_3COOCMe_3$ 引发的自由基反应：

$$(CH_3)_3C-O-O-C(CH_3)_3 \xrightarrow{h\nu} 2(CH_3)_3C-O\cdot$$

$$Ph_2C(CH_3)CH_2CHO \xrightarrow{(CH_3)_3C-O\cdot} Ph_2C(CH_3)CH_2\dot{C}O \xrightarrow{-CO} \underset{(A)}{Ph_2C(CH_3)\dot{C}H_2} \longrightarrow \underset{(C)}{[\text{苯桥自由基}]}$$

$$\longrightarrow \underset{(B)}{Ph\dot{C}(CH_3)CH_2Ph} \xrightarrow{Ph_2C(CH_3)CH_2CHO} PhCH(CH_3)CH_2Ph + Ph_2C(CH_3)CH_2\dot{C}O$$

反应物醛被夺取了氢得到酰基自由基，很快失去 CO 生成自由基（A），自由基（A）到（B）的重排可能涉及苯桥自由基过渡态（C），重排后的自由基（B）比自由基（A）更稳定。自由基（A）在这里并没有发现 Me 的迁移重排，表明经苯桥自由基过渡态（C）的途径在能量上更有利。如果没有苯基存在，像 3-甲基戊醛 $CH_3CH_2CH(CH_3)CH_2CHO$ 进行类似的反应，得到 $CH_3CH_2CH(CH_3)CH_2\cdot$，就根本不能发生重排，而是直接得到产物$CH_3CH_2CH(CH_3)CH_3$。

1,2-芳基迁移重排不限定在 C→C 之间，$(Ph_3CO)_2$ 加热时的行为也表明，发生了的迁移重排也可能涉及一个取代的苯桥自由基中间体或过渡态。

$$Ph_3C-O-O-CPh_3 \xrightarrow{\triangle} Ph_3C-O\cdot \longrightarrow [\text{苯桥自由基}] \longrightarrow Ph_2\dot{C}-OPh \longrightarrow \begin{matrix} Ph_2C-OPh \\ | \\ Ph_2C-OPh \end{matrix}$$

在自由基反应中，烯基、酰基和酰氧基也有 1,2-迁移重排，均可能涉及一个桥式自由基中间体或过渡态，如乙酰氧基是通过五元环过渡态迁移的。

$$Me-C(=O)-O-\underset{|}{\overset{|}{C}}-\dot{C}< \longrightarrow [\text{五元环过渡态}]$$

卤原子的迁移，在自由基重排反应中也比较容易发生。例如3,3,3-三氯丙烯与溴作用，在有过氧化物存在时，得到47%正常加成产物$CCl_3CHBrCH_2Br$和53%$BrCCl_2CHClCH_2Br$。这说明反应过程中发生了重排。

$$CCl_3-CH=CH_2 + Br\cdot \longrightarrow CCl_3-\dot{C}H-CH_2Br \longrightarrow Cl-\dot{C}Cl_2... \; Cl_2\dot{C}-CHCl-CH_2Br \xrightarrow{Br_2} BrCCl_2-CHCl-CH_2Br$$

这是由于二氯烷基自由基比较稳定。又如，HBr对$CCl_3CH=CH_2$的光催化加成根本不生成预期的加成产物$CCl_3CH_2CH_2Br$，而是100%的$Cl_2CHCHClCH_2Br$。

$$CCl_3-CH=CH_2 \xrightarrow{Br\cdot} \underset{(D)}{CCl_3-\dot{C}H-CH_2Br} \longrightarrow \underset{(E)}{Cl_2\dot{C}(\text{Cl 桥})-CH-CH_2Br} \longrightarrow \underset{(F)}{Cl_2\dot{C}-CHCl-CH_2Br}$$

$$(D) \xrightarrow{HBr}\!\!\!\!\!\!\!\times\; CCl_3-CH_2-CH_2Br \qquad (F) \xrightarrow{HBr} Cl_2CH-CHCl-CH_2Br$$

反应可能也涉及氯的1,2-迁移重排，经由一个桥式自由基中间体或过渡态（E），二氯烷基自由基（F）比自由基（D）稳定是因为（F）中的未成对电子向Cl离域比（D）中向H离域更有效。卤素中F因为没有d轨道不发生1,2-迁移重排，Br的迁移重排很少见，因为含Br的自由基中间体更容易消去Br生成烯。

总之，1,2-自由基迁移重排反应没有碳正离子重排那样普遍，只有芳基、乙烯基、乙酰氧基和卤素迁移比较重要。迁移的方向一般倾向于形成比较稳定的自由基。还没有发现氢的1,2-自由基迁移，但可以发生比较远的自由基转移。其中，最常见的为1,5-迁移。远距离的迁移可以看作是分子内的氢的夺取。

$$\dot{C}-C-C-C-C(H) \longrightarrow H-C-C-C-C-\dot{C} \quad (1,5\text{-氢迁移})$$

如：2-(4-甲基苯甲酰基)苯重氮盐 $\xrightarrow{OH^-}$ 芳基自由基 $\xrightarrow{H迁移}$ 另一芳环上的自由基 $\xrightarrow{CCl_4}$ (2-氯-4-甲基苯基)苯基甲酮

第六节　σ键迁移重排

σ键迁移重排是一种非催化的热重排反应。迁移基团从重排起点原子上发生σ键的断裂，经过共轭π键系统而迁移到该系统的终点原子上，再形成新的σ键，同时共轭π键发生移动。整个过程（旧σ键的断裂新σ键的形成以及π键的移动）都是协同进行的。

$$R_2\underset{|}{\overset{H}{C}}-(CH=CH)_n-CH=CR_2' \rightleftharpoons R_2C=CH-(CH=CH)_n-\overset{H}{\underset{|}{C}}R_2'$$

σ 键迁移重排是根据迁移基团迁移前后所连接的原子编号（i,j）而命名的（注意此时碳原子的编号不是按系统命名法进行编号的）。例如迁移起点的碳原子编号定为 1(i)，迁移终点的碳原子编号为 3(j)，这种 σ 键迁移重排则称为 1,3-σ 键迁移重排。氢原子通过烯丙体系的重排即为 1,3-σ 键迁移重排。5,5-二甲基环戊二烯重排成 1,5-二甲基环戊二烯是 1,5-σ 键迁移重排（不能称为 1,2-重排，因 1,2-重排未通过 π 键系统）。

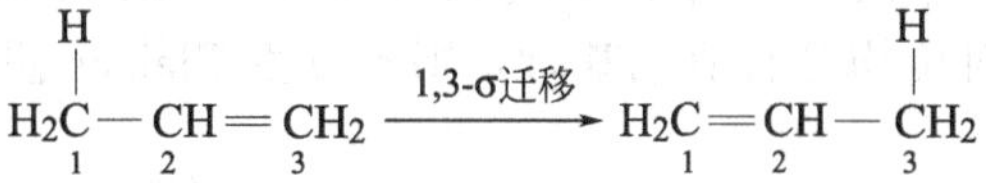

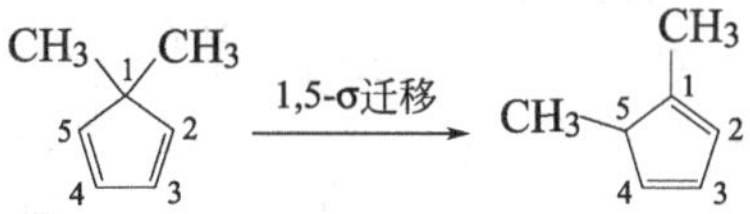

$$H_2\overset{H}{C}{}_1-CH_2=CH_2{}_3 \xrightarrow{1,3\text{-}\sigma迁移} H_2C_1=CH_2-\overset{H}{C}H_2{}_3$$

（5,5-二甲基环戊二烯 $\xrightarrow{1,5\text{-}\sigma迁移}$ 1,5-二甲基环戊二烯）

σ 键迁移重排是一种协同反应，是周环反应中的一种重要反应，在重排过程中并不产生任何正负离子或碳烯等中间体，而是经过一个环状的过渡状态，是一种一步进行的多中心反应。这种重排反应受轨道对称性的约束，因而具有高度的立体专一性。在这类重排中最重要的代表是 Claisen 重排和 Cope 重排。

一、克莱森（Claisen）重排

烯丙基芳基醚或烯丙基乙烯基醚在加热约 200℃下发生 [3,3]-σ 键迁移生成 γ,δ-不饱和酮或邻（或对）烯丙基酚的反应称为克莱森（Claisen）重排反应。如：

$$CH_2=CH-O-CH_2-CH=CH_2 \xrightarrow{\triangle} CH_2=CH-CH_2-CH_2-CH=O$$

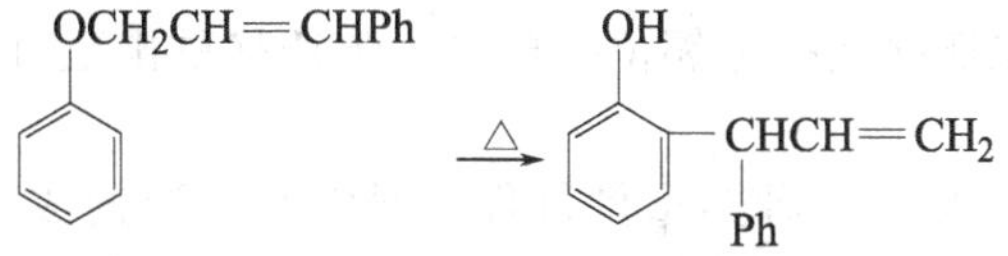

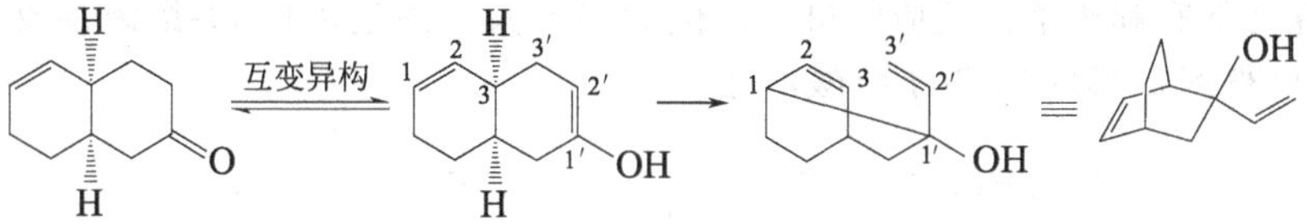

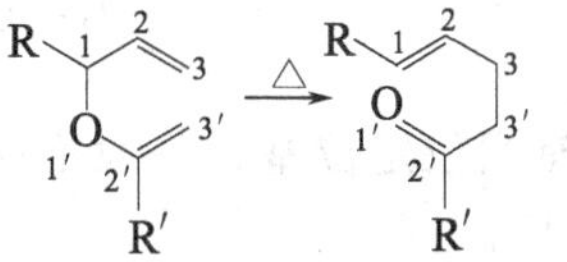

$$C_6H_5OCH_2CH=CHPh \xrightarrow{\triangle} o\text{-}HOC_6H_4CH(Ph)CH=CH_2$$

（互变异构）

Claisen 重排得到了示踪原子实验的证实，当烯丙基等 3 位碳原子为 C* 时，在重排产物中 C* 原子与芳环结合。

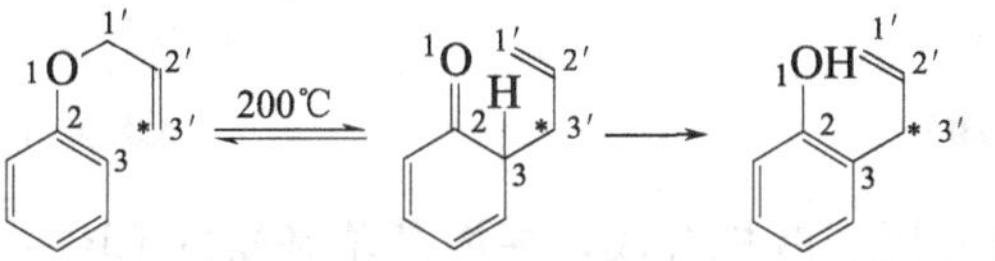

（200℃）

Claisen 重排的机理是属于分子内的 σ 键迁移重排，中间经由六元环的过渡状态，可表示如下：

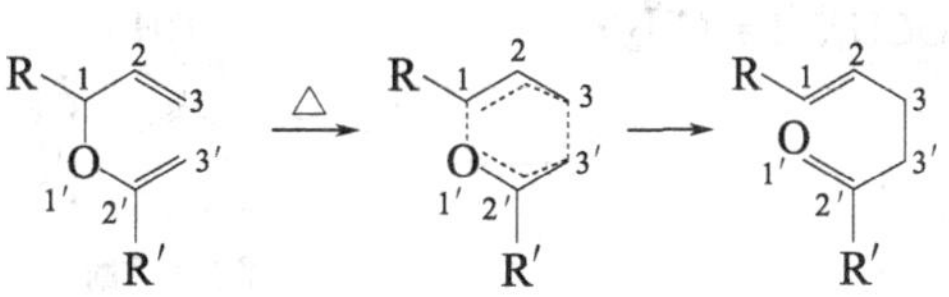

（$\triangle$）

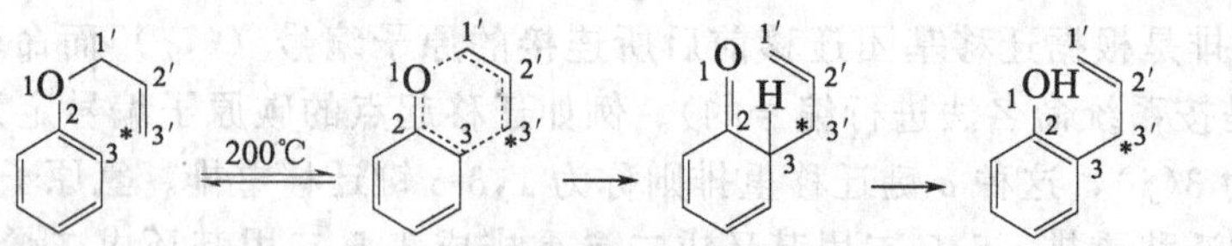

在烯丙基酚醚的 Claisen 重排中，如芳环的邻位没有取代基时，则生成邻位重排产物，如芳环的两个邻位均已有取代基时，则由于邻位重排产物——双烯酮不稳定，进一步重排成对位烯丙基酚。如芳环的邻、对位均已有取代基时，则不发生 Claisen 重排。如：

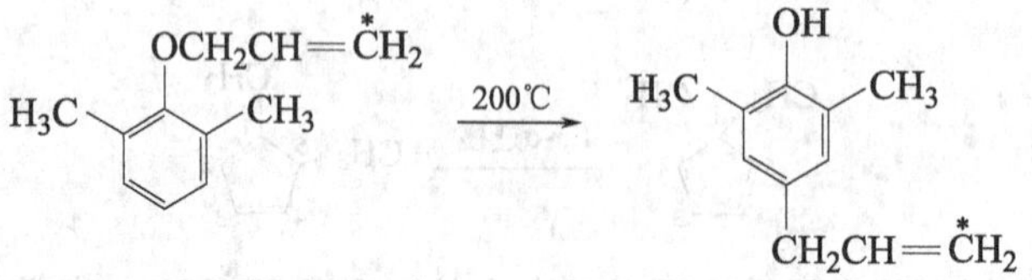

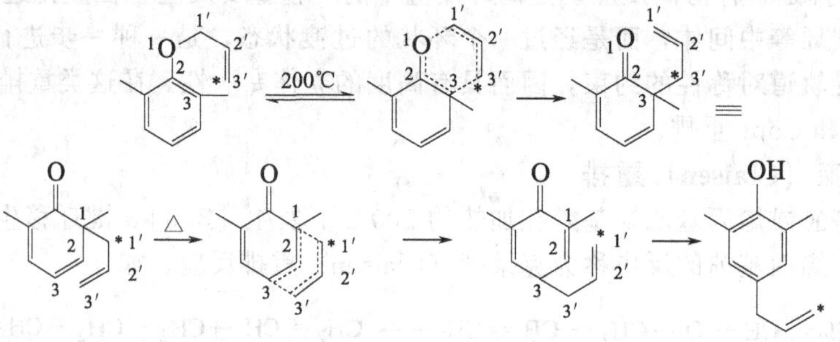

后一反应是分步进行，先迁移重排至邻位，再进一步迁移重排至对位，故产物中羟基对位的烯丙基也有含 C* 的。

如前所述，Claisen 重排是一种热重排过程，通常在无溶剂或催化剂存在下进行，但有时在 NH_4Cl 等存在下有利于重排反应的进行。例如当乙酰乙酸乙酯的 O-烯丙基醚在 NH_4Cl 存在下常压蒸馏可得到 α-烯丙基-β-丁酮酸乙酯。

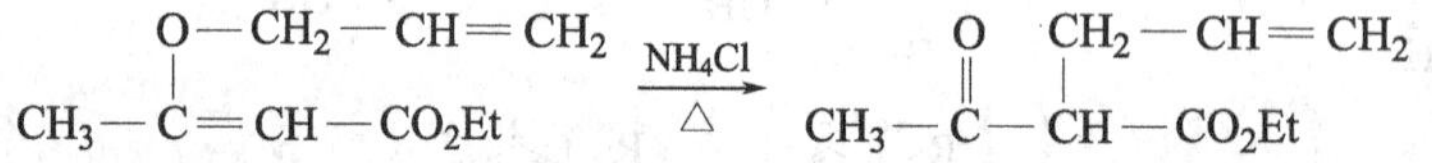

$$CH_3-\underset{}{C}(OCH_2CH=CH_2)=CH-CO_2Et \xrightarrow[\triangle]{NH_4Cl} CH_3-\overset{O}{\overset{\|}{C}}-\underset{}{CH}(CH_2-CH=CH_2)-CO_2Et$$

在 Claisen 重排中，若苯环上有间位定位基，一般不影响反应的进行，但若有羧基和醛基存在时，则会发生脱羧、脱羰基反应。

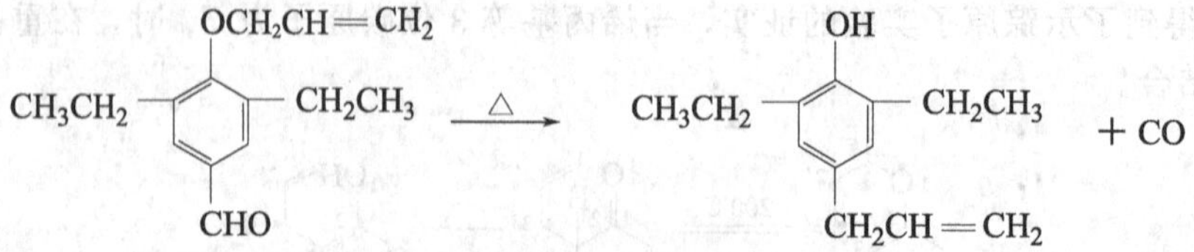

Claisen 重排可广泛地应用于有机合成，烯丙基苯基醚的 Claisen 重排反应是芳环上直接引入烯丙基的简易方法，也是间接引入正丙基的方法。

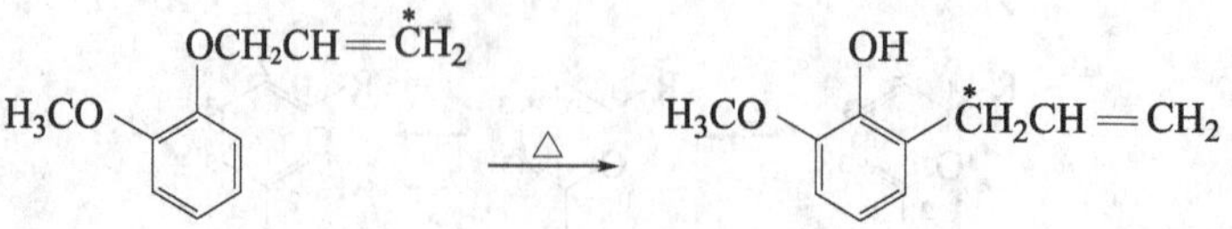

邻丁子香酚

二、科普（Cope）重排

1,5-二烯烃在加热时，经过六元环过渡态，可以重排为另一种新的1,5-二烯烃。这种重排称为Cope重排反应。如：

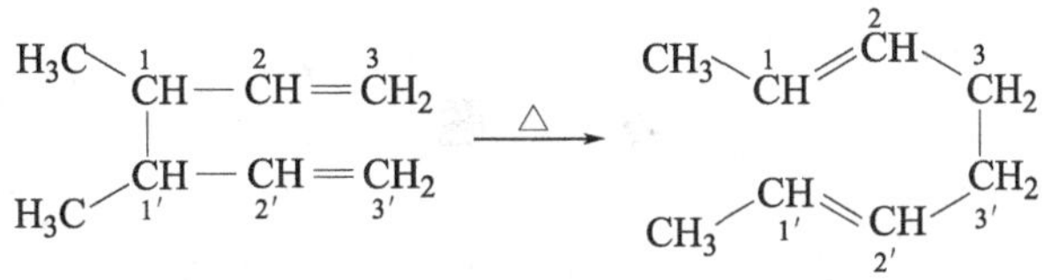

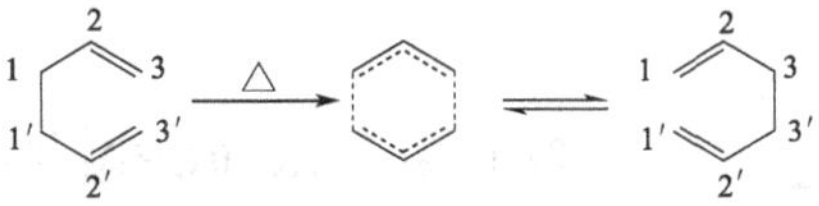

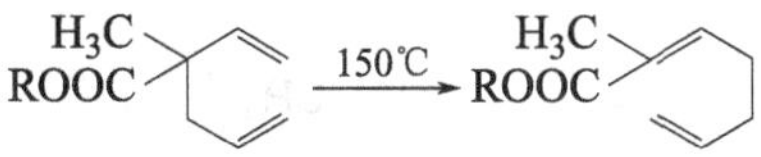

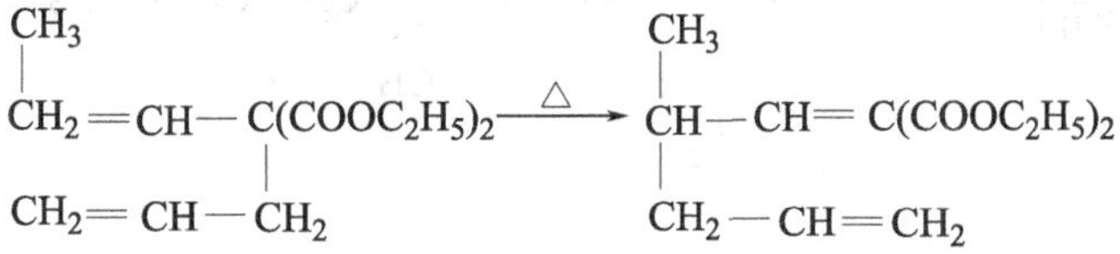

Cope重排为可逆反应，因此，反应的难易与产物的结构有关。若重排产物中，位移后的双键与某些取代基形成共轭体系，使产物的稳定性提高，反应就容易进行。如：

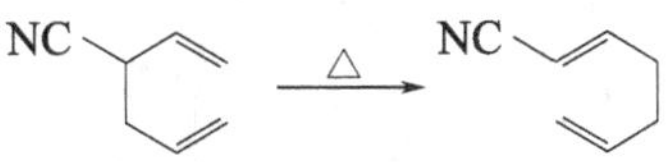

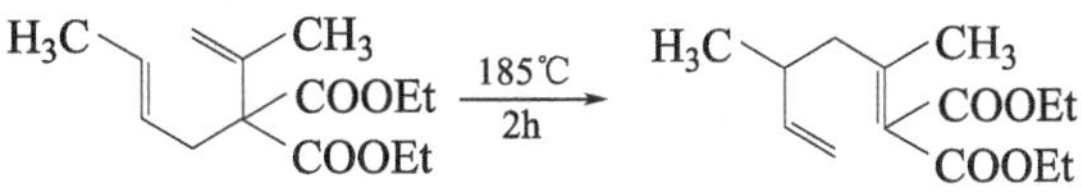

一些含有1,5-二烯的九、十或十一元脂环烃，由于这些环的张力较大，也易重排成张力较小的五元或六元环己二烯衍生物。如：

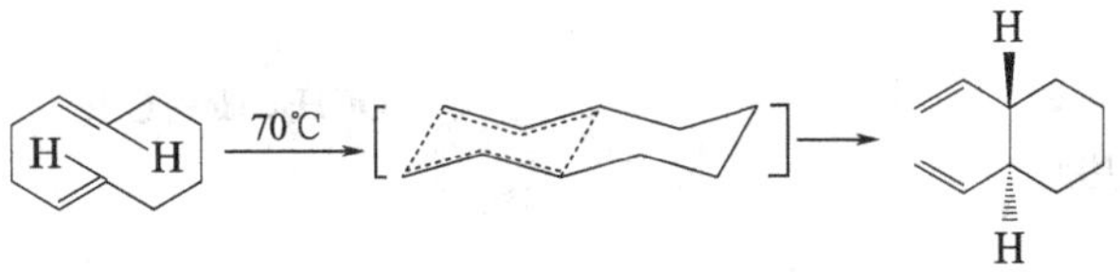

1,5-己二烯系化合物中，如果C_3上有一个羟基，Cope重排产物为烯醇，进一步转化为羰基化合物，称为氧-Cope重排（也称为羟化-Cope重排）。如：

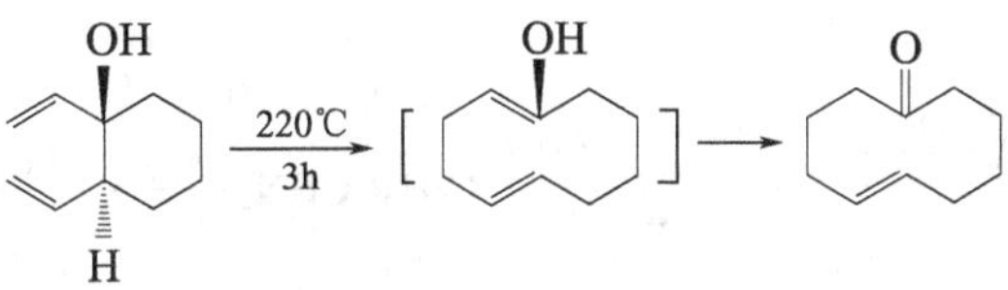

Cope重排和脂肪族的Claisen重排很相似，均为1,5-二烯链系统，二者在重排过程中都是先形成六元环的过渡态，此过渡态有两种可能的形式，一种为船式，一种为椅式，船式的构象投影式属全重叠式，所以椅式的过渡态较稳定。

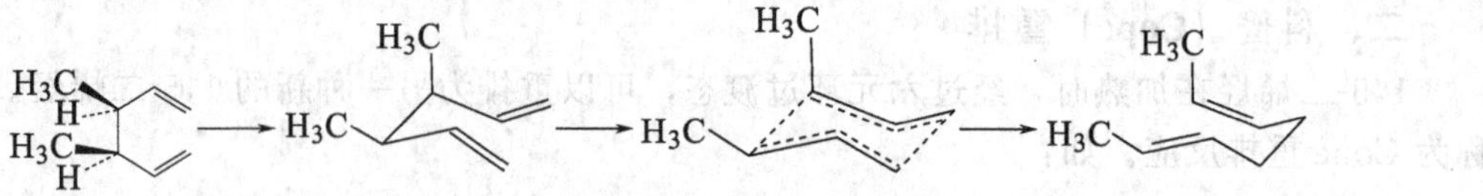

$$H_3C\text{—}(H)\cdots(H)\text{—}CH_3 \longrightarrow H_3C\text{—}\cdots \longrightarrow H_3C\text{—}\cdots \longrightarrow H_3C\text{—}\cdots$$

习　题

1. 完成下列反应。

(1) 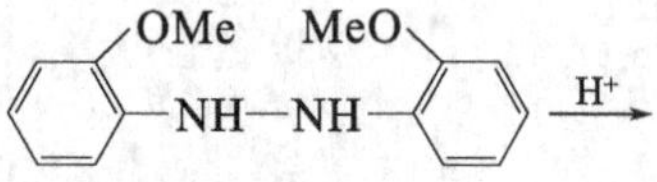 邻甲氧基苯基—NH—NH—邻甲氧基苯基 $\xrightarrow{H^+}$

(2) $CH_2{=}CHCH(CH_3)_2 \xrightarrow{HCl}$

(3) 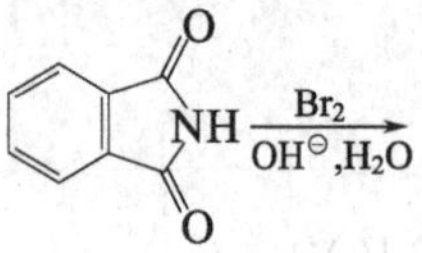 邻苯二甲酰亚胺（NH） $\xrightarrow[OH^{\ominus},H_2O]{Br_2}$

(4) $CH_3\text{—}C(CH_3)_2\text{—}CH{=}CH_2 + Br_2 \xrightarrow{CH_3OH}$

(5) 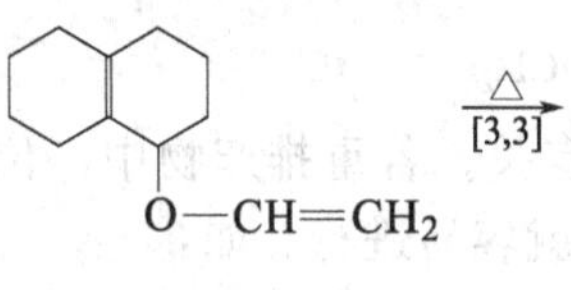 $O\text{—}CH{=}CH_2$ $\xrightarrow[[3,3]]{\triangle}$

(6) 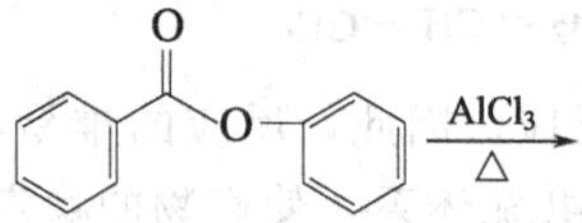 苯甲酸苯酯 $\xrightarrow[\triangle]{AlCl_3}$

(7) 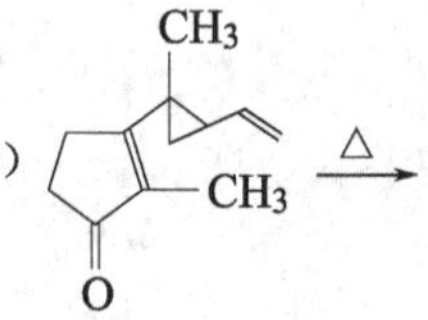 CH_3，CH_3，O $\xrightarrow{\triangle}$

(8) 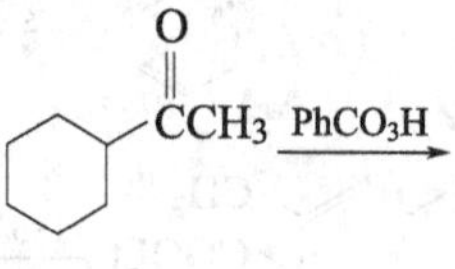 环己基—$\overset{O}{\overset{\|}{C}}CH_3 \xrightarrow{PhCO_3H}$

(9) $Ph\text{—}\overset{+}{N}(CH_2Ph)(CH_3)\text{—}CH_2CH{=}CH_2 \xrightarrow[DMSO]{t\text{-BuOK}}$

(10) 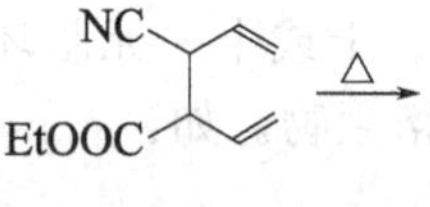 NC，EtOOC $\xrightarrow{\triangle}$

(11) 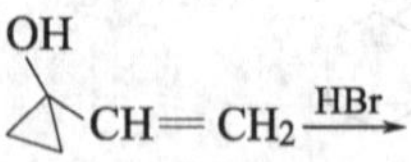 OH，$CH{=}CH_2 \xrightarrow{HBr}$

(12) 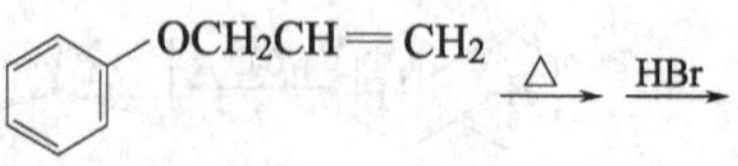 苯基—$OCH_2CH{=}CH_2 \xrightarrow{\triangle} \xrightarrow{HBr}$

(13) 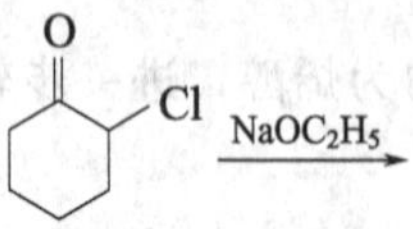 2-氯环己酮（O，Cl） $\xrightarrow{NaOC_2H_5}$

(14) 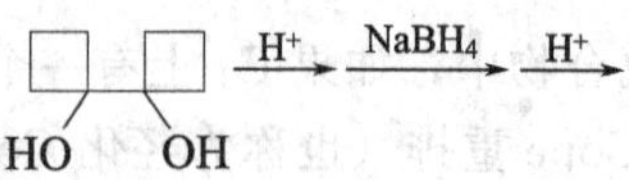 HO，OH $\xrightarrow{H^+} \xrightarrow{NaBH_4} \xrightarrow{H^+}$

(15) 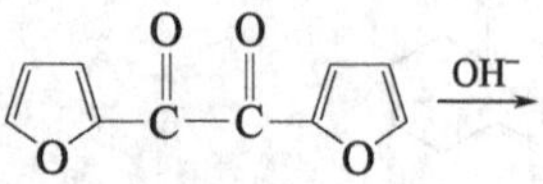 呋喃基—$\overset{O}{\overset{\|}{C}}$—$\overset{O}{\overset{\|}{C}}$—呋喃基 $\xrightarrow{OH^-}$

(16) $C_6H_5\overset{O}{\overset{\|}{C}}CHN_2 \xrightarrow{Ag_2O} \xrightarrow{H_2O}$

(17) 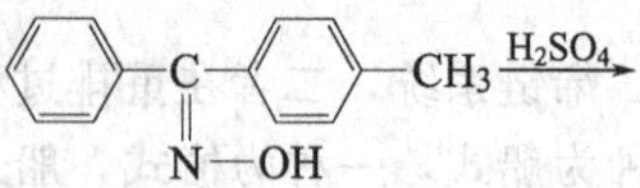 苯基—$\underset{N\text{—}OH}{\underset{\|}{C}}$—对甲苯基（$CH_3$） $\xrightarrow{H_2SO_4}$

(18) $C_6H_5CH_2\underset{CH_3}{\underset{|}{C}}HCOOH$ (*S*) $\xrightarrow[2.\ NH_3]{1.\ SOCl_2} \xrightarrow[OH^-]{Br_2}$

(19) t-Bu-环己烷（OH, NH_2） $\xrightarrow{HNO_2}$

t-Bu-环己烷（OH, NH_2） $\xrightarrow{HNO_2}$

t-Bu-环己烷（OH, NH_2） $\xrightarrow{HNO_2}$

2. 写出下列反应的机理。

(1) 4,4-二甲基萘-1(4H)-酮 $\xrightarrow[H_2SO_4]{Ac_2O}$ OAc 取代二甲基萘

(2) NH_2, OH 底物 $\xrightarrow{HNO_2}$ 酮产物

(3) 环己烯基-NH_2 $\xrightarrow{HNO_2}$ 环己烯醇（OH） 21% + 环己烯醇（OH） 68% + HO-双环化合物 11%

(4) $CH_3-\overset{O}{\underset{*}{C}}-\overset{N_2}{C}-CH_3 \xrightarrow{h\nu} CH_3-\underset{*}{\overset{CH_3}{C}}=C=O + CH_3-\underset{*}{\overset{CH_3}{C}}=C=O$

(5) $H_3C-\overset{CH_3}{\underset{CH_3}{C}}-CH_2Cl \xrightarrow{n\text{-}BuLi} H_3C-\overset{CH_3}{C}=CHCH_3$

(6) O_2N-, Br-取代苯基-C(CH_3)=N-OH $\xrightarrow{H_2SO_4}$ O_2N-, Br-取代苯基-NH-C(=O)-CH_3

(7) O_2N-, Br-取代苯基-C(CH_3)=N-OH $\xrightarrow{NaOH}$ O_2N-, CH_3-苯并异噁唑（C, N, O）

(8) 6-重氮环己-2,4-二烯酮（O, N_2） $\xrightarrow{h\nu}$ 环戊二烯=C=O

(9) 双环化合物 $\xrightarrow{H_2SO_4}$ 三环化合物

3. 完成下列转化。

(1) 环戊酮（=O） ⟶ 螺环化合物

(2) $C_6H_5-CH_3 \longrightarrow H_2NCH_2-C_6H_9(CH_3)-C_6H_9(CH_3)-CH_2NH_2$

(3) $C_6H_6 \longrightarrow Ph_2C(CH_3)-C(=O)-CH_3$

(4) 2-甲基吡啶 ($C_5H_4N-CH_3$), $C_6H_6 \longrightarrow$ 2-OH-C_6H_4-CH(2-吡啶基)CH=CH_2

4. 某己糖 A 分子式为 $C_6H_{12}O_6$，能与苯肼作用生成 D-葡萄糖脎，能被溴水氧化，有变旋现象，并与 CH_3OH/HCl 反应得分子式为 $C_7H_{14}O_6$ 的 B。B 与 HIO_4 反应得一分子 HCO_2H 及一分子二醛化合物 C；C 与溴水作用后转化为 D，D 发生酸性水解后，则生成一分子 D-(－)-甘油酸及一分子乙醛酸。

(1) 试推测并写出 A、B、C、D 的结构式。

(2) 用 Fischer 投影式画出 D-(－)-甘油酸的结构式。

(3) D-葡萄糖在不同的条件下结晶，生成熔点为 146℃的 α-型和熔点为 150℃的 β-型。若用 α-葡萄糖配成的溶液，最初的比旋光度为＋113°，而平衡后的比旋光度为＋52.7°，请说明具体原因。

(4) 我国饴糖的主要组分为麦芽糖。麦芽糖能被 α-葡糖苷酶水解生成两分子葡萄糖，α-葡糖苷酶有优良的选择性，只能使 α-葡糖苷水解，因此麦芽糖是一种 α-葡糖苷，请写出麦芽糖的结构式。

5. 某无色有机液体化合物，具有类似茉莉清甜的香气，在新鲜草莓中微量存在，在一些口香糖中也有使用。MS 分析得到分子离子峰 m/z 为 164，基峰 m/z 为 91；元素分析结果如下：C(73.15%)，H(7.37%)，O(19.48%)；其 IR 谱中在约 $3080cm^{-1}$ 有中等强度的吸收，在约 $1740cm^{-1}$ 及约 $1230cm^{-1}$ 有强的吸收；^1H NMR 的数据如下：δ：约 7.20(5H，m)，5.34(2H，s)，2.29(2H，q，J 7.1Hz)，1.14(3H，t，J 7.1Hz)，该化合物水解产物与 $FeCl_3$ 水溶液不显色。请根据上述有关数据推导该有机物的结构，并对 IR 的主要吸收峰及 ^1H NMR 的化学位移进行归属。

第十章　周环反应

前面各章讨论的有机化学反应从机理上看主要有两种，一种是离子型反应，另一种是自由基型反应，它们都生成稳定或不稳定的中间体。还有另一种机理，在反应中不形成离子或自由基中间体，而是由电子重新组织经过环状过渡态而进行的。这类反应表明化学键的断裂和生成是同时发生的，它们都对过渡态作出贡献。这种一步完成的多中心反应称为周环反应。

周环反应的特征如下。

① 无活性中间体生成，只经过环状过渡态。

② 是多中心的一步反应，反应进行时键的断裂和生成是同时进行的（协同反应）。如：

③ 反应进行的动力是加热或光照。不受溶剂极性影响，不被酸碱所催化，不受任何引发剂的引发。

④ 反应有突出的立体选择性，生成空间定向产物。如：

R=—$COOCH_3$

第一节　周环反应理论

一、轨道的对称性

在形成化学键的三个条件中，轨道的对称性匹配是首要的。轨道可用数学上的波函数来表示，也可用更形象的几何图形来表示。

一个原子轨道，绕 x 轴旋转 180°后，若轨道的波瓣符号不改变，则为 σ 对称，如 s 轨道、p_x 轨道和 $d_{x^2-y^2}$ 轨道；若轨道的波瓣符号改变，则为 π 对称，如 p_y、p_z 轨道和 d_{xy} 轨道。若两个原子轨道都为 σ 对称或都为 π 对称，则对称性匹配；若两个原子轨道一个为 σ 对称，另一个为 π 对称，则对称性不匹配。

当两个对称性匹配的原子轨道线性组合成分子轨道时，若位相相同则形成能量比原子轨道低的成键轨道；若位相不同，则形成能量比原子轨道高的反键轨道。

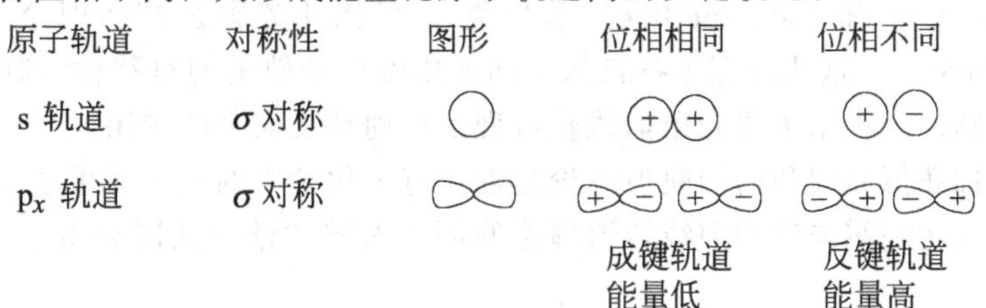

原子轨道	对称性	图形	位相相同	位相不同
s 轨道	σ 对称			
p_x 轨道	σ 对称		成键轨道 能量低	反键轨道 能量高

在分子轨道的对称性分析中，常用的两个对称因素是对称面（m）和二重对称轴（c_2）。它们能够把反应过程中各个有关的分子轨道按照位相分为对称和反对称两类。

对称：标记为 S（Symmetric），经过对称操作后，轨道图形和轨道位相都复原。

反对称：标记为 A（Antisymmetric），经过对称操作后，轨道图形复原而轨道位相相反。反对称也是对称性的一种形式。

如乙烯的 π 分子轨道，如图 10-1 所示，第一个对称性因素是垂直并等分 C—C σ 键的对称面 m_1，对于成键的 π 分子轨道来说，经过镜面反映，图形和轨道位相与原来完全一样，所以成键 π 分子轨道对 m_1 是对称的。而反键的 π＊分子轨道对 m_1 是反对称的，经过镜面反映后，轨道图形复原而位相相反。

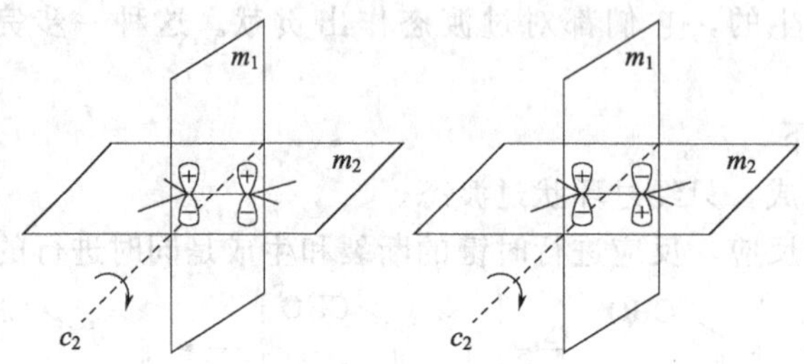

图 10-1　乙烯 π 轨道和 π＊轨道的对称性

第二个对称元素是乙烯分子所在的平面 m_2，成键的 π 轨道和反键的 π＊轨道对 m_2 都是反对称的。由于平面 m_2 对反应过程中起化学反应的键起不了分类作用，一般不使用这个对称因素。

第三个对称元素是 m_1 平面与 m_2 平面的交线 c_2 轴，乙烯的 π＊轨道绕 c_2 轴旋转 180°后，轨道图形和轨道位相都复原，所以乙烯的 π＊轨道对于 c_2 轴来说是对称的；而乙烯的 π 轨道绕 c_2 轴旋转 180°后，轨道图形复原，但轨道位相相反，所以乙烯的 π 轨道对于 c_2 轴来说是反对称的。

二、分子轨道对称守恒原理

分子轨道对称守恒原理是 1965 年德国化学家伍德沃德（R. B. Woodward）和霍夫曼（R. Hofmann）根据大量实验事实提出的。分子轨道对称守恒原理认为，分子轨道的对称性控制着协同反应的进程。对于一个周环反应来说，从反应物到过渡态直至产物的整个过程中，分子轨道的对称性都应保持不变，即对称的保持对称，反对称的保持反对称。简言之，在周环反应中，轨道对称性守恒。

化学反应是分子轨道重新组合的过程，在周环反应中，当反应物和产物的分子轨道对称性一致时，反应就易于发生，否则就难发生。因此，通过分析反应所涉及的分子轨道对称性的变化，就可以判断反应发生的可能性、反应条件（光照或加热）以及反应的立体化学途径。从而免除了复杂的量子化学计算，比较方便和直观。

分子轨道对称守恒原理有三种理论解释：前线轨道理论（frontier orbital method）、能量相关理论（correlation diagram method）和休克尔-莫比斯芳香过渡态理论（Hückel-Mobius aromatic state theory）。这几种理论各自从不同的角度讨论轨道的对称性。其中前线轨道理论最为简明，易于掌握。本章主要介绍前线轨道理论在周环反应中的应用。

分子轨道对称守恒原理和前线轨道理论是近代有机化学中的重大成果之一。为此，轨道对称守恒原理创始人之一霍夫曼和前线轨道理论的创始人福井谦一共同获得了 1981 年的诺贝尔化学奖。

三、前线轨道理论

前线轨道理论的创始人福井谦一指出，分子轨道中能量最高的填有电子的轨道和能量最低的空轨道在反应中是至关重要的。福井谦一认为，能量最高的已占分子轨道 HOMO（highest occupied molecular orbital）上的电子被束缚得最松弛，最容易激发到能量最低的空轨道 LUMO（lowest un-occupied molecular orbital）中去，并用图像来说明化学反应中的一些经验规律。因为 HOMO 轨道和 LUMO 轨道是处于前线的轨道，所以称为前线轨道 FMO（frontier molecular orbital）。化学键的形成主要是由 FMO 的相互作用所决定的。

例如，丁二烯分子中总共有 4 个 π 电子，4 个原子轨道（ψ 轨道）线性组合形成 4 个分子轨道 ψ_1、ψ_2、ψ_3、ψ_4（如图 10-2所示），其中 ψ_1 和 ψ_2 为成键轨道，ψ_3 和 ψ_4 为反键轨道。

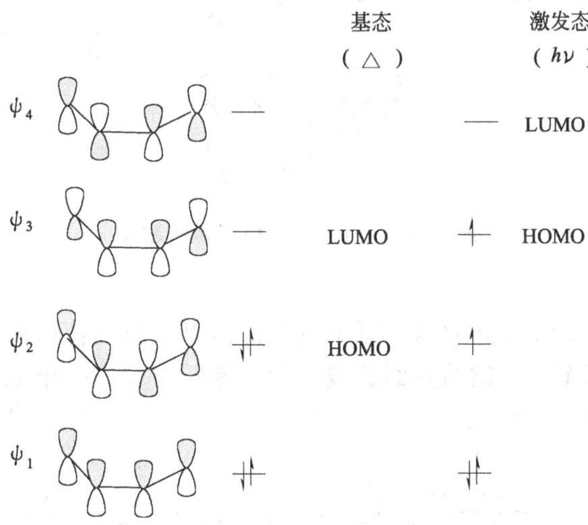

图 10-2 1,3-丁二烯的前线分子轨道图

当丁二烯处于基态时，分子轨道 ψ_1 和 ψ_2 各有两个电子，电子态为 ψ_1^2、ψ_2^2，因 $E_2 > E_1$，所以 ψ_2 就是 HOMO 轨道。ψ_3 和 ψ_4 是空轨道，而 $E_3 < E_4$，所以 ψ_3 是 LUMO 轨道。ψ_2 和 ψ_3 都为前线轨道。

前线轨道理论可简单归结为以下几个要点。

① 分子间反应时首先是前线轨道间的相互作用，即电子在反应分子间由一个分子的 HOMO 转移到另一分子的 LUMO，只有当分子间充分接近时才引起其他轨道间的相互作用。显然前者对反应起决定作用。

对分子内反应，则可把分子内部分成两个部分（片段），一部分的 HOMO 与另一部分的 LUMO 相互作用，所考虑的 HOMO 与 LUMO 相互作用的两部分，其界面应横跨新键形成之处。

② 为了使 HOMO 与 LUMO 相互作用最大，这两个轨道间应满足对称性条件及能量近似条件，以形成最大重叠及最大能量降低，相互作用的 HOMO 和 LUMO 轨道能量差应在 6eV 以内。

③ 轨道若只有一个电子占据，则称为单占轨道 SOMO，它既可作为 HOMO，也可作为 LUMO。

④ 若反应过程中 LUMO 及 HOMO 均属成键轨道，则 HOMO 必对应于键的开裂，而 LUMO 必对应于键的形成。若二者均属反键轨道，则与此相反。

⑤ 在反应过程中，若参与反应的两个分子彼此很接近，则除了考虑 HOMO 与 LUMO 的

相互作用外，还应考虑第二最高占有轨道 NHO（next highest occupied MO）与第二最低空轨道 NLU（next lowest unoccupied MO）的相互作用。

符合以上条件（主要是第②和第④条）的反应是容许的，反之则是禁阻的，因为这时需要很高的活化能。当然，严格来说，绝对禁阻是不存在的。

四、同面与异面途径

在周环反应中，分子的化学键常以不同的方式重新组合，最后给出不同的立体化学产物。为了区分这种不同的立体化学过程，伍德沃德和霍夫曼提出了一套定义和描述方法。

1. π 键

π 键以同侧的两个轨道瓣发生重叠叫同面途径（suprafacial），π 键以异侧的两个轨道瓣发生重叠叫异面途径（antarafacial），如图 10-3 所示。

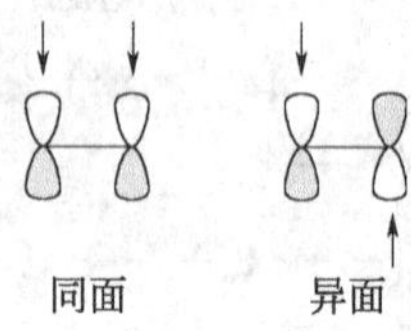

图 10-3　π 轨道的同面与异面途径

2. σ 键

σ 键的同面破裂是指 σ 键键连的两个原子轨道都是以正瓣或都以负瓣去成键，断裂后两个原子的构型保持或者都反转。σ 键的异面破裂是指 σ 键断裂后，一个原子的构型保持，而另一个原子构型反转，如图 10-4 所示。

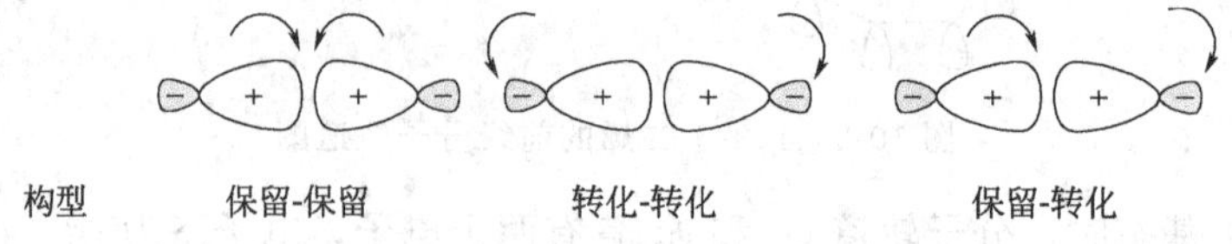

图 10-4　σ 键的同面与异面断裂

3. 非键 p 轨道

参加周环反应的一个非键 p 轨道能以同一个叶瓣与一个碳链的两端成键，称为同面过程；而以相反的两瓣成键，称为异面途径，如图 10-5 所示。

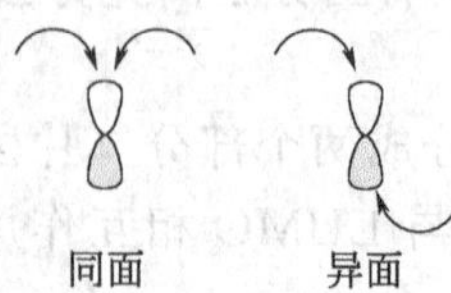

图 10-5　非键 p 轨道的同面与异面途径

对参与过渡态的 π 体系、σ 键和 p 轨道，分别以 π、σ 和 p 置于各有关轨道电子数的前下方，而以符号 s 和 a 分别表示同面和异面，置于轨道电子数后下方，以表明参与周环反应的轨道类型。例如，σ2s、π4s、p0a 分别表示一个二电子的 σ 键用于同面、一个四电子 π 体系使用同面、一个空的 p 轨道用于异面方式。

异面途径往往由于轨道的扭曲和分子几何构型的限制，需要较高的活化能，可能使对称性允许的异面过程变得困难或不能进行，而同面途径比较容易发生，因此，我们重点对同面途径的周环反应进行讨论。

第二节　电环化反应

电环化反应是在光或热的条件下，共轭多烯烃的两端环化成环烯烃和其逆反应——环烯烃开环成多烯烃的一类反应。如：

电环化反应是分子内的周环反应，电环化反应的成键过程取决于反应物中开链异构物的HOMO轨道的对称性。

一、含 4*n* 个 π 电子体系的电环化

以丁二烯为例讨论。丁二烯电环化成环丁烯时，要求C1－C2、C3－C4沿着各自的键轴旋转，使C1和C4的轨道结合形成一个新的σ键。旋转的方式有两种，顺旋和对旋。反应是顺旋还是对旋，取决于分子基态或激发态时HOMO轨道的对称性。

丁二烯在基态（加热）环化时，起反应的前线轨道HOMO是ψ_2，因为ψ_2对c_2轴是对称的，只能顺旋关环，其逆反应也是顺旋开环。顺旋C1与C4的p轨道，轨道位相正正重叠（或负负重叠），C1与C4之间可形成σ键（如图10-6所示）；对旋C1与C4的p轨道，形成环丁烯的反键σ^*轨道，C1与C4之间不能成键。分析环丁烯σ^*轨道的对称性，发现其对c_2轴是反对称的，即反应物与产物的轨道对称性不一致，这就是丁二烯分子在加热时不能对旋进行反应的原因。

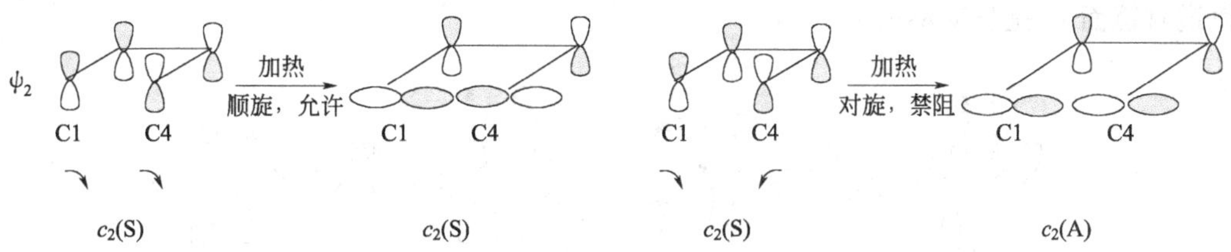

图10-6　1,3-丁二烯加热条件下ψ_2轨道的顺旋与对旋

丁二烯在激发态（光照）环化时，起反应的前线轨道HOMO是ψ_3，ψ_3对m镜面是对称的，只有对旋关环（对旋C1与C4的p轨道），才能发生同位相重叠，变为轨道对称性与反应物ψ_3轨道相同的环丁烯的成键σ轨道（对m镜面是对称的），生成稳定的对旋环化产物（如图10-7所示）。

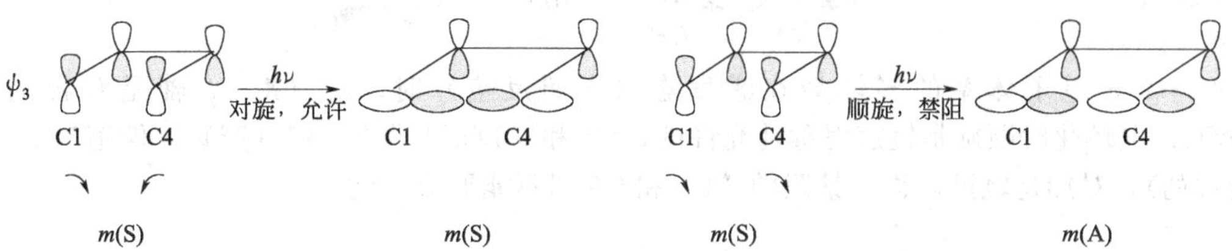

图10-7　1,3-丁二烯光照条件下ψ_3轨道的顺旋与对旋

其他含有π电子数为4*n*的共轭多烯烃体系的电环化反应的方式也基本相同。如：

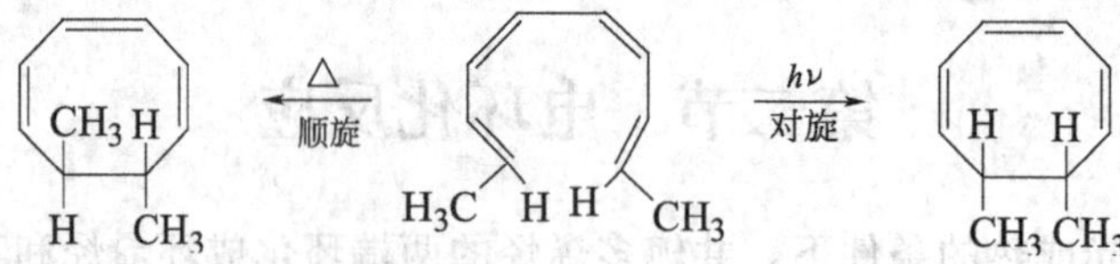

二、4n+2 个 π 电子体系的电环化

以已三烯为例讨论，处理方式同丁二烯。先看按线性组合的已三烯的六个分子轨道图。

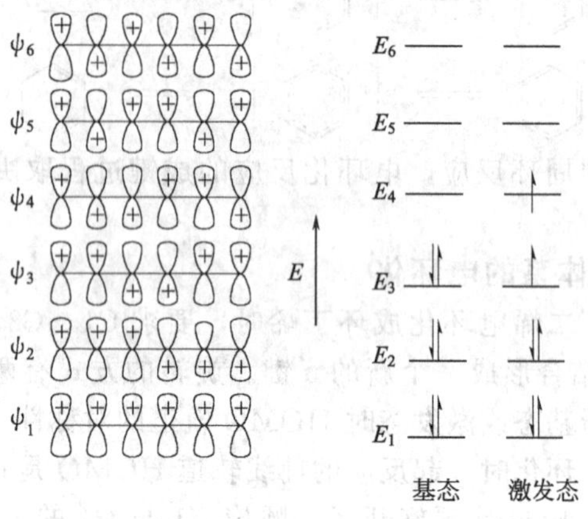

图 10-8 1,3,5-已三烯的前线分子轨道图

从已三烯的 π 轨道可以看出，$4n+2$ π 电子体系的多烯烃在基态（热反应）时 ψ_3（对镜面 m 是对称的）为 HOMO，电环化时对旋是轨道对称性允许的（产物的 σ 轨道对镜面 m 也是对称的），C1 和 C6 间可形成 σ 键；顺旋是轨道对称性禁阻的，C1 和 C6 间不能形成 σ 键（产物的 σ* 轨道对镜面 m 是反对称的）。

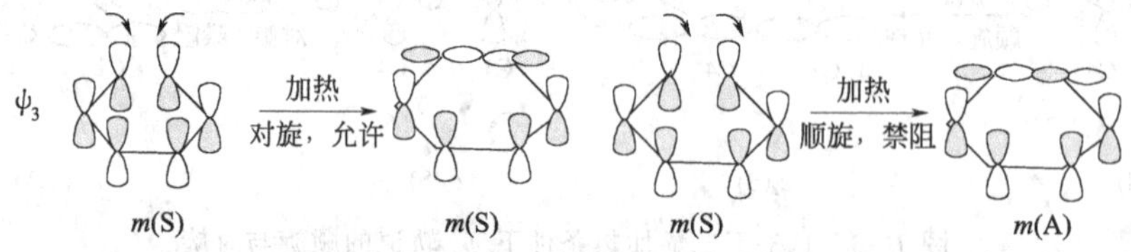

图 10-9 1,3,5-已三烯加热条件下的 ψ_3 轨道的顺旋与对旋

例如：

$$\times \xleftarrow[\text{顺旋}]{130^\circ\text{C}} \text{(CH}_3\text{, H / H, CH}_3\text{ 取代的已三烯)} \xrightarrow[\text{对旋}]{130^\circ\text{C}} \text{(顺式 5,6-二甲基-1,3-环己二烯)}$$

$4n+2$ π 电子体系的多烯烃在激发态（光照反应）时，ψ_4（对 c_2 轴是对称的）为 HOMO。电环化时顺旋是轨道对称性允许的，C1 和 C6 间可形成 σ 键（产物 σ 轨道对 c_2 轴也是对称的），对旋是轨道对称性禁阻的，C1 和 C6 间不能形成 σ 键。

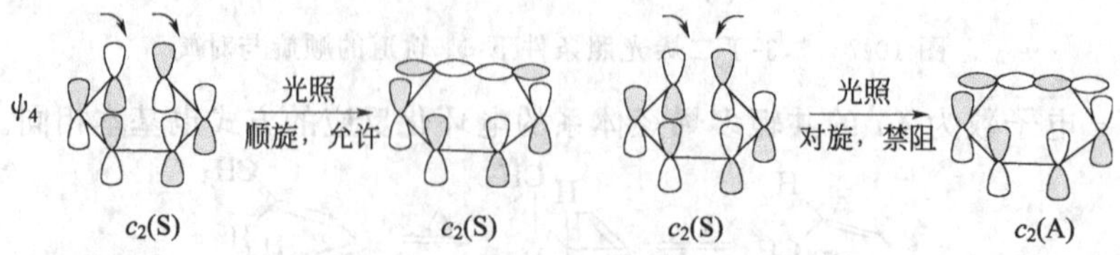

图 10-10 1,3,5-已三烯光照条件下 ψ_4 轨道的顺旋与对旋

其他含有 $4n+2$ 个 π 电子体系的共轭多烯烃的电环化反应的方式也基本相似。如：

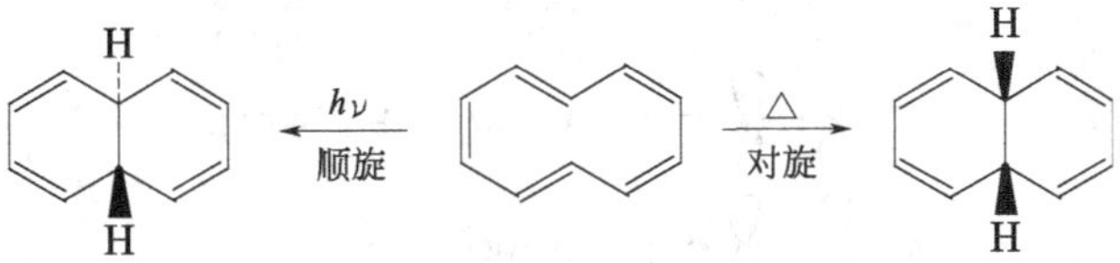

从以上讨论可以看出，电环化反应的空间过程取决于反应中开链异构物的 HOMO 的对称性，若一共轭多烯烃含有 $4n$ 个 π 电子体系，则其热化学反应按顺旋方式进行，光化学反应按对旋进行；如果共轭多烯烃含有 $4n+2$ 个 π 电子体系，则进行的方向正好与上述相反。此规律称为伍德沃德-霍夫曼规则，见表 10-1。电环化反应在有机合成上的应用也是很有成效的。

表 10-1 电环化反应的选择规则

π 电子数	反应	方式
$4n$	热	顺旋
	光	对旋
$4n+2$	热	对旋
	光	顺旋

第三节 环加成反应

在光或热的作用下，两个不饱和分子相互结合起来生成环的反应叫环加成反应。如：

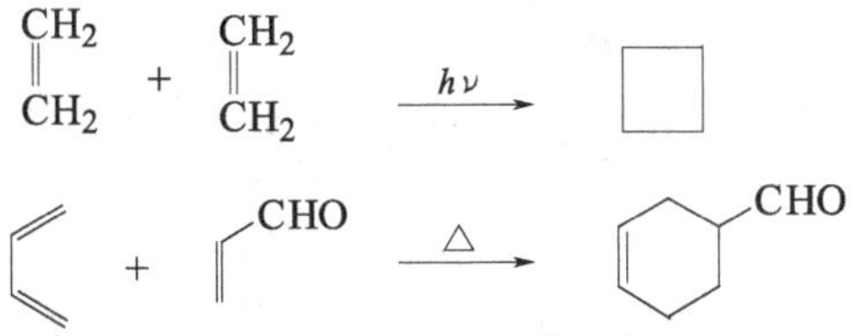

$$CH_2{=}CH_2 + CH_2{=}CH_2 \xrightarrow{h\nu} \square$$

$$\text{丁二烯} + CH_2{=}CH{-}CHO \xrightarrow{\triangle} \text{环己烯基-CHO}$$

环加成反应根据反应物的 p 电子数可分为［2+1］、［2+2］、［4+2］、［4+4］等环加成类型。

环加成反应是分子间的加成环化反应，由一个分子的 HOMO 轨道和另一个分子的 LUMO 轨道交盖而成，FMO 理论认为，环加成反应能否进行，主要取决于一反应物分子的 HOMO 轨道与另一反应物分子的 LUMO 轨道的对称性是否匹配，如果两者的对称性是匹配的，环加成反应允许，反之则禁阻。

从前线分子轨道（FMO）观点来分析，每个反应物分子的 HOMO 中已充满电子，因此与另一分子的轨道交盖成键时，要求另一轨道是空的，而且能量要与 HOMO 轨道的比较接近，所以，能量最低的空轨道 LUMO 最匹配。

一、［2+2］环加成

以乙烯的二聚为例进行讨论。乙烯的前线轨道图如图 10-11 所示。

在加热条件下，当两个乙烯分子面对面相互接近时，由于一个乙烯分子的 HOMO 为 π 轨道（对 m 镜面是对称的），另一乙烯分子的 LUMO 为 π* 轨道（对 m 镜面是反对称的），两者的对称性不匹配，因此是对称性禁阻的反应（如图 10-12 所示）。

光照条件下，处于激发态的乙烯分子中的一个电子已从 π 轨道跃迁至 π* 轨道（对 c_2 轴是对称的），因此，激发态乙烯的 HOMO 是 π*，另一乙烯分子基态的 LUMO 也是 π*，两者的对称性匹配是允许的，故环加成允许（如图 10-13 所示）。

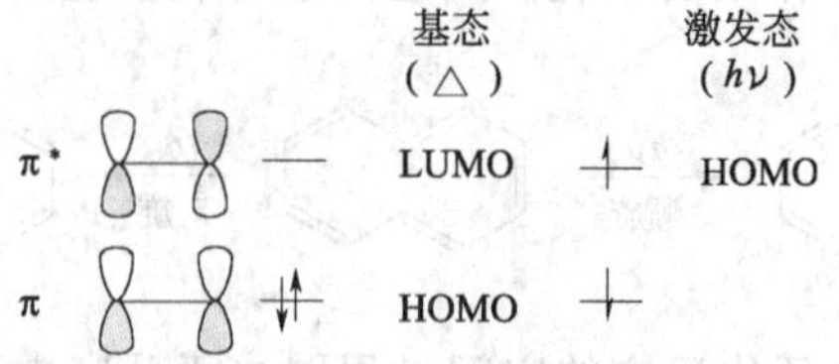

基态 (△)　激发态 ($h\nu$)

π^* LUMO HOMO

π HOMO

图 10-11　乙烯的前线分子轨道图

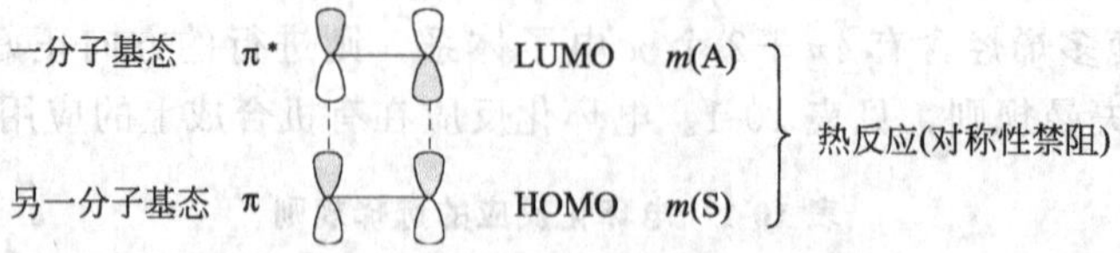

一分子基态 π^* LUMO m(A)

另一分子基态 π HOMO m(S)

热反应(对称性禁阻)

图 10-12　两个乙烯的热反应前线轨道作用

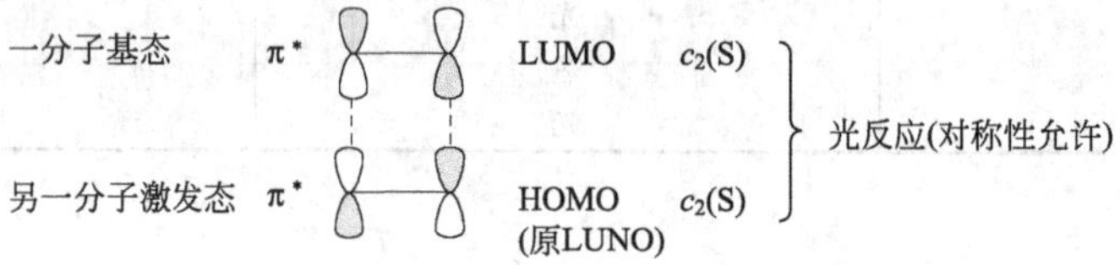

一分子基态 π^* LUMO c_2(S)

另一分子激发态 π^* HOMO (原LUNO) c_2(S)

光反应(对称性允许)

图 10-13　两个乙烯的光反应前线轨道作用

[2+2] 环加成是光作用下允许的反应。与乙烯结构相似的化合物的环加成方式与乙烯的相同。

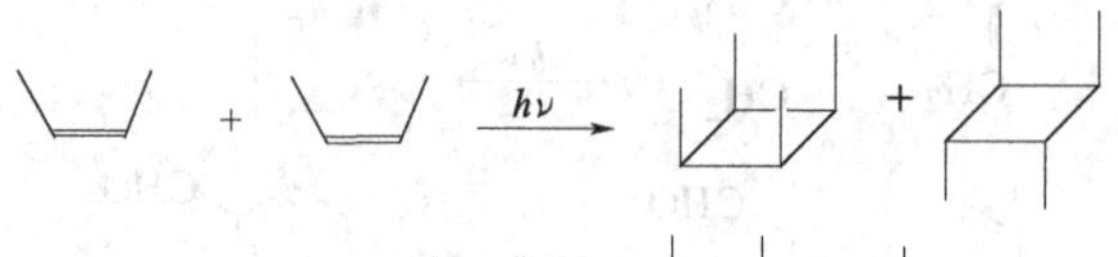

$h\nu$

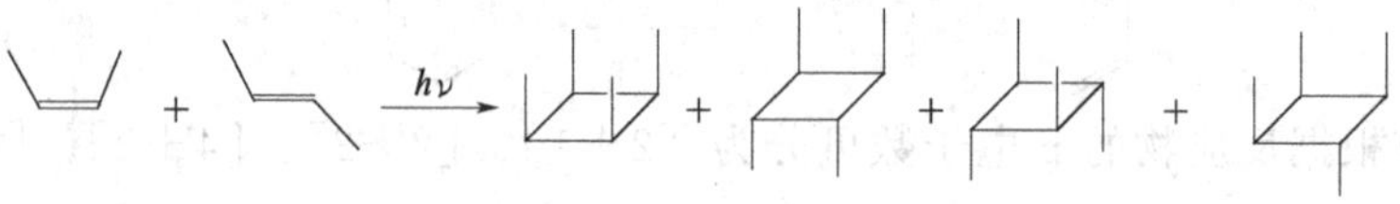

$h\nu$

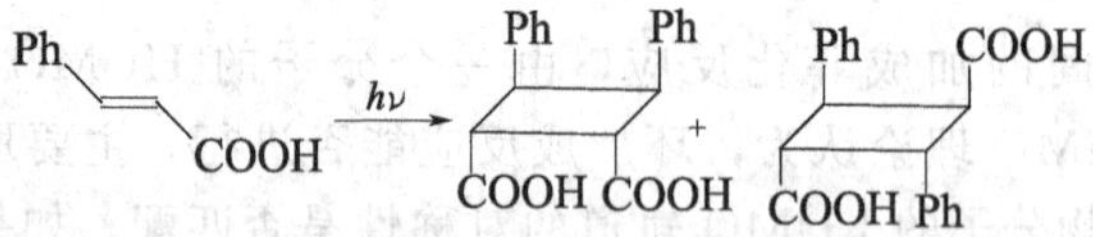

Ph COOH $\xrightarrow{h\nu}$ Ph Ph COOH COOH + Ph COOH COOH Ph

二、[4+2] 环加成

以乙烯与丁二烯的反应为例讨论。从前线轨道（FMO）来看，基态时，乙烯与丁二烯 HOMO 和 LUMO 如图 10-14 所示。

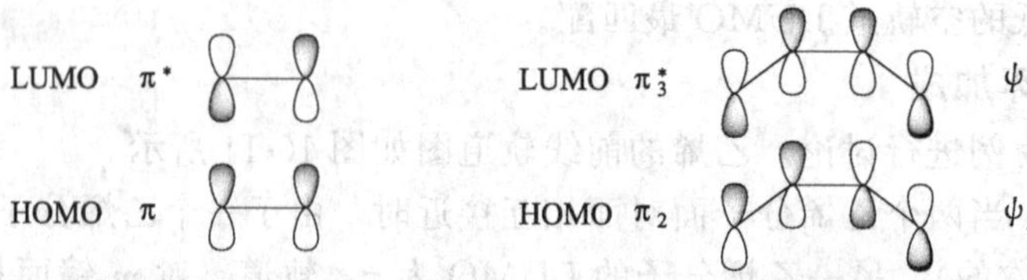

LUMO π^*　　LUMO π_3^* ψ_3

HOMO π　　HOMO π_2 ψ_2

乙烯的前线轨道　　丁二烯的前线轨道

图 10-14　乙烯和丁二烯的前线轨道图

当乙烯与丁二烯在加热条件下（基态）进行环加成时，乙烯的 HOMO 与丁二烯的 LUMO 作用或丁二烯的 HOMO 与乙烯的 LUMO 作用都是对称性允许的，可以重叠成键。所以，[4+2] 环加成是加热允许的反应。如图 10-15 所示。

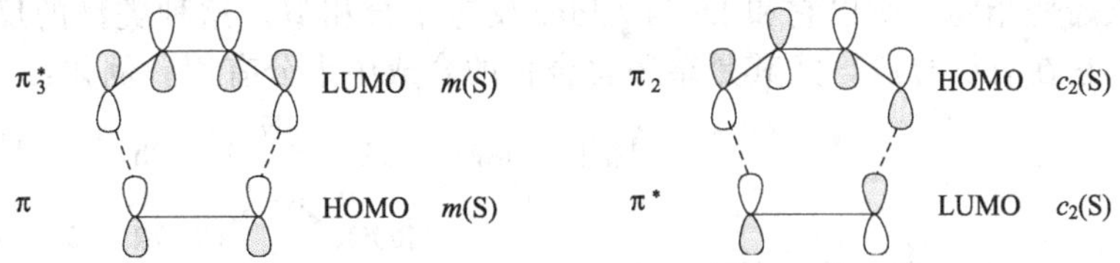

图 10-15　乙烯和丁二烯的环加成（热反应）图

在光照作用下，[4+2] 环加成反应是禁阻的。因为光照使乙烯分子或丁二烯分子激活，基态乙烯的 π^* LUMO 或基态丁二烯的 π_3^* LUMO 变成了激发态的 π^* HOMO 或 π_3^* HOMO，无论是激发态乙烯的 π^* HOMO 与基态丁二烯的 π_3^* L 还是基态乙烯的 π^* LUMO 与激发态丁二烯的 π_3^* HOMO，轨道对称性都不匹配，所以反应是禁阻的。如图 10-16 所示。

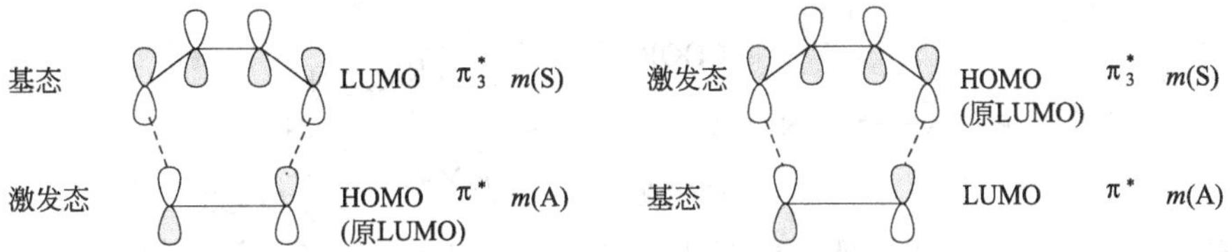

图 10-16　乙烯和丁二烯的环加成（光作用）图

大量的实验事实证明了这个推断的正确性，例如 D-A 反应就是一类非常容易进行且空间定向很强的顺式加成的热反应。如：

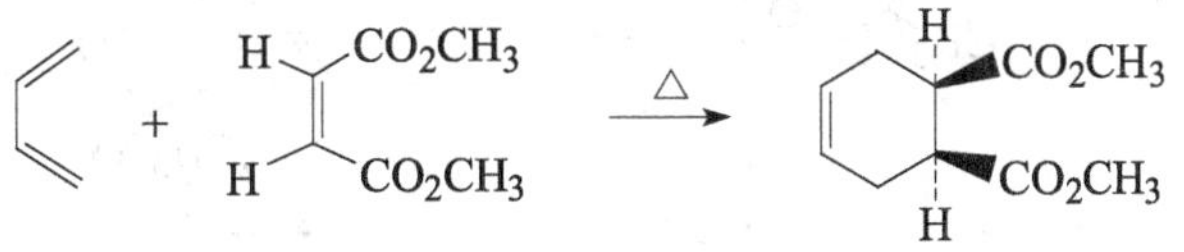

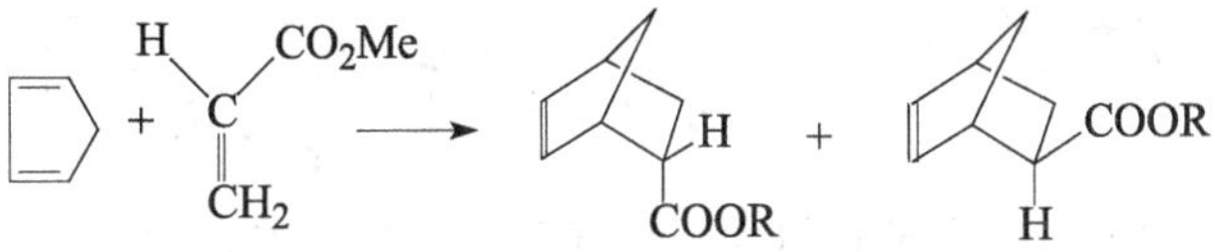

76%　24%

这种反应并不仅仅局限于烯烃和共轭烯烃，一些具有类似结构的化合物，如 α,β-不饱和羰基化合物、亚胺及一些带电离子均可发生类似的反应。例如：

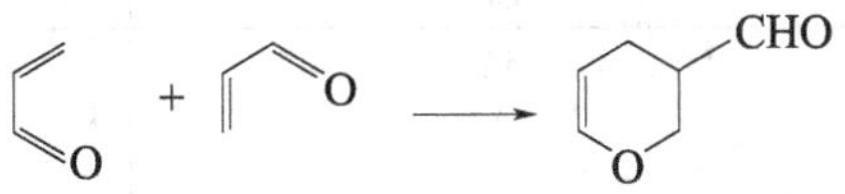

45%

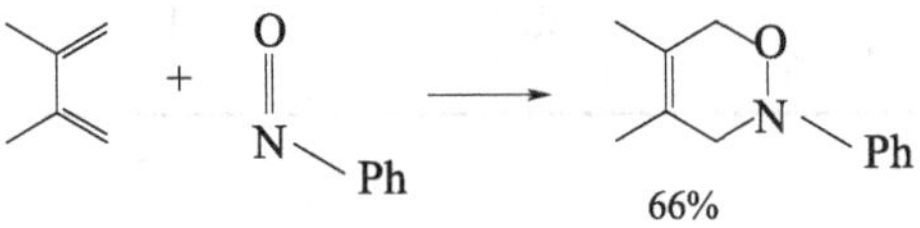

66%

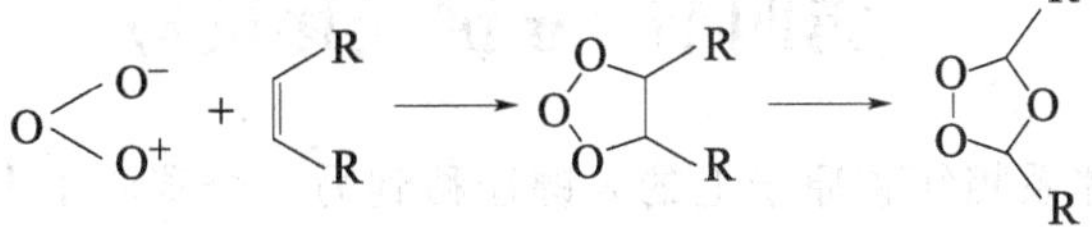

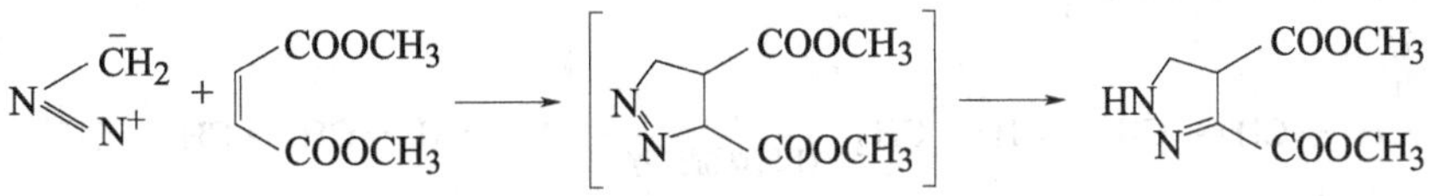

注意后两个反应，这里的双烯体是一个具有 π_3^4 电子体系的偶极离子，它们 HOMO 的对称性与普通的双烯烃相同，所以它和 Diels-Alder 反应十分相似。这种类型的反应称为 1,3-偶极环加成反应，它在有机合成，尤其是杂环化合物的合成中十分有用。例如：

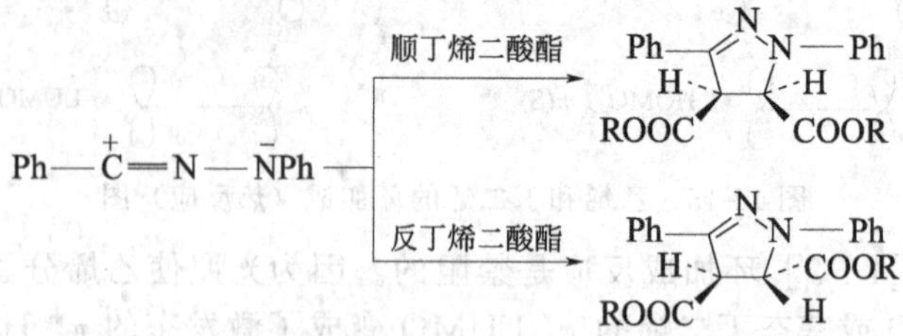

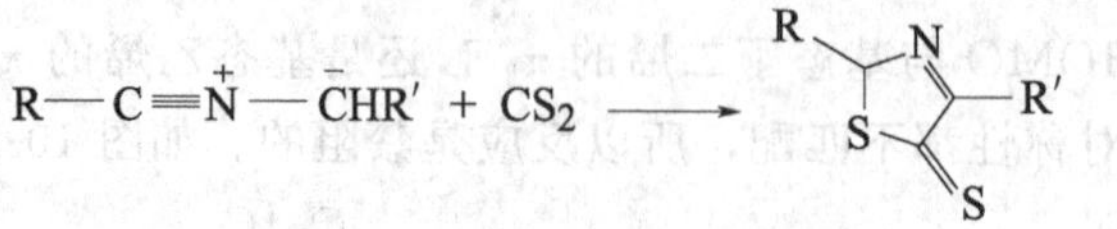

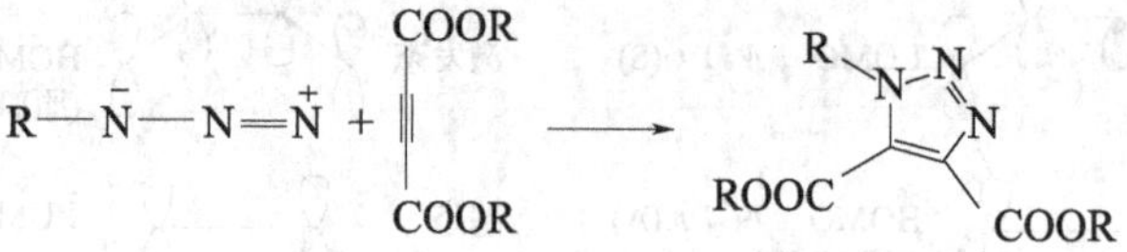

$Ph—\overset{+}{C}═N—\overset{-}{N}Ph$ —顺丁烯二酸酯→ (Ph, N—Ph, H, H, ROOC, COOR)；—反丁烯二酸酯→ (Ph, N—Ph, H, COOR, ROOC, H)

$R—C≡\overset{+}{N}—\overset{-}{C}HR' + CS_2$ ⟶ (R, N, R', S, S)

$R—\overset{-}{N}—N═\overset{+}{N}$ + COOR—C≡C—COOR ⟶ (R, N, N, N, ROOC, COOR)

环加成除［2+2］、［4+2］外，还有［4+4］、［6+4］、［6+2］等。如：

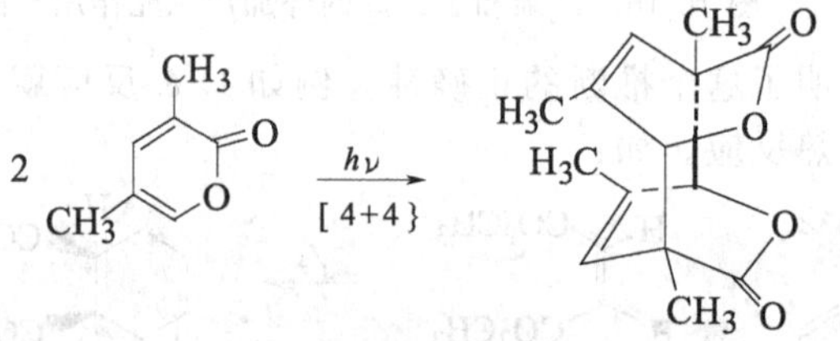

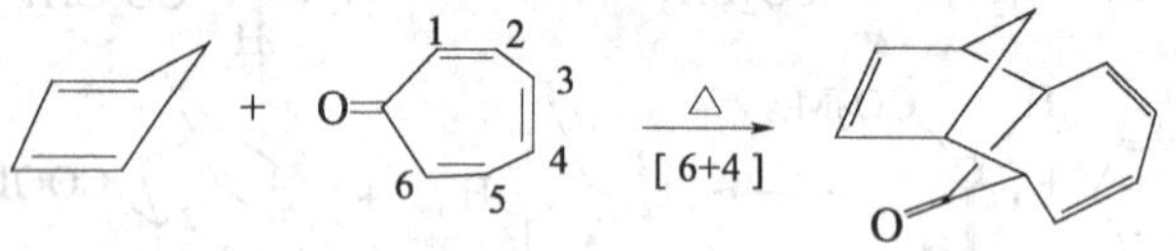

2 (CH_3, O, O, CH_3) —$h\nu$ [4+4]→ (CH_3, O, H_3C, O, H_3C, O, CH_3, O)

+ O═(1, 2, 3, 4, 5, 6) —△ [6+4]→ (O)

［2+2］、［4+4］、［6+2］环加成归为 π 电子数 4n 的一类；［4+2］、［6+4］、［8+2］环加成归为 π 电子数 4n+2 的一类。环加成反应的规律见表 10-2。

表 10-2　环加成反应规律

两分子 π 电子数之和	反应	方式
4n　［2+2］ ［4+4］ ［6+2］	热 光	禁阻 允许
4n+2　［4+2］ ［6+4］ ［8+2］	热 光	允许 禁阻

第四节　σ 键迁移反应

双键或共轭双键体系相邻碳原子上的 σ 键迁移到另一个碳原子上去，随之共轭链发生转移的反应叫做 σ 键迁移反应。如：

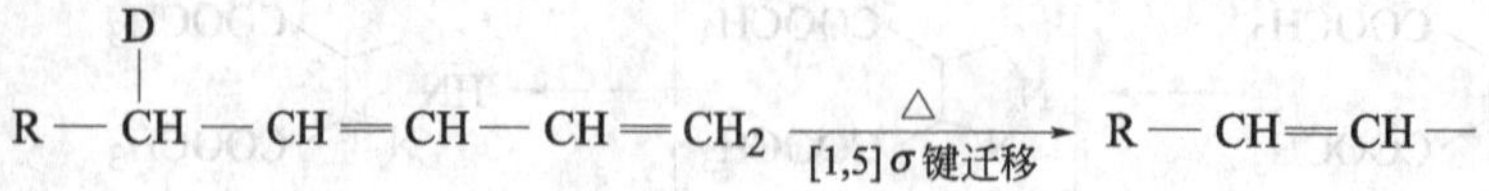

$$R—\underset{}{\overset{D}{CH}}—CH═CH—CH═CH_2 \xrightarrow[{[1,5]\,\sigma\text{键迁移}}]{\triangle} R—CH═CH—CH═CH—\overset{D}{CH_2}$$

σ 键迁移反应
- 从反应键型看
  - C-H σ 键迁移
  - C-C σ 键迁移
- 从迁移位置看
  - [1, j]迁移
    - [1, 3] σ 键迁移
    - [1, 5] σ 键迁移
    - [1, 7] σ 键迁移
  - [i, j]迁移　主要是[3,3] σ 键迁移
- 从几何构型看
  - 同面迁移
  - 异面迁移

一、[1,j] σ 键迁移

1. [1,j]σ 键氢迁移

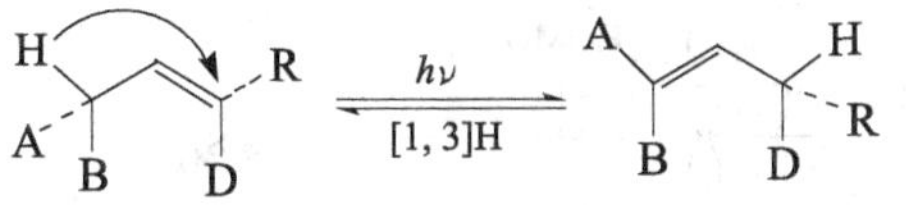

$h\nu$ ⇌ [1, 3]H　　同面迁移

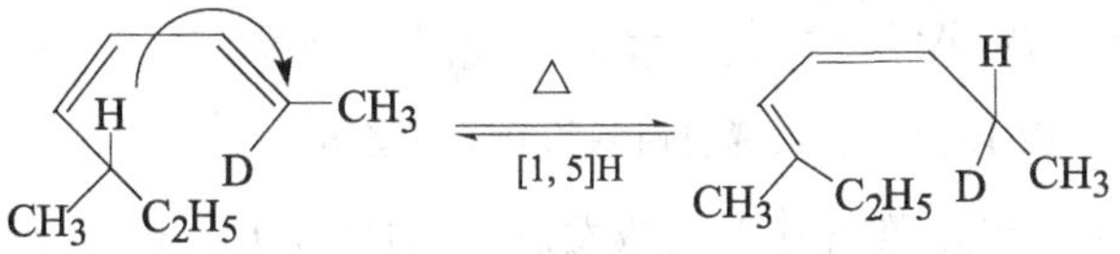

△ ⇌ [1, 5]H　　同面迁移

[1,j]σ 键氢迁移规律见表 10-3。

表 10-3　[1,j]σ 键氢迁移规律

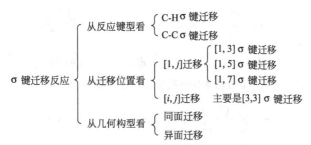

[1,j]	加热允许	光照允许
[1,3],[1,7]	异面迁移	同面迁移
[1,5]	同面迁移	异面迁移

迁移规律可用前线轨道理论解释。为了分析问题方便，通常假定 C—H 键先均裂，形成氢原子和碳自由基的过渡态。

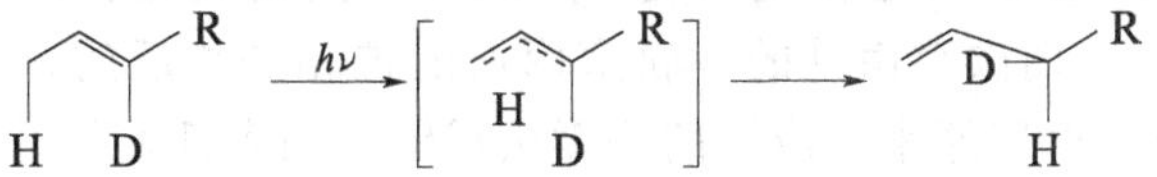

烯丙基自由基是具有三个 p 电子的 π 体系，根据分子轨道理论，它有三个分子轨道（如图 10-17 所示）。

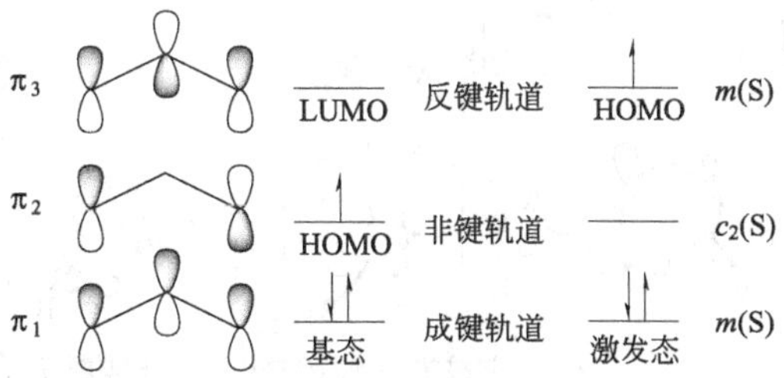

	基态		激发态	
π_3	LUMO	反键轨道	HOMO	m(S)
π_2	HOMO	非键轨道		c_2(S)
π_1	基态	成键轨道	激发态	m(S)

图 10-17　烯丙基自由基的分子轨道图

从前线轨道可以看出，加热反应（基态）时，HOMO 轨道 π_2 的对称性决定 [1,3]σ 键氢的异面迁移是允许的。光反应（激发态）时，HOMO 为 π_3^*，轨道的对称性决定 [1,3]σ 键氢的同面迁移是允许的。如图 10-18 所示。

对 [1,5]σ 键氢迁移，则要用戊二烯自由基 π 体系的分子轨道来分析。戊二烯自由基的分子轨道图如图 10-19 所示。

由戊二烯自由基的分子轨道图可知：在加热条件下（基态），HOMO 为 π_3，同面 [1,5] σ

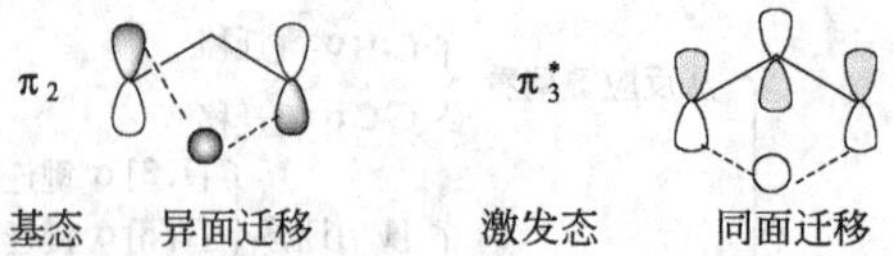

图 10-18　烯丙基体系中氢的 [1,3] 异面迁移与同面迁移

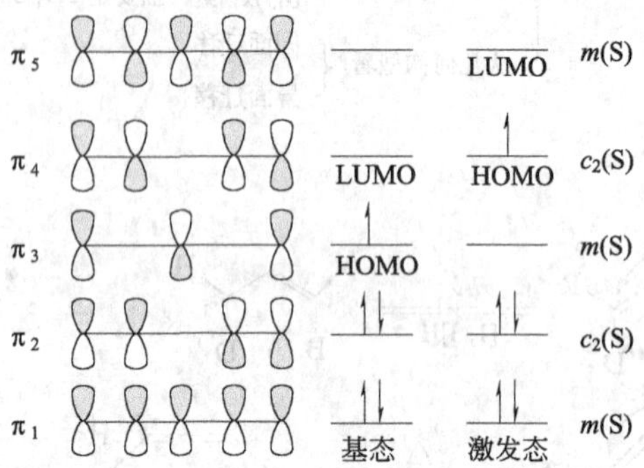

图 10-19　戊二烯自由基的分子轨道图

键氢迁移是轨道对称性允许的；在光照条件下（激发态），HOMO 为 π_4^*，异面 [1,5] σ 键氢迁移是轨道对称性允许的（如图 10-20 所示）。

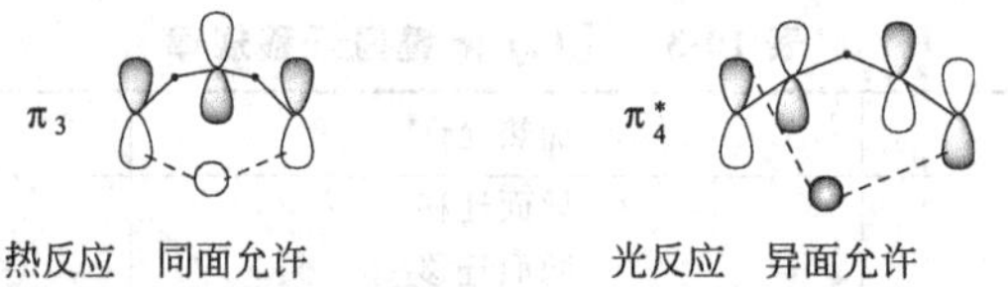

图 10-20　戊二烯体系中氢的 [1,5] 异面迁移与同面迁移

2. [1,j]σ 键烷基（R）迁移

[1,j]σ 键烷基迁移较 σ 键氢迁移更为复杂，除了有同面成键和异面成键外，还由于氢原子的 1s 轨道只有一个瓣，而碳自由基的 p 轨道两瓣的位相是相反的，在迁移时，可以用原来成键的一瓣去交盖，也可以用原来不成键的一瓣去成键，前者迁移保持碳原子的构型不变，而后者要伴随着碳原子的构型翻转。

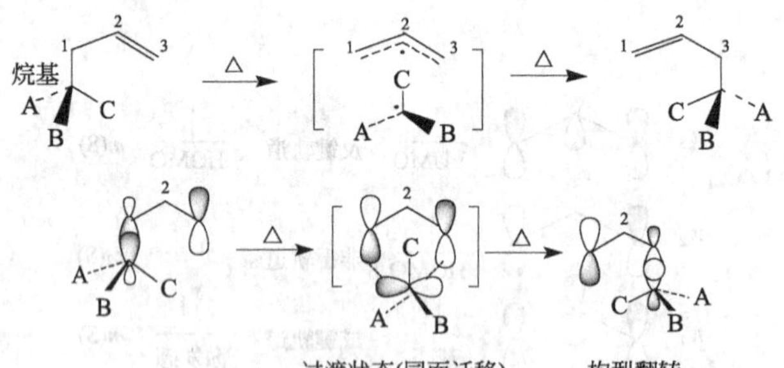

图 10-21　[1,3]σ 键烷基迁移（热反应，同面迁移，构型翻转）示意图

实验事实与理论推测是完全一致的。如：

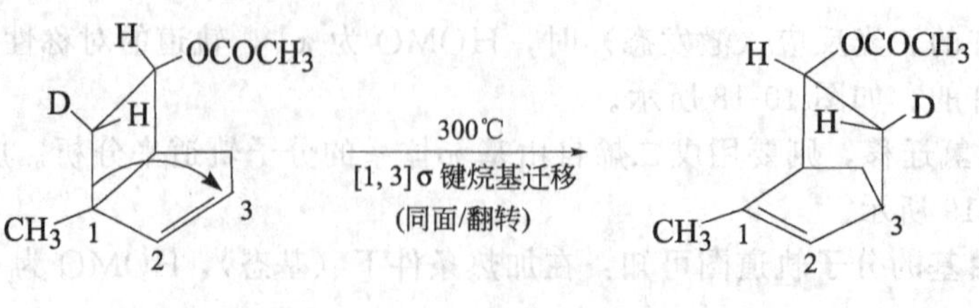

300℃
[1,3]σ 键烷基迁移
(同面/翻转)

对 [1,5]σ 键烷基迁移，加热条件下，同面迁移是轨道对称性允许的，且碳原子的构型在迁移前后保持不变。

[1,*j*]σ 键烷基迁移规律见表 10-4。

表 10-4　[1,*j*]σ 键烷基迁移规律

[1,*j*]	加热允许	光照允许
[1,3],[1,7]	同面翻转	同面保留
[1,5]	同面保留	同面翻转

二、[3,3]σ 键迁移

[3,3]σ 键迁移是常见的 [*i*,*j*]σ 键迁移。最典型的 [3,3]σ 键移是柯普（Cope）重排和克莱森（Claisen）重排（详见第九章）。

Cope 重排是由碳-碳 σ 键发生的 [3,3] 迁移，如：

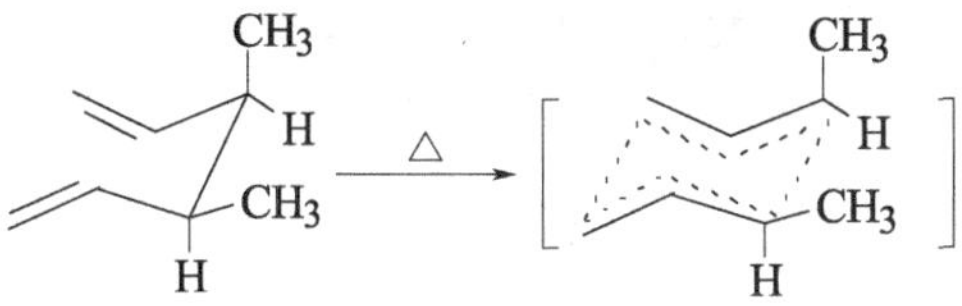

Claisen 重排是由碳-氧 σ 键发生的 [3,3] 迁移反应。如：

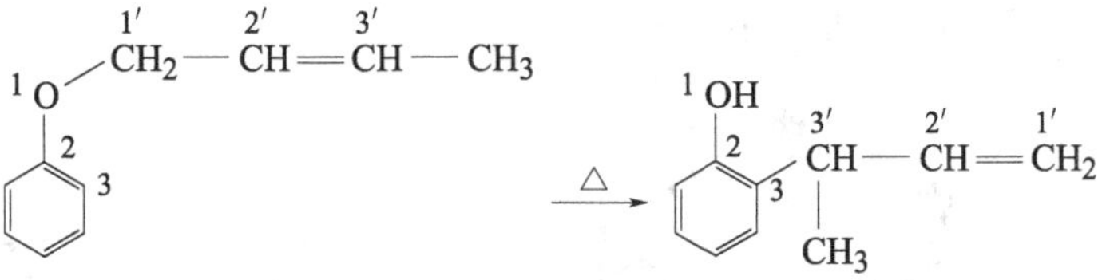

根据前线轨道理论分析，[3,3]σ 键迁移的过渡态可看作是相互作用的两个自由基体系。在基态下，烯丙基的 ψ_2 轨道仅有一个电子，既是 HOMO 也是 LUMO。当两个烯丙基自由基处于两个接近的平行平面上时，两个 ψ_2 轨道能实现对称性（c_2 轴）允许的匹配，在其两端均可发生同位相重叠。这是一个对称性容许的同面/同面过程，反应比较容易进行，加热即可实现这一过程（热反应条件下，异面/异面过程也是允许的），如图 10-22(a) 所示。

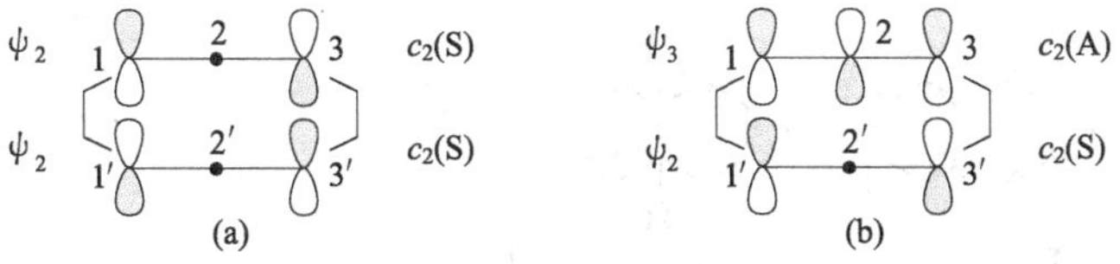

图 10-22　[3,3] σ 键迁移的前线轨道匹配情况

在光照条件下，激发态烯丙基的 ψ_3 轨道成为 HOMO，它和另一方的 LUMO 轨道 ψ_2 作用，按同面/异面方式进行，如图 10-22(b) 所示，这样的反应虽然对称性允许，但因空间上的困难，较难发生。

习　题

1. 完成下列反应。

(1) 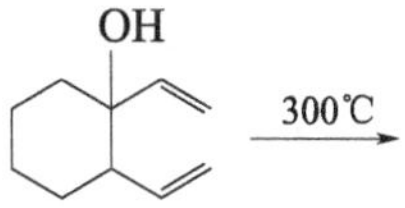　300℃

(2) 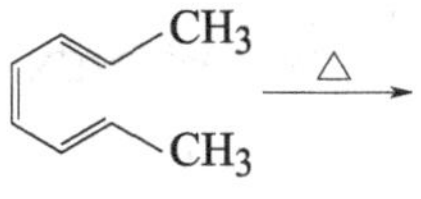　△

(3) 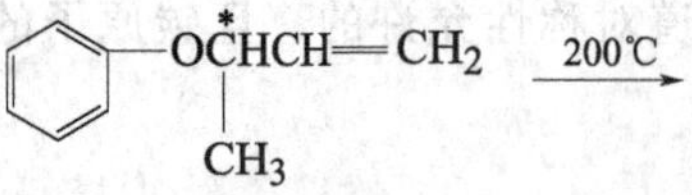 (4)

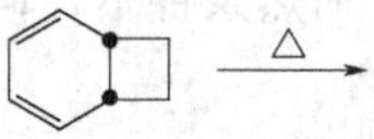

(5) 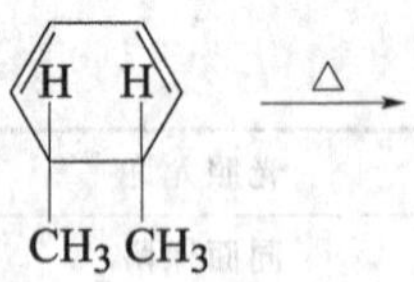 (6)

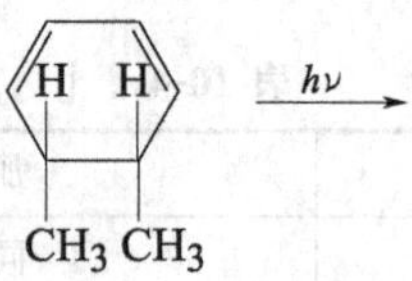

(7) 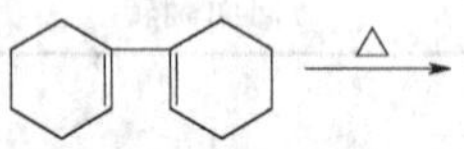 (8)

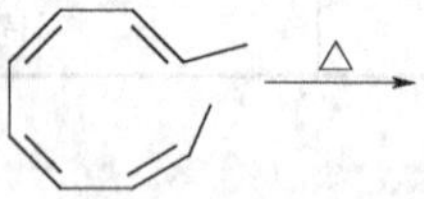

(9) 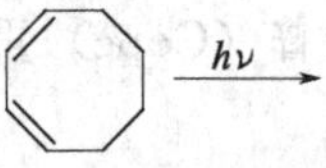 (10)

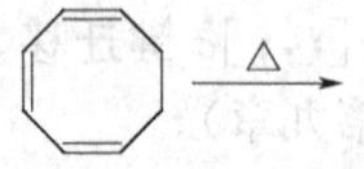

(11) 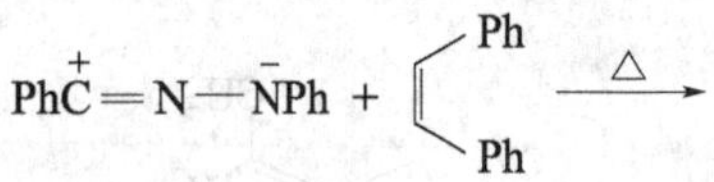 (12)

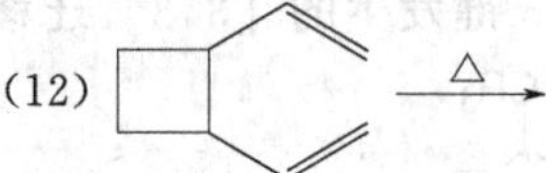

2. 指出下列反应所需条件。

(1)

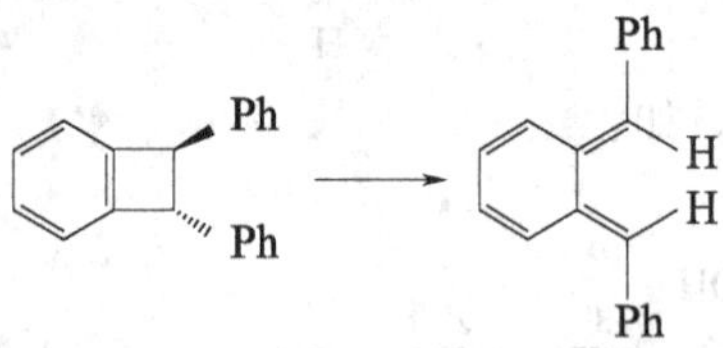

(2)

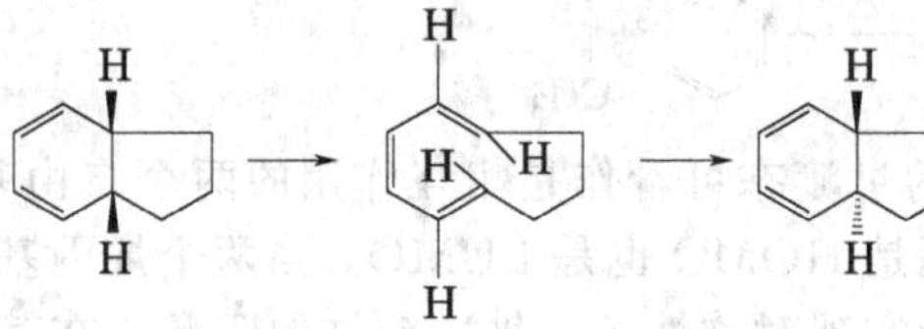

(3)

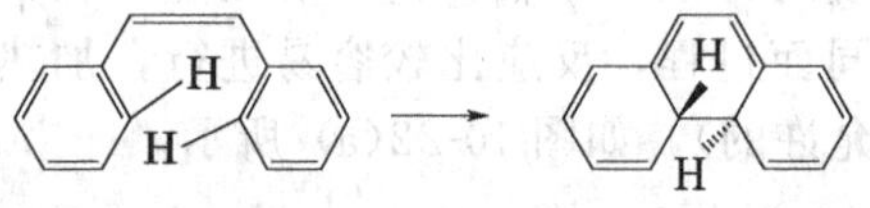

(4)

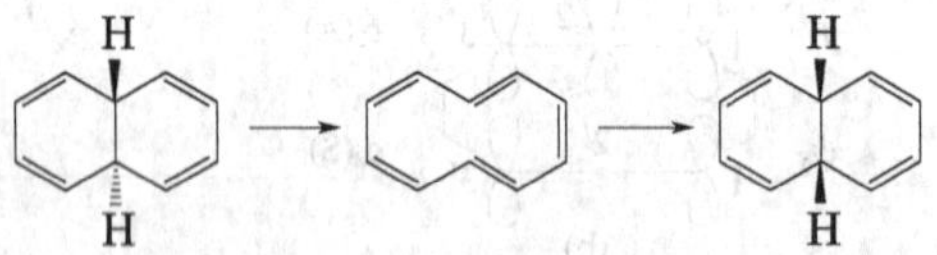

3. 试问下列反应哪些是对称性允许的?

(1)

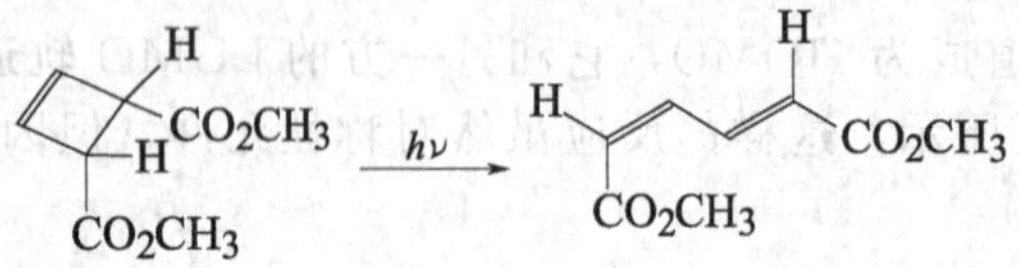

(2)

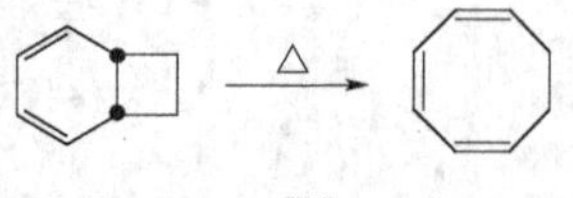

(3)

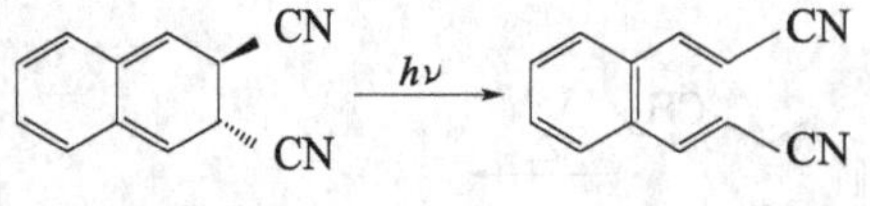

4. 合成下列化合物。

（1）［结构式］　（2）［结构式］

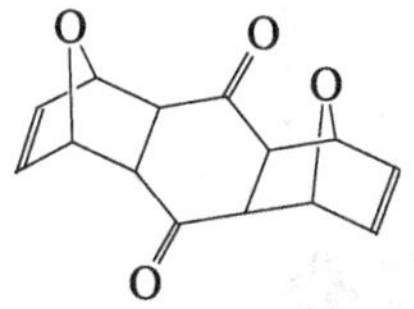

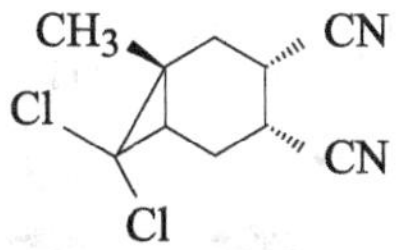

5. 试提出下列每个转化反应的机理，在每个反应中都包括不止一个步骤。

（1）［反应式，△］　（2）［反应式，△］

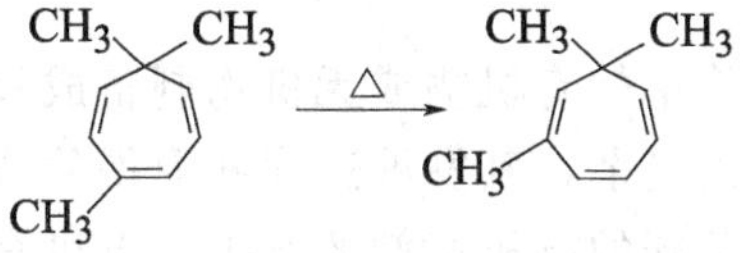

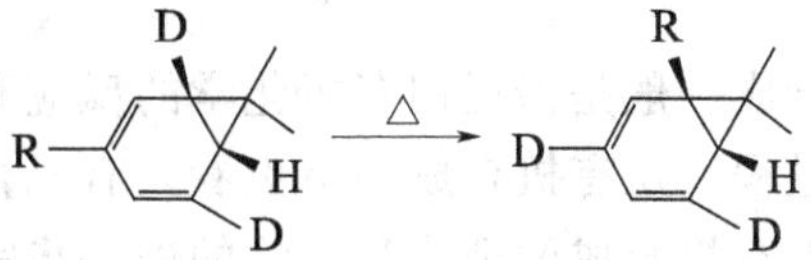

6. 写出化合物（A）、（B）、（C）的结构，并指出每步反应为何种反应。

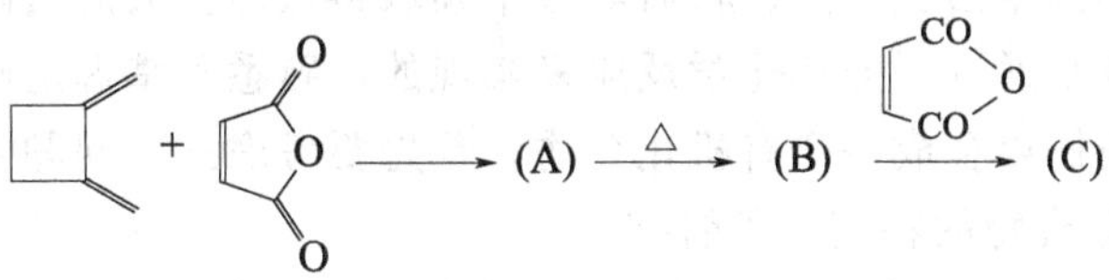

［反应式：二亚甲基环丁烷 + 马来酸酐 ⟶ (A) $\xrightarrow{\triangle}$ (B) ⟶（马来酸酐）(C)］

第十一章　有机合成设计简介

有机合成一般是指运用有机化学的反应和理论，将简单的有机物或无机物制备成较复杂的有机物的过程。从有机合成的历史看，有机合成由简单到复杂，其发展速度和取得的成绩是惊人的。随着有机合成的理论和方法的进一步完善和发展及新的有机试剂的产生，有机合成的发展将更加迅速，对人类的生活、生产、科研等各个领域将做出更大的贡献。

有机化合物的合成是通过一连串化学反应来实现的，熟悉和掌握足够的有机化学反应是设计合成路线的基础。我们要合成一个有机化合物，首先要考虑三个问题：

1. 构成所要合成化合物的特定分子骨架。

2. 引入、转变或消去官能团，构成所要合成分子的特定官能团。

3. 按目的物的立体构型要求，在有关的合成步骤中，采取选择性立体化学控制。

这三项任务不是互相孤立的，拟订某个化合物的合成计划时，常常必须同时考虑三个方面，一并完成。为了讨论方便，依次论述如下。

第一节　有机合成反应

一、形成有机分子骨架的反应

在有机合成中，往往需要通过增长碳链、减短碳链、环化或开环，来形成有机分子特定的骨架。

1. 增长碳链的反应

增长碳链的办法是通过化学反应形成新的C—C键，已学过的可以增长碳链的部分重要反应如下：

（1）碳原子上的烃基化反应

① 伯卤代烷与KCN的反应

② 炔化物负离子与伯卤代烷的反应

③ 炔化物负离子对醛、酮的加成

④ 炔化物负离子与环氧乙烷的反应

【例1】 以小于等于4个碳的有机物为原料和必要的有机无机试剂合成：(环庚基)—COOH

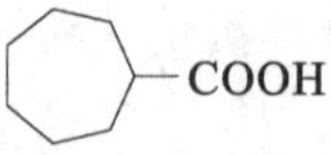

解：目标分子为取代乙酸，可通过丙二酸酯来合成，余下六碳的二卤代物可通过炔钠与环氧烷的反应来合成。

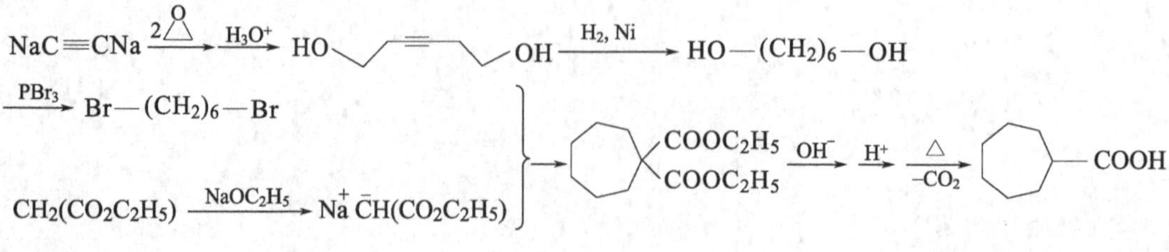

$$NaC\equiv CNa \xrightarrow{2\,\text{环氧乙烷}} \xrightarrow{H_3O^+} HO\!-\!CH_2CH_2C\equiv CCH_2CH_2\!-\!OH \xrightarrow{H_2,\ Ni} HO-(CH_2)_6-OH$$

$$\xrightarrow{PBr_3} Br-(CH_2)_6-Br$$

$$CH_2(CO_2C_2H_5) \xrightarrow{NaOC_2H_5} \overset{+}{Na}\,\overset{-}{C}H(CO_2C_2H_5)$$

$$\Big\}\longrightarrow \text{环庚烷}(COOC_2H_5)_2 \xrightarrow{OH^-} \xrightarrow{H^+} \xrightarrow[-CO_2]{\triangle} \text{环庚基}-COOH$$

⑤ 醛、酮与 HCN 的加成

⑥ 烯醇负离子的烃基化

乙酰乙酸乙酯、丙二酸二乙酯、β-二酮等形成烯醇负离子后和卤代烃、α-卤代酮或酰卤进行反应，也可增长碳链。

⑦ 芳环上的傅-克反应等

(2) 利用金属有机化合物增长碳键

金属有机化合物（有机锂、镁、锌等化合物）与 CO_2、醛、酮、酯、环氧乙烷、卤代烃等的反应，是形成碳—碳键的常用方法。

(3) 利用缩合反应增长碳链

羟醛缩合反应、魏狄希反应、安息香综合、酯缩合反应、珀金反应、达参反应、曼尼希反应等在有机合成中有广泛的用途。

(4) 利用偶联反应增长碳链

武兹反应、柯尔柏反应和酮或酯的双分子还原可使分子中碳原子数增加一倍。如：

$$RCH_2X \xrightarrow{Na} RCH_2CH_2R$$

(5) 通过分子重排反应增长碳链

阿尔特-艾司特反应就是通过沃尔夫重排由羧酸合成高一级羧酸的方法。

$$R-\overset{\overset{O}{\|}}{C}-Cl + CH_2N_2 \longrightarrow R-\overset{\overset{O}{\|}}{C}-CHN_2 \xrightarrow{Ag_2O,\ H_2O} RCH_2COOH$$

2. 碳链的缩短

(1) 利用烷烃的裂化或裂解

长链烷烃在高温下碳链断裂生成短链的烯烃和烷烃。

(2) 利用氧化反应

烯烃、炔烃、芳烃侧链、1,2-二醇、α-羟基酮、1,2-二酮、甲基酮等都可以被氧化后断裂碳碳键使碳链缩短。

(3) 利用脱羧反应

(4) 利用分子重排反应

通过霍夫曼重排、柯提斯重排、施密特重排等可使碳链缩短。

3. 碳架的改变

利用重排反应可以改变原有分子碳架结构达到合成的要求。

【例 2】 完成下列转化：环戊酮 ⟶ 螺[4.5]癸-6-酮（结构式）

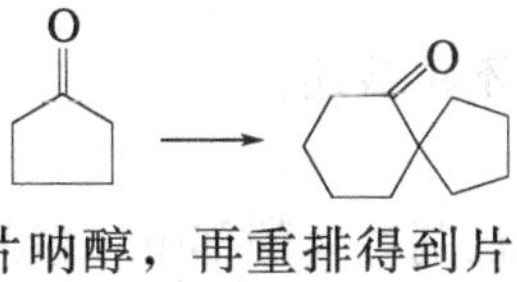

解：由环戊酮可先合成片呐醇，再重排得到片呐酮。

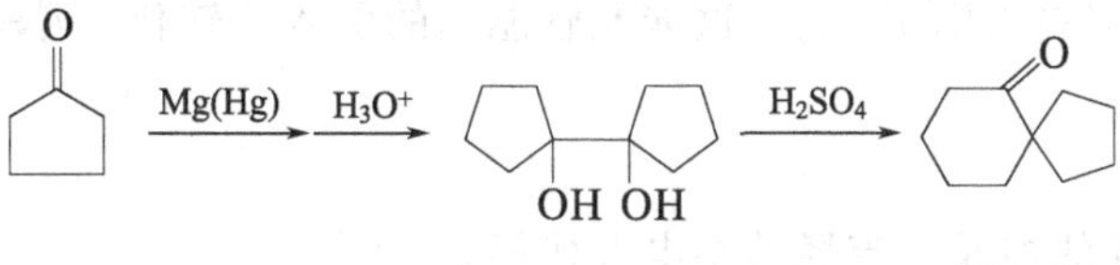

$$\text{环戊酮} \xrightarrow{Mg(Hg)} \xrightarrow{H_3O^+} \text{片呐醇 (OH OH)} \xrightarrow{H_2SO_4} \text{螺环酮}$$

4. 碳环的形成

(1) 在碱存在下的 1,3-或 1,4-消除可合成三元和四元环

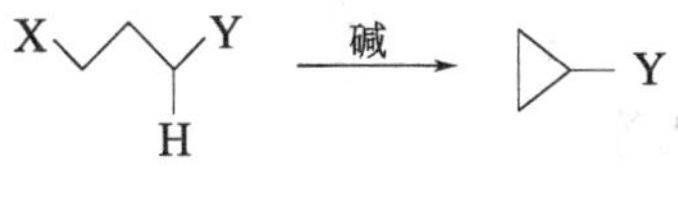

$$X\!\!\diagdown\!\!\diagup\!\!\underset{H}{|}\!\!Y \xrightarrow{\text{碱}} \triangleright\!-Y$$

$X=X^-$，TsO^-

$Y=$ —COR，—CN，—COOR等吸电子基

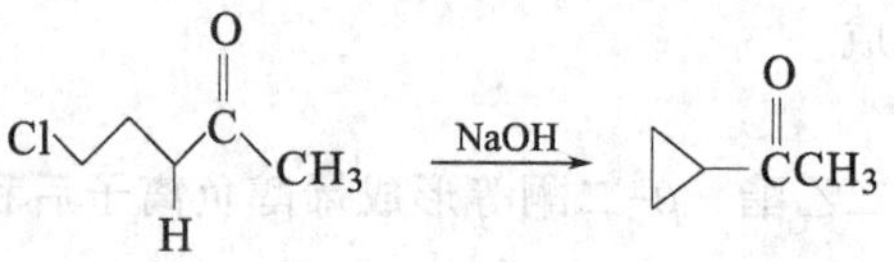

$$\text{ClCH}_2\text{CH}_2\text{CH(H)COCH}_3 \xrightarrow{\text{NaOH}} \text{环丙基}-\text{CCH}_3(\text{=O})$$

(2) 烯与卡宾的加成

(3) 分子内的亲核取代反应

丙二酸酯、乙酰乙酸乙酯、α-卤代腈等与 1,2-二卤代物（1,3-卤代物等）的烷基化反应，可形成 3～6 元环。

(4) 分子内的傅-克反应

(5) 环加成反应和电环化反应

利用周环反应中的电环化反应和环加成反应也可用于合成 4～6 元环。

【例 3】 用不多于四个碳的有机原料合成：

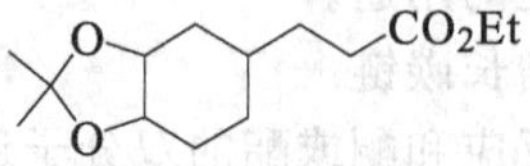

解：

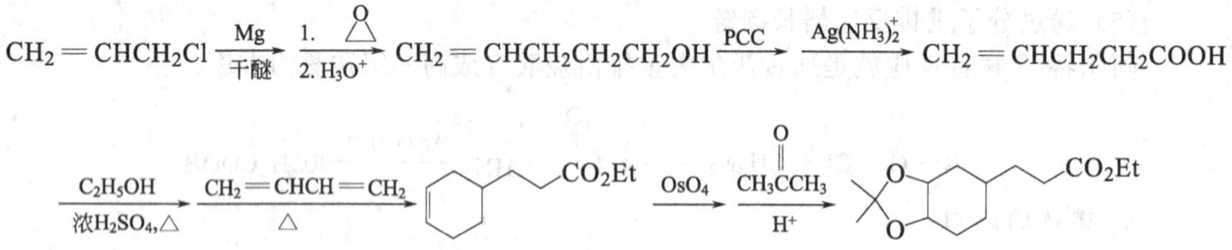

$$CH_2{=}CHCH_2Cl \xrightarrow[\text{干醚}]{Mg} \xrightarrow[2.\ H_3O^+]{1.\ \text{环氧乙烷}} CH_2{=}CHCH_2CH_2CH_2OH \xrightarrow{PCC} \xrightarrow{Ag(NH_3)_2^+} CH_2{=}CHCH_2CH_2COOH$$

$$\xrightarrow[\text{浓}H_2SO_4,\triangle]{C_2H_5OH} \xrightarrow[\triangle]{CH_2{=}CHCH{=}CH_2} \text{(环己烯基)}CH_2CH_2CO_2Et \xrightarrow{OsO_4} \xrightarrow[H^+]{CH_3COCH_3} \text{(缩酮产物)}CH_2CH_2CO_2Et$$

(6) 分子间（内）的缩合反应

羟醛缩合、狄克曼酯缩合都可用来制备环状化合物。麦克尔加成反应和羟醛缩合联合使用的鲁宾逊关环反应，常用来制备多环化合物。

【例 4】 用环己酮合成下列化合物：

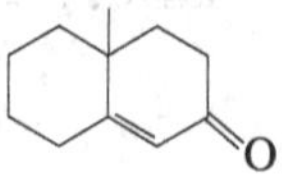

解：

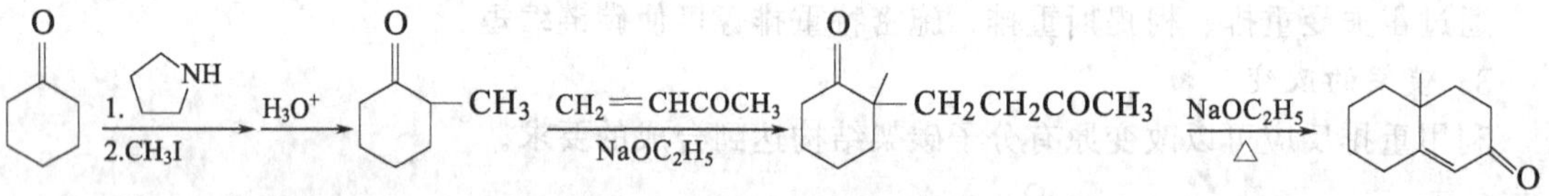

$$\text{环己酮} \xrightarrow[2.CH_3I]{1.\ \text{四氢吡咯}} \xrightarrow{H_3O^+} \text{2-甲基环己酮} \xrightarrow[NaOC_2H_5]{CH_2{=}CHCOCH_3} \text{2-甲基-2-}(CH_2CH_2COCH_3)\text{环己酮} \xrightarrow[\triangle]{NaOC_2H_5} \text{产物}$$

环的打开与碳链的缩短手段相似，这里不再赘述。

二、有机分子中官能团的反应

在有机反应中官能团是最容易受到其他试剂进攻的部位，最易发生变化，在变化中伴随着原来官能团的消失，新官能团的建立。这涉及官能团的引入、转化、消去和保护，下面分别作简单介绍。

1. 官能团的引入

如烃的卤代，烯烃的加成，芳烃的亲电取代等。

2. 官能团的消去

如醇脱水生成烯再加氢，卤代烃脱卤化氢，卤代烃还原，克莱门森还原等。

3. 官能团的相互转化

如羰基的还原，醇的氧化，卤代烃的亲核取代等。

【例 5】 由苯合成苯甲醚。

解：这里先要在芳环上引入一个基团，使这个基团能转变成酚，然后酚再转化为醚。合成酚的方法又有数种，有磺酸盐碱融法、异丙苯氧化法、重氮盐分解法等。

$$C_6H_6 + CH_2{=}CHCH_3 \xrightarrow[H^+]{AlCl_3} C_6H_5CH(CH_3)_2 \xrightarrow{O_2,\triangle} \xrightarrow{H_3O^+} C_6H_5OH \xrightarrow[NaOH]{CH_3I} C_6H_5OCH_3$$

在有机合成中，经常利用潜官能团来达到合成目的。潜官能团就是选择一个易得到、反应性低的基团，在合成的早期步骤中引入，而在适当的时候，通过专一反应将这个基团转变成目标官能团，开始引入的官能团叫潜官能团，也叫前官能团，这是相对目标官能团而言的。

作为潜官能团一般应满足的条件是：①原料易得；②对尽可能多的试剂及反应条件稳定；③由潜官能团转化为目标官能团时条件尽可能温和。例如，用以上合成的苯甲醚作为潜官能团，苯酚醚与碱金属液氨进行 Birch 还原反应，产生非共轭二烯醇醚，进一步转化可得多种化合物。又如，以噻吩环作为潜在分子四碳链段。

$$\text{噻吩} \xrightarrow[H_2]{Raney\ Ni} CH_3CH_2CH_2CH_3 + NiS$$

$$\text{噻吩} \xrightarrow[AlCl_3]{2RCOCl} R-\overset{O}{\overset{\|}{C}}-\text{(2,5-噻吩二基)}-\overset{O}{\overset{\|}{C}}-R \xrightarrow[H_2]{Raney\ Ni} R-\overset{O}{\overset{\|}{C}}-(CH_2)_4-\overset{O}{\overset{\|}{C}}-R$$

第二节　反合成分析

一、反合成法

从已给的原料出发，通过有机反应逐步转变为所需要的化合物，即是由原料决定有机合成的方法或由化学反应决定合成目标的方法，叫顺推法。顺推法一般适用于较简单化合物的合成，反应步骤不宜太多。但在实际工作中，当开始制定一项有机合成计划时，最初得到的信息只是需要合成的目标分子（target molecule），反合成法就是通过分析目标分子结构，反推找出所需的各个中间体直到唾手可得的起始原料为止而制定出合成计划的一类思维方法。

$$\text{目标分子} \Longrightarrow \text{中间体} \Longrightarrow \text{起始原料}$$

目标分子是指要合成的化合物，通常用 T. M. 表示。“$\Longrightarrow$”是指逆向合成方向上的结构“转化”，表示“可以从后者得到”，与合成反应式中“$\longrightarrow$”所表示的意义（反应）恰好相反。

在反合成分析时，需要把分子切成几个碎片，这些碎片通常是正离子、负离子、自由基，我们把这些碎片叫做合成子（synthon）。在合成中需要找出与这些碎片相对应的实际分子，即合成等价物或等效试剂，也有人把合成等价物叫做合成子。如：

$$\text{(目标分子)} \Longrightarrow \begin{matrix} \overset{+}{C}H(CH_3)OH \equiv CH_3\overset{O}{\overset{\|}{C}}H \\ \overset{-}{C}_2H_5 \equiv C_2H_5MgBr \end{matrix}$$

目标分子　　合成子　　合成等价物

由目标分子出发，运用反合成分析往往可以得到几条合理的合成路线，需要对它们进行综合评价，并经生产实践的检验，才能确定它在生产上的使用价值。合成路线的选择原则主要有以下三点。

① 成功率高的原则。一条合成路线中不稳定的中间体越少，常规、可靠的反应越多，成功的概率就越大。

② 经济核算合理的原则。为使经济核算合理，理想的合成路线应具备以下特点：原料便宜易得；反应步骤尽可能少；反应产率高，副反应少；反应条件温和，操作简便安全。

③ 创造性原则。随着有机合成的发展，新试剂、新反应、新方法不断涌现，在设计合成路线时要大胆运用新知识、新成果，使合成路线更加合理、经济、高效。

二、逆向切断

1. 逆向切断应遵循的原则

反向合成中，最重要的步骤是把分子拆开或把价键切断，使之成为两个碎片，拆开或切断并不是任意乱切乱拆，一般应遵循下列原则。

（1）合理的反应历程、相对稳定的合成子和合理的等价试剂。

【例 1】 设计合成：$Ph \overset{}{\underset{①}{+}} CH_2 \underset{②}{+} CH(COOEt)_2$

分析：在该目标分子的两种切断方法中，显然②是合理的。因为首先，按②拆开，反应机理更合理；其次，按②拆开形成的合成子 $PhCH_2^+$ 和 $^-CH(COOEt)_2$ 比按①拆分形成的合成子 Ph^+ 和 $^-CH_2CH(COOEt)_2$ 更稳定。其合理的等价试剂为 $PhCH_2Br$ 和 $CH_2(COOEt)_2$，故其合成方法如下：

$$CH_2(COOEt)_2 \xrightarrow{EtONa} \bar{C}H_2(COOEt)_2 \xrightarrow{PhCH_2Br} PhCH_2CH(COOEt)_2$$

（2）在多种切断且均有合理的反应历程时，应使切断形成结构简单的合成等价物。

【例 2】 设计合成：（环己基）$-C(OH)(CH_3)-CH_3$

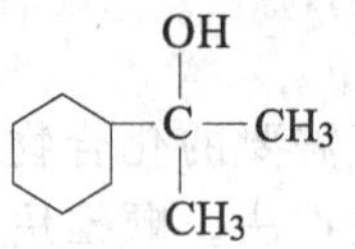

分析：拆开有三种可能性。

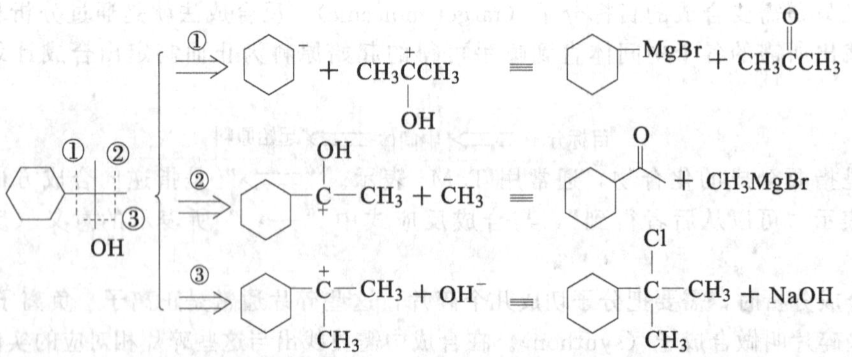

① ⟹ 环己基负离子 $+ \ CH_3\overset{+}{C}(OH)CH_3$ ═ 环己基-MgBr $+ \ CH_3COCH_3$

② ⟹ 环己基$-\overset{+}{C}(OH)-CH_3 + \bar{C}H_3$ ═ 环己基甲基酮 $+ \ CH_3MgBr$

③ ⟹ 环己基$-\overset{+}{C}(CH_3)-CH_3 + OH^-$ ═ 环己基$-C(Cl)(CH_3)-CH_3 + NaOH$

上述三种切法，均有合理的反应历程，但按①拆开形成的合成等价物较②和③拆开所生成的合成等价物简单（按③的拆开还易发生消除反应），而且按①拆开，在合成时其合成路线也较短，因此选择①的切断方法。

（3）应形成易于得到的合成等价物。

【例 3】 设计合成：Ph—CH₂CH=CH—（环己-2-烯基）

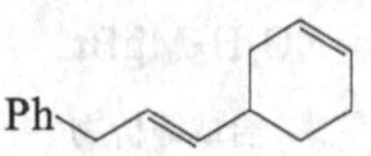

分析：把该分子在同一部位拆开可得两条不同的合成路线。以②组原料更易获得，宜于采用。

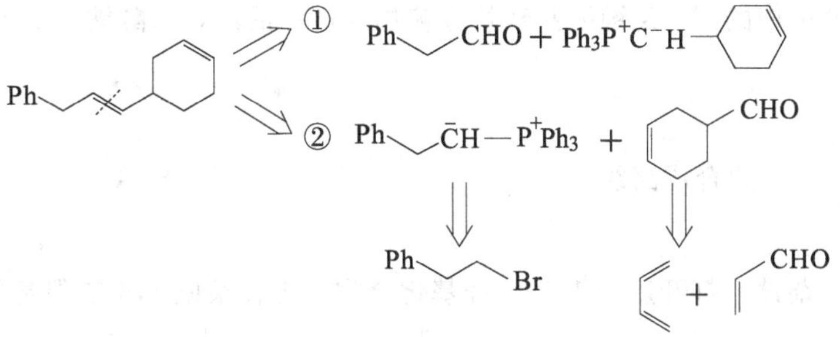

2. 逆向切断的策略与技巧

（1）拆开应围绕官能团周围进行

目标分子中常可能保留有反应的痕迹——反应生成的官能团，所以分子的切断，碳链的形成，官能团的引入，一般应在目标分子中官能团的附近。

【例 4】 设计合成：

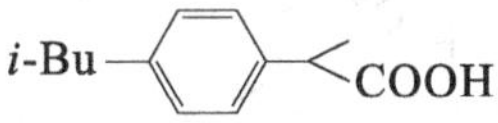

分析：

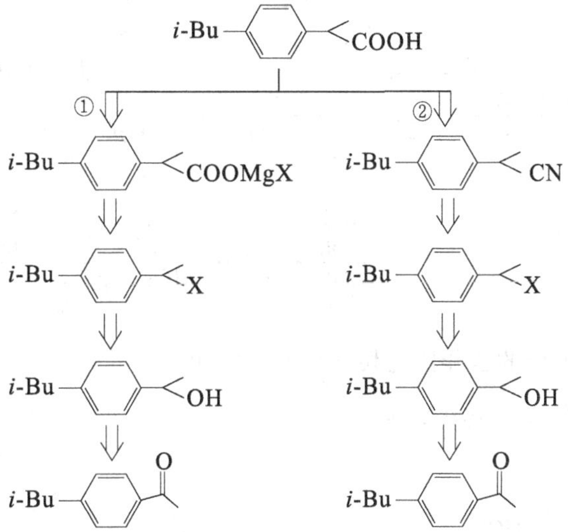

方法②中，由苄卤与氰化钠反应，易产生消除的副产物，故方法①更合理。

合成：

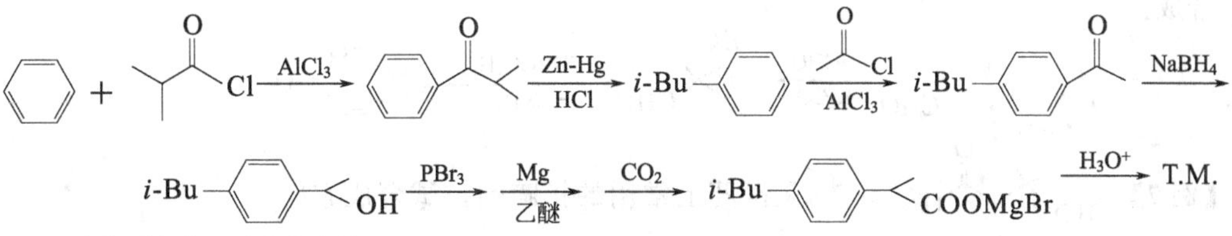

（2）先切断碳—杂原子处

因碳—杂原子键比碳—碳键的稳定性弱，应该后期引入，以免受一些早期反应的侵袭；此外，碳-杂原子键较易引入，条件温和，后期引入不会伤害先引入的基团，所以应先切断。如：

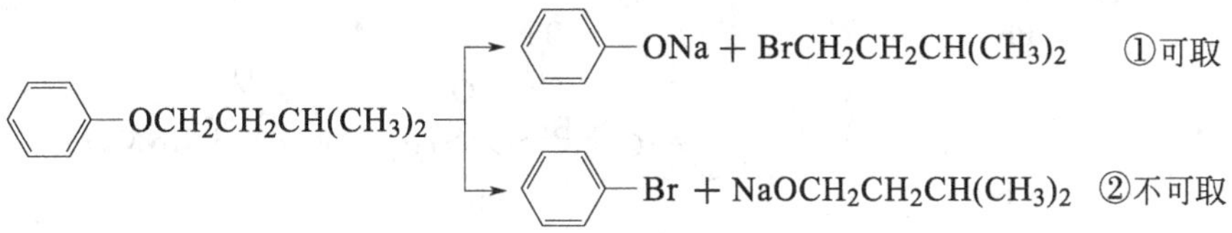

$C_6H_5OCH_2CH_2CH(CH_3)_2$ → $C_6H_5ONa + BrCH_2CH_2CH(CH_3)_2$　①可取

$C_6H_5OCH_2CH_2CH(CH_3)_2$ → $C_6H_5Br + NaOCH_2CH_2CH(CH_3)_2$　②不可取

第②种切断中，芳卤中的C—X键因共轭效应被加强，不活泼，与醇钠不能发生亲核取代反应。

【例 5】 设计 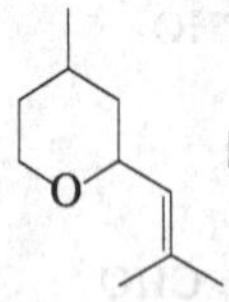 的合成路线。

分析：先拆开碳—杂键，打开后为1,5-二羟基化合物，再转换成1,5-二羰基化合物。

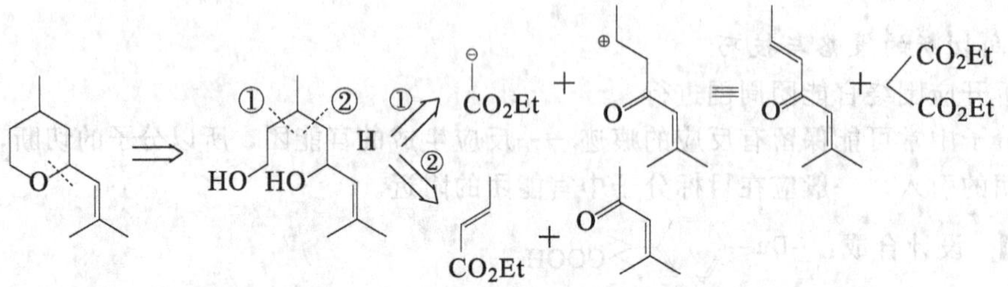

①路线由于受体有两个碳碳双键，存在选择性问题，采用②路线更合理。

合成：

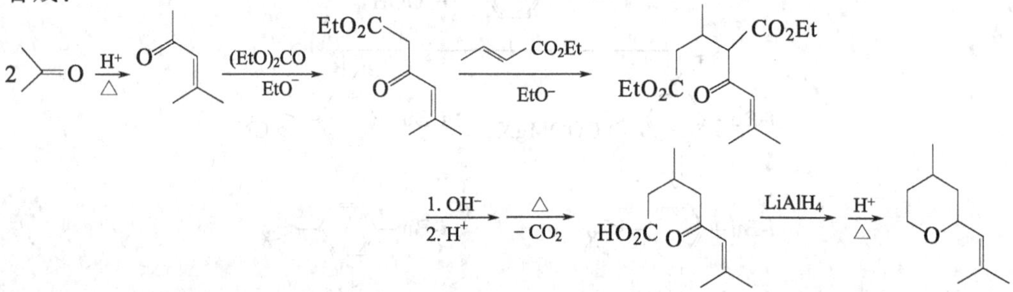

2 $\xrightarrow[\triangle]{H^+}$ $\xrightarrow[EtO^-]{(EtO)_2CO}$ $\xrightarrow{EtO^-}$ $\xrightarrow[2.\ H^+]{1.\ OH^-}$ $\xrightarrow[-CO_2]{\triangle}$ $\xrightarrow{LiAlH_4}$ $\xrightarrow[\triangle]{H^+}$

(3) 由双官能团组形成的官能团先切分为原官能团

【例 6】 设计 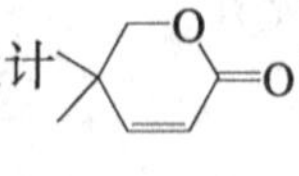 的合成路线。

分析：

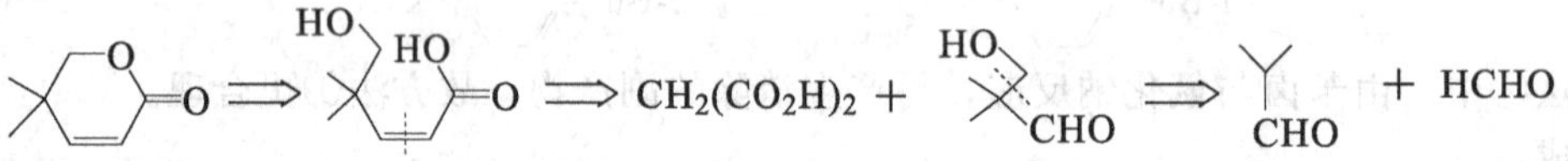

$\Longrightarrow$ $\Longrightarrow CH_2(CO_2H)_2 +$ $\Longrightarrow$ $+ HCHO$

合成：

$\xrightarrow[K_2CO_3]{HCHO}$ $\xrightarrow[NH_3]{CH_2(CO_2H)_2}$

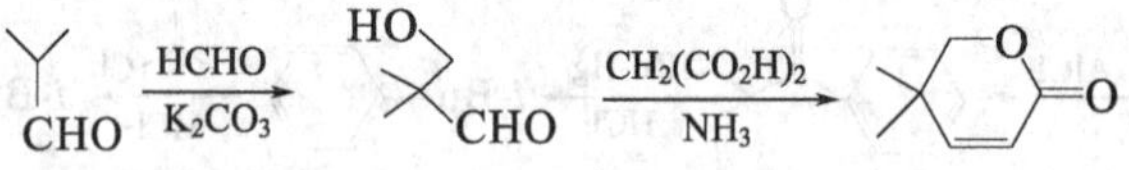

【例 7】 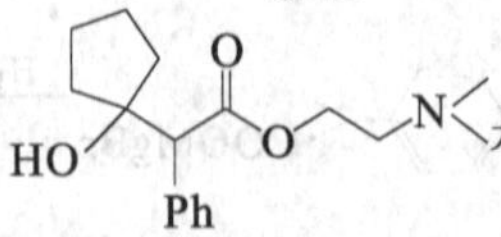 是医药上常用的扩瞳剂，试合成它。

分析：

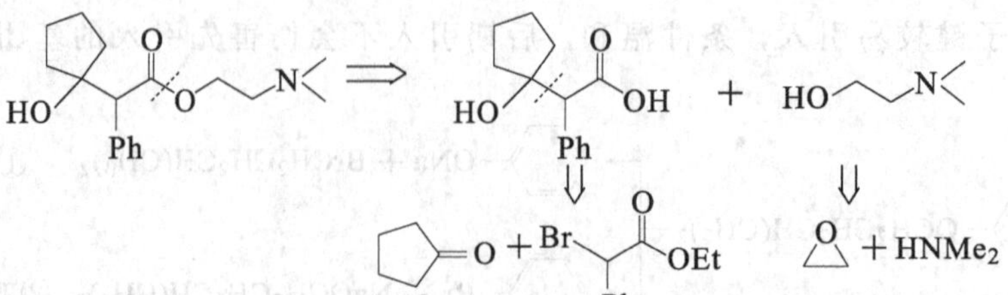

$\Longrightarrow$ $+$ $+ HNMe_2$

合成：

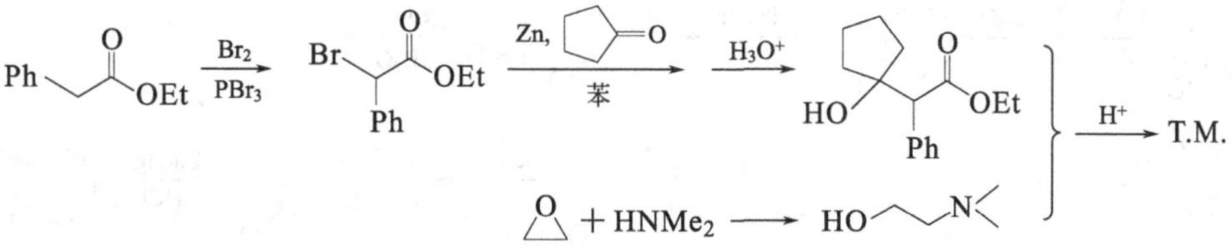

$$PhCH_2COOEt \xrightarrow[PBr_3]{Br_2} BrCH(Ph)COOEt \xrightarrow[\text{苯}]{Zn,\ \text{环戊酮}} \xrightarrow{H_3O^+} \text{1-羟基环戊基-CH(Ph)COOEt}$$

$$\text{环氧乙烷} + HNMe_2 \longrightarrow HOCH_2CH_2NMe_2$$

两者 $\xrightarrow{H^+}$ T.M.

(4) 利用分子结构对称性和潜对称性

当目标分子的结构具有对称性，或者目标分子虽然不对称，但经过适当的切断后却可以得到对称的中间体的时候，可以在对称因素附近切断，使分子结构中相同的部分同时接到分子骨架上，从而使合成问题得到简化。

【例 8】 设计HO—C_6H_4—CH(C_2H_5)—CH(C_2H_5)—C_6H_4—OH的合成路线。

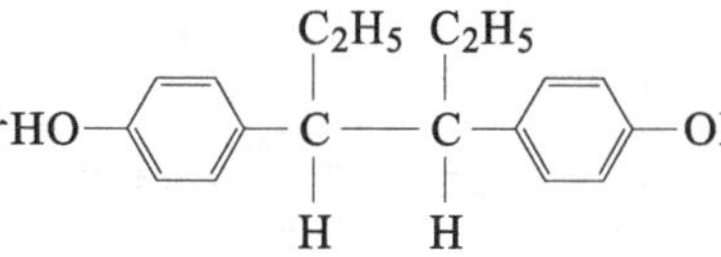

分析：

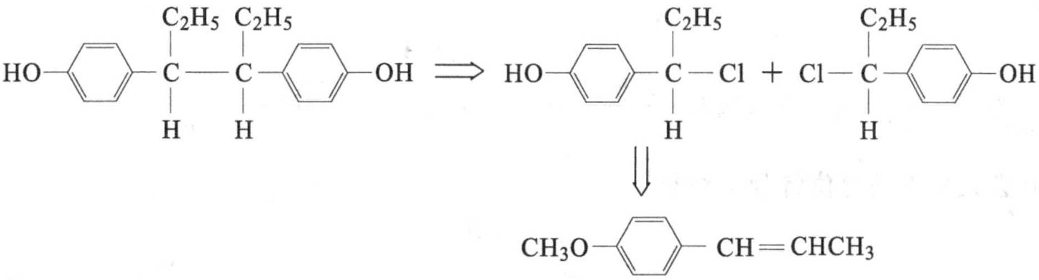

$$HO\text{-}C_6H_4\text{-}CH(C_2H_5)\text{-}CH(C_2H_5)\text{-}C_6H_4\text{-}OH \Longrightarrow HO\text{-}C_6H_4\text{-}CH(C_2H_5)\text{-}Cl + Cl\text{-}CH(C_2H_5)\text{-}C_6H_4\text{-}OH$$

$$\Downarrow$$

$$CH_3O\text{-}C_6H_4\text{-}CH{=}CHCH_3$$

合成：

$$CH_3O\text{-}C_6H_4\text{-}CHO \xrightarrow{Ph_3P{=}CHCH_3} CH_3O\text{-}C_6H_4\text{-}CH{=}CHCH_3 \xrightarrow[5\sim10℃]{\text{干}HCl,\text{苯}}$$

$$Cl\text{-}CH(C_2H_5)\text{-}C_6H_4\text{-}OCH_3 \xrightarrow[80\sim90℃]{Fe} H_3CO\text{-}C_6H_4\text{-}CH(C_2H_5)\text{-}CH(C_2H_5)\text{-}C_6H_4\text{-}OCH_3 \xrightarrow[\triangle]{HI}$$

$$HO\text{-}C_6H_4\text{-}CH(C_2H_5)\text{-}CH(C_2H_5)\text{-}C_6H_4\text{-}OH$$

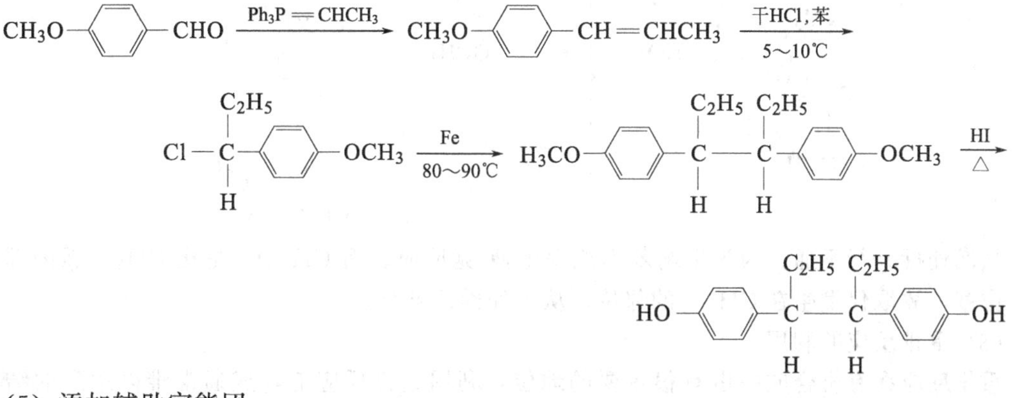

(5) 添加辅助官能团

有些化合物没有明显的官能团指路，或没有明显的可切断的键，这种情况下，可以在分子的适当位置添加某个官能团，以便于找到相应的合成子。但这个添加的官能团在正向合成时必须容易除去。

【例 9】 设计（甲基十氢萘）的合成路线。

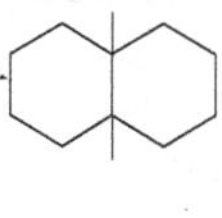

分析：

甲基十氢萘 $\Longrightarrow$ 甲基八氢萘酮 $\Longrightarrow$ 酮酸内酯 $\Longrightarrow$ 2-甲基环己酮 + 丁烯酮

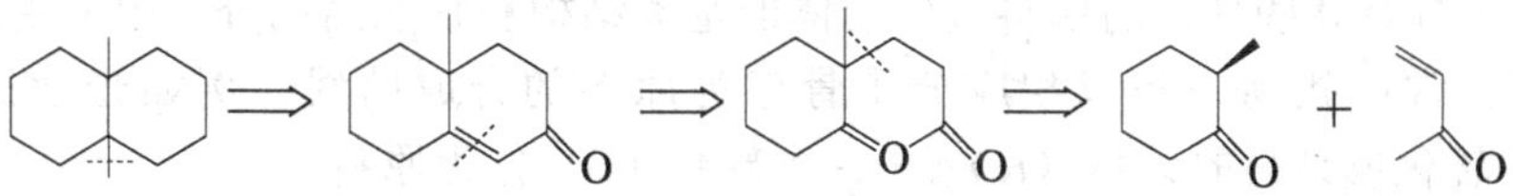

合成：

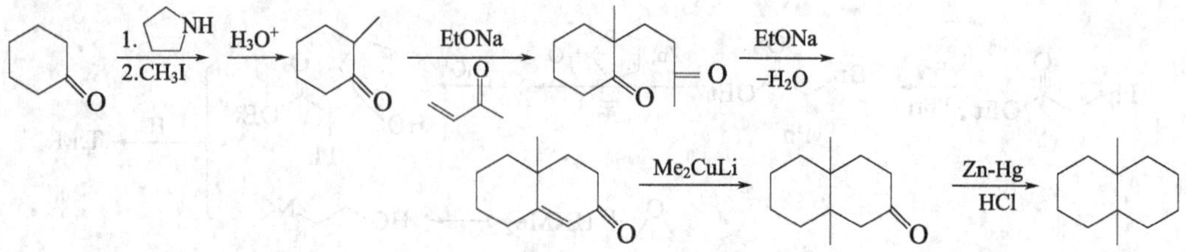

(6) 利用分支点作指南

【例 10】设计的合成路线。

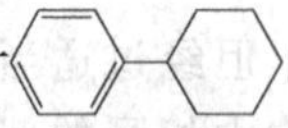

该化合物的合成方法很多，可用醇和苯发生傅-克反应；可用格氏试剂与卤代烃反应；还可利用分支点作指南，先添加辅助官能团再拆开。

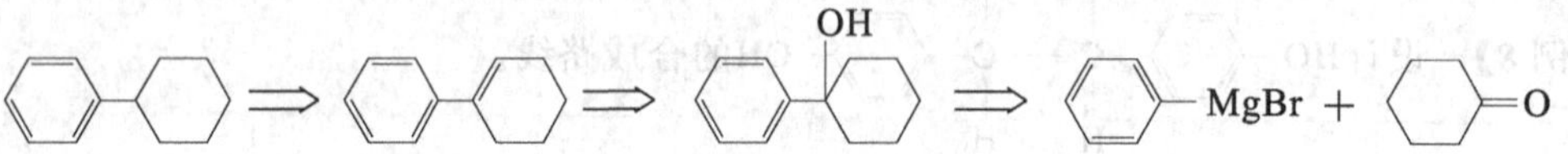

合成：

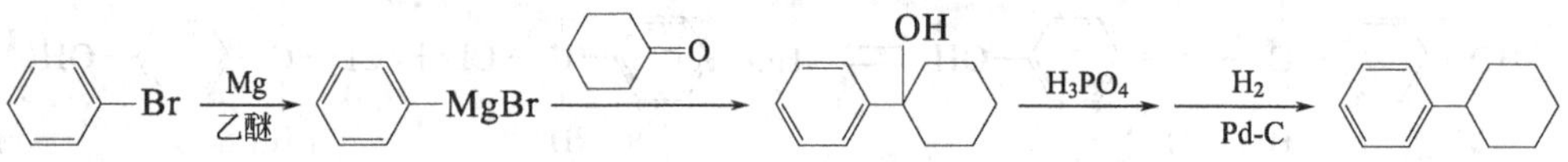

(7) 尝试从不同部位将分子切断

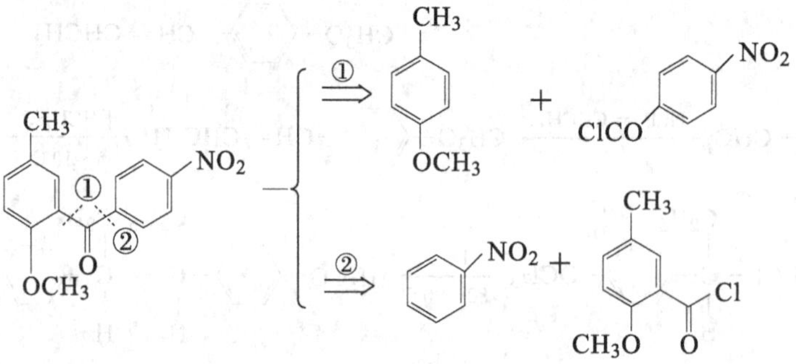

从②处拆开行不通，因为硝基苯不能发生傅-克反应。而 CH_3O—是比 CH_3—强的邻、对位定位基，故取代发生在 CH_3—的邻位，从①处拆开可行。

(8) 重排反应的利用

重排反应在有机合成中占有很重要的地位，利用重排反应能合成通常难以达到的结构单元，许多重排反应还具有很好的立体和区域选择性，故反合成分析中注意找到相应重排反应的反合成元是非常有意义的。如：

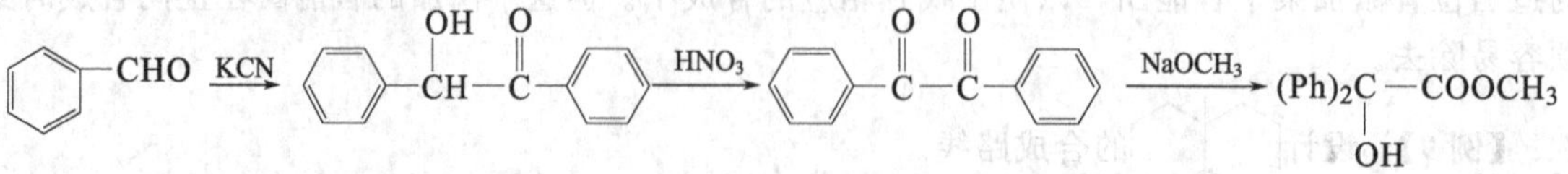

(9) 寻找特殊结构成分

若目标分子具有某些易得的原料或中间体的基本结构和官能团成分，则利用此特殊成分作为转化的线索，常可找到一条以相应分子骨架为原料的合成路线。例如光学活性目标分子（A）可用此法转化成易得的天然（*R*）-(+)-香芳醛（B）作为原料。

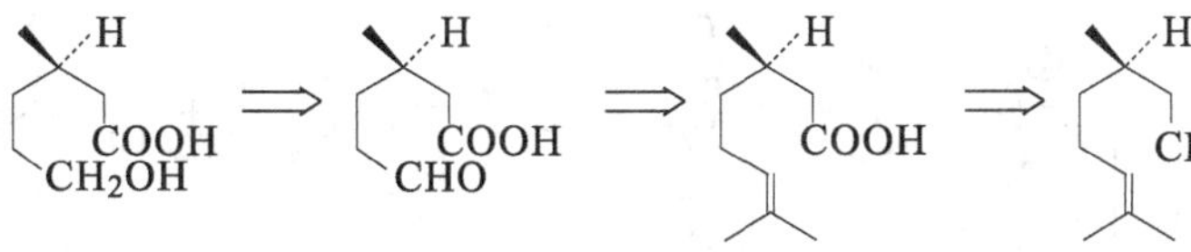

(A)　　(B)

合成：

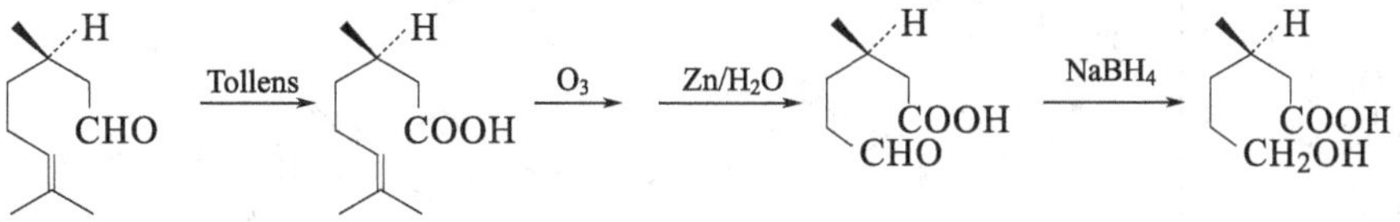

Tollens　O_3　Zn/H_2O　$NaBH_4$

3. 分子拆开与反应历程

分子拆开与反应历程有关，在各种可能拆开处的两边分别设置“＋”“－”以表示该两中心的电荷，则可能有两种情况。

(1) 拆开后的两片段之一是较稳定的正离子，另一是较稳定的负离子。如：

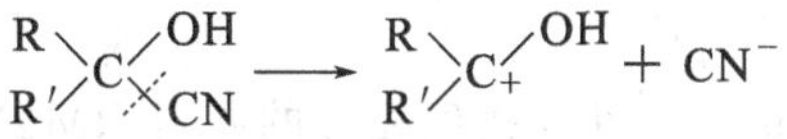

$$R(R')C(OH)CN \longrightarrow R(R')C^{+}OH + CN^{-}$$

前者是被氧上孤对电子共振稳定的正碳离子（即质子化酮），后者是一个稳定的负离子。用酮与 HCN 亲核加成就能完成合成。

如果“＋”“－”反置，有时亦能找到合适的反应，这对深刻理解结构与性质的关系，弥补记忆化学反应的可能失误，有独到之处。

【例 11】 完成下列转化：

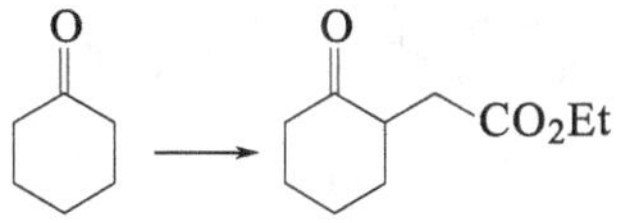

分析：$\Longrightarrow$ + $^{+}CH_2CO_2Et$

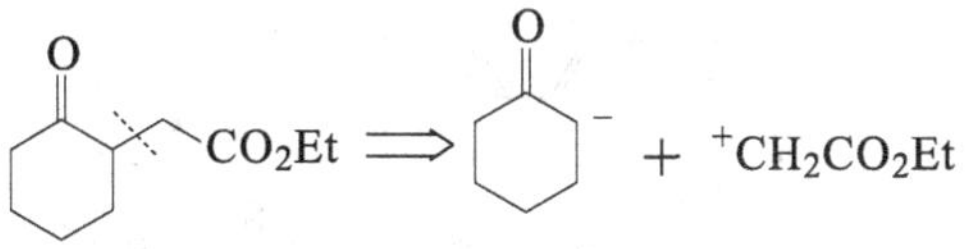

实践证明，若以环己酮为原料，将得到（含 CO_2Et 的环氧化合物），而非目标分子。这是由于在该条件下发生了达参反应，故必须以烯胺作为（环己酮负离子）的等效试剂。

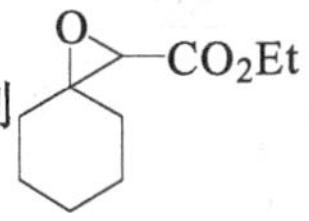

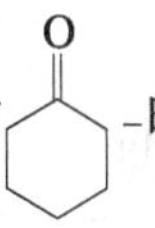

合成：$\xrightarrow{\text{四氢吡咯}}$ $\xrightarrow{BrCH_2CO_2Et}$ $\xrightarrow{H_3O^+}$ T.M.

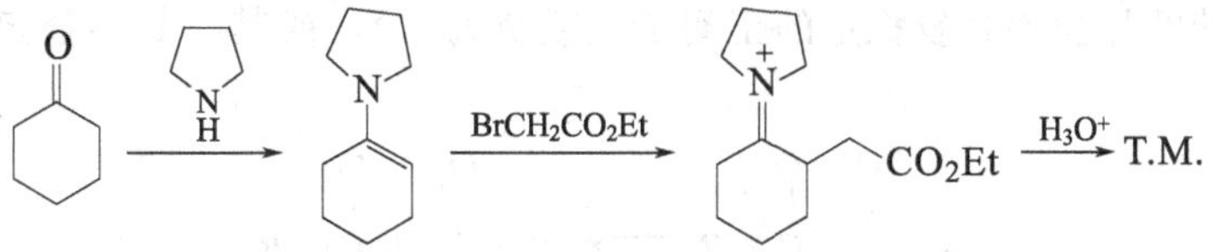

【例 12】 设计合成：

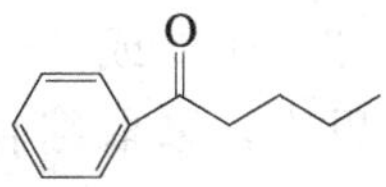

分析：该化合物为芳酮，最容易想到的就是傅-克酰基化反应，与此相对应的就是将芳环与羰基之间的键拆开，羰基为“＋”，苯基为“－”，两碎片合理，且有相应的原料。那么可否从其他位置拆开呢？下面逐一尝试。

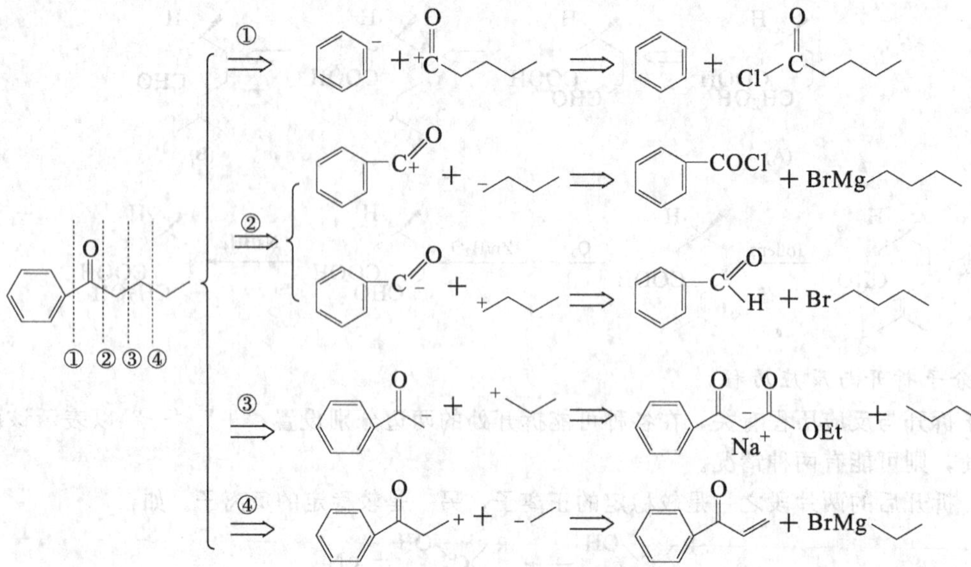

① ② ③ ④

上述拆开方法中，从②处断开，可以找到相应的原料 RMgX 和 RCOX（或酸酐），历程为加成-消除，如果将"+""−"反置，羰基碳本属正性，要变为负，似乎不合理，但可以通过极性转换（在本章第四节中详述）的办法实现。

合成方法：

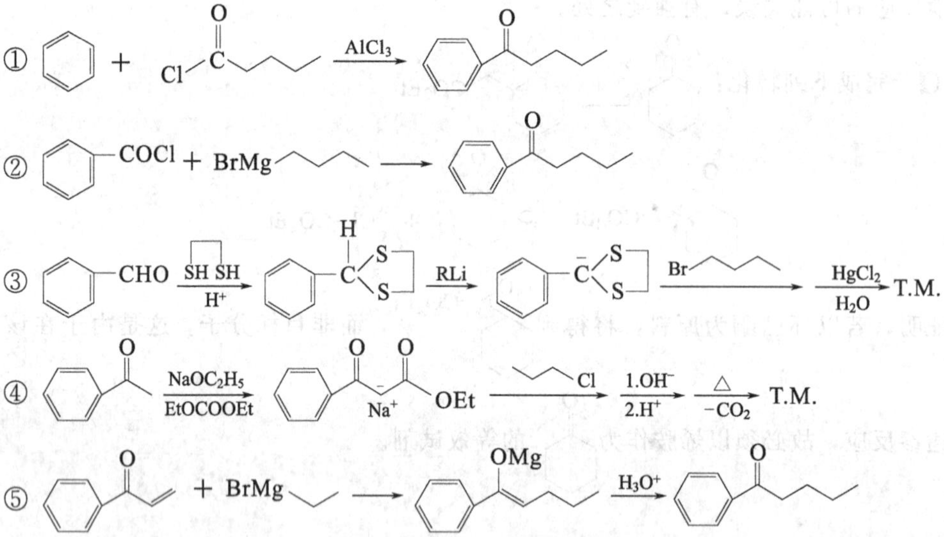

① $\xrightarrow{AlCl_3}$

② COCl + BrMg →

③ CHO $\xrightarrow[H^+]{SH\ SH}$ $\xrightarrow{RLi}$ $\xrightarrow{Br}$ $\xrightarrow[H_2O]{HgCl_2}$ T.M.

④ $\xrightarrow[EtOCOOEt]{NaOC_2H_5}$ Na^+ OEt $\xrightarrow{Cl}$ $\xrightarrow[2.H^+]{1.OH^-}$ $\xrightarrow[-CO_2]{\triangle}$ T.M.

⑤ + BrMg → OMg $\xrightarrow{H_3O^+}$

（2）拆开后的两片段均是较稳定的正离子（或负离子），或其一是不稳定的负离子（或正离子）。如：

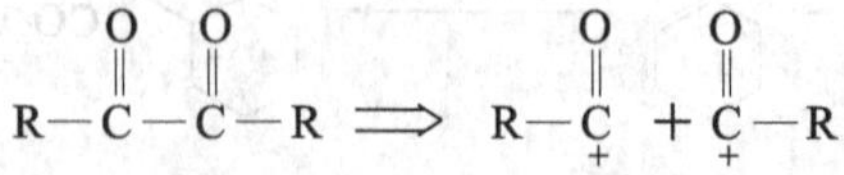

$$R-\overset{O}{\overset{\|}{C}}-\overset{O}{\overset{\|}{C}}-R \Longrightarrow R-\underset{+}{\overset{O}{\overset{\|}{C}}} + \underset{+}{\overset{O}{\overset{\|}{C}}}-R$$

从目标分子中的官能团来看，其极性不交替，"+""+"或"−""−"相邻，似乎二片段是同电性结合，这显然不合理。但从历程上认真思索，采取综合措施，亦不难找出合成反应。

【例 13】 设计合成：$Ph-\overset{O}{\overset{\|}{C}}-\overset{O}{\overset{\|}{C}}-Ph$

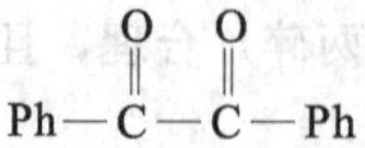

分析：

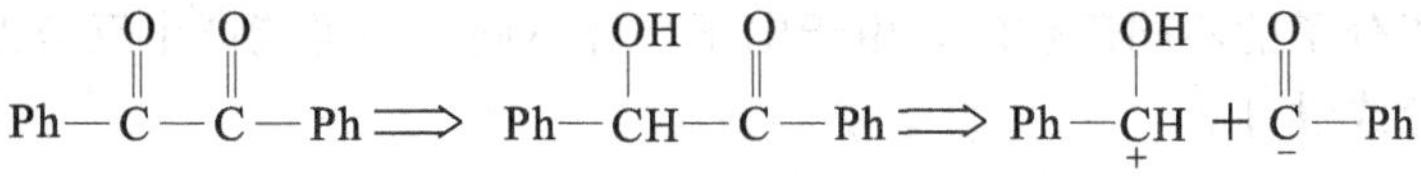

$$Ph-\overset{O}{\overset{\|}{C}}-\overset{O}{\overset{\|}{C}}-Ph \Longrightarrow Ph-\overset{OH}{\overset{|}{C}H}-\overset{O}{\overset{\|}{C}}-Ph \Longrightarrow Ph-\underset{+}{\overset{OH}{\overset{|}{C}H}} + \underset{-}{\overset{O}{\overset{\|}{C}}}-Ph$$

酰基负离子不稳定，但可用 CN^- 催化实现，即安息香缩合。

第三节　选择性控制

一、化学选择性

1. 官能团反应差异性的应用

有时两个官能团，甚至相同官能团在与某一特殊试剂作用时，由于反应活性的差异大或反应速率有较大差别，只有一个官能团发生反应或主要是一个官能团发生反应，这种情况下可使用特殊试剂而不用保护基。如烯烃和炔烃均可与卤素加成，但烯烃的活性大于炔烃，以至于在含有碳碳双键和叁键的化合物中可以实现选择性加成。

$$CH_2=CH-CH_2C\equiv CH \xrightarrow[-20℃,CCl_4]{Br_2} \underset{Br}{\underset{|}{C}H_2}-\underset{Br}{\underset{|}{C}}HCH_2C\equiv CH\ (90\%)$$

又如与格氏试剂作用，不同官能团与之作用的活性亦不同，其强弱次序为：

$$活泼氢>-CHO>-\overset{|}{C}=O>-COOR>-CH_2X$$

总之，官能团在反应性方面的差异在有机化学中比比皆是，善于有效地利用这一差异将有助于有机合成的设计。

【例 1】 完成下列转化：苯酚（OH）⟶ 对位带 $NHCOCH_3$ 的苯酚（OH）

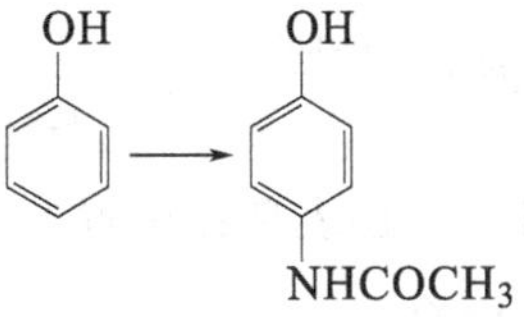

分析：产物氨基酰化而酚羟基未反应，此处不用保护酚羟基，可使用酸酐直接酰化。

合成：

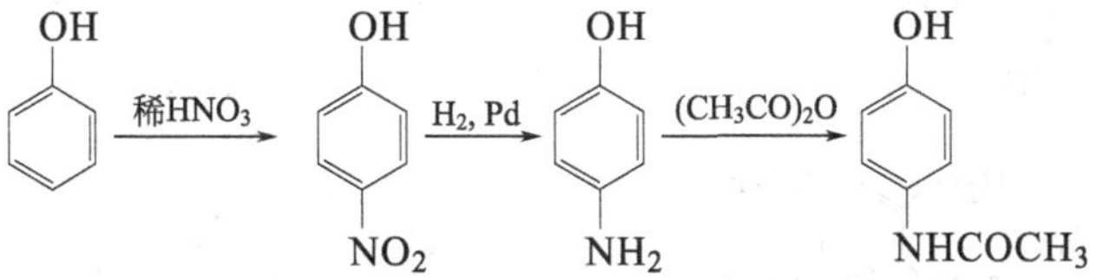

苯酚（OH）$\xrightarrow{稀HNO_3}$ 对硝基苯酚（OH，NO_2）$\xrightarrow{H_2,\ Pd}$ 对氨基苯酚（OH，NH_2）$\xrightarrow{(CH_3CO)_2O}$ 对乙酰氨基苯酚（OH，$NHCOCH_3$）

【例 2】 完成下列转化：双环（COOH，H_5C_2OOC）⟶ 双环（$CONH_2$，H_5C_2OOC）

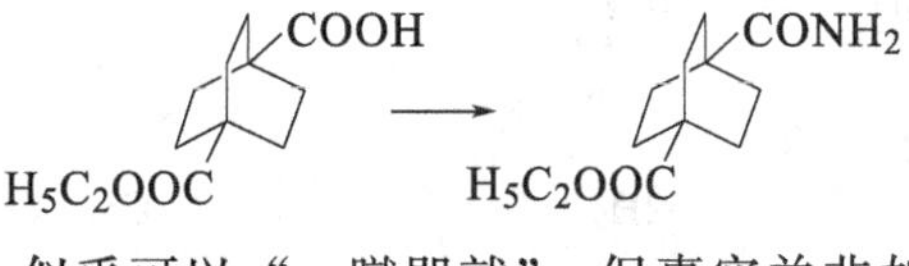

分析：要完成这一转化，似乎可以“一蹴即就”，但事实并非如此，因为就其酰化反应的能力而言，其强弱次序为：酰卤>酸酐>酯>羧酸>酰胺。显然，如果直接进行胺解，酯基变成酰胺，而羧基还在。由此可见，要想得到所要求的产物，必须先活化—COOH，使其转变成比酯酰化能力更强的基团，如酰卤或酸酐。

合成：

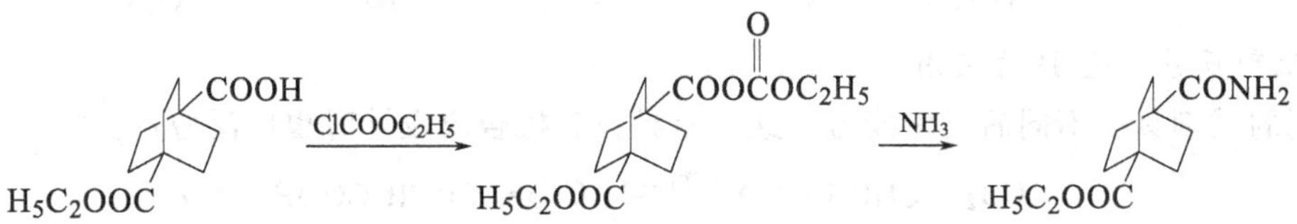

双环（COOH，H_5C_2OOC）$\xrightarrow{ClCOOC_2H_5}$ 双环（$COO\overset{O}{\overset{\|}{C}}OC_2H_5$，$H_5C_2OOC$）$\xrightarrow{NH_3}$ 双环（$CONH_2$，H_5C_2OOC）

2. 不同部位基团反应差异性的应用

相同基团处于分子的不同部位时，由于电子环境不同，亦可能产生反应差异性，这一差异同样可用于有机合成设计。

【例 3】 设计合成：$HOOC-CH(NH_2)CH_2CH_2CO_2Et$

分析：$HOOC-CH(NH_2)CH_2CH_2COOEt \Longrightarrow HOOC-CH(NH_2)CH_2CH_2COOH$

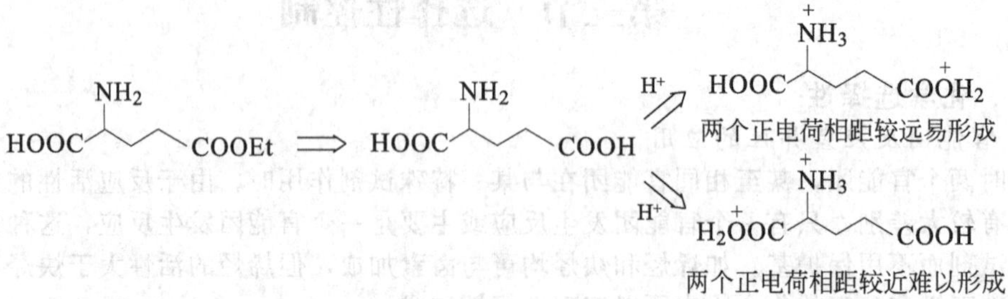

$\xrightarrow{H^+}$ $HOOC-CH(\overset{+}{N}H_3)CH_2CH_2\overset{+}{C}OOH_2$ 两个正电荷相距较远易形成

$\xrightarrow{H^+}$ $H_2\overset{+}{O}OC-CH(\overset{+}{N}H_3)CH_2CH_2COOH$ 两个正电荷相距较近难以形成

合成：$HOOC-CH(NH_2)CH_2CH_2COOH \xrightarrow[H^+]{EtOH} HOOC-CH(NH_2)CH_2CH_2COOEt$

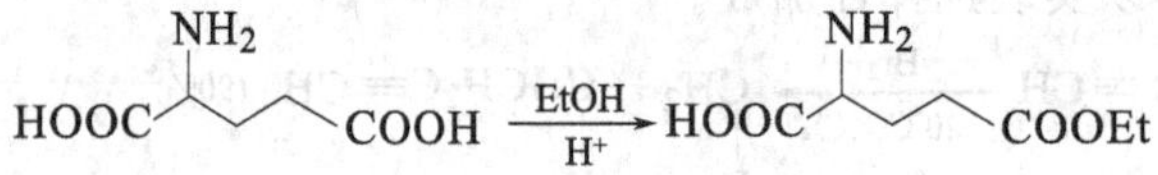

之所以这样回推，也是利用了两个羧基的电子环境不同反应活性不同这一道理，这从酸催化酯化反应机理的第一步可清楚看出。

再如，芳香族硝基化合物的还原剂，常用还原剂有碱金属和铵的硫化物、氢硫化物和多硫化物等，它们可使芳香族多硝基化合物部分还原。

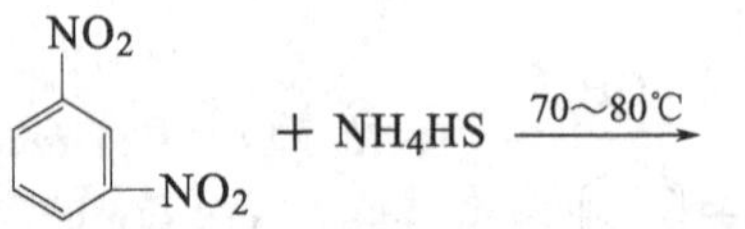

间二硝基苯 $+ NH_4HS \xrightarrow{70\sim80℃}$ 间硝基苯胺（NO_2、NH_2）

这种选择性不仅表现在还原硝基的数目上，还表现在位置上。

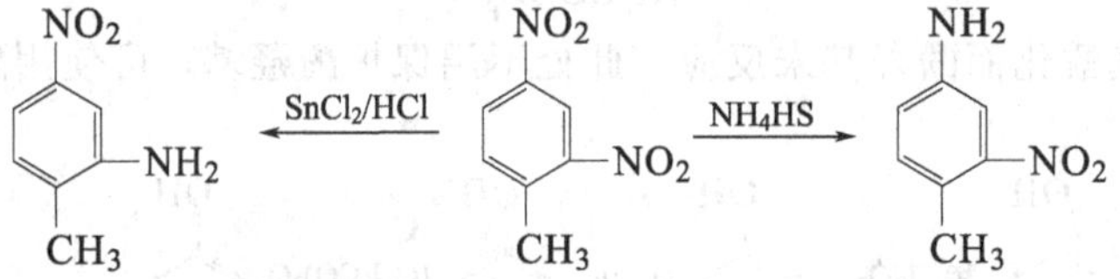

4-硝基-2-氨基甲苯（NO_2、NH_2、CH_3）$\xleftarrow{SnCl_2/HCl}$ 2,4-二硝基甲苯（NO_2、NO_2、CH_3）$\xrightarrow{NH_4HS}$ 4-氨基-2-硝基甲苯（NH_2、NO_2、CH_3）

【例 4】 设计合成：1,5-二氨基-2-氨基-4-硝基苯（H_2N、NH_2、O_2N、NH_2）

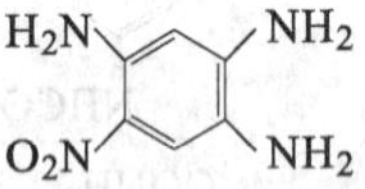

解：

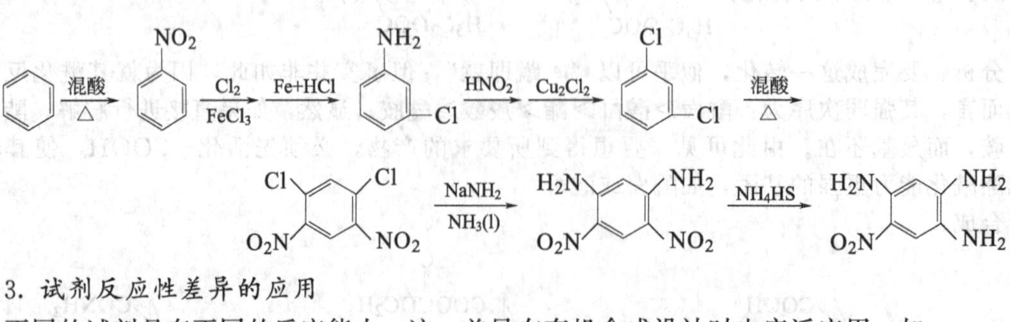

苯 $\xrightarrow[\triangle]{混酸}$ 硝基苯（NO_2）$\xrightarrow[FeCl_3]{Cl_2}$ $\xrightarrow{Fe+HCl}$ 间氯苯胺（NH_2、Cl）$\xrightarrow{HNO_2}$ $\xrightarrow{Cu_2Cl_2}$ 间二氯苯（Cl、Cl）$\xrightarrow[\triangle]{混酸}$

1,5-二氯-2,4-二硝基苯（Cl、Cl、O_2N、NO_2）$\xrightarrow[NH_3(l)]{NaNH_2}$ （H_2N、NH_2、O_2N、NO_2）$\xrightarrow{NH_4HS}$ （H_2N、NH_2、O_2N、NH_2）

3. 试剂反应性差异的应用

不同的试剂具有不同的反应能力，这一差异在有机合成设计时也广泛应用。如：

$$CH_2=CHCH_2CHO \xrightarrow{Tollens} CH_2=CHCH_2COOH$$

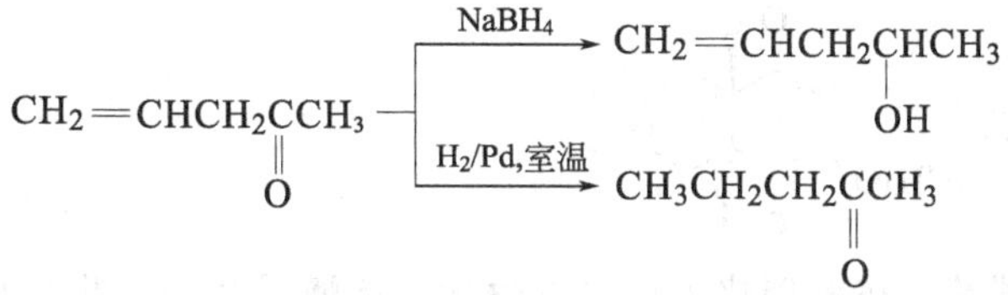

$$CH_2{=}CHCH_2\underset{\displaystyle O}{\overset{\|}{C}}CH_3 \xrightarrow{NaBH_4} CH_2{=}CHCH_2\underset{\displaystyle OH}{\underset{|}{C}}HCH_3$$

$$CH_2{=}CHCH_2\underset{\displaystyle O}{\overset{\|}{C}}CH_3 \xrightarrow{H_2/Pd,\text{室温}} CH_3CH_2CH_2\underset{\displaystyle O}{\overset{\|}{C}}CH_3$$

二、方位选择性

方位选择性，又称区域选择性，系指在分子的某一位置上的反应成为主要的。如基础有机中讲过的不对称烯烃的加成规律、查依采夫和霍夫曼消除规则等均具有方位选择性。又如，双烯合成反应，不对称取代双烯与不对称亲双烯体的反应产物主要以邻、对位产物为主，这也是一个方位选择性较强的反应。

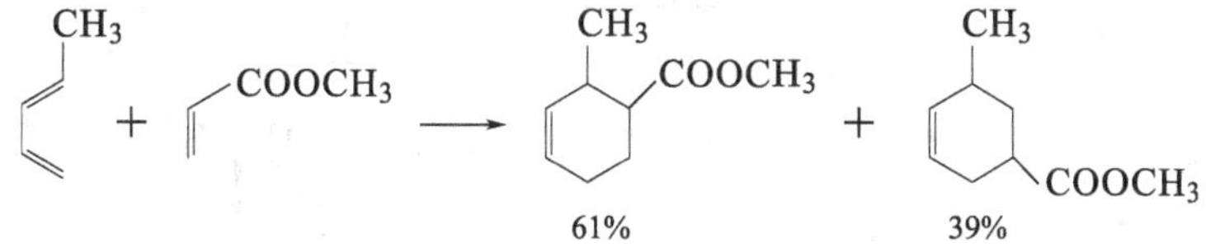

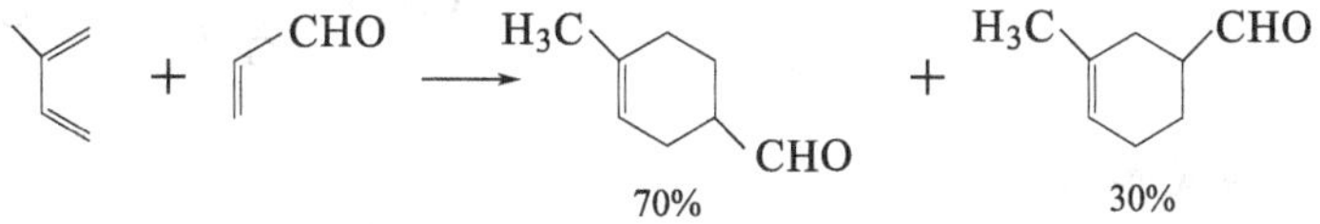

CH_3 + COOCH$_3$ ⟶ CH_3, COOCH$_3$ (61%) + CH_3, COOCH$_3$ (39%)

+ CHO ⟶ H_3C, CHO (70%) + H_3C, CHO (30%)

又如，麦克尔加成反应的方位选择性也很强，像α-甲基酮和α，β-不饱和酮，理论上可有两种加成方式，但主要加成方位按①（麦克尔规则）进行。

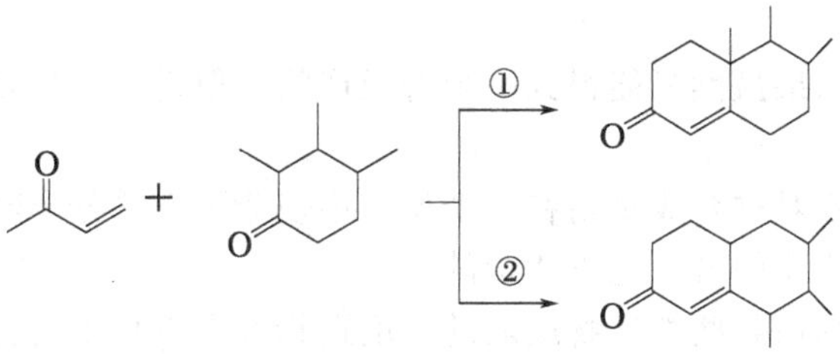

O + O ⟶ ① O ；② O

三、立体选择性

1. 立体选择性反应

当目标分子含有n个手性中心时，在合成过程中就有可能产生2^n个立体异构体。因此在考虑合成程序时，就必须采用立体专一的或立体选择的反应，以保证正确的构型。我们已学过的具有立体选择性的反应如下：

（1）醇、卤代烃、磺酸酯等的S_N2反应

反应过程发生构型转化。

（2）碳碳双键的亲电加成

烯烃与溴、溴水等的加成立体化学过程为反式加成。烯烃与过氧化氢在OsO_4催化下的（或与中性$KMnO_4$）氧化反应，生成顺式邻二醇。烯烃的硼氢化-氧化反应、烯烃的环氧化、碳碳不饱和键的催化加氢等都是顺式加成。

（3）炔在碱金属的液氨溶液中还原为反式加成

（4）狄尔斯-阿尔德反应是顺式加成

（5）与手性碳邻接的羰基化合物的加成反应，符合Gram规则

【例 5】 设计合成：

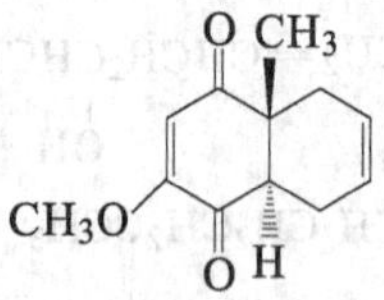

解：由于α位有羰基，在碱催化下可以发生酮与烯醇式互变，并且并联的环反式比顺式稳定，可以利用这点，得到反式产物。

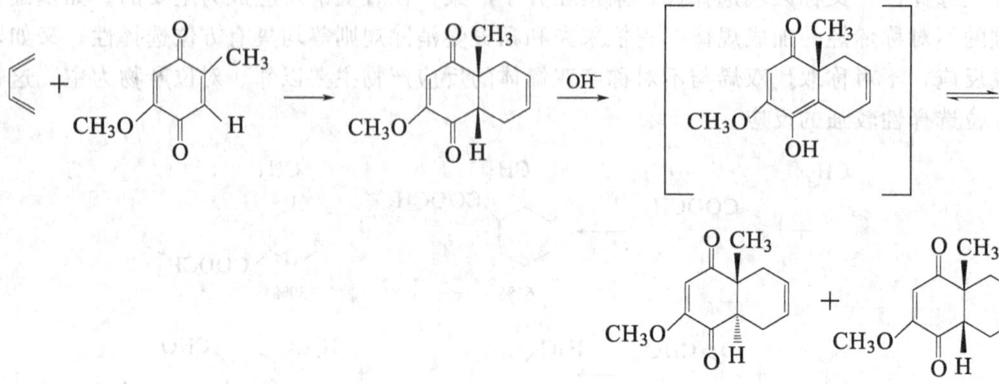

2. 手性合成（详见第四章）

在进行立体化学控制时，除了选用立体选择性的化学反应，还可有其他的方法。如要得到光学活性的化合物大致有四条途径。

(1) 使用手性试剂。手性试剂可以从天然的光学活性化合物获得，如氨基酸、萜类和糖类化合物。

(2) 拆分。拆分的结果虽然只能得到一半合成产物，但仍是一种较为适用的手段，实际应用中较为常见。

(3) 不对称合成。不对称合成是指在一个反应中使非手性的分子转变为手性分子，在产生的手性分子中，对映异构体的含量是不等量的。

(4) 生物方法。即利用某些微生物或酶的高度选择性来进行不对称合成。

第四节 保护基的应用

如果只需试剂在分子中的某一部位发生反应，而另外的部位不参与，这就要采取必要的措施加以解决。通常采用的方法有两个，一是使用选择性试剂——化学选择性试剂或区域选择性试剂。其二是保护基。即将不希望发生反应的部位保护起来，待所需反应完成后，再将保护基去掉。那么，什么样的基团是较好的保护基呢？不难理解，它应具备以下基本条件：

① 能够在不损害被保护分子其他部位的情况下，很容易引入被保护分子中，且应有较高的收率，为引入保护基所用的试剂应是易得的、稳定的；

② 它与被保护分子形成的衍生物应能经受所要发生反应条件的进攻；

③ 待保护任务完成后，应能在不损害分子其他部位的情况下很容易脱除；

④ 解除保护基的化合物应易于同其他化合物（如引入保护基的试剂）分离。

各类官能团化合物都有各自的保护方法，即使是同一化合物其保护方法也是多种多样，各有千秋。现将一些重要类型化合物的主要保护方法简介如下。

一、胺类化合物的保护

伯胺和仲胺不仅易于被氧化，而且也容易发生烷基化、酰基化、与醛酮羰基缩合等亲核性反应，因此，在许多合成中，常常需要把氨基保护起来。其保护方法主要有以下几种。

1. 转变成盐

$$>NH \xrightarrow{H^+} >\overset{+}{N}H_2 \xrightarrow{OH^-} >NH$$

对$KMnO_4$稳定

2. 转变为苄胺或取代的苄胺

$$>NH \xrightarrow[\text{碱}]{PhCH_2Cl} >NCH_2Ph \xrightarrow{H_2,Pt,HOAc} >NH$$

对酸、碱、格氏试剂稳定

【例 1】 完成下列转化：4-甲氧基苯胺（OCH_3，NH_2） ⟶ 2-[$N(CH_2CH_2OCOCH_3)_2$]-4-甲氧基苯胺（OCH_3，NH_2，$N(CH_2CH_2OCOCH_3)_2$）

解：为了能保护氨基，可使它变成苄胺。

OCH_3/NH_2 $\xrightarrow[OH^-]{PhCH_2Cl}$ OCH_3/$NHCH_2Ph$ $\xrightarrow[H_2SO_4]{HNO_3}$ OCH_3/NO_2/$NHCH_2Ph$ $\xrightarrow{Na_2S_2}$ OCH_3/NH_2/$NHCH_2Ph$ $\xrightarrow{2\ \text{环氧乙烷}}$

OCH_3/$N(CH_2CH_2OH)_2$/$NHCH_2Ph$ $\xrightarrow{2(CH_3CO)_2O}$ OCH_3/$N(CH_2CH_2OCOCH_3)_2$/$NHCH_2Ph$ $\xrightarrow{H_2,Pt,CH_3COOH}$ OCH_3/$N(CH_2CH_2OCOCH_3)_2$/NH_2

3. 转变为酰胺，磺酰胺或酰亚胺

$$>NH \xrightarrow{CH_3COCl} >N-COCH_3 \xrightarrow[\text{或}OH^-]{H^+} >NH$$

对氧化剂、烷化剂稳定

$$>NH \xrightarrow{TsCl,\text{吡啶}} >N-Ts \xrightarrow{HCl,\ HOAc} >NH$$

在由伯胺制仲胺时，磺酰化可以阻止形成叔胺

$$-N\begin{matrix}H\\H\end{matrix} \xrightarrow[DMF,\ Et_3N,\ \Delta]{\text{邻苯二甲酸酐}(C_6H_4(CO)_2O)} C_6H_4(CO)_2N- \xrightarrow{N_2H_4\cdot H_2O,HCl} -N\begin{matrix}H\\H\end{matrix}$$

对酸稳定

4. 转变成氨基甲酸酯

$$>NH \xrightarrow{ClCOOCH_2CCl_3} >N-COOCH_2CCl_3 \xrightarrow{Zn,MeOH} >NH$$

对酸、碱及CrO_3稳定

二、醇和酚类化合物的保护

醇类化合物与胺相似，其伯、仲醇也容易被氧化，也可与烃基化试剂和酰基化试剂反应，但与胺不同，叔醇在酸催化下特别容易脱水。因此，在某些反应中亦常常需要把醇羟基保护起来，常用的保护方法有以下几种。

1. 转化成醚

$$—O—H \xrightarrow[\text{吡啶}]{Ph_3CCl} —O—CPh_3 \xrightarrow[H_2O]{HOAc} —O—H$$

对RMgX，$LiAlH_4$，CrO_3，碱稳定

2. 转化成混合型缩醛

—O—H →（二氢吡喃, TsOH, Et_2O）四氢吡喃醚 →（矿物酸水溶液，室温）—O—H

对RMgX，$LiAlH_4$,CrO_3,$NaOC_2H_5$,碱稳定

3. 转化成酯

$$—O—H \xrightarrow{ClCOOCH_2CCl_3} —O—COOCH_2CCl_3 \xrightarrow{Zn,HOAc} —O—H$$

对CrO_3,酸稳定

$$Ar—OH \xrightarrow[\text{吡啶}]{CH_3SO_2Cl} Ar—OSO_2CH_3 \xrightarrow[H_2O]{NaOH} Ar—OH$$

三、醛和酮类化合物的保护

醛、酮类化合物的保护方法很多，但最重要的还是形成缩醛或缩酮及环缩醛或环缩酮。

$$>C=O \xrightarrow[\text{干酸}]{HOCH_2CH_2OH} \text{环缩酮} \xrightarrow[H_2O]{H^+} >C=O$$

对还原剂、中性或碱性条件下的氧化剂（O_3除外）、RMgX、碱等稳定

【例 2】 合成下列化合物：

分析：

注意引入羰基和羟基是因为其邻位 α-碳上易生成负离子，羟基质子化后易离去而产生正离子。合成时还应注意保护羰基。

合成：1,3-环己二酮 + 甲基乙烯基酮 $\xrightarrow{EtO^-}$ 二环烯二酮 $\xrightarrow[\text{干}H^+]{HOCH_2CH_2OH}$ 缩酮 $\xrightarrow[2.\ H_3O^+]{1.\ H_2/Ni}$ 羟基酮 $\xrightarrow[Et_3N]{CH_3SO_2Cl}$ CH_3O_2SO-酮 $\xrightarrow{OH^-}$ 三环酮 $\xrightarrow[HCl]{Zn-Hg}$ T.M.

四、羧酸类化合物的保护

羧酸分子中羧基上的氢活性较强，—OH 也易被取代，通常采用转化成酯的方法保护。

$$—COOH \xrightarrow{SOCl_2} —COCl \xrightarrow[\text{碱}]{(CH_3)_3COH} (CH_3)_3CO\overset{O}{\overset{\|}{C}}— \xrightarrow[\text{碱}]{H_2O} —COOH$$

有些酸，尤其是芳酸，易脱羧，可借助成酯来加以防止。

五、活泼 C—H 与 C═C 的保护

末端炔或羰基化合物的 C—H 很活泼，有时根据需要应加以保护。最常用的是三甲基硅基。

【例 3】 完成下列转化：$Br—C_6H_4—C≡CH \longrightarrow HOOC—C_6H_4—C≡CH$

解：采用格氏试剂与 CO_2 反应增加一个碳原子变成羧酸，但对炔基氢必须加以保护。

$$Br—C_6H_4—C≡CH \xrightarrow[\text{2. ClSiMe}_3]{\text{1. EtMgBr/THF}} Br—C_6H_4—C≡CSiMe_3 \xrightarrow[THF]{Mg} BrMg—C_6H_4—C≡CSiMe_3$$

$$\xrightarrow{CO_2}\xrightarrow{H_3O^+} HOOC—C_6H_4—C≡CSiMe_3 \xrightarrow{OH^-}\xrightarrow{H_3O^+} HOOC—C_6H_4—C≡CH$$

C═C 为了防止反应中被亲电试剂作用，有时也需要保护。常用环氧化来保护，去保护基可用它与 Zn 及 NaI 在 HOAc 中进行反应。

$$>C=C< \xrightarrow{m\text{-}ClC_6H_4CO_3H} \text{环氧化物} \xrightarrow[HOAc]{Zn/NaI} >C=C<$$

第五节　极性反转的利用

所谓极性反转就是把碳原子的正常极性转化成其相反的极性，当完成一系列所需的反应后，再恢复原来的碳原子，即恢复原来的官能团。例如，正常情况下醛基碳原子呈正极性，通过化学反应使醛转变成 1,3-二噻烷，后者与强碱正丁基锂反应，从而改变了醛基碳的极性，这是一种很有意义的极性转换。

$$C_6H_5CHO \xrightarrow[H^+]{HS(CH_2)_3SH} C_6H_5CH(S(CH_2)_3S) \xrightarrow{RLi} C_6H_5\overset{-}{C}(S(CH_2)_3S)\ Li^+ \xrightarrow{RX} C_6H_5C(R)(S(CH_2)_3S) \begin{cases} \xrightarrow[H_2O]{HgCl_2} C_6H_5COR \\ \xrightarrow[H_2]{\text{Raney Ni}} C_6H_5CH_2R \end{cases}$$

羰基碳带正电　　　羰基碳带负电

【例 1】 用甲苯和 C_3 以下的有机原料合成：$C_6H_5—CH═CH—\overset{O}{\overset{\|}{C}}—\overset{OH}{\overset{|}{C}}(CH_3)—CH_3$

分析：

$$C_6H_5—CH═CH—\overset{O}{\overset{\|}{C}}\vdots\overset{OH}{\overset{|}{C}}(CH_3)—CH_3 \Longrightarrow C_6H_5—CH═CH—\overset{O}{\overset{\|}{C}}{}^- + \overset{OH}{\overset{|}{\underset{+}{C}}}(CH_3)_2 \equiv (CH_3)_2C═\overset{+}{O}H$$

$$C_6H_5—CH═CH—C \uparrow_{NaOC_2H_5}^{CH_3CHO} C_6H_5CHO$$

合成：

$$C_6H_5-CH_3 \xrightarrow[CS_2]{CrO_2Cl_2} C_6H_5-CHO \xrightarrow[NaOC_2H_5,\ \triangle]{CH_3CHO} C_6H_5-CH=CH-\overset{O}{\overset{\|}{C}}-H \xrightarrow[H^+]{HSCH_2CH_2CH_2SH}$$

$$C_6H_5-CH=CH-\overset{H}{C}(SCH_2CH_2CH_2S) \xrightarrow{RLi} C_6H_5-CH=CH-\bar{C}(SCH_2CH_2CH_2S)\ Li^+ \xrightarrow{CH_3COCH_3}$$

$$C_6H_5-CH=CH-C(SCH_2CH_2S)-C(CH_3)_2-O^-Li^+ \xrightarrow[H_2O]{HgCl_2} C_6H_5-CH=CH-\overset{O}{\overset{\|}{C}}-\overset{OH}{C}(CH_3)-CH_3$$

除生成硫代缩醛可使极性反转外，乙炔负离子水化也可使极性反转。

【例 2】 设计合成：$(CH_3)_2C(OH)-\overset{O}{\overset{\|}{C}}-CH_3$

分析：

$$(CH_3)_2C(OH)\,\vdots\,\overset{O}{\overset{\|}{C}}-CH_3 \Longrightarrow {}^-\overset{O}{\overset{\|}{C}}-CH_3 + (CH_3)_2\overset{+}{C}-OH \equiv CH_3-\overset{O}{\overset{\|}{C}}-CH_3$$

$$HC\equiv C^- \xrightarrow{H_2O} {}^-\overset{O}{\overset{\|}{C}}-CH_3$$

合成：

$$HC\equiv CH \xrightarrow[NH_3(l)]{NaNH_2} HC\equiv CNa \xrightarrow[2.\ H_2O]{1.\ CH_3COCH_3} (CH_3)_2C(OH)C\equiv CH \xrightarrow[H_3O^+]{Hg^{2+}} (CH_3)_2C(OH)-\overset{O}{\overset{\|}{C}}-CH_3$$

α,β-不饱和羰基化合物与亲核试剂作用一般都发生 Michael 加成，Nu 进攻羰基化合物的 β-C原子，要使 β-C 上发生亲电反应，就必须使其发生极性转换。

$$CH_2=CH-\overset{O}{\overset{\|}{C}}-CH_3 \xrightarrow[(CH_3)_3SiCl]{Ph_3P} Ph_3\overset{+}{P}CH_2CH=C(CH_3)OSi(CH_3)_3\ Cl^- \xrightarrow{n\text{-BuLi}} Ph_3P=CH-CH=C(CH_3)OSi(CH_3)_3 \xrightarrow{PhCHO}$$

$$PhCH=CH-CH=C(CH_3)OSi(CH_3)_3 \xrightarrow{H_3O^+} PhCH=CH-CH_2-\overset{O}{\overset{\|}{C}}-CH_3$$

第六节　导向基的应用

为了使合成反应能在分子中所要求的特定部位发生，往往要灵活引入基团，进行导向，完成任务之后再除掉，这样的基团称为导向基。一个好的导向基应具有“能上能下”，“召之即来，挥之即去”的特点，即需要时很容易被引入，任务完成后又很容易被除去。常用的导向基分为活化基、钝化基和阻塞基几类，现分述如下。

一、活化基的应用

【例 1】 设计合成：$C_6H_5-CH_2\overset{O}{\overset{\|}{C}}CH_2-R$

分析：若以α-苯丙酮为原料，与卤代烃作用来制备，虽然反应可以进行，但收率甚低，这是因为与苯基相邻的α-H同时受到苯基和羰基的活化，酸性更强。因此，需要在羰基右侧的α碳上引入一个活化基，使其羰基右侧的α碳上的H酸性比左侧的强。某些不饱和基团活化能力的强弱次序为：$—NO_2>—COR>—SO_2R>—CO_2R>—CN>—C_6H_5$。

合成：

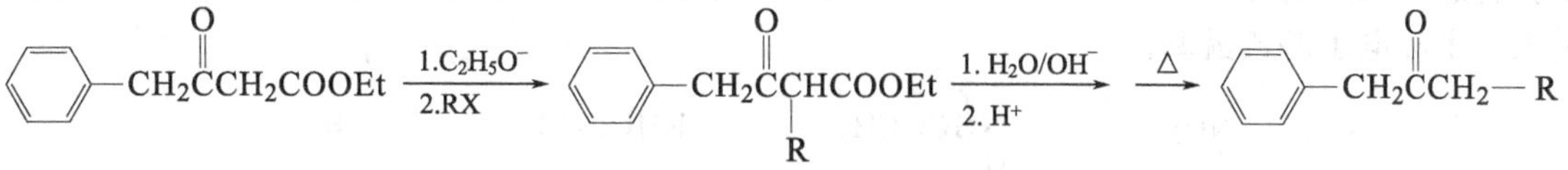

$C_6H_5CH_2COCH_2COOEt \xrightarrow[2.RX]{1.C_2H_5O^-} C_6H_5CH_2COCH(R)COOEt \xrightarrow[2.\ H^+]{1.\ H_2O/OH^-} \xrightarrow{\triangle} C_6H_5CH_2COCH_2—R$

【例2】 设计合成：3-(3-环己烯基)丙酸（—COOH）

分析：3-环己烯基-CH_2 ⫽ CH_2COOH ⟹ 3-环己烯基-CH_2Br + CH_3COOH ⟹ $CH_2(CO_2H)_2$

3-环己烯基-CH_2Br ⟸ 3-环己烯基-CH_2OH ⟹ 3-环己烯基-$COOC_2H_5$ ⟹ 丁二烯 + $CH_2=CHCOOC_2H_5$

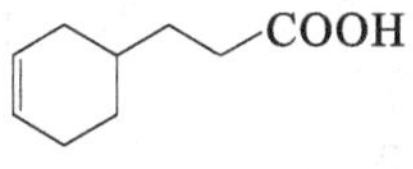

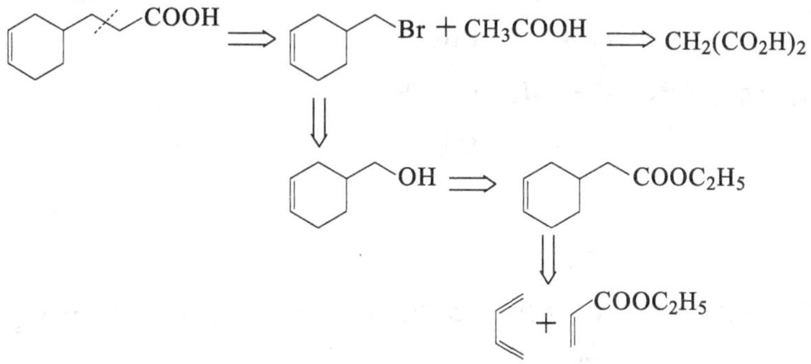

上述切断固然无可非议，但作为合成却难以实现。因为乙酸α-H活性较低，难与卤代烃发生反应，为使α-H活化，需引入活化基团，这里引入的活化基团以酯基为佳，以丙二酸代替乙酸。

合成：丁二烯 + $CH_2=CHCOOC_2H_5$ $\xrightarrow{\triangle}$ 3-环己烯基-$COOC_2H_5$ $\xrightarrow[2.\ H_3O^+]{1.\ LiAlH_4}$ $\xrightarrow{PBr_3}$ 3-环己烯基-CH_2Br

$CH_2(CO_2Et)_2 \xrightarrow{C_2H_5ONa} \bar{C}H(CO_2Et)_2Na^+$

两者 ⟶ 3-环己烯基-$CH_2CH(COOEt)_2$ $\xrightarrow{OH^-}$ $\xrightarrow{H^+}$ $\xrightarrow{\triangle}$ 3-环己烯基-CH_2CH_2COOH

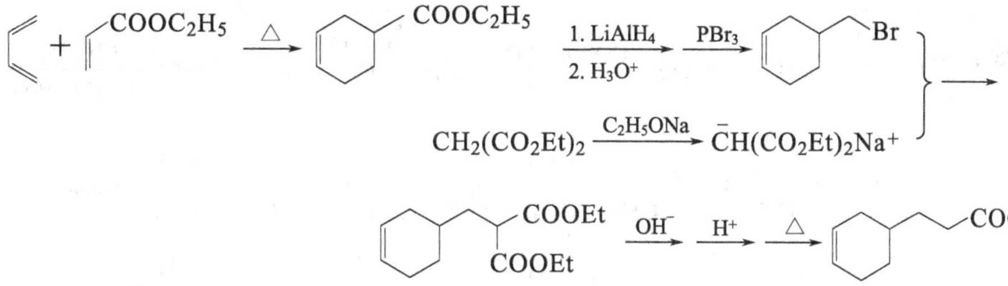

【例3】 设计合成：（目标分子结构式）

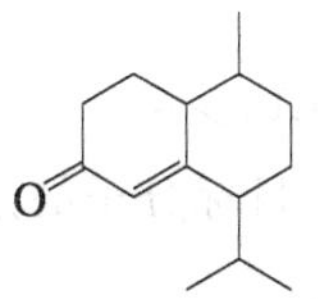

分析：2,5-二取代环己酮的C_2和C_6均能和乙烯基甲基酮发生Michael加成。为了制备目标分子，可先在6位引入甲酰基来活化C_6—H键，然后再加成，最后用碱水来脱除甲酰基，再环合成所要合成的目标分子。

合成：

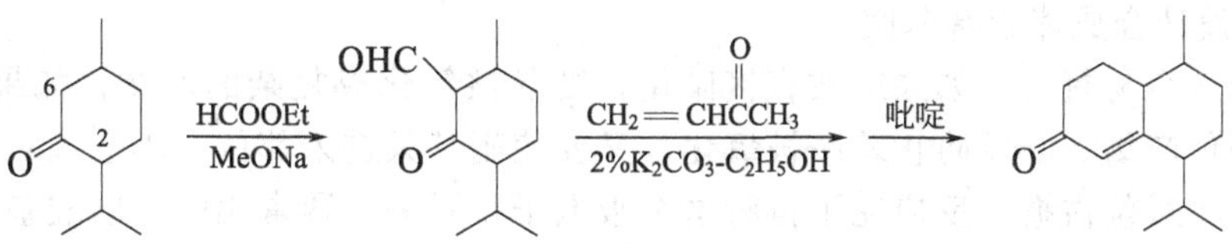

（2-异丙基-5-甲基环己酮） $\xrightarrow[MeONa]{HCOOEt}$ （6-OHC取代物） $\xrightarrow[2\%K_2CO_3\text{-}C_2H_5OH]{CH_2=CHCOCH_3}$ $\xrightarrow{吡啶}$ （目标分子）

二、钝化基的应用

活化基可使分子某一部位活化，而钝化基则是使分子的某一部位钝化。

【例 4】 设计合成：Br—C_6H_4—NH_2（对溴苯胺）

分析：氨基为邻、对位定位基，若由苯胺直接溴化容易生成多元取代物，无法得到目标分子。若想在苯胺的环上只引入一个溴原子就必须设法降低氨基的活性，这个方法就是在氨基上引入一个吸电子基乙酰基。

合成：

$$C_6H_5NH_2 \xrightarrow{CH_3COCl} C_6H_5NHCOCH_3 \xrightarrow{Br_2} p\text{-}Br\text{-}C_6H_4NHCOCH_3 \xrightarrow[\triangle]{H_3O^+} p\text{-}Br\text{-}C_6H_4NH_2$$

【例 5】 设计合成：$CH_3-\overset{O}{\overset{\|}{C}}-CH_2-C(CH_3)_2-CH_3$

分析：

$$CH_3-\overset{O}{\overset{\|}{C}}-CH_2-C(CH_3)_2-CH_3 \Longrightarrow CH_3-\overset{O}{\overset{\|}{C}}-CH_2-COOEt + CH_3MgX$$

但在合成时由于乙酰乙酸乙酯分子中同时含有羰基和酯基，这两个官能团均可与 RMgX 试剂作用，为此必须把羰基保护起来，对羰基的保护，实际上是个钝化手段。

合成：

$$CH_3-\overset{O}{\overset{\|}{C}}-CH_2-COOEt \xrightarrow[\text{干 } H^+]{HOCH_2CH_2OH} CH_3-\underset{(OCH_2CH_2O)}{C}-CH_2-COOEt \xrightarrow[2.\ NH_4Cl/H_2O]{1.\ CH_3MgI}$$

$$CH_3-\underset{(OCH_2CH_2O)}{C}-CH_2-C(CH_3)_2OH \xrightarrow{PBr_3} CH_3-\underset{(OCH_2CH_2O)}{C}-CH_2-C(CH_3)_2Br \xrightarrow{CH_3MgI} \xrightarrow{H_3O^+} \text{T.M.}$$

【例 6】 设计合成：$PhNHCH_2CH_2CH_3$

分析：

$$PhNH\text{-}CH_2CH_2CH_3 \Longrightarrow PhNH_2 + ClCH_2CH_2CH_3$$

若用上述原料直接制备目标分子是不能成功的，因为目标分子的亲核性比苯胺大，会得到多烷基化产物，但引入钝化基（酰基）可以避免。

合成：

$$CH_3CH_2COOH \xrightarrow{SOCl_2} CH_3CH_2COCl \xrightarrow{PhNH_2} PhNHCOCH_2CH_3 \xrightarrow{LiAlH_4} PhNHCH_2CH_2CH_3$$

三、阻塞基的应用

【例 7】 设计合成邻硝基苯胺。

分析：苯胺容易氧化。如果苯胺直接硝化，则易被氧化成复杂的产物；如果用混酸硝化，则主要得到间位产物。既要防止苯胺被氧化，又要使硝基只进入邻位，不进入对位，必须引入一个吸电子基将对位占据，反应完了再将这个吸电子基脱去，通常用的是磺酸基。

合成：

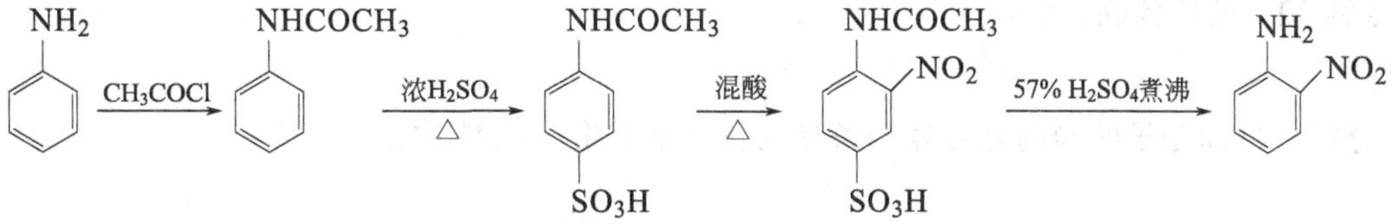

苯胺（NH_2）$\xrightarrow{CH_3COCl}$ 乙酰苯胺（$NHCOCH_3$）$\xrightarrow[\triangle]{浓H_2SO_4}$ 对乙酰氨基苯磺酸（$NHCOCH_3$，SO_3H）$\xrightarrow[\triangle]{混酸}$ （$NHCOCH_3$，NO_2，SO_3H）$\xrightarrow{57\%\ H_2SO_4煮沸}$ 邻硝基苯胺（NH_2，NO_2）

【例 8】 设计合成：4-溴间苯二酚（OH，Br，OH）

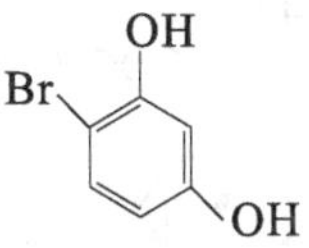

分析：间苯二酚的直接溴化要控制在一取代阶段是很难的。要解决这个困难的办法就是在溴化之前引入一个—COOH，占据一个邻位，溴化完毕再将羧基去掉。

合成：

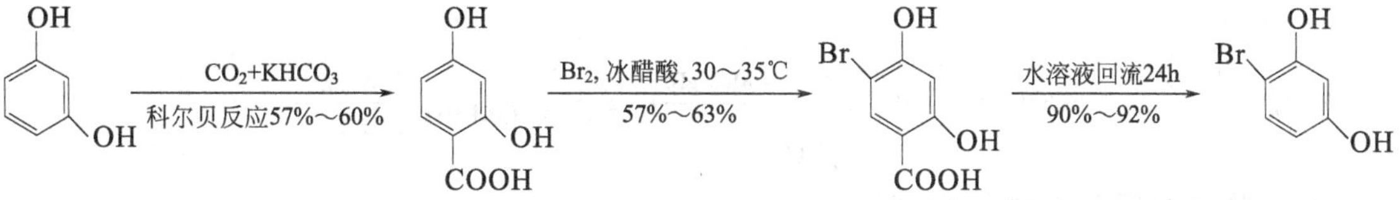

间苯二酚（OH，OH）$\xrightarrow[科尔贝反应57\%\sim60\%]{CO_2+KHCO_3}$ （OH，OH，COOH）$\xrightarrow[57\%\sim63\%]{Br_2,冰醋酸,30\sim35℃}$ （Br，OH，OH，COOH）$\xrightarrow[90\%\sim92\%]{水溶液回流24h}$ （Br，OH，OH）

【例 9】 设计合成：2,6-二氯苯酚（OH，Cl，Cl）

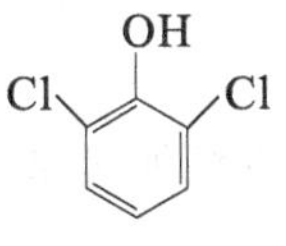

分析：以苯酚为原料，若用—COOH 或—SO_3H 作阻塞基，可能因其是吸电子基而钝化苯环，难以引入两个氯原子。若用叔丁基为阻塞基，则能顺利解决此问题。作阻塞基，叔丁基有下列两个特点：①叔丁基体积膨大，具有一定的空间阻碍效应，不仅可以堵塞它所在的部位，还能旁及其左右两侧；②叔丁基易于从环上去掉而不致扰动环上的其他取代基。叔丁基的去除可用热解作用，但更方便的方法是将化合物在苯中与三氯化铝共热，使发生烷基转移作用。

合成：

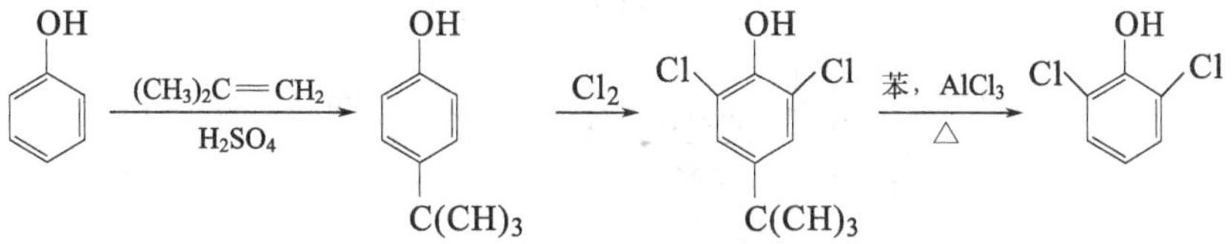

苯酚（OH）$\xrightarrow[H_2SO_4]{(CH_3)_2C=CH_2}$ （OH，$C(CH)_3$）$\xrightarrow{Cl_2}$ （OH，Cl，Cl，$C(CH)_3$）$\xrightarrow[\triangle]{苯，AlCl_3}$ （OH，Cl，Cl）

第七节　各类有机化合物的合成设计

一、无官能团化合物的合成设计

无官能团的烷烃通常借助于双键的氢化反应制得，双键引入的位置要有利于使用魏狄希反应或格氏反应。

【例 1】 设计合成：Ph～～～～～。

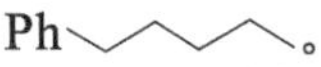

此题有许多答案。其中之一是使双键尽量靠近苯环。

分析：　Ph～╳～～～ $\Longrightarrow$ $PhCH^- P^+Ph_3$ + ～～CHO

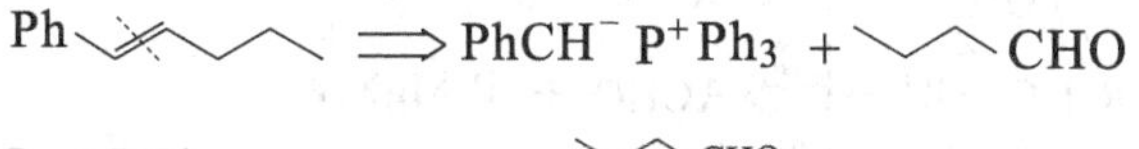

合成：$PhCH_2Br \xrightarrow{Ph_3P} \xrightarrow{n\text{-}BuLi} PhCH_2^- P^+Ph_3 \xrightarrow{～～CHO}$ Ph～═～～～ $\xrightarrow[Pd\text{-}C]{H_2}$ Ph～～～～～

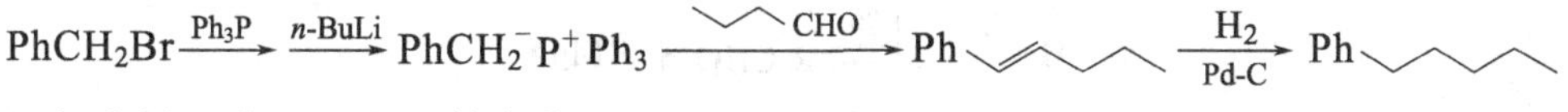

也可以添加叁键、羰基和羟基等官能团。

【例 2】 设计合成：

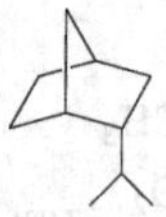

分析：目标分子的异丙基可经两条途径从羰基和格氏试剂制得。

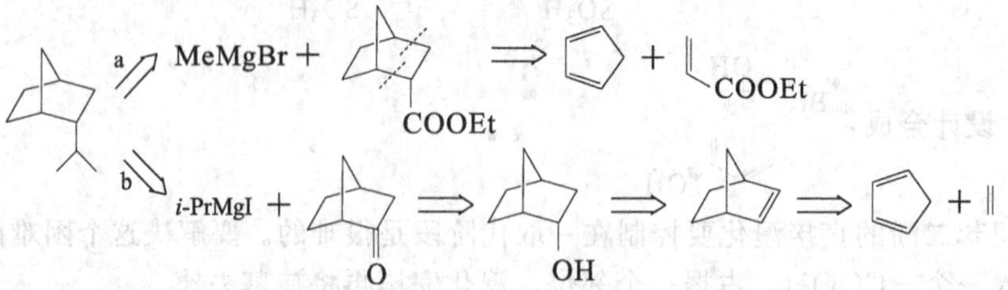

a ⟹ MeMgBr ＋ (COOEt) ⟹ 环戊二烯 ＋ CH_2=CH-COOEt

b ⟹ *i*-PrMgI ＋ (O) ⟹ (OH) ⟹ 降冰片烯 ⟹ 环戊二烯 ＋ $CH_2=CH_2$

路线 a 更简短，宜于采用。

合成：环戊二烯 ＋ CH_2=CH-COOEt $\xrightarrow{\triangle}$ (COOEt) $\xrightarrow{MeMgBr}$ (OMgBr) $\xrightarrow[2.\ H_2/Pd]{1.\ H^+,\ \triangle}$ 目标产物

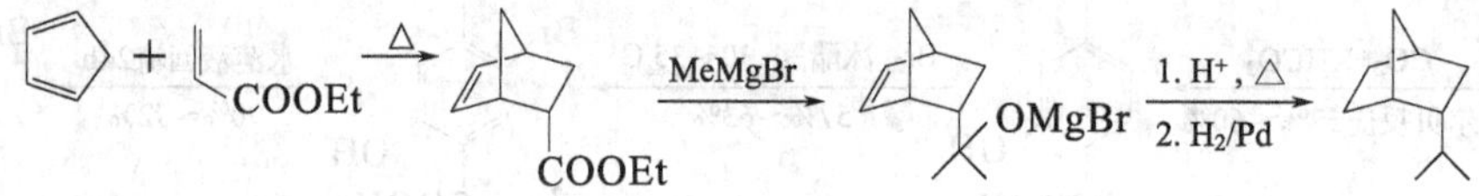

二、单官能团化合物的合成设计

1. 烯

简单烯烃可由醇类脱水来制备，也可由魏狄希反应、炔烃加氢来制备。

【例 3】 设计合成：1-苯基环己烯（Ph）

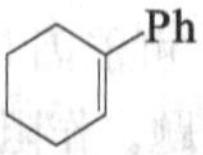

分析：

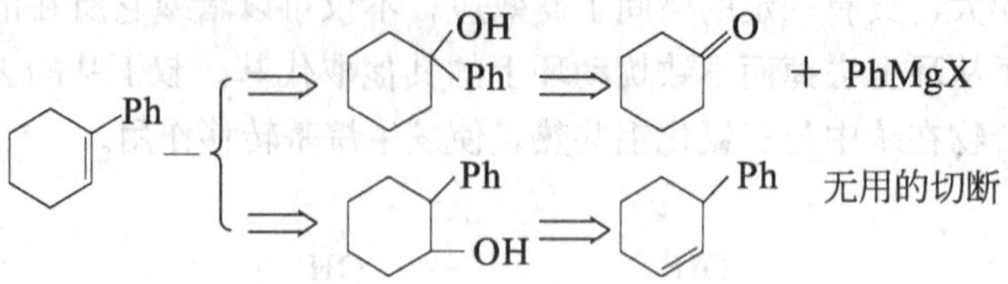

1-苯基环己烯 ⟹ 1-苯基环己醇（OH，Ph）⟹ 环己酮 ＋ PhMgX

1-苯基环己烯 ⟹ 2-苯基环己醇（Ph，OH）⟹ 4-苯基环己烯（Ph） 无用的切断

合成：环己酮 $\xrightarrow[\text{乙醚}]{PhMgX}$ $\xrightarrow[\triangle]{H_2SO_4}$ 1-苯基环己烯（Ph）

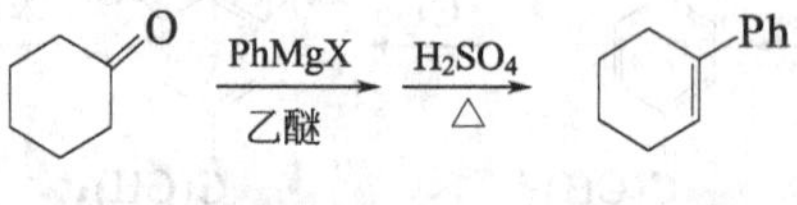

2. 醇

醇的合成方法多，首推 Grignard 与醛、酮、酯和环氧烷的反应。关键通过逆向切断，寻找合适的格氏试剂和羰基化合物或环氧化合物的组合。

(1) 伯醇

伯醇可通过羧酸、醛的还原来制备。某些活泼的卤代烃也可转化为醇。

(2) 仲醇

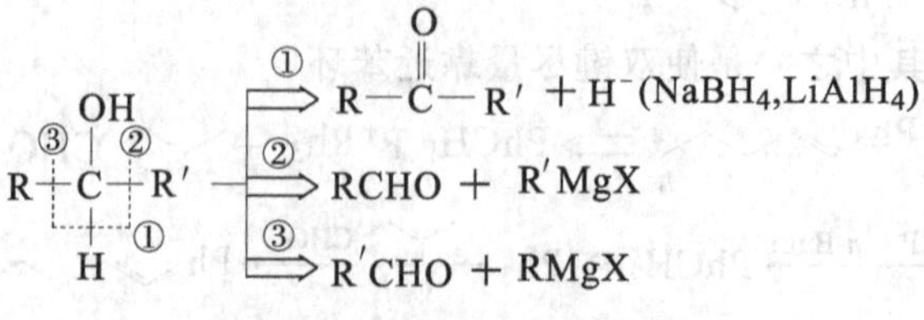

R—CH(OH)—R′（切断 ①：C—H；②：C—R′；③：C—R）

① ⟹ $R-\overset{O}{\overset{\|}{C}}-R'$ ＋ H^- ($NaBH_4$,$LiAlH_4$)

② ⟹ RCHO ＋ R′MgX

③ ⟹ R′CHO ＋ RMgX

(如R=R′,还可用HCO_2Et+2RMgX)

（3）叔醇

$$R-\underset{R}{\overset{OH}{C}}-R' \Longrightarrow \begin{cases} 2RMgX + R'COOEt \\ RMgX + R\overset{O}{\overset{\|}{C}}R' \\ R'MgX + R\overset{O}{\overset{\|}{C}}R \end{cases}$$

3. 简单羧酸及其衍生物

（1）由格氏试剂、有机锂试剂等与 CO_2 反应制备。

$$RMgX \underset{CO_2}{\rightleftarrows} RCOOH \rightleftarrows RCOCl \rightleftarrows (RCO)_2O \rightleftarrows RCOOR' \rightleftarrows RCONR'_2$$

【例 4】 由$CH_3CH_2CH=CH_2$合成$\underset{CH_3}{CH_3CH_2CH}-\underset{NH_2}{CHCOOH}$

解：

方法一

$$CH_3CH_2CH=CH_2 \xrightarrow{HBr} CH_3CH_2\underset{}{\overset{Br}{C}}HCH_3 \xrightarrow[干醚]{Mg} \xrightarrow{\text{环氧乙烷}} \xrightarrow[H^+]{H_2O} CH_3CH_2\overset{CH_3}{C}HCH_2CH_2OH \xrightarrow[H_2SO_4]{K_2Cr_2O_7}$$

$$CH_3CH_2\overset{CH_3}{C}HCH_2COOH \xrightarrow[P]{Br_2} CH_3CH_2\overset{CH_3}{C}H\underset{Br}{C}HCOOH \xrightarrow{NH_3} CH_3CH_2\overset{CH_3}{C}H\underset{NH_2}{C}HCOOH$$

方法二

$$CH_3CH_2CH=CH_2 \xrightarrow{HBr} CH_3CH_2\overset{Br}{C}HCH_3 \xrightarrow[干醚]{Mg} \xrightarrow{CO_2} \xrightarrow[H^+]{H_2O} CH_3CH_2\underset{CH_3}{C}HCOOH \xrightarrow{SOCl_2}$$

$$CH_3CH_2\underset{CH_3}{C}HCOCl \xrightarrow{CH_2N_2} \xrightarrow[H_2O]{Ag_2O} CH_3CH_2\underset{CH_3}{C}HCH_2COOH \xrightarrow[P]{Br_2}$$

Arndt-Eistert(阿恩特-艾司特)反应

$$CH_3CH_2\overset{CH_3}{C}H\underset{Br}{C}HCOOH \xrightarrow{NH_3} CH_3CH_2\overset{CH_3}{C}H\underset{NH_2}{C}HCOOH$$

（2）由腈、酰胺、酯等水解。

【例 5】 由四氢呋喃制备己二酸。

解：

$$\text{四氢呋喃} \xrightarrow[\triangle]{HI(过量)} ICH_2(CH_2)_2CH_2I \xrightarrow{2NaCN} NC(CH_2)_4CN \xrightarrow[\triangle]{H_3O^+} HOOC(CH_2)_4COOH$$

【例 6】 由 C_4 以下有机物为原料合成：$CH_3CH_2\overset{CH_3}{C}H-\overset{O}{\overset{\|}{C}}-NHCH_2CH_2CH_2CH_3$

解：

$$CH_3CH_2\underset{Cl}{C}HCH_3 \xrightarrow[醇,\triangle]{NaCN} CH_3CH_2\underset{CN}{C}HCH_3 \xrightarrow[H^+,\triangle]{H_2O} CH_3CH_2\underset{COOH}{C}HCH_3 \xrightarrow{PCl_3} \xrightarrow{CH_3(CH_2)_3NH_2}$$

$$CH_3CH_2\overset{CH_3}{C}H-\overset{O}{\overset{\|}{C}}-NHCH_2CH_2CH_2CH_3$$

（3）制法之三，由醇、醛酮、烃等氧化。

【例 7】 由甲苯合成：$H_3C-C_6H_4-C(=O)-O-C_6H_4-CH_3$

解：

$$H_3C-C_6H_4 \xrightarrow[AlCl_3\text{-}Cu_2Cl_2]{CO+HCl} H_3C-C_6H_4-CHO \xrightarrow{\text{Tollen's试剂}} H_3C-C_6H_4-COOH \xrightarrow{SOCl_2}$$

$$H_3C-C_6H_4-COCl \xrightarrow[\text{吡啶}]{HO-C_6H_4-CH_3} H_3C-C_6H_4-C(=O)-O-C_6H_4-CH_3$$

4. 胺

（1）通过酰胺、肟、腈和硝基化合物的还原来制备。

【例 8】 设计合成：$C_6H_{11}-CH_2NMe_2$

分析：$C_6H_{11}-CH_2NMe_2 \overset{LiAlH_4}{\Longrightarrow} C_6H_{11}-C(=O)NMe_2 \Longrightarrow C_6H_{11}-C(=O)Cl + HNMe_2 \overset{SOCl_2}{\Longrightarrow}$

$C_6H_{11}-C(=O)OMgBr \overset{CO_2}{\Longrightarrow} C_6H_{11}-MgBr \overset{Mg,\text{乙醚}}{\Longrightarrow} C_6H_{11}-Br$

合成：$C_6H_{11}-Br \xrightarrow{Mg,\text{乙醚}} C_6H_{11}-MgBr \xrightarrow{CO_2} C_6H_{11}-C(=O)OMgBr \xrightarrow{SOCl_2}$

$C_6H_{11}-C(=O)Cl \xrightarrow{HNMe_2} C_6H_{11}-C(=O)NMe_2 \xrightarrow{LiAlH_4} C_6H_{11}-CH_2NMe_2$

【例 9】 设计合成：$PhCH_2-NH-CH(Ph)-CH(CH_3)_2$

分析：$PhCH_2-NH-CH(Ph)CH(CH_3)_2 \overset{LiAlH_4}{\Longrightarrow} PhC(=O)-NH-CH(Ph)CH(CH_3)_2 \Longrightarrow PhC(=O)Cl + H_2N-CH(Ph)CH(CH_3)_2$

$H_2N-CH(Ph)CH(CH_3)_2 \overset{LiAlH_4}{\Longrightarrow} HON=C(Ph)CH(CH_3)_2 \overset{NH_2OH}{\Longrightarrow} O=C(Ph)CH(CH_3)_2 \Longrightarrow Ph + ClC(=O)CH(CH_3)_2$

合成：$ClC(=O)CH(CH_3)_2 \xrightarrow[AlCl_3]{Ph} O=C(Ph)CH(CH_3)_2 \xrightarrow{NH_2OH} HON=C(Ph)CH(CH_3)_2 \xrightarrow{LiAlH_4}$

$H_2N-CH(Ph)CH(CH_3)_2 \xrightarrow{PhC(=O)Cl} PhC(=O)-NH-CH(Ph)CH(CH_3)_2 \xrightarrow{LiAlH_4} PhCH_2-NH-CH(Ph)CH(CH_3)_2$

(2) 通过氨（胺）与卤代烃、环氧化合物反应来制备。

(3) 由芳卤与 KNH_2 或胺反应制备。

$$\text{3-}OCH_3\text{-}C_6H_4Br \xrightarrow[NH_3(l)]{NaNH_2} \text{3-}OCH_3\text{-}C_6H_4NH_2$$

$$\text{4-}O_2N\text{-2-}NO_2\text{-}C_6H_3Br \xrightarrow{RNH_2} \text{4-}O_2N\text{-2-}NO_2\text{-}C_6H_3NH-R$$

(4) 通过醛、酮的还原氨化来制备。

$$CH_3CH_2CHO + CH_3CH_2NH_2 \xrightarrow{H_2/Ni} CH_3CH_2CH_2NHCH_2CH_3$$

(5) 通过霍夫曼降解反应来制备。

$$\text{萘} \xrightarrow[V_2O_5,\triangle]{O_2} \text{邻苯二甲酸酐} \xrightarrow[\triangle]{NH_3} \text{邻苯二甲酰亚胺} \xrightarrow[H_2O,\triangle]{Br_2,NaOH} \text{2-}NH_2\text{-}C_6H_4COOH$$

(6) 酰亚胺的烷基化（Gabriel 盖布瑞尔合成法）

(7) 通过曼尼希反应来制备。

【例 10】 完成下列转化：$C_6H_5-\overset{O}{\overset{\|}{C}}-CH_2CH_3 \longrightarrow C_6H_5CH_2-C(Ph)(OCOCH_2CH_3)-CH(CH_3)CH_2N(CH_3)_2$

分析：$C_6H_5CH_2-C(Ph)(OCOCH_2CH_3)-CH(CH_3)CH_2N(CH_3)_2 \Longrightarrow C_6H_5CH_2-C(Ph)(OH)-CH(CH_3)CH_2N(CH_3)_2 \Longrightarrow$

$$O=C(Ph)-CH(CH_3)CH_2N(CH_3)_2 \Longrightarrow C_6H_5-\overset{O}{\overset{\|}{C}}-CH_2CH_3$$

合成：$C_6H_5-\overset{O}{\overset{\|}{C}}-CH_2CH_3 \xrightarrow[\text{曼尼希反应}]{HCHO,NH(CH_3)_2} C_6H_5-\overset{O}{\overset{\|}{C}}-CH(CH_3)CH_2N(CH_3)_2 \xrightarrow{C_6H_5CH_2Li} \xrightarrow[H_2O]{NH_4Cl}$

$$C_6H_5CH_2-C(Ph)(OH)-CH(CH_3)CH_2N(CH_3)_2 \xrightarrow{CH_3CH_2COCl} T.M.$$

三、双官能团化合物的合成设计

1. 1,2-二官能团化合物

(1) $(CH_3)_2C(OH)-COCH_3 \Longrightarrow (CH_3)_2\overset{\oplus}{C}OH + \overset{\ominus}{C}(=O)CH_3 \equiv CH_3COCH_3 + NaC\equiv CH$

(2) $PhCH(OH)-COOH \Longrightarrow Ph\overset{\oplus}{C}HOH + \overset{\ominus}{C}(=O)OH \equiv PhCHO + HCN$

(3) 呋喃-2-基-C(=O)-CH(OH)-呋喃-2-基 $\Longrightarrow$ (KCN, 安息香缩合) 呋喃-2-基-$\overset{O}{\parallel}C^{\oplus}$ + $^{\ominus}CH(OH)$-呋喃-2-基 $\equiv$ 2 呋喃-2-基-CHO

2. 1,3-二官能团化合物和 α,β-不饱和羰基化合物

利用乙酰乙酸乙酯与酰卤的亲核取代、羟醛缩合、酮酯缩合等反应可制备 1,3-二羰基化合物和 α,β-不饱和羰基化合物。

(1) $CH_3COCH_2COCH_3 \Longrightarrow CH_3COCH_2^{\ominus} + CH_3C^{\oplus}=O$

$\equiv$ $CH_3\overset{O}{\overset{\parallel}{C}}CH_2CO_2C_2H_5$　$CH_3\overset{O}{\overset{\parallel}{C}}Cl$

(2) $CH_3COCH=C(CH_3)_2 \Longrightarrow CH_3COCH_2C(OH)(CH_3)_2 \Longrightarrow CH_3COCH_2^{\ominus} + (CH_3)_2C^{\oplus}OH$

$\equiv$ CH_3COCH_3　CH_3COCH_3

(3) $PhCOCH_2COCH_3 \Longrightarrow PhCOCH_2^{\ominus} + CH_3C^{\oplus}=O$

$\equiv$ $PhCOCH_3$　$C_2H_5OCOCH_3$

3. 1,4-二官能团化合物

$RCOCH_2CH_2COR' \Longrightarrow RCOCH_2^{\ominus} + {}^{\oplus}CH_2COR' \equiv RCOCH_2CO_2Et + BrCH_2COR'$

4. 1,5-二羰基化合物

利用 Michal 加成反应可制备 1,5-二羰基化合物。

【例 11】 设计合成：5,5-二甲基-1,3-环己二酮

分析：5,5-二甲基-1,3-环己二酮 $\Longrightarrow$ $CH_3COCH_2C(CH_3)_2CH_2CO_2Et$ $\overset{①}{\Longrightarrow}$ $CH_3COCH_2CO_2Et$ + $(CH_3)_2C=CHCO_2Et$

$CH_3COCH_2C(CH_3)_2CH_2CO_2Et$ $\overset{②}{\Longrightarrow}$ $CH_3COCH=C(CH_3)_2$ + $^{-}CH_2CO_2Et$

$\Downarrow$ $2CH_3COCH_3$　　$\equiv$ $CH_2(CO_2Et)_2$

合成：

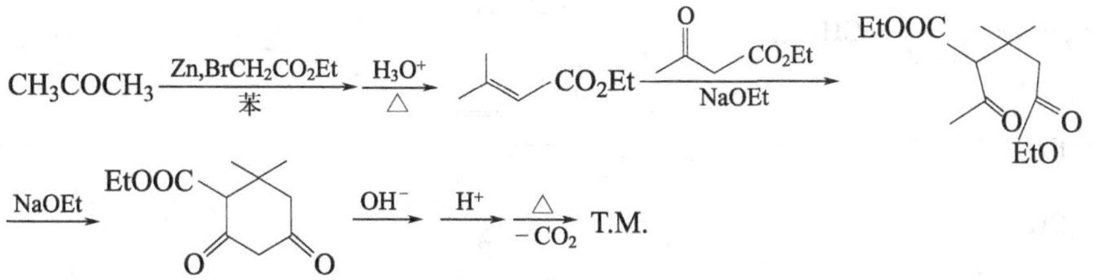

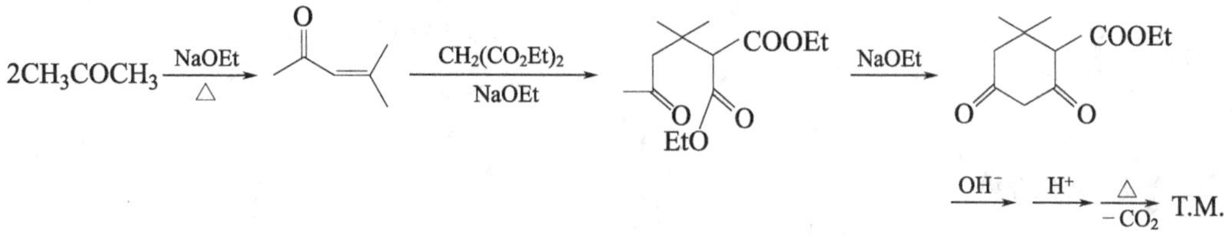

$$CH_3COCH_3 \xrightarrow[\text{苯}]{Zn,BrCH_2CO_2Et} \xrightarrow[\triangle]{H_3O^+} (CH_3)_2C{=}CHCO_2Et \xrightarrow[NaOEt]{CH_3COCH_2CO_2Et}$$ EtOOC-取代的酮酯加成物

$$\xrightarrow{NaOEt}$$ EtOOC-二甲基环己-1,3-二酮 $$\xrightarrow{OH^-} \xrightarrow{H^+} \xrightarrow[-CO_2]{\triangle} \text{T.M.}$$

$$2CH_3COCH_3 \xrightarrow[\triangle]{NaOEt} (CH_3)_2C{=}CHCOCH_3 \xrightarrow[NaOEt]{CH_2(CO_2Et)_2}$$ 加成物（COOEt, EtO, O） $$\xrightarrow{NaOEt}$$ COOEt-二甲基环己-1,3-二酮

$$\xrightarrow{OH^-} \xrightarrow{H^+} \xrightarrow[-CO_2]{\triangle} \text{T.M.}$$

5. 1,6-二官能团化合物

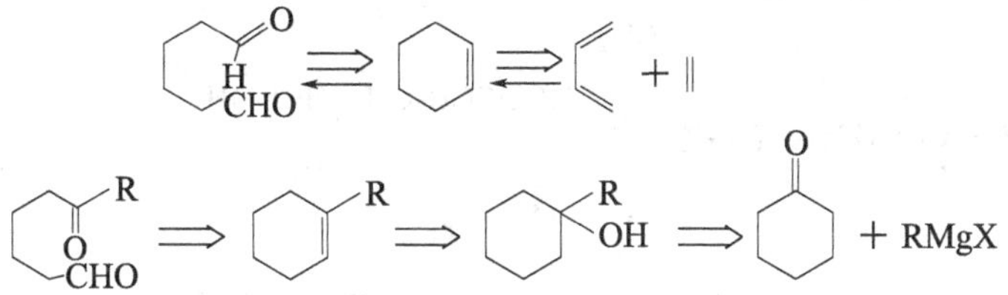

$$\text{6-氧代己醛(CHO, H, O)} \Longrightarrow \text{环己烯} \Longrightarrow \text{丁二烯} + \text{乙烯}$$

$$\text{R-CO-(CH}_2)_4\text{-CHO} \Longrightarrow \text{1-R-环己烯} \Longrightarrow \text{1-R-环己醇(OH)} \Longrightarrow \text{环己酮} + RMgX$$

6. 多肽的合成

总的策略是要先保护N端和C端，再偶联两个保护的氨基酸，最后脱保护。

氨基的保护通常是生成酰胺，苄氧羰基（$C_6H_5CH_2OCO—$）是常用的保护基。其简写为Z。苄氧酰基保护的优点是很容易将保护脱去：①氢解；②在乙酸中用HBr断键；③也可使用CF_3COOH。羧基的保护通常是生成酯，甲基酯和乙基酯通常用皂化来脱保护，苄酯通常用氢解脱保护。如果氨基酸中还有其他如羟基、巯基等侧链时，还涉及侧链的保护。如：

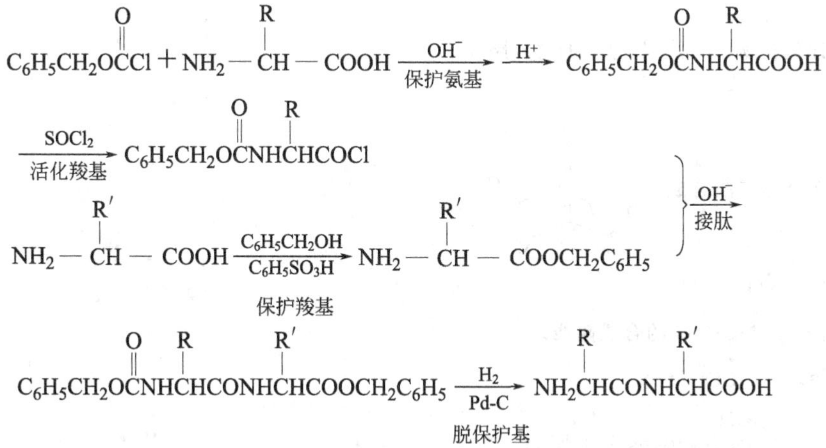

$$C_6H_5CH_2OCCl(\text{C=O}) + NH_2-CH(R)-COOH \xrightarrow[\text{保护氨基}]{OH^-} \xrightarrow{H^+} C_6H_5CH_2OC(O)NHCH(R)COOH$$

$$\xrightarrow[\text{活化羧基}]{SOCl_2} C_6H_5CH_2OC(O)NHCH(R)COCl$$

$$NH_2-CH(R')-COOH \xrightarrow[C_6H_5SO_3H]{C_6H_5CH_2OH} NH_2-CH(R')-COOCH_2C_6H_5$$

保护羧基

（以上两者）$\xrightarrow[\text{接肽}]{OH^-}$

$$C_6H_5CH_2OC(O)NHCH(R)CONHCH(R')COOCH_2C_6H_5 \xrightarrow[Pd\text{-}C]{H_2} NH_2CH(R)CONHCH(R')COOH$$

脱保护基

习　　题

1. 用反合成分析法推导下列化合物的合成路线。

(1) $CH_3CH_2OCH_2CH_2CN$　　(2) $BrCH_2CH_2CO_2CH_3$

(3) $O_2N-C_6H_4-C(=CH_2)-C_6H_4-CH_3$

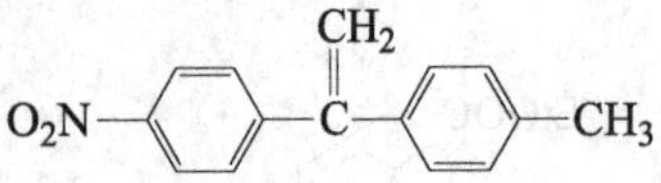

(4)

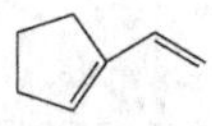

(5) 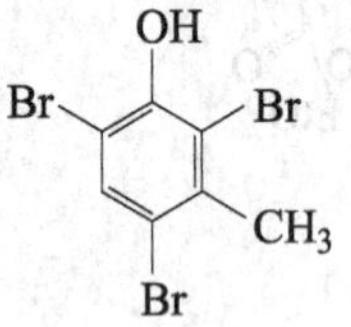 OH, Br, Br, CH_3, Br

(6) 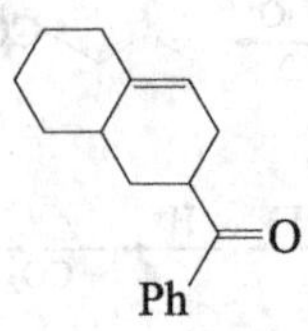 Ph, O

(7) 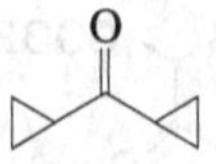 O

(8) 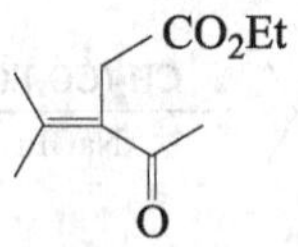 CO_2Et, O

2. 合成下列化合物。

(1) 用丙烯及必要试剂合成：$(CH_3)_2CHCH(NH_2)COOH$

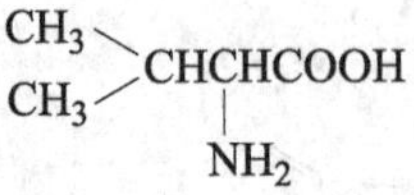

(2) 用$CH_2=CH-COOH$及必要试剂合成：$HOOCCH_2CH_2CH(NH_2)COOH$

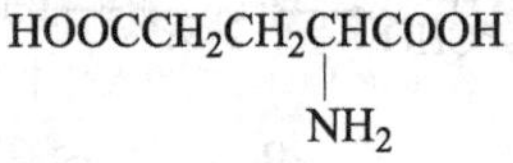

(3) 用苯丙氨酸及必要试剂合成：$Ph-CH_2-CH(NH_2)-C(=O)-NH-CH(CH_3)COOH$

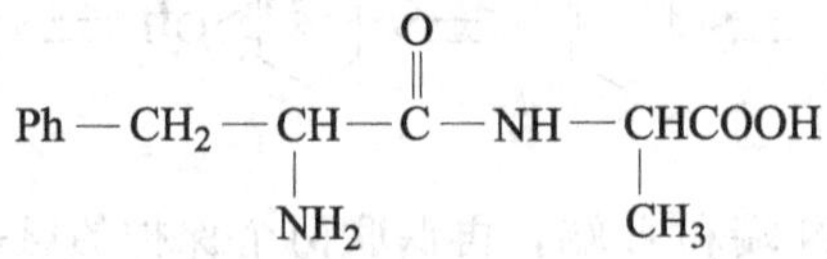

(4) 设计 $\overset{+}{N}H_2$ COO^- 的合成路线。

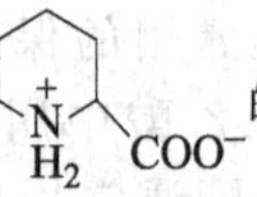

(5) 以相应的氨基酸为起始原料合成下面结构的二肽：$\overset{+}{N}H_3-CH(CH(CH_3)_2)-CONHCH(CH_2OH)-COO^-$

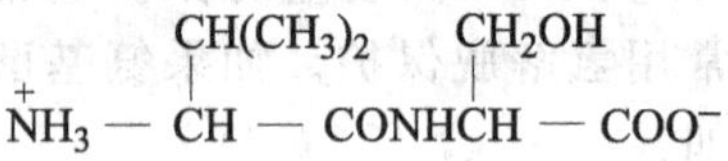

(6) 试设计化合物 O O O 的合成路线。

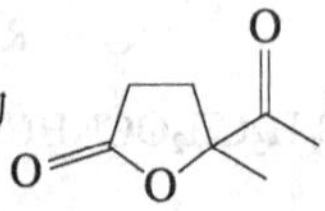

(7) 用1,3-环己二酮合成：O O O。

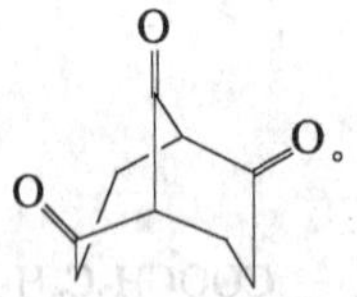

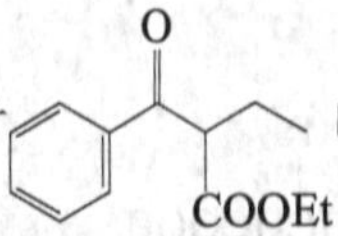

(8) 设计 O COOEt 的合成路线。

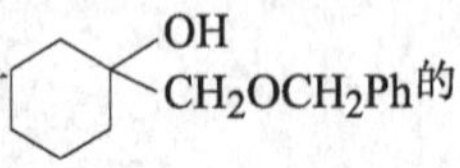

(9) 设计 OH CH_2OCH_2Ph的合成路线。

(10) 设计 O 的合成路线。

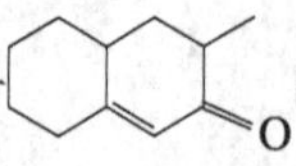

习题参考答案

第一章

1. (1) (2E,4R,5R)-4,5-二甲基-2-氯-4-溴-2-庚烯
(2) (3E,6R)-2,3,6-三甲基-4-氯-3-辛烯
(3) (Z,R)-4-甲基-2-己烯
(4) (E)-4,5-二甲基-3-异丙基-3-己烯-1-炔
(5) (S)-1-环己基-3-丁烯-2-醇
(6) (3E,5E)-2,5-二甲基-3,5-辛二烯
(7) (E)-3-异丙基-2-庚烯-5-炔
(8) (R,R)-1-苯基-1-甲氨基-2-丙醇
(9) 3-甲酰基苯甲酸
(10) (2R,3S)-3-甲基-2-氯-3-戊醇
(11) (S)-4-甲基螺［4.5］-2-癸酮
(12) (2S,3R)-3-甲基-2-溴戊烷
(13) 5-甲基-4-己烯-2-酮
(14) 6-甲氧基-1-萘酚
(15) 3-甲基-5-氨基苯甲酸
(16) 二环［4.3.0］-7-壬醇
(17) 8,8-二甲基-2-氯二环［3.2.1］辛烷
(18) (S)-6-甲基-1-乙基环己烯
(19) (E)-3-亚乙基环己烯
(20) 4-羟基苯甲腈
(21) N,N-二甲基乙酰胺
(22) 联苯胺
(23) 二(2-氨基乙基)胺
(24) 2-氯代丙烯酸甲酯
(25) 四羟甲基甲烷或季戊四醇
(26) 双(2-甲氧基乙基)醚
(27) 15-冠-5
(28) 5-硝基-1,4-萘醌
(29) (E)(或顺)-氯丁烯二酸二乙酯
(30) 2,3-二氰基-5,6-二氯对苯醌
(31) 4-甲氨基-4′-硝基偶氮苯
(32) N-1′-环己烯基-1,4-氧氮杂环己烷
(33) 4-对羟基苯基-2-丁酮
(34) 3-羟基喹啉
(35) 二(1-环己烯基)乙炔
(36) (1a,2e)-1-甲基-2-异丙基环己烷
(37) (E)-3,4-二间羟基苯基-3-己烯
(38) 氨基甲酸苯酯
(39) (E)-5-庚烯-3-酮
(40) 2-乙基-5-氧代庚酰胺
(41) 2,4-二氯苯氧乙酸
(42) (R)-巯基丙二酸单酰氯

2. (1) $CH_3CH(CN)CH_2N{=}NCH_2CH(CN)CH_3$
(2) CH_2COOH, N, H
(3) O, N—Br, O
(4) CH_2OH, O, HO, HO, HO, OCH_3
(5) NO_2, O_2N—, HO
(6) $CH_2{=}C(CH_3){-}COOCH_3$
(7) SO_3H, N
(8) $CH_3CH{=}CH{-}OCH(CH_3)CH_2CH_3$

(9) 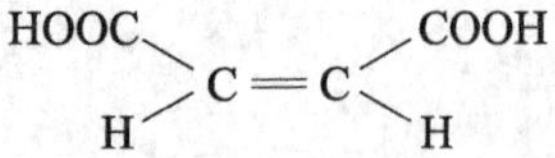

(10) 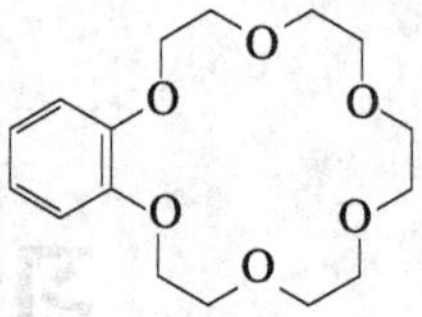

(11) 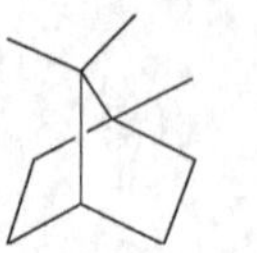

(12) 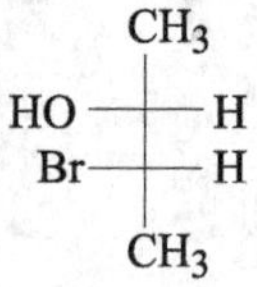

(13) 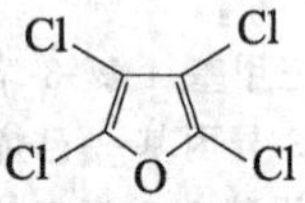

(14) 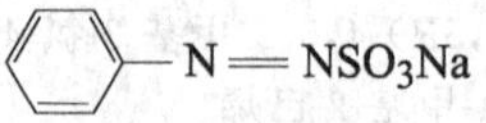

(15) 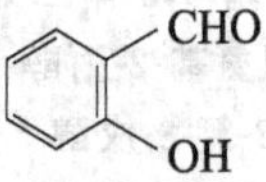

(16) NH_2CH_2COOH

(17) 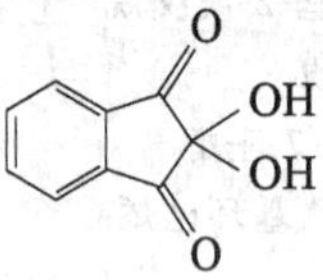

(18) 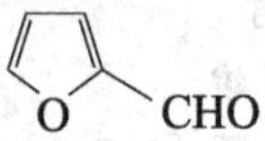

(19) 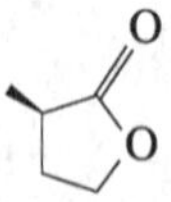

(20) 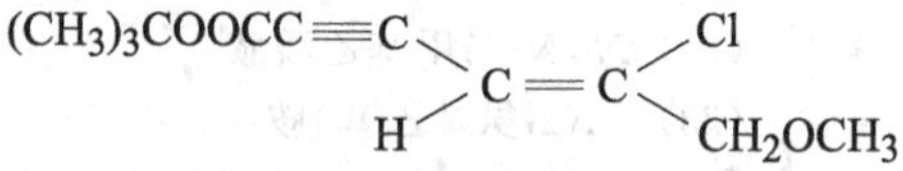

(21) 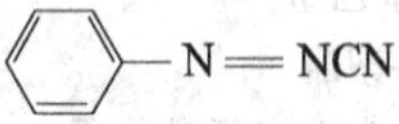

(22) $(CH_3)_2NCH_2CH_2OH$

3. (1) 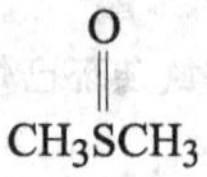

(2) 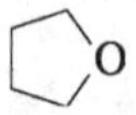

(3) 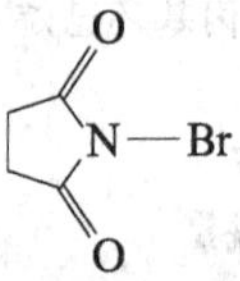

(4) 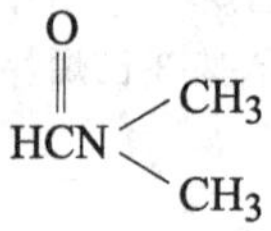

(5) 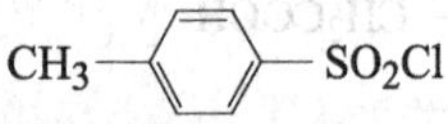

(6) 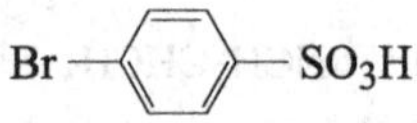

第二章

1. (1) C (2) BDF (3) CBA (4) ACD (5) C

2. (1) 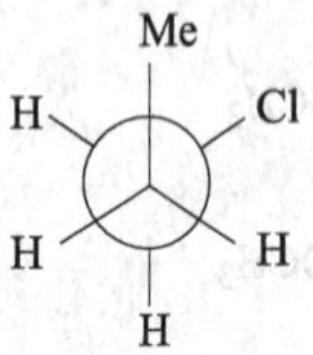

(2) 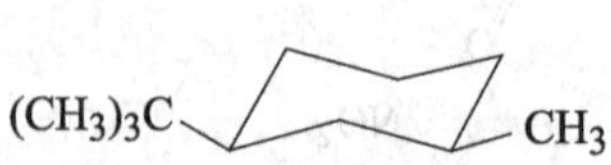

(3) 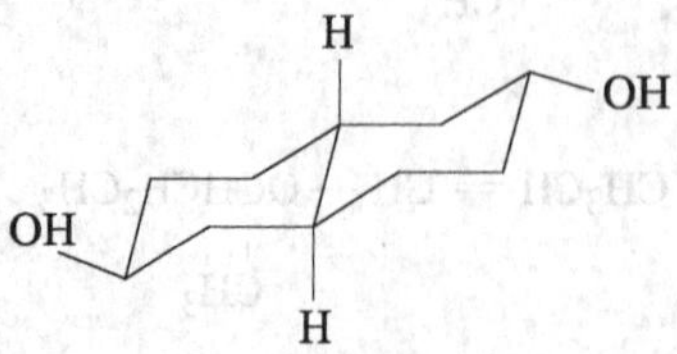

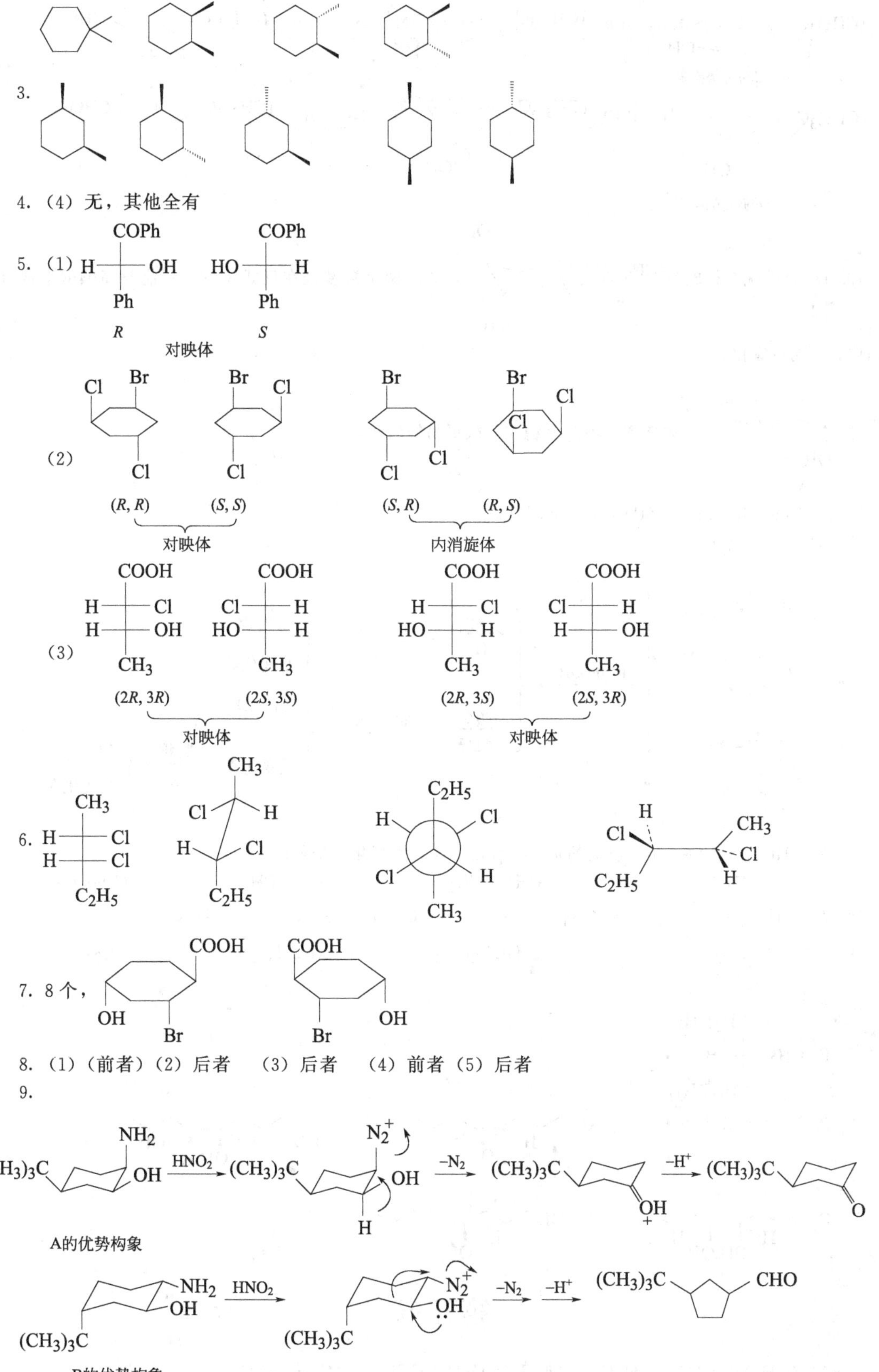
3.
4.（4）无，其他全有
COPh
5.（1）H OH
HO H
Ph
R
S
对映体
Cl Br
Br Cl
Br
Br Cl
Cl
（2）
Cl
Cl
Cl
Cl
(R, R)
(S, S)
(S, R)
(R, S)
对映体
内消旋体
COOH
H Cl
Cl H
H OH
HO H
HO H
H OH
（3）
CH3
(2R, 3R)
(2S, 3S)
(2R, 3S)
(2S, 3R)
对映体
对映体
CH3
6. H Cl
H Cl
C2H5
Cl H
H Cl
C2H5
H
CH3
7. 8个，
COOH
OH
Br
8.（1）（前者）（2）后者 （3）后者 （4）前者（5）后者
9.
NH2
(CH3)3C
OH
HNO2
N2+
−N2
−H+
H
O
A的优势构象
B的优势构象
CHO

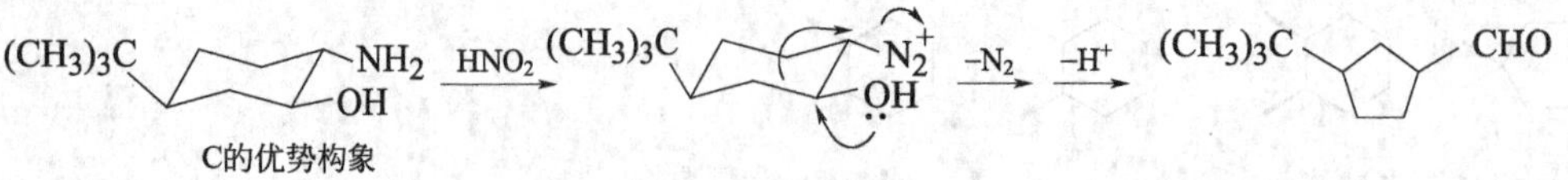

$(CH_3)_3C$—(C的优势构象, NH_2, OH) $\xrightarrow{HNO_2}$ $(CH_3)_3C$—(N_2^+, OH) $\xrightarrow{-N_2}$ $\xrightarrow{-H^+}$ $(CH_3)_3C$—(环戊基)—CHO

C的优势构象

$(CH_3)_3C$—(D的优势构象, NH_2, OH) $\xrightarrow{HNO_2}$ $(CH_3)_3C$—(N_2^+, :OH) $\xrightarrow{-N_2}$ $\xrightarrow{-H^+}$ $(CH_3)_3C$—(环戊基)—CHO

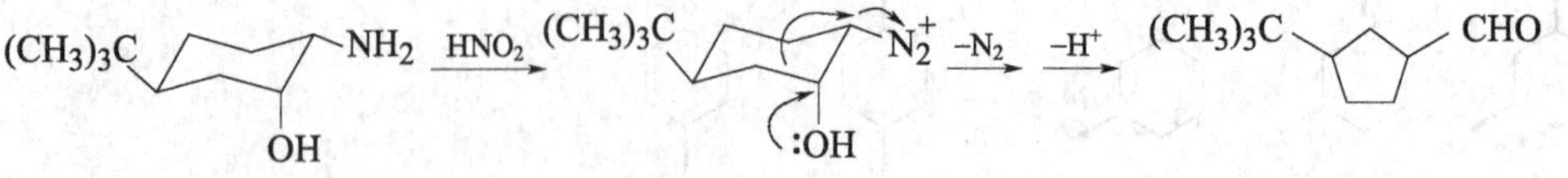

D的优势构象

10. D。D 的优势构象为$(CH_3)_3C$—(OH, OH)，这时两个羟基处在反式位置，不能与高碘酸形成环状中间体，不能被氧化。

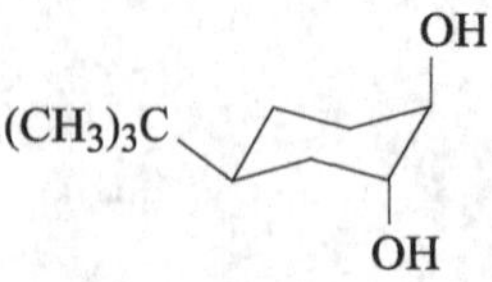

11. 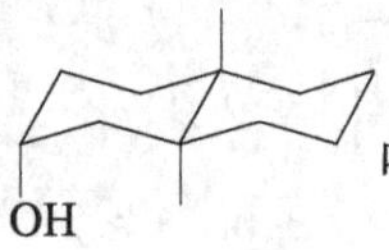 (OH) A 内能高，不及 B 稳定，故更易被氧化。

12. A 的核磁共振谱有 4 组峰，B 有 8 组峰。

13. (1) 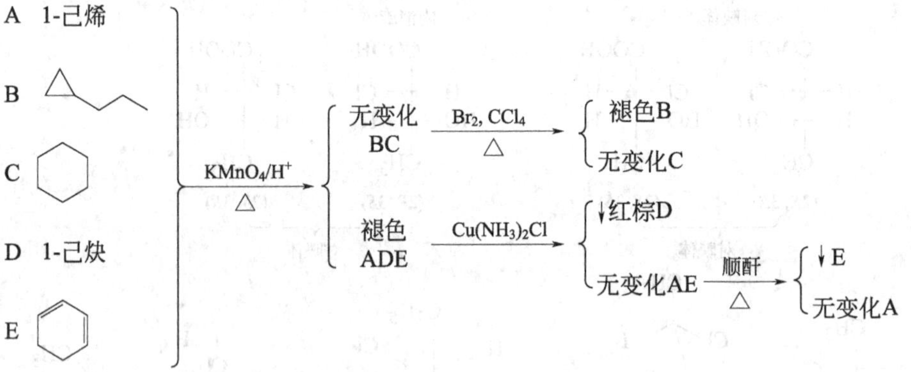 A 1-己烯

B (丙基环丙烷)

C (环己烷)

D 1-己炔

E (环己烯)

$\xrightarrow[\triangle]{KMnO_4/H^+}$ 无变化 BC $\xrightarrow[\triangle]{Br_2, CCl_4}$ 褪色B；无变化C

褪色 ADE $\xrightarrow{Cu(NH_3)_2Cl}$ ↓红棕D；无变化AE $\xrightarrow[\triangle]{顺酐}$ ↓E；无变化A

(2) $HIO_4/AgNO_3$，出现沉淀的是 1,2-环己二醇，无变化的是环己醇。

14. 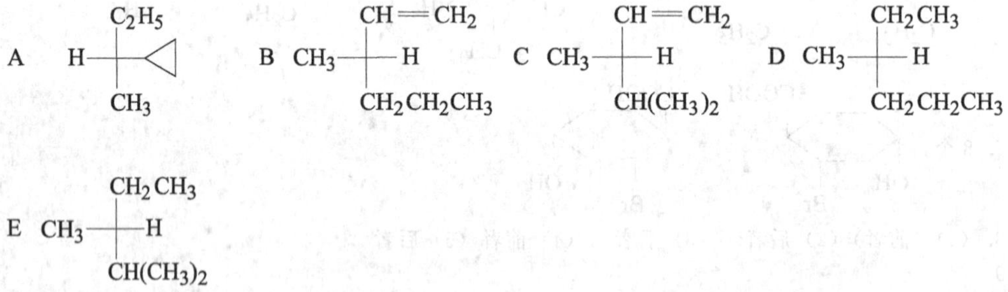 A C_2H_5 / H—(环丙基) / CH_3　B $CH=CH_2$ / CH_3—H / $CH_2CH_2CH_3$　C $CH=CH_2$ / CH_3—H / $CH(CH_3)_2$　D CH_2CH_3 / CH_3—H / $CH_2CH_2CH_3$

E CH_2CH_3 / CH_3—H / $CH(CH_3)_2$

15. 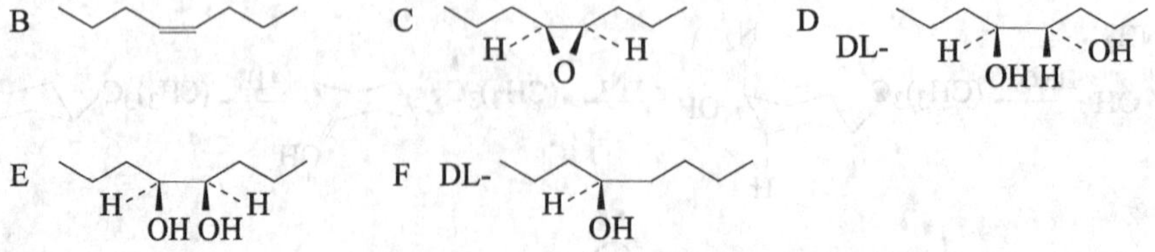 B (顺式烯烃)　C H, O, H (环氧化物)　D DL- H, OH, H, OH

E H, OH, OH, H　F DL- H, OH

第三章

1. (1) $(CH_3)_2C=O > C_6H_5CH_2COCH_3 > C_6H_5COCH_3 > (C_6H_5)_2CO$

(2) $HCHO > CH_3CHO > (CH_3)_2C{=}O$

(3) $CH_3CF_2CHO > ClCH_2CHO > BrCH_2CHO > CH_3CH_2CHO > CH_2{=}CHCHO$

(4) $CF_3CHO > CH_3CHO > CH_3CH{=}CHCHO > CH_3COCH_3 > CH_3COCH{=}CH_2$

2. (1) ABC；(2) CDABE；(3) F>E>C>B>A>D；(4) ①A>B>D>C；②B>C>A；(5) ①④③②

3. 答：伯醇与羧酸的酯化反应为“亲核加成-消去”历程，亲核加成一步是决速步骤，故羧酸体积越小，亲核加成空间位阻越小，反应速率越快。因上述取代基从 CH_3—、$C_6H_5CH_2$—$(C_6H_5)_2CH$—到 $(C_6H_5)_3C$—，体积越来越大，故反应速率越来越小。

4. (1) B；(2) A；(3) A

5. (1) 后者酸性较强；(2) 前者酸性较强；(3) C>A>E>D>B；(4) 前者酸性较强；(5) A>B>D>C；(6) E>F>D>C>B>A

6. (1) B>A>C；(2) E>D>A>B>C；(3) D>C>B>A；(4) E>D>B>A>F>C；(5) E>A>F>D>B>C；(6) B>A

7. B，B 中烯醇氧与双键和羰基共轭，因羰基的-C 效应，使其酸性增强。

8. 答：因氯以负离子形式离去生成的碳正离子稳定性顺序为：B>D>A>C，在 B 中，甲基有+C 和+I 效应，在 D 中甲基也有+I效应，使碳正离子的稳定性增加，且 B 的碳正离子比 D 稳定，故甲基都有强烈的活化作用。在 C 中，甲基对碳正离子没有共轭效应，甲基与双键的共轭，使电子云偏离带正电荷的碳，故正离子的稳定性反而降低，故起轻微的钝化作用。

第四章

1. (1) D>A>B>C>E (2) D>A>C>B (3) A>C>B>D (4) A>D>B>C

2. (1) B>D>A>C (2) D>B>A>C

3. (1) FDGECBA (2) EAGBDFC (3) CBDA (4) DCAB (5) DCEBA

4. (1) A (2) A (3) ABD (4) ACD

5. COOH NO₂ + COOH H NO₂ ⟷ + COOH H NO₂ ⟷ COOH + H NO₂

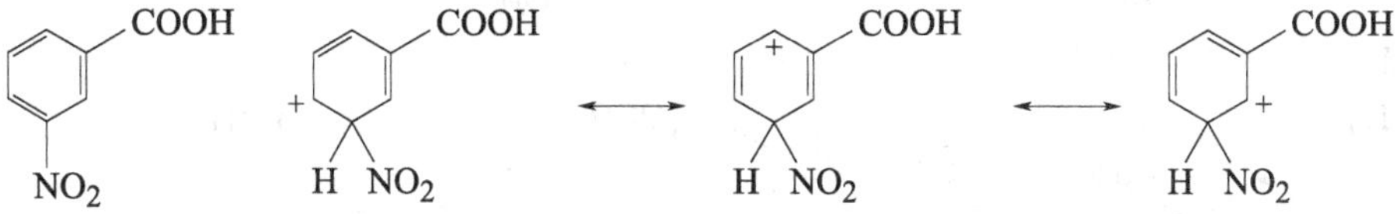

6. 答：(1) 有；

(2) O O OH O $\xrightleftharpoons{-H^+}$ O O O O^- ⟷ O O O O ⟷ O O O O

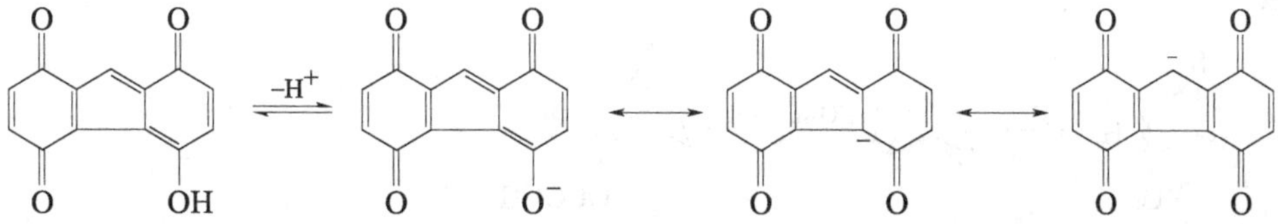

7. 答：反应活性 (2)>(4)>(3)>(1)，因进行偶合反应时，重氮盐正离子是作为亲电试剂去进攻（芳胺或苯酚的）芳环的，故其正电性越强，反应活性越高，—NO_2 有－I 和－C 效应，使正电性大大增加，—Cl 有－I 和+C 效应，其中－I>+C，使重氮盐正离子正电性略有增加，甲基是供电子基，使重氮盐正离子正电性降低，氨基的供电子能力比甲基还强，故其重氮盐正离子正电性降低得最多，反应活性最低。

第五章

1. (1) ①二甲胺<甲胺<氨 ②乙醇>异丁醇>叔丁醇>水

③ 环己基-S^- > 环己基-O^- > 环己基-OH > 苯基-OH ④ $(CH_3CH_2)_3N$ > 奎宁环（N）

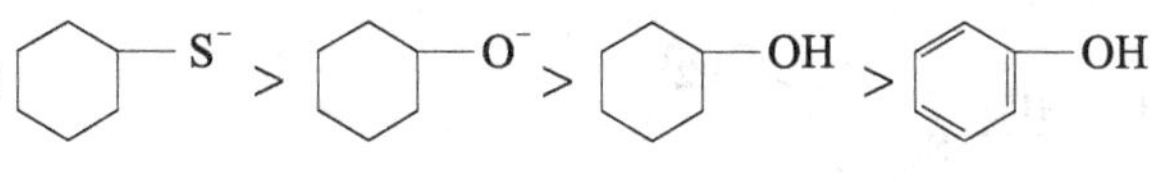

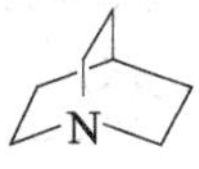

(2) ①后者快 ②后者快

③ $C_6H_5CH_2Br > CH_3CH_2CH_2Br >$ 环己基 $CH_2Br >$ 环己基 $Br >$ 桥头 Br

(3) ①D＞A＞C＞B ②A＞B＞C＞D ③D＞C＞B＞A (4) ACDBE (5) D；B

(6) A＞B＞D＞E＞C

(7) 答：三乙胺空间位阻比 N 大，故与体积较大的 2-碘丙烷反应时，速率较与碘甲烷反应时慢得多。

(8) 答：B 中空间更拥挤，故 TsO^- 较易离去。

(9) 解

A　CH_3COO^-　$OCCH_3$　O　OTs

B　$-TsO^-$　CH_3COO^-　CH_3COO　1　2　OTs

1号碳靠近氧，所带正电荷较多

1：$^-O-CH-OCOCH_3$　$-CH_3COO^-$　$CH=O$　$OCOCH_3$

2：$CH_3COO-CH-OCOCH_3$　O^-

CH_3COOH　$CH_3CO\overset{+}{O}H-CH-OCOCH_3$　OH　$-CH_3COOH$　$CH=\overset{+}{O}COCH_3$　OH　CH_3COO^-　$-(CH_3CO)_2O$　$CH=O$　OH

(10) ① 解

OCH_3　Br　→　$\overset{+}{O}CH_3$　HOAc　$-H^+$　OCH_3　$OCOCH_3$　+　$OCOCH_3$　OCH_3

② 解

A. S　H　Cl　$-Cl^-$　S^+　HOAc　$-H^+$　S　H　$OCOCH_3$

B. S　Cl　H　HOAc　$-Cl^-$　$-H^+$　S　H　$OCOCH_3$

因 A 中氯处在硫的反式位置，硫可促使氯离去生成稳定的非经典碳正离子，故反应速率较快；而 B 中硫与氯处在顺式，氯离去后不能形成非经典的碳正离子，只能发生 S_N2 反应，故反应速率较慢。

(11)

B 快，B 中有邻基促进作用。

B. S　X　→　$\overset{+}{S}$　C_2H_5OH　$-H^+$　S　OC_2H_5

（12）B （13）答：第二类，致钝。因氮氧双键为极性双键，有-I和-C效应。

（14）

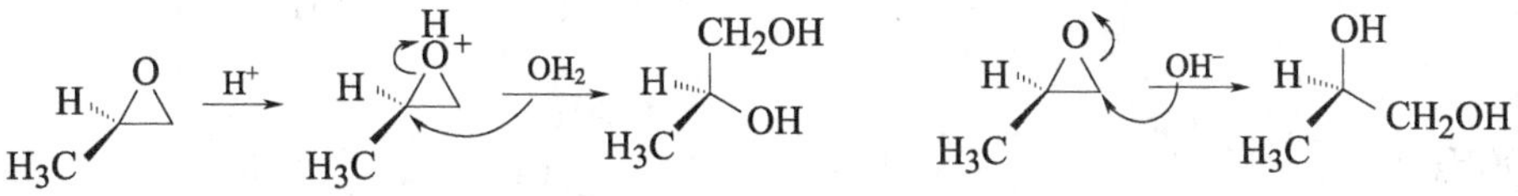

（15）

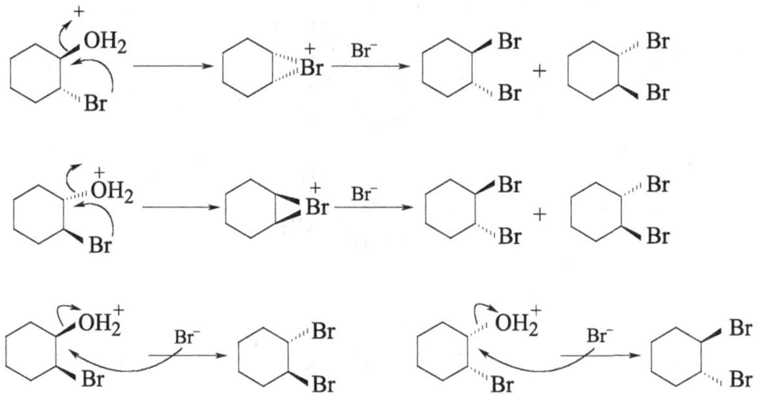

2.（1）

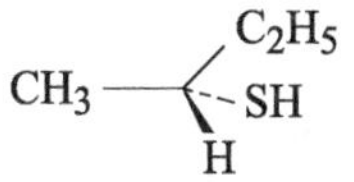

（2）

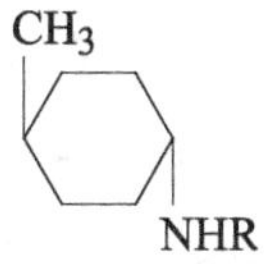

（3）

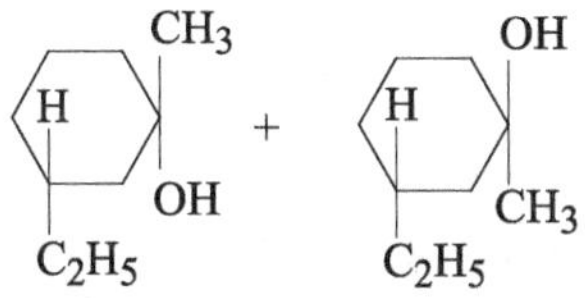

（4）

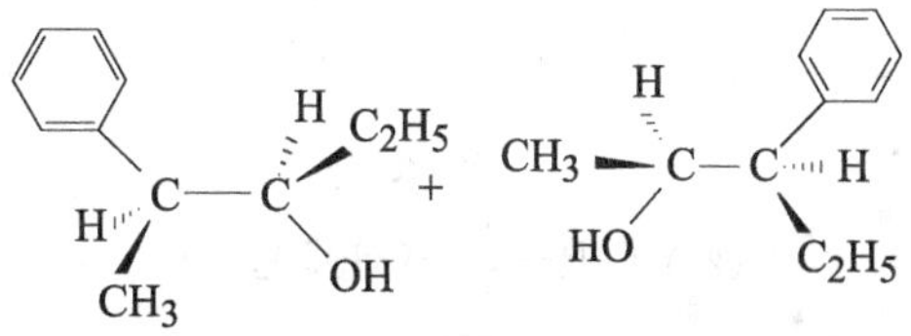

（5）

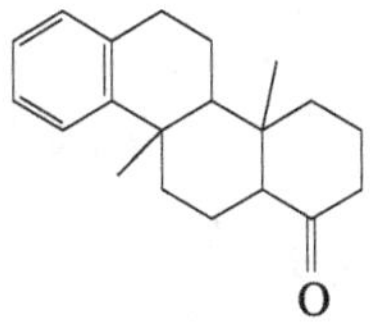

（6）

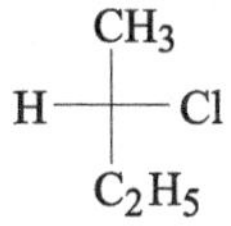

（7）

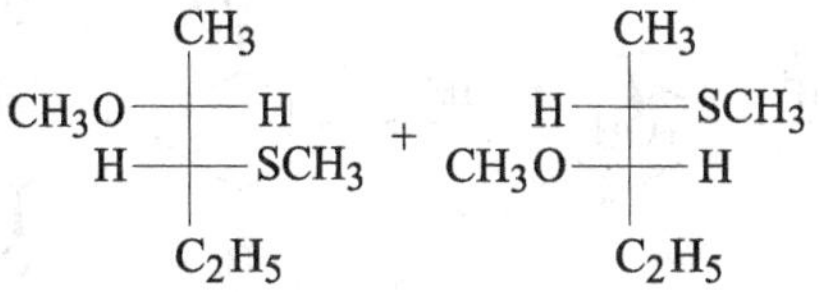

（8）

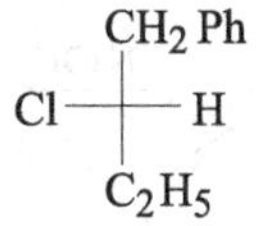

(9)

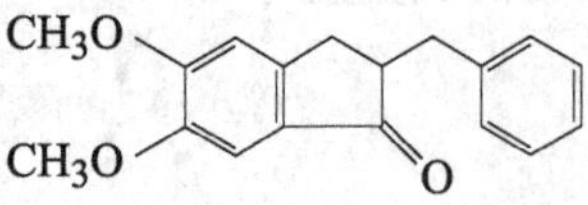

(10)

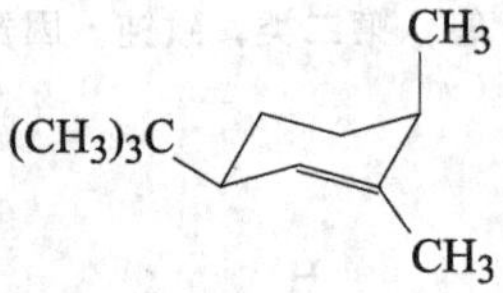

(11)

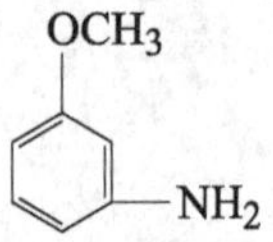

(12)

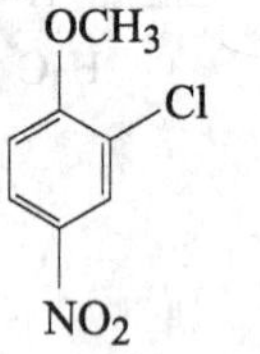

(13)

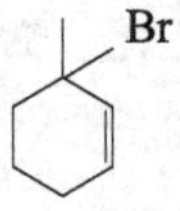

(14)

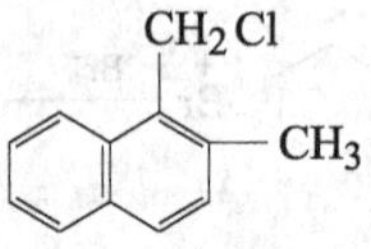

(15)

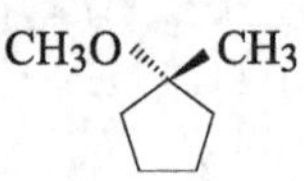

(16)

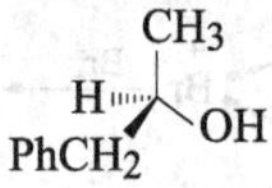

(17)

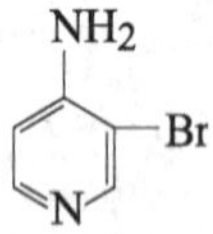

(18)

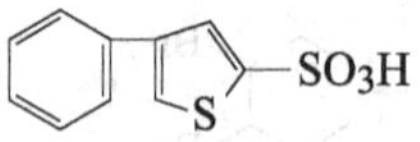

(19)

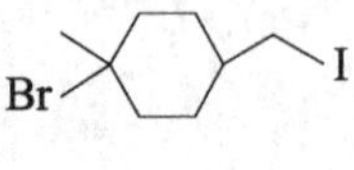

(20)

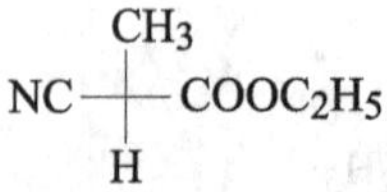

(21)

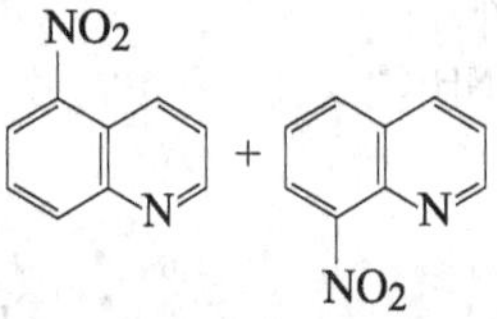

(22)

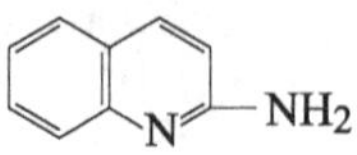

(23)

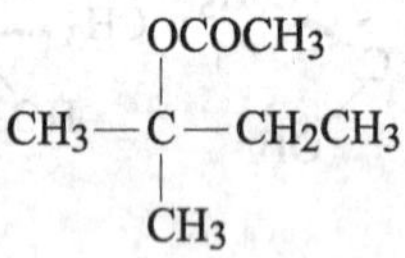

(24)

(25)

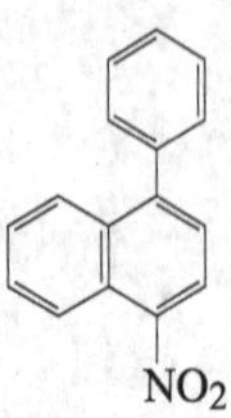

(26)

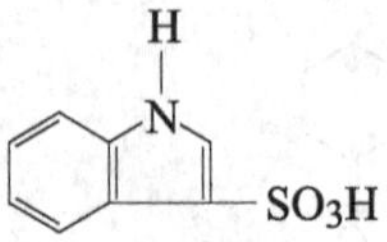

3. (1)

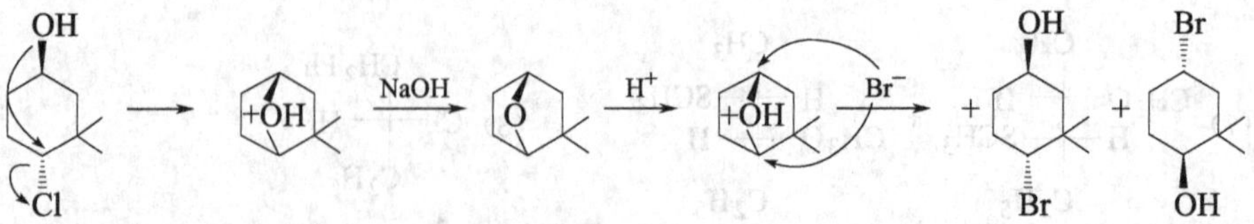

(2)

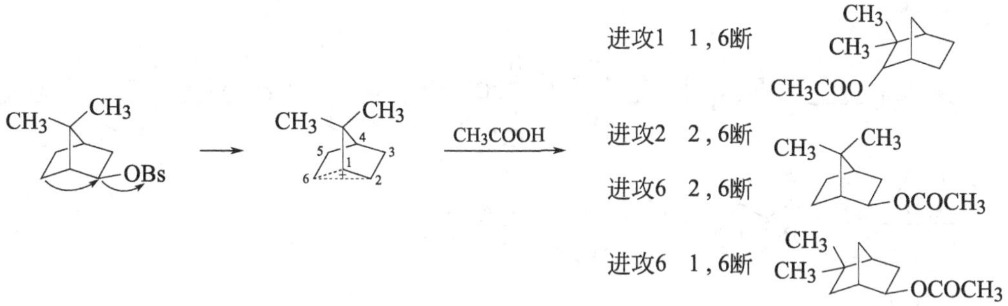

进攻1　1,6断

进攻2　2,6断

进攻6　2,6断

进攻6　1,6断

(3) $HC\equiv CCH_2CH_2CH_2-Cl \rightarrow$ $\xrightarrow{CF_3COOH}$ $HC\equiv CCH_2CH_2CH_2-\overset{+}{O}(H)COCF_3$

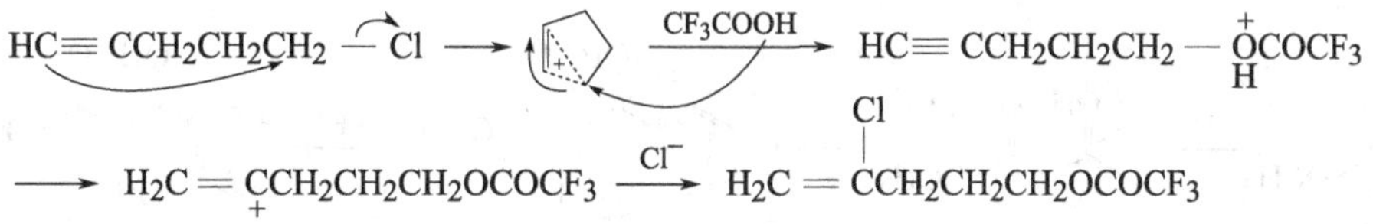

$\rightarrow H_2C=\overset{+}{C}CH_2CH_2CH_2OCOCF_3 \xrightarrow{Cl^-} H_2C=C(Cl)CH_2CH_2CH_2OCOCF_3$

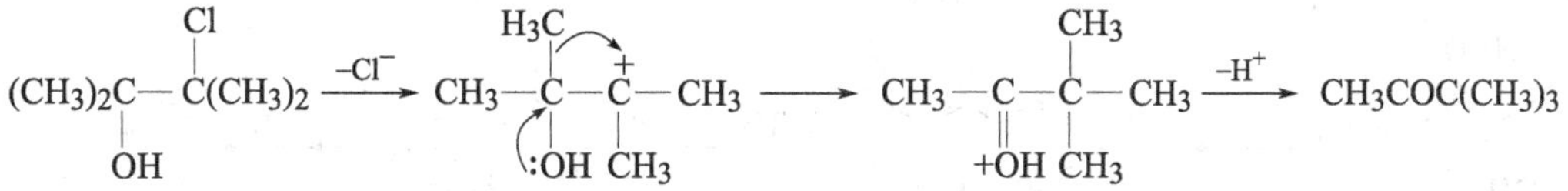

(4)

$(CH_3)_2C(OH)-C(Cl)(CH_3)_2 \xrightarrow{-Cl^-} CH_3-C(H_3C)(:OH)-\overset{+}{C}(CH_3)-CH_3 \longrightarrow CH_3-C(=\overset{+}{O}H)-C(CH_3)_2-CH_3 \xrightarrow{-H^+} CH_3COC(CH_3)_3$

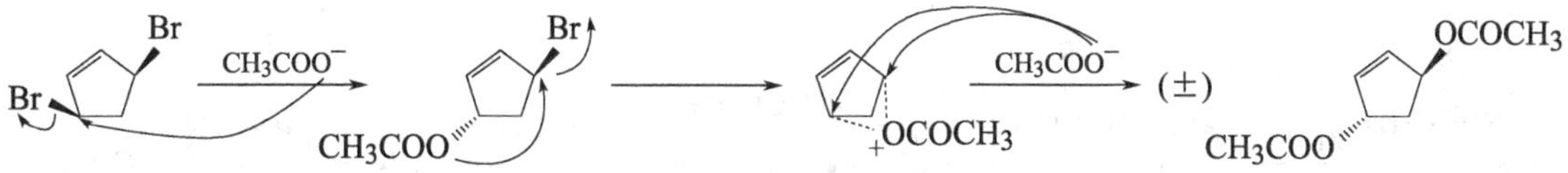

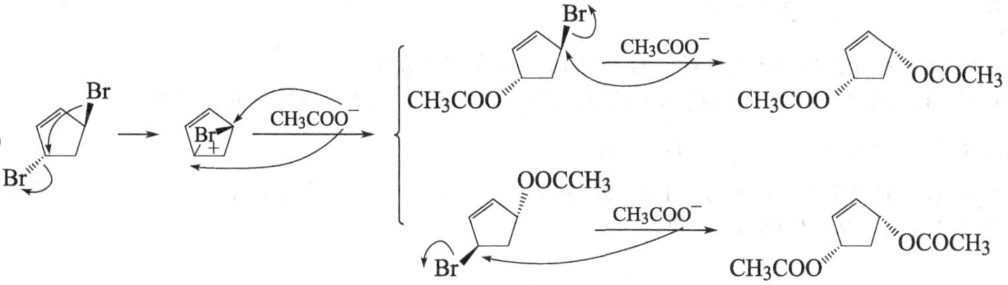

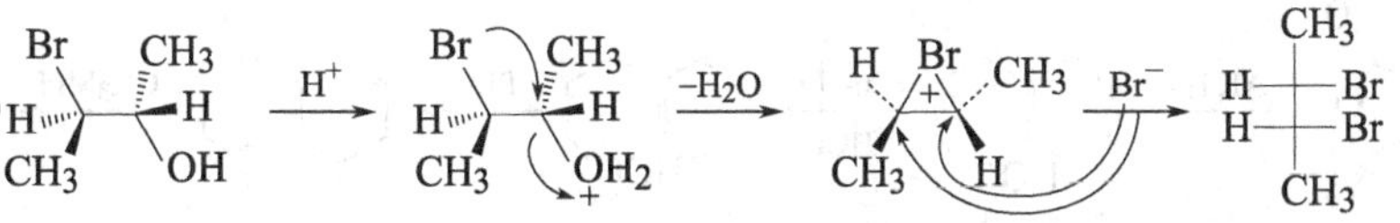

(5)

①

$\xrightarrow{CH_3COO^-}$ $\longrightarrow$ $\xrightarrow{CH_3COO^-}$ (±)

②

$\xrightarrow{CH_3COO^-}$

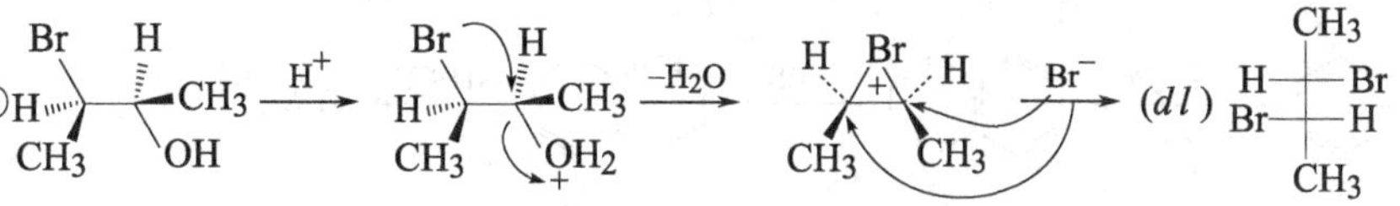

(6) ① $\xrightarrow{H^+}$ $\xrightarrow{-H_2O}$ $\xrightarrow{Br^-}$

② $\xrightarrow{H^+}$ $\xrightarrow{-H_2O}$ $\xrightarrow{Br^-}$ (dl)

(7) $\xrightarrow{C_2H_5O^-}$

$\longrightarrow \longleftrightarrow \xrightarrow{C_2H_5OH} \xrightarrow{-H^+}$ OC_2H_5

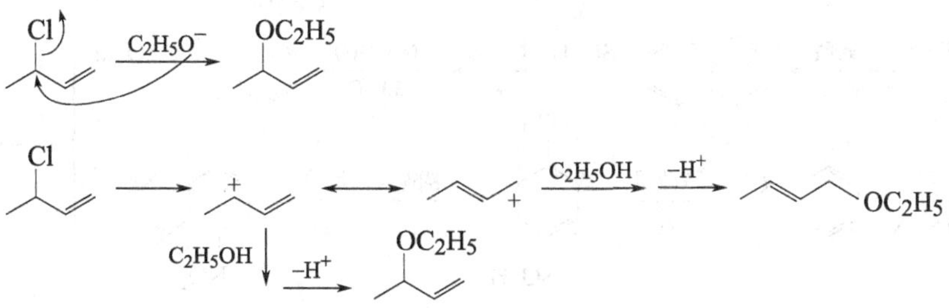

$C_2H_5OH \downarrow \xrightarrow{-H^+}$

(8)

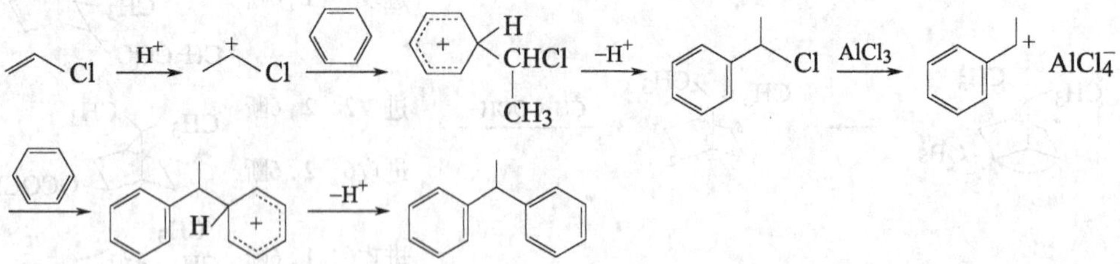

(9)

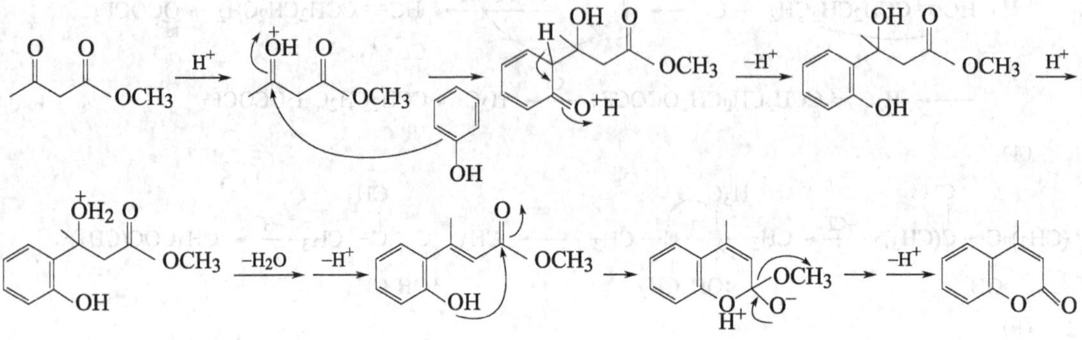

(10)

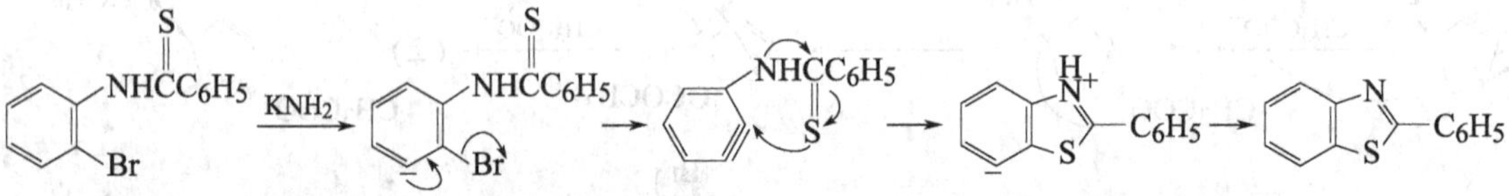

4. (1) A>B。A为烯丙式卤代烃，无论 S_N1、S_N2 都容易发生。

(2) A>B。该反应条件发生的是 S_N1 反应，其中 A 的 C^+ 中间体具有特殊的稳定性：

$CH_3CH_2\ddot{O}-\overset{+}{C}H_2 \longleftrightarrow CH_3CH_2\overset{+}{O}=CH_2$

(3) B>A。该反应为 S_N2 反应。在极性非质子溶剂 DMF 中，无溶剂化作用，亲核试剂完全裸露，亲核性强，对 S_N2 有利，故 B 反应速率较快。

5.

(1)

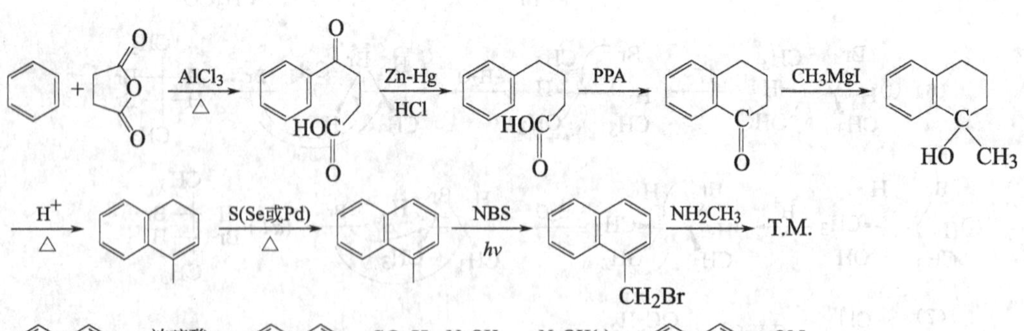

(2)

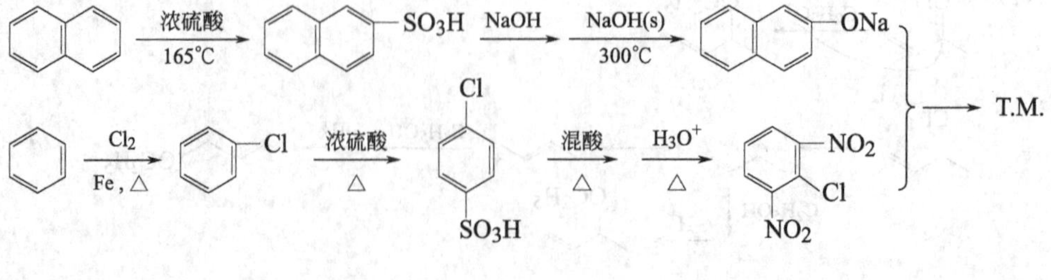

（3）

$C_6H_5COOH \xrightarrow[\triangle]{NH_3} \xrightarrow[OH^-]{Br_2} C_6H_5NH_2 \xrightarrow{Br_2\text{-}H_2O}$ 2,4,6-三溴苯胺（NH_2；Br，Br，Br） $\xrightarrow{NHO_2} \xrightarrow[KCN]{CuCN} \xrightarrow[\triangle]{H_3O^+}$ T.M.

（4） $C_6H_6 \xrightarrow[\triangle]{\text{浓硫酸}} \xrightarrow{NaOH} \xrightarrow[300^\circ C]{NaOH(s)} C_6H_5ONa \xrightarrow{BrCH_2CH=CH_2} C_6H_5OCH_2CH=CH_2 \xrightarrow[\triangle]{\text{混酸}} \xrightarrow[Fe,\triangle]{Cl_2}$

$OCH_2CH=CH_2$（Cl，NO_2）$\xrightarrow[\triangle]{AlCl_3}$ OH（Cl，$CH_2CH=CH_2$，NO_2）

（5）

① 2-氯环己醇（Cl，OH）$\xrightarrow{NaOH}$ 环氧环己烷（O）$\xrightarrow[CH_3COOH]{Zn/NaI}$ 环己烯 $\xrightarrow[(CH_3)_3COK,\triangle]{ClCH_2COOEt}$ T.M.

② CH_3，Cl，OH 环己烷 $\xrightarrow{NaOH}$ 甲基环氧环己烷（O）$\xrightarrow[CH_3COOH]{Zn/NaI}$ 1-甲基环己烯 $\xrightarrow[H^+]{H_2O}$ 1-甲基环己醇（OH）

③ $C_6H_6 \xrightarrow[\triangle]{\text{浓硫酸}} \xrightarrow{NaOH} \xrightarrow[300^\circ C]{NaOH(s)} C_6H_5ONa \xrightarrow{CH_3I} C_6H_5OCH_3 \xrightarrow[\triangle]{\text{混酸}} CH_3O\text{—}C_6H_4\text{—}NO_2 \xrightarrow[HCl]{Fe}$

$\xrightarrow[H_2O]{Br_2} CH_3O$—（Br，Br）—$NH_2 \xrightarrow{HNO_2} \xrightarrow[CuBr]{HBr} CH_3O$—（Br，Br）—Br $\xrightarrow[\triangle]{HBr}$ T.M.

④ $C_6H_5CH_3 \xrightarrow[\triangle]{\text{浓硫酸}} \xrightarrow[Fe,\triangle]{Cl_2} CH_3$—（Cl）—$SO_3H \xrightarrow[\triangle]{KMnO_4/H^+}$ Cl，$\overset{O}{\overset{\|}{C}}OH$ $\xrightarrow[\triangle]{\text{混酸}}$ Cl，$\overset{O}{\overset{\|}{C}}OH$，$NO_2$

6.（1）

(A) $COCH_3$，$PhCH_2O$，NO_2

(B) $COCH_3$，$PhCH_2O$，NH_2

(C) $COCH_3$，$PhCH_2O$，$NHCONH_2$

(D) $COCH_2Br$，$PhCH_2O$，$NHCONH_2$

(E) $\overset{O}{\overset{\|}{C}}CH_2N(C(CH_3)_3)CH_2$—$C_6H_5$，$PhCH_2O$，$NHCONH_2$

(F) $\overset{OH}{|}CCH_2\overset{H}{\overset{|}{N^+}}(C(CH_3)_3)CH_2$—$C_6H_5$ Cl^-，$PhCH_2O$，$NHCONH_2$

（2）答：三级胺上的氮原子质子化。因为酰胺上的氮原子的孤对电子与酰基 π 键有共轭，从而使氮上电子离域到电负性较大的氧上，氮上电子云密度大大降低，碱性减弱；而三级胺的氮原子上连着三个供电子的烃基，氮上电子云密度增大，故碱性增强。

（3）答：3-硝基-4-苄氧基苯乙酮。

（4）答：NaI 作催化剂，加快反应速率，因为 I^- 既是强的亲核试剂，又是好的离去基团。

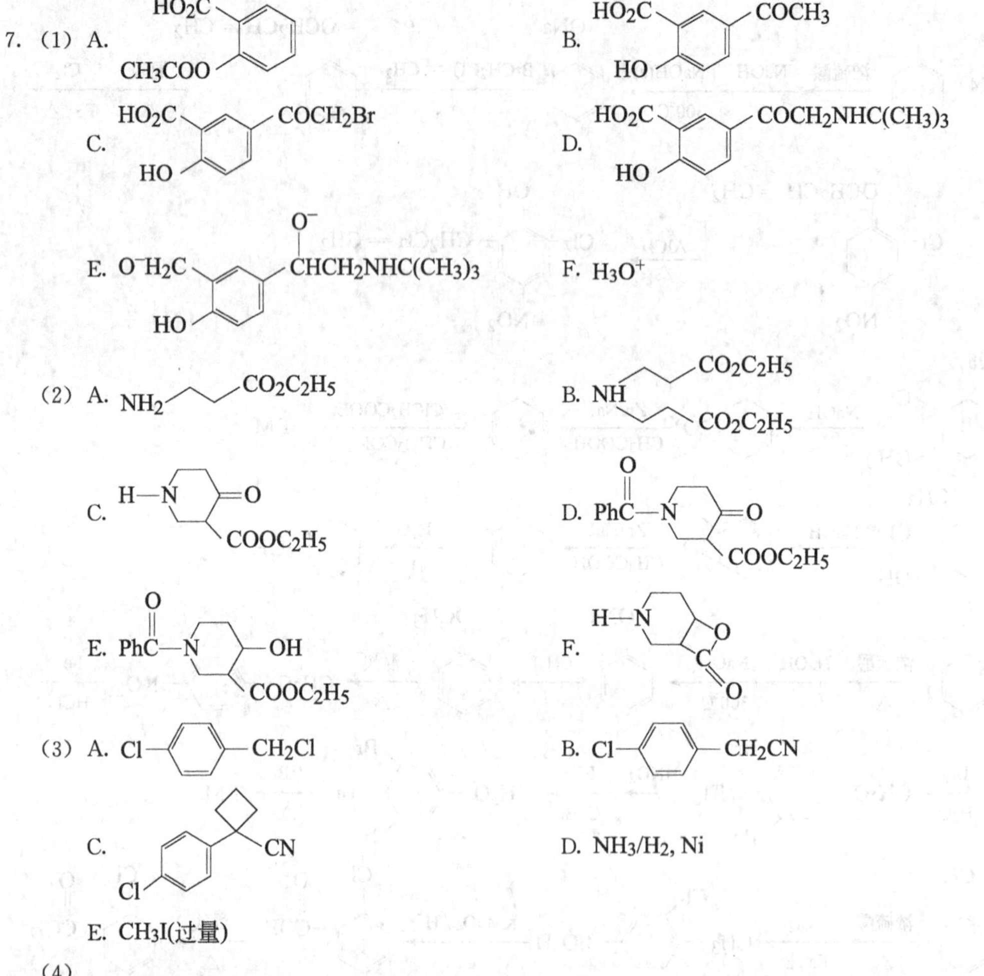

（4）

CH_2COOH (K)　　CHCOOH, CN (L)　　$CHCOOC_2H_5$, $COOC_2H_5$ (M)　　C_2H_5, $CCOOC_2H_5$, $COOC_2H_5$ (N)　　C_2H_5, Ph, O, NH, O, NH, O (O)

8. A. NH_2—C₆H₄—CH_3　B. HO—(萘基)—N=N—C₆H₄—CH_3

第六章

1.（1）①BACD；② DCAB；③ ABC

（2）①HI；② 2-丁烯；③ $CH_3CH=CHCHO$；④ $AlBr_3$；⑤ (亚甲基环丁烷)

（3）ABDFG 能。CEH 不能。C 不能是因为苯环很稳定；E 不能是因其为不可扭转的 S 反式构象；H 不能是因其空间位阻太大。

（4）ABCD；（5）BCAD；（6）EBACFD

2.（1）答：因为 Br、Cl、H 的原子半径依次降低，形成的桥鎓离子稳定性依次降低。同时，桥鎓离子和开链的碳正离子可能平衡存在。即

稳定性：（溴鎓离子）>（氯鎓离子）>（氢鎓离子）

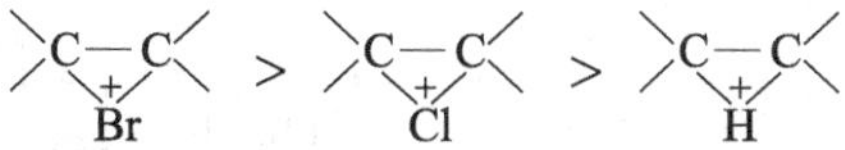

在此反应中，溴鎓离子中间体稳定性最高，氯鎓离子不如开链的碳正离子中间体稳定，而氢鎓离子是一个极不稳定的过渡态，即使形成，也将迅速转变为开链的碳正离子中间体。

故与溴加成主要是按鎓离子机理进行的反应；与溴化氢加成主要是按碳正离子机理进行的反应。

（2）答：在氯水溶液中，主要存在的有 Cl_2 和 HOCl，Cl_2 与 2-丁烯加成生成 2,3-二氯丁烷，HOCl 与 2-丁烯加成 3-氯-2-丁醇。其中（*Z*）-2-丁烯只生成苏式氯醇，（*E*）-2-丁烯只生成赤式氯醇，这是因为：

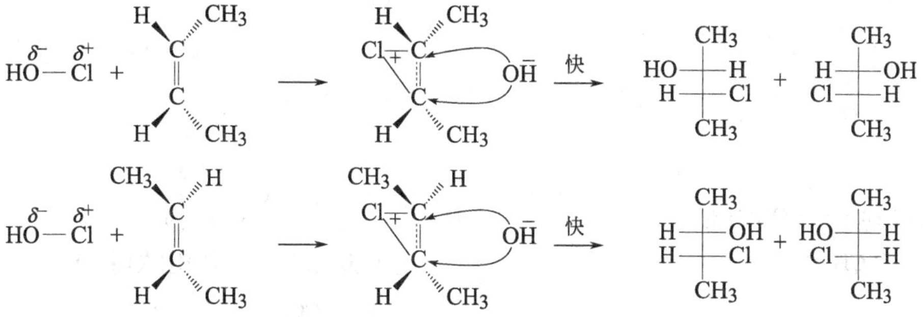

（3）答：

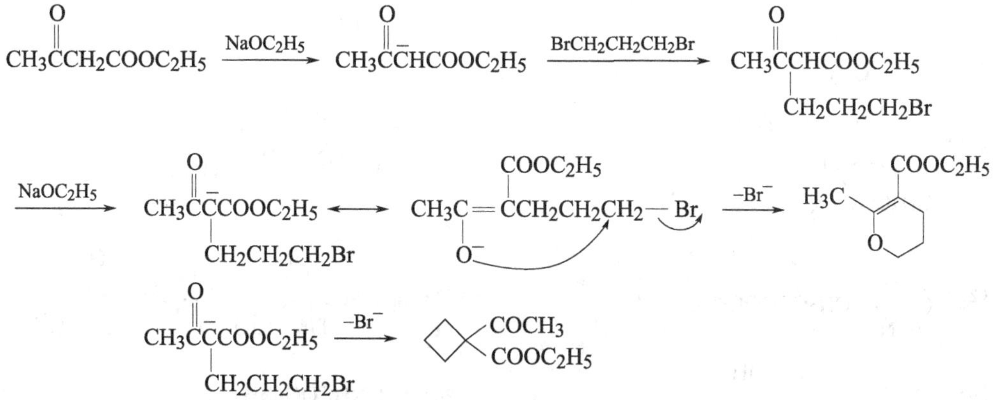

$$CH_3COCH_2COOC_2H_5 \xrightarrow{NaOC_2H_5} CH_3CO\bar{C}HCOOC_2H_5 \xrightarrow{BrCH_2CH_2CH_2Br} CH_3COCH(CH_2CH_2CH_2Br)COOC_2H_5$$

$$\xrightarrow{NaOC_2H_5} CH_3CO\bar{C}(CH_2CH_2CH_2Br)COOC_2H_5 \longleftrightarrow CH_3C(O^-)=C(COOC_2H_5)CH_2CH_2CH_2-Br \xrightarrow{-Br^-} \text{A}$$

$$CH_3CO\bar{C}(CH_2CH_2CH_2Br)COOC_2H_5 \xrightarrow{-Br^-} \text{B（1-乙酰基环丁烷甲酸乙酯）}$$

因六元环比四元环稳定，故得到化合物 A 而不是 B。

3.

（1）$CH_3CH_2CH_2SH$

（2）$HOOCCHICH_2Br$

（3）$PhC(OH)(CH_3)CH_2COOC_2H_5$

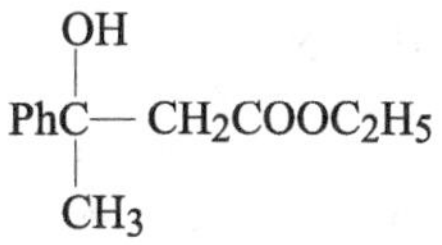

（4）

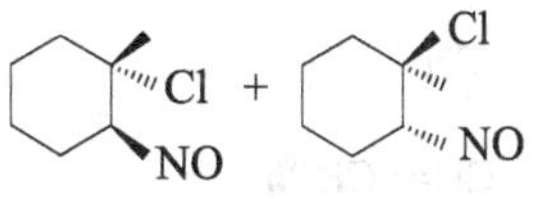

（5）

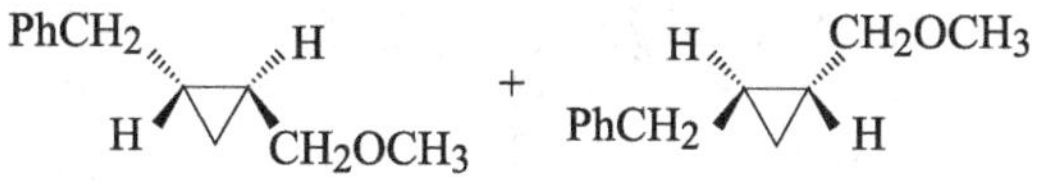

（6）

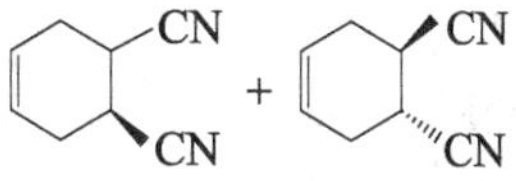

(7) 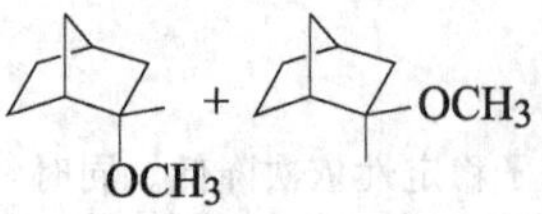 + OCH_3 OCH_3

(8) 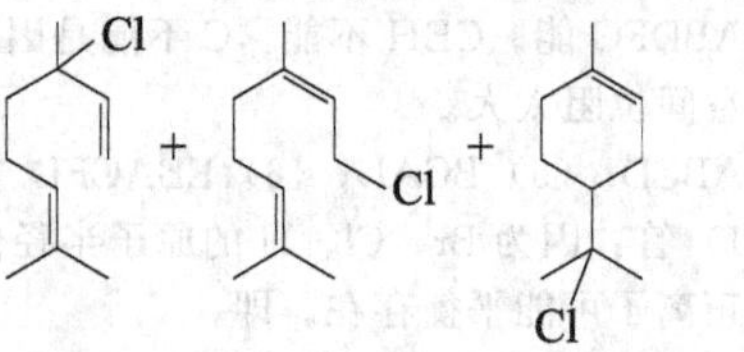 Cl + Cl + Cl

(9) 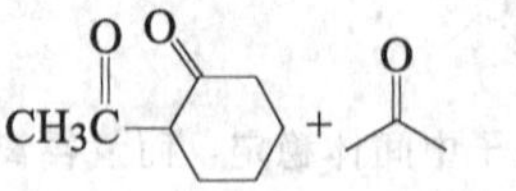 CH_3C +

(10) 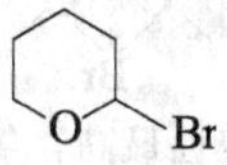 O Br

(11) 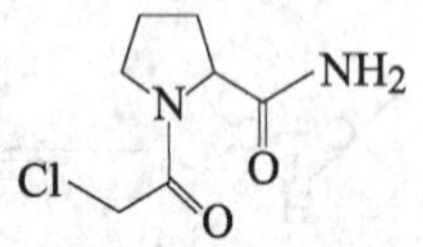 NH_2 N O Cl O

(12) $ClCH_2CH_2\overset{+}{N}(CH_3)_3$

(13) 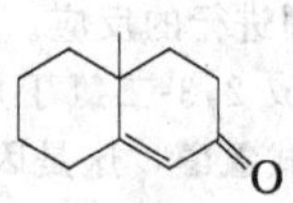 O

(14) 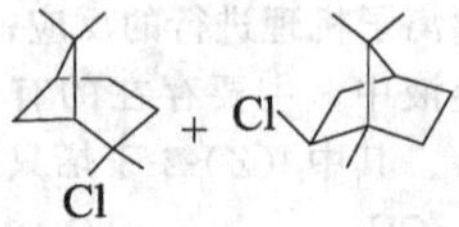 + Cl Cl

(15) 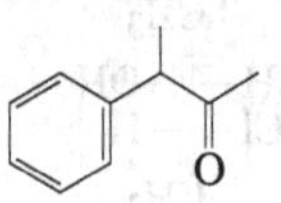 O

(16) 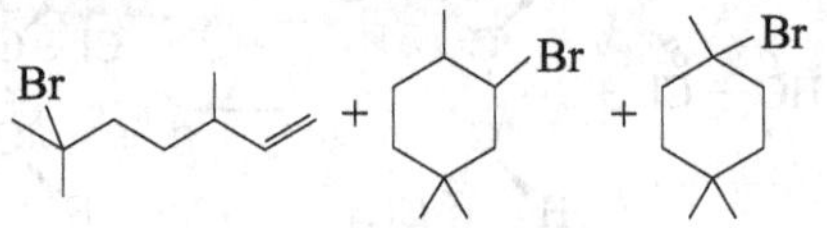 Br + Br + Br

(17) 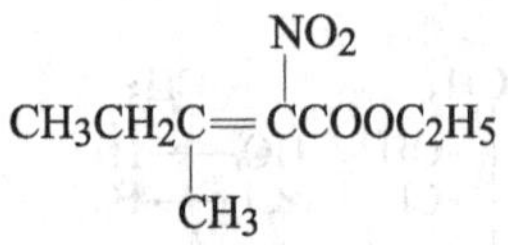 $CH_3CH_2C{=}C(NO_2)COOC_2H_5$ (with CH_3 on the third carbon)

(18) 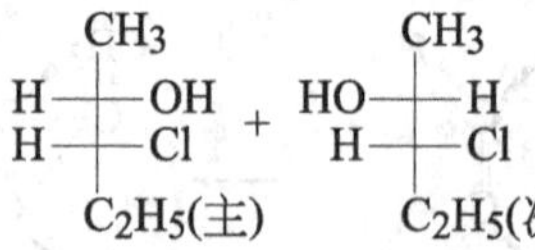 CH_3 / H—OH / H—Cl / C_2H_5(主) + CH_3 / HO—H / H—Cl / C_2H_5(次)

(19) $CH_2{=}CHCH{=}CHCH_3$

(20) 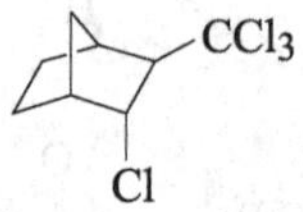 CCl_3 Cl

(21) 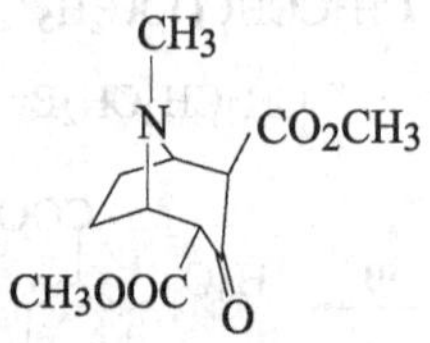 CH_3 N CO_2CH_3 CH_3OOC O

(22) 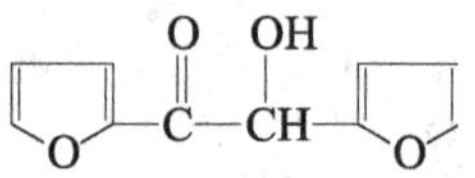 O OH / O—C—CH—O

(23) 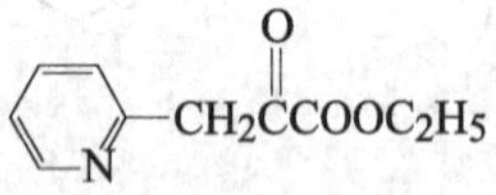 $CH_2CCOOC_2H_5$ (O) N

(24) 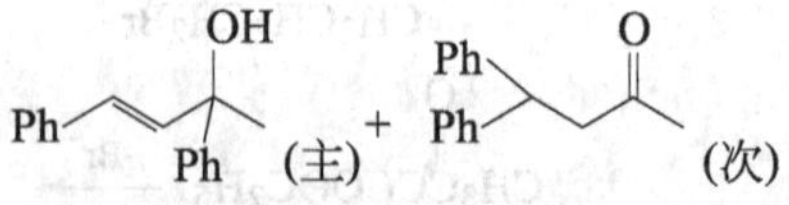 Ph OH Ph (主) + Ph Ph O (次)

(25) 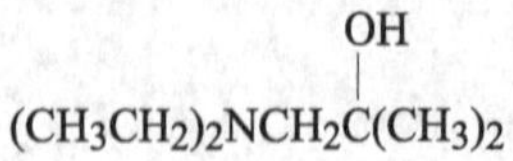 $(CH_3CH_2)_2NCH_2C(OH)(CH_3)_2$

(26) $CH_3NHCOOC_2H_5$

(27) 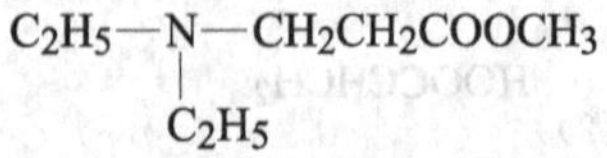 $C_2H_5—N(C_2H_5)—CH_2CH_2COOCH_3$

(28) $F_2CHCH_2OCH_3$

(29) 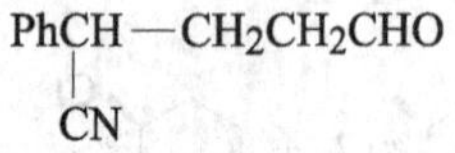 $PhCH(CN)—CH_2CH_2CHO$

(30) 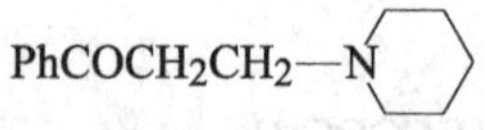 $PhCOCH_2CH_2—N$ (piperidine)

(31) 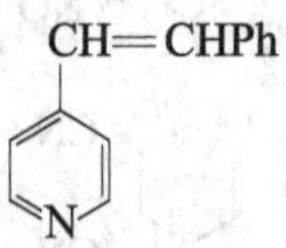 $CH{=}CHPh$ N

(32) 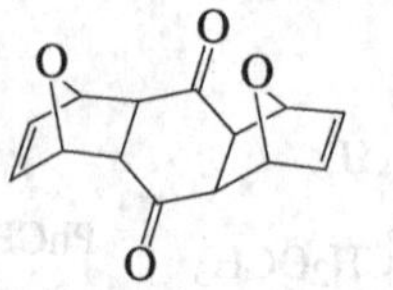 O O O O

4. (1)

$ROOR \xrightarrow{h\nu} 2RO\cdot$

$RO\cdot \xrightarrow{HCCl_3} \dot{C}Cl_3$

CCl_3 $\longrightarrow$ CCl_3

$\dot{C}Cl_3 \longrightarrow$ CCl_3 $\xrightarrow{HCCl_3}$ CCl_3 + $\dot{C}Cl_3$

……

(2)

CH_2 $\xrightarrow{^-OC_2H_5}$ CH_2 O OC_2H_5 O^- $\longrightarrow$ O O^- O OC_2H_5 $\longleftrightarrow$ O CH_2^- O OC_2H_5 $\longrightarrow$

O OC_2H_5 O^- $\xrightarrow{-C_2H_5O^-}$ O O $\xrightarrow{C_2H_5O^-}$ O O $\longleftrightarrow$ O^- O^- $\xrightarrow{HOC_2H_5}$ OH OH

(3) OH O $\xrightarrow{Br-Br}$ O OH Br $\longrightarrow$ O Br H^+ $\xrightarrow{-H^+}$ O Br

(4) O R R $\underset{}{\overset{H^+}{\rightleftharpoons}}$ +OH R R $\longleftrightarrow$ OH + R R $\longleftrightarrow$ OH + R R $\longrightarrow$ OH H + R R $\xrightarrow{-H^+}$ OH R R

(5)

O $\xrightarrow{^-OC_2H_5}$ O $\longrightarrow$ O^- O $\xrightarrow{C_2H_5OH}$ OH O $\rightleftharpoons$

O O $\xrightarrow{^-OC_2H_5}$ O O^- $\longrightarrow$ O O^- $\underset{}{\overset{C_2H_5OH}{\rightleftharpoons}}$ O OH

(6)

$H_2\ddot{N}CH_2CH_2$ S O $\longrightarrow$ S O^- N^+ H H $\longrightarrow$ S $\ddot{O}H$ N H $\longrightarrow$ ^-S $\overset{+}{O}H$ N H $\longrightarrow$ HS O N H

(7)

N Cl N— $\xrightarrow{-NH_2}$ N Cl N— $\xrightarrow{-Cl^-}$ N N— $\longrightarrow$ CH_3 N N^+ H CH_3 $\longrightarrow$ CH_3 N N CH_3

（8）

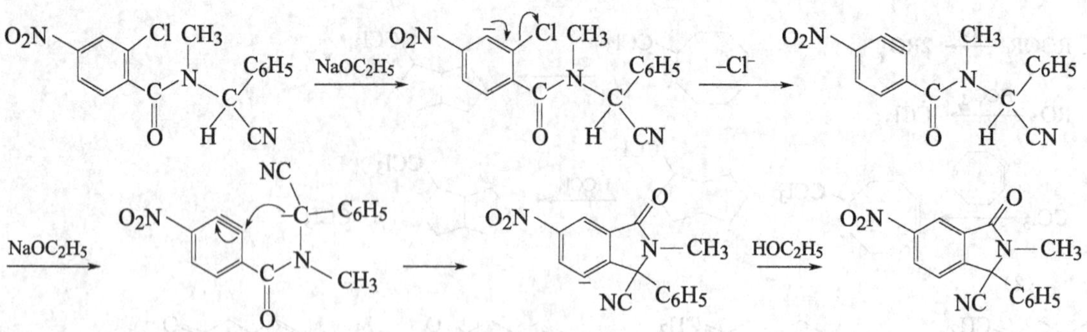

（9）

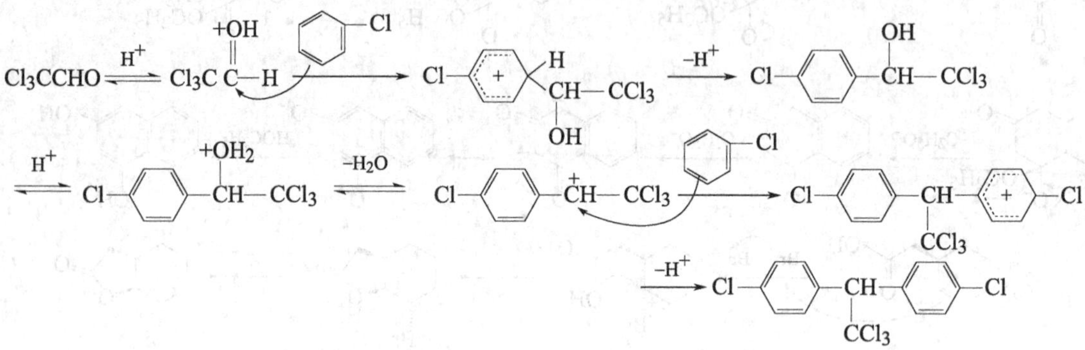

（10）

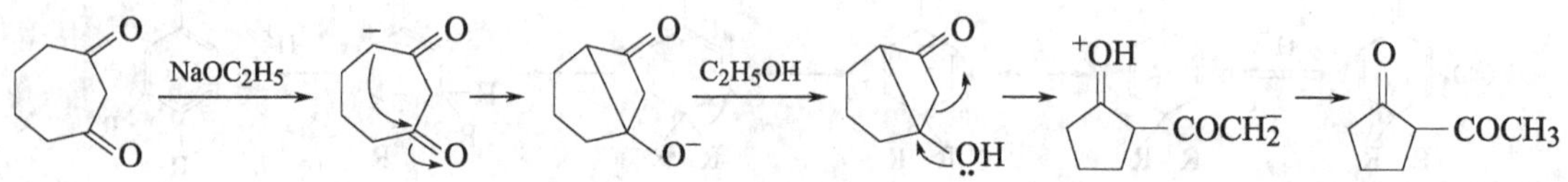

（11）

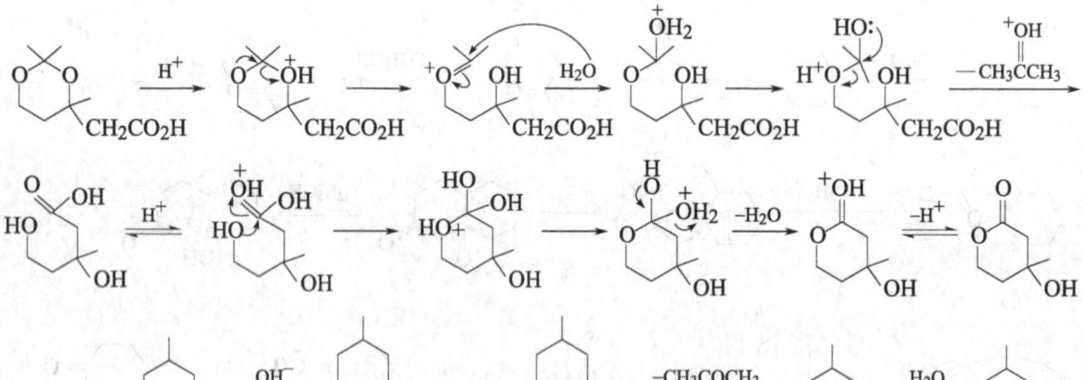

（12）

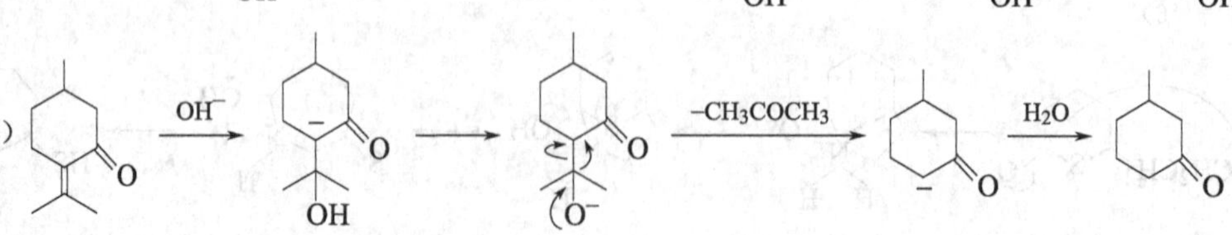

（13）

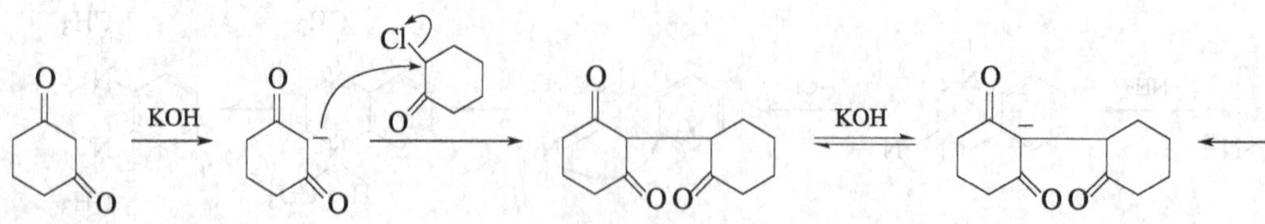

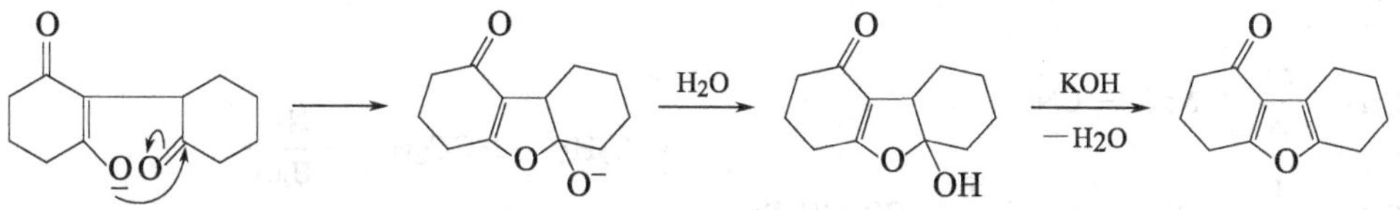

5. 答：在碱中，氨基氮的亲核性比醇羟基强；但在酸中，氮结合质子，失去亲核性。

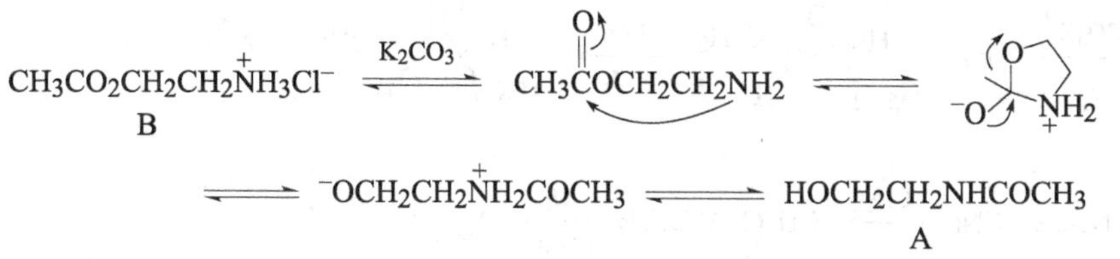

$$CH_3CO_2CH_2CH_2\overset{+}{N}H_3Cl^- \text{ (B)} \xrightleftharpoons{K_2CO_3} CH_3COCH_2CH_2NH_2 \rightleftharpoons \cdots$$

$$\rightleftharpoons {}^-OCH_2CH_2\overset{+}{N}H_2COCH_3 \rightleftharpoons HOCH_2CH_2NHCOCH_3 \text{ (A)}$$

6. (1) $\xrightarrow[\triangle]{O_2/V_2O_5}$ $\xrightarrow[AlCl_3]{C_6H_6}$ COOH $\xrightarrow[\triangle]{PPA}$

(2) $\xrightarrow[\triangle]{浓硫酸/浓硝酸}$ NO_2 $\xrightarrow[NaOH]{Zn}$ NH—NH $\xrightarrow{H^+}$ NH_2 NH_2 $\xrightarrow{HNO_2}$ $\xrightarrow[CuBr]{HBr}$ Br Br $\xrightarrow[乙醚]{Mg}$ $\xrightarrow{C_2H_5Br}$ T.M.

(3) $\xrightarrow[\triangle]{Cl_2/Fe}$ Cl $\xrightarrow[\triangle]{浓硫酸}$ Cl—⟨⟩—SO_3H $\xrightarrow[\triangle]{浓硫酸/浓硝酸}$ O_2N, Cl—⟨⟩—SO_3H

$\xrightarrow[\triangle]{NaHCO_3}$ O_2N, HO—⟨⟩—SO_3H $\xrightarrow[\triangle]{H_3O^+}$ O_2N, HO—⟨⟩ $\xrightarrow{NaOH}$ O_2N, NaO—⟨⟩

$\xrightarrow[ZnCl_2]{HCHO, HCl}$ CH_2Cl ⟶ T.M.

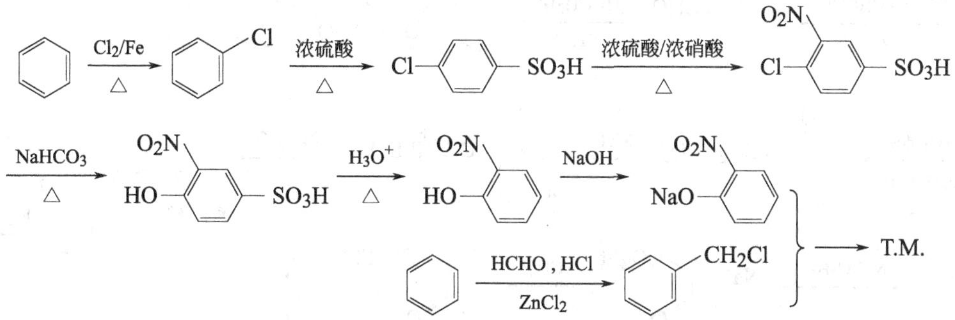

(4) $\xrightarrow[\triangle]{浓硫酸/浓硝酸}$ NO_2 $\xrightarrow[HCl]{Fe}$ $\xrightarrow{CH_3COCl}$ $NHCOCH_3$ $\xrightarrow[\triangle]{浓硫酸}$

CH_3CONH—⟨⟩—SO_3H $\xrightarrow[\triangle]{Br_2/Fe}$ Br, CH_3CONH—⟨⟩—SO_3H $\xrightarrow[\triangle]{浓硫酸/浓硝酸}$

Br, CH_3CONH—⟨⟩—SO_3H, O_2N $\xrightarrow[\triangle]{H_3O^+}$ Br, NH_2—⟨⟩, O_2N $\xrightarrow{HNO_2}$ $\xrightarrow[CuCN]{KCN}$ $\xrightarrow[\triangle]{H_3O^+}$ T.M.

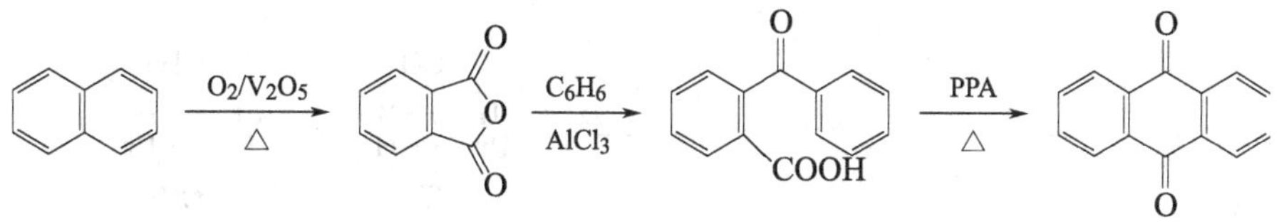

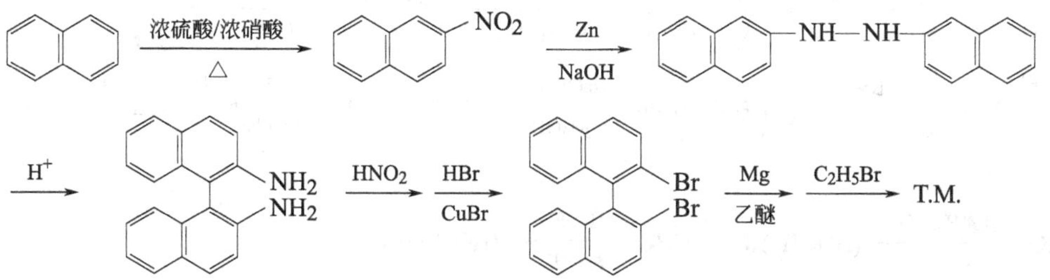

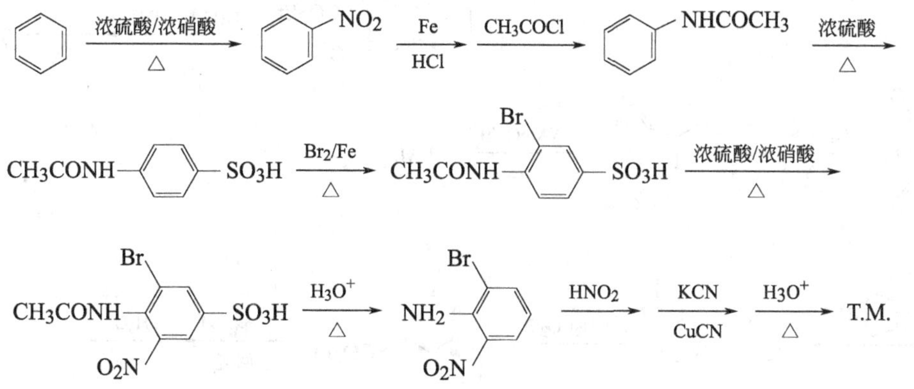

（5）

$$CH\equiv CH \xrightarrow[\triangle]{Na} NaC\equiv CNa$$

$$CH\equiv CH \xrightarrow[Lindlar]{H_2} CH_2=CH_2 \xrightarrow{HBr} CH_3CH_2Br$$

$$\rightarrow C_2H_5C\equiv CC_2H_5 \xrightarrow[NH_3(l)]{Na}$$

$$\xrightarrow{CF_3CO_3H} (\pm)\ \text{环氧化物} \xrightarrow{拆分}$$

（6）

$$CH\equiv CH \xrightarrow{Na} NaC\equiv CNa \xrightarrow{CH_3I} CH_3C\equiv CCH_3 \xrightarrow[Lindlar]{H_2}$$

$$\xrightarrow{Br_2}$$ （两种 2,3-二溴丁烷费歇尔投影式，相加）

（7） $$\xrightarrow{O_3}\xrightarrow{Zn/H_2O} \xrightarrow[C_2H_5OH,\triangle]{NaOC_2H_5} \xrightarrow[Pd\text{-}C]{H_2}$$

（8） $$\xrightarrow{Br_2} PhCHBrCHBrPh \xrightarrow[C_2H_5OH,\triangle]{NaOC_2H_5} PhC\equiv CPh \xrightarrow[Lindlar]{H_2}$$

7.（1）

$$CH_3CHO \xrightarrow[OH^-]{过量HCHO} (HOCH_2)_3C-CHO \xrightarrow[浓OH^-]{HCHO} (HOCH_2)_4C$$

$$\xrightarrow[\triangle]{CH_2=CHCHO} \text{（环己烯基）}CHO \xrightarrow[干HCl]{(HOCH_2)_4C}$$

（2）

$$\xrightarrow[HCHO,\ H^+]{HNMe_2} \text{（2-}CH_2NMe_2\text{环己酮）} \xrightarrow{MeI} \text{（2-}CH_2\overset{+}{N}Me_3I^-\text{环己酮）} \xrightarrow[\triangle]{湿Ag_2O}$$

$$\xrightarrow{NaOC_2H_5} Na^+\ {}^-\ (CO_2Et) \xrightarrow{CH_3I} (CO_2Et)$$

$$\xrightarrow[\triangle]{NaOC_2H_5}\ (CO_2Et) \xrightarrow{OH^-}\xrightarrow{H^+}\xrightarrow[-CO_2]{\triangle} T.M.$$

（3） $$\xrightarrow{\triangle} \xrightarrow[\triangle]{KMnO_4/H^+} T.M.$$

（4）

$$\xrightarrow{\text{四氢吡咯 NH}} \xrightarrow{BrCH_2CO_2Et} (\overset{+}{N},\ CO_2Et) \xrightarrow[回流]{二氧六环} \xrightarrow{H_3O^+}$$

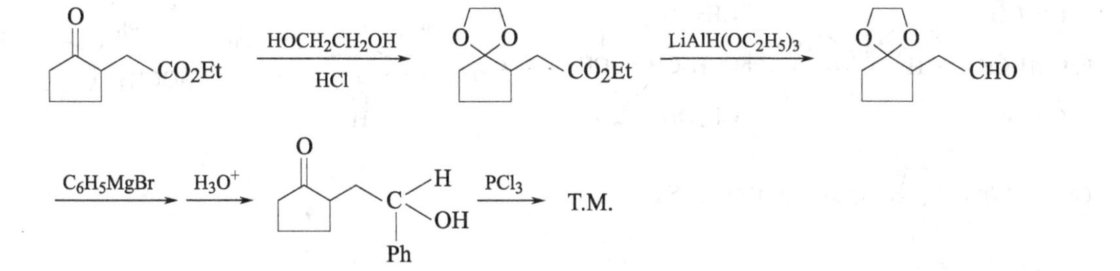

$\xrightarrow[\text{HCl}]{\text{HOCH}_2\text{CH}_2\text{OH}}$ $\xrightarrow{\text{LiAlH(OC}_2\text{H}_5)_3}$ CHO

$\xrightarrow{C_6H_5MgBr}$ $\xrightarrow{H_3O^+}$ $\xrightarrow{PCl_3}$ T.M.

(5)

$\xrightarrow{CH_3I}$ $\xrightarrow[\text{回流}]{\text{二氧六环}}$ $\xrightarrow{H_3O^+}$ $\xrightarrow{CH_2=CHCOCH_3}$

CH_3 $CH_2CH_2COCH_3$ $\xrightarrow[\text{回流}]{\text{二氧六环}}$ $\xrightarrow{H_3O^+}$ CH_3 $CH_2CH_2COCH_3$ $\xrightarrow[\triangle]{EtO^-}$

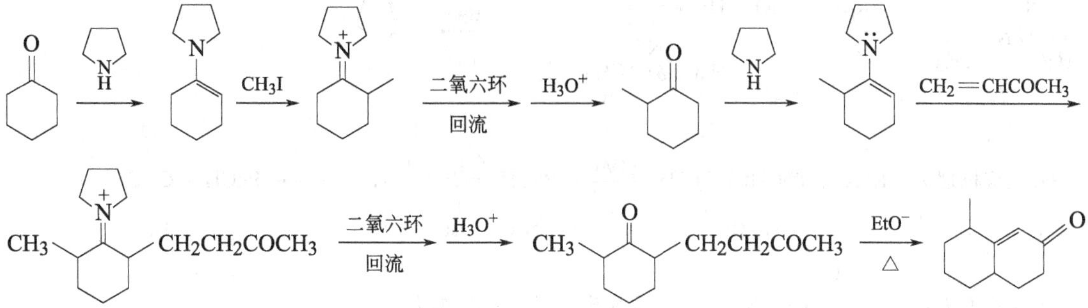

(6)

$\xrightarrow[ZnCl_2]{HCHO,\ HCl}$ CH_2Cl $\xrightarrow[\text{乙醚}]{Mg}$ $\xrightarrow{HCOOC_2H_5}$ $\xrightarrow{H_3O^+}$ $PhCH_2CH(OH)CH_2Ph$ $\xrightarrow{PCC}$ $PhCH_2COCH_2Ph$

$\xrightarrow[CH_3COOH]{Br_2}$ PhCHBrCOCHBrPh $\xrightarrow[HCl]{HOCH_2CH_2OH}$ PhBrCH–C(OCH₂CH₂O)–CHBrPh $\xrightarrow{Li}$ LiCH(Ph)–C(OCH₂CH₂O)–CHLi(Ph)

$\xrightarrow{CO,\ HCl}{ZnCl_2}$ CHO $\xrightarrow{KCN}$ PhCO—CH(OH)Ph $\xrightarrow{PCC}$ PhCO—COPh

$\xrightarrow{\text{乙醚}}$ $\xrightarrow[\triangle]{H_3O^+}$ T.M.

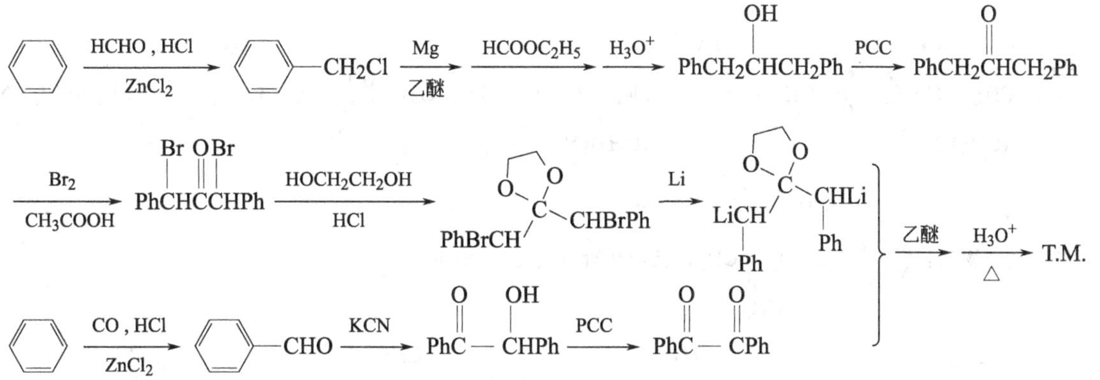

8.（1）pH 太大，醇羟基可能也会和卤代物生成醚，醇羟基也可能脱水；pH 太小，醇可能脱水，氨基氮也会失去亲核性，不能与卤代物反应。

（2）① 将得到目标化合物 A 和下列季铵盐的混合物。

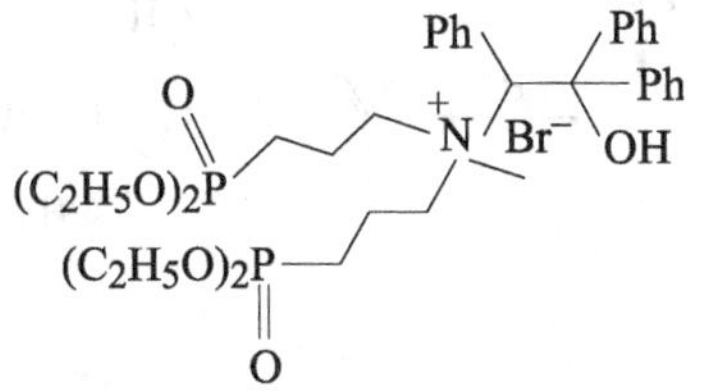

Ph, Ph, Ph, O, $\overset{+}{N}$, Br^-, OH, $(C_2H_5O)_2P$, $(C_2H_5O)_2P$, O

② 胺过量合适，因为如果卤代物过量，将生成季铵盐。

9. 答：A 为 $CH_3COCH_2CH(OCH_3)_2$

第七章

1.（1）主产物为 Ph, Br, $HOCH_2$, O ，机理如下。

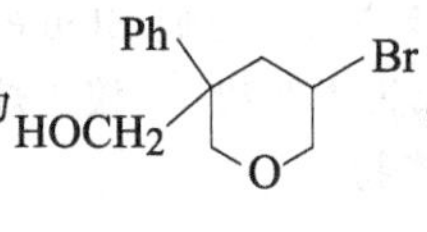

$PhC(CH_2OH)_2CH_2CH{=}CH_2 \xrightarrow{Br-Br} PhC(CH_2OH)_2CH_2CH(\overset{+}{Br})CH_2 \longrightarrow$ (3-bromo-5-phenyl-5-hydroxymethyl oxonium, $\overset{+}{O}H$) $\underset{}{\overset{-H^+}{\rightleftharpoons}}$ 3-溴-5-苯基-5-羟甲基四氢吡喃（$HOCH_2$, Ph, Br）

(2) 主产物为 N,N-二甲基-3-甲基二氢吡咯（烯胺），机理（为 E2）如下。

$$\text{N,N-二甲基-3-甲基吡咯烷鎓}\ (H_3C-\overset{+}{N}-CH_3) \xrightarrow[\triangle]{OH^-} \left[\overset{\delta-}{HO}\cdots H\cdots (\overset{\delta+}{N}, H_3C, CH_3, CH_3)\right]^{\neq} \xrightarrow{-H_2O} \text{产物}$$

(3) 反应机理为（E1cb）：$PhCH(Br)CH(Br)\overset{O}{\overset{\|}{C}}CH_3 \xrightarrow{^-OAc} PhCH(Br)\overset{-}{C}(Br)\overset{O}{\overset{\|}{C}}CH_3 \longrightarrow PhCH{=}C(Br)\overset{O}{\overset{\|}{C}}CH_3$

(4) 主产物为：$CH_2{=}C(CH_3)-C_6H_{10}-CH_3$（4-甲基环己基），反应机理（为 E2）如下。

$$OH^- + H-CH_2-C(CH_3)(\overset{+}{N}(CH_3)_3)-C_6H_{10}-CH_3 \xrightarrow{\triangle} \left[\overset{\delta^-}{HO}\cdots H\cdots CH_2{=}{=}C(CH_3)(\overset{\delta^+}{N}(CH_3)_3)-C_6H_{10}-CH_3\right]^{\neq} \xrightarrow{-H_2O} CH_2{=}C(CH_3)-C_6H_{10}-CH_3+(CH_3)_3N$$

(5) 主产物为：$C_6H_5-C(CH_3){=}C(CH_3)-CH_3$，反应机理（为 E1）如下。

$$C_6H_5-C(CH_3)_2-CH(OH)-CH_3 \overset{H^+}{\rightleftharpoons} C_6H_5-C(CH_3)_2-CH(\overset{+}{O}H_2)-CH_3 \xrightarrow[\triangle]{-H_2O} C_6H_5-C(CH_3)_2-\overset{+}{C}H-CH_3 \rightarrow C_6H_5-\overset{+}{C}(CH_3)-CH(CH_3)-CH_3$$

$$\xrightarrow{-H^+} C_6H_5-C(CH_3){=}C(CH_3)-CH_3$$

(6) 主产物为：7,7-二溴双环[4.1.0]庚烷衍生物（Br, Br，两个甲基），反应机理如下。

$$H-CBr_3 \xrightarrow{n\text{-BuLi}} {}^-CBr_3 \xrightarrow{-Br^-} :CBr_2 \xrightarrow{\text{1,4-二甲基环己烯}} \text{二溴环丙烷产物 (Br, Br)}$$

2. (1) 答：硫盐为吸电子基，故其β-H 的酸性增强，其消除反应机理为似 E1cb 的 E2 消除反应，故生成霍夫曼烯为主，加之硫盐体积较大，故碱进攻空间位阻较小的氢为主产物；2-溴丁烷与叔丁醇钠反应时，因为碱叔丁醇氧负离子的体积较大，故进攻空间位阻较小的氢为主产物。

(2) $ClCH_2CH_2CHCN \xrightarrow{NH_2^-} CH_2CH_2\bar{C}HCN$ (Cl) $\xrightarrow{-Cl^-}$ 环丙基-CN

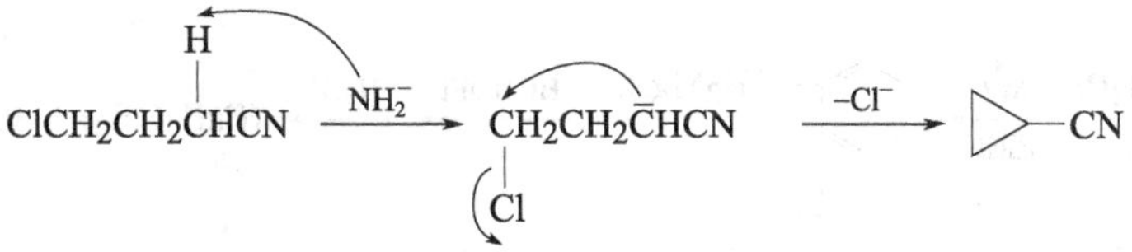

(3) $CH_2{=}CHCH_2NHCC_6H_5$ (C=O) $\xrightarrow[-Br^-]{Br-Br}$ 溴鎓离子 CH_2—$CHCH_2NHCC_6H_5$ (C=O) $\xrightarrow{Br^-}$ HN—O 五元环（CH_2Br，C_6H_5）Br^-

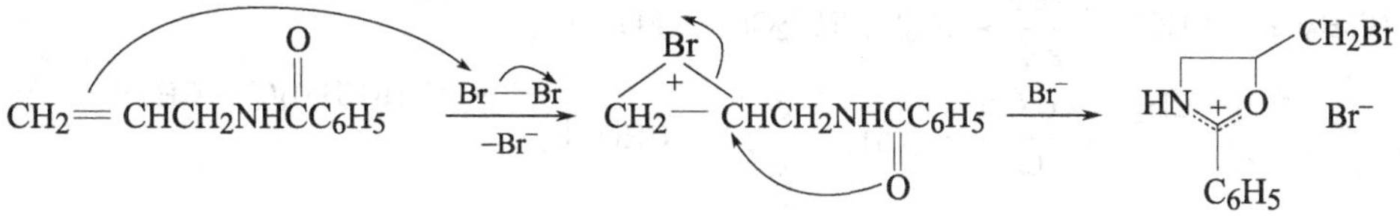

3. (1) 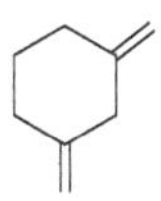　(2) 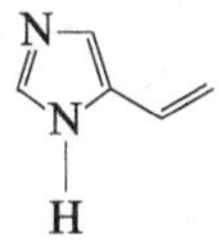　(3) 　(4) 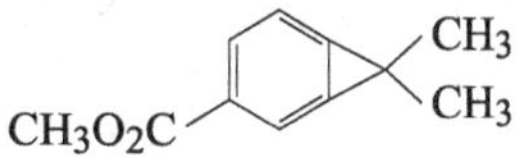 CH_3O_2C—，CH_3，CH_3　(5) 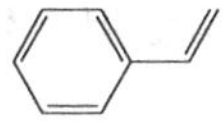　(6) $CH_2{=}CH_2 + (CH_3)_2NCH_2CH(CH_3)_2$　(7) 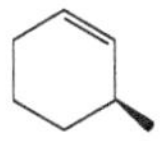　(8) 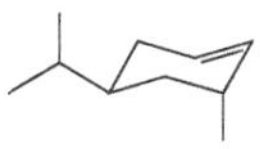　(9) 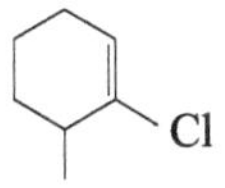 Cl　(10) OCH_3，NH_2　(11) $(CH_3)_3C$，CH_3　(12) Ph，Ph　(13) CN　(14)　(15) Ph　(16) CN，N

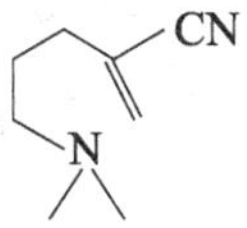

4. (1)

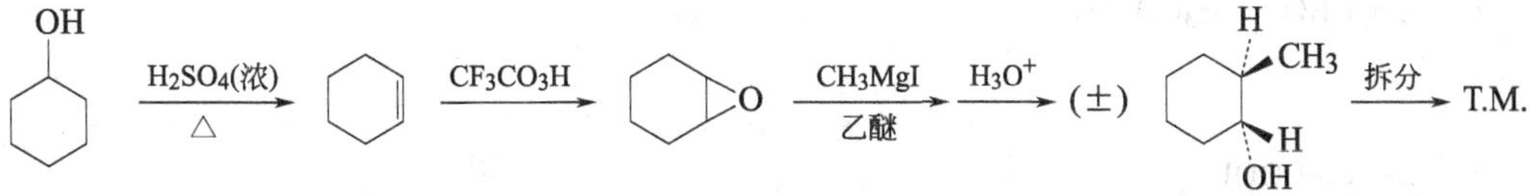

OH $\xrightarrow[\triangle]{H_2SO_4(浓)}$ $\xrightarrow{CF_3CO_3H}$ 环氧化物 O $\xrightarrow[乙醚]{CH_3MgI}$ $\xrightarrow{H_3O^+}$ (±) H，CH_3，H，OH $\xrightarrow{拆分}$ T.M.

或

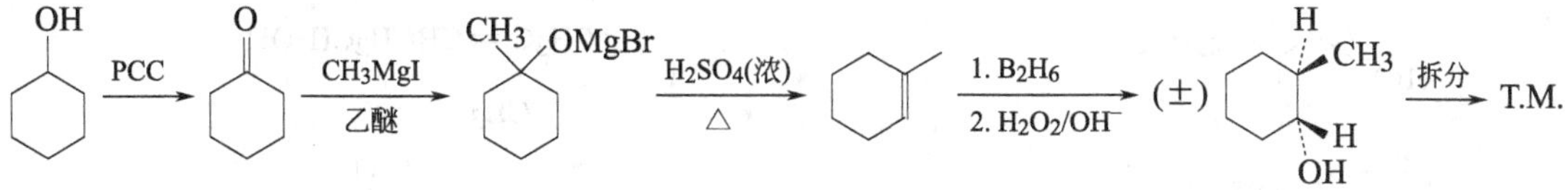

OH $\xrightarrow{PCC}$ O $\xrightarrow[乙醚]{CH_3MgI}$ CH_3，OMgBr $\xrightarrow[\triangle]{H_2SO_4(浓)}$ $\xrightarrow[2.\ H_2O_2/OH^-]{1.\ B_2H_6}$ (±) H，CH_3，H，OH $\xrightarrow{拆分}$ T.M.

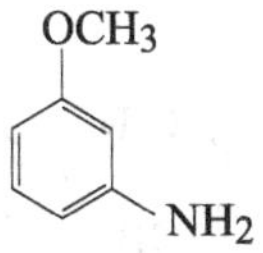

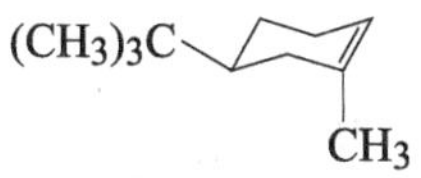

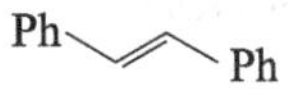

(2) OH，CH_2NH_2 $\xrightarrow{HNO_2}$ O $\xrightarrow{HCN}$ NC，OH $\xrightarrow{LiAlH_4}$ OH，CH_2NH_2

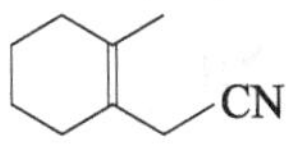

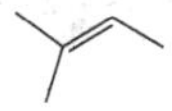

(3) O $\xrightarrow[2.\ H_3O^+]{1.\ CH_3MgI}$ OH $\xrightarrow[\triangle]{H_2SO_4(浓)}$ $(H_3C)_2C{=}CH_2$ $\xrightarrow[CHCl_3]{(CH_3)_3COK}$ Cl，Cl，CH_3，CH_3

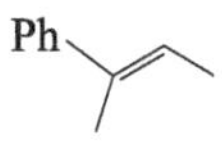

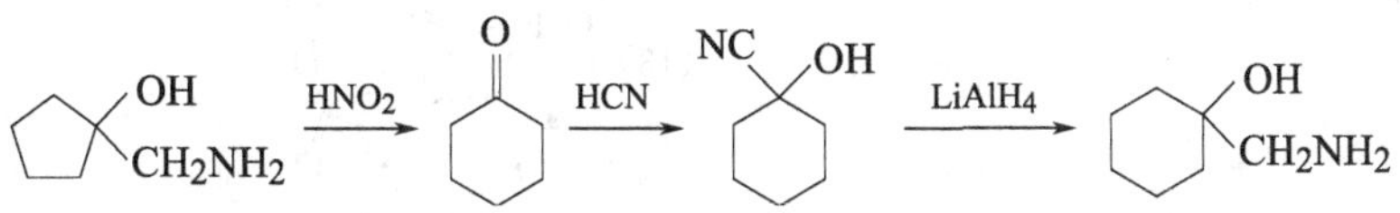

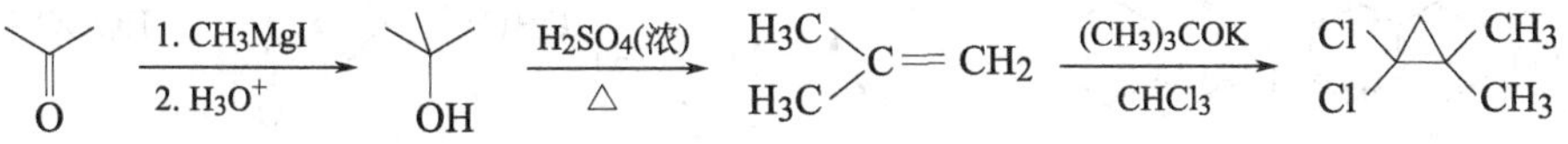

(4) 甲苯 $\xrightarrow[h\nu]{NBS}$ $C_6H_5CH_2Br$ $\xrightarrow[乙醚]{Mg}$ $C_6H_5CH_2MgBr$ $\xrightarrow{HCOOEt}$ $\xrightarrow{H_3O^+}$ $(C_6H_5CH_2)_2CHOH$

$\xrightarrow{PCl_3}$ $(C_6H_5CH_2)_2CHCl$ $\xrightarrow[2.\ BuLi]{1.\ Ph_3P}$ $(C_6H_5CH_2)_2CH=PPh_3$

甲苯 $\xrightarrow[ZnCl_2]{CO,HCl}$ $CH_3-C_6H_4-CHO$

$\longrightarrow$ $(C_6H_5CH_2)_2C=CH-C_6H_4-CH_3$

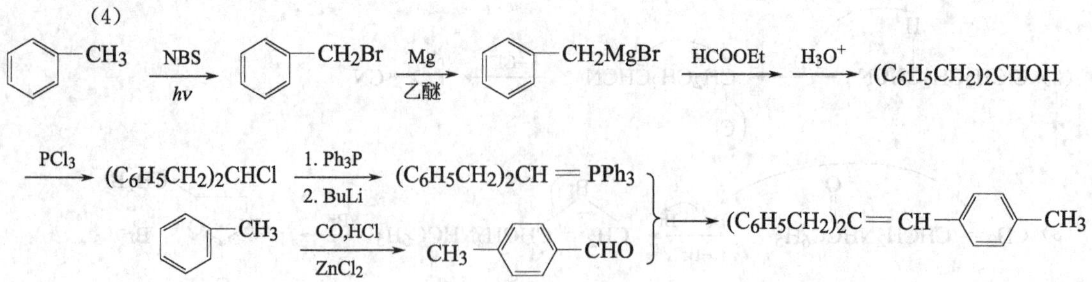

5. 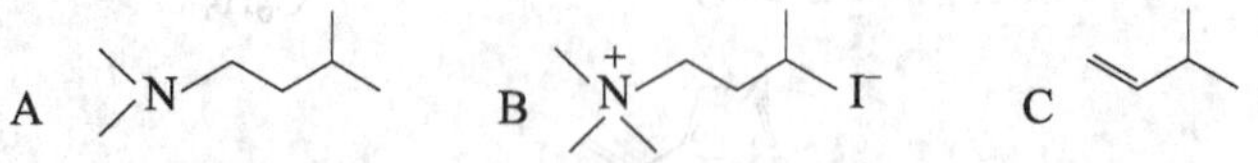 A B I^- C

6. 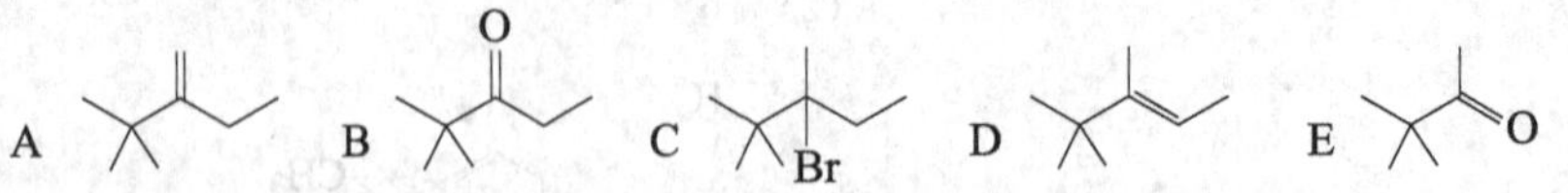 A B C Br D E O

7. 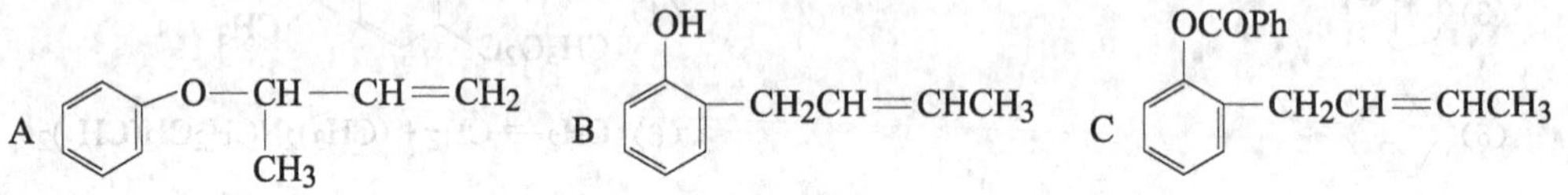 A $C_6H_5-O-CH(CH_3)-CH=CH_2$ B OH $-CH_2CH=CHCH_3$ C OCOPh $-CH_2CH=CHCH_3$

第八章

1. (1) 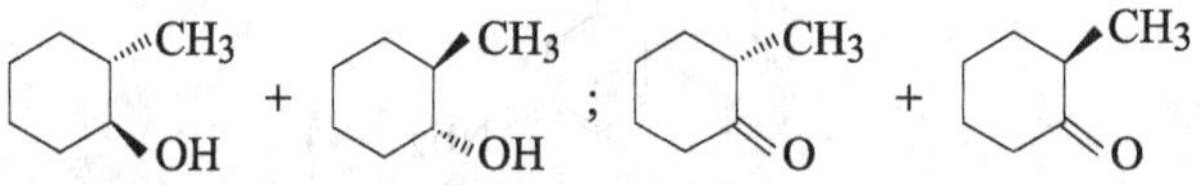 CH_3 OH + CH_3 OH ; CH_3 O + CH_3 O

(2) 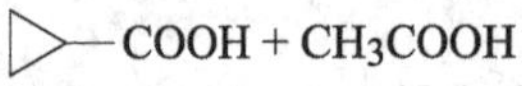 $\triangleright$—COOH + CH_3COOH

(3) $CH_3CH_2CH=CH_2$; CH_3CH_2COOH

(4) 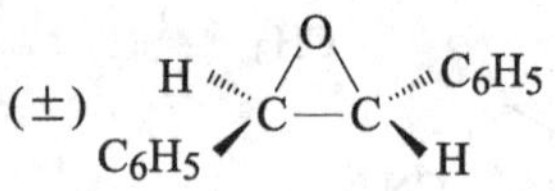 (±) H, C_6H_5, O, C—C, C_6H_5, H

(5) O + O ; OH OH + OH OH

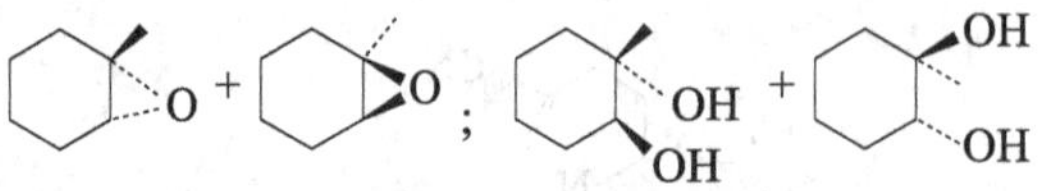

(6) $CH_3CHO + CH_3COCH_3$

(7) 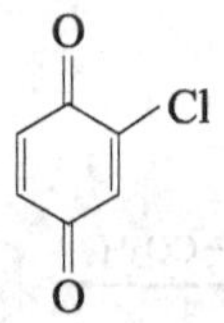 O, Cl, O

(8) 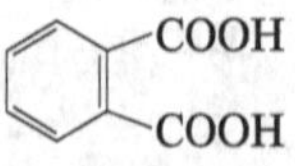 COOH COOH

(9) 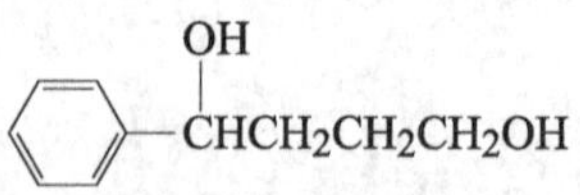 OH CHCH₂CH₂CH₂OH

(10)

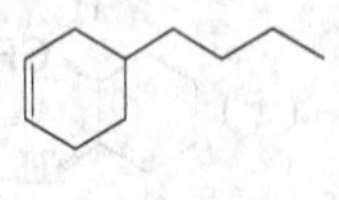

(11) 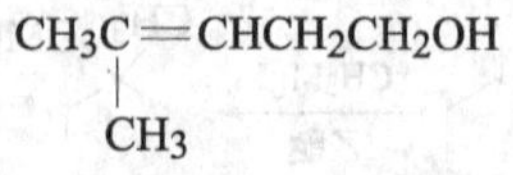 $CH_3C(CH_3)=CHCH_2CH_2OH$

(12) 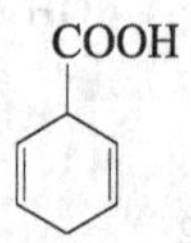 COOH

(13) 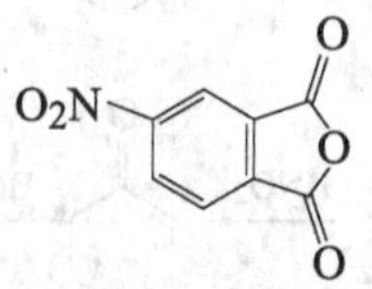 O_2N O O O

(14) 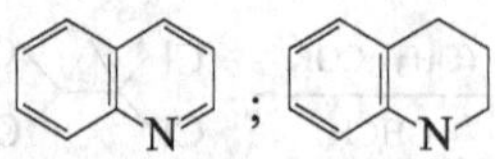 ; N N

(15) 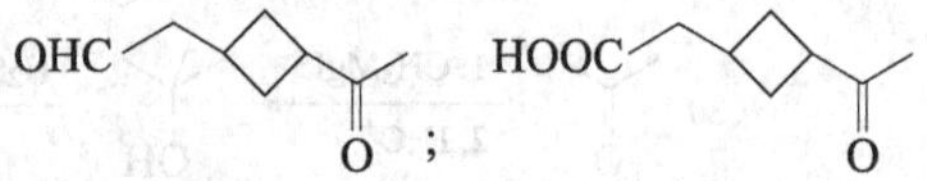 OHC O ; HOOC O

（16）（吡啶-2,3-二甲酸结构式：COOH，COOH）

（17）（结构式）；（结构式）

（18）（结构式）OH + （结构式）OH
(主) (次)

（19）H_3C（结构式）H，O + H_3C（结构式）H，O
(主) (次)

（20）$CH_2=CHCCH_3$（C=O）

（21）HO—（环戊烯）—$COOC_2H_5$

2.（1）

A) PhCHO $\xrightarrow[\triangle]{CH_3CHO/OH^-}$ PhCH=CH$_2$CHO $\xrightarrow{NaBH_4}$ T.M.

B) PhCHO $\xrightarrow[\triangle]{CH_3CHO/OH^-}$ PhCH=CH$_2$CHO

C) PhCHO $\xrightarrow[\triangle]{CH_3CHO/OH^-}$ PhCH=CH$_2$CHO $\xrightarrow{Tollens}$ PhCH=CH$_2$COO$^-$ $\xrightarrow{H_3O^+}$ $\xrightarrow[Pd\text{-}C]{H_2}$ T.M.

D) PhCHO $\xrightarrow[\triangle]{CH_3CHO/OH^-}$ PhCH=CH$_2$CHO $\xrightarrow{B_2H_6}$ T.M.

E) PhCHO $\xrightarrow[\triangle]{CH_3CHO/OH^-}$ PhCH=CH$_2$CHO $\xrightarrow[Ni]{H_2}$ T.M.

（2）A）B_2H_6；　B）$LiAlH_4$；H_3O^+；　C）$SnCl_2/HCl$（或 $FeSO_4$）；　D）$NH_2\text{-}NH_2$；t-BuOK/DMSO

（3）A）$LiAlH_4$；H_3O^+；　B）$LiAlH(t\text{-BuO})_3$；H_3O^+

（4）A）$KMnO_4/H_2O$；　B）OsO_4，吡啶；H_2O_2/H_2O；　C）CF_3CO_3H；H_2O/OH^-

（5）（2-甲基-3,4-二氢萘）—CH_3 $\xrightarrow{O_3}$ $\xrightarrow{Zn/H_2O}$ （邻位取代苯甲醛，CHO，侧链酮 C=O） $\xrightarrow[\triangle]{OH^-}$ （茚，$\overset{O}{\parallel}$CCH$_3$） $\xrightarrow{NaBH_4}$ T.M.

3.（1）A. 甲醛　B. 苯甲醛　C. 2-丁酮　D. 3-戊酮　E. 对苯醌　F. 苯乙酮 $\xrightarrow{吐伦试剂}$
- 出现银镜 AB $\xrightarrow{斐林试剂}$ ↓砖红 A；无变化 B
- 无银镜 CDEF $\xrightarrow{I_2\text{-}OH^-}$
  - ↓亮黄 CF $\xrightarrow{饱和NaHSO_3}$ ↓白 C；无变化 F
  - 无↓变黄 DE $\xrightarrow[CCl_4]{Br_2}$ 褪色 E；无变化 D

（2）A. 乙酸　B. 草酸　C. 2-丁醇　D. 1-丁醇　E. 苯酚 $\xrightarrow{1\%FeCl_3}$
- 显色 E
- 无变化 ABCD $\xrightarrow[\triangle]{NaHCO_3}$
  - ↑该气体能使澄清石灰水变浑浊 AB $\xrightarrow[H^+]{KMnO_4}$ 褪色 B；无变化 A
  - 无变化 CD $\xrightarrow{卢卡斯试剂}$ 几分钟后浑浊 C；室温无变化 D

（3）A. 葡萄糖　B. 果糖　C. 淀粉　D. 蔗糖　E. 味精 —(水合茚三酮/醇)→ 无变化的ABCD；显蓝紫色E

无变化的ABCD —(吐伦试剂)→ 生成银镜AB；无变化CD

生成银镜AB —(Br_2-水)→ 无变化B；褪色A

无变化CD —(I_2)→ 无变化D；显蓝色C

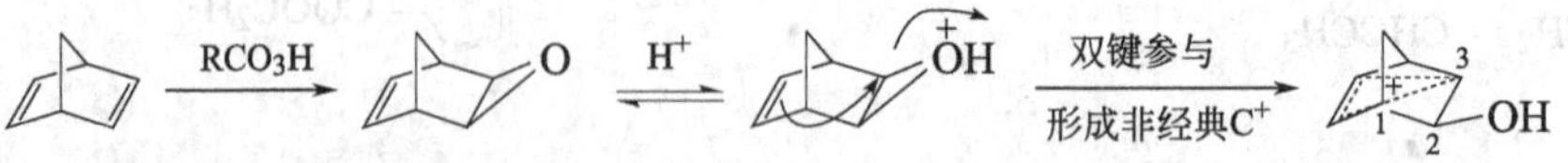

降冰片二烯 —(RCO_3H)→ 环氧化物 ⇌(H^+) 质子化环氧 —(双键参与/形成非经典C^+)→ 非经典碳正离子（1, 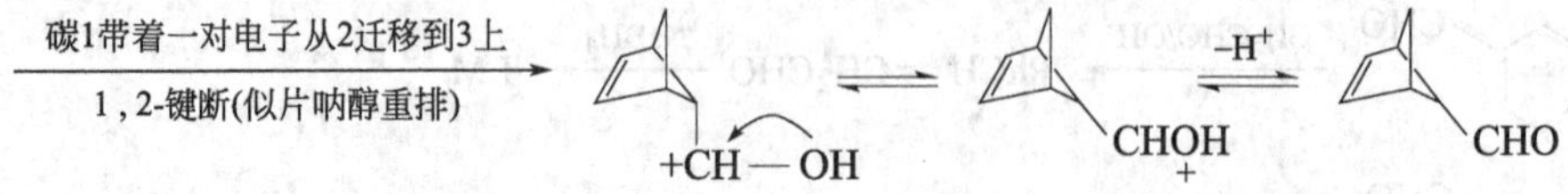 2, 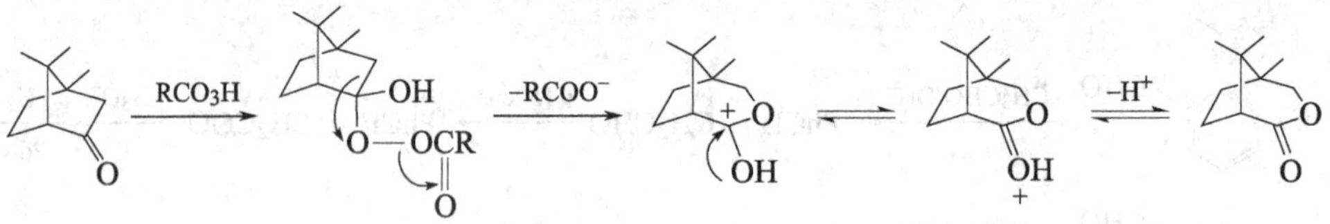 3）—OH

4.（1）—(碳1带着一对电子从2迁移到3上/1,2-键断(似片呐醇重排))→ +CH—OH ⇌ CHOH（+） ⇌($-H^+$) CHO

（2）樟脑 —(RCO_3H)→ 加成物（OH, O—OCR(=O)）—($-RCOO^-$)→ 氧鎓离子（OH）⇌ 质子化内酯（OH, +）⇌($-H^+$) 内酯

（3）2 环戊酮 —(Mg)→ 2 环戊基自由基·OMgO·环戊基 → 频哪醇镁盐（O O / Mg）—(H_2O)→ 频哪醇（OH OH）⇌(H^+) OH $\overset{+}{O}H_2$ —($-H_2O$)→ 碳正离子（OH）→ 扩环碳正离子（OH）⇌ ^+OH ⇌($-H^+$) 螺环酮（O）

5.（1）

$$HC\equiv CNa \xrightarrow{\text{环氧乙烷}} HC\equiv CCH_2CH_2ONa \xrightarrow[Hg^{2+}/H_2SO_4]{H_2O} CH_3COCH_2CH_2OH \xrightarrow{SOCl_2} CH_3COCH_2CH_2Cl$$

$$\xrightarrow[HCl]{HOCH_2CH_2OH} CH_3C(OCH_2CH_2O)CH_2CH_2Cl \xrightarrow[2.\ n\text{-}BuLi]{1.\ PPh_3} CH_3C(OCH_2CH_2O)CH_2CH=PPh_3 \xrightarrow{CH_3COCH_2CH_2OH}$$

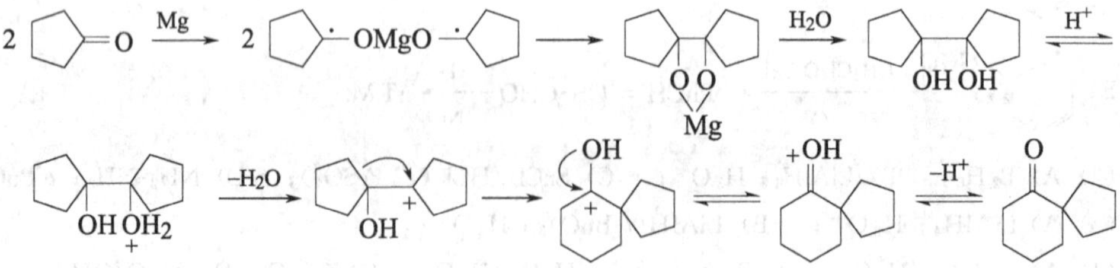

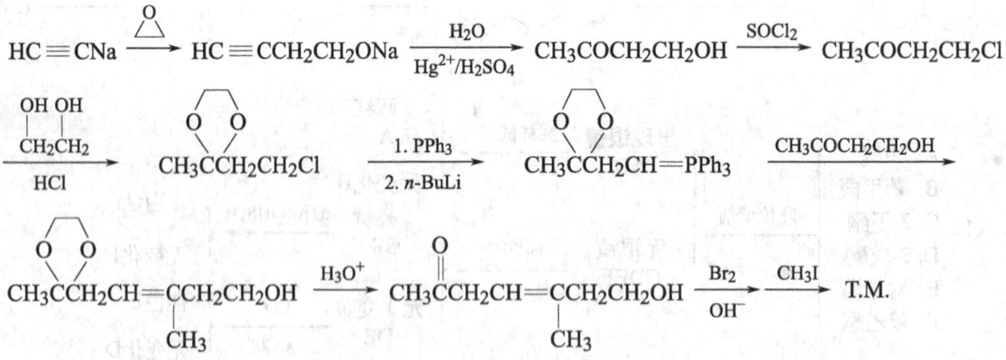

$$CH_3C(OCH_2CH_2O)CH_2CH=C(CH_3)CH_2CH_2OH \xrightarrow{H_3O^+} CH_3COCH_2CH=C(CH_3)CH_2CH_2OH \xrightarrow[OH^-]{Br_2} \xrightarrow{CH_3I} \text{T.M.}$$

（2）

$$C_6H_6 \xrightarrow[ZnCl_2]{HCHO,HCl} C_6H_5CH_2Cl \xrightarrow[\text{乙醚}]{Mg} \xrightarrow{PhCHO} \xrightarrow[H_2O]{NH_4Cl} PhCH_2CH(OH)Ph \xrightarrow{PCC} \text{T.M.}$$

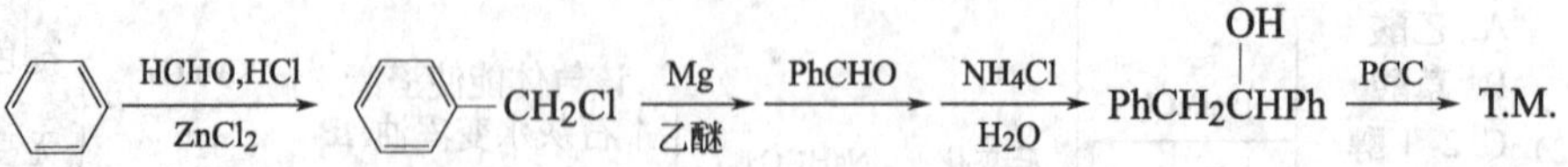

（3）

$$CH_3CHO \xrightarrow[OH^-]{3HCHO} (HOCH_2)_3CHO \xrightarrow[\text{浓碱}]{HCHO} (HOCH_2)_4C \xrightarrow{PCl_3} (ClCH_2)_4C \xrightarrow{LiAlH_4} \text{T.M.}$$

(4) 苯 $\xrightarrow[\triangle]{Fe/Br_2}$ $\xrightarrow[乙醚]{Mg}$ C_6H_5MgBr $\xrightarrow{环氧乙烷}$ $\xrightarrow{H_3O^+}$ $PhCH_2CH_2OH$ $\xrightarrow{PCC}$ $PhCH_2CHO$

$\xrightarrow{Tollens}$ $\xrightarrow{H_3O^+}$ $PhCH_2COOH$ $\xrightarrow{SOCl_2}$ $PhCH_2COCl$ $\xrightarrow{NH(CH_3)_2}$ $\xrightarrow{LiAlH_4}$ T.M.

或 环氧乙烷 $\xrightarrow{HN(CH_3)_2}$ $(CH_3)_2NCH_2CH_2OH$ $\xrightarrow{PBr_3}$ $(CH_3)_2NCH_2CH_2Br$ ⎫ ⟶ T.M.

苯 $\xrightarrow[\triangle]{Fe/Br_2}$ $\xrightarrow[乙醚]{Mg}$ C_6H_5MgBr ⎭

6. (1) A. C_2H_5OH/干 HCl；　B. Mg/乙醚；　C. CH_3COCH_3；　D. H_3O^+，△　E. $NaBH_4$

(2) G. $NCCH_2CH_2CN$；　H. $HOOCCH_2CH_2COOH$；　I. 丁二酸酐

J. $C_6H_5COCH_2CH_2COOH$　　K. $C_6H_5CH_2CH_2CH_2COOH$

(3) L. 6-氰基-4-色满酮（NC 取代）　M. 6-氰基色满（NC 取代）　N. 色满-6-甲酸（HOOC 取代）

O. 6-羟甲基色满（$HOCH_2$ 取代）　P. 6-乙氧甲基色满（$CH_3CH_2OCH_2$ 取代）

(4) Q. $SOCl_2$；　R. NH_3；　S. $LiAlH_4$

7. 4-异丙烯基-1-甲基环己烯（结构式）

8. A：4-甲基哌啶 或 2,3-二甲基吡咯烷（N—H）　　B：N,N,4-三甲基哌啶鎓 OH^- 或 N,N,2,3-四甲基吡咯烷鎓 OH^-

C：$CH_2=CHCH(CH_3)CH_2CH_2N(CH_3)_2$ 或 $CH_2=CHCH(CH_3)CH_2CH_2N(CH_3)_2$（结构式）　　D：$CH_2=CHCH(CH_3)CH=CH_2$

9. A. $CH_3COCH_2CH_2COOH$　　B. $HOOCCH_2CH_2COOH$

C. $CH_3—C(OCH_3)_2—CH_2CH_2COOCH_3$　　D. $CH_3—C(OCH_3)_2—CH_2CH_2CH_2OH$

E. 2-甲基-2-甲氧基四氢呋喃（CH_3，OCH_3）

10. A. 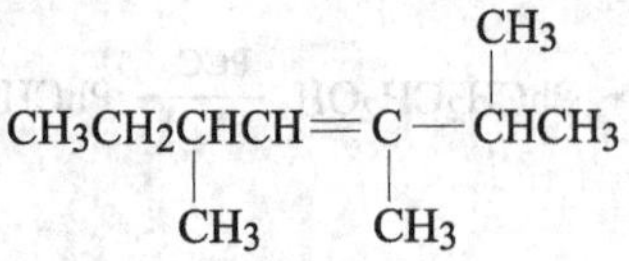 B. 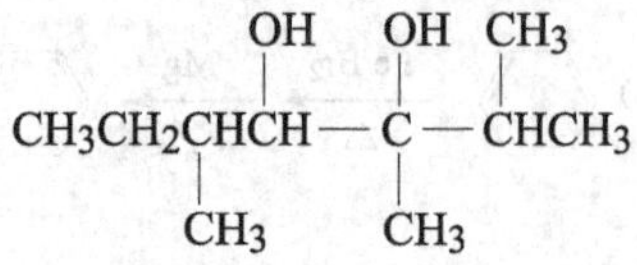

C. 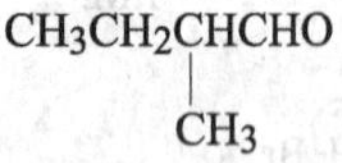 D. 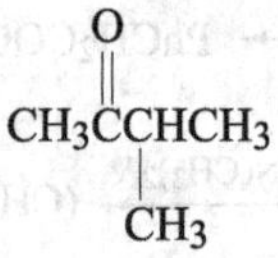

E. 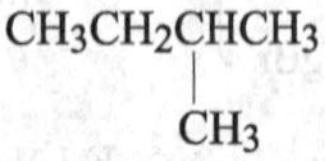

11. A. 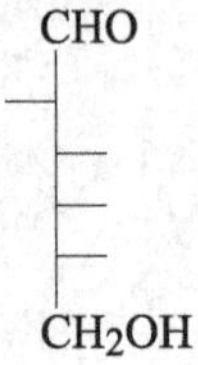 B. 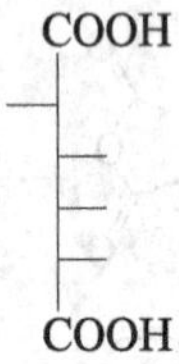 C. 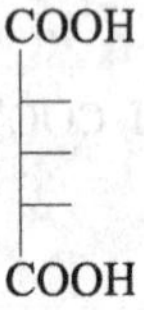 D. 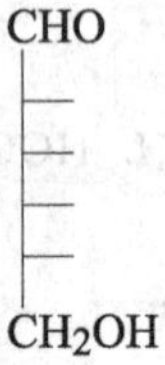 E. 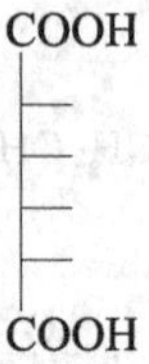

第九章

1. (1) 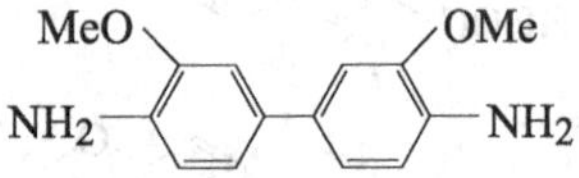 (2) 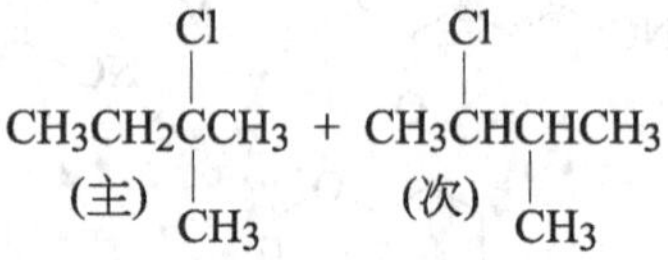

(3) 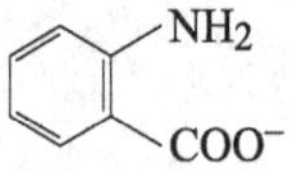 (4) 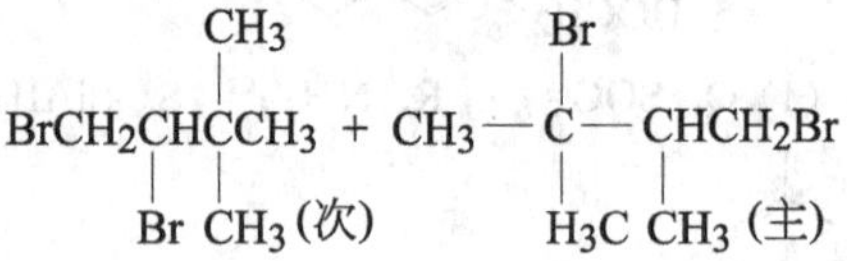

(5) 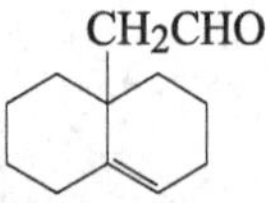

(6) 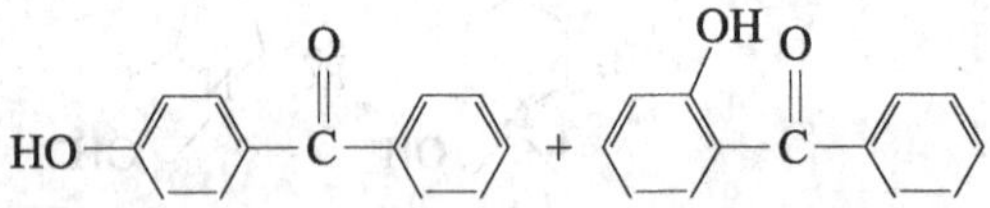

(7) 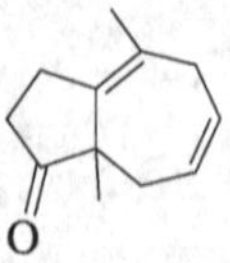 (8) 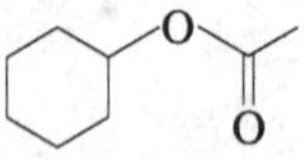

(9) 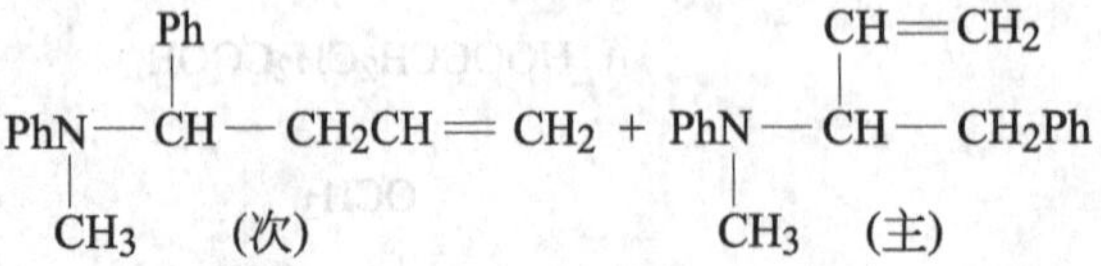

(10) 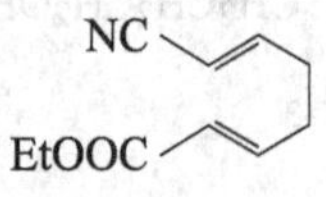 (11) 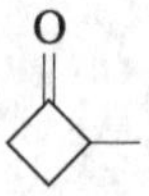

(12) 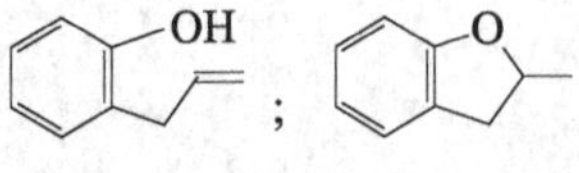 (13) 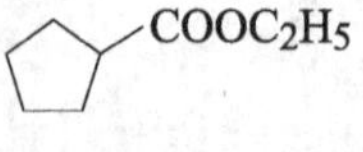

（14） 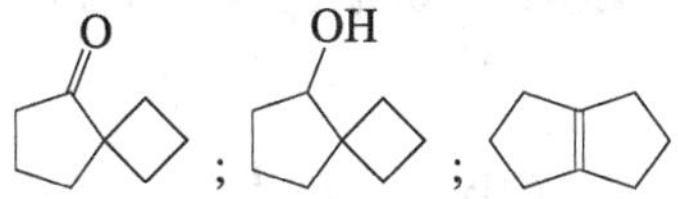 ; ; （15） 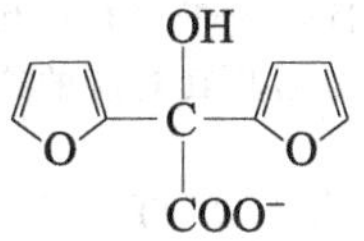 OH C COO⁻

（16） 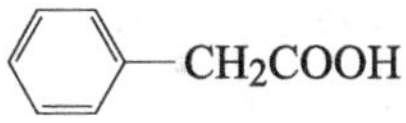 CH_2COOH （17） 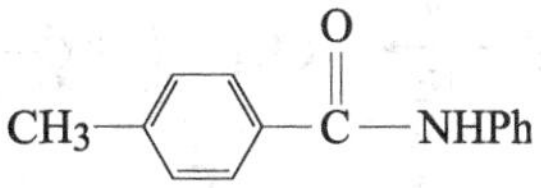 CH_3 C NHPh

（18） 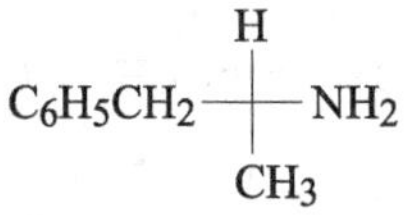 $C_6H_5CH_2$ H NH_2 CH_3 (S)

（19） 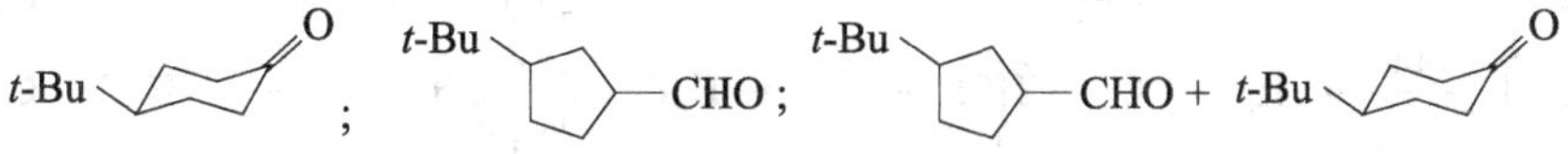 t-Bu ; t-Bu CHO ; t-Bu CHO + t-Bu
(主) (次)

2.

（1）

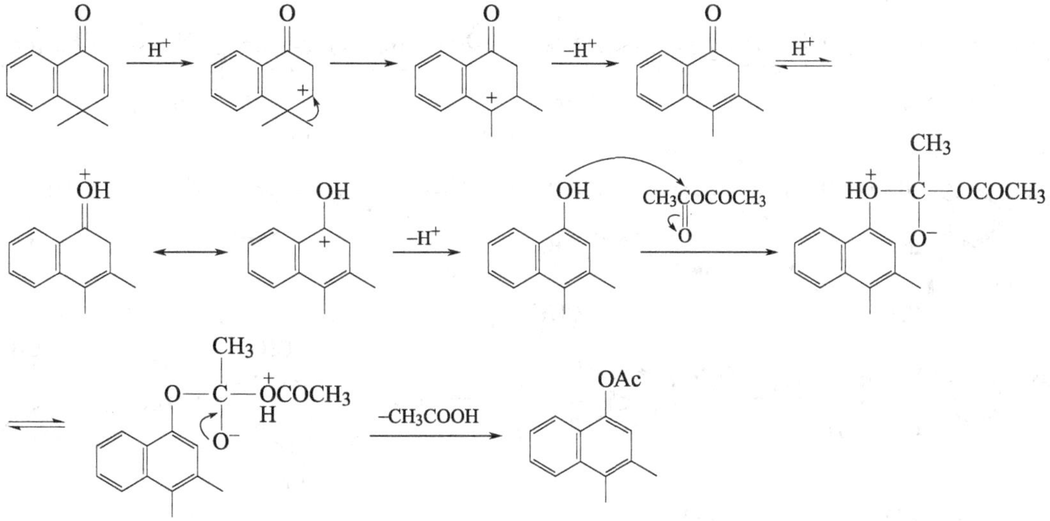

H^+ $-H^+$ H^+

$\overset{+}{O}H$ OH OH $CH_3COCOCH_3$ O CH_3 $H\overset{+}{O}$ C $OCOCH_3$ O^- $-H^+$

CH_3 O C $\overset{+}{O}COCH_3$ H O^- $-CH_3COOH$ OAc

（2）

NH_2 HO HNO_2 N_2^+ HO $-N_2$ HO +

^+OH $-H^+$ O

（3）

NH_2 HNO_2 N_2^+ $-N_2$ H + + (Ⅰ) H_2O $+OH_2$ $-H^+$ OH

+ (Ⅱ) H_2O $\overset{+}{O}H_2$ $-H^+$ OH

+ + (Ⅲ) H_2O $H_2\overset{+}{O}$ $-H^+$ HO

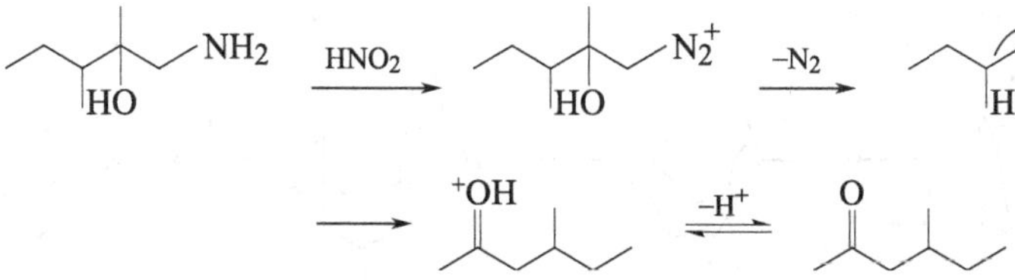

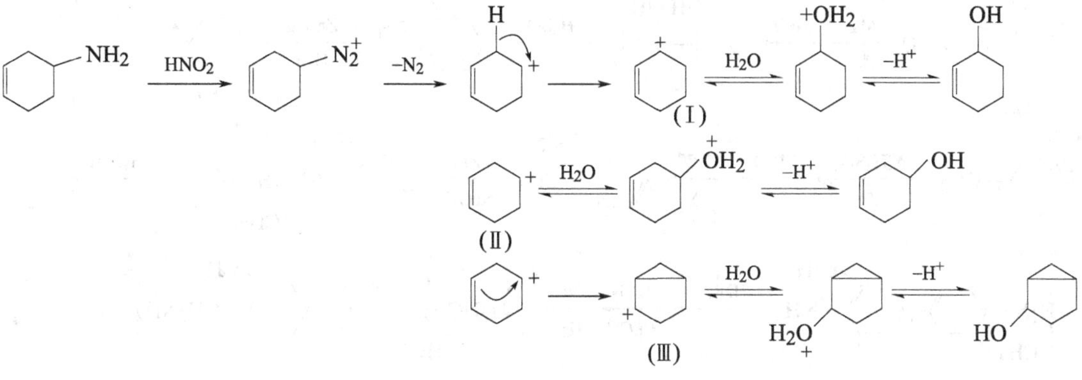

因碳正离子（Ⅰ）的稳定性远大于（Ⅱ）和（Ⅲ），故（Ⅰ）对应的产物为主产物；（Ⅲ）中有张力较大的三元环，所以其稳定性最差，因此其对应的产物含量最低。

（4）

$$CH_3-\overset{*}{C}(=O)-C(=N_2)-CH_3 \xrightarrow[-N_2]{h\nu} CH_3-\overset{*}{C}(=O)-\ddot{C}-CH_3 \longrightarrow CH_3-\overset{*}{C}(CH_3)=C=O$$

$$CH_3-\overset{*}{C}(=O)-\ddot{C}-CH_3 \longrightarrow CH_3-\overset{*}{C}=C-CH_3\ (\text{O 桥}) \longrightarrow CH_3-\overset{*}{\ddot{C}}-C(=O)-CH_3 \longrightarrow CH_3-\overset{*}{C}(CH_3)=C=O$$

（5）

$$H_3C-C(CH_3)_2-CH_2Cl \xrightarrow{n\text{-BuLi}} H_3C-C(CH_3)_2-\bar{C}HCl \xrightarrow{-Cl^-} H_3C-C(CH_3)_2-CH\!: \longrightarrow H_3C-C(CH_3)=CHCH_3$$

（6）

O_2N, Br, CH_3, $C=N-OH$ $\underset{}{\overset{H^+}{\rightleftharpoons}}$ $C=N-\overset{+}{O}H_2$ $\xrightarrow{-H_2O}$ $N=\overset{+}{C}-CH_3$ $\overset{H_2O}{\rightleftharpoons}$ $N=C(\overset{+}{O}H_2)-CH_3$ $\overset{-H^+}{\rightleftharpoons}$ $N=C(OH)-CH_3$ $\rightleftharpoons$ $NH-C(=O)-CH_3$

（7）

O_2N, Br, CH_3, $C=N-OH$ $\xrightarrow{OH^-}$ $C=N-O^-$ $\longrightarrow$ O_2N, CH_3, Br, N, O $\xrightarrow{-Br^-}$ O_2N, CH_3, N, O

（8）$\xrightarrow[-N_2]{h\nu}$ $\longrightarrow$ $C=O$

（9）$\xrightarrow{H^+}$ $\longrightarrow$ $\longrightarrow$ $\xrightarrow{-H^+}$

3.（1）$\xrightarrow[\text{苯}]{Mg}$ $\xrightarrow{H_3O^+}$ OH OH $\xrightarrow{H_2SO_4}$ O $\xrightarrow[HCl]{Zn\text{-}Hg}$

（2）

CH_3 $\xrightarrow[\triangle]{\text{浓}H_2SO_4}$ $\xrightarrow[\triangle]{\text{混酸}}$ $\xrightarrow[\triangle]{H_3O^+}$ NO_2, CH_3 $\xrightarrow[NaOH]{Zn}$ CH_3, NHNH, CH_3 $\xrightarrow{H_2SO_4}$

H_2N, CH_3, CH_3, NH_2 $\xrightarrow{HNO_2}$ $\xrightarrow[CuCN]{KCN}$ $\xrightarrow[H_2]{Ni}$ H_2NCH_2, CH_3, H_3C, CH_2NH_2

(3) 苯 $\xrightarrow[AlCl_3]{CH_3COCl}$ $PhCOCH_3$ $\xrightarrow[苯]{Mg}$ $\xrightarrow{H_3O^+}$ $Ph-C(OH)(CH_3)-C(OH)(CH_3)-Ph$ $\xrightarrow{H_2SO_4}$ $(Ph)_2C(CH_3)-CO-CH_3$

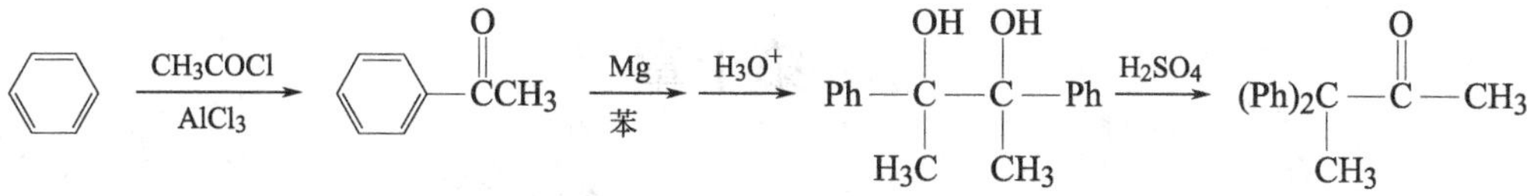

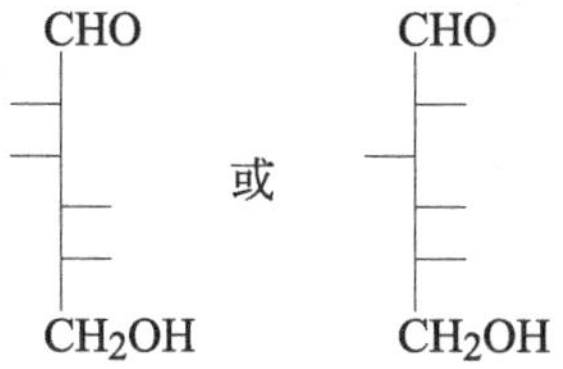

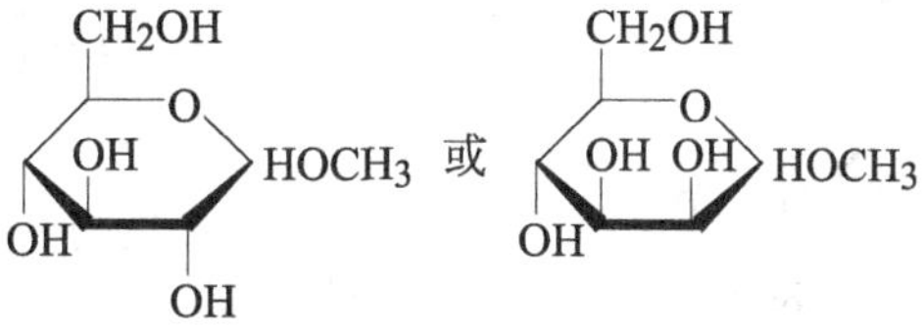

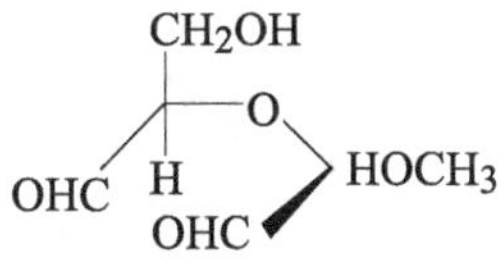

(4)

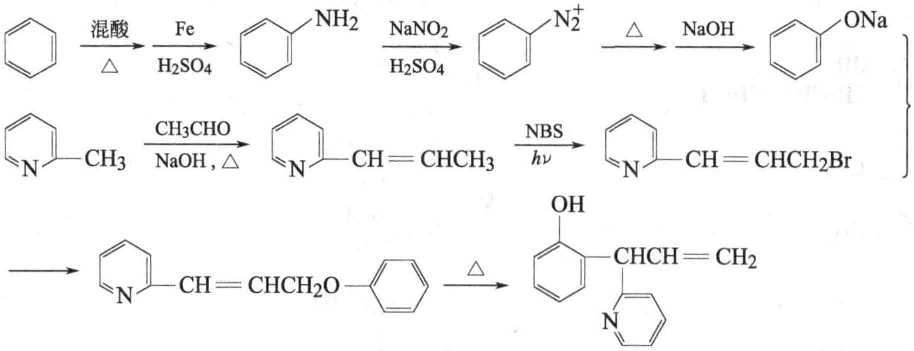

苯 $\xrightarrow[\triangle]{混酸}$ $\xrightarrow[H_2SO_4]{Fe}$ $PhNH_2$ $\xrightarrow[H_2SO_4]{NaNO_2}$ PhN_2^+ $\xrightarrow{\triangle}$ $\xrightarrow{NaOH}$ $PhONa$

2-甲基吡啶 $\xrightarrow[NaOH,\triangle]{CH_3CHO}$ 2-吡啶基$-CH=CHCH_3$ $\xrightarrow[h\nu]{NBS}$ 2-吡啶基$-CH=CHCH_2Br$

$\longrightarrow$ 2-吡啶基$-CH=CHCH_2O-Ph$ $\xrightarrow{\triangle}$ 2-[CH(2-吡啶基)CH=CH_2]苯酚（OH，CHCH=CH_2）

4. (1)

A（CHO…CH_2OH 费歇尔投影式）或（CHO…CH_2OH 费歇尔投影式） B（吡喃糖甲苷，CH_2OH，OH，OH，OH，$HOCH_3$）或（CH_2OH，OH，OH，OH，$HOCH_3$）

C（CH_2OH，O，OHC，H，OHC，$HOCH_3$） D（CH_2OH，O，HOOC，H，HOOC，$HOCH_3$）

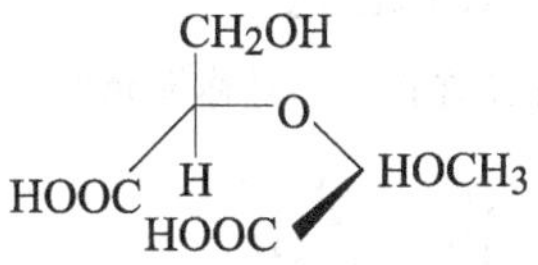

(2) 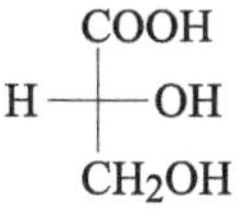 COOH / H—C—OH / CH_2OH

(3) 答：α-D-吡喃葡萄糖的比旋光度为+113°，但在水溶液中它会通过链式部分转变为β-D-吡喃葡萄糖，其比旋光度为+18.7°。达到平衡时，α-D-吡喃葡萄糖约占37%，β-D-吡喃葡萄糖约占63%，故总的比旋光度为+52.7°。

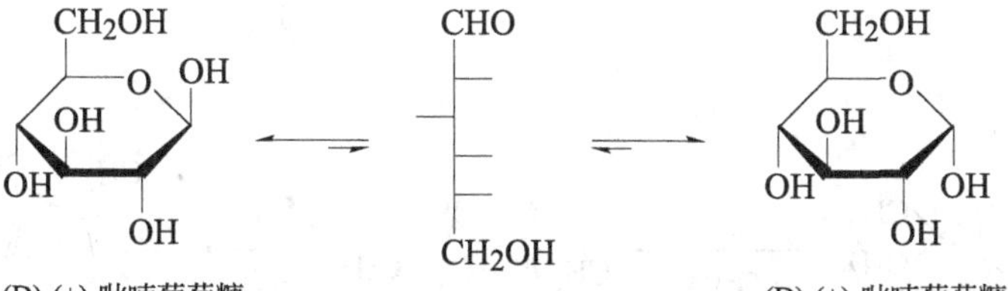

β-(D)-(+)-吡喃葡萄糖 $\rightleftharpoons$ 链式（CHO…CH_2OH） $\rightleftharpoons$ α-(D)-(+)-吡喃葡萄糖

(4)（二糖结构式：CH_2OH，O，OH，OH，OH，—O—，CH_2OH，O，OH，OH，HOH）

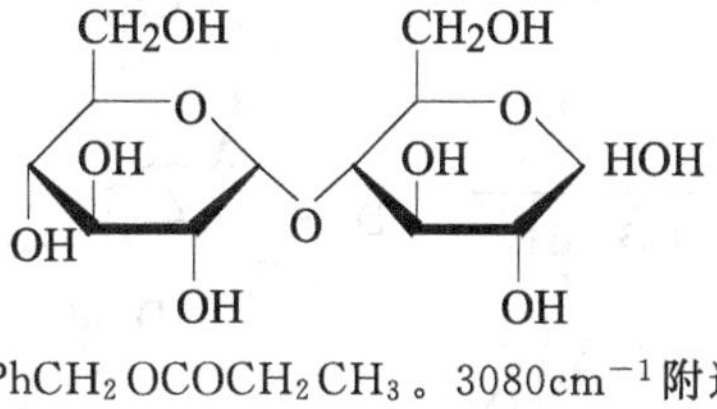

5. $PhCH_2OCOCH_2CH_3$。3080cm^{-1}附近为Ph—H的伸缩振动吸收峰，1740cm^{-1}附近为羰基的伸缩振动吸收峰，1230cm^{-1}附近是C—O—C的伸缩振动吸收峰。δ7.20(5H，m)为Ph—H；δ5.34(2H，s)为氧的α-H，因为另一边为苯基，故其化学位移超过5；δ2.29(2H，q，J7.1Hz)，为羰基的α-H，其邻位有三个氢，故为四重峰；δ1.14(3H，t，J7.1Hz)为甲基，其邻位有一个亚甲基，故为三重峰。

第十章

1. （1） 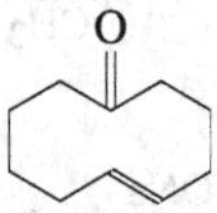 （2）

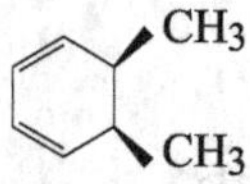

（3） 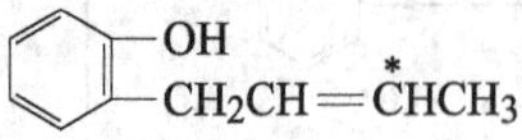 OH CH$_2$CH ═ $\overset{*}{C}$HCH$_3$ （4）

（5） 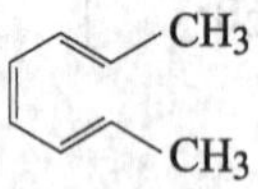 CH$_3$ CH$_3$ （6） 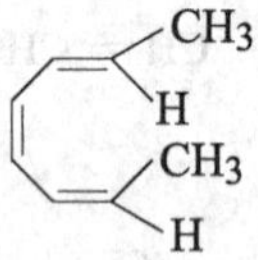 CH$_3$ H CH$_3$ H

（7） 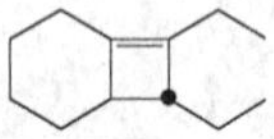 （8） 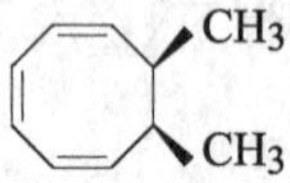 CH$_3$ CH$_3$

（9） 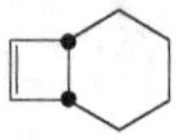 （10）

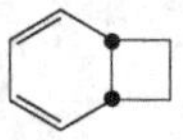

（11） 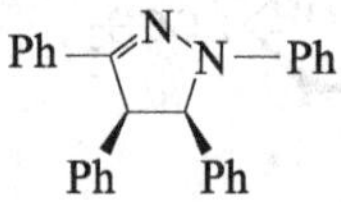 Ph N N Ph Ph Ph （12）

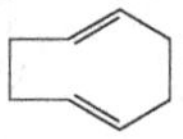

2. （1）Δ （2）Δ，$h\nu$ （3）$h\nu$ （4）$h\nu$，Δ

3. （1）对称性不允许；（2）对称性允许；（3）对称性允许

4. （1）2 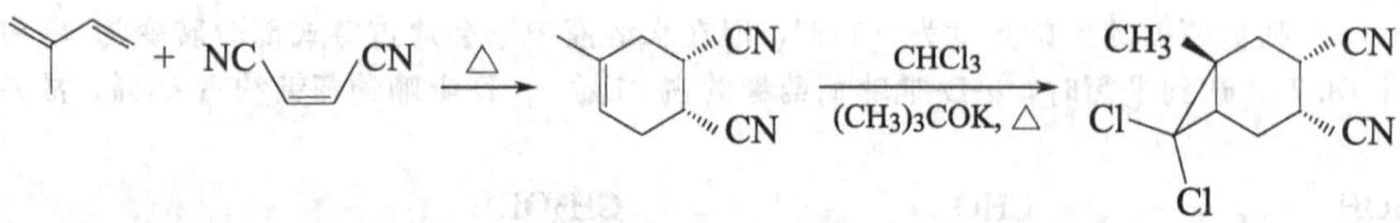 + △ →

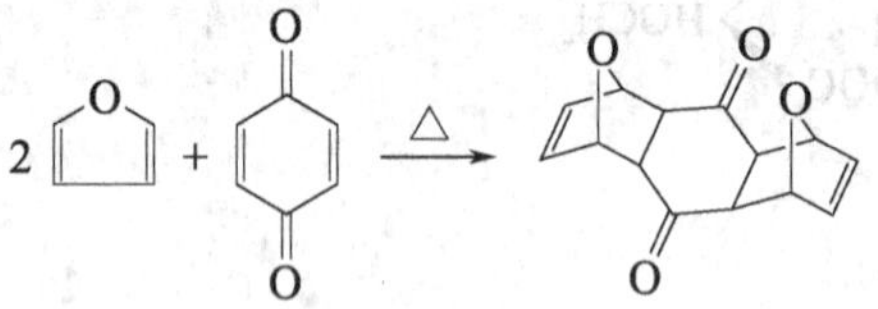

（2） + NC CN △ → CN CN $\xrightarrow[(CH_3)_3COK,\ \triangle]{CHCl_3}$ CH$_3$ CN Cl CN Cl

5. （1）

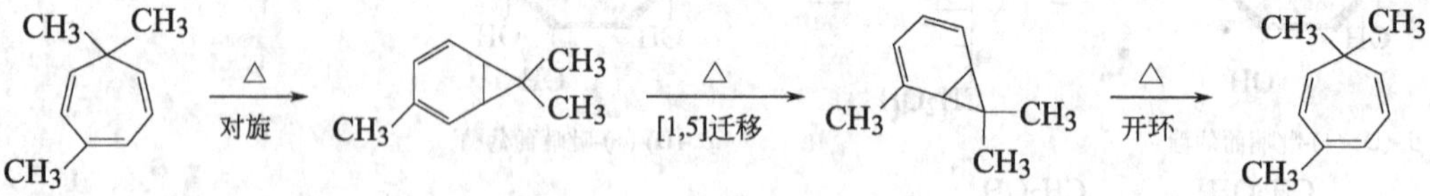

CH$_3$ CH$_3$ CH$_3$ $\xrightarrow[对旋]{\triangle}$ CH$_3$ CH$_3$ CH$_3$ $\xrightarrow[[1,5]迁移]{\triangle}$ CH$_3$ CH$_3$ CH$_3$ $\xrightarrow[开环]{\triangle}$ CH$_3$ CH$_3$ CH$_3$

（2） 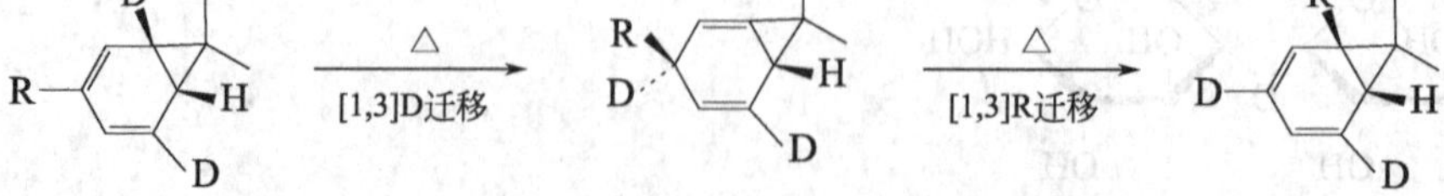 D R H D $\xrightarrow[[1,3]D迁移]{\triangle}$ R D H D $\xrightarrow[[1,3]R迁移]{\triangle}$ R D H D

6. 生成（A）的反应是［4+2］环加成反应，所以（A）为 O O O ；（A）到（B）的反应是 $4n\pi$ 电

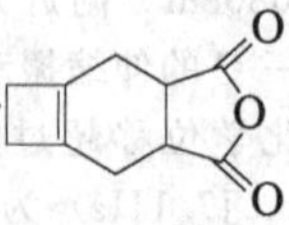

子体系的电开环反应，在加热时，顺旋开环，所以（B）为 O O O ；从（B）到（C）又是Diels-Alder反应，所以（C）为 O O O O O O 。

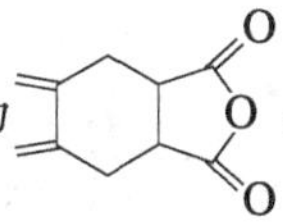

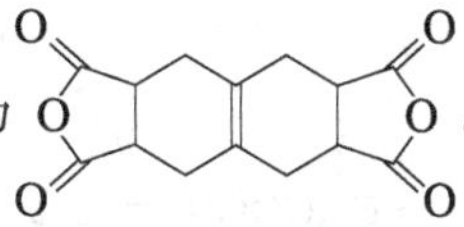

第十一章

1.（1）

$CH_3CH_2OCH_2CH_2CN \Longrightarrow NaOCH_2CH_2CN + CH_3CH_2Br \Longrightarrow HOCH_2CH_2CN \Longrightarrow$

$HOCH_2CH_2X \Longrightarrow CH_2{=}CH_2$

（2）

$BrCH_2CH_2CO_2CH_3 \Longrightarrow CH_2{=}CHCOOCH_3 \Longrightarrow CH_2{=}CHCOOH \Longrightarrow$

$CH_2{=}CHCN \Longrightarrow HC{\equiv}CH$

（3）

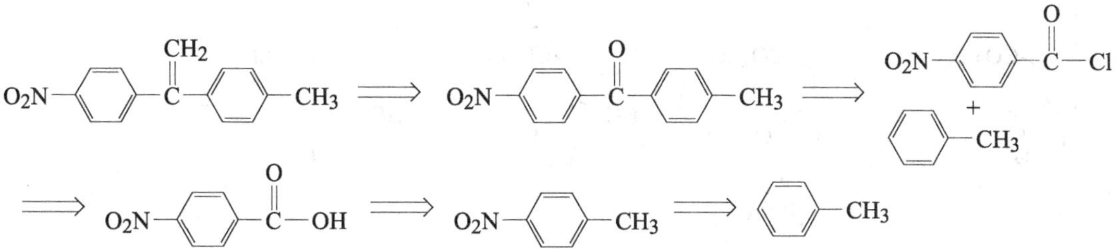

O_2N CH₂ C $CH_3 \Longrightarrow O_2N$ O C $CH_3 \Longrightarrow O_2N$ O C—Cl + CH_3

$\Longrightarrow O_2N$ O C—OH $\Longrightarrow O_2N$ $CH_3 \Longrightarrow$ CH_3

（4）

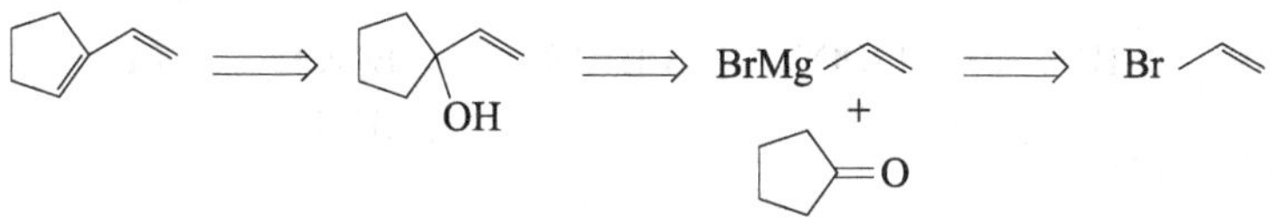

$\Longrightarrow$ OH $\Longrightarrow$ BrMg + O $\Longrightarrow$ Br

（5）

OH Br Br CH_3 Br $\Longrightarrow$ OH CH_3 $\Longrightarrow$ N_2^+ CH_3 $\Longrightarrow$ NO_2 CH_3 $\Longrightarrow$

NO_2 CH_3 N_2^+ $\Longrightarrow$ NO_2 CH_3 $NHCOCH_3$ $\Longrightarrow$ CH_3 $NHCOCH_3$ $\Longrightarrow$ CH_3 NH_2 $\Longrightarrow$ CH_3 NO_2

$\Longrightarrow$ HO_3S CH_3 NO_2 $\Longrightarrow$ HO_3S CH_3 $\Longrightarrow$ CH_3

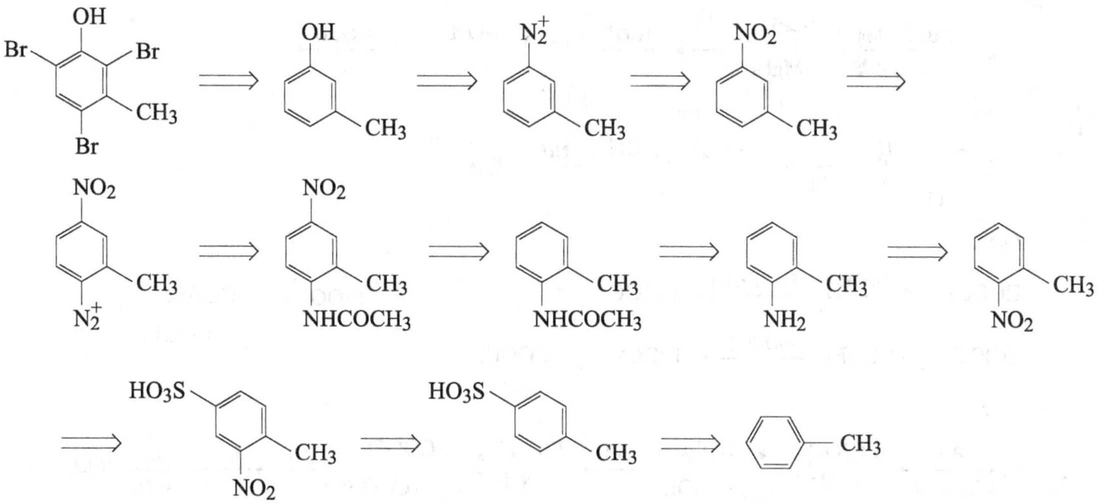

(6)

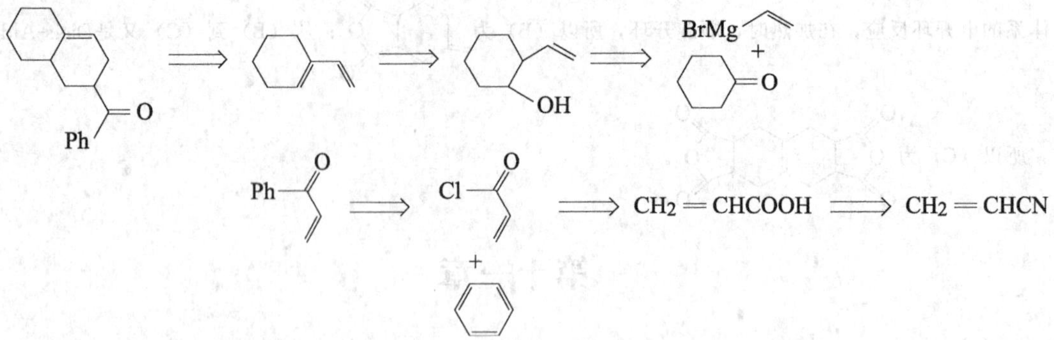

$\Longrightarrow$ $\Longrightarrow$ OH $\Longrightarrow$ BrMg + =O

Ph $\Longrightarrow$ Cl + $\Longrightarrow$ $CH_2=CHCOOH$ $\Longrightarrow$ $CH_2=CHCN$

(7)

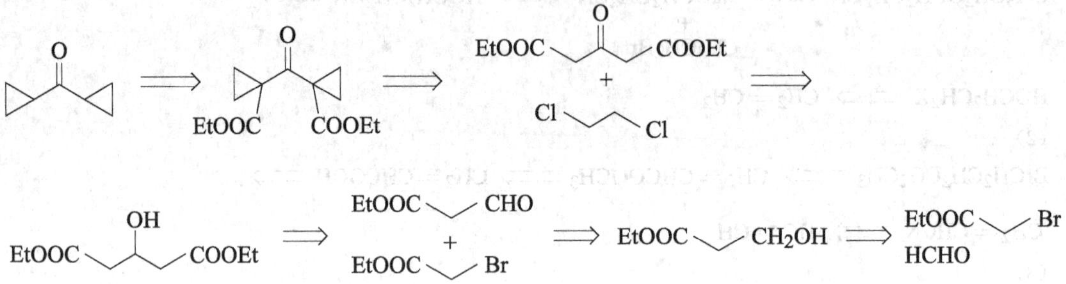

O $\Longrightarrow$ EtOOC COOEt $\Longrightarrow$ EtOOC COOEt + Cl Cl $\Longrightarrow$

EtOOC OH COOEt $\Longrightarrow$ EtOOC CHO + EtOOC Br $\Longrightarrow$ EtOOC CH_2OH $\Longrightarrow$ EtOOC Br HCHO

(8)

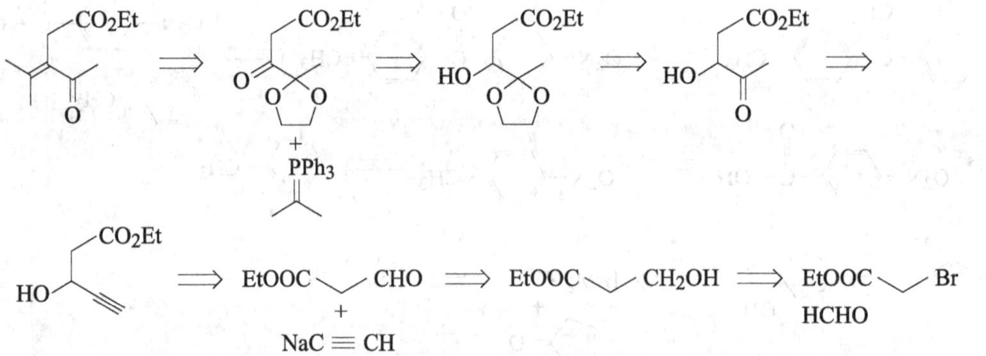

CO_2Et O $\Longrightarrow$ CO_2Et O O O + PPh_3 $\Longrightarrow$ CO_2Et HO O O $\Longrightarrow$ CO_2Et HO O $\Longrightarrow$

CO_2Et HO $\Longrightarrow$ EtOOC CHO + NaC≡CH $\Longrightarrow$ EtOOC CH_2OH $\Longrightarrow$ EtOOC Br HCHO

2. (1)

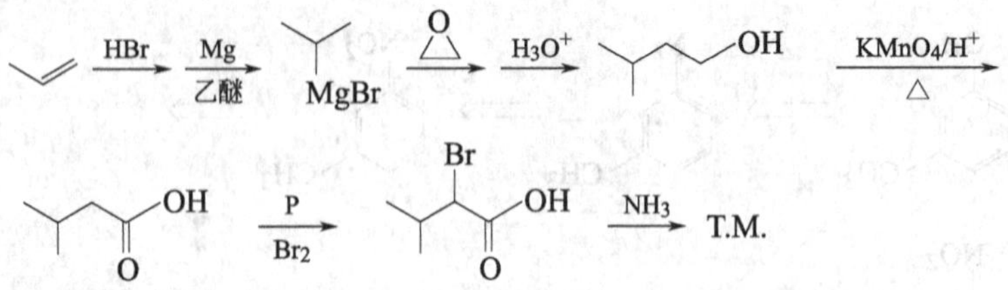

$\xrightarrow{HBr}$ $\xrightarrow[乙醚]{Mg}$ MgBr $\xrightarrow{环氧乙烷}$ $\xrightarrow{H_3O^+}$ OH $\xrightarrow[\triangle]{KMnO_4/H^+}$

OH O $\xrightarrow[Br_2]{P}$ Br OH O $\xrightarrow{NH_3}$ T.M.

(2)

HOOC $\xrightarrow{NaOH}$ $\xrightarrow{BrCH_2CH_3}$ EtOOC

EtOOC COOEt $\xrightarrow{NaOC_2H_5}$ EtOOC $\overset{-}{C}H$ COOEt

$\longrightarrow$ EtOOC COOEt COOEt

$\xrightarrow[CH_3COOH]{Br_2}$ EtOOC COOEt Br COOEt $\xrightarrow{NH_3}$ EtOOC COOEt NH_2 COOEt $\xrightarrow{OH^-}$ $\xrightarrow{H^+}$ $\xrightarrow[-CO_2]{\triangle}$ T.M.

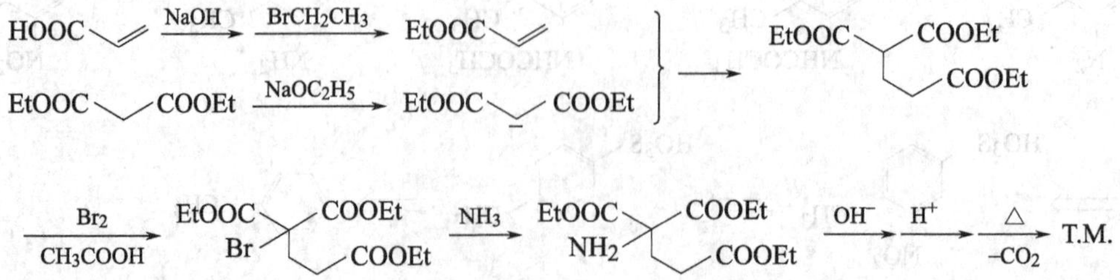

（3）

$$PhCH_2CH(NH_2)COOH \xrightarrow[OH^-]{C_6H_5CH_2OCOCl} \xrightarrow{H^+} PhCH_2OCONHCH(CH_2Ph)COOH \xrightarrow{SOCl_2} PhCH_2OCONHCH(CH_2Ph)COCl$$

$$NH_2—CH(CH_3)—COOH \xrightarrow[C_6H_5SO_3H]{C_6H_5CH_2OH} NH_2—CH(CH_3)—COOCH_2C_6H_5$$

$$\xrightarrow{OH^-} PhCH_2OCONHCH(CH_2Ph)CONHCH(CH_3)COOCH_2C_6H_5 \xrightarrow[Pd\text{-}C]{H_2} NH_2CH(CH_2Ph)CONHCH(CH_3)COOH$$

（4）

$$\text{吡啶} \xrightarrow[2.\ H_2O]{1.\ NaNH_2} \text{2-氨基吡啶} \xrightarrow{HNO_2} \xrightarrow[KCN]{CuCN} \text{2-氰基吡啶} \xrightarrow[\triangle]{H_3O^+} \text{2-吡啶甲酸} \xrightarrow[Ni]{H_2} T.M.$$

（5）

$$(CH_3)_2CHCH(NH_2)COOH \xrightarrow[OH^-]{C_6H_5CH_2OCOCl} \xrightarrow{H^+} PhCH_2OCONHCH(CH(CH_3)_2)COOH \xrightarrow{SOCl_2} PhCH_2OCONHCH(CH(CH_3)_2)COCl$$

$$NH_2—CH(CH_2OH)—COOH \xrightarrow[C_6H_5SO_3H]{C_6H_5CH_2OH} NH_2—CH(CH_2OH)—COOCH_2C_2H_5$$

$$\xrightarrow{OH^-} PhCH_2OCONHCH(CH(CH_3)_2)CONHCH(CH_2OH)COOCH_2C_6H_5 \xrightarrow[Pd\text{-}C]{H_2} \overset{+}{N}H_3—CH(CH(CH_3)_2)—CONHCH(CH_2OH)—COO^-$$

（6）

$$CH_3COCH_2COOEt \xrightarrow{NaOEt} \xrightarrow{BrCH_2COOEt} CH_3COCH(CH_2COOEt)COOEt \xrightarrow[2.\ H^+]{1.\ OH^-} \xrightarrow[-CO_2]{\triangle} CH_3COCH_2CH_2COOEt$$

$$\xrightarrow{HC\equiv CNa} \xrightarrow[OH^-]{H_2O} HOOCCH_2CH_2C(OH)(CH_3)C\equiv CH \xrightarrow[Hg^{2+}/H_2SO_4]{H_2O} HOOCCH_2CH_2C(OH)(CH_3)COCH_3 \xrightarrow[\triangle]{H_2SO_4(浓)} \text{5-乙酰基-5-甲基-γ-丁内酯}$$

（7）

$$\text{1,3-环己二酮} + CH_2=CHCOOEt \xrightarrow[(麦克尔加成)]{NaOEt} \text{2-}(CH_2CH_2COOEt)\text{-1,3-环己二酮} \xrightarrow[(酮酯缩合)]{NaOEt} \text{双环三酮}$$

或

$$\text{1,3-环己二酮} \xrightarrow{\text{四氢吡咯}} \text{烯胺} \xrightarrow{CH_2=CHCOOEt} \xrightarrow[2.\ H_3O^+]{1.\ 二氧六环，回流} \text{2-}(CH_2CH_2COOEt)\text{-1,3-环己二酮} \xrightarrow{NaOEt} \text{双环三酮}$$

(8) PhCOOEt $\xrightarrow[\text{NaOEt}]{CH_3CH_2CH_2CN}$ PhCOCH(CN)CH_2CH_3 $\xrightarrow[\text{HCl}]{\text{EtOH}}$ PhCOCH(C(=NH)OEt)CH_2CH_3 $\xrightarrow[\triangle]{H_3O^+}$ PhCOCH(COOEt)CH_2CH_3

(9) 环己酮 $\xrightarrow{Ph_3P=CH_2}$ 亚甲基环己烷 $\xrightarrow{CF_3CO_3H}$ 螺环氧化物 $\xrightarrow{PhCH_2ONa}$ 1-羟基-1-(CH_2OCH_2Ph)环己烷

(10)

环己酮 $\xrightarrow[H^+]{HCHO,HN(CH_3)_2}$ 2-$CH_2N(CH_3)_2$环己酮 $\xrightarrow{CH_3I}$ $\xrightarrow{Ag_2O(湿)}$ 2-亚甲基环己酮 $\xrightarrow[(C_2H_5)_3N]{CH_3COCH_2COOEt}$

2-[$CH_2CH(COOEt)COCH_3$]环己酮 $\xrightarrow[\triangle]{\text{NaOEt}}$ 八氢萘酮烯醇钠盐（$^-$COOEt, Na^+） $\xrightarrow{CH_3I}$ $\xrightarrow[2.\ H^+]{1.\ OH^-}$ $\xrightarrow[-CO_2]{\triangle}$ 3-甲基八氢萘-2-酮（不饱和酮）

参 考 文 献

[1] 陈乐培，董玉环，韩雪峰等. 中级有机化学. 北京：中国环境科学出版社，2004.

[2] 李景宁，曾昭琼. 有机化学（上、下）. 第5版. 北京：高等教育出版社，2004.

[3] 汪秋安. 高等有机化学. 第3版. 北京：化学工业出版社，2015.

[4] 邢其毅，裴伟伟，徐瑞秋，裴坚. 基础有机化学（上、下）. 第4版. 北京：北京大学出版社，2016.

[5] B. Miller著. 高等有机化学（反应与合成）. 吴范宏译. 上海：华东理工大学出版社，2005.

[6] 李小瑞. 有机化学考研辅导. 北京：化学工业出版社，2004.

[7] 韩士田等. 有机化学选论. 石家庄：河北科学技术出版社，2001.

[8] 邢存章，赵超. 有机化学学习指导与习题集. 北京：科学出版社，2008.

[9] E. L. 伊莱尔，S. H. 威伦，M. P. 多伊尔著. 基础有机立体化学. 邓并主译. 北京：科学出版社，2005.

[10] 叶秀林. 立体化学. 北京：北京大学出版社，2001.